U0236570

全球变化对生态脆弱区资源环境承载力的影响研究

于贵瑞 宜树华 庾 强 曾晓东 等 著

科学出版社

北 京

内 容 简 介

生态脆弱区资源环境承载力的形成机制及其对全球变化的响应是当前全球变化研究领域的重大科学问题，亦是我国应对全球变化和生态文明建设的重大科技需求。本书重点阐述国家重点研发计划"全球变化及应对"重点专项项目"全球变化对生态脆弱区资源环境承载力的影响研究"的研究成果。围绕"数据获取与融合、整合分析与理论突破、发展模型与评估及高精制图"4 项具体任务，系统地阐述了生态系统属性的新概念与理论体系，提出了生态系统状态转变的新理论框架，发现了中国氮沉降总量及沉降模式变化的新趋势，为揭示脆弱区生态系统植物对环境或资源变化响应与适应策略提供了全新视角，也为进一步深入揭示全球变化对生态脆弱区资源环境承载力的影响机制奠定了坚实基础。

本书可供与林业相关的生态环境保护和自然资源管理的各级政府部门，从事生态学、地理学、环境学、资源科学技术研究的专业人员，以及各高等院校相关专业的师生阅读参考。

审图号：GS 京（2023）1346 号

图书在版编目（CIP）数据

全球变化对生态脆弱区资源环境承载力的影响研究/于贵瑞等著. —北京：科学出版社，2023.9
ISBN 978-7-03-073038-1

Ⅰ. ①全… Ⅱ.①于… Ⅲ. ①气候变化–影响–区域生态环境–环境承载力–研究–中国 Ⅳ.①X321.2

中国版本图书馆 CIP 数据核字（2022）第 158018 号

责任编辑：石 珺 / 责任校对：郝甜甜
责任印制：徐晓晨 / 封面设计：陈 敬

科 学 出 版 社 出版
北京东黄城根北街 16 号
邮政编码：100717
http://www.sciencep.com
北京建宏印刷有限公司印刷
科学出版社发行 各地新华书店经销
*
2023 年 9 月第 一 版 开本：787×1092 1/16
2024 年 3 月第二次印刷 印张：39 1/2
字数：942 000
定价：398.00 元
（如有印装质量问题，我社负责调换）

著者名单

按姓氏汉语拼音排序

曹若臣	陈建军	陈世苹	陈云	陈智	崔明	邓思琪	刁华杰
段育龙	樊江文	方华军	高小斐	龚相文	郭群	韩朗	何念鹏
何薇	胡茂桂	胡岳	胡中民	黄玉婷	柯玉广	李芳	李伦
李尚昆	李英年	李玉强	林雍	刘召刚	卢霞梦	马贺	马雪云
孟宝平	彭思远	秦彧	邵璞	宋翔	孙国栋	孙康慧	孙义
田大栓	汪亘	王常慧	王丹云	王秋凤	王若梦	王旭洋	王彦兵
王永莉	魏静宜	魏天锋	魏志福	徐鑫	徐兴良	杨飞	杨恬
宜树华	尹德震	游翠海	于贵瑞	庾强	玉晓丽	曾晓东	张法伟
张海燕	张慧芳	张晋京	张良侠	张鹏远	张添佑	张婷	张维康
张雪梅	张艳芳	赵东升	郑度	周艳清	朱军涛		

前　言

　　七月盛夏，草长莺飞，这本应是一个生态学研究者们在野外奔波和忙碌的季节。但遗憾的是，新冠病毒感染阻滞了许多野外工作的开展，不同程度地影响了很多科研项目的推进和实施。我坐在书桌前，望着这本厚实的书稿，深感欣慰。这使我想起了五年前作为项目首席的一个抉择——遴选一批优秀的年轻人，组织申请"全球变化对生态脆弱区资源环境承载力的影响研究"国家重点研发计划项目，希望能借本项目的实施，培养和锻炼一批资源环境领域的青年学者。坦白地讲，我也曾一度担心新冠病毒感染下这帮年轻人能否顶得住，项目能否完成预期目标。如今这沉甸甸的书稿已经给出了答案，我们的年轻一代学者不仅成长起来了，而且还有担当、有作为、有干劲，让我对未来的中国生态学发展充满了期待！

　　古人云："工欲善其事，必先利其器"。同样，一个学科的发展和突破，不仅依赖理论的突破，也依赖技术的创新。全球变化生态学是一门很新的学科，在其理论、方法及技术层面还面临着诸多挑战，而资源环境承载力则是一个多学科交融的研究领域，涉及多种理论、学说及研究技术的交叉应用。不同学科领域的学者对资源环境承载力也有不同的理解和认知，学界对资源环境承载力的概念及评价方法尚存在很大争议。因此，如何科学地认知资源环境承载力的概念及其理论框架，发展创新性的研究方法，对区域资源环境承载力评估与区域发展规划具有重要的现实意义，也是支撑国家可持续发展战略的重大国家需求。

　　依托本研究项目，基于生态学基本理论，对资源环境承载力的概念及其相关理论进行了细致的梳理与分析，发展了基于生态学理论的资源环境承载力的理论框架与技术体系，在国内外学术期刊发表论文160余篇，还组织了《应用生态学报》《植物生态学报》等专刊的出版，这本专著汇聚了4个研究课题的综合性研究成果，形成了《全球变化对生态脆弱区资源环境承载力的影响研究》这本科学专著，本书系统展现了本研究项目取得的理论及实践成果。

　　本报告由三篇21章构成：第一篇是中国生态脆弱区资源环境承载力概念及研究技术，内容包括生态脆弱区资源环境承载力的生态学基础、科学研究技术途径，联网观测、联网实验和区域调查的技术规范，以及全球变化背景下的资源环境脆弱性评估理论和方法。第二篇是生态脆弱区的资源环境及生态系统功能时空格局，重点探讨了中国自然地理区划与生态脆弱区划分，生态脆弱区的古气候及古植被演化，生态脆弱区的现代气候和资源环境系统状态及时空演变，生态脆弱区的现代植被、生态系统结构状态及时空演变，生态脆弱区的生物多样性状态及时空演变，生态脆弱区生态系统生产力及其时空格局，生态脆弱区资源环境承载力及其时空格局，生态脆弱区资源环境承载力限制性因素，生态脆弱区生态系统脆弱性及其时空格局。第三篇是生态脆弱区气候变化的生态影响和风险及人为应对,解析了全球变化对中国及生态脆弱区资源环境系统的影响,全球变化对生态脆弱区生态系统结构和功能的影响,生态脆弱区碳循环关键过程与资源利用效率的时空格局及调控机制,全球变化对生态脆弱区生态系统能量平衡与水通量关键过程的影响,全球变化背景下中国生态脆弱区植被状态和敏感性的变化,全球变化对生态脆弱区生态系统状态演变影响的模拟分析,中国生态脆弱区全球变化风险及其应对技术途径和主要措施。

本书提出了一套详尽的中国生态脆弱区资源环境承载力研究方案及其技术规范,并将其在中国脆弱区内进行了实际应用;除此之外还介绍了关于资源环境及生态系统功能时空格局、气候变化的影响、风险及人为应对的系列研究成果,奠定了有关中国资源环境承载力研究的理论、方法和技术基础,可以为资源、环境和生态学领域的科技人员开展相关研究提供样地选取、研究方法选择、数据处理及结果分析等方面的参考。

最后,感谢国家重点研发计划"全球变化及应对"重点专项项目"全球变化对生态脆弱区资源环境承载力的影响研究"(2017YFA0604800)对于本书研究和出版的资助。由于研究时间和认识水平有限,不妥之处在所难免,敬请读者批评指正。

于贵瑞

2022 年 7 月 7 日于北京

中国科学院地理科学与资源研究所

目　　录

区域资源环境承载力

第一篇

中国生态脆弱区
资源环境承载力概念及研究技术

地可承物，亦可掩物。水能载舟，亦能覆舟。承物之能、载荷之力，乃承载之能力，简曰承载力。

生死存亡、延绵繁衍。物竞天择、优胜劣汰、适强脆弱，乃生命之进化、生态之演替。

生栖环境之优劣宜害，乃环境条件。生长资源之丰贫盈缺，乃资源供给能力。适宜之环境，富饶之资源，则植物繁茂、动物繁多、群落繁荣，抗干扰、御胁迫、自适应而稳定。

人类之生存、社会之繁华、经济之发展，依赖于自然资源、生态环境及技术经济的协同互作，因而资源、环境和技术系统协同演变共同承载着区域生物、社会及经济发展，抵御着气候变化和人为干扰。由此，区域资源环境承载力的生态学度量极其困难，涉及生态系统演变、多稳态、脆弱性、适应性、临界转换、状态突变、生态风险和人为适应等众多概念。

本篇概括讨论资源环境承载力的科学概念及生态学理论基础，详细阐述生态脆弱区资源环境承载力研究的联网观测、联网实验及区域调查方法和技术，讨论全球变化背景下的资源环境脆弱性评估理论和方法。

第1章

生态脆弱区资源环境承载力的生态学基础及科学研究技术途径①

摘　要

全球气候变化对生态脆弱区域的资源环境承载力影响是全球变化生态学领域的重要命题，其相关理论和实践研究将成为生态脆弱区应对全球气候变化和维持区域可持续发展的重要科学依据。资源环境承载力虽然是一个古老的科学概念，但是随着全球变化及社会经济发展，其科学概念也在不断拓展，因而导致了其科学概念内涵和外延的模糊，资源环境承载力的生态学基础论述也不够充分。

从一般意义而言，资源环境承载力科学研究的核心空间尺度是区域或全球，重点从承载体（生态系统）、承载对象（生物种群、人口、社会发展）、承载力形成过程（生态学、经济学、社会学）的视角，来认知其概念内涵、度量方法、时空格局及演变规律。生态学原理启发我们，认识资源环境承载力的生态学机制是一个复杂的资源环境变化-生态系统响应和适应-生态系统功能应答-生物系统初级生产力-承载直接消费者能力-承载目标生物种群发展能力-承载社会经济发展能力的生态学级联关系系统，需要基于"资源消耗及再生性""资源要素有限性及有效性""环境适宜性及动态性""环境影响及适应性"等基础生态学、生态经济及技术经济学基本理论或学说来科学定义和度量资源环境系统的承载力，形成对区域资源环境承载力的科学认知，并发展出相应的评价理论和方法。

本章在讨论资源环境承载力科学概念及沿革基础上，阐述了基于生态学原理的资源环境承载力概念体系，资源环境承载力理论的生态学基础，以及区域社会经济发展的资源环境综合承载力及其演变的生态学基础；同时，概述了全球变化对资源环境承载力影响的研究进展；基于生态系统演变机理，系统介绍了生态系统脆弱性、生态系统适应性和生态系统状态转变的相关理论与生态学机制，以及生态脆弱区的

---

① 本章作者：于贵瑞，王秋凤；本章审稿人：胡中民。

全球变化风险及其评估理论与方法。

迄今大多数承载力研究采用的仍是"黑箱模式"，还停留在直接建立资源要素、环境条件与生态系统承载力之间的简单数量关系上，缺乏对生态系统过程机制和生态学原理的理解及其影响的定量分析。为了解决这一问题，科技部启动了重点研发计划项目"全球变化对生态脆弱区资源环境承载力的影响研究"，本章最后围绕该项目介绍了中国生态脆弱区资源环境承载力研究的科学问题、主要研究内容和技术途径。

1.1　资源环境承载力的科学概念及生态学理论基础

资源环境是承载自然生态系统及人类社会发展的物质基础。不同的宏观生态系统不仅是资源环境要素的承载体和生态功能涌现的基础地理综合体，还是人类活动及管控的基本地理单元与科学研究空间尺度（于贵瑞等，2021）。生物及人类对资源环境条件的适应导致了其特定的资源需求特征、利用效率和生态效应，并形成了生物种群的生态位及适宜性、自然界的资源供给总量和有效性。全球变化对区域生态系统及资源环境承载力的影响，是人类在应对全球变化风险实践中必需解决的重大问题（IPCC，2014）。资源环境的合理开发、生态保护及应对全球变化的本质是对宏观生态系统的动态管理，必需认知自然资源环境的适宜性、承载力的生态阈值及其适度有序的调控技术原理，理解宏观生态系统的自然资源环境承载力及其形成过程的生态学基础（王永杰和张雪萍，2010）。

区域资源环境承载力（regional resources and environmental carrying capacity）是理解生物–环境关系、人–地关系以及广义的自然–人文关系的重要科学概念，它定量表达了在一定环境条件和资源供给水平下可能支撑的生物种群增长及人类生存发展的自然潜力，是生物及人类发展的生态学约束，亦可以表达为多类型的自然资源利用的生态阈值（Andersen et al.，2009）。生物及人类可持续的生存、生产和发展对资源的利用和环境调节，必须遵循自然生态系统的生态学约束，依据区域生态系统的资源环境承载力变化规律，将人类活动限定在自然资源环境容量或生态阈值的范围内，即控制在自然环境变化的弹性空间及资源可再生能力范围之内。

1.1.1　资源环境承载力的概念及其沿革

1. 资源环境的概念

自然资源环境对生物和人类社会发展的适宜性和承载力，以及人类开发利用自然环境的生态阈值是资源经济学和生态学的重要概念，被广泛地应用于自然保护、应对全球变化及社会经济可持续发展的科学研究之中，并且随着应用领域的拓展，其科学概念及评估方法也在不断发展，导致其在不同学科领域之间的概念内涵差异很大，评估的理论、指标和方法也各不相同。因此，需要对自然资源环境及其适宜性、承载力和生态阈值的科学概念与历史沿革再度进行梳理，明确它们之间的逻辑关系。

资源环境是源自人类学的科学概念，通常将影响人类生存的自然因素统称为环境，将限制人类生产并且在生产利用过程中会被消耗的有限的自然要素统称为资源。在资源经济学中，资源被定义为由人类发现的有用途的和有价值的物质，主要包括土地、水、空气、矿藏、森林、作物、动物等；而其经济学概念，是指对人类的生产和消费等经济活动有用途、有价值并具有稀缺性的元素，既包括自然资源，也包括社会资源。Bergstrom 等对自然资源概念的理解则更为宽泛，包括一般意义上的环境，如由污染等引起的环境问题将严重影响自然资源的供给质量和数量（伯格斯特罗姆和兰多尔，2015）。

经典生物学和生态学对生物生存的环境条件、生产和生长消耗的资源要素做了严格的区分。其中，环境条件指某个特定生物主体周围一切事物及现象的总和，而资源要素指生物生存发展需要的各种物质或服务（张绅等，1987）。由此可见，生态学中的自然资源环境指影响生物和人类的生存、生产活动的自然环境条件及资源要素的总称。对于生物种群而言，关键的资源要素包括栖息地、能源、水源、养分等，其关键的环境条件包括光照、温度、湿度、盐度、酸度、氧气浓度、污染物浓度等。生物生存的环境是对生物的生长发育、生殖、行为和分布有直接或间接影响的一切事物，可分为物理环境和生物环境。物理环境因子包括植被生长所必需的环境因子（如温度、湿度、酸碱度、盐度等），对植被有影响的环境因子（如干旱、热浪、风暴、火山爆发、洪涝、污染等），以及直接或间接影响植被的环境因子（如沙漠化、石漠化、土壤酸化、放牧、火烧等）。生物环境指有机体与有机体之间因获取资源而产生的相互影响，包括竞争、捕食、寄生和合作等（李博，2000）。

2. 资源环境承载力概念及其拓展应用

承载力的物理概念源于机械工程学领域，而社会经济学家及生态学家借用机械工程学的地基承载力概念，扩展应用至资源环境对人口、社会经济、生物种群发展的承载能力（封志明和李鹏，2018）。这里的承载力可以理解为，在维持自然资源环境系统不被破坏的条件下，生态系统所能容纳的最大人口、生物种群及社会经济等载荷容量。从认识论的角度来讲，资源学和生态学对资源环境承载力概念的认知可以被追溯至 18 世纪末期，它起源于对土地资源养育人口能力的理解，Malthus 于 1798 年首次阐述了自然环境因素对人口规模的影响，强调食物供给对人口增长的约束，认为食物供给能力呈线性增长，而人口数量则呈指数增长，所以受土地资源制约的食物供给能力将成为制约人口发展规模的重要因素（马尔萨斯，2009），从而建立了土地资源承载力研究的基本理念。

承载力在生态学中最早出现在 1922 年，Hadwen 和 Palmer（1922）认为承载力是一个牧场在不被破坏的情况下，一定时期内所能承受的放牧量。William（1948）认为，人类赖以生存的自然资源的供给能力决定着一个地区的承载能力，而这种供给能力又受到物理、生物和人为等环境的影响和制约。1973 年 Meadows 等进一步扩展了资源环境承载力概念，强调随着不可再生资源的枯竭及环境恶化，全球人口增长将在未来的某个时期达到极限（Meadows and Rome，1973）。1980 年左右，联合国粮食及农业组织和联合国教育、科学及文化组织先后开展了一系列承载力研究工作，将资源环境承载力定义为：一个国家或地区在可以预见的时期内，利用本地能源及其他自然资源和智力、技术等条件，在保证符合其社会文化准则的物质生活水平下，该国家或地区所能持续供养的人口数量（UNESCO，1985）。1996 年 Arrow 等又在《经济增长、承载力和环境》中进一步探讨了经济发展与环境质量的关系，从而引发了人们对资源环境承载力的关注（Arrow et al.，1996）。承载力是客观存在的，无论早期人类能否意识到（封志明和李鹏，2018），这种客观存在的资源环境及生态系统的自然属性，也在随着不同时代的人类生存发展需求、生产力提升、科学进步及人类对资源环境认知的变化而逐渐发展完善。

　　资源环境承载力是社会系统、资源系统和环境系统相互作用的结果（图 1.1）。在原始采猎社会，人们对承载力的认知局限在自然资源系统，因此，水、动物和植物资源的可获得性决定了区域的承载力。发展到农业社会，人们对承载力的理解逐渐地由资源系统扩展到了社会系统，更加注重技术的作用。到 18 世纪的工业社会，人们除了关注基本的生存资源外，化石燃料等资源也成为影响承载力的重要因素之一，加之全球贸易大发展，承载力就变得更具有开放性和外部性。进入生态文明社会后，在全球气候变化和强烈人类活动影响下，自然资源环境、生态系统及全球环境变化科学研究之间的联系更为紧密，人们致力于研究生态系统对环境变化胁迫的承载力，重点关注环境变化与生态系统的稳定性、脆弱性、适应性、稳态转变等方面的生态学联系（Arani et al.，2021；Bastiaansen et al.，2020；Immerzeel，2020；Holling，1973），由此也将传统的资源环境承载力概念扩展到了全球变化胁迫的生态系统承载力领域。

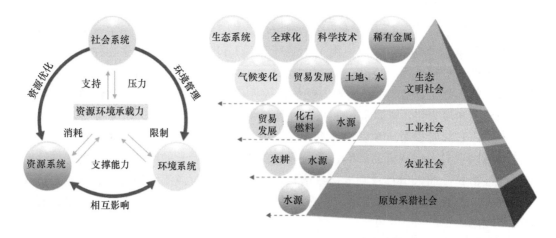

图 1.1　资源–环境–社会系统的关系及资源环境承载力的认知变化发展（于贵瑞等，2022）

3. 中国的资源环境承载力应用研究及其发展

资源环境承载力是区域经济发展战略决策、资源开发利用和规划的基础，对区域可持续发展具有重要指导意义。承载力的研究对象最初多为生物体或自然系统，当其承载对象上升到人类社会系统时，便出现了资源环境承载力的概念。在我国，资源环境承载力研究最初源自对土地、粮食与人口关系的认识。随着人口、资源、环境与发展矛盾的日益加剧，土地资源承载力研究被普遍认为是认识土地、人口与食物之间的关系，解决人口与资源、环境矛盾的主要途径，其科学研究多是围绕"以多少土地、生产多少粮食，养活多少人口"为核心内容来开展工作。中国现代科学意义的土地资源承载力研究可以追溯到 20 世纪 60 年代，即以竺可桢和任美锷为代表的学者们开展的关于粮食作物生产潜力及土地资源承载力的探讨（竺可桢，1964；任美锷，1950）。1980～2000 年，中国土地资源承载力开展了 3 次具有代表性的系统性研究工作，拓展了土地资源承载力研究范畴（封志明等，2017）。

水资源承载力研究是资源环境承载力研究的重要内容之一。施雅风（1992）提出了水资源承载力概念及测算体系，之后的很多学者围绕北方干旱地区开展了大量研究工作。水资源承载力研究多基于流域尺度开展，且主要以北方及内陆河流域为研究对象，如海河流域、黑河流域、石羊河流域、塔里木河流域、黄河流域、辽河流域等（周侃，2014）。此外，京津冀地区等区域性尺度的水资源承载力研究也得到了持续关注（封志明和刘登伟，2006）。环境承载力研究是随着生态退化及环境污染的日益加剧而逐渐受到重视，环境容量、环境自净能力、环境承载能力等概念先后被提出。环境承载力是一个综合性的概念，其中涉及环境、经济、社会等方面，需要从阈值、容量、能力等角度阐述其内涵。

近年来开展的主体功能区规划工作推动了以区域"自然-经济-社会"复合生态系统为对象的区域资源环境综合性承载力研究的发展。其中，"生态承载力"（赵东升等，2019）和"资源环境综合承载力"（樊杰，2007）成了研究热点。这些研究着重探讨人口承载力、国土空间开发强度、经济承载力及承载力的综合评估，在指导区域可持续发展、国土空间开发、城镇化建设、灾后重建规划、产业规划等诸多领域发挥了重要作用（黄贤金和宋娅娅，2019）。

1.1.2　基于生态学原理的资源环境承载力概念体系

承载力概念源远流长，并随着时代发展与时俱进，在不同学科领域演化出了多种表达形式。在工程地质领域，承载力指地基对建筑物负荷的最大承载强度；在运输行业，承载力指运输工具的载荷能力或负载定额；而在资源环境领域，承载力则是指土地等资源环境系统对社会发展需求的最大承受能力；在生态系统科学领域，承载力为牧场的最大载畜量或生态系统能承载多少植物或动物；在社会经济领域，承载力是指稳定的社会经济系统所能承受的可持续发展的速度；在环境领域，承载力表达的是环境容纳污染物的数量。由此可见，资源环境承载力会因不同学科的理解而形成不同的科学概念及内涵，是一个多学科视角的概念体系（于贵瑞等，2022）。

基于资源环境的本质属性以及对资源环境承载力的认知变化，可以从工程地质领域的承载力、生态阈值理论、生态系统的结构和功能以及生态系统动态演变和环境影响等角度来认知资源环境承载力的科学内涵。生态学理论认为，决定资源环境承载力的 3 个核心因素是资源要素系统及其供给能力、环境要素系统及其状态、生物系统的物质生产及其繁殖属性，三者共同决定了生态系统的结构和功能状态，进而影响生态系统的初级生产力及其稳定性。于贵瑞等（2022）重新梳理了资源环境承载力概念的科学内涵，系统讨论了生物可占用的空间生态位容积（niche volume，NV），生态系统可承受环境胁迫压力（压强）的生态阈值（ecological threshold value，ET）（耐压抗压阈值），气候、水和营养等可持续供给的潜在资源容量（resource capacity，RC）（供给能力），以及缓冲和净化污染物质的环境容量（environmental capacity，EC）等基本概念。进而从"地基压强承载能力""空间容量承载力""生态阈值承载力"的生物物理学角度，给出自然资源供给承载力（natural resources supply carrying capacity，NRSCC）、自然环境承载力（natural environment carrying capacity，NECC）、生物种群发展承载力（carrying capacity of biological population development，CCBPD）、社会经济发展承载力（carrying capacity of social and economic development，CCSED）和生态系统环境胁迫承载力（carrying capacity of environmental stress in ecosystems，CCESE）5 个具有关联性的承载力概念的生态学定义。

1.1.3 资源环境承载力理论的生态学基础

1. 资源环境承载力的理论框架

资源环境承载力具有客观性、相对性、可塑性和多样性等系统学特征，可以从"地基压强承载能力""空间容量承载力""生态阈值承载力"三个生物物理学角度来定义及度量。奠定资源环境承载力科学基础的 3 个核心生态学理论为生态系统的生物种群增长及生态容量理论，生态系统多功能性及资源环境效应理论，生态系统多稳态性及自适应性理论（于贵瑞等，2022）。这三个生态学理论涉及生物种群的内禀增长率、环境容量、资源竞争关系；生态系统生产力、食物链的营养物质数量、质量和生态效益；资源供给的持续性、有效性、利用效率；生态环境变化的土壤、气候、水源及生态效应；自然环境变化和人为活动的影响、环境胁迫和生态退化；环境胁迫的暴露度、生态系统的脆弱性及其适应性等系列生态学问题（于贵瑞等，2022）。

基于生物圈–土壤圈–大气圈–水圈相互作用的"自然资源环境及宏观生态系统的整体性理论"是认知自然资源环境承载力形成过程机制的宏观生态学基础，并决定着资源环境效益及承载力。基于资源利用–消耗–调控–再生之间相互作用的"人类社会经济活动的资源利用与环境影响理论"则是区域资源环境承载力定量评估的生态学原理，并决定着生态系统服务及承载力的数量和质量。其中包括"资源要素有限性及有效性学说""环境要素适宜性及动态性学说""资源消耗及再生性学说""环境影响及适应性学说"(于贵瑞等，2022)。

2. 自然生物种群增长的资源环境承载力及其生态学基础

18 世纪末期，Malthus 提出的人口论是人口承载力最早的雏形，随后又提出了著名的粮食和人口两个级数增长的观点，认为如果在没有任何阻碍的情况下，人口将按照几何级数增长 [式 (1.1)]，而人类所依赖的物质资料却按照算术级数增长，所以人口增长的速度要远远超过物质资料的生产。

$$N = \frac{K}{1 - e^{rt}} \tag{1.1}$$

式中，N 为人口数；r 为人口自然增长率；t 为时间；K 值被确定为人口增长的生态环境容量，即人口承载力。该模式描述的种群动态变化也称为逻辑斯谛方程（Logistic equation）。Odum（2009）基于逻辑斯谛方程发展了承载力概念及其数学含义。他根据种群增长曲线的形状，将种群增长分为"J"形增长和"S"形增长。在"J"形增长中（图 1.2），种群密度呈指数型迅速增长，而当限制因子或环境阻力发生有效影响时，增长会突然停止。这种增长型可以用简单的指数方程模型描述为

$$\frac{dN}{dt} = rN \tag{1.2}$$

"S"形增长（图 1.2）的开始时期种群增长速率较为缓慢，随后增速明显，而后因环境阻力的增大，种群增长速率逐渐降低，直到种群达到平衡状态。这种增长型可以用简单的逻辑斯谛模型描述：

$$\frac{dN}{dt} = rN \times \frac{K - N}{K} \tag{1.3}$$

式中，常数 K 表示种群增长可能到达的最高水平，是"S"形曲线的潜在渐近线，称为种群增长的生态环境容量。拐点时种群增长率最高，因为理论上在这个点上所收获的生物量可以迅速恢复，渔业经营者将其称为最大可持续产量。

Barrett 和 Odum（2000）将这一理论应用于生态系统承载力及可持续性概念的阐述中，他们认为承载力是所有可用的输入能量用以维持所有基础结构和功能达到的状态，即生产量与呼吸消耗相等。在这些条件下所能支持的总生物量被称为最大承载力（maximum carrying capacity，K_m），即在某个特定生境资源所能维持的最大密度。但是 K 水平并不是绝对的，当增长率很高时可能会导致种群数量超过 K，而在此之后可获得资源的周期性减少会暂时降低 K（图 1.2）。越来越多的证据显示，在某个特定生境中，食物或空间等相关资源在没有用尽时所能维持的较小密度可称为最适承载力（optimum carrying capacity，K_o），并且最适承载力总要低于最大承载力（Barrett and Odum，2000）。

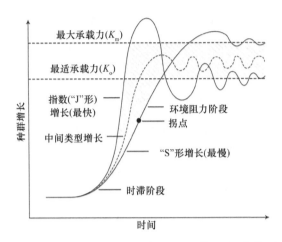

图 1.2　生物及种群增长曲线的两种基本型："J" 形和 "S" 形增长曲线

大部分种群增长都遵循逻辑斯谛方程，它代表的是空间和资源限制作用在生长初始阶段时就出现的一种最小的 "S" 形生长。然而在现实中，生物开始生长时期并不会受到环境限制，而是当密度逐渐增大时，环境限制才会发挥作用，种群增长速率才会减慢，所以大多数种群增长是介于种群理论增长的上限（指数生长型）和下限（逻辑斯谛生长型）之间的中间类型，即图 1.2 中的阴影部分（Odum，2009）。承载力的变化一般也介于最大承载力和最适承载力之间。

3. 区域社会经济发展的资源环境综合承载力及其演变的生态学原理

基于生物圈–土壤圈–大气圈–水圈之间相互作用的"自然资源环境及宏观生态系统的整体性理论"以及基于资源利用–消耗–调控–再生相互作用的"人类社会经济活动的资源利用与环境影响理论"是综合研究、定量评估区域资源环境承载力的生态学基础及技术原理。而区域资源环境承载力的应用研究主要围绕区域资源环境系统限制下的生态系统对人类及社会经济发展的承载力状态及其动态变化而展开，主要包含两个不同的应用研究方向。其一是区域资源环境系统约束下的生态系统对人类及社会经济发展的承载力，其二是区域自然环境和人为活动变化对生态系统的影响或环境胁迫，以及生态系统对自然和人文环境变化胁迫的承载力。

自然界区域性的生态系统是生物圈–土壤圈–大气圈–水圈相互作用、互馈制约的生命共同体，是由自然资源环境与生物系统共同构成的宏生态系统，系统的整体性原理成为塑造自然资源环境承载力过程的生态学基础。自然地理区域是自然与人文耦合的自然–社会–经济复合生态系统，人类社会经济活动构成了资源利用–资源消耗–环境调控–资源再生等生态过程相互作用关系，反馈影响着自然资源和环境系统，调控着区域生态系统的结构、功能和服务，决定着自然资源的社会经济承载力。

区域性的资源环境及生态学系统的综合承载力可以用"金鼎容器"概念模式来表征（图 1.3），具体可以用承载的生物和人口增长及人类各种社会经济活动的容纳能力来度量，可表达为自然资源供给、生态环境约束及技术经济发展三个方面的支撑能力函数。

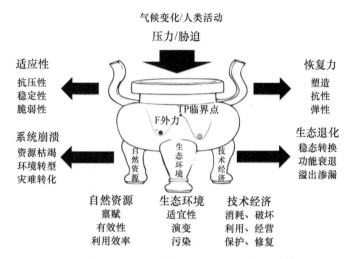

图 1.3　区域资源环境及生态学系统综合承载力的"金鼎容器"概念模式（于贵瑞等，2022）

其一是自然资源的禀赋、有效性及利用效率决定了生态系统的供给能力，较高和有效的生态系统生产力能提供较多的供给，而较低的生态系统生产力则供给较少的资源。其二是生态环境的生物适宜性、动态演变和缓冲净化决定了生态系统应对环境变化的能力，稳定、结构较复杂且生物多样性高的生态系统则拥有较强的能力去应对外界的变化。其三是科学技术和经济的发展对资源利用起到了很大的决定性作用，使得人类对资源的有序经营、适度利用和促进再生有了理论支撑，并在生态环境合理保护、减少干扰破坏、降低污染损伤和积极净化修复等方面有了具体的实施方案，实现了区域生态系统承载力的"增容"（于贵瑞等，2022）。

区域社会经济发展的资源环境综合承载力作为自然资源供给、生态环境约束及技术经济发展的综合作用的函数，必然随着影响因子的变化而演变。当自然变化和人类活动对生态系统产生压力或胁迫时，生态系统会产生一定的适应性和恢复力，并会努力恢复到之前的状态，使得其自身的承载能力尽可能保持不变。其中，系统的适应能力由其自身的抗压性、稳定性和脆弱性所决定，而生态系统的恢复力则由系统的可塑性和弹性，以及对外在压力的抗性所决定。如果系统无法抵抗外界压力，则可能导致生态系统及承载力的退化或衰退，甚至导致系统崩溃或资源枯竭。生态系统退化是一种渐变过程，主要表现为生态系统稳态转换、生态功能衰退、资源环境承载力减小等形式（图 1.3）。

1.2　全球变化对资源环境承载力的影响

1.2.1　资源和环境的演变与生态系统变化

1. 资源要素及其演变

资源要素演变是全球变化的重要方面。生态学研究的主要内容之一是绿色植物如何获取无机资源，以及这些资源在消费者–资源相互作用网络中每一个连续阶段的重组利用。总体来说，无机资源为植物个体生长提供动力，决定了整个陆地的初级生产力，即决定了进入陆地生态系统的初始物质和能量。因此，认识太阳辐射、二氧化碳（CO_2）、水、矿质营养元素、氧气、生物等资源要素的演变及其对生态系统的影响是理解资源环境承载力形成和演变的基础。

1）太阳辐射

太阳辐射是绿色植物用于代谢活动的唯一能量来源。太阳辐射的纬度差异使地球上出现相应的纬向气候带，形成全球气候的基本格局。自 20 世纪 50 年代以来，地球所接收的太阳能量遵循了太阳 11 年自然周期的小起伏变化，但没有表现出净增加趋势。同期，全球温度表现为显著上升。当前的科学共识是，太阳活动的长期和短期变化在地球气候中仅扮演很小的角色，全球变暖不是由太阳辐射增加引起的（李玉强等，2022）。

2）CO_2

CO_2 浓度高低是影响植物初级生产力的重要因素。大气中的 CO_2 浓度已从 1750 年的 280 ppmv①增加到了 2022 年 5 月的历史最高平均浓度 421.33ppmv（NOAA，2022）。现代大气 CO_2 浓度增大主要来自化石燃料燃烧和工业过程的 CO_2 排放，经济和人口增长是最重要的两个驱动因子，其次是来自林业和其他土地利用的 CO_2 排放（IPCC，2021）。

3）水

水是细胞组分及光合作用的基本资源，生物的一切代谢活动都必须以水为介质，土壤水是陆生植物赖以生存的基础。1901 年以来，全球陆地上的降水没有明显的增加或减少趋势，但北半球中纬度的陆地有降水变多趋势（IPCC，2013）。而近期的报告指出，全球变暖导致降水量增加、降水强度增大，同时也改变了全球干旱模式（IPCC，2021）。

4）矿质营养元素

植物的生长需从土壤中获取矿质资源（水生植物从周围的水体获取）。根系从土壤溶液中吸收这些元素，植物将其中的大部分合成构成其组织的有机化合物。在自然条件下特定的气候系统中会形成矿质营养水平不同的土壤，影响不同区域的群落生产力。然而，在以人类活动为主导因素的强烈干扰下，一些区域土壤退化，直接导致土壤矿质营养元素缺乏及土壤生产力下降。

5）生物资源

广义的生物资源指生物圈中对人类具有一定经济价值的动物、植物、微生物有机体以及由它们所组成的生物群落，包括基因、物种以及生态系统 3 个层次。此处所指的是作为异养生物/动物食物的生物资源，食物链所有的生物都是其他生物潜在的食物资源，植物的不同部位代表截然不同的资源（Begon et al.，2006）。生物灭绝和生物入侵是生物资源全球变化的主要表现形式。生物入侵造成了目前为止最难以恢复的生态系统变异，这些改变是导致全球生物多样性丧失的主要原因之一，美洲大陆和澳大利亚记载的

---

① 1 ppmv=10^{-6}。

已定居的外来植物约 2000 种，而在一些岛屿地区，引进种已占植物区系的一半甚至更多（方精云，2000）。研究表明，中国分别有入侵动物和植物物种 138 种和 384 种，越往东南沿海靠近，其数量越大，密度越高（王国欢等，2017）。

2. 环境要素及其演变

全球自然环境演变是随着漫长的地球演变历史而渐变的过程。环境要素的演变特征与机理，如温度升高、极端气候事件、土地退化、土壤酸化等，是当前全球变化科学研究和管理的热点问题。人类出现并从自然环境中逐步分离，成为影响自然过程、导致自然环境变化的一个重要营力（朱诚等，2017）。人类活动主要通过增加大气中温室气体浓度、影响大气气溶胶浓度、土地利用/土地覆盖变化所产生的气候效应以及人口迁移和城镇化发展等方式影响气候与生态环境（朱诚等，2017）。

1）气温升高

近百年全球气候变暖毋庸置疑，1880～2012 年全球地表平均温度大约升高了 0.85℃；此期间，陆地比海洋升温快，高纬度地区升温幅度比中低纬度地区大，冬半年增温比夏半年明显；1983～2012 年是过去 1400 年来最热的 30 年（IPCC，2013）。2019 年，全球平均温度较工业化前高约 1.1℃，是有完整气象观测记录以来的第二暖年份，2015～2019 年是有完整气象观测记录以来最暖的 5 个年份；20 世纪 80 年代以来，每个连续 10 年都比前一个 10 年更暖。

2）极端气候事件

受全球气候变化和人类活动的共同影响，全球范围内极端气候事件及其导致的灾害事件频发。极端气候事件中，干旱和高温热浪对全球变暖的响应表现更为突出和敏感，已成为全球变化研究中的重点和热点问题之一。地球变暖导致干旱和热浪变得更加普遍和严重，非洲大部分地区、欧洲南部和中部、中东、美洲部分地区、澳大利亚及东南亚的干旱和热浪在 21 世纪将会增加（Roy et al.，2016；Swann et al.，2016）。越来越多的证据表明，极端气候事件可能会显著影响区域和全球的碳通量（Zscheischler et al.，2014；Ciais et al.，2005），并可能反馈给大气 CO_2 浓度和气候系统（Reichstein et al.，2013）。

3）干旱区域土地沙漠化

土地沙漠化在全球干旱和半干旱区造成土地资源丧失和生存环境恶化。气候变化和土地利用变化是沙漠化的主要驱动力（Odorico et al.，2013）。约占全球陆地面积 45%的干旱半干旱区土地，有超过 2/3 的区域在沙漠化影响下，碳损失量为 20～30 Pg（Lal et al.，1999）。干旱半干旱区土地分布范围广，但受沙漠化影响退化严重，这使其成为固碳潜力最大的区域之一。

4）岩溶地区石漠化

石漠化不仅造成严重的生态环境退化，还危及人类生存，又被称为"生态癌症"（杨子生，2009）。截至 2016 年底，在石漠化最突出的中国，岩溶地区石漠化土地总面积为

1007 万 hm^2，占岩溶面积的 22.3%，涉及西南及中南地区的 8 个省（自治区、直辖市）457 个县（市、区）（国家林业和草原局，2018）。且中国西南喀斯特地区是世界上分布面积最大、发育最强烈的一片喀斯特区域（李梦先，2006），其石漠化已与西北地区沙漠化、黄土高原水土流失一起被称为中国的三大生态灾害。从全球范围来看，近年来石漠化发展趋势得到有效控制，植被显著恢复，特别是受人类活动影响较小的高纬和赤道地区（Zhao et al.，2020）。

5）土壤酸化

现代工业飞速发展，向空气中排放的污染物也急剧增加，构成大气污染重要成分的氮（N）、硫（S）氧化物等作为酸雾、酸雨、酸尘降落到土壤中，使得土壤酸化作用加速。自 1860 年开始，全球大约每年有 34 Tg 活性 N 沉降到地表，到 1995 年活性 N 的沉降量增加到了 100 Tg，而到 2050 年可能进一步增加到 200 Tg（朱诚等，2017）。土壤酸化将改变生物生存环境，对生态系统功能和过程产生影响，如土壤酸化改变草原碳分配、植物性状和微生物活动，破坏草原生态系统平衡（Chen et al.，2017；Chen et al.，2015）。

1.2.2 生态系统对全球变化的响应

目前，已经观察到的全球变化包括气候系统、大气成分和地表覆被等的变化，对地球生态系统产生了巨大影响。虽然这些影响和变化还不至于使地球生命系统崩溃，但已不可避免地对地球生态系统的各种服务功能产生了显著影响，甚至某些功能会因此而丧失。从已有的研究结果看，这些影响以负面为主，从而危及人类福祉和其他生物繁衍生息。由于与人类活动的关系比较密切，这种变化在陆地生态系统中表现得更为明显。但是，从另一个角度来看，生态系统对全球变化的响应并不完全是被动的，它们可以通过调整自身的结构和功能来削弱资源环境要素变化带来的负面影响，甚至从其所带来的影响中获益（李玉强等，2022）。

1. 生态系统碳平衡对全球变化的响应

全球变化及与其伴随的环境资源要素变化通过影响碳的输入和输出来影响陆地生态系统碳收支平衡。当前，关于全球变化影响陆地生态系统碳汇形成机制的研究可以归为两类。第一类机制是影响光合固碳和呼吸排放的生理或代谢机制，主要包括气温和降水变化、CO_2 浓度升高、氮和磷（P）沉降、酸雨和对流层臭氧浓度增大、辐射变化，以及不同生理机制的协同效应对碳收支的影响。此外，诸如干旱和热浪等极端气候事件的强度和频率预计将增大并影响陆地碳平衡已成为共识。第二类机制是自然生态系统的人为干扰和退化生态系统恢复对碳收支的影响。1750～2011 年全球土地利用变化释放的碳量约为（180±80）Pg C，而 2002～2011 年土地利用变化导致的净碳释放速率为（0.9±0.8）Pg C/a（IPCC，2013）。退化生态系统的恢复或土地利用的有效管理可以维持和增加生态系统碳储量，是潜在的减缓大气 CO_2 浓度增大的有效途径，如人工林建设使森林生态系统碳源转变为碳汇（Fang et al.，2001）；京津沙尘源区退耕还林十余年后表层 100 cm 深土壤有机碳平均固存速率可达 0.15～3.76 mg C/（hm²·a）（Zeng et al.，2014）。但是，最新的一项研究指出，尽管人工纯林建设可快速改善自然环境，但从长远来看会导致碳储量和地力下降、病虫害增加等生态问题，因而生态恢复行为应更加关注提高微生物多样性，并改善已有的人工纯林结构（Zhang et al.，2021）。

2. 植物物候对气候变化的响应

植物物候为气候变化重要自然指示器之一，20 世纪以来全球植物物候与气候变暖呈协同变化的特点，是全球气候变暖的证据之一。当前较为普遍的结论是全球变暖提前春季物候或延迟秋季物候。气候引起的物候变化可能由于植物物种对气候变化的不同物候响应而重塑群落结构，进而会对生态系统功能产生相当大的影响（Piao et al.，2008；Keeling et al.，1996）。自 20 世纪 80 年代以来，北方生态系统植被生长季节持续时间的延长是植被生产力提高的主要原因（Piao et al.，2017）。由于植物物候在控制陆地生态系统与大气之间水和能量交换的季节动态方面起着基础性作用，气候变化引起的植物物候变化又会对气候产生反馈。春季植被生长与同期地表温度上升速率之间存在很强的负相关关系，较早的植被生长产生了冷却效应（Jeong et al.，2009）。植物展叶后感热和潜热的比值迅速降低，产生降温效应，可有效抑制同期春季升温（Moore et al.，1996；Schwartz and Karl，1990）。植物物候变化还可能通过影响蒸发蒸腾作用影响水循环（Kim et al.，2018）。

3. 土壤生物对全球变化的响应

随着土壤生物在全球生物地球化学循环过程中的重要性得到关注和认识，人们逐渐意识到在研究全球变化对生态系统的影响时只有同时考虑地上、地下两个部分及它们之间的相互关系，才能更好地理解人类活动影响下全球变化给陆地生态系统所带来的综合影响。任何改变土壤养分有效性或显著改变地下食物网营养结构的环境变化（如干旱、变暖和 CO_2 富集）都可能影响生态系统功能或作物生产力，从而影响土壤生物（Andresen et al.，2010）。全球变化最普遍的两个驱动因素是干旱和养分富集，但是土壤生物对相互作用的全球变化驱动因素的反应仍然是未知的（Wardle，2002）。有研究表明，干旱会减少土壤无脊椎动物的取食活动，导致土壤线虫群落结构更加紊乱，而对土壤微生物活性和生物量没有显著影响；施肥会导致微生物生物量增加，并显著减少无脊椎动物的取食活动（Siebert et al.，2019）。因此，土壤生物群落对全球变化驱动因素的脆弱性存在巨大差异，由土壤微生物和无脊椎动物相互依存的活动所驱动的重要生态系统过程，如分解和养分循环，在未来的条件下可能会被破坏。

4. 水循环对全球变化的响应

气候变化和人类活动导致的降水空间格局改变、极端气候事件、灾害、水污染、地下水位下降、冰川冻土退化等,正在改变陆地水循环过程。尽管降水格局在全球各个地方的变化不尽一致,但气候变化使降水变率增大和短时高强度降水概率增大已成为普遍接受的事实,意味着极端气候事件发生的概率增大,加剧干旱与洪涝灾害的发生。

气候变暖导致冰川退缩、冻土消融,冰川冻土退化使青藏高原地表径流增加,加之暖湿型气候变化,湖泊水量增加、面积扩张,但温度上升使蒸发加强(朱立平等,2020)。一般认为温度上升会促进水分蒸发,但有研究表明,蒸发皿蒸发量和潜在蒸发量总体上是减少的。虽然这种"蒸发悖论"被解释为是由太阳辐射减少、云量和气溶胶浓度增大导致的,但全球气候变化对蒸发的影响机制仍有待进一步研究(李玉强等,2022)。

人类活动对水循环的影响主要通过土地利用/土地覆盖变化、水利工程、人类取用水等实现,并且相比于气候变化,人类活动对水循环的作用越来越重要。例如,在黄土高原径流量是减少的,这与土地利用/土地覆盖变化和人类取水活动密切相关。土地覆盖变化还使陆地年蒸散量减少约5%,蒸散量的最大变化与湿地和水库变化相关。因此,在未来应对全球变化对水循环过程影响的行动中,应当充分考虑人类活动的作用,理解和揭示人类活动对水循环的影响机制(李玉强等,2022)。

5. N、P 循环对全球变化的响应

大气 N 沉降增加是全球变化的重要内容之一,化石燃料燃烧、N 肥施用以及畜牧业的发展导致的 N 沉降增加正改变全球的 N 循环过程。大气 N 沉降增加意味着 N 输入来源增加,将直接导致土壤 N 含量上升,进而对土壤 N 矿化作用产生影响。有研究表明,气温升高、降水增加有利于土壤 N 矿化和提高 N 有效性,促进植物对 N 的吸收,但降水增加或土壤水分含量过高容易导致 N 淋溶损失。对于草地生态系统而言,随着放牧强度的增大,土壤微生物群落受到抑制,显著减弱了土壤固 N 作用和氨化作用。同时,放牧活动显著减少土壤 N 库储量,并促进含 N 温室气体的排放。此外,土地利用/土地覆盖变化也影响 N 循环,如开垦,一方面导致土壤 N 流失,另一方面农业施用 N 肥增加 N 素的输入源(李玉强等,2022)。

P 是生物生长的必需元素,与 C、N 存在一定的耦合关系并相互影响,N、P 又常成为植物生长的限制性营养元素,全球变化已经对 C、N 循环过程产生影响,也必将影响生态系统 P 循环。模拟 N 沉降的 N 添加试验表明,N 添加促进了 N、P 耦合和植物对 P 的吸收,但在 P 含量较低的区域,N 含量增加不能提高 P 的有效性,因为 P 主要来源于岩石风化。因此,降水量增加和温度升高可加速岩石风化,促进土壤 N、P 矿化和凋落物分解,但可能导致土壤碳流失加快,并且高强度降水也将促进淋溶作用。再者,由于工业排放、生活排放及农业面源排放,大量 N、P 营养物质进入水体,增加了 N、P 循环过程的不确定性和危险性,并打破了生态系统平衡(李玉强等,2022)。

1.3　基于生态系统演变机理的生态系统脆弱性、适应性

1.3.1　生态系统演变及多稳态特性

生态系统演变或演替（ecosystem evolution/succession）是自然生态系统动态变化的基本过程，是生态系统的组分和结构、过程和功能状态在时间维度上的演变历程。在系统的不同演替阶段，其都会维持着特有的结构和功能状态，并拥有不同水平的生物种群及环境变化胁迫承载能力。生态系统演变是在资源环境要素与生物因素复杂的相互作用下，生物群落、生态系统与环境变化相互作用的结果。生态系统演变概念的内涵与外延随着研究进程而变化，深入理解生态系统的演变规律，解析生态系统演变过程中资源环境要素与生物因素的相互作用以及生态系统生产力形成机制，是研究生态系统突变及生态系统脆弱性、适应性的基础生态学问题。在描述生态系统演变的动态特性时，人们强调了生物与非生物组分相互作用的重要性，认为演替过程中物种之间以及物种与环境之间，主要是通过促进作用（facilitation）、忍耐作用（tolerance）和抑制作用（inhibition）等机制，推动生态系统演替和发展（Krebs and Davies，2009）。干扰（disturbance）是导致生态系统演变的外部驱动力，包含自然和人为因素，通过干扰的频度（frequency）、广度（extent）和严重度（severity）影响生态系统的演替进程（Böehmer and Richter，1997）。

生态系统是一个开放的多稳态系统，不仅具有系统结构、功能和过程的整体性和复杂性，而且对环境变化胁迫具有相应的缓冲能力，以保持生态平衡及其稳定性。自然界的生态系统总是趋向于向生态平衡状态发展，当受到外界干扰时，系统通过正、负反馈作用，保持和恢复系统稳定状态，但干扰超过生态阈值时，则可能引起生态系统的动态演替、稳态转换、系统突变及崩溃。

生态系统多稳态（alternative stable states）的概念是由 Lewontin（1969）提出的，他研究的问题是在一个给定的生境中，生态系统是否会存在两个或两个以上的稳定生物群落结构。Scheffer（2009）和 Dakos 等（2019）给出的多稳态定义是系统在相同条件下可能收敛到不同的状态，Clements 和 Ozgul（2018）则认为多稳态是生态系统的另一种形态，并由负反馈调节维持其功能和组成的变化，多稳态是在相同的外力驱动或干扰情况下，其生态系统内生物群落的结构、物质和能量都会发生变化，并且可能表现为由负反馈调节维持的两种及以上不同的稳定状态。理解生态系统多稳态理论有助于对生态系统状态和资源环境承载力变化的预测，并对生态系统的资源利用、管理和决策具有重大的实践意义。

基于生态系统演变或演替及多稳态理论，我们认为全球变化与生态系统互馈机制研究重点为：①深入理解陆地生态系统的结构与功能关系，解析陆地生态系统过程与格局的形成与驱动机制，需要从时间维度刻画生态系统结构与功能的动态特征。②作为约束

条件的自然环境与资源,主要通过物种的生态幅(ecological amplitude)和生态位(niche)影响其个体生长发育、种群动态与分布,决定生态系统的脆弱性和生态系统演替过程。③生物是生态系统中最活跃的组分,生物过程对资源环境变化的响应、耐受和适应决定了生态系统的适应性(ecosystem adaptability)。④生态系统具有自组织和自我调节的机能,但这种自组织和自我调节能力受干扰频度、广度和严重度的影响,从而决定生态系统结构和功能的演变进程和模态,呈现为生态系统状态的渐变、转换或突变。

1.3.2　生态系统脆弱性

就生态系统本身而言,生态系统脆弱性(ecosystem vulnerability)是指生态系统在其演变过程中的特定时空尺度上对外界干扰所具有的敏感反应和自我恢复能力,一般认为它是生态系统敏感性(ecosystem sensitivity)和生态系统恢复能力(ecosystem resilience)叠加的结果,它是生态系统的固有系统学属性。全球变化科学的发展使脆弱性概念进一步发展,IPCC 将脆弱性定义为由三个部分构成:①暴露度(exposure),描述灾害或干扰或压力发生的可能性;②敏感性(sensitivity),是指衡量对灾害或干扰的敏感性;③适应力/恢复力(adaptive capacity/resilience),是指应对风险及其后果的能力。

一个较新的特定的脆弱性内涵且与以上概念总框架相适应的是生态系统脆弱性,从这个角度来看,将环境系统从传统上视为影响人类系统的危险源的观点转向受自然和人为因素驱动影响的响应系统,Birkmann 称其为以生物为中心的生态脆弱性观点,以便将其与以人类为中心的观点相对应,包括对生态系统组分或功能的脆弱性和敏感性的分析(Birkmann,2006)。该理念的应用得益于由南太平洋应用地球科学委员会与联合国环境规划署合作制定的环境脆弱性指数,该指数基于 50 个指标来评估环境对未来冲击的脆弱性,已应用到全球每个国家的环境脆弱性评估中(Kaly et al.,2004),但与生态系统脆弱性相比还存在本质性的区别。

基于对不同学科脆弱性概念和内涵的认知,Weißhuhn 等提出对当前的生态系统脆弱性也应采用生态系统暴露度(exposure of ecosystems)、生态系统敏感性(sensitivity of ecosystems)和生态系统适应力(adaptive capacity of ecosystems)三个变量来定量描述的思路,并对这三个术语进行了规范和明确的定义(Weißhuhn et al.,2018)。尽管该概念考虑了生态系统生态学多稳态的理论,但是依然未突破社会环境系统脆弱性特征的束缚,尤其是基于生态系统对外部胁迫与干扰的响应与适应模式,缺失从生态系统自身属性角度的考虑,因此迫切需要深度思考构建面向生态系统的理论框架,从而真正意义上实现基于生态学理论的生态系统脆弱性评估。

敏感性是决定生态系统脆弱性的重要内因。Seddon 等(2016)首次评估了全球陆地生态系统的气候敏感性,明确了高气候敏感的生态系统的区域分布,包括北极冻原、泰加林、热带雨林、高寒区、中亚和北美温带草原区等。Li 等(2018)进一步综合暴露度、敏感性和恢复力评估了全球陆地生态系统在气候变化下的脆弱性,研究发现目前脆弱区主要分布在平原地区,沙漠和干旱灌丛是最脆弱的生物群落。全球脆弱性格局在很大程度上取决于暴露程度，而生态系统的敏感性和恢复力可能在局部尺度上加剧或减轻外部气候压力。

全球变化与生态系统互馈关系及过程十分复杂。传统观点认为，生物物种多样的生态系统可以提高生态系统对环境干扰的恢复力，因为系统包含更多的具有可替代已消失物种功能的物种，同时也认为生态系统受到干扰的次数越多，其恢复能力就会越弱，因为恢复速度会随干扰次数的增加而变慢。但是近来的研究在不断地挑战传统观念，如有研究表明，非洲大陆热带植物物种丰富地区也是对气候变化最敏感的区域，意味着更高的物种丰富度并不一定导致更强的适应能力。Cole 等（2014）从热带森林化石数据中发现，一个系统被干扰（如非洲中部的干旱和中美洲的飓风）的次数越多，反而恢复得越快，可能是因为系统被能够承受干扰并快速恢复的物种所主宰；中美洲和非洲的森林一般比南美和亚洲的森林从过去的干扰中恢复得更快，其恢复速度与非生物驱动因素（如土壤肥力和气候条件）和生物因素（如功能类群组成、树种多样性和年龄结构等）有关。

1.3.3　生态系统适应性

生态系统对环境变化的适应性是指生物能够通过改变自己的结构从而适应新生境的性质，即系统通过自我调整结构和功能来适应外界环境变化的扰动，从而保持稳定或达到新的平衡态的系统生态学特征。这种自我主动适应过程是通过生物与环境之间的相互作用实现自身的发展和演化，最终形成更为复杂系统的生态学过程（孙晶等，2007）。

生态系统适应性（ecosystem adaptability）是出现较早的生态学概念，该概念极易与生态系统适应力（adaptive capacity of ecosystems）混淆。前者是指生态系统在其演变过程中，资源环境条件改变导致其结构和功能发生了相应的变化，以适应资源环境改变的过程，是生态系统生物组分与环境因子相互作用的结果，根据生态系统的等级原则其又细分为基因库多样性，生理、行为和发育的可塑性，社会可塑性以及食物网中能量流的路径再通性。后者则是生态系统恢复力理论中的一个重要概念，指一个生态系统通过改变谷的深度和宽度以保持其在谷底的方式响应干扰的潜在属性。随着全球气候变化对自然和社会系统带来的深刻影响，生态脆弱性和适应性也常常被广泛地用来阐释生态系统对气候变化的响应与适应，其概念和内涵随着人们的认知程度也在不断发生变化。

生态系统的生物作为最活跃的组分，其对关键资源环境要素变化的响应与适应是决定生态系统适应性的核心过程，基本上决定了整个生态系统的适应性。植物和微生物对资源环境变化的适应主要在生物的生理生态特性、驱动碳氮水循环过程，个体的生存、生长及繁殖、生物种群动态和繁衍，植被群落的构建与演替，生态系统过程及其与资源环境的协同演化等多个层级发生。生态系统的自组织和稳态维持机制是认知或解释生态系统适应性的重要生态学理论。早在 20 世纪 50 年代，针对复杂系统现象诞生的自组织理论就开始探讨复杂自组织系统的形成和发展机制，即讨论在一定条件下，系统是如何自动地由无序走向有序，由低级有序走向高级有序的发展过程。这一理论在生态系统中的应用推动了基于自组织理论的生态系统演变、环境影响及适应性等相关概念的发展。

1.3.4　基于生态系统演变机理的生态系统脆弱性的评估方法

生态系统脆弱性的定量化刻画关键性资源环境要素约束条件下的生态系统结构和功能对环境变化反应的状态，通常从暴露度、敏感性和适应力（恢复力）等方面来度量。脆弱性是从资源环境限制角度来表述的生态系统脆弱性程度，暴露度体现了环境干扰因子的变化强度，敏感性和恢复力则从生态过程响应的角度刻画生态系统对特定暴露度的反应状态的自身属性（图1.4）。敏感性和恢复力是决定生态系统脆弱性的重要内因。当全球变化作为全球规模的趋势性干扰因素时，必将影响生态系统，当其影响超过一定阈值时，则系统功能必然会在某些方面表现出不可逆转的损伤或退化，其表现形式包括系统退化、生产力下降、生物多样性减少等诸多方面。

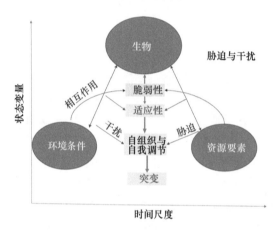

图1.4　基于生态系统演替理论的生态系统脆弱性、适应性与突变的理论框架（徐兴良和于贵瑞，2022）

徐兴良和于贵瑞（2022）提出一个基于生态系统演变理论的生态系统脆弱性和适应性的全新的理论框架（图1.4）及以下三个可以应用于生态系统脆弱性评价的生态学指数。

（1）生态系统脆弱性指数（ecosystem vulnerability index，EVI）：

$$EVI_b = f(L, T, P, W, S) \times f(MBC \times SOC \times Total\ N \times Total\ P \times CEC \times WHC \times NPP \times D)$$

式中，EVI_b 为生态系统自身状态指数；L 为光；T 为温度；P 为降水；W 为风速；S 为坡度；MBC 为土壤微生物生物量碳；SOC 为土壤有机碳；Total N 为土壤全氮含量；Total P 为土壤全磷含量；CEC 为阳离子交换量；WHC 为土壤田间持水力；NPP 为净初级生产力；D 为物种多样性指数。通过对参数标准化，可以绘制出多参数形成的多维雷达图，从而用生态系统属性来明晰本底的脆弱性。

在此基础上，还可以进一步计算生态系统对特定干扰的敏感性指数：

$$EVI_r = S[\alpha(t+1), \gamma'(t+1)|\beta(t), \delta'(t)]$$

式中，S 为干扰或胁迫；α 和 β 为生物群落的状态；γ' 和 δ' 为资源环境要素的状态；t 为时间。

（2）生态系统适应性指数（ecosystem adaptability index，EAI）：作为生态系统最活

跃的组分，生物尤其是初级生产者对关键资源环境要素变化的响应与适应决定了生态系统的适应性。

$$EAI=p[\alpha(t+1),\ \gamma'(t+1)|\beta(t),\ \delta'(t)]$$

式中，p 为适应的可能性；α 和 β 为生物群落的状态；γ' 和 δ' 为资源环境要素的状态；t 为时间。

（3）生态系统突变指数（ecosystem catastrophe index，ECI）：生态系统在对胁迫或干扰的响应与适应过程中会表现出自组织和自我调节能力，当该调节能力达到一定阈值时，生态系统会由一个稳态转变为另一个稳态而出现一个跃变。

1.4　生态系统的状态转变

1.4.1　生态系统突变

生态系统突变是生态系统演变的一种形式，是指当外部胁迫或干扰对生态系统的影响超过系统自我调节能力的生态阈值时，生态系统由一种稳态转变为另一种稳态的跃变过程。生态系统突变既可以体现在生态系统结构上，也可以体现在生态系统过程与功能上。通常而言，生态系统结构的改变要先于生态系统功能的改变，所以在评价探究生态系统突变特性时，应该针对生态系统特点选择能够体现生态系统结构、过程与功能变化的关键参数开展研究。

生态系统突变理论是基于突变理论（catastrophe theory）发展起来的生态学理论。突变理论研究的是从一种稳定状态跃迁到另一种稳定状态的现象和规律。目前该理论已被普遍认为是混沌理论的一部分，起源于 20 世纪 60 年代末，尤其是 1972 年法国数学家雷内·托姆所著的《结构稳定性与形态发生学》一书的问世标志着突变理论的诞生。该理论将系统内部状态的整体性"突跃"称为突变，它的特点是过程连续而结果不连续。同期，英国数学家 Zeeman 对突变理论的发展应用进行了深入探索，推动了该理论的发展。突变理论主要以拓扑学为工具，以结构稳定性理论为基础，提出了一条新的判别突变、飞跃的原则，用形象的数学模型来描述连续性行动突然中断导致质变的过程，被广泛用来认识和预测复杂的系统行为（张添佑等，2022）。

突变理论问世不久，Jones（1977）围绕该理论如何应用到生态系统概念中进行了明晰，并将该理论模型应用到现实的生态学实例中，同时也呼应了 Holling（1973）提出生态恢复力理论时对生态学研究进行定量探究的需求。20 世纪 70 年代早期，很多学者开始整合突变理论和生态恢复力理论来解释生态系统的突变行为，多学科的交叉融合进一步促生了生态学多稳态理论。以上理论的发展与融合对深入刻画生态系统结构和功能的动态特征及其对外界干扰的响应发挥了极为重要的作用，特别是对生态系统突变早期预警的探究为生态系统管理和退化生态系统恢复措施的实施与相关政策的制定提供了重要的理论支撑。

自地球系统进入"人类世"（anthropocene）以来，全球气温升高、降水时空变异性增强、极端气候事件频发、大气成分变化和生物多样性丧失等成为一系列全球变化问题。气候变化和人类社会日益增长的发展需求增加了生态灾害风险。气候系统的研究已经证实，气候要素变化并非总是渐变的，而通常是在不同的时空尺度上发生突变。气候系统的突变势必会威胁区域乃至全球的生态安全，并引发严重社会问题。生态系统的高度复杂性（complexity）、自组织性（self-organization）和易化作用（facilitation）等特征往往导致生态系统响应环境驱动要素表现为非线性、突变和跃迁等特点。当驱动要素超过临界阈值时，生态系统的状态会发生跃迁式变化，生态系统的结构和功能、生态环境承载力会发生大幅度的变化，甚至产生灾变性的重大影响。同时，即使资源环境返回到初始条件，生态系统状态也很难恢复到原有的稳定状态，或者需要很长时间，这给生态恢复和生态重建带来困难。

基于系统突变（abrupt change）概念衍生出了稳态转变（regime shift）、临界转换（critical transitions）、临界阈值（critical threshold）、翻转点（tipping point）、灾难性转变（catastrophic shift）、承载力（carrying capacity）和星球边界（planetary boundary）等多种描述生态系统状态发生快速或大幅变化的概念。突变是最早被用于刻画系统出现快速非线性变化现象的生态学术语。

在解析生态系统突变的研究过程中，"球–杯"（ball-and-cup）模型应运而生，形象地刻画了生态系统多个稳定状态的转变过程。系统动力学研究发现，系统状态越接近临界转换阈值，系统的弹性越小，恢复到原有状态的速率越慢。研究人员依据这一现象提出了临界慢化（critical slowing down，CSD）理论（张添佑等，2022）。

生态系统突变研究受到生态学界的广泛关注，维持生态系统的稳定性、预警生态系统稳态转换正在成为区域可持续发展科学研究的重要内容。系统认知生态系统状态临界转换的理论方法，构建定量刻画生态系统临界转换的数学模型，阐述生态系统临界转换的生态学机制，厘定生态系统临界转换的早期预警信号，被认为是陆地生态系统临界转换研究的核心内容。

1.4.2 生态系统状态转变的相关理论

生态系统对资源环境要素的线性或者非线性响应过程理论是构建数学模型、定量刻画生态系统演变的理论基础。生态系统状态的线性变化特征表明，生态系统在外界资源环境变化的持续影响下会发生规律性的线性变化，并且当驱动因素返回到初始值时，生态系统的状态总会与驱动要素同步恢复到原有的稳定状态［图1.5（a）］。生态系统的非线性变化模式可以分为外部驱动要素对应单一生态系统稳定状态的临界转换［（图 1.5（b）］和对应两个或两个以上稳定状态折叠式的临界转换［图1.5（c）］。在生态学领域，为了定量刻画生态系统响应环境驱动的突变现象，突变理论和 CSD 理论得到了广泛发展和应用。在此基础上构建了系统动力学模型（system dynamics models）、均衡模型（equilibrium models）、智能体模型（agent-based models）等多种模拟复杂系统变化过程的模型。

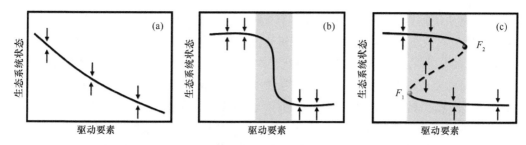

图 1.5　生态系统状态对驱动要素的不同响应模式 [参考 Scheffer 等（2009，2015）修改]
（a）生态系统响应驱动要素的线性变化模式；（b）和（c）生态系统响应驱动要素的非线性变化模式
F_1 和 F_2 表示生态系统状态转换的临界点

对于复杂系统，很难利用微分方程定量刻画系统快速发生的突变现象。法国数学家 Thom 提出的突变理论为定量描述事物发生不连续或存在奇异点的现象提供了基础。依据突变理论，自然和社会系统存在大量不连续的变化，可以由特定的拓扑几何形态来表示，利用突变理论描述系统的动态行为（张添佑等，2022）。

CSD 是一个物理学概念，是指复杂动力系统从一种相态转变成另一种相态之前，系统越趋近临界转变点时，系统恢复到原有状态的速率则会逐渐变缓，持续时间拉长，恢复能力变弱，更有利于形成新相的分散涨落现象。近年来，有研究发现 CSD 现象在揭示复杂动力系统是否趋于临界转变方面展示了重要潜力，在寻找可指示各种系统突变的"通用"早期预警信号（generic early-warning signals）研究中取得了一系列重要进展。在陆地生态系统状态转变研究中，参照动力系统 CSD 理论，提出了变异性（variance）、不对称性（asymmetry）、敏感性（sensitivity）及时空自相关性（autocorrelations）等特征参数，形成了指示生态系统弹性或恢复力变化的理论框架（图 1.6）。

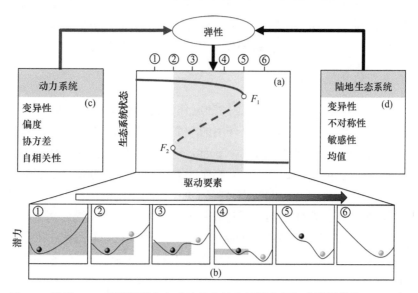

图 1.6　基于 CSD 理论预警生态系统状态转变的概念框架（张添佑等，2022）
（a）生态系统在外部条件变化下存在两种状态；（b）①~⑥的"球-杯"模型表示变化条件下生态系统的多稳态；（c）和（d）
分别为时间动态的变异性、偏度、协方差和自相关性预警的动力系统和陆地生态系统的状态转换

在生态系统临界转换研究中，CSD 理论不断得到应用和发展。目前，其在森林生态系统、草地生态系统、湖泊生态系统和荒漠生态系统等不同典型生态系统中得到了应用。Veraart 等（2012）在恒化器中定期轻微扰动在不断增强光照胁迫下生长的蓝藻，发现恢复速率的减慢是蓝藻发生快速变化的有效信号。Carpenter 等（2006）在湖泊富营养化的研究中表明，模拟显示湖泊水中磷含量的标准差大约可以提前 10 年发出早期预警信号。在温带草地生态系统的状态转换研究中，Hu 等（2018）利用地上净初级生产力的年际变异性、不对称性和响应降水的敏感性等指示草地生态系统弹性的指标，定量证实了临界慢化理论预警生态系统临界转换的有效性。Liu 等（2019）在美国加利福尼亚州的研究表明，归一化植被指数（normalized differential vegetation index，NDVI）时间动态的时间自相关性可以作为早期预警森林死亡的信号。但是，同一指标在不同生态系统的效用并不一致，并不是所有的指标都能诊断生态系统状态临界转换（张添佑等，2022）。

1.4.3　生态系统状态临界转换的生态学机制

在生态系统发生状态转变时，承载力也会随之发生相应变化。所以，多稳态理论有助于对生态系统状态和资源环境承载力变化的预测，并对生态系统的资源利用、管理和决策具有重大的实践意义。随着生态系统实验和观测能力的不断提升，生态系统的多稳态特征已经在物种、群落、生态系统和区域宏系统等多个尺度中被普遍证实，并阐明了多种引起不同生态系统转变的因素。生态系统的群落构成、环境条件和资源禀赋的差异导致系统内部和系统间的物质循环和能量流动的生物、物理和化学过程迥异。生态系统趋近临界点过程的状态参数（如功能、结构和性状参数等）响应外部环境的生态学机制，成为构建理论模型和指导生态恢复及生态重建的重要理论基础。正负反馈作用及种群之间的竞争、互利共生、捕食的作用和阿利效应等是引发生态系统状态发生临界转换的生态学机制，相反，自组织则是生态系统为了避免系统突变的重要机制。

1. 生态系统的反馈作用机制

生态系统的反馈是指系统本身产生的效应作为初始资源环境变量影响生态系统的闭环调节过程，是生物与资源环境相互作用的一个普遍现象。当产生的影响进一步促进/扩大生态系统产生的影响时则为正反馈（positive feedback），相反，抑制生态系统产生的效应则为负反馈（negative feedback）。当生态系统的调节能力超过系统受到的外界环境压力时，往往会引起生态系统的状态转换。负反馈能够使系统稳定化，其结果是抑制和减弱系统的响应。正反馈作用与负反馈作用相反，它能够使系统远离平衡态，即系统中某一成分的变化所引起的响应不是抑制而是加速这种变化。正反馈作用具有极大的破坏作用，并且具有爆发性，是生态系统产生多稳态的必要条件，是生态系统多稳态自组织空间格局产生的机理之一。

在不同的生态系统类型中，生物与生物之间的竞争及协作关系，以及多个生物环境因子之间相互作用形成的级联效应网络（cascading effects networks，CENet）共同形成的正负反馈环（feedback loops）是维持生态系统状态或驱动状态转换的潜在机制。湖泊生态系统浊水态和清水态的相互转换是多要素之间级联作用形成的经典反馈过程。气候变暖、鱼类捕捞、氮磷等营养物质的富集带来的级联效应对水体透明度有着直接和间接的负面影响，共同推动生态系统进入浑浊状态。沉水植物的退化有利于浮游植物的养分和光竞争，造成透明度的降低，进一步加重沉水植物的竞争劣势，抑制沉水植物的恢复，增强浊水态的稳定性，形成"水越浑浊—沉水植物越少，沉水植物越少—水越浑浊"的正反馈循环。湖泊清水态和浊水态都是各自正反馈机制维持了两者的稳定状态。

适应性循环（adaptive cycle）理论包含生态系统演化的多个反馈过程，是在归纳复杂生态系统演化过程中总结出来的启发式模式，认为生态系统在演替过程中的开发（exploitation）、维持（conservation）、释放（release）和重组（reorganization）4 个阶段构成了整个循环，就如同克莱因瓶（Klein bottle）和默比乌斯带（Möbius strip）构成周而复始循环的拓扑空间。适应性理论把循环过程分为可预测增长的前进环（forward loop）和快速重组的回退环（back loop）。前进环和回退环各自的维持，以及前进环向回退环的转换过程包含生物与生物以及生物与非生物环境之间的正反馈过程。

易化作用（facilitation）是典型的正反馈过程，被理解为生态系统物种之间或物种与生境之间相互促进的关系。在草地生态系统，降水增加可以促进植被的生长，以及增加植被叶面积指数和植被盖度，植物盖度增加可以减少土壤蒸发失水，同时根系作用可以疏松土壤，两者共同作用可以增加降水的下渗，提高降水的利用效率，促进植被的生长，形成正反馈过程。同时，植被盖度和叶面积指数增加还可以截留风力搬运的（含有养分的）沉积物，促进根际微生物活性和植物养分利用的有效性。人类活动干扰强度增大和气候变暖的双重胁迫会造成植被过度退化，导致植被保护能力减弱，使得土壤更容易被侵蚀，进一步不利于植物生长，形成负反馈循环，植物–土壤相互作用最终导致草地生态系统退化成斑块状或者裸土等稳定状态（张添佑等，2022）。

2. 生态系统自组织机制

越来越多的研究表明，为了尽量避免突变，生态系统也具有一定的防御机制，空间自组织就是其中最具有代表性的机制（Rietkerk et al.，2021）。自组织即系统的自我组织发展，是系统不依赖外界的指令而只消耗外界输入能量（如进食）的重构过程。系统自组织的核心是系统内部组分相互协同，使系统从"无序"变为"有序"结构时，实现生态系统稳定状态的维持，达到功能的涌现。自组织理论在阐明生态系统临界转变形成机制方面极具发展潜力，也被认为是未来发展植被动力学理论的重要方向之一（张添佑等，2022）。

图灵原理（Turing principle）和相分离原理（phase separation principle）是生态自组织领域的两个理论框架。图灵原理源于"计算机科学之父"Turing 提出的"活化子–抑制子"原理（activator-inhibitor principle）。活化子指生物可以产生更多有利于自身的物质，而抑制子指抑制活化子产生的物质，两者相互作用的空间扩散塑造了稳定的规则斑图。分离指从均匀混合物中自发地产生两个不同的相。在生态系统的空间尺度上，野外观测和实验结果都证实动物的密度和运动规则同样遵循分离原理。在资源、环境和生物的共同塑造下，生态系统产生了有序的（均匀状态—缺口状—迷宫状—条纹状—点状—裸地）空间自组织格局。生态系统不同的规则形态代表生态系统所处的稳态，因此，不同的空间自组织格局转换的临界点以及自组织原理成为预警生态系统临界转换的重要理论依据（张添佑等，2022）。

自组织理论的图灵原理被认为极有可能使干旱半干旱区植物呈现规则斑图和条纹状不规则斑图，即引起不同稳态之间转换的机制。大量关于植物生产力的理论与实验研究均表明，在环境条件相同时，处于规则斑图状态的植物比处于空间随机分布状态的植物具有更高的生产力。在水资源限制区域，植物根系的发育可以增强土壤渗水能力，其有助于在植物生长丰富的局域汇聚更多的水分，而在植物稀少的地方不利于水分的聚集。资源浓缩机制（resource concentration mechanism）是植被短期促进和长期竞争的自组织过程，被认为是实现植物生产力最大化的功能，会导致斑块和条纹状生态系统的转换，但是从裸地向斑块状的转换不仅需要一定的环境条件和资源供给，还需要相应的种源才能够触发这一恢复过程（张添佑等，2022）。

1.5　生态脆弱区的全球变化风险及人为适应

气候变暖、土地利用改变、氮沉降、海洋酸化等全球变化因素深刻影响着地球生态系统，使生态系统服务功能面临退化甚至丧失的风险。生态脆弱区具有资源环境系统稳定性差、抗干扰能力弱等特征，尤其是脆弱区生态系统对全球变化的响应更为敏感，资源环境承载的生产力和生态服务也会受到全球变化的强烈干扰，威胁区域生态环境安全和可持续发展。

生态系统脆弱性及全球变化风险研究旨在为人类适应全球变化提供科学理论和技术途径的优化决策。全球变化（压力源）压力上升导致系统恢复力下降，恢复力降低进而导致系统脆弱性升高，基于星球边界理论来量化的系统安全运行空间变小，系统退化的风险升高。在系统崩溃之前需采取人为管理措施，以降低系统崩溃风险。人为管理措施通过提高系统恢复力、降低系统脆弱性和胁迫强度，使安全运行空间增大，系统退化风险降低。基于此，提出基于生态系统脆弱性理论的全球变化风险与人为适应概念框架（图1.7）。

全球变化是影响生态系统恢复力的重要驱动因素，而恢复力在很大程度上决定了生态系统的脆弱性，结合星球边界理论，通过可量化的生态系统安全运行空间的大小，进而明确功能退化或丧失的风险，决策者基于风险大小制定适应策略进而提升生态系统应对全球变化负面影响的能力。由本框架可知，深刻认知全球变化对生态系统恢复力的影响，是明确脆弱性、量化风险以及制定适应策略的前提。另外，星球边界理论是量化全球变化风险的重要理论依据，即安全运行空间的量化依赖于星球边界理论知识。

恢复力是全球变化影响生态系统脆弱性的核心，指生态系统在受到扰动或冲击时，可以在无人力介入下其结构和功能恢复到原有状态的能力（Angeler and Allen，2016）。恢复力常包含两方面内涵，抵抗力（resistance）与还原力（recovery）（Hodgson et al.，2015）。生态系统恢复力传统观点认为，在未受气候变化影响情形下，生态系统具有最高的恢复力，

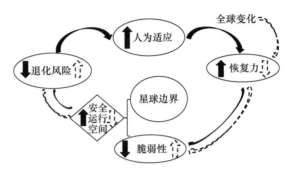

图 1.7　基于脆弱性理论的生态系统全球变化风险与人为适应框架

虚线箭头显示全球变化导致的系统退化过程，实线箭头显示应对全球变化风险的人为适应过程

离临界状态（tipping point）最远。随着气候变化，恢复力降低，生态系统离临界状态变近，服务功能退化和丧失的风险增加。例如，Liang 等（2021）在内蒙古草原区的研究表明，处于更干旱地区的生态系统的抵抗力和恢复力均低于更湿润的生态系统，意味着随着气候变干，生态系统脆弱性将增大，发生状态转变和功能丧失的风险也变大。相反的观点认为，气候变化可能会提高生态系统恢复力。例如，Côté 和 Darling（2010）发现，在许多珊瑚礁生态系统，气候变化和人为干扰导致珊瑚礁"退化"，这使得对气候敏感的物种减少，而对不利环境具有抵抗力的物种的丰富度升高，从而使生态系统恢复力得到提高。

揭示气候变化对生态系统恢复力的影响及机理是认识气候变化对生态系统脆弱性影响的前提，近年来开始有相关研究。例如，Poorter 等（2016）基于森林生物量的视角发现，森林恢复力强烈依赖于水分条件，在较短的时间尺度上（20 年），季节性干燥森林的恢复力低于潮湿的热带森林。Khoury 和 Coomes（2020）从植被绿度的角度评估了西班牙森林对近期干旱和气候变化的适应能力，发现浓密的树冠对干旱最敏感；以避旱物种为主的森林绿度对干旱程度敏感性较强，以耐旱物种为主的森林绿度敏感性较弱。避旱物种倾向于关闭气孔保持水分来应对干旱，然而随着干旱的持续，叶子会不断掉落，这些物种可能会在长期干旱中死亡；原生森林通常恢复绿度较快，但桉树人工林的恢复能力较差。Yao 等（2021）对土地利用变化明显的农牧交错带的研究发现，生态系统恢复力在较湿润的环境中明显增强，在较干燥的环境中明显减弱。尽管湿润条件增强了干旱生态系统恢复力，但综合考虑暴露度和敏感性，生态系统脆弱性也有所增强。

1.5.1　基于生态系统脆弱性的风险评估理论与方法

全球变化对生态系统影响的风险评估是应对全球变化的重要依据，虽然可以从不同的学科视角确定其评估方法，但是简单而方便的方法是基于星球边界的理论框架。该理论认为尽管全球变化发生过程是渐进的（gradual change），但生态系统对全球变化的响应并不是简单的线性关系。当生态系统处于某个临界状态时，较小的外部干扰则会导致生态系统结构发生转变甚至崩溃（collapse），而恢复到原来的状态则十分困难（Scheffer et al.，2009；Scheffer et al.，2001）。因此，基于"临界值"这一概念的生态系统风险评估理论显得十分必要。星球边界理论是基于这一理念发展而来的生态系统脆弱风险评估理论。该理论通过界定安全运行空间（safe operating space，SOS）的边界值来判断生态系统的变化风险，安全运行空间指人类活动的合理范围或程度（Rockström et al.，2009a）。

该概念框架旨在避免全球范围内剧烈的人为环境变化，降低人类活动超出地球系统生态阈值的风险，从而维持地球与全新世环境条件相近的状态，以保障人类的生存（Steffen et al.，2015；Rockström et al.，2009a）。根据当前已有的知识无法详细描述自然过程的复杂性，或控制变量与响应变量之间相互作用的反馈机制，使得评估到的生态阈值具有一定的不确定性，因此常以生态阈值不确定性范围内的最小值来设定星球边界（Steffen et al.，2015；Rockström et al.，2009a）。该理论一经提出就受到科学界和政府部门的广泛关注并采用，成为一些政府和国际组织制定生态系统长期管理政策的依据，并不断发展和完善。例如，有学者在此基础上，将社会福祉纳入最初的星球边界概念中，提出了一个区域安全公平运行空间（regional safe and just operating space，RSJOS）的定义框架（Dearing et al.，2014）。

星球边界理论框架的制定是专家基于对生态系统的理解，给出各个外部因子影响生态系统的理论阈值，再通过量化各个外部环境因子对生态系统的干扰强度，评估外部因子是否接近或超过该阈值（Steffen et al.，2015）。如果低于该阈值，生态系统则位于安全运行空间，处于比较稳定的状态。该理论还提出不确定性区间（zone of uncertainty）和高风险区，环境因子的干扰强度位于不确定性区间意味着生态系统面临的风险在增加，而超出不确定性区间进入高风险区则意味着生态系统面临极大风险，需要尽快采取有效的管理措施。基于星球边界理论，目前全球气候变化对生态系统造成的风险已经超出安全空间，并且风险正在持续增加。

基于安全运行空间理论，只要能够量化每个变量的星球边界和当前所处的位置与星球边界的距离则可量化生态系统脆弱性的风险。由于认知的不足，星球边界不是一个数值，而是一个范围（Steffen et al.，2015）。量化星球边界的大小及其不确定性范围是量化生态系统脆弱性风险的基本前提。量化星球边界的方法原理基于地球系统保持一种类似全新世的状态，对人类干扰水平进行评估（Steffen et al.，2015）。通过对调节地球系统稳定性的内在生物物理过程进行专家评估和综合，进而测定星球边界。此外，Vanham 等（2019）提出现有的环境足迹指标也可用来衡量地球系统进程受到人类活动干扰的程度。环境足迹指标可用于测定从地方到全球不同层级和社会在多大程度上达到或已经超越星球边界。

Dao 等（2018）还提出了一种在国家层面上应用星球边界理论的方法。该评估方法分为 4 个步骤：①更好地描述星球边界，并了解当前哪些边界可以有效地量化；②确定可计算国家限额和足迹的相关社会经济指标；③在全球和国家层面计算限额、足迹和表现值；④根据对全球和国家表现的评估，提出行动的优先次序。国家限额可以理解为分配给某一特定国家的地球资源的份额，所有国家资源的份额总和即全球限额。

1.5.2　基于生态系统生态风险的人为适应

星球边界理论建立在脆弱性理论基础上，对人类相对于地球系统的安全运行空间进行界定（Rockström et al.，2019a，2019b）。因此，人为适应全球变化应以星球边界理论的安全公平空间为框架，从维持生态系统恢复力的角度实施。环境因子是导致生态系统产生退化风险的外因，维持生态系统恢复力的途径之一即通过人为管理调节环境因子的变化速率或者幅度，使生态系统能够处于安全运行空间。全球变化一方面会直接作用于生态系统，导致其生态系统服务功能下降，另一方面也可能间接通过其他环境因子作用于生态系统。对于某个地区的管理者而言，控制全球变化，如升温、降水格局改变等几乎不可能，但可以通过调控局部间接环境因子来维持生态系统的恢复力，使其处于安全运行空间（Scheffer et al.，2015）。总而言之，生态系统的风险阈值是由多个环境因子共同决定的"等值线"，当一个环境因子改变可能导致生态系统面临风险时，可以通过调节其他因子，使其位于"等值线"以内的安全运行区域。例如，随着降水量持续减少，草地生态系统可能面临突变为荒漠的风险，而适当降低放牧强度则可以降低该风险（Rietkerk et al.，1997）。

通过生态系统管理提高生态系统恢复力是人为应对全球变化的另一途径。根据对稳定状态的不同界定，目前对恢复力的定义多分为工程恢复力（engineering resilience）和生态恢复力（ecological resilience）两类（Walker et al.，2004）。工程恢复力强调生态系统受到干扰后恢复到干扰前状态的速率，而生态恢复力关注生态系统距离突变的风险。基于系统动力学理论，研究人员已经发展了不少预警生态系统突变的指标，以及如何利用这些指标开展预警实践等。然而也有不少研究发现，某些指标存在预测失灵或者预测迟缓的现象（侯国龙和胡中民，2022）。

生态系统服务（ES）作为人类福祉的基础，对于满足当前和未来的社会需求至关重要。全球变化不只影响生态系统的恢复力，也会影响生态系统服务的恢复力。社会生态系统服务（SES）包含生态系统以及生态系统所提供的供给、调节和文化各方面的生态服务，因此需要结合社会和生态的视角，增强整个系统在干扰和变化中维持生态功能和服务的能力。

Biggs 等（2012）在总结大量文献的基础上，提出 7 条旨在提升社会生态系统恢复力的举措：①维持生态系统的多样性与丰富度，包括从基因到景观尺度的多样性。多样性可以为应对变化和干扰提供更多选择。不同物种和栖息地可以支持不同的功能特征和生态过程，从而降低灾难性突变的风险。此外，在社会系统中，管理方法和机构的多样性可以为创新、学习和适应提供基础，从而增强恢复力。②管理生态系统组分之间的联系，包括生态系统内部物种之间、斑块之间、生境之间以及社会团体之间的联系，高度联系的系统有利于干扰后的恢复，但增加了干扰传播的可能性。③识别和管理变化缓慢的变量与反馈以避免动态突变（因为这些变量和反馈决定了生态系统恢复力的走势）。例如，干旱、草原、泥炭地生态系统，在向贫瘠状态的临界过渡时，植被会从斑点状态向裸露的均匀状态转移，变成规则的空间模式。这些模式的转变就是系统突变的早期预警信号。④培养从系统论（情景规划、参与式方法、适应性管理）的角度理解生态系统对复杂环境变化的适应能力，避免片面的管理策略。⑤鼓励不断学习和更新生态系统复杂性的相关知识并开展实验。⑥利益相关方积极参与到生态系统管理过程中。⑦构建多部门协同工作机制，提升生态系统管理效率。前 3 个举措侧重于 SES 属性和适应过程本身，后 4 个举措侧重于 SES 的管理方式。这些增强生态服务恢复力的举措经常同时出现，并且相互依存（侯国龙和胡中民，2022）。

1.6　中国生态脆弱区资源环境承载力科学研究的问题及技术途径

生态系统与全球变化的相互作用关系及其生物物理和化学机制一直是全球变化科学研究的核心任务之一。全球变化的研究成果可直接应用于自然资源的合理开发利用、地球生命支持系统和水土气资源环境系统管理以及全球可持续发展等重大资源环境问题的解决。对于有关资源环境承载力、生态系统演变和突变、生态系统脆弱性和适应性、全球变化风险和人为适应等科学问题、理论基础、评估方法都已开展了大量研究工作，但对有关脆弱区资源环境承载力形成过程及其对全球变化的响应机理的认识还不够深入，其理论体系和评估方法尚不完善。鉴于此，针对我国生态脆弱区应对全球气候变化和生态系统管理及功能恢复重建的科技需求，国家重点研发计划"全球变化对生态脆弱区资源环境承载力的影响研究"项目于 2017 年启动。

该项目以中国科学院和国家生态系统观测研究网络为野外平台，以我国林草交错带、农牧交错带、干旱半干旱区、黄土高原区、青藏高原高寒区为研究对象，围绕关键资源环境要素的时空变化特征及其过程机理、全球变化对生态脆弱区资源环境承载力的影响、资源环境承载力及脆弱性评估方法与指标体系等科学技术问题，开展野外观测、控制实验和样带与区域调查研究，预测分析全球增暖 1.5℃情景下的生态脆弱区资源环境系统转折阈值特征，编制生态脆弱区高分辨率的承载力和脆弱性分布图，评估全球变化对生态脆弱区资源环境承载力的影响。以期为研究区域应对气候变化、区域资源环境管理和可持续发展决策提供科学依据，从而为我国生态文明建设提供理论基础和科技保障。

1.6.1　中国生态脆弱区资源环境承载力研究的主要科学问题

目前关于全球变化对生态脆弱区资源环境承载力的影响研究重点需要关注以下两个基本生态学科学问题和一个技术难题。

1. 资源环境承载力的生态学基础

准确认知资源环境承载力依赖于对其形成过程与驱动机制的理解，需要研究生态脆弱区的资源环境要素变化如何影响生态系统结构、过程和功能，进而决定资源环境承载力等基础生态学问题。传统的资源环境承载力研究多是基于将生态系统作为一个"黑箱"来处理的工作假设，探索资源环境要素与承载力之间的关系，常采用静态、经验统计学方法来定量评估资源环境承载力，因而忽略了生态系统结构、过程及其功能对资源环境承载力的传导作用。

　　资源环境承载力的科学内涵是资源供给状态和环境条件所能够承载的生态系统生产力和生态服务供给能力。要科学地认知资源环境承载力的形成机制，就必须理解资源环境要素变化对生态系统结构、过程和功能的影响规律，定量描述生态系统的结构、过程和功能对一种和多种资源环境要素变化的响应函数及这些函数之间的传递关系，进而基于生态学原理发展资源环境承载力形成理论（图 1.8）。

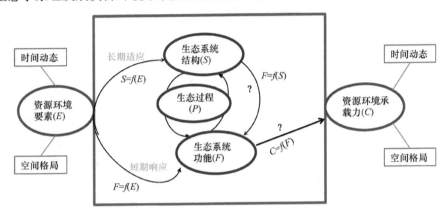

图 1.8　资源环境要素影响和驱动承载力形成的概念模型

2. 全球气候变化对生态系统承载力影响机制

　　人类应对全球变化必须认知全球变化规律及其对生态系统的影响，理解在特定资源供给和环境条件下生态系统如何响应全球变化，生态系统是否会发生突变或者转型，如何定量表达突变或转型的阈值和速率。

　　资源供给和环境条件是制约生态系统结构和功能状态的根本因素，全球变化导致的资源供给和环境条件变化可能诱发生态系统结构和功能改变，甚至突变或转型。传统的资源环境承载力及生态系统突变和转型变化理论多是基于单一资源环境因子对单一物种或功能属性的演变而建立的。然而，自然界中的生态系统状态演变是种内关系、种间关系，以及生物与环境相互作用对多要素变化综合响应的结果。面对这种复杂系统，需要构建一个新的生态系统突变和转型的理论体系，认知资源环境承载力突变或者转型的生态学原理，回答生态系统稳定性是由哪些关键的资源环境因素决定的，生态系统结构功能状态对这些关键资源环境因素的非线性响应特征与机制是什么，在哪种条件下资源环境因素变化会导致生态系统突变和转型，如何预测和评估资源环境承载力变化的临界阈值。

3. 生态系统对全球变化的敏感性、脆弱性和风险度的定量评估

　　精确地刻画研究区域生态系统对全球变化的敏感性、脆弱性以及风险度空间格局和动态变化，才会为应对和适应气候变化提供决策支持。但是迄今为止，学术界尚未建立一个实用而有共识的定量表达生态系统敏感性、脆弱性和风险度，评估资源环境脆弱性和承载力的理论、模型和指标体系。现有的研究工作还基本停留在各种单个资源环境要

素或因子效应的简单加和水平，多采用单要素承载力加权求和方法来测算综合承载力指数，其评估结果很难反映实际情况。如何在定量表达生态系统敏感性、脆弱性和风险度，建立资源环境承载力的方法论和指标体系，实现资源环境脆弱性和承载力高精度空间制图等方面取得突破，构建资源环境系统脆弱性和承载力评估的理论、模型和指标体系，研发高精度空间制图的资源环境数据集，在这些方面亟须开展科研攻关。

1.6.2　中国生态脆弱区资源环境承载力的主要研究内容

全球变化对生态系统的影响与资源环境风险、生态系统脆弱性与适应性、资源环境要素时空配置与生态系统承载力评估等科技任务逐渐转化为全球变化科学的前沿领域。目前的研究热点在全球变化因素如何影响生态系统脆弱性（Huang et al.，2016；Seneviratne et al.，2014）、全球变化驱动下的生态系统突变和转型（Lenton，2011；Lenton et al.，2008；Folke et al.，2004）、生态系统突变转型的资源环境阈值（Kelly et al.，2015；Murcia et al.，2014）等科学问题的理论探索和技术开发方面，其宗旨是为准确预测未来的全球变化、生态风险、社会影响提供科学依据，为人类适应和减缓全球变化、维持地球生命系统健康及社会经济可持续发展提供理论、知识和技术支撑。

然而，迄今的全球变化对生态系统和资源环境承载力影响的研究还多以单一气候环境或自然资源环境要素与单一生态功能的关系讨论为基础，分析资源环境要素对生态系统承载力和脆弱性的影响及变化规律、评价和预测生态系统突变转型的阈值（Scheffer et al.，2009；Scheffer and Carpenter，2003），这导致承载力和脆弱性评价、评估和预测的巨大差异及不确定性（IPCC，2014；Moss et al.，2010；McKeon et al.，2009）。为了系统性认知掌握地球系统的变化规律，应对全球变化危机，维持全球可持续发展，近年来的科学研究更加注重发展新一代"天地空一体化"观测技术和模拟系统，更加重视地球系统的整合性与集成研究，特别强调重要区域、国家及全球尺度的资源环境治理和社会经济可持续发展问题应用研究（De Boeck et al.，2015；O'Neill et al.，2014；Cornell et al.，2013；Mauser et al.，2013）。

基于科学发展的背景及"全球变化对生态脆弱区资源环境承载力的影响研究"项目研究目标，重点需要开展以下5个方面的科学研究。

其一是生态脆弱区关键资源环境要素的变化特征与过程机理。认知环境要素的时空配置与协同变化特征，揭示脆弱区气候、土壤与植被要素的空间格局和长期变化趋势，量化资源环境要素与生态系统碳水通量的互馈关系，阐明资源环境要素的时空配置格局对生态系统资源利用过程与效率的调控机理。

其二是生态脆弱区资源环境承载力的形成过程及生态学机理。建立标准化的全球变化联网控制实验，结合已有的全球变化控制实验平台，研究全球变化对生态脆弱区生态系统过程和功能的影响机制，综合评估增温、干旱和氮沉降等对生态系统过程和功能的影响，研究资源环境要素、生态系统结构和功能与资源环境承载力之间的定量函数关系，解析生态系统结构与功能制约资源环境承载力的生态学机制，提出资源环境要素对全球变化的响应函数和理论模型，发展资源环境承载力形成的理论体系。

其三是生态脆弱区生态系统脆弱性、适应性及突变机制。基于样带–无人机–遥感立体调查、联网定位观测、联网控制实验，解析生态脆弱区资源环境要素与生态系统生产力关系的时空格局与变异规律，阐明资源环境要素和关键生态过程对全球变化的响应与适应规律，揭示生态系统突变的机理，量化生态系统状态发生突变的阈值，发展生态系统演变与突变转型理论，服务于资源环境系统脆弱性评估与制图。

其四是生态脆弱区资源环境承载力和资源环境系统脆弱性评估模型与指标体系。基于资源环境承载力形成理论和生态系统演变与突变理论，研发资源环境承载力与资源环境系统脆弱性评估模型，建立承载力和脆弱性评估指标体系与软件平台。

其五是生态脆弱区资源环境承载力和资源环境系统脆弱性评估与应对气候变化策略。基于建立的指标体系与软件平台，量化气候变化与人类活动对资源环境承载力变化的相对贡献，预测全球增暖 1.5℃情景下生态脆弱区资源环境系统发生转折的阈值，研制高分辨率生态脆弱区资源环境承载力和资源环境系统脆弱性的空间分布图，探讨资源利用、生态系统适应性管理及应对气候变化的策略。

1.6.3　中国生态脆弱区资源环境承载力研究的技术途径

"全球变化对生态脆弱区资源环境承载力的影响研究"项目主要采用联网观测、联网控制实验、样带–区域调查–无人机–卫星遥感等手段，研究典型生态脆弱区资源环境要素时空变化及生态系统功能和过程对全球变化的响应特征；发展资源环境承载力形成理论及生态系统突变和转型理论。构建和完善资源环境承载力和资源环境系统脆弱性的评估方法体系和模型，评估全球变化对资源环境承载力的影响，预测全球增暖 1.5℃情景下生态脆弱区资源环境系统发生突变的阈值，编制高分辨率资源环境承载力与脆弱性空间分布图。该项目总体技术路线如图 1.9 所示。

1. 野外联网观测、联网控制实验和样带调查

在内蒙古高原、青藏高原和黄土高原选择 9 个核心站和 11 个辅助站建立碳水通量联网观测平台，长期原位监测碳水通量、气象、植被和土壤属性的动态。以区域年均温和年降水量为基准点，分别在北方农牧交错带和青藏高原构建全球变化多因子联网控制实验平台，采用统一的实验设置与观测变量，开展生态系统对增温、降水变化以及 N、P 添加响应的联网控制实验。设置内蒙古至青藏高原综合调查样带、内蒙古与青藏高原的辅助样带、脆弱区典型地域的卫星遥感+无人机+地面样带调查平台，调查揭示土壤要素和植被要素的空间格局，利用无人机航拍手段揭示植物群落在景观尺度的斑块属性及其空间变异规律。

2. 数据整合分析与理论发展、指标体系构建

基于生态脆弱区资源环境承载力研究专题数据库，分析生态脆弱区气候要素空间变

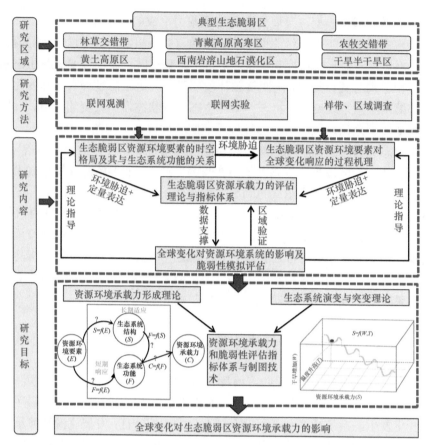

图 1.9 "全球变化对生态脆弱区资源环境承载力的影响研究"项目总体技术路线

化格局及近 30 年来的变化趋势；应用多元回归分析、方差分解和结构方程模型等技术手段，解析资源环境要素–生态系统结构与功能–承载力的耦联关系，发展资源环境承载力形成理论；解析生态系统对资源环境要素变化的非线性响应特征，定量生态系统发生突变的阈值，发展生态系统演变与突变理论；以生态脆弱区生态系统环境维持、自然更新及社会支持功能为主要目标，筛选关键特征指标，评估各指标在不同阈段内资源环境系统承载功能的变化，结合模糊隶属度和神经网络等方法，构建生态脆弱区资源环境承载力与脆弱性的评估指标体系。

3. 评估模型的开发与区域应用

基于资源环境承载力形成理论和生态系统演变与突变转型理论，以生态系统模型为主要框架，通过气候变化和人为活动要素的输入，评估全球变化对生态脆弱区资源环境承载力的影响；根据不同类型生态脆弱区社会发展对资源环境承载力需求与供给的变化，评估资源环境承载力对生态脆弱区经济发展的支撑与限制作用；根据不同生态脆弱区资源环境承载力对全球变化响应的差异性和脆弱性等级，编制全球增暖 1.5℃情景下生态脆弱区承载力和脆弱性空间分布图；结合气候变化情景与多模型模拟结果，预测生态脆弱区的资源环境承载力对全球变化的响应趋势及转变阈值。

　　建立数据标准规范，包括碳水通量数据集、控制实验数据集、样带综合考察数据集、承载力与脆弱性评估数据集。进行数据质量控制、标准化处理、综合分析等工作，完成数据整合与挖掘。数据集成与建库包括基础库（气候、植被、土壤、土地利用/土地覆被变化等）、专题库（观测、控制实验、调查）、成果库（评估、模拟）等。基于以上数据库，融合多种空间分析方法，结合承载力、脆弱性模型模拟结果，对资源环境承载力和脆弱性时空格局进行高精度制图。

参 考 文 献

伯格斯特罗姆 J C, 兰多尔 A. 2015. 资源经济学. 谢关平, 朱方明译. 北京: 中国人民大学出版社.

樊杰. 2007. 我国主体功能区划的科学基础. 地理学报, 62(4): 339-350.

方精云. 2000. 全球生态学. 北京: 高等教育出版社.

封志明, 李鹏. 2018. 承载力概念的源起与发展: 基于资源环境视角的讨论. 自然资源学报, 33(9): 1475-1489.

封志明, 刘登伟. 2006. 京津冀地区水资源供需平衡及其水资源承载力. 自然资源学报, (5): 689-699.

封志明, 杨艳昭, 闫慧敏, 等. 2017. 百年来的资源环境承载力研究: 从理论到实践.资源科学, 39(3): 379-395.

国家林业和草原局. 2018. 中国岩溶地区石漠化状况公报.http://www.forestry.gov.cn/main/195/20181214/104340783851386.html[2021-05-16].

侯国龙, 胡中民. 2022. 全球变化影响下的生态系统风险的相关理论及联系. 应用生态学报, 33(3): 629-637.

黄贤金, 宋娅娅. 2019. 基于共轭角力机制的区域资源环境综合承载力评价模型. 自然资源学报, 34(10): 2103-2112.

李博. 2000. 生态学. 北京: 高等教育出版社.

李梦先. 2006. 我国西南岩溶地区石漠化发展趋势. 中南林业调查规划, (3): 19-22.

李玉强, 陈云, 曹雯婕, 等. 2022. 全球变化对资源环境及生态系统影响的生态学理论基础. 应用生态学报, 33(3): 603-612.

马尔萨斯. 2009. 人口原理. 朱泱, 胡企林, 朱和中译. 北京: 商务印书馆.

任美锷. 1950. 四川省农作物生产力的地理分布. 地理学报, (1): 1-22.

施雅风. 1992. 乌鲁木齐河流域水资源承载力及其合理利用. 北京: 科学出版社.

孙晶, 王俊, 杨新军. 2007. 社会-生态系统恢复力研究综述. 生态学报, 27(12): 5371-5381.

王国欢, 白帆, 桑卫国. 2017. 中国外来入侵生物的空间分布格局及其影响因素. 植物科学学报, 35(4): 513-524.

王永杰, 张雪萍. 2010. 生态阈值理论的初步探究. 中国农学通报, 26(12): 282-286.

徐兴良, 于贵瑞. 2022. 基于生态系统演变机理的生态系统脆弱性、适应性与突变理论. 应用生态学报, 33(3): 623-628.

杨子生. 2009. 中国西南喀斯特石漠化土地整理及其水土保持效益研究——以滇东南西畴县为例. 北京: 中国科学技术出版社.

于贵瑞, 杨萌, 付超, 等. 2021. 大尺度陆地生态系统管理的理论基础及其应用研究的思考. 应用生态学报, 32(3): 771-787.

于贵瑞, 张雪梅, 赵东升, 等. 2022. 区域资源环境承载科学概念及其生态学基础的讨论. 应用生态学报, 33(3): 577-590.

张绅, 吴章钟, 周秀佳. 1987. 植物地理学. 北京: 高等教育出版社.

张添佑, 陈智, 温仲明, 等. 2022. 陆地生态系统临界转换理论及其生态学机制研究进展. 应用生态学报, 33(3): 613-622.

赵东升, 郭彩赟, 郑度, 等. 2019. 生态承载力研究进展. 生态学报, 39(2): 399-410.

周侃. 2014. 区域资源环境承载能力评价方法及其理论基础研究——以宁夏西海固地区为例. 北京: 中国科学院地理科学与资源研究所.

朱诚, 马春梅, 陈刚, 等. 2017. 全球变化科学导论. 4版. 北京: 科学出版社.

朱立平, 彭萍, 张国庆, 等. 2020. 全球变化下青藏高原湖泊在地表水循环中的作用. 湖泊科学, 32(3): 597-608.

竺可桢. 1964. 论我国气候的几个特点及其与粮食作物生产的关系. 科学通报, (3): 189-199.

Odum E P. 2009. 生态学基础. 5版. 陆健健, 王伟, 王天慧等译. 北京: 高等教育出版社.

Andersen T, Carstensen J, Hernandez G E, et al. 2009. Ecological thresholds and regime shifts: Approaches to identification. Trends in Ecology & Evolution, 24(1): 49-57.

Angeler D G, Allen C R. 2016. Quantifying resilience. Journal of Applied Ecology, 53: 617-624.

Arani B M S, Carpenter S R, Lahti L, et al. 2021. Exit time as a measure of ecological resilience. Science, 372: 6547.

Arrow K, Bolin B, Costanza R, et al. 1996. Economic growth, carrying capacity, and the environment. Science, 1(5210): 104-110.

Barrett G W, Odum E P. 2000. The Twenty-first century: The world at carrying capacity. Bioscience, 50(4): 363-368.

Bastiaansen R, Doelman A, Eppinga M B, et al. 2020. The effect of climate change on the resilience of ecosystems with adaptive spatial pattern formation. Ecology Letters, 23(3): 414-429.

Begon M, Townsend C R, Harper J L. 2006. Ecology: From Individuals to Ecosystems. 4th Ed. Oxford, UK: Blackwell.

Biermann F, Abbott K, Andresen S, et al. 2012. Navigating the Anthropocene: Improving earth system governance. Science, 335: 1306-1307.

Biggs R, Schlüter M, Biggs D, et al. 2012. Toward principles for enhancing the resilience of ecosystem services. Annual Review of Environment and Resources, 37: 421-448.

Birkmann J. 2006. Measuring Vulnerability to Natural Hazards. Towards Disaster Resilient Societies. Tokyo, New York, Paris: UNU-Press.

Böehmer H J, Richter M. 1997. Regeneration of plant communities: An attempt to establish a typology and a zonal system. Plant Research and Development, 45: 74-88.

Carpenter S R, Folke C. 2006. Ecology for transformation. Trends in Ecology & Evolution, 21: 309-315.

Chen D, Lan Z, Hu S, et al. 2015. Effects of nitrogen enrichment on belowground communities in grassland: Relative role of soil nitrogen availability vs. soil acidification. Soil Biology & Biochemistry, 89: 99-108.

Chen W, Xu R, Hu T, et al. 2017. Soil-mediated effects of acidification as the major driver of species loss following N enrichment in a semi-arid grassland. Plant and Soil, 419: 541-556.

Ciais P, Reichstein M, Viovy N, et al. 2015. Europe-wide reduction in primary productivity caused by the heat and drought in 2003. Nature, 437: 529-533.

Clements C F, Ozgul A. 2018. Indicators of transitions in biological systems. Ecology Letters, 21: 905-919.

Comrad M. 1975. Analyzing ecosystem adaptability. Mathematical Biosciences, 27: 213-230.

Cole L E S, Bhagwat S A, Willis K J. 2014. Recovery and resilience of tropical forests after disturbance. Nature Communications, 5: 1-7.

Cornell S, Berkhout F, Tuinstra W, et al. 2013. Opening up knowledge systems for better responses to global environmental change. Environmental Science & Policy, 28: 60-70.

Côté I M, Darling E S. 2010. Rethinking ecosystem resilience in the face of climate change. PLoS Biology, 8:

e1000438.

Dakos V, Matthews B, Hendry A P, et al. 2019. Ecosystem tipping points in an evolving world. Nature Ecology & Evolution, 3: 355-362.

Dao H, Peduzzi P, Friot D. 2018. National environmental limits and footprints based on the Planetary Boundaries framework: The case of Switzerland. Global Environmental Change, 52: 49-57.

De Boeck H J, Vicca S, Roy J, et al. 2015. Global change experiments: Challenges and opportunities. BioScience, 65(9): 922-931.

Dearing J A, Wang R, Zhang K, et al. 2014. Safe and just operating spaces for regional social-ecological systems. Global Environmental Change, 28: 227-238.

Fang J, Chen A, Peng C, et al. 2001. Changes in forest biomass carbon storage in China between 1949 and 1998. Science, 292: 2320-2322.

Folke C, Carpenter S, Walker B, et al. 2004. Regime shifts,resilience,and biodiversity in ecosystem management. Annual Review of Ecology, Evolution, and Systematics, 35: 557-581.

Hadwen S, Palmer L J. 1922. Reindeer in Alaska. USDA Bulletin. Washington: Department of Agriculture.

Hodgson D, McDonald J L, Hosken D J. 2015. What do you mean, 'resilient'? Trends in Ecology & Evolution, 30: 503-506

Holling C S. 1973. Resilience and stability of ecological systems. Annual Review of Ecology & Systematics, 4(1): 1-23.

Hu Z M, Guo Q, Li S G, et al. 2018. Shifts in the dynamics productivity signal ecosystem state transitions at the biome scale. Ecology Letters, 21: 1457-1466.

Huang J, Yu H, Guan X, et al. 2016. Accelerated dryland expansion under climate change. Nature Climate Change, 6(2): 166-171.

Immerzeel W W, Lutz A F, Andrade M, et al. 2020. Importance and vulnerability of the world's water towers. Nature, 577(7790): 364-369.

IPCC. 2021. Climate Change 2021: The Physical Science Basis. Cambridge, UK: Cambridge University Press.

IPCC. 2014. Climate Change 2014: Impacts, Adaptation, and Vulnerability. Cambridge, UK: Cambridge University Press.

IPCC. 2013. Climate Change 2013: The Physical Science Basis. Contribution of Working Group I to the Fifth Assessment Report of the Intergovernmental Panel on Climate Change. Cambridge, UK: Cambridge University Press.

Jeong S J, Ho C H, Jeong J H. 2009. Increase in vegetation greenness and decrease in springtime warming over East Asia. Geophysical Research Letters, 39: L2710.

Jones D D. 1977. Catastrophe theory applied to ecological systems. Simulation, 29:1-15.

Kaly U, Pratt C, Mitchell J. 2004. The Environmental Vulnerability Index 2004. Suva:South Pacific Applied Geoscience Commission (SOPAC).

Keeling C D, Chin J F S, Whorf T P. 1996. Increased activity of northern vegetation inferred from atmospheric CO_2 measurements. Nature, 382: 146-149.

Kelly R P, Erickson A L, Mease L A, et al. 2015. Embracing thresholds for better environmental management. Philosophical Transactions of the Royal Society of London B: Biological Sciences, 370: 20130276.

Khoury S, Coomes D A. 2020. Resilience of Spanish forests to recent droughts and climate change. Global Change Biology, 26: 7079-7098.

Kim J H, Hwang T, Yang Y, et al. 2018. Warming-induced earlier greenup leads to reduced stream discharge in a temperate mixed forest catchment. Journal of Geophysical Research-Biogeosciences, 123: 1960-1975.

Krebs J R, Davies N B. 2009. Behavioural Ecology: An Evolutionary Approach. New York: John Wiley & Sons.

Lal R, Hassan H M, Dumanski J. 1999. Desertification control to sequester carbon and mitigate the greenhouse effect// Rosenberg N, Izaurralde R C, Malone E L. Carbon Sequestration in Soils: Science,

Monitoring and Beyond. Columbus, OH: Battelle Press: 83-151.

Lenton T M, Held H, Kriegler E, et al. 2008. Tipping elements in the Earth's climate system. PNAS, 105(6): 1786-1793.

Lenton T M. 2011. Early warning of climate tipping points. Nature Climate Change, 1(4): 201

Lewontin R C. 1969. The meaning of stability: Diversity and stability in ecological systems. Brookhaven Symposium in Biology, 22: 13-24.

Li D, Wu S, Liu L, et al. 2018. Vulnerability of the global terrestrial ecosystems to climate change. Global Change Biology, 24: 4095-4106.

Liang M, Cao R, Di K, et al. 2021. Vegetation resistance and resilience to a decade-long dry period in the temperate grasslands in China. Ecology and Evolution, 11: 10582-10589

Liu Y L, Kumar M, Katul G G, et al. 2019. Reduced resilience as an early warning signal of forest mortality. Nature Climate Change, 9: 880-885.

Mauser W, Klepper G, Rice M, et al. 2013. Transdisciplinary global change research: The co-creation of knowledge for sustainability. Current Opinion in Environmental Sustainability, 5(3): 420-431.

McKeon G M, Stone G S, Syktus J I, et al. 2009. Climate change impacts on northern Australian rangeland livestock carrying capacity: A review of issues. The Rangeland Journal, 31(1): 1-29.

Meadows D H, Rome C O. 1973. The Limits to growth; a report for the Club of Rome's project on the predicament of mankind. Technological Forecasting and Social Change, 4(3): 323-332.

Moore K E, Fitzjarrald D R, Sakai R K, et al. 1996. Seasonal variation in radiative and turbulent exchange at a deciduous forest in central Massachusetts. Journal of Applied Meteorology, 35: 122-134.

Moss R H, Edmonds J A, Hibbard K A, et al. 2010. The next generation of scenarios for climate change research and assessment. Nature, 463: 747-756.

Murcia C, Aronson J, Kattan G H, et al. 2014. A critique of the 'novel ecosystem' concept. Trends in ecology & evolution, 29 (10): 548-553.

NOAA. 2022. National Oceanic and Atmospheric Administration (NOAA). https://research.noaa.gov/News/ ArtMID/451/ArticleID/2764/Coronavirus-response-barely-slows-rising-carbon-dioxide[2022-07-25].

O'Neill B C, Kriegler E, Riahi K, et al. 2014. A new scenario framework for climate change research: The concept of shared socioeconomic pathways. Climatic Change, 122(3): 387-400.

Odorico P, Bhattachan A, Davis K F, et al. 2013. Global desertification: Drivers and feedbacks. Advances in Water Resources, 51: 326-344.

Piao S, Ciais P, Friedlingstein P, et al. 2008. Net carbon dioxide losses of northern ecosystems in response to autumn warming. Nature, 451: 49-52.

Piao S, Friedlingstein P, Ciais P, et al. 2017. Growing season extension and its impact on terrestrial carbon cycle in the Northern Hemisphere over the past 2 decades. Global Biogeochemical Cycles, 21: B3018.

Poorter L, Bongers F, Aide T M, et al. 2016. Biomass resilience of neotropical secondary forests. Nature, 530: 211-214.

Reichstein M, Bahn M, Ciais P, et al. 2013. Climate extremes and the carbon cycle. Nature, 500: 287-295.

Rietkerk M, Bastiaansen R, Banerjee S, et al. 2021. Evasion of tipping in complex systems through spatial pattern formation. Science, 374(6564): eabj0359.

Rietkerk M, van den Bosch F, van de Koppel J. 1997. Site-specific properties and irreversible vegetation changes in semi-arid grazing systems. Oikos, 80: 241-252.

Rockström J, Steffen W, Noone K, et al. 2009a. A safe operating space for humanity. Nature, 461: 472-475.

Rockström J, Steffen W, Noone K, et al. 2009b. Planetary boundaries: Exploring the safe operating space for humanity. Ecology and Society, 14(2): 1-33.

Roy J, Picon C C, Augusti A, et al. 2016. Elevated CO_2 maintains grassland net carbon uptake under a future heat and drought extreme. Proceedings of the National Academy of Sciences of the United States of America, 113: 6224-6229.

Scheffer M, Barrett S, Carpenter S R, et al. 2015. Creating a safe operating space for iconic ecosystems.

Science, 347: 1317-1319.

Scheffer M, Bascompte J, Brock W A, et al. 2009. Early-warning signals for critical transitions. Nature, 461: 53-59.

Scheffer M, Carpenter S R. 2003. Catastrophic regime shifts in ecosystems: Linking theory to observation. Trends in Ecology & Evolution, 18: 648-656.

Scheffer M, Carpenter S, Foley J A, et al. 2001. Catastrophic shifts in ecosystems. Nature, 413: 591-596.

Scheffer M. 2009. Critical Transitions in Nature and Society. Princeton, NJ, USA: Princeton University Press.

Schwartz M D, Karl T R. 1990. Spring phenology: Nature's experiment to detect the effect of "green-up" on surface maximum temperatures. Monthly Weather Review, 118: 883-890.

Seddon A W R, Sacias-Fauria M, Long P R, et al. 2016. Sensitivity of global terrestrial ecosystems to climate variability. Nature, 531: 229-232.

Seneviratne S I, Donat M G, Mueller B, et al. 2014. No pause in the increase of hot temperature extremes. Nature Climate Change, 4(3): 161-163.

Siebert J, Sünnemann M, Auge H, et al. 2019. The effects of drought and nutrient addition on soil organisms vary across taxonomic groups, but are constant across seasons. Scientific Reports, 9: 639.

Steffen W, Richardson K, Rockström J, et al. 2015. Planetary boundaries: Guiding human development on a changing planet. Science, 347(6223): 1259855.

Swann A L S, Hoffman F M, Koven C D, et al. 2016. Plant responses to increasing CO_2 reduce estimates of climate impacts on drought severity. Proceedings of the National Academy of Sciences of the United States of America, 113: 10019-10024.

UNESCO, FAO. 1985. Carrying capacity assessment with a pilot study of kenya: A resource accounting methodology for exploring national options for sustainable development. Paris and Rome.

Vanham D, Leip A, Galli A, et al. 2019. Environmental footprint family to address local to planetary sustainability and deliver on the SDGs. Science of the Total Environment, 693: 133642.

Veraart A J, Faassen E J, Dakos V, et al. 2012. Recovery rates reflect distance to a tipping point in a living system. Nature, 481: 357-359.

Walker B, Hollin C S, Carpenter S R, et al. 2004. Resilience, adaptability and transformability in social-ecological systems. Ecology and Society, 9: 5.

Wardle D A. 2002. Communities and Ecosystems: Linking the Aboveground and Belowground Components. Princeton: Princeton University Press.

Weißhuhn P, Müller F, Wiggering H. 2018. Ecosystem vulnerability review: Proposal of an interdisciplinary ecosystem assessment approach. Environmental Management, 61: 904-915.

William V. 1948. Road to survival. Soil Science, 67(1): 75.

Yao Y, Liu Y, Wang Y, et al. 2021. Greater increases in China's dryland ecosystem vulnerability in drier conditions than in wetter conditions. Journal of Environmental Management, 291: 112689.

Zeng X, Zhang W, Liu X, et al. 2014. Change of soil organic carbon after cropland afforestation in 'Beijing-Tianjin Sandstorm Source Control' program area in China. Chinese Geographical Science, 24: 461-470.

Zhang J, Fu B, Stafford S M, et al. 2021. Improve forest restoration initiatives to meet Sustainable Development Goal 15. Nature Ecology & Evolution, 5: 10-13.

Zhao S, Pereira P, Wu X, et al. 2020. Global karst vegetation regime and its response to climate change and human activities. Ecological Indicators, 113: 106208.

Zscheischler J, Mahecha M D, Harmeling S, et al. 2014. Extreme events in gross primary production: A characterization across continents. Biogeosciences, 11: 2909-2924.

第 2 章

生态脆弱区资源环境承载力的联网观测技术规范[①]

摘　要

　　构建生态脆弱区联网观测体系，获取资源环境要素–生态系统结构功能和过程–生态系统承载力变化的综合数据集，是发展资源环境承载力理论和评估方法的必要途径。本章分别介绍了基于涡度相关技术和无人机航拍的两套观测体系和规范。首先，在我国典型生态脆弱区不同气候和植被类型梯度研究区遴选了 20 个站点（9 个核心站和 11 个辅助站），构建了生态脆弱区通量观测网络，本章重点阐述该网络基于涡度相关技术监测生态系统碳水通量及相关植被和土壤指标的设置与数据处理规范。其次，无人机航拍是空–天–地一体化监测的关键环节，在中国生态脆弱区 3000 多个地点开展了协同航拍，飞行两万余次，获取了数十万张航拍照片，本章重点介绍野外协同观测规范以及室内航拍照片协同分析规范。

2.1　前　言

　　我国生态脆弱区约占国土面积的 60%以上，全球变化和人类活动正在改变该区域的生态环境，造成生态系统退化、资源环境承载力降低。本章研究中，资源环境承载力是资源供给状态和环境条件所能够承载的生态系统生产力和生态服务供给能力。准确量化生态脆弱区资源环境承载力对于我国应对全球变化和生态文明建设具有重要意义。然而，对于现有的区域资源环境承载力评估方法，大多采用单要素承载力的加权求和来测算综合承载力指数，其评估结果难以反映生态系统结构、过程和功能变化在资源环境要素与承载力之间的介导作用。要达到准确量化资源环境承载力，就必须科学地认知资源环境承载力的形成机制，理解资源环境要素变化对生态系统结构、过程和功能的影响规律，定量描述生态

---

①本章作者：宜树华，陈世苹，游翠海，李英年，胡中民；本章审稿人：陈世苹。

系统的结构、过程和功能对一种和多种资源环境要素变化的响应函数及这些函数之间的传递关系,进而基于生态系统科学原理发展资源环境承载力形成理论(于贵瑞等,2022)。

但是缺乏资源环境要素供给动态与生态系统资源利用过程协同观测,这成为制约资源环境承载力评估理论和方法发展的掣肘。因此,着力构建网络化的野外观测体系,获取资源环境要素-生态系统结构功能和过程-生态系统承载力变化的综合数据集,是发展资源环境承载力理论和评估方法的必要途径。

本章将重点介绍生态系统通量观测以及无人机航拍观测技术及其规范,前者是基于涡度相关技术测量生态系统碳、水和能量通量的方法,是研究生态过程对资源环境响应的主要手段;而后者则基于无人机平台的野外观测体系,架起地基观测和天基遥感的桥梁,是大尺度研究生态系统结构长期适应资源环境要素变化的重要方法。

2.2　生态系统通量观测技术及其规范

2.2.1　通量联网观测的空间布局

涡度相关技术是本节采用的主要通量观测手段,该技术已经被广泛地用于生态系统水平碳水通量的研究,也是目前唯一能够直接测定生态系统水平(大气与植被界面)碳水交换的技术手段(Baldocchi et al.,2001;于贵瑞和孙晓敏,2017)。同时,涡度相关技术可以全年连续测定冠层界面 CO_2、水汽交换速率,可提供大量连续记录数据,为进一步分析生态系统水平碳水交换与相关环境与生物因子的关系,阐明生态系统生产力的调控因子提供了可能(陈世苹等,2020)。经过近 20 年的发展,涡度相关技术观测已经形成了多个区域、国家乃至全球尺度的通量观测网络。全球通量网(FLUXNET)作为国际上重要的通量观测网络联盟,已经发展为由遍布全球不同气候区和植被区系的 900多个观测站点组成的通量观测网络(Baldocchi et al.,2001;Baldocchi,2020)。2001 年中国通量观测研究网络(Chinese FLUX Observation and Research Network,ChinaFLUX)成立,目前已经发展成为拥有近 80 个台站的国家尺度陆地生态系统通量观测研究网络(于贵瑞等,2014)。本节的目标是基于 ChinaFLUX 并在我国干旱和高寒生态脆弱区通量联网监测基础,在站点尺度上分析生态系统碳水通量的季节和年际变化特征,量化资源环境要素与生态系统碳水通量的协同关系,明晰制约生态系统生产力的关键限制因子;在区域尺度上,量化资源环境要素与关键生态系统功能之间的关系,阐明资源环境要素对生态系统生产力形成的制约机制。

本节以我国典型生态脆弱区不同气候和植被类型梯度研究区遴选的 9 个核心站(呼伦贝尔、锡林浩特、多伦、四子王、沙坡头、海北、那曲、当雄和红原站)和 11 个辅助站(额尔古纳、达茂、奈曼、安塞、特泥河、隆宝、巴塘、阿木乎、玛多、玛沁和海晏站)为例(表 2.1),重点阐述基于涡度相关技术监测生态系统碳水通量及基于地面调查相关植被和土壤指标及其规范。

表 2.1 站点基本信息一览表

站点编号	站点名称	经纬度	海拔（ALT）/m	年平均温度（MAT）/℃	年平均降水量（MAP）/mm	土壤类型	植被类型	优势种	通量观测起始时间
1	呼伦贝尔站	120°7′9″E，49°21′3″N	680	−2	380	黑钙土	草甸草原	贝加尔针茅，羊草	2008 年
2	多伦站	116°17′1″E，42°2′48″N	1350	1.6	385	栗钙土	典型草原	克氏针茅	2005 年 5 月
3	锡林浩特站	116°40′17″E，43°33′16″N	1250	2	350	栗钙土	典型草原	大针茅、羊草	2005 年 5 月
4	四子王站	111°53′50″E，41°46′41″N	1438	4	280	淡栗钙土	荒漠草原	短花针茅、冷蒿	2011 年 6 月
5	沙坡头站	104°25′33″E，37°29′4″N	1665	9.6	186	荒漠土	荒漠灌丛	红砂、珍珠	2010 年
6	额尔古纳站	119°23′20″E，50°11′13″N	521	−2.5	355	黑钙土	草甸草原	羊草、贝加尔针茅	2011 年 6 月
7	海北站	101°18′19″E，37°36′39″N	2200～2400	−1.7	560	高山草甸土	矮嵩草、灌丛、沼泽	矮嵩草、金露梅、蒿草	2003 年
8	当雄站	91°3′59″E，30°29′50″N	4300	1.83	476	高山草甸土	草原化草甸	紫花针茅	2003 年
9	那曲站	92°0′E，31°38′N	4500	−1.3	465	高山草甸土	高寒草甸	小嵩草	2011 年
10	红原站	102°34′55″E，32°49′59″N	3333	1.1	728	高山草甸土	草甸化草原	黄帚囊吾	2015 年
11	特泥河站	120°7′11″E，49°25′14″N	680	−2	380	黑钙土	草甸草原	贝加尔针茅、羊草	2017 年 7 月
12	达茂站	110°19′53″E，41°38′38″N	1409	4.6	255	棕钙土	荒漠草原	小针茅	2011 年 5 月
13	奈曼站	120°41′48″E，42°55′41″N	359	6.4	360	风沙土	沙地灌丛	小叶锦鸡儿	2017 年 5 月
14	安塞站	109°19′23″E，36°51′30″N	1260	10.4	493	黄绵土	暖温性草原	茵陈蒿，铁杆蒿	2011 年 11 月
15	海晏站	100°51′31″E，36°57′32″N	3349	1.5	340	高山草甸土	高寒草甸	矮嵩草	2012 年
16	玛沁站	100°29′21″E，34°21′24″N	3950	−3.9	480	高山草甸土	高寒草甸	矮嵩草	2016 年
17	隆宝站	96°33′8″E，33°12′16″N	4200	2.9	480	沼泽土	沼泽	矮嵩草	2011 年
18	巴塘站	96°57′1″E，32°50′58″N	3900	2.9	487	高山草甸土	高寒草甸	矮嵩草	2011 年
19	玛多站	97°58′28″E，32°6′18″N	4200	−4.1	318	草原土	高寒草原	紫花针茅	2013 年
20	阿木乎站	101°37′8″E，34°49′55″N	3500	2.5	597	高山草甸土	高寒草甸	矮嵩草	2013 年

2.2.2 通量指标观测及其规范

1. 涡度相关系统

涡度相关系统通常包括两部分：通量观测系统和微气象观测系统。本书各站点的通量观测系统均采用开路式涡度相关观测系统，包括三维超声风速仪和开路式红外分析仪，可连续测定 10Hz 高频数据。微气象系统用于连续观测研究区域的降水、辐射和大气温湿度等气象数据。该方法对下垫面源区大小有一定的要求，一般是塔周边保证 10～100 倍安装高度的源区范围。因此对于地势平坦、面积大、植被异质性较小的草地生态系统来讲，此方法就更为适合。

2. 通量观测指标

通量观测指标主要包括气象数据和通量数据两部分。

1）气象数据

测量指标：太阳总辐射、净辐射（长波、短波入射辐射和反射辐射）、光合有效辐射、大气温度、大气湿度、降水量、多层次土壤温度和土壤湿度等。

测量频次：半小时、全年。

2）通量数据

测量指标：10Hz 数据包括三维风速、CO_2 浓度、水汽浓度、温度等；半小时数据包括 CO_2 通量、显热通量、感热通量、土壤热通量等。

测量频次：半小时、10Hz 高频、全年。

3. 涡度相关系统维护

涡度相关系统可以完成通量和气象数据的自动测定和记录，但为了获取高质量数据，建议数据卡取换和仪器维护的频次为生长季 15～20 天/次，非生长季 30～40 天/次。获取数据后及时检查数据质量，发现问题及时解决。仪器维护包括清洁红外分析仪镜面、检查三维超声风速仪是否有蜘蛛网等异物、清洁净辐射仪和光合有效辐射测定仪、检查雨量桶是否堵塞等。定期的仪器标定是获取高质量准确观测数据的基本保障，特别是对于仪器使用时间较长的研究站点，要关注各类仪器的标定要求，及时标定。例如，开路式红外分析仪需要至少每年标定 1 次，而各类辐射观测仪器也要按照仪器使用要求进行标定，以防测量数据出现严重衰减和偏差。

2.2.3　通量数据处理流程与方法

获取的通量数据均采用 ChinaFLUX 数据的标准处理方法（图 2.1），包括湍流通量的计算、数据质量控制、缺失数据插补和通量分解与统计四个方面。图 2.1 展示了通量数据处理的基本流程，具体原理可以参考于贵瑞和孙晓敏（2017）《陆地生态系统通量观测的原理与方法（第二版）》中的介绍，在此不再赘述。

1. 湍流通量计算

涡度相关法采集的数据通常包括高频原始数据（10～20 Hz）和平均周期为 30 min 的通量数据。数据的记录和保存大多采用商业数据采集器。采集器内置计算程序，对数据进行校正和运算。因为数据采集器的计算性能不同，所以其输出的 30 min 数据质

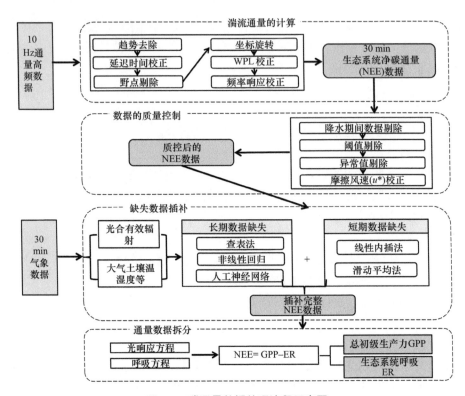

图 2.1　碳通量数据处理流程示意图

NEE 为生态系统净交换；GPP 为总初级生产量；ER 为生态系统呼吸

量不同。通常需将高频数据用数据处理软件计算处理后，得出校正后的 30 min 数据，再进行后续的插补和拆分。

对于高频数据，需要经过数据趋势去除、延迟时间校正（Time lag）、野点剔除（Spike）、坐标旋转、WPL（Webb-Pearman-Leuning）校正、频率响应校正（谱校正）等过程计算得到 30 min 的通量数据。EddyPro、EddyRe 和 EasyFlux 等软件均可实现高频数据的计算和校正，方法成熟且操作简便。具体步骤如下。

1）数据趋势去除计算

通量计算过程中，需要用趋势去除计算方法将原始数据拆分为平均值和脉动值，目前主要有时间平均、线性趋势去除和滑动平均运算三种方法（Rainnik and Vesala，1999）。

2）延迟时间校正

当系统中风速仪和气体分析仪测定不同步，如某一瞬间 CO_2 气体的观测时间要晚于垂直风速的观测时间，用最大协方差等方法可以校正时间延迟问题（Fan et al.，1990）。

3）野点剔除

由于仪器故障、天气条件等，高频数据的风速和气体浓度会出现异常值，根据统计方法可以将明显的异常和离群值剔除（Mauder et al.，2013）。

4）坐标旋转

涡度测定需要满足垂直风速为零的假设条件，但是在自然情况下很难实现，因此数据处理时会进行坐标旋转（Finnigan et al.，2003）。目前应用比较广泛的是二次坐标旋转，以及应对复杂地形的平面拟合坐标旋转（Wilczak et al.，2001；Finnigan et al.，2003；Gockede et al.，2008）。

5）WPL 校正

由于实际应用的二氧化碳和水汽浓度为单位体积气体所含的碳水气体质量，单位体积气体内碳水质量密度会受到大气水汽条件变化的影响，因此，需要采用 WPL 校正消除水汽和温度对 CO_2 密度脉动的影响（Webb et al.，1980；Leuning，2007）：

$$F_{c\_WPL} = \overline{w'\rho_c'} + \frac{m_a}{m_v}\frac{\overline{\rho_c}}{\rho_a}\overline{w'\rho_v'} + \left(1 + \frac{m_a}{m_v}\frac{\overline{\rho_v}}{\rho_a}\right)\frac{\overline{\rho_c}}{\overline{T}}\overline{w'T'}$$

式中，F_{c_WPL} 为经过 WPL 校正后的碳通量[mg/(m^2·s)]；w' 为垂直风速 w 的脉动值(m/s)；ρ_c' 和 ρ_v' 为大气中 CO_2 和水汽密度的脉动值(mg/m^3)；T' 为大气温度的脉动值(℃)；ρ_a、ρ_c 和 ρ_v 是大气中干空气、CO_2 和水汽的质量密度（mg/m^3）；T 为空气温度（℃）；m_a 和 m_v 为干空气和水汽分子质量（g/mol）。公式中的第二项为由水分条件变化引起的空气密度变化对碳水通量的影响，第三项为由热量变化引起的空气密度变化对碳水通量的影响。

6）频率响应校正

在通量计算过程中，湍流通量在低频端受到平均周期或高通滤波的影响，在高频端受仪器响应特征的影响，因此计算通量时需要对这些影响进行校正（Aubinet et al.，2000）。

7）CO_2 储存项计算

CO_2 储存项在白天和有风的夜晚通常较小，但是在湍流混合较弱的夜晚却不可忽视。对于森林等高大植被生态系统，研究者可以通过测定林下 CO_2 和能量储量来减小复杂下垫面通量测量的误差（Aubinet et al.，2005；Yao et al.，2012）。一般可使用涡度相关系统观测的单点 CO_2 浓度变化方法计算 CO_2 储存项（F_s）：

$$F_s = \frac{\Delta c}{\Delta t} \cdot h$$

式中，Δc 为前后两次相邻时刻测定的 CO_2 浓度差；Δt 为前后两次测定的时间间隔；h 为通量观测高度。利用涡度相关观测的 CO_2 通量 F_c 加上 F_s 得到生态系统的净碳通量。

2. 通量数据的质量控制与插补

为了减少异常数据的干扰，需要对碳通量数据进行质量控制和异常值剔除，包括剔除降水时期的通量数据，设定碳通量的数据阈值，剔除明显异常的数据。开路系统中红外分析仪的自加热效应，通常会造成非生长季碳吸收假象，数据处理过程中需要去除非生长季碳通量负值。根据各站点的地形、气候和植被条件，使用适合本站的临界摩擦风速（u^*），用于剔除夜间低湍流期间的异常数据（Reichstein et al.，2005）。

仪器故障和数据质量控制会导致数据缺失，因此需要对缺失数据进行插补。目前常用的方法有线性内插法（linear interpolation method）、非线性回归法（non-linear regression method）、滑动平均法（moving-average method）、查表法（look-up table method）和人工神经网络（artificial neural network）等（Falge et al.，2001）。

在通量数据插补之前，需要首先对气象数据进行插补。缺失数据小于 2h 的气象数据使用相邻数据进行线性内插获得，而大于 2 h 的气象数据使用滑动平均法进行插补。对长时段（>10 天）缺失的气象数据，通常利用不同气象数据变量之间的关系进行插补，如土温和气温协同变化、光合有效辐射和太阳总辐射等协同变化，同时也可以使用临近气象站数据替代缺失数据。

关于通量数据插补，对小于 2h 的通量缺失数据，通常使用线性内插法进行插补（Falge et al.，2001）。对大于 2h 的白天碳通量缺失数据，则使用光响应方程进行插补：

$$NEE = -\frac{\alpha \times PAR \times P_{max}}{\alpha \times PAR + P_{max}} + ER_{daytime}$$

式中，α 为表观量子效率[mg CO_2/（$m^2 \cdot s$）]；PAR 为光合有效辐射[μmol/（$m^2 \cdot s$）]；P_{max} 为最大光合作用速率[mg CO_2/（$m^2 \cdot s$）]；$ER_{daytime}$ 为白天生态系统呼吸[mg CO_2/（$m^2 \cdot s$）]。

缺失数据大于2h的夜间碳通量常采用 Lloyd-Taylor 方程进行插补（Lloyd and Taylor，1994）：

$$ER = R_{ref} \times e^{E_0 \left(\frac{1}{T_{ref}-T_0} - \frac{1}{T-T_0}\right)}$$

式中，T 为 5cm 土壤温度（K）；T_{ref} 为参考温度，一般设为 10℃；T_0=227.13K，为呼吸为 0 时的温度；E_0 为活化能参数(K)；R_{ref} 为参考温度下的生态系统呼吸[mg CO_2/($m^2 \cdot s$)]。需要注意的是，在水分限制的生态系统中，通常还要考虑水分对土壤呼吸的影响，将其纳入呼吸模型中，以更准确地拟合生态系统呼吸的变化。例如，在 Van't Hoff （范特霍夫）模型中，考虑土壤含水量对 Q_{10} 的影响进行呼吸的拟合和插补：

$$ER = R_{ref} \times e^{\ln(Q_{10})(T-T_{ref})/10}$$

$$Q_{10} = a - bT + cSWC + dSWC^2$$

式中，Q_{10} 为 ER 温度敏感性，即土壤温度每升高 10℃，ER 增加的倍数；T 为 5cm 土壤温度（℃）；T_{ref} 为参考温度，设为 10℃；R_{ref} 为参考温度下的生态系统呼吸[mg CO_2/($m^2 \cdot s$)]；SWC 为土壤含水量（m^3/m^3）；a、b、c 和 d 为方程拟合参数。

3. 通量数据的拆分

使用涡度相关法直接测定的碳通量是生态系统净交换（net ecosystem exchange，NEE），是生态系统总初级生产量（gross primary productivity，GPP）和生态系统呼吸（ecosystem respiration，ER）之间的差值。在 NEE 数据处理完成后，需要通过模型拆分进一步获取 GPP 和 ER。通量数据拆分方法主要包括两种：①采用呼吸方程，利用夜间碳通量测量值与环境因子之间的关系建立生态系统呼吸方程，推导白天生态系统呼吸，并计算生态系统 GPP（Reichstein et al.，2005）。②采用光响应方程，利用白天碳通量测量值与光合有效辐射之间的关系,建立生态系统水平光响应方程,并进一步计算 ER 和 GPP(Gilmanov et al.,2007)。目前,呼吸方程方法为较常用的数据拆分方法。正如上文提到的,受水分限制的生态系统(如干旱的草地生态系统),数据插补和拆分时需要考虑水分的作用,将水分作为参数引入方程(Yu et al.,2005)。

2.2.4　植被与土壤相关指标观测及其规范

为了更好地解释生态系统碳水通量的季节和年际变异,要明晰影响碳水通量时空变异的主要环境和植被因素的作用。在通量测量期间,需要对研究区域的植被和土壤相关指标进行取样和测定。植被和土壤相关指标、测定频次和主要测定方法如下。

1. 植被相关指标

1)地上生物量

测量频次:生长季 4~9 月,每月中旬进行测量。

指标与方法:采用收获法测定,以涡度塔为圆心,在通量源区范围内(半径 200 m)随机布设采样样方 5 个,样方面积不小于 0.5 m×0.5 m(推荐采用 1 m×1 m 的样方,稀疏灌丛可适当扩大取样面积和取样重复)。测量每个样方内植物的总盖度和群落高度,齐地面剪取全部地上部植物,并收集地表凋落物带回实验室。在实验室中将每个样方植物样品中活体生物量(绿色部分)混杂的立枯和凋落物挑出,并将挑出的枯死植物与野外收集的凋落物样品合并。将每个样方的活体植物和凋落物样品放入信封中,65℃烘干至恒重,称重并计算单位面积地上生物量和凋落物量(g/m²)。

2)植物叶片养分含量

测量频次:生长季 4~9 月,与地上生物量测量同期,每月中旬进行测量。

指标与方法:选取站点样地内 2~3 个优势种,在生物量测定样方周围采集每个物种 15~20 个个体的健康叶片(第 2 叶和第 3 叶),混合作为一个样品。叶片采集量不少于 5 g 干重,每个物种叶片样品重复数为 5 个。样品避光低温保存带回实验室,105℃杀青 30 min 后,65℃烘干。烘干后的叶片样品用球磨仪粉碎过 60 目筛,干燥保存用于测定叶片氮磷含量。叶片氮磷含量测定通常采用元素分析仪法。

3)群落物种组成与分种生物量

测量频次:每年 1 次,生长旺季(一般为 8 月中下旬)进行测量。

指标与方法:采用样方法进行群落物种组成和分种生物量调查,样方大小为 1 m×1 m,样方重复数不少于 5 个。记录样方内每个物种的名称、植株高度和株丛数,齐地面剪取每个物种地上部分放入信封中,并收集地上部的立枯和凋落物,带回实验室。将植物样品 65℃烘干 24 h 至恒重,称重并计算单位面积各物种地上生物量(g/m²)。

4)地下生物量

测量频次:每年 1 次,生长旺季(8 月中下旬)进行,与群落物种组成测定同期进行。

指标与方法:采用根钻法,在每个已经剪除地上生物量的样方内,分层(0~10 cm、

10～20 cm、20～30 cm 和 30～50 cm）钻取土壤样品放入尼龙网袋（孔径 1 mm）中，每个样方每层 2～3 钻（直径>5 cm）混合，放入尼龙网袋（孔径 1 mm）中，带回实验室（切记注明混合的钻数，用于推算单位面积地下生物量）。用清水漂洗根系，使洗净后的根系在 65℃下烘干 24 h 至恒重，称重并计算每层单位面积地下生物量（g/m^2）。

5）地下净初级生产力

测量频次：每年 1 次，分别在生长季初期（4 月中旬）和末期（9 月中旬）放置和提取根袋。

指标与方法：采用内生长法（根袋法），在涡度塔源区范围内，选取 15 个样点作为重复（根系生长异质性大，为保证数据质量，设置重复较多）。在生长季初期，用根钻（直径 7 cm）分层钻取（0～10 cm、10～20 cm、20～30 cm 和 30～50 cm）土壤，将每层土壤中的根系（包括细根）全部挑出。将挑除根系的土壤按照原来土层的顺序装入尼龙根袋内（直径 8 cm，长 70 cm，孔径 1 mm），放回至原来的钻孔内，用标签标记钻孔的中心位置。生长季末，将根袋提出，如根系生长旺盛，根袋难以提出，可以用直径略小于钻孔的土钻分层钻取土壤并放入封口袋中，带回实验室。挑出全部细根，清水洗净后，将其放入 65℃烘箱烘干 24 h 至恒重，称重并计算每层单位面积地下净初级生产力（BNPP）（g/m^2）。

对于青藏高原高寒草甸杂草类物种较多且杂草类植物直立根系明显的草原生态系统也可采用根钻法测定 BNPP。

测量频次：植物生长季 4～9 月，逐月采集地下生物量。

指标与方法：在收集地上生物量的样方中随机选择 3 个样方，用根钻分层取土壤样品，层次依地下生物量分布情况而定。同一样方内 3 钻混合。取得的土壤样品经捣碎、分拣、清洗等过程后，收集的根系同层次放入纸袋，将其烘干至恒重，并换算到单位面积生物量。最后按季节生物量的最大值与最小值的差值计算当年根系的净初级生产力。

2. 土壤相关指标

1）土壤理化性质

测量频次：研究期内仅需测定 1 次。

指标与方法：在涡度塔源区范围内，挖取 5 个 0～50 cm 土壤剖面，用环刀（100 cm^3）采集各土层（0～10 cm、10～20 cm、20～30 cm 和 30～50 cm）土壤样品，用于土壤容重和田间持水量测定；采集各土层土壤样品不少于 500 g 放入自封袋中，风干后保存，用于土壤质地（激光粒度仪）、pH 值（pH 计）、土壤有机碳、全氮、全磷、有效磷含量测定。

2）土壤可利用氮含量

测量频次：生长季 4～9 月，每月 1 次（建议与地上生物量测量同时进行）。

指标与方法：在涡度塔源区范围内，随机选取 5 个取样点，去除土壤地表层的枯枝落叶，用土钻钻取 0～10 cm 和 10～20 cm 土层的土壤样品，每个取样点至少取 3 钻土壤混合为一个样品，装入封口袋中，放入 4℃保温箱中回实验室。拣除土样中的植物残体，迅速过 2 mm 土样筛，去除根系后彻底混匀，4℃低温保存。由于土壤中有效氮化学性质活跃,土壤样品需要在尽量短的时间(不超过 24 h)内进行浸提。浸提步骤如下:称取 10 g 鲜土,放入 100 mL 塑料方瓶内,加入 50 mL 0.5 mol/L 的 K_2SO_4 溶液,放在振荡器上以 180 r/min 速度振荡 30 min 后过滤至小塑料方瓶中。浸提液可在-20℃以下冰冻保存至测量。土壤可利用氮(硝态氮和氨态氮)含量采用流动分析仪进行测定。注意:浸提同时需要测定土壤含水量(烘干法),以换算单位干土重量中可利用氮含量。

3)土壤微生物生物量

测量频次:每年 1 次,生长季 8 月中旬采集土壤样品。

指标与方法:在涡度塔源区范围内选取 10 个取样点,每个点用土钻钻取 0~10 cm 和 10~20 cm 土层的土壤样品(每个样品至少为 3 钻土壤混合),放入封口袋中,带回实验室 2~4℃低温保存,用于微生物生物量和活性的测量。微生物生物量采用氯仿熏蒸法,具体步骤如下:将 4℃保存土样放入 25℃恒温培养箱中活化 4~5 天后,称取两份 20 g 样品分别放入两个 120 mL 塑料广口瓶中。其中一份样品中加入 50 mL 0.5 mol/L 的 K_2SO_4 溶液,放在振荡器上以 220 rpm 的转速震荡 30 min。震荡结束后将溶液过滤至塑料瓶中保存待测。另一份放入真空干燥器中,真空干燥器底部放入浸过水的滤纸以保持湿度,放入一杯 NaOH 溶液以吸收释放的 CO_2,最后放入盛有 50 mL 氯仿的烧杯中,烧杯中放入沸石防止爆沸。将真空干燥器密封后用真空泵抽至氯仿沸腾并维持 2 min。然后将干燥器密封并放入 25℃的恒温箱中熏蒸培养 24 h。同时采用烘干法测定土壤含水量,用以微生物生物量计算时的干土换算。熏蒸结束后同样使用 K_2SO_4 溶液浸提过滤。浸提液由 N/C 3100 TOC/TN 分析仪测定其中的碳氮含量。土壤微生物生物量碳氮含量分别通过熏蒸和未熏蒸土壤浸提液中的碳氮含量之差计算。

2.3　无人机航拍生态观测技术及其规范

无人机航拍是空–天–地一体化监测的关键环节,可以提供高频次和高分辨率的地表影像资料,因而被广泛应用于生态环境研究中,包括动物监测(Falge et al.,2001)、植被结构调查(Fan et al.,1990)、草地生物量和覆盖度估算等(Finnigan et al.,2003;Gilmanov et al.,2007)。但是受制于各国政策法规等,能够开展监测的地点较少,未形成大范围高密度的监测。此外,由于目前还没有形成统一的规范,大部分工作都属于独立的案例研究,不能进行协同监测。因此,目前还没有专门的无人机生态环境协同监测网络,仅有的无人机监测也是基于现有成熟监测网络添加的监测项目,如美国国家生态系统观测网络(NEON)。中国自主品牌的大疆无人机性能稳定、能搭载多种传感器(普通相机、多光谱相机、热红外相机以及 LiDAR 等)且价格适中。更重要的是大疆提供的软件开发包(software development kit,SDK)为在 SDK 基础上根据特定需求开发不同的 APP 控制无人机开展监测提供了可能。以上政策法规、无人机硬件和软件优势为在中国脆弱生态区建立无人机联网协同观测网络提供了有利条件。本节重点阐述基于大疆 SDK 开发的无人机航拍系统。

2.3.1　FragMAP 系统

FragMAP（Fragmentation Monitoring and Analysis with aerial Photography）是自主开发的集航拍、图像分析、数据存储和分析等功能于一体的软件系统（Yi, 2017）（图 2.2）。其中，航拍是 FragMAP 的基本组成部分，它包含两个安卓 App：工作点和航线设置 App

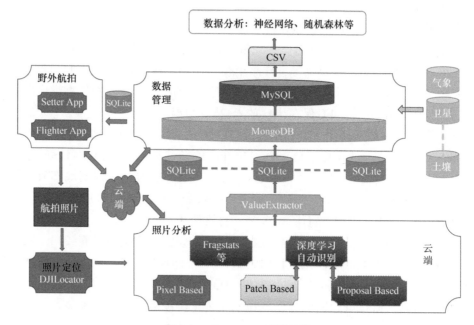

图 2.2　FragMAP 系统结构

包含野外航拍、航拍照片定位（DJILocator 为定位软件）、照片分析（Fragstats 为景观软件，Pixel Based、Patch Based 和 Proposal Based 是自主开发的基于像元、小块和预选的分析软件）、数据提取（ValueExtractor 软件）到数据库（SQLite、MongoDB 和 MySQL），最后输出 CSV 格式的数据

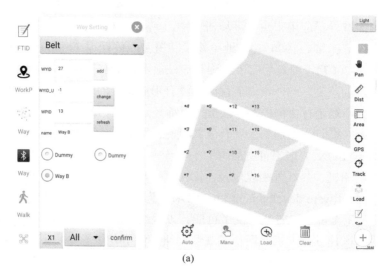

(a)

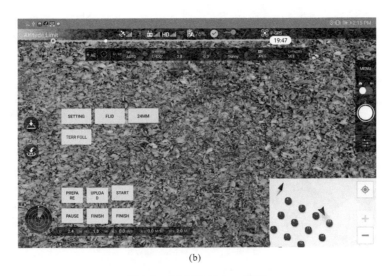

(b)

图 2.3　两个安卓 App 截图

（a）工作点和航线航点设置；（b）无人机自主巡航和拍照

（Setter App）、自动飞行和航拍 App（Flighter App）（图 2.3）。后期使用免费软件和自主开发的软件将获取的航拍照片定位到每个航点并进一步分析。将从航拍照片中提取的数据存储在 MySQL 和 MongoDB 数据库中，这些数据库可以管理和组织不同来源的输入数据，并能为进一步分析提供输出数据（图 2.2）。

　　FragMAP 采用层次结构组织各种信息，在这些层次结构中以野外调查作为最高等级 [图 2.4（a）]，每个野外时间长短以及空间范围不一。每一个野外包含一个或多个工作点，每个工作点包含一个或多个航线。每个航线的航点可以被无人机多次访问拍照。在一个野外中，当在一个地方没有工作点时，可以在 Setter App 中创建新的工作点，否则选择已存在的工作点（Yi，2017）。同理，一个工作点中的航线也可以通过 Setter App 来创建或选择。工作点和航线设置好之后，通过 Flighter App 来实现无人机的自主飞行和拍摄。无人机在相同航点拍摄的位置在水平方向上的误差控制在 1～2 m。因此，通过长期重复航拍（高于 20 m）可以获取长时间序列数据集。

　　Pix4D、大疆 Go 系列等应用程序可以控制无人机进行自主飞行和航拍。这些应用程序提供了 MOSAIC 飞行模式，可以拍摄重叠的航拍照片。然而，MOSAIC 模式并不总是适用于生态环境研究。除了 MOSAIC 航线模式外，Setter App 还包含其他多种航拍模式，包括 RECTANGLE、GRID、BELT、QUADRAT 和 IRREGULAR 等 [图 2.4（b）～图 2.4（g）]。

　　每幅航拍照片的地面覆盖度和分辨率由飞行高度和相机类型决定。以常用的 1200 万像素、FOV94° 以及 20 mm 焦距的可见光镜头为例，20 m 和 2 m 高的航拍照片覆盖地面面积分别约为 900 m^2 和 9 m^2，与传统生态研究的样地和样方范围接近（Qin et al.，2019），地面分辨率分别优于 1 cm^2 和 0.01 cm^2。大疆 Mavic 2 变焦无人机可以实现从 24 mm 焦段到 48 mm 焦段的变焦拍摄，在相同的飞行高度可显著提高照片的分辨率。

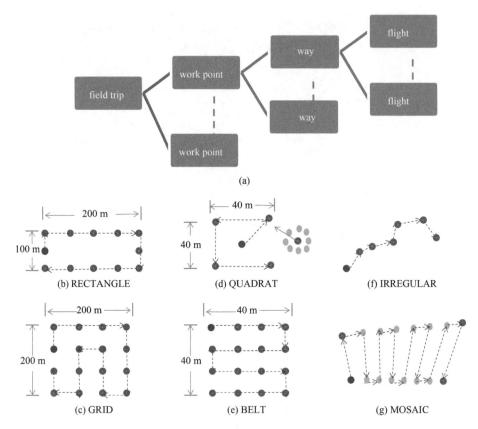

图 2.4　无人机航拍层级以及航线类型

（a）野外（field trip）、工作点（work point）、航线（way）和飞行（flight）层级示意图；（b）～（g）分别为不同航线中航点的空间分布图（RECTANGLE：矩形；GRID：格点；QUADRAT：样方；BELT：样带；IRREGULAR：不规则；MOSAIC：拼接）。红色点为起始航点，红色点和蓝色点都是设置的点，绿色点是自动生成的点，带箭头的红虚线表示无人机飞行方向

2.3.2　协同航拍与分析规范

　　FragMAP 系统自 2015 年以来已经被广泛应用于脆弱生态区的协同监测研究，包含野外各团队间的野外航拍协作、室内分析间的协作，以及野外航拍与室内分析间的协作。

　　首先，各个团队根据自身的研究计划独立进行野外航拍工作，也可以多团队协作进行。野外考察后，管理员将有关信息进行整合以便下一年使用（图 2.2）。随着越来越多的团队使用 FragMAP，为了避免重复性工作，提高工作效率，不同的团队之间通过云服务器实现协作，可以实时获取不同航线航点航拍状态。以 2019 年夏季野外考察为例，7 个团队一共行进了 45542 km，覆盖中国大部分生态脆弱区（图 2.5）。其间共执行了 5372 次飞行，在固定的航点拍摄了 8 万多张照片。更重要的是，Flighter App 实现了"公民科学家"模式，任何拥有 DJI 无人机的人员都可以从服务器下载航线航点协助监测。

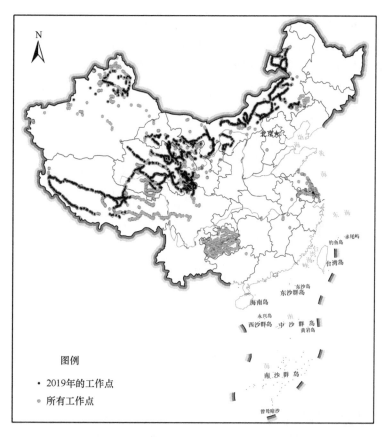

图 2.5　所有工作点（绿色）以及 2019 年野外设置的工作点（黑色）

其次，航拍照片的分析起初只是基于个人使用的桌面软件，目前已经开发了基于云端网站的协同分析系统。每个野外队提交航拍照片和相关信息后由专职科研助理进行质量控制，再由管理员分配照片分析任务。每个任务首先由多名本科生独立分析，然后本科生之间再相互交换照片，这样每张照片获得 2 个数据；管理员提取出差异大于一定阈值的照片由科研助理进行第二轮分析。同样，第二轮差异较大的照片的值最后由教职工确定。

最后，部分生态环境应用也需要野外现场和实验室分析的协作。在现场完成航拍后，将照片上传到服务器，实验室人员下载并进行处理，最后将计算结果发回现场进行下一步操作。

航拍照片按照以下步骤进行预处理。

采用自主研发的植被斑块分析软件（Pixel Based Manual Classifier）对航拍照片中的植被和裸土进行阈值划分，进而完成植被斑块的提取工作。该软件基于阈值法计算绿度指数从而实现植被与裸土的二值化处理。绿度指数计算公式如下：

$$EGI = 2G–R–B$$

式中，EGI 为绿度指数；R、G、B 分别代表航拍照片的红、绿、蓝波段。

依次计算航拍照片每个像素的绿度指数，设置绿度指数的初始阈值，并将其与影像的绿度指数值进行比较，如果该像素的绿度指数大于设定阈值，则该像素被视为植被像素，否则被视为裸土像素。将分类图像与原始影像对比，进行目视判断，若分类结果不理想则重复上述处理直至分类图像中的植被区域与原始图像植被区域一致（Chen et al.，2016），并输出植被、裸土 TIFF 格式二值图。具体处理流程如图 2.6 所示。

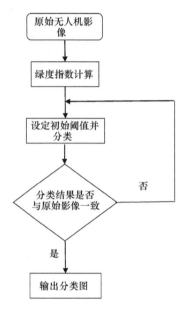

图 2.6　航拍照片植被裸土阈值划分

航拍照片以 JPEG 格式存储，R、G、B 三个波段灰度值范围均为 0~255，对应 EGI 指数范围为 –500~500。为提高处理效率，参考前期研究结果，青藏高原高寒植被的 EGI 指数一般位于 60~140（Chen et al.，2016），因此，在此范围内设置初始阈值（图 2.7）。

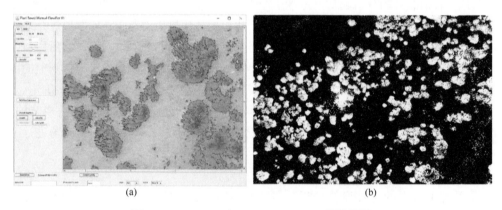

(a)　　　　　　　　　　　　　　　(b)

图 2.7　**Pixel Based Manual Classifier** 阈值提取

（a）软件界面；（b）植被、裸土斑块二值图

2.3.3　脆弱生态区生态研究的应用分析

自 2015 年以来，基于 FragMAP 系统的无人机航拍被逐渐应用于脆弱区生态学研究。

根据其观测获取数据的特点，应用主要分为以下 4 个类型：①高空间分辨率；②高监测频率；③搭建从地面监测升尺度至卫星遥感的桥梁；④海量数据。

第一类型研究利用无人机航拍照片的高空间分辨率特征，如可应用于草地植物物种、砂砾石以及小型啮齿类动物洞口的识别。BELT 飞行模式在 2 m 高度获取的航拍照片用于监测高寒草地植物物种组成（Sun et al.，2018），这一方法获取的物种香农-维纳多样性指数、辛普森多样性指数及皮卢指数等物种多样性指数与传统方法测定值显著线性相关，而丰富度指数则优于传统方法。类似结论也在祁连山高寒草地以及冰川末端的物种多样性研究中得到验证（Qin et al.，2020b；Wei et al.，2021）。QUADRAT 航拍方式用于估测样方尺度草地植被冠层高度和地上生物量，并在青藏高原和内蒙古典型区域开展实地应用研究（Zhang et al.，2018），结果表明在小尺度上这一方法比 MOSAIC 方法效率更高。此外，多项研究已证明地表砂砾石含量、高原鼠兔洞口、土壤水热以及其他小型斑块均可以使用通过 GRID 或者 RECTANGLE 航拍模式在 20 m 高度拍摄的照片进行准确辨别（Yi et al.，2016；Chen et al.，2017；Qin et al.，2018，2019，2020a，2020b；Zhang et al.，2021b）。

第二类研究利用高频次监测的特征。Sun 等（2020）利用每小时一次的航拍照片准确刻画出了整个牦牛畜群空间分布的动态变化，即利用 MOSAIC 航拍模式生成含基础地理信息的底图，并据此确定不同时段航拍照片上的每一头牦牛的位置。这一方法克服了传统研究方法浪费时间、人力和基于家畜个体研究的缺陷。Zhang 等（2021a）利用固定航点上不同时期的航拍照片研究了黄河源高寒草地鼠兔洞口以及周围斑块的动态变化及二者间的关系。

第三类研究中，特定高度的单张或者一组航拍照片可实现与卫星影像像元的匹配。例如，20 m 高度的航拍照片地面覆盖范围是 26 m×35 m，这与 Landsat 影像的像元覆盖范围类似，而一条 GRID 航线的覆盖范围为 250 m×250 m，又与 MODIS 影像的像元覆盖范围相匹配。基于这种方法可以实现在统一尺度下利用地面实测特征数据（如植被盖度或者地上生物量）进行卫星遥感反演（Chen et al.，2016；Tang et al.，2020）。

在我国获取的大量无人机航拍照片中，已经有一部分应用于生态位模型研究中。例如，Du 等（2019）基于 208 个工作点获取的 2000 余张航拍照片，利用 BIOMOD 模型模拟了黄河源区高原鼠兔的潜在空间分布特征。黄波等（2020）则利用这一方法揭示了黄河源区主要毒害草——黄帚橐吾的潜在空间分布格局，并预测了 RCP 4.5 和 RCP 8.5 两种气候变化情景下黄帚橐吾分布变化趋势，可用以指导草地保护和合理利用。

<h1 style="text-align:center">参 考 文 献</h1>

陈世苹, 游翠海, 胡中民, 等. 2020. 涡度相关技术及其在陆地生态系统通量研究中的应用. 植物生态学报, 44: 291-304.

黄波, 宜树华, 张欣雨, 等. 2020. 基于 BIOMOD 的黄河源区黄帚橐吾分布. 草业科学, 37: 39-51.

于贵瑞, 孙晓敏. 2017. 陆地生态系统通量观测的原理与方法. 2 版. 北京: 高等教育出版社.

于贵瑞, 张雷明, 孙晓敏. 2014. 中国陆地生态系统通量观测研究网络(ChinaFLUX)的主要进展及发展展望. 地理科学进展, 33: 903-917.

于贵瑞, 张雪梅, 赵东升, 等. 2022. 区域资源环境承载力科学概念及其生态学基础的讨论. 应用生态学报, 33(3): 577-590.

Aubinet M, Berbigier P, Bernhofer C, et al. 2005. Comparing CO_2 storage and advection conditions at night at different Carboeuroflux sites. Boundary-Layer Meteorology, 116: 63-93.

Aubinet M, Grelle A, Ibrom A, et al. 2000. Estimates of the annual net carbon and water exchange of forests: The EUROFLUX methodology. Advances in Ecological Research, 30: 113-175.

Baldocchi D D, Falge E, Gu L, et al. 2001. FLUXNET: a new tool to study the temporal and spatial variability of ecosystem-scale carbon dioxide, water vapor and energy flux densities. Bulletin of the American Meteorological Society, 82: 2415-2435.

Baldocchi D D. 2020. How eddy covariance flux measurements have contributed to our understanding of global change biology. Global Change Biology, 26: 242-260.

Chen J, Yi S, Qin Y. 2017. The contribution of plateau pika disturbance and erosion on patchy alpine grassland soil on the Qinghai-Tibetan Plateau: Implications for grassland restoration. Geoderma, 297: 1-9.

Chen J, Yi S, Qin Y. et al. 2016. Improving estimates of fractional vegetation cover based on UAV in alpine grassland on the Qinghai-Tibetan Plateau. International Journal of Remote Sensing, 37: 1922-1936.

Du J, Sun Y, Xiang B. et al. 2019. Potential distribution of plateau pika and its influence factors in the source region of the Yellow River Basin using BIOMOD. Pratacultural Science, 36(4): 1074-1083.

Falge E, Baldocchi D, Olson R. et al. 2001. Gap filling strategies for defensible annual sums of net ecosystem exchange. Agricultural and Forest Meteorology, 107: 43-69.

Fan S M, Wofsy S C, Bakwin P S, et al. 1990. Atmosphere-biosphere exchange of CO_2 and O_3 in the central Amazon Forest. Journal of Geophysical Research- Atmosphere, 95: 16851-16864.

Finnigan J J, Clement R, Malhi Y, et al. 2003. A re-evaluation of long-term flux measurement techniques-Part I: Averaging and coordinate rotation. Boundary-Layer Meteorology, 107: 1-48.

Gilmanov T, Soussana J, Aires L, et al. 2007. Partitioning European grassland net ecosystem CO_2 exchange into gross primary productivity and ecosystem respiration using light response function analysis. Agriculture, Ecosystem and Environment, 121: 93-120.

Gockede M, Foken T, Aubinet M, et al. 2008. Quality control of Carbo Europe flux data-Part 1: Coupling footprint analyses with flux data quality assessment to evaluate sites in forest ecosystems. Biogeosciences, 5: 433-450.

Leuning R. 2007. The correct form of the Webb, Pearman and Leuning equation for eddy fluxes of trace gases in steady and non-steady state, horizontally homogeneous flows. Boundary-Layer Meteorology, 123: 263-267.

Lloyd J, Taylor J A. 1994. One the temperature dependence of soil respiration. Functional Ecology, 8: 315-323.

Mauder M, Cuntz M, Drue C, et al. 2013. A strategy for quality and uncertainty assessment of long-term eddy-covariance measurements. Agricultural and Forest Meteorology, 169: 122-135.

Qin Y, Sun Y, Zhang W, et al. 2020b. Species monitoring using unmanned aerial vehicle to reveal the ecological role of Plateau Pika in maintaining vegetation diversity on the Northeastern Qinghai-Tibetan Plateau. Remote Sensing, 12: 2480.

Qin Y, Yi S, Ding Y, et al. 2018. Effects of small-scale patchiness of alpine grassland on ecosystem carbon and nitrogen accumulation and estimation in northeastern Qinghai-Tibetan Plateau. Geoderma, 318: 52-63.

Qin Y, Yi S, Ding Y, et al. 2019. Effect of plateau pika disturbance and patchiness on ecosystem carbon emissions in alpine meadow in the northeastern part of Qinghai-Tibetan Plateau. Biogeosciences, 16: 1097-1109.

Qin Y, Yi S, Ding Y, et al. 2020a. Effects of plateau pikas' foraging and burrowing activities on vegetation biomass and soil organic carbon of alpine grasslands. Plant and Soil, 1: 201-216.

Rannik U, Vesala T. 1999. Autoregressive filtering versus linear detrending in estimation of fluxes by the eddy covariance method. Boundary-Layer Meteorology, 91: 259-280.

Reichstein M, Falge E, Baldocchi D, et al. 2005. On the separation of net ecosystem exchange into assimilation and ecosystem respiration: Review and improved algorithm. Global Change Biology, 11: 1424-1439.

Sun Y, Yi S, Hou F, et al. 2020. Quantifying the dynamics of livestock distribution by unmanned aerial vehicles (UAVs): A case study of Yak Grazking at the household scale. Rangeland Ecology & Management, 73: 642-648.

Sun Y, Yi S, Hou F. 2018. Unmanned aerial vehicle method makes species composition monitoring easier in grassland. Ecological Indicators, 95: 825-830.

Tang L, He M, Li X. 2020. Verification of fractional vegetation coverage and NDVI of desert vegetation via UAVRS technology. Remote Sensing, 12: 1742.

Webb E K, Pearman G I, Leuning R. 1980. Correction of flux measurements for density effects due to heat and water-vapor transfer. Quarterly Journal of the Royal Meteorological Society, 106: 85-100.

Wei T, Shangguan D, Yi S, et al. 2021. Characteristics and controls of vegetation and diversity changes monitored with an unmanned aerial vehicle (UAV) in the foreland of the Urumqi Glacier No. 1, Tianshan, China. Science of the Total Environment, 771(1): 145433.

Wilczak J M, Oncley S P, Stage S A. 2001. Sonic anemometer tilt correction algorithms. Boundary-Layer Meteorology, 99:127-150.

Yao Y G, Zhang Y P, Liang N S. et al. 2012. Pooling of CO_2 within a small valley in a tropical seasonal rain forest. Journal of Forest Research, 17: 241-252.

Yi S, Chen J, Qin Y, et al. 2016. The burying and grazing effects of plateau pika on alpine grassland are small: A pilot study in a semiarid basin on the Qinghai-Tibet Plateau. Biogeosciences, 13: 6273-6284.

Yi S. 2017. FragMAP: A tool for long-term and cooperative monitoring and analysis of small-scale habitat fragmentation using an unmanned aerial vehicle. International Journal of Remote Sensing, 38: 2686-2697.

Yu G R, Ren W, Chen Z, et al. 2016. Construction and progress of Chinese terrestrial ecosystem carbon, nitrogen and water fluxes coordinated observation.Journal of Geographical Sciences, 26: 803-826.

Yu G R, Wen X F, Li Q K, et al. 2005. Seasonal patterns and environmental control of ecosystem respiration in subtropical and temperate forests in China. Science in China Series D: Earth Sciences, 48: 93-105.

Zhang H, Sun Y, Chang L, et al. 2018. Estimation of grassland canopy height and aboveground biomass at the quadrat scale using unmanned aerial vehicle. Remote Sensing, 10: 851.

Zhang J, Liu D, Meng B, et al. 2021a. Using UAVs to assess the relationship between alpine meadow bare patches and disturbance by pikas in the source region of Yellow River on the Qinghai-Tibetan Plateau. Global Ecology and Conservation, 26c: e01517.

Zhang W, Yi S, Chen J, et al. 2021b. Characteristics and controlling factors of alpine grassland vegetation patch patterns on the central Qinghai-Tibetan plateau. Ecological Indicators, 125: 107570.

第3章

生态脆弱区资源
环境承载力的联网实验技术规范①

摘　要

随着人类活动和全球变化的加剧，生态脆弱区生态系统结构和功能正受到巨大的影响，严重威胁生态脆弱区资源环境承载力。全球变化对不同生态脆弱区生态系统结构和功能影响的空间异质性加大了提出统一的科学理论及生态评估体系的难度。联网实验是指采用统一的实验设计、测定指标和测定方法，在区域尺度或全球尺度开展多地点合作的控制实验网络。联网实验不仅可以排除实验方法不同可能引起的误差，而且还考虑了不同脆弱区生态系统特征，在解决区域及全球尺度生态学问题中发挥着重要作用。本章首先介绍联网实验的设计原则，随后详细展示了在中国生态脆弱区建立的四个联网实验平台（包括营养网络、干旱网络、全球变化联网平台和极端干旱联网平台）的实验技术及其规范，以此促进研究者对联网实验的深入了解并推进联网实验研究。

3.1　联网实验设计原则

随着科学技术的进步，全球经济快速增长，人类活动和全球变化对全球生态系统结构和功能产生了巨大影响（Walther et al.，2002；Parmesan and Yohe，2003；Hautier et al.，2015；Isbell et al.，2017）。明确生态系统对全球变化的响应和适应机制是实现人类对生态系统服务可持续利用的前提（Chapin Ⅲ et al.，2000；Wu，2021）。然而，人类活动和全球变化对生态系统的影响具有空间异质性（Knapp et al.，2015），并且许多生态系统水平的变化在 10 年或更长时间尺度上或许并不能明显地表现出来，这都使得统一的科学理论的提出变得愈加困难。科学的实验设计融合区域或全球尺度数据，甚至跨越一定

---

①本章作者：庾强，杨恬，柯玉广；本章审读人：宜树华。

时间尺度的长期数据可以支撑科学研究获得普适性的生态学理论，进而指导人类社会科学地应对全球气候变化（Borer et al.，2014）。单点野外控制实验只能反映所在研究地点的生态系统过程对全球变化的响应，而区域和全球尺度生态学问题的研究更具有代表性，更能得出一般性的科学规律（Borer et al.，2014）。由于各个单点实验的实验处理、实验方法、测定指标等不统一，很难将单点实验的结果进行整合并进行尺度上推研究，从而难以回答区域性和全球性的问题。Meta 分析可以综合现有的生态学实证研究，整合分析研究区域和全球尺度的生态学问题，但 Meta 分析依赖于通过不同的目标和方法生成的数据之间的比较，数据缺乏可比性，得到的结果可能会产生很大的误差。联网实验采用统一的实验处理、实验方法和测定指标，这成为回答区域性和全球性问题的有效手段（Borer et al.，2014）。联网式研究主要针对当前备受关注的全球变化因子（全球升温、降水量及其格局改变、酸化、氮沉降等）对生态系统过程和功能的影响来开展。联网实验的设计遵循以下原则。

1. 实验设计统一化

围绕实验设计的核心科学问题采用统一的实验处理。实验设计的统一性主要包括三种方式：①数量的统一，就是所有处理的梯度都采用统一数量强度，如氮添加的量统一设计成 10g N/（m²·a）；②程度的统一，就是所有处理都采用统一的处理程度，如降水量统一减少 50%；③发生概率的统一，就是通过统计当地历史数据确定统一的发生概率的处理强度，如要设计极端干旱实验，所有地点都采用发生概率为 10% 的干旱强度。以统一的实验处理执行跨站点实验，收集数据，以便可以直接探索全球不同生态系统结构和功能对气候变化和扰动的响应机制，以促进可持续发展，增进人类福祉。

2. 实验设计最简化

联网实验参加人员众多，每个站点情况不同，每个实验室的实力存在较大差异，同一个实验室不同阶段的人力、财力也会存在较大差异。如果要进行长期的联网实验，必须尽最大努力减少工作量和预算，实验设计要尽量简单，人力和财力消耗较小才能保证大部分站点有意愿参与，并且长期坚持。

3. 实验设计标准化

联网实验的设计要充分讨论、制定统一的实验设计标准、实验处理、测定指标和测定方法。通过编制实验手册的方式，要求各实验站点按照实验手册的要求执行。实验手册要逻辑清晰、简洁明了、操作性强，参与人员易于了解设计者的意图。

4. 实验数据共享化

如果数据不能完全共享，也就失去了联网实验的意义。因此，设计合理的共享制度，保证所有参加人员的数据共享意愿对联网实验设计至关重要。各站点负责人在有清晰的数据分析思路且经多方商讨后，均可使用平台的任何实验数据。

5. 实验内容综合化

大科学问题与小科学问题结合，多学科交叉。各站点负责人可在不影响主实验设计的基础上拓展研究内容，深入探讨多学科领域的科学问题。

3.2　营养网络实验技术及其规范

营养网络实验（Nutrient Network；https://nutnet.org/home）旨在基于全球 200 多个草原站点组成的协作研究网络探索植物群落生产力–多样性–群落结构关系及对养分添加的响应等相关科学问题（Borer et al.，2014）。发起人为美国明尼苏达大学的 Elizabeth Borer 教授和 Eric Seabloom 教授。

3.2.1　实验样地选择

实验样地的环境条件需相对均一（不能包含大的环境梯度）。群落主要由草本植物组成，并且在特定的生态系统（如矮草草原和高草草原）中要具有代表性。实验样地的面积要足够大，最好不小于 1000 m^2。不需要排除火等自然干扰，但要记录干扰的具体情况（包括位置、发生时间、强度和持续时间等）。此外，最好没有放牧家畜的扰动。

3.2.2　实验设计

为研究多种资源的限制效应，营养网络设置了三种营养元素的添加处理实验（氮、磷和钾+其他元素）（Borer et al.，2014）。按照全因子设计的方式对 3 种营养元素进行组合，最后得到 8 种不同的组合（表 3.1）。实验选择在市场上容易买到且价格低廉的氮、磷、钾的化合物作为养分元素的源［详见 Borer 等（2014）］，每种元素所施的量均为 10g/（m^2·a）。此外，营养网络还包括一个围封处理（排除大型草食动物取食），这个处理与对照（Control）和 NPK+处理结合，以评估上行控制和下行控制对群落结构和功能的影响（Borer et al.，2014）。因此，营养网络的核心实验包括 10 个处理。实验采用完全随机区组设计，分为 3 个区组，每个区组中 10 个处理随机布置（实验小区总数为 30 个）。每个实验小区大小为 5m×5m，实验小区之间要有一条宽度不小于 1m 的过道。所有样方的四个角都要永久标记（图 3.1）。

每个实验小区被分割成 4 个 2.5m×2.5m 的子样方（subplot）。这 4 个子样方随机分配，分别用于核心采样、特定实验点的研究或将来相关研究的备用（2 个）。每个 2.5m×2.5m 的子样方进一步被分割成 4 个 1m×1m 的子样方（sub-subplot）。图 3.1（b）展示了每个实验小区的布置。注意，处理的重复数（即区组数）可以增加。

表 3.1　营养网络及全球变化联网实验处理

处理	氮	磷	钾+其他元素	围封
1（对照）	0	0	0	0
2	0	0	1	0
3	0	1	0	0
4	1	0	0	0
5	0	1	1	0
6	1	0	1	0
7	1	1	0	0
8（NPK+）	1	1	1	0
9	0	0	0	1
10	1	1	1	1

注：0=不进行处理，1=进行处理。

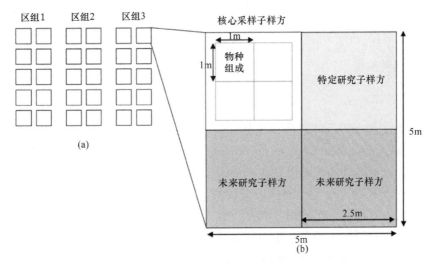

图 3.1　营养网络区组（Block）设计及实验小区采样设计图

每个 5m×5m 实验小区被分割成 4 个 2.5m×2.5m 的子样方。其中，一个用于长期的核心采样（白色），另一个用于特定实验点的研究（灰色），最后两个用于将来的其他研究（深灰色）。核心采样子样方将进一步被分割成 4 个 1m×1m 永久的子样方，一个用于测量物种组成和光有效性，其余 3 个用于破坏性采样（如获取地上生物量和采集土壤样品）

3.2.3　调查指标

2.5m×2.5m 的核心采样子样方被分割成 4 个 1m×1m 的永久子样方，这些子样方被 0.25m 宽的缓冲带环绕。调查指标包括地上生物量（至少分成 3 个功能群）、所有植物物种的相对盖度和光有效性。这些指标都要在实验开始的前一年和随后的年份里，在所有的实验小区进行调查。所有的实验站点使用完全相同的调查方法。用于营养元素分析的土壤样品至少要在实验开始的前一年和实验进行的第 3 年从所有的样方中收集。在每个生长季结束后汇总全球各实验点的数据。所有数据都将公布在有密码保护的 NutNet 网站上，并且各实验站点成员之间可共享。

1. 植物群落物种组成

植物群落物种组成由不同物种的盖度百分比表示，各物种的盖度百分比在一个 1m×1m 的永久子样方中进行估测。各物种的盖度百分比估测需要利用被分成 100 个 10cm×10cm 网格的 1m×1m 网络状样方格对每个物种的盖度进行测定。将网络状样方格水平置于 1m×1m 样方中，与永久样方完全重合，对于连片分布的优势种，可以数物种所占格子，得到该物种的盖度；对于稀疏物种，先看看整个样方里面有几株，然后想象如果它们都长在一起，占多大面积，从而估算其盖度，如 A 物种有 3 株，但是都非常小，分布在不同的地方，但是加起来也不超过 10cm×10cm，那认定覆盖度为 1%，而不是 3%。所有数据精确到 1%，不要小数，如果植物群落是多层分布，总盖度可以超过 100%。如果有灌木层、凋落物、裸地、动物挖掘/干扰和石头的盖度，同样需要测定并记录。注意，植物群落的总盖度一般会超过 100%，因为每个物种的盖度是被独立估测的。盖度的调查频率需要根据特定生态系统组成物种的物候进行调整以涵盖每个物种的最大盖度，以便用于随后的分析。例如，在北美高草草原，物种盖度的调查时间为春季（5 月下旬）和秋季（8 月下旬），为了调查到早季的 C3 杂草和禾草类以及晚季的 C4 杂草和禾草类各自的最大相对盖度。

2. 光有效性

光有效性将使用一个能够测量光和有效辐射［PAR，μmol/（m^2·s）］的光学仪器测量（例如，Decagon LP-80 Ceptometer）。每年测量光有效性的时间与植物物种组成的调查时间相同。光有效性的测量需要在一个无云的晴天开展，而且越接近正午越好（推荐在上午 11:00 到下午 2:00 这个时间段进行测量）。对于每个子样方，在近地面测量两次 PAR，在冠层上方测量一次 PAR。光有效性为下层平均 PAR 与上层平均 PAR 的比值。如果使用的是点传感器，要在近地面和冠层上方各记录不少于 10 个不同位置的数据，计算其平均值（在 Decagon LP-80 Ceptometer 中这些是自动完成的）。

3. 地上生物量

收割 1 个 0.2m^2 条带内地上的所有植物部分，在 60℃下烘干 48 h 至恒重，称其干重（精确到 0.01g）。获取生物量的子样方是核心采样子样方内一个专用于破坏性采样的 1m^2 子样方。条带的位置应被永久标记，以防研究期间重复采样。对于样方内的灌木及小灌木，收集其叶片和当年的木质增长部分。地上生物量应至少被分成以下三类：凋落物、苔藓植物和维管植物。如果时间允许，建议将生物量分成以下六类：①凋落物；②苔藓植物；③禾草类植物（禾本科和莎草等）；④豆科植物；⑤非豆科杂草；⑥木质生长部分。

4. 土壤采样

在实验开始的前一年，在每个实验小区，在用于破坏性采样的子样方中收集 2～3

个土芯。在收集土样之前，要清除地表的凋落物和植被。实验小区的土芯混合均匀（大致 500g）。所有土样使用纸袋双层包装，以便自然风干。纸袋上需要清楚地记录采集日期、采集者姓名、采集地点和区/样方/处理标识。实验进行 3 年后使用相同的方法再次收集土壤样品。

3.2.4　时间安排

在处理开始前一年首次收集植物和土壤信息等作为本底数据。核心数据的收集至少持续 3 年，如果有可能的话最好持续 10 年或更长的时间。

3.3　干旱联网实验技术及其规范

国际干旱联网（drought net；https://wp.natsci.colostate.edu/droughtnet/）实验的目标是确定陆地生态系统结构和功能对极端干旱的敏感性以及形成区域差异的原因（Knapp et al.，2017）。发起人为美国科罗拉多州立大学 Melinda D. Smith 教授。当前，已在全球范围内建立了超过 150 个陆地生态系统干旱联网实验站点。

3.3.1　实验样地选择

选择站点原则：①鼓励但不限于自然生态系统参与；②由于每个站点的样点数相对较少，因此就土壤特性和植物组成而言，选择开展实验的样地应该是相对均匀的；③理想情况下，研究地点在过去的几年间（3～5 年）不应该发生重大干扰事件（如养分添加、耕地、种子添加或集中放牧等），以避免混淆干扰与实验处理的影响。

3.3.2　实验设计

1. 核心实验处理

核心实验处理包括环境降水处理（无遮雨棚的对照处理）和干旱处理。处理应该至少连续实施 4 年。干旱处理应在每个站点都达到极端干旱水平，因此每个站点降水减少的百分比可能是不同的。各个站点统一以长度超过 100 年的降水数据中发生概率低于 10%的极端低降水量为标准来确定极端干旱水平。极端干旱水平的计算方法可参考 Fu 等（2022）。干旱处理使用遮雨棚来实现，这些遮雨棚以站点特定的恒定的百分比减少降水（图 3.2）。实验处理应该全年进行，在降雪量很大的站点，可以通过除雪等一些其他手段来减少降水。总之，所有实验站点都必须量化干旱处理减少的降水总量。

图 3.2　干旱实验遮雨棚图示

2. 可选实验处理

鼓励各站点进行以下两个可选处理：①年降水量减少 50%的处理；②搭建遮雨棚钢架但不遮雨的对照处理（排除遮雨棚本身对实验的影响）。

3. 处理重复及样方大小

核心实验处理按照完全随机区组设计，处理重复数将部分取决于各站点投入的成本。但对于草原生态系统，每个核心处理应该至少 3 个重复，而对于较大地块的生态系统（如森林生态系统），每个核心处理至少两个重复。每块样地的大小需要与植被结构（即高度、密度、树冠宽度）相匹配，对于矮小的植被（<2m），最小采样地块大小为 2m × 2m，且地块周围应有 50cm 的缓冲区。在适合布置较大地块的情况下，建议使用 4m × 4m 的采样地块和 1m 的缓冲区。对于森林和稀树草原站点需要适当地调整其地块大小。

4. 遮雨棚搭建技术及要求

遮雨棚屋顶要足够大，可以覆盖采样区和缓冲区。遮雨棚的安装位置应高于地面 80cm，保证空气流通，避免改变小气候条件。

鼓励各站点在每个干旱处理和对照处理的地块边界挖沟（并非强制），以便避免邻近地块的水分影响。挖沟深度取决于站点的植被，建议草本植物系统的深度至少为 0.5 m，灌木和木本植物系统至少 1 m。沟槽应衬有不透水屏障（例如，6 mm 塑料）。在实验开始前需对所有沟槽进行填充（图 3.3）。鉴于挖沟并非在所有地点都可行，替代方法是增大遮雨棚的尺寸以容纳更大的缓冲区。

3.3.3　调查指标

1. 站点水平

每个实验站点均需要提供站点纬度、经度、生物群落类型、生态系统类型、坡度、

图 3.3　干旱处理遮雨棚搭建过程

坡向、海拔、长期历史气温和降水数据（最好是每天记录的 50～100 年的数据）、干扰历史、平均地下水位深度及其他需要注意的站点特征（例如，动物干扰和较大降雪量等）。此外，每个站点在实验期间应该记录以下数据：实验处理期间基于日尺度的年降水量或适当的频率较低（每周、每月）的数据；基于日尺度的年平均气温或适当的频率较低的数据；研究地点的植物物种组成、土壤质地、容重和其他化学特性（pH、土壤碳、氮、磷含量等）。

2. 实验小区水平

1）地上生物量

使用适用于特定生态系统的方法每年进行测量。这些可以包括破坏性和/或非破坏性测量。生物量将分为活生物量和死生物量。活生物量将进一步分为禾草、杂草和木本。死生物量分为当年的和往年的。对于以草本植物为主的系统，建议遵循营养网络规范。

2）土壤碳氮浓度

每个实验站点需要测量两次，一次在本底数据采集期间，一次在干旱处理的第 4 年。对于每个小区，将收集到的 0～15cm 土层深度的 2～3 个土壤样本合并成一个样品进行土壤碳和氮浓度的测量。各站点可以将土壤邮寄到科罗拉多州立大学土壤、植物和水体测量实验室进行测量。

3）植物群落组成

每个实验站点应至少每年测量一次，分别估计每个小区内的每个物种的多度（盖度或密度），不同物种的盖度或多度百分比构成植物群落物种组成。对于以草本为主的植被，推荐使用营养网络实验方法。对于其他生态系统，调查样方大小将取决于植被类型和采样规范。

4）定性的性状数据

每个站点需要提供实验期间发现的所有物种的定性性状数据，包括生长型（禾草、杂类草、灌木、树木、多肉植物）、光合作用途径（C4、C3、CAM）、固氮类型、生活史（多年生植物、二年生、一年生）和无性系（匍匐茎、根茎和丛生或不丛生禾草）。

3. 鼓励测量的其他指标

1）土壤含水量

每个站点需要在各个干旱和对照处理小区测量表层（至少10cm深度，15cm最好）土壤含水量。土壤水分测量建议尽可能频繁地进行（例如，连续的、每两周一次或每月一次）。理想情况是在两个深度（表层和深层）使用传感器连续测量土壤含水量。

2）遮雨棚效应和性能

通过测量遮雨棚下方和遮雨棚外部的光合有效辐射、气温和土壤温度来量化遮雨棚效应。测量实际到达每个遮雨棚下方的降水量，这可以更好地量化遮雨棚性能。

3）地下净初级生产力

地下净初级生产力使用向内生长法进行估算（建议每个处理小区最少做两个重复）。向内生长环的直径和深度因土壤类型和植被类型而异。生长芯在每个生长季结束时安装，并在下一年生长季结束时取出。分层（0～10cm、10～20cm、20～30cm等）估算地下净初级生产力。

3.4　全球变化联网实验技术及其规范

全球变化联网（NPK-Drought Net；http://www.bayceer.uni-bayreuth.de/npkd/index.php?lang=en）实验的目标是研究陆地生态系统对养分添加、降水变化及其交互作用的响应及其驱动机制。中方发起人为北京林业大学草业与草原学院庾强教授。自2017年建立以来，已在全球建立了超过30个站点，陆续有新的实验站点筹备展开。

3.4.1　实验设计

全球变化联网实验同时考虑到养分添加、降水变化及其交互作用对陆地生态系统的影响。每个站点设置16个处理（表3.2），每个处理6次重复，共计96个小区。本实验设置的养分添加及围栏处理与Nutrient Network一致，共包括10个处理；降水变化处理包括干旱（降水减少50%）和增水（降水增加50%）。养分添加和降水变化的交互实验只在对照、N和NPK+处理中进行。实验小区面积及子小区划分基本遵循营养网络方法（www.nutnet.umn.edu）。

3.4.2　基于空间基准点的站点设计理念

全球变化联网控制实验使用基于空间基准点的创新性站点设计，具体是将现有的野外台站分为3个层次，即本底性实验站、综合性实验站和超级实验站（简称本底站、综合站和超级站）（朱军涛等，2022）。利用经度和纬度上的降水和温度梯度，以区域平均温度和降水站点为基准点［图3.4（a）］。所有的草地实验站均为本底站，研究区水热的

表 3.2　营养网络及全球变化联网实验处理

处理	氮	磷	钾+其他元素	围封	增雨	干旱
1（对照）	0	0	0	0	0	0
2	0	0	1	0	0	0
3	0	1	0	0	0	0
4	1	0	0	0	0	0
5	0	1	1	0	0	0
6	1	0	1	0	0	0
7	1	1	0	0	0	0
8（NPK+）	1	1	1	0	0	0
9	0	0	0	1	0	0
10	1	1	1	1	0	0
11	0	0	0	0	1	0
12	0	0	0	0	0	1
13	1	0	0	0	1	0
14	1	0	0	0	0	1
15	1	1	1	0	1	0
16	1	1	1	0	0	1

注：0=不进行处理，1=进行处理。营养网络实验处理为灰色部分（1~10），全球联网实验处理为全部（1~16）。

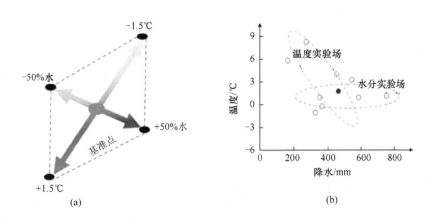

图 3.4　区域基准点（a）以及水分、温度实验场（b）示意图［引自朱军涛等（2022）］

基准点为综合站，区域水热的基准点设置为超级站（朱军涛等，2022）。此外，应充分考虑内蒙古温带草原区主要受水分限制，而青藏高原高寒草原区主要受温度限制的特点选择不同草原区的基准点，例如，利用全球变化研究天然的水分实验场和温度实验场［图3.4（b）］，在北方草原区选择锡林郭勒为基准点，在高寒草甸区选择那曲为基准点；通过在站点尺度设置增温、增减水、养分添加和放牧等控制实验，构建跨越我国草原区的全球变化多因子实验场（图3.5），打造涵盖不同层次的野外站、跨站点和跨区域的新时期全球变化联网控制实验网络（朱军涛等，2022）。

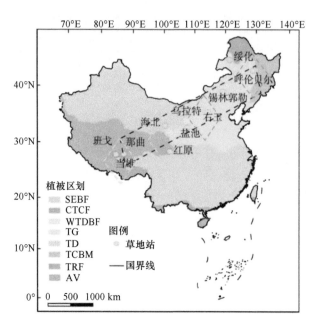

图3.5　全球变化控制实验设计理念［引自朱军涛等（2022）］

蓝色线条内区域代表水分实验场，黄色线条内区域代表温度实验场，红色线条内区域代表水分和温度综合实验场
SEBF：亚热带常绿阔叶林；CTCF：寒温带针叶林；WTDBF：暖温带落叶阔叶林；TG：温带草原；TD：温带荒漠；TCBM：
温带针阔混交林；TRF：热带雨林；AV：青藏高原高寒植被

1. 本底站设计

所有的草地实验站均为本底站。针对每个站点的现状和亟待解决的问题，设置本底站的野外控制实验，以自然生态系统的环境条件为基础，以 IPCC 预测的降水量和温度变化为标准模拟未来环境变化，设计符合站点尺度的环境变化控制实验。

2. 综合站设计

在本底站布设的基础上，主要考虑空间水热条件的基准点，选择锡林浩特、呼伦贝尔、海北和那曲 4 个研究站为综合性实验站。综合站作为研究区的基准点，考虑区内站点的环境变化空间梯度，增设环境变化梯度控制实验。基于各研究区的基准点，利用自然的水热梯度，在基准点的东西/南北选择相应站点，通过增减水的方式，构建跨站点的温度和水分综合实验场。

3. 超级站设计

全球变化通常为多要素协同变化，共同影响陆地生态系统（Komatsu et al.，2019）。因此，针对整个中国草地面临的全球变化多要素综合影响的问题，在超级站设置全国尺度的多要素交互联网实验，包括气候变化（温度和降水变化）、营养添加、围封和放牧等全球变化因子综合观测实验。按照自然水热的基准点，选择锡林郭勒和那曲作为超级站。以那曲超级站为例，在综合站水热控制实验的基础上，增设养分添加和模拟放牧控制实验平台。超级站作为区域的水热基准点，通过增温、增减水、营养添加和模拟放牧的方式，构建跨越中国草地的全球变化多因子实验场，研究全球变化多要素及其交互作用对我国草原区生态系统结构和功能过程的影响。

3.4.3　调查指标

1. 站点基础数据记录

调查内容包括站点长期的气象资料（主要是温度和降水）、长期的地下水位数据、经纬度、海拔。

在实验处理开始前一年收集本底数据（调查指标同下）时，需要额外测量土壤容重。具体方法为，在土样采样点附近利用环刀法测定 0～10cm 土壤容重。环刀一般高 5cm，可以分 0～5cm、5～10cm 层测量土壤容重，最后将两层土壤容重做平均数。取土后将剖面土回填，并标记位置以防在该位置重复取土。

2. 物种组成调查

调查内容包括植物高度、覆盖度，物种组成和多度，调查方法遵循营养网络实验规范。

3. 植物样品采集及生物量调查

生物量包括地上生物量和地下生物量两部分，植物采样及地上生物量称重方法遵循营养网络实验规范，不同的是，全球变化联网实验要求所有站点对地上生物量进行分物种测量。

在采集地上生物量之后，在每个条带内用直径 7cm 的根钻按照 0～10cm、10～20cm、20～30cm、30～40cm 的层次钻取土柱，每个条带取 3 个重复，将相同土层土壤混合，再放入 0.25mm 网眼的纱网袋里，用水冲洗，晾干后称重（地下生物量不区分物种）。所有植物样品称重完成后需要粉碎研磨，待测。

4. 光有效性

光有效性的测量方法遵循营养网络实验规范。

5. 土壤采样

土壤采样方法遵循营养网络实验规范，取样深度为 0～10cm。

6. 植物及土壤样品测定指标

植物测定指标包括 4 个：①植物全碳；②植物全氮；③植物全磷；④植物全钾。土壤测定指标包括 10 个：①土壤全碳；②土壤全氮；③土壤全磷；④土壤全钾；⑤土壤速效氮；⑥土壤速效磷；⑦土壤速效钾；⑧土壤铵态氮；⑨土壤硝态氮；⑩土壤 pH 值。

其均采用常规测定方法进行测量。

3.5　极端干旱联网实验技术及其规范

极端干旱联网（EDGE）实验是由美国生态学家 Alan K. Knapp、Melinda D. Smith、Scott Collins、Yiqi Luo 以及中国生态学家韩兴国、王正文、庾强、吴红慧等共同建立的野外降雨控制实验平台，分别在美国和中国选择了 6 个最具有代表性的草原类型开展联网实验，每个实验点均采用一致的研究方法，能够很好地探讨区域尺度上极端干旱对草原生态系统的影响。

3.5.1　实验样地选择

中方在内蒙古草原生态系统建立了 6 个具有代表性的样地并建立了草原极端干旱研究平台，生态系统类型涵盖荒漠草原、典型草原和草甸草原，分别在内蒙古锡林郭勒草原生态系统国家野外科学观测研究站（锡林浩特典型草原羊草实验样地、大针茅实验样地）、内蒙古鄂尔多斯草地生态系统国家野外科学观测研究站（希拉穆仁及乌拉特荒漠草原实验样地）和沈阳应用生态研究所额尔古纳森林草原过渡带生态系统研究站（呼伦贝尔及额尔古纳草甸草原实验样地）各建立了两个试验样地，每个站点选取相对均质（土壤和植被类似）并具有代表性的地段建立实验平台。

美方在美国中部草原生态系统中也建立了 6 个实验站点，涵盖美国中部主要草地类型：荒漠草原、高草草原、矮草草原及混合草原，分别是新墨西哥州塞维利亚国家野生动物保护区荒漠草原实验样地及南部矮草草原实验样地、科罗拉多州北部矮草草原实验样地、怀俄明州北部混合草原实验样地和南部混合草原实验样地、堪萨斯州高草草原实验样地。

3.5.2　实验设计

核心实验设计满足随机区组实验设计，实验处理包括三个：①对照（CON）；②连续 4 年减少生长季（5~8 月）66%的降水量（CHR）；③持续 4 年减少生长季两个月（6~7 月）100%的降水量（INT）；④CHR 极端干旱停止后的恢复处理；⑤INT 极端干旱停止后的恢复处理。每个小区 6 m×6 m，重复 6 次，每个小区相隔 5 m。干旱处理采用遮雨棚进行降水量的控制，具体实施方法及采用设施遵循国际干旱联网实验规范。

3.5.3　调查指标

本实验测量了国际干旱联网实验规范中的所有调查指标，此外还包括植物功能性状及土壤碳氮矿化相关指标。

1. 群落调查指标

遵循国际干旱联网实验规范，调查群落物种组成、地上地下生产力、土壤养分水分含量等。

2. 植物功能性状

在各试验小区内设置了一个 1m×1m 的样方，在样方中选择每种植物 5 株，选择的植物均保证在各小区中高度最高、成熟、不遮阴且无病虫害。在量取各植株的高度后，采集植物叶片。采集的叶片要保证完整，叶片较大的植物至少采集 10 片，而叶片较小的植物采集 15～20 片。用剪刀剪下各植物叶片后，将叶片置于湿润的滤纸之间，迅速放入自封袋中，并用记号笔标记清楚样方和物种，然后储藏于便携式车载冰箱内（内部温度<5℃），带回实验室备测。测定每种植物的功能性状，包括高度、比叶面积、叶干物质含量、叶片碳含量、叶片氮含量和叶片磷含量。各指标的测量方法均采用常规测样方法。

3. 土壤理化性质

氮矿化采用原位培养法，每年在每个样方内埋入 3 个树脂袋，原位监测（12 个月）土壤硝态氮和铵态氮可利用量。用 5cm 直径的土钻（3 钻）收集样方内土壤表层 10cm 土壤，分析碳氮磷含量以及 pH、其他理化指标。

4. 碳水含量和气象要素

所有样方均使用实时连续传感器原位监测样方的空气温度、土壤温度、土壤湿度、土壤 CO_2 浓度，每 30min 监测一次。

参 考 文 献

朱军涛, 牛犇, 宗宁, 等. 2022. 全球变化联网控制实验的创新性设计:以我国草地生态系统水热要素联网控制实验为例. 应用生态学报, 33: 648-654.

Borer E T, Harpole W S, Adler P B, et al. 2014. Finding generality in ecology: A model for globally distributed experiments. Methods Ecol Evol, 5: 65-73.

Chapin III F S, Zavaleta E S, Eviner V T, et al. 2000. Consequences of changing biodiversity. Nature, 405: 234-242.

Fu W, Chen B, Rillig M, et al. 2022. Community response of arbuscular mycorrhizal fungi to extreme drought in a cold-temperate grassland. New Phytol, 234: 2003-2017.

Hautier Y, Tilman D, Isbell F, et al. 2015. Anthropogenic environmental changes affect ecosystem stability via biodiversity. Science, 348: 336-340.

Isbell F, Gonzalez A, Loreau M, et al. 2017. Linking the influence and dependence of people on biodiversity across scales. Nature, 546: 65-72.

Knapp A K, Carroll C J W, Denton E M, et al. 2015. Differential sensitivity to regional-scale drought in six central us grasslands. Oecologia, 177: 949-957.

Knapp A K, Ciais P, Smith M D. 2017. Reconciling inconsistencies in precipitation-productivity relationships: Implications for climate change. New Phytol, 214: 41-47.

Komatsu K J, Avolio M L, Lemoine N P, et al. 2019. Global change effects on plant communities are magnified by time and the number of global change factors imposed. Proc Natl Acad Sci USA, 116: 17867-17873.

Parmesan C, Yohe G. 2003. A globally coherent fingerprint of climate change impacts across natural systems. Nature, 421: 37-42.

Walther G R, Post E, Convey P, et al. 2002. Ecological responses to recent climate change. Nature, 416: 389-395.

Wu J. 2021. Landscape sustainability science (II): Core questions and key approaches. Landscape Ecol, 36: 2453-2485.

第4章

生态脆弱区
环境承载力区域调查技术规范①

摘　要

生态脆弱区的资源环境系统稳定性差、抗干扰能力弱，且对气候变暖、降水格局改变、氮沉降等全球变化因素响应更为敏感。我国的生态脆弱区占国土面积的60%以上，认识我国生态脆弱区资源环境承载力的形成过程和机制，准确评估和预测全球变化对生态脆弱区生态系统脆弱性和承载力的影响，是我国应对全球变化和提升生态文明建设的重大科技需求。为了准确地评估其资源环境承载力，科学地进行地面调查获取基础数据非常重要；因此，本章参考陆地生态系统地面调查规范特别地制定了生态脆弱区环境承载力区域调查技术规范。在具体内容上，论述了生态脆弱区资源环境承载力的野外采样点布设原则与方法，包括野外抽样法、网格调查法、样带调查法；并详细阐述了森林、灌丛、草地、湿地和荒漠生态系统的野外调查样地设置、植物群落结构调查、土壤样品采集、土壤基本参数和重要功能元素测定等具体环节。通过规范生态脆弱区野外调查，希望为后续在中国生态脆弱区开展相关调查工作提供借鉴和参考。

4.1　生态脆弱区资源环境承载力区域调查技术规范概述

4.1.1　调查区域适用范围

生态脆弱区的资源环境系统稳定性差、抗干扰能力弱，且对气候变暖、降水格局改变、氮沉降等全球变化因素响应更为敏感。因此，生态脆弱区的区域资源环境所能承载的生产力和生态服务功能易受全球变化和人类活动的强烈干扰，甚至会引起生态系统结

---

①本章作者：何念鹏，王常慧，王若梦，张晋京；本章审读人：徐兴良。

构和功能的突变和转型，威胁着区域生态环境安全和可持续发展。我国的生态脆弱区占国土面积的 60%以上（李玉强等，2022；赵东升等，2022）。因此，认识我国生态脆弱区资源环境承载力的形成过程和机制，准确评估和预测全球变化对生态脆弱区生态系统脆弱性和承载力的影响，是生态系统与全球变化科学研究的前沿问题，也是未来我国生态脆弱区应对全球变化和提升生态文明建设的重大科技需求（李玉强等，2022；徐兴良和于贵瑞，2022）。本章制定的生态脆弱区环境承载力区域调查技术规范适用于当前和未来中国生态脆弱区的后续相关研究。

4.1.2 调查任务与研究内容

1. 主要研究内容

（1）生态脆弱区关键资源要素的变化特征与过程机理；
（2）生态脆弱区资源环境承载力的形成过程及其调控机理；
（3）生态脆弱区生态系统脆弱性、适应性及突变机制；
（4）生态脆弱区资源环境承载力和资源环境系统脆弱性评估模型与关键指标体系。

2. 技术路线

整体野外调查的技术路线如图 4.1 所示。

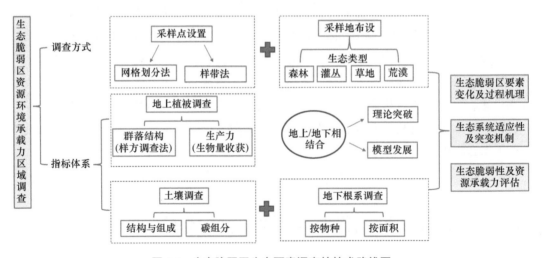

图 4.1 生态脆弱区生态要素调查的技术路线图

为了便于阅读，对本技术规范所涉及的多个重要术语进行集中定义。

1）生态脆弱区（ecological fragile zone）

生态脆弱区是指两种或两种以上不同类型生态系统的交接过渡区域，具有资源环境系统稳定性差、抗干扰能力弱，对全球气候变化敏感、时空波动性强、边缘效应显著和环境异质性高等特征。目前，典型生态脆弱类型主要有六类：北方林草过渡带、农牧交错区、西北混合交错区、南方红壤丘陵地、西南岩溶石漠化区和青藏高原复合侵蚀区。

2）资源环境承载力（resource and environment carrying capacity）

资源环境承载力是指在区域资源结构满足可持续发展需要、区域环境功能仍能保持稳定水平的条件下，区域资源环境系统在一定时期、一定区域内承受人类各种社会经济活动的能力，具有空间与时间异质性。资源环境承载力是资源、环境和人类经济活动三者之间相互影响、相互作用的综合性体现。

3）生态系统生产力（ecosystem productivity）

生态系统生产力是指特定生态系统的生物质生产能力。通常为生态系统 GPP 和 NPP；GPP 是指单位时间内生物（主要是绿色植物和数量较少的自养生物）通过光合作用所固定的有机碳量（或生物量），又称总第一性生产，而 NPP 表示单位时间内植被所固定的有机碳中扣除本身呼吸消耗的部分，也称净第一性生产力，常用单位为 $kg/(m^2 \cdot a)$。

4）林分生物量（stand level biomass）

林分生物量是指在林分下生物量的现存量，林分即在一定面积内树种、年龄以及树木生长状态基本一致的样地，林分生物量包含样地内所有树木的叶、枝、干、根的生物量，常用单位为 kg/m^2。

4.1.3　调查对象

生态脆弱区资源环境承载力调查主要包括植物要素和土壤要素。

1. 植物要素

植物要素主要包括调查区域内植物的地上部分和地下部分。植物地上部分的调查包括植物群落结构的调查，植物地上生物量的调查，植物不同物种的叶、枝、干、茎等的样品采集等。植物地下部分的调查包括植物根系性状调查、植物根系的生物量调查等。

2. 土壤要素

调查区内土壤结构、组分及基本理化性状主要包括土壤物理属性（容重、土壤粒级与质地等）、化学属性（含水量、pH、土壤养分与元素含量等）。土壤微生物测试因方法繁多，本章未对其进行详细论述。

4.2　生态脆弱区资源环境承载力的野外采样点布设

4.2.1　样点布设的基本原则与方法

科学地设置生态脆弱区野外采样点，是保证调查数据具有准确性和代表性的重要步骤。

1. 野外采样点布设应考虑的主要因素

第一，调查区域的地理位置、气候属性、区域覆盖形状等。
第二，造成特定区域生态脆弱的原因或潜在原因。
第三，服务于恢复生态环境的政策和措施。

2. 野外采样点的水平分布

生态脆弱区的生态系统通常具有复杂的组成成分，在不同生境或不同水平方向上具有明显异质性。为了能够更好地对这种异质性非常强的生态系统进行观测与评价，需要尽可能多地设置野外采样点。常见做法是根据地理坐标等距的方式设置样地，并且选择的采样点对区域植被特征或地貌特征具有广泛代表性。

3. 野外采样点的垂直分布

高程变化所造成的微地形效应，使生态脆弱区的植被和土壤会在较小空间范围内出现较大的变化；此外，日益增强的人为干扰活动也会造成调查数据的明显差异。因此，为了能够更好地获取不同层次的调查数据，采样点布设距离需适度；同时，也要适当考虑调查区域的海拔带来的潜在影响，尤其在山区或明显的垂直过渡带区域。

4.2.2 网格化调查的野外调查样地设置

针对调查区域的空间分异特征，通常采用网格划分方式设置野外调查样地，在 ArcGIS 成图功能协助下，按照不同的距离精度划分网格，网格交点即为野外采样点的分布区域。网格划分既可满足对调查精度的要求，同时也可以满足对调查数量的需求；国际常用的网格划分标准为 1 km、10 km、25 km、50 km 和 100 km，图 4.2 为以 25 km 和 50 km 精度划分的青藏高原地区的网格图；随后对划分好的网格进行随机抽样，抽样

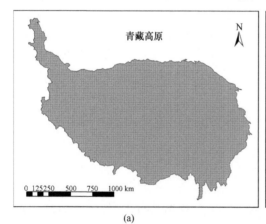
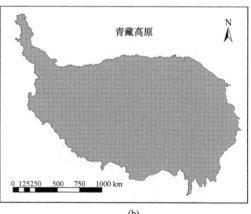

(a)　　　　　　　　　　　(b)

图 4.2　青藏高原地区资源环境调查的网格调查设置图

（a）25 km；（b）50 km

率取决于自身所能承受的工作量或经费预算。网格划分法常用于大规模的区域性调查，覆盖面积广，涵盖类型多；由于采样点数量庞大，每个取样点的野外调查指标的选取应简洁、快速，能全面表征样点的土壤、植被、气候等重要特点。此外，在许多大型调查中，还应根据调查对象的密集程度对抽样率进行差异化处理，使得在野外调查数量相同情况下获得更高的估算精度。例如，为了准确评估青藏高原的植被碳储量，建议按森林、灌丛、草地、荒漠的顺序进行加强抽样；即在东南部森林区域提高抽样率，而在西北草地或荒漠区降低抽样率。

4.2.3　样带法的野外调查样地设置

长期以来，对比研究对理解生态系统过程和控制因素非常重要。根据某种环境梯度模拟的生态系统水平实验可以分析潜在环境因素、其他环境变量和生态系统生物成分之间的相互作用，是国际地圈–生物圈计划（IGBP）确认的生态系统对全球变化响应与适应研究的重要途径。在具体操作中，野外调查样带的选取常以反映主要环境因子变化（单一或多个控制性因素）对生态系统结构、功能、组成、生物圈–大气微量气体交换和水文循环的影响为原则；每条样带由一组分布在较大的地理环境中的研究样点组成，样带长度几百至几千公里不等，必须包括生态系统结构和功能的潜在控制因素的梯度（如降水、温度、土壤特征、海拔和土地利用方式等），如中国东北样带（Northeast China Transect，NECT）和中国东部南北样带（North-South Transect of Eastern China，NSTEC）。在野外调查过程中，通常每条样带上设置的采样点数量为 10～100 个，这根据项目经费、人力物力以及研究目的设定。与网格法相比，样带法是非常经济、更易操作的区域调查方式。

调查样带布点的基本标准如下：

（1）一组连贯的样点能较好地表征由人为的或全球环境变化导致的生态系统结构和功能变化。

（2）样带所处的区域正在或可能已改变，本身具有区域或全球尺度重大生态意义，还可能反过来影响区域或全球的大气、气候或水文系统。

（3）样带的跨度足够长和宽。其一，从对样带的研究中获得的理解可以拓展到狭窄样带之外的区域；其二，它跨越以不同主要生命形式（如森林/草原或热带稀树草原、针叶林/苔原）为主的系统间的过渡。

4.2.4　样带调查的具体时间

调查时间可根据调查的具体对象有所差异。

1. 植被调查的时间

对植物营养性状进行调查时，主要是对植物叶、枝、干、根等的调查及取样工作，通常在植物生长季进行，非月动态的调查建议在植物生长高峰期（7～8 月）；对植物繁殖性状（花、种子和芽库）调查时，应根据调查区域植物花、果实、种子的实际情况确定。

2. 土壤调查的时间

对于不包含动物的土壤基本属性调查，对时间的要求不高；针对特殊土壤（如高原冻土）的调查，可根据研究要求确定具体的调查时间。对于包含土壤动物和微生物的调查，通常在土壤动物和微生物较为活跃的时期进行，一般可与植物生长高峰期的调查配合完成。

4.2.5　调查前的准备工作

1. 基础信息收集

收集调查区域的基本信息，如地理位置信息（纬度、经度、海拔）和地形特征（坡度、坡向等），还应该包括温度（年均温、月均温、最高温、最低温、无霜期等）、降水量（年均降水量、月均降水量、最高降水量、最低降水量等）、辐射（总辐射、紫外辐射、光合有效辐射等）、风速、气候类型、植被类型、土壤类型等，此外，还应获得地方管理措施、自然灾害发生频度等。

2. 人员培训和工具准备

在进行野外调查研究前，对工作人员进行严格的野外知识的普及和实验技能的培训，提高野外调查效率和数据质量。同时，根据调查内容提前准备所需工具。

4.3　生态脆弱区调查样地设置

针对中国北方陆地生态系统生态脆弱区的基本特征，以内蒙古高原、黄土高原、青藏高原为例，采用沿经度大致平行的 3 条平行草地调查样带（图 4.3）；同时，这三条东西草地样带也代表水分梯度，从东到西整体均呈现为草甸、典型草地和荒漠的植被类型变化。同时，考虑到 200 多万平方公里青藏高原没有系统性开展生态系统结构、功能和配套环境要素调查的困境，在无人区外按 50 km 网格化设计开展了大规模的野外调查工作（图 4.4）。

不论是样带调查，还是网格化调查，在森林–灌丛–草地野外调查样地设置方面都应遵循相对一致的规则或技术流程，以保障其数据科学性和可比性。在此，根据不同植被类型，统一描述其调查样带设置要求和技术流程。

4.3.1　森林样地设置

森林样地必须设置在每个被选择样点周边最有代表性的森林类型中，具体考虑其群落类型、地形、坡度、海拔、面积等的典型性。考虑到样地的长期性和逐年采样带来的

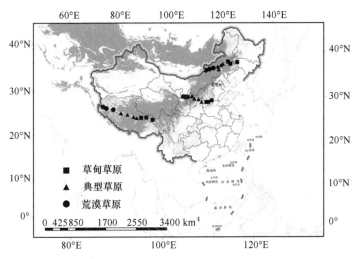

图 4.3　内蒙古高原、黄土高原、青藏高原三条草地对比样带设置图

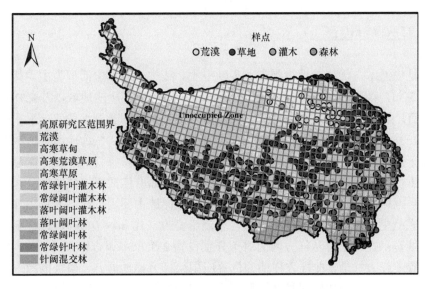

图 4.4　青藏高原资源环境调查的网格化设置图（50 km）

干扰，必须建立足够大的样地，但并非越大越好；样地增大，样地内的异质性将会增大，误差方差也将增大。样地内的各种因素必须尽可能一致，如群落水平结构、坡度、地形及林龄等，即使由于地形因素的限制而无法实现样地在几何形状上的标准化（如长方形或正方形），也要保证样地内各种物理因素尽可能一致。野外样地的设置通常分为两个部分：样方样地设置和非样方样地设置，样方样地主要用于生态系统群落结构调查，非样方样地主要用于样品采集工作（图 4.5）。第一步是设置样方样地，调查乔、灌木、草本的群落结构，在各个森林生态系统典型地段中，通常设置 4 个 40 m × 30 m 的样方，每个样方组合包括 1 个乔木样方、2 个灌木样方（5 m × 5 m）和 4 个草本样方（1 m × 1 m）。第二步是设置非样方样地，非样方样地尽量位于样方样地周边，调查范围一般设置为以样方样地为中心向四周辐射扩散，原则上辐射距离 >1 km。

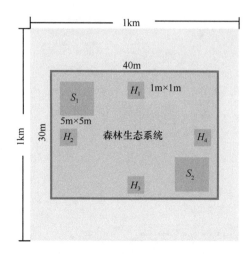

图 4.5　森林生态系统植物群落结构和土壤调查的野外样地设置

S 是灌丛调查样方，H 是草本调查样方

4.3.2　灌丛样地设置

灌丛是以灌木占优势的植被类型，多以中生、簇生的灌木生活型为主。其群落高度通常小于 5 m，郁闭度多为 0.3～0.4，在气候过于干燥或寒冷的地域以及森林难以生长的地方都有广泛分布；野外调查时，应选择灌丛生态系统的典型地段。一般来说，灌丛大多生长在乔木林长期生长或生存受到严重抑制的过渡区域，在选择调查区域时应尽量避开人类干扰活跃的区域以及长期封山育林的区域；除非特殊目的，应尽量避开人为干扰后的次生性或特定演替阶段的灌丛。野外样地的设置也包括样方样地设置和非样方样地设置，样方样地主要用于群落结构调查，非样方样地主要用于样品采集工作。第一步是在每个灌丛生态系统典型地段中设置 4 个灌木样方（10 m × 10 m），进行草地植物的群落结构调查；在每个灌丛样方内的对角分别设置 2 个草本调查样方（1 m × 1 m）。第二步是设置非样方样地，非样方样地的位置应围绕样方样地展开，调查范围一般设置为以样方样地为中心向四周辐射扩散，原则上辐射距离 > 1 km。特别说明，含大、小灌木的荒漠草地，调查方案与灌丛样地调查方案基本相同。

4.3.3　草地样地设置

草地主要分布在大陆内部气候干燥、降水较少的地区，复合植物群落是草地的一个主要特征，是发展畜牧业生产的主要场所。野外调查时，应选择草地生态系统的典型地段；原则上应该选择天然草地，且满足无干扰、非人工种植条件的区域。野外样地的设置通常分为两个部分：样方样地设置和非样方样地设置，样方样地主要用于群落结构调查，非样方样地主要用于样品采集工作。第一步是设置样方样地，进行草地植物的群落结构调查，在每个草地典型地段中，按样地或菱形设置 6～10 个草本样方（1 m × 1 m）。

第二步是设置非样方样地，非样方样地的位置取决于样方样地，调查范围一般设置为以样方样地为中心向四周辐射扩散，原则上辐射距离 >1 km。在青藏高原网格化调查中，选择人类活动干扰较弱（远离公路）、具有代表性的草地生态群落，布设一个 10 m×10 m 的样地设置区域，按"品"字形布设 3 个 1 m×1 m 的草地样方。

4.3.4　湿地草地样地设置

湿地泛指暂时或长期覆盖水深不超过 2 m 的低地、土壤充水较多的草甸以及低潮时水深不超过 6 m 的沿海地区。湿地生境较其他生态系统复杂，在选择湿地生态系统的典型地段时，应根据所在区域的实际状态确定调查区域以及调查内容，原则上依然是无干扰、非人工区域。野外样地的设置通常分为两个部分：样方样地设置和非样方样地设置，样方样地主要用于群落结构调查，非样方样地主要用于样品采集工作。第一步是设置样方样地，进行湿地植物的群落结构调查，在各个湿地生态系统典型地段中，如有大型乔木则设置 4 个木本样地（40 m×40 m），如有灌木则设置 4 个灌木样地（10 m×10 m），如只是草本湿地则设置 8 个草本样方（1 m×1 m）。第二步是设置非样方样地，非样方样地的位置取决于样方样地，调查范围一般设置为以样方样地为中心向四周辐射扩散，原则上辐射距离 >1 km。

采用精细 GPS 信号对每个样地进行定位，对乔木和灌木样地还建议 4 角定位。

4.4　生态脆弱区野外调查

4.4.1　植被群落结构调查和地上生产力测定

1. 森林或灌丛群落结构调查和地上生产力测定

乔木和灌木群落结构调查应在植物生长高峰期进行，一般为 7~8 月。具体调查顺序为，先测定样地内每株乔木的高度和胸径，再利用事先建立的植物各部位（地上部分：树干、枝条、叶片、花果、皮；地下部分：细根、粗根、根茎）生物量与植物高度（或高度和胸径）之间的异速生长模型，计算每株植物个体各器官的生物量。随后，将各部位的生物量相加得到整株植物的生物量，再将所有植株的生物量加和得到整个样地乔木层植物的生物量。在计算森林中各乔木的生物量之前，必须事先确定各个树种的生物量计算模型。如果无现成可利用的模型，需要建立乔木胸径（或胸径和树高）与生物量的回归模型，建立过程中标准木应在调查样方以外的样方取样。

灌木生物量的计算目前也普遍采用异速生长模型法，而较少采用收获法，尤其在生态脆弱区监测的样地内乔木层和灌木层更应避免使用收获法。灌木生物量测定方法与乔木生物量测定方法基本一致，区别在于灌木通常只测定基部直径，而非胸径。地上部分包括叶、枝和茎，地下部分包括细根和粗根。

此外，根据近期研究结果，生态系统生产力一定程度上可以用地上净初级生产力来表示[ANPP，g/（m²·a）或 t/（hm²·a）]。在具体操作过程中，ANPP 可根据森林、荒漠和草地群落的地上生物量（AGB）进行估算。对于森林，$ANPP_F$ 的计算方法是树木地上年生物量增量（AABI）与凋落物（L）的总和（Chen et al.，2018）；注意，该方法不包括林下植被，可能会有 6%～10%的生物量未被考虑。

$$ANPP_F = AABI + L$$

假设 ANPP 增量与生物量变化呈线性函数关系（Bray，1963；Chen et al.，2018），则 AABI 估算方法为

$$AABI = ABI \times \frac{AGB}{WB}$$

式中，AABI 为林分地上年生物量增量[t/（hm²·a）]；ABI 为林分年生物量增量[t/（hm²·a）]；AGB 为地上生物量（t/hm²）；WB 为所有物种的地上生物量（t/hm²）。

ABI 是根据给定森林类型的林分生物量和林龄计算的：

$$ABI = \frac{B_{st}}{cA + dB_{st}}$$

式中，ABI 为一年一度的生物量增量[t/（hm²·a）]；B_{st} 为林分生物量（t/hm²）；A 为林龄，可根据优势种和森林类型提取（Xu et al.，2017）；c 和 d 为某个特定的森林类型常数（Wang et al.，2010）。

年凋落物生物量与林分生物量相关：

$$L = \frac{1}{\dfrac{e}{B_{st}} + f}$$

式中，L 为年凋落物生物量[t/（hm²·a）]；B_{st} 为林分生物量（t/hm²）；e 和 f 为特定森林类型的常数（Wang et al.，2010）。

对于灌丛，$ANPP_D$ 被认为是灌木的 AABI（$AABI_S$）和草本的 AGB（AGB_H）的总和。$AABI_S$ 的计算方法与森林相同。

$$ANPP_D = AABI_S + AGB_H$$

对于草原，$ANPP_G$ 是用测量的 AGB_G 估计的。

$$ANPP_G = AGB_G$$

同时，样地对应的 GPP 或 NPP 可以从全球公开数据产品中提取；具体操作过程中，建议采用 10 年平均值与相关数据配合使用（Zhang et al.，2017）。

2. 草地和湿地群落结构调查和地上生产力测定

草地和湿地群落结构调查一般在每年生长季进行（7～8 月）。在每个选定群落中，随机放置 3～10 个不等的 1 m×1 m 调查样方，分物种测定样方内植物的高度、盖度、密度和生物量（齐地面剪），随后收集混合凋落物样品；除特殊研究外，大规模调查一般收集混合样品。随后带回实验室进行简单预处理，于 70℃下烘干 48 h 至恒重并称其干重且记

录，所有物种生物量之和为群落单位面积的 AGB。由于草原植物每年枯荣交替，地上部分在当年冬天基本全部死亡，因此，获取的 AGB 基本上就代表该群落当年 ANPP。

地下生物量（BGB）采用土钻法测定。在操作过程中，用内径为 6~8 cm 的根钻在每个样方分为 0~20 cm 和 20~40 cm 两层进行采样，将根系和土壤样品置于细密网袋中，在水流缓慢的小溪或流水中清洗出具有活力的植物根系，清洗出的根系在 70℃下烘干 48 h 至恒重，随后称重获得干重来代表群落 BGB。

4.4.2　根系调查方法

1. 森林地下生物量取样调查方法

1）分物种取样根系调查法

分物种取样根系调查法是指在进行地下生物量取样调查时按照森林植物种进行分类取样。对备选目标草地植物分别进行取样，用铲子将植物根部完整挖出，按物种分别装入采样袋中，用记号笔标记物种名称及采样地编号。森林生态系统通常包含多种生活型植物，如乔木、灌木、草本等，对于乔木取根，应从树木与地面连接处将土向一侧挖开，即可发现土层中的须根，深度会因植物种类的不同而存在较大差异，随后将须根剪下，再将土壤回填，减少对环境和植物本身的破坏。灌木和草本植物的取样方法与草地植物地下根系的取样方法相同，具体取样方法请参考下节内容。将取回的根部样品进行简单分级后，用镊子取下前 3 级根作为吸收根，将剪下的吸收根分成三个部分：第一部分用蒸馏水将根部附着土壤清洗干净，用吸水纸吸干水分，称生物量鲜重，并于 70℃烘箱中烘干，再次称重获得干重数据；第二部分放入自封袋中并放入冰箱冷冻保存，用于实验室内根形态测定；第三部分放入样品瓶中，采用 FAA 固定液保存，贴好标签，用于植物根系解剖结构测定和菌根浸染率实验。

应用分物种取样根系调查法可以对调查区域所有生存的物种进行个体研究，对每个物种进行定量化的测定和分析，不仅可以对草地优势种进行研究，也可以对不同生活型以及不同功能群的植物进行研究，分物种取样根系调查法可以很好地满足这类研究的需要，但是这种方法在实际操作中非常耗时费力，草地植物通常盘根错节，植物地下部分交错程度非常复杂，按物种取样时大大增加了取样难度；此外，不能应用该方法直接测定地下总生物量，也很难获得单位面积土地的根系功能性状特征，难以与生态系统功能建立定量关系。

2）单位面积土地根系取样法

单位面积土地根系取样法通常与森林调查样方相匹配，首先将样方中心位置地上部分刈割，除去碎石、凋落物等杂物，用钻头直径为 6~10 cm 的根钻分层采集样品，采样层次按照 0~10 cm、10~20 cm、20~30 cm、30~50cm、50~100 cm 进行划分，共取 4 层；在具体操作中，科研人员可根据其研究目的或区域植被特色进行灵活调整。每个样方各取 2 钻（A 钻和 B 钻），将从 8 个样方中取出的含根土壤混合样品装入取样袋中，取回的根钻土需要放入 40 目的尼龙袋内，随后将装有根土的尼龙袋放在塑料盆中用流水冲洗，直至流水清澈，此时网袋内仅存留石块和根系，再将尼龙网袋内的石块和根系置换到塑料盆中，重新加入清水，利用石块下沉和根系上浮的原理将根系挑出来，并将挑出来的根系用吸水纸吸干水分后放入信封；A 钻置于 70℃的烘箱中烘干至恒重，称重后计算单位面积土地的根系生物量（g/m^2）；B 钻用于测定根系功能性状。

单位面积土地根系取样法的可行性更强，操作简单，获取数据更加快捷，所以对调查区域要求不高，也可以大大缩短调查时间，混合样品也能够减少实验过程中带来的误差，是地下生物量测定的优先选择。但是与分物种取样根系调查法相比，单位面积土地根系取样法无法满足对物种个体的研究分析。

2. 草地地下生物量取样调查方法

1）分物种取样根系调查法

分物种取样根系调查法是指在进行地下生物量取样调查时，按照草地植物种类进行取样。用铲子将植物根部完整挖出，按物种类型分别装入采样袋中，用记号笔标记物种名称及采样地编号。将取回的根部样品进行简单分级后，用镊子取下前 3 级根作为吸收根，将剪下的吸收根分成三个部分：第一部分用蒸馏水将根部附着土壤清洗干净，用吸水纸吸干水分，称生物量鲜重，并使其在 70℃烘箱中烘干，再次称重获得干重数据；第二部分放入自封袋中并放入冰箱冷冻保存，用于实验室内根系形态性状测定；第三部分放入样品瓶中，采用 FAA 固定液保存，贴好标签，用于植物根系解剖结构性状测定以及菌根浸染率的观测。

应用分物种取样根系调查法可以对调查区域内存在的物种进行个体根系研究，对每个物种进行定量化的测定和分析；不仅可以对草地优势种进行研究，也可以对不同生活型以及不同功能群的植物进行比对研究；然而，分物种取样根系调查法在实际操作中非常耗时费力，草地植物通常盘根错节，植物地下部分交错程度非常复杂，按物种取样时大大增加草地植物地下生物量的取样难度，对于地下总生物量的测定不能直接获得，且对调查样地要求较高，采样针对活体植物才能进行，延长了取样的时间，所以并非所有区域都适合采用该方法。此外，应用分物种取样根系调查法难以给出单位面积土地的根系特征，难以真正与草地生态系统常用的生产力（GPP 或 NPP）或水分利用效率（WUE）等建立关系。

2）单位面积土地根系取样法

单位面积土地根系取样法通常与草地调查样方相匹配，首先在调查样方附近选取与样方植物基本一致的区域，将地上部分刈割，除去碎石、凋落物等杂物，用钻头直径为 6～10 cm 的根钻分层采集样品，采样层次按照 0～10 cm、10～20 cm、20～30 cm、30～50 cm、50～70 cm、70～90 cm、> 90 cm 进行划分，共取 7 层（具体土壤分层可根据各自研究目的而定）；每个样方各取 A、B 两钻，按照样方设置将包含根的土壤混合样品装入取样袋中，取回的根土混合样品需要放入 40 目的尼龙袋内，随后将装有根土混合样品的尼龙袋放在塑料盆中用清水冲洗，直至流水清澈；此时网袋内仅存留石块和根系，再将尼龙袋内的石块和根系置换到塑料盆中，重新加入清水，利用石块下沉和根系上浮的原理将根系挑出来，并将挑出来的根系用吸水纸吸干水分，将 A 钻放入样品袋中冷冻保存，用于根形态测定，将 B 钻放入信封中并置于 70℃ 的烘箱中烘干至恒重，称重后计算单位面积土地的根系生物量（g/m^2）。

　　单位面积土地根系取样法的可行性强，操作简单，获取数据更加快捷，并且该方法对调查区域要求不高，可以大大缩短调查的时间，此外，混合样品也能够减少实验过程带来的误差，可作为草地地下生物量测定的优选方法。但是与分物种取样根系调查法相比，单位面积土地根系取样法难以满足对物种个体的研究分析。

4.4.3　土壤野外调查取样与物理结构测定

1. 土壤野外调查取样

　　土壤是高度的不均一体，多种自然因素，如地形变化、侵蚀状况等都会对土壤的均匀性产生重要影响。因此，采集土壤样品时务必注意所采集样品的代表性。采样要贯彻"随机"化原则，即样品应当是随机地取自所代表的总体。此外，采样时还要有效地控制采样带来的各种误差。采样点的多少取决于所研究范围的大小、研究对象的复杂程度以及试验研究所要求的精密度等因素。如果研究范围大，对象复杂，采样点需相应增加。一般地，采样点的数量应尽量少，但土壤样品的空间代表性应较强。

　　根据实际情况确定土壤样品采集数量，建议可长期保留每期采集的土壤样品。土壤样品的采集量一般为 3～4 kg，最少不能低于 2 kg。采样时遵循等量和多点混合的原则采集土壤样品，在确定采样区域后，一般采用"S"形布点采样。为了保证样品可以代表调查区域土壤的特征，在同一个采样点至少需要采集 5～6 个点位的土壤。具体操作中，在一块大的塑料布或牛皮纸上，将混合均匀（注意使粗细土壤均匀一致）的土样由上而下堆砌成圆锥形，用平板将土堆顶部刮平，在其上划一个十字形印记，将对角线的两个 1/4 的土样剔除，继续再将保留的两个 1/4 土样按同样方法进行十字等分，直到保留部分的样品数量满足需要时为止。将保存下来的土壤在避光处风干，过 2 mm 土筛，去除碎石和其他杂质，装袋常温保存。

　　1）按照土壤深度分层取样

　　通常采样最大深度为 100 cm，以 10 cm 为一层共分 10 层等距离向下垂直取样，即 0～10 cm、10～20 cm、20～30 cm、30～40 cm、40～50 cm、50～60 cm、60～70 cm、70～80 cm、80～90 cm、90～100 cm（具体分层方法和数量可根据具体研究目的而改变）；这种细致的土壤分层方式有助于对土壤层次有更清晰的解释。实际操作过程中，多数会按照土壤本身的结构特征来分层取样，如果取样深度为 100 cm，常会采用 0～10 cm、10～30 cm、30～50 cm、50～70 cm、70～100 cm，共分 5 层，既能完整地体现土壤结构，又可大大缩短采样时间。

2）按土壤发生层取样

土壤发生层为土壤剖面上表现出的水平层状构造，反映了土壤形成过程中物质的迁移、转化和累积的特点。其野外鉴定特征主要包括土壤颜色、质地、结构、松紧度和新生体等。1967 年国际土壤学会提出把土壤剖面划分为腐殖质层、有机层、淋溶层、淀积层、母质层和母岩 6 个主要发生层，由于自然条件和土壤发育程度不同，自然土壤剖面构造的层次组合可能不同，土层深度不一。

在野外采样中，一般选择典型地段挖掘土壤剖面，剖面大小为，自然土壤要求长 2 m、宽 1 m、深 2 m（或达到地下水层），土层薄的土壤要求挖到基岩；观察面要垂直并向阳，建议拍照存档。划分土层时首先用剖面刀挑出自然结构面，然后根据土壤颜色、湿度、质地、结构、松紧度、新生体、侵入体、植物根系等形态特征划分层次，并用测量尺量出每个土层的厚度，连续记载各层的形态特征。一般土壤类型根据发育程度，可分为 A、B、C 三个基本发生学层次，有时还可见母岩层（D），剖面挖好以后，首先根据形态特征分出 A、B、C 层，然后在各层中分别进一步观察和细分。

采集纸盒标本，根据土壤剖面层次，由下而上逐层采集原状土挑出结构面，按上下顺序装入纸盒中，每层装一格，每格要装满，标明每层深度，在纸盒盖上写明采集地点、地形部位、植物母质、地下水位、土壤名称、采集日期及采集人。采集分析标本，根据剖面层次，分层取样，依次由下而上逐层采集土壤样品，装入布袋或塑料袋中，每个土层选典型部位并取其中 10 cm 厚的土样，一般采集 0.5～1.0 kg，要记载采样的实际深度，用铅笔填写标签，一式两份，一份放入袋中，另一份挂在袋外。

虽然按土壤发生层取样能更好地分析和研究土壤形成过程及其影响机制，但土壤发生层的鉴定需要非常专业的人员，操作起来相对困难，因此对于大面积调查，较少使用该采样方法。本节只是在少量典型区域土壤调查中使用了"发生层"取样法。

2. 土壤物理结构与组成的采样调查、测定

获得土壤样品通常是在野外采集一整块土壤，削去土块表面直接与铁锹接触并变形的部分，均匀地取内部未变形的土样（约 2 kg），将其置于封闭的塑料盒或白铁盒内，带回实验室。在实验室内，对土块沿其自然结构轻轻地将其剥成直径约 10 mm 的小样块，剥样时应避免土壤受机械压力而变形，弃去粗根和小石块，铺于干净的纸上，放置阴凉通风处 2～3 天以使样品风干。

在野外观察土壤结构时，挖出一大块土体，用手顺其结构之间的裂隙轻轻掰开，或轻轻摔于地上，使结构体自然散开，然后观察结构体的形状、大小，确定结构体类型，建议拍照存档。再用放大镜观察结构体表面有无黏粒或铁锰淀积形成的胶膜，并观察结构体的聚集形态和孔隙状况。观察完后用手指轻压结构体，看其散开后的内部形状并了解其压碎的难易。

在实验室内测定机械稳定性团粒结构组成。具体操作如下：称取 100～200 g 剥样风干后的土样，依次通过孔径为 10 mm、7 mm、5 mm、3 mm、2 mm、1 mm、0.5 mm、0.25 mm 的套筛。小心地往返筛动套筛（严防强烈快速筛样），过筛后从上部依次取筛，

并轻敲筛壁。对筛网上各级土粒称重，计算各级干筛团聚体占土样总量的比重，< 0.25 mm 粒级土壤质量是分析称样量和 > 0.25 mm 粒级土壤总量之差（参见《土壤农化分析》手册）。

土壤水稳性团粒结构组成的测定：根据干筛法求得各级团聚体的百分含量，把干筛分取的风干样品按比例配成 50 g 土壤。将土壤团聚体测定仪的水桶及各级筛子洗净（套筛规格：2000 μm、250 μm、53 μm），并用蒸馏水冲洗一遍；再将风干土平铺于 2000 μm 筛子上，沿水桶壁缓慢加水至没过筛上土壤，使水由下部逐渐湿润至表层，直至全部土样达到水分饱和状态，让样品在水中共浸泡 5 min，逐渐排除土壤中团聚体内部以及团聚体间的全部空气，以免封闭空气破坏团聚体。之后，开启测定仪，使筛子以 50 次/min 的频率震动 2 min（Cambardella and Elliott，1993）。震动结束之后，关闭测定仪，小心地将水桶及筛子一并拿出。取出每级筛子，将筛组分开，放置在搪瓷盘中沥水。逐级将样品转至铝盒，将装有蒸馏水和每一级团聚体的铝盒放入 50℃ 烘箱内烘干，分别获得对应团聚体的样品重量。

4.4.4　土壤碳组分测定

1. 土壤有机碳组分测定

土壤有机碳含量（SOC，g/kg）建议采用重铬酸–浓硫酸外加热法测定（Nelson et al.，1982）。土壤易氧化有机碳（EOC，g/kg）可采用 Blair 等（1995）提供的方法和程序测定。具体而言，称取 30 mg 的土壤风干样品放置于 50 mL 离心管中，加入 25 mL 浓度为 333 mmol/L 的 $KMnO_4$ 溶液。密封瓶口，以 25 r/min 振荡 1 h。振荡后的样品以 2000 r/min 离心 5 min，然后取上清液用去离子水按 1∶250 稀释。将稀释液在 565 nm 的分光光度计上比色，根据 $KMnO_4$ 溶液的浓度变化（即其消耗量）则可测出土壤样品中 EOC 含量，每消耗 1 mmol 高锰酸钾溶液相当于氧化 9 mg 碳。

微生物生物量碳（MBC，mg/kg）的测定则主要采用改良后的氯仿熏蒸浸提法（Baumann et al.，1996），将 2~50 g 鲜土用无乙醇的氯仿熏蒸 24 h，将熏蒸后的土样按土水比 1∶5 加入 0.5 mol/L 的 K_2SO_4 溶液中，在振荡器上振荡，浸提 30 min。滤液经 0.45 μm 的微孔滤膜抽气过滤。同时用 10 g 未熏蒸的鲜土进行如上的浸提处理。熏蒸和未熏蒸的浸提液都采用 TOC 仪分别测其碳含量。MBC 含量为熏蒸前的碳含量减去熏蒸后的碳含量，再通过转换系数 0.38 转换得到（Ocio and Brookes，1990）。而在未熏蒸的土壤浸提液中所测得的碳含量则是可溶性有机碳含量（DOC，mg/kg）。

2. 土壤腐殖碳组分测定

土壤腐殖质组分的分析主要根据 Kumada（1988）提出的方法，并由 Zhang 等（2011）进行修正。先称取过 60 目筛的土壤样品 5 g，置于 50 mL 离心管中，加入 30 mL 蒸馏水，用玻璃棒搅匀后，在恒温振荡器中于 70℃ 下振荡 1 h，取下离心管后以 3500 r/min 离心

15min，去掉上清液，然后用 20 mL 蒸馏水洗离心管中的残渣 2 次，同上述方法进行离心，去掉上清液，其目的主要是去掉土壤中的水溶性物质。将离心管中存留的残渣加入 30 mL 的 0.1 mol/L 的 NaOH + 0.1 mol/L 的 $Na_4P_2O_7$ 混合液（pH = 13）中，用玻璃棒搅拌均匀，在恒温振荡水浴于 70℃振荡 1 h，取下离心管后以 3500 r/min 离心 15 min，将上清液过滤到 50 mL 容量瓶中，再用上述 20 mL 混合液洗残渣 2 次，将两次离心液合并过滤到 50 mL 容量瓶中定容，从此溶液中即可提取土壤腐殖质（HE）。向盛有残渣的离心管中倒入蒸馏水，用玻璃棒搅拌，以 3500 r/min 离心 15 min，去掉上清液，该过程重复 2 次，以洗净残渣中的盐分，然后直接用离心管于 55℃下烘干，即为胡敏素（HU）。同时吸取上述 HE 溶液 30 mL 置于锥形瓶中，加入 0.5 mol/L 的 H_2SO_4 溶液调节 pH 值至 1.0～1.5，在 60℃水浴上保温 1.5 h，在室温环境下静置过夜，使胡敏酸（HA）完全沉淀。次日将溶液用中速定量滤纸过滤，滤液定容于 50 mL 容量瓶中，即得到富里酸（FA）。滤纸上的沉淀物用 0.025 mol/L 的 H_2SO_4 溶液洗涤 3 次，至滤液无色，弃去洗涤液，将沉淀用 60℃的 0.05 mol/L 的 NaOH 溶液溶解到 50 mL 容量瓶中，用蒸馏水定容，即为 HA。用 TOC 仪测定土壤 HEC、HAC、HUC 的碳含量；FAC 则由 HEC 减去 HAC 计算后获得。

4.4.5 植物/土壤碳氮磷含量测定

1. 植物/土壤碳氮磷测定方法

（1）植物/土壤样品前处理。植物/土壤样品经过清洗后放入 70℃的烘箱中烘干至恒重，用球磨仪（MM400 Ball Mill，Retsch，Germany）或玛瑙研钵（RM200，Retsch，Haan，Germany）研磨成细粉。将研磨好的样品装入自封袋中用于测定元素含量。

（2）植物碳氮含量测定。称取待测样品 33～35 mg，采用元素分析仪上机。对植物样品进行磷元素测定，称取待测样品 0.1～0.15 g，转移至干净且干燥的微波消煮管内，加 10 mL 68% 优级纯 HNO_3 浸泡过夜，第二天将消煮管按顺序对称摆放在微波消煮仪（Mars X press Microwave Digestion system，CEM，Matthews，USA）转盘上，进行消煮。消煮结束后，冷却 30 min，轻轻拧开消煮管盖放出内部气体。将消煮管依次放在赶酸仪上赶酸，直至消煮液剩余到小于 1 mL，取出消煮管，冷却后将消煮液转移至 15 mL 容量瓶中，以备上机测试（鲍士旦，1999）。

（3）土壤碳氮测定。称取样品 150 mg 左右，其他同植物。土壤样品多种元素的测定中，称取待测样品 0.05g，将其转移至干净且干燥的微波消煮管内，使用 6 mL 的 HNO_3 和 3mL 的 HF（根据土壤质地适量添加）浸泡过夜，通过微波消解仪（Mars X Press Microwave Digestion system，CEM，Matthews，USA）消解，然后进行赶酸，赶酸时加入 0.5mL 的 $HClO_4$，以确保 HF 赶酸完全，赶酸后将剩余消煮液冷却并定容至 15 mL。注意，部分含碱性碳酸盐土壤中具有大量的无机碳，需要另外采用弱酸处理，既可获得其无机碳含量，还可提升其有机碳测试结果的精度。

（4）植物和土壤碳氮含量采用元素分析仪（Vario MAX CN Elemental Analyzer，Elementar，Germany）测定。磷及其他多元素含量的测定采用电感耦合等离子体发射光谱仪（ICP-OES，Optima 5300 DV，Perkin Elmer，Waltham，MA，USA）。

2. 土壤无机氮测定方法

土壤有效氮通常指土壤无机氮，包括铵态氮（NH_4^+-N）和硝态氮（NO_3^--N）。土壤无机氮的测定方法中目前使用较多的是连续流动分析仪（continuous flow analyzer system，CFA）。

野外取回的鲜土，去除植物根和石砾等杂物，过 2 mm 土壤筛。称取相当于 10 g 绝干土的鲜土置于塑料圆瓶中，加入 50 mL 1mol/L 的 KCl 溶液，在转速为 180 rpm 的振荡器上振荡 1 h，静置 15 min 后用定量滤纸过滤，滤液等待上机测定（鲍士旦，1999）。配置标准曲线，装盘，用连续流动分析仪（FIAstar 116 5000 Analyzer，Foss Tecator，Denmark）测定。

3. 土壤速效磷测定方法

1）中性和石灰性土壤速效磷的测定方法——NaHCO₃ 法

中性和石灰性土壤速效磷的测定方法为钼锑抗比色法。方法如下：称取风干土样 2.5 g（精确到 0.01 g）置于塑料培养瓶中，准确加入 0.5 mol/L 的 NaHCO₃ 溶液 50 mL，再加入一小勺活性炭，在振荡器上振荡 40 min（转速为 180 rpm），用无磷滤纸过滤。吸取滤液 10 mL 置于 25 mL 容量瓶中，加入两滴 2-硝基酚显色剂，用稀 H_2SO_4 和稀 NaOH 溶液调节 pH 值至溶液呈微黄近无色，等 CO_2 充分放出后，加入 2.5 mL 钼锑抗试剂，定容。静置显色 30 min 后，在紫外分光光度计（UV-2600 及以上型号）上用 700 nm 波长进行比色（鲍士旦，1999）。

2）酸性土壤速效磷的测定方法——NH₄F-HCl 法

酸性土壤速效磷的测定方法简述如下：称取 1.000 g 土样，放入 20 mL 试管中，向试管中加入 0.025 mol/L 的 HCl 和 0.03 mol/L 的 NH₄F 浸提液 7 mL，试管加塞后，摇动 1 min，用无磷干滤纸过炭。吸取滤液 2 mL，加蒸馏水 6 mL 和钼酸铵试剂 2 mL，混匀后，加氯化亚锡甘油溶液 1 滴，再混匀。在 5～15 min 内在紫外分光光度计（UV-2600 及以上型号）上用 700 nm 波长进行比色（鲍士旦，1999；Chang and Jackson，1957）。

参 考 文 献

鲍士旦. 1999. 土壤农化分析. 3 版. 北京: 中国农业出版社.

劳家柽. 1988. 土壤农化分析手册. 北京: 中国农业出版社.

李玉强，陈云，曹雯婕，等. 2022. 全球变化对资源环境及生态系统影响的生态学理论基础. 应用生态学报，33(3): 603-612.

徐兴良，于贵瑞. 2022. 基于生态系统演变机理的生态系统脆弱性、适应性与突变理论. 应用生态学报，33(3): 623-628.

于贵瑞, 徐兴良, 王秋凤, 等. 2017. 全球变化对生态脆弱区资源环境承载力的影响研究. 中国基础科学, 19(6): 19-23.

赵东升, 张雪梅, 邓思琪, 等. 2022. 区域资源环境承载力的评价理论即方法讨论. 应用生态学报, 33(3): 591-602.

Baumann A, Schimmack W, Steindl H, et al. 1996. Association of fallout radiocerium with soil constituents: Effect of sterilization of forest soils by fumigation with chloroform. Radiation and Environmental Biophysics, 35(3): 229-233.

Blair G J, Lefroy R D B, Lise L. 1995. Soil carbon fractions based on their degree of oxidation, and the development of a carbon management index for agricultural systems. Australian Journal of Agricultural Research, 46(7): 1459-1466.

Bray J. 1963. Root production and the estimation of net productivity. Canadian Journal of Botany, 41(1): 65-72.

Cambardella C A, Elliott E T. 1993. Carbon and nitrogen distribution in aggregates from cultivated and native grassland soils. Soil Science Society of America Journal, 57(4):1071-1076.

Chang S C, Jackson M L. 1957. Fractionation of soil phosphorus. Soil Science, 84(2): 133-144.

Chen S, Wang W, Xu W, et al. 2018. Plant diversity enhances productivity and soil carbon storage. Proceedings of the National Academy of Sciences, 115(16): 4027-4032.

Folke C, Carpenter S, Walker B, et al. 2004. Regime shifts, resilience, and biodiversity in ecosystem management. Annual Review of Ecology, Evolution and Systematics, 35(3): 557-581.

Huang J, Yu H, Guan X, et al. 2016. Accelerated dryland expansion under climate change.Nature Climate Change, 6(2):166-171.

Kumada K. 1988. Chemistry of Soil Organic Matter. Tokyo: Elsevier.

Lenton T M, Held H, Kriegler E, et al. 2008. Tipping elements in the Earth's climate system. PNAS, 105(6): 1786-1793.

Lenton T M. 2011. Early warning of climate tipping points. Nature Climate Change, 1(4): 201.

Nelson D, Sommers L, Page A, et al. 1982. Total carbon, organic carbon, and organic matter// Page A L, Miller R H, Keeney D R. Methods of soil analysis. ASA and SSSA, Madison.

Ocio J A, Brookes P C. 1990. Soil microbial biomass measurements in sieved and unsieved soil. Soil Biology & Biochemistry, 22(7): 999-1000.

Seneviratne S I, Donat M G, Mueller B, et al. 2014. No pause in the increase of hot temperature extremes. Nature Climate Change, 4(3): 161-163.

Wang B, Huang J, Yang X, et al. 2010. Estimation of biomass, net primary production and net ecosystem production of China's forests based on the 1999–2003 National Forest Inventory. Scandinavian Journal of Forest Research, 25(6): 544-553.

Xu L, Wen D, Zhu J, et al. 2017. Regional variation in carbon sequestration potential of forest ecosystems in China. Chinese Geographical Science, 27(3): 337-350.

Zhang J J, Hu F, Li H X, et al. 2011. Effects of earthworm activity on humus composition and humic acid characteristics of soil in a maize residue amended rice-wheat rotation agroecosystem. Applied Soil Ecology, 51(1): 1-8.

Zhang Y, Xiao X, Wu X, et al. 2017. A global moderate resolution dataset of gross primary production of vegetation for 2000–2016. Scientific Data, 4(1): 170165.

第 5 章

全球变化背景下的
资源环境脆弱性评价理论和方法[①]

摘　要

全球气候变化背景下，资源环境与生态的脆弱性进一步加剧，生态环境问题越来越突出，科学认识资源环境脆弱性并进行脆弱性评估，有利于促进区域社会、经济、人口和资源环境可持续发展。脆弱性已经成为评价地区发展状况的依据以及衡量未来发展规划的判据。本章基于国内外脆弱性研究文献的回顾和总结，对脆弱性概念起源、研究方法、研究进展进行了梳理和分析，认为脆弱性已经成为地理学、生态学以及相关学科的研究重点，在概念界定、研究对象、评价方法等方面进展突出，但是目前没有形成一个统一的脆弱性概念框架和理论体系，不同领域脆弱性成果交流和共享存在一定的难度，难以实现多学科交叉融合。鉴于此，脆弱性研究应从理论基础、技术方法和实践应用出发，关注耦合系统脆弱性过程与机制，建立统一的概念框架和理论体系，开展系统脆弱性动态评价和时空分析，推进脆弱性评价系统化、标准化和规范化，满足国家和地区可持续发展战略的需要。

5.1　资源环境脆弱性评价理论及方法研究进展

随着社会经济的快速发展以及人口压力的不断增长，人类活动正越来越强烈地影响着全球的生态平衡，导致当前生态环境的脆弱性进一步加剧，生态环境问题越来越突出。科学认识生态环境脆弱性并进行脆弱性生态评估，有利于促进区域社会经济和人口、资源环境协调发展，并成为生态环境建设面临的紧迫而又艰巨的任务。21世纪初，政府间气候变化专门委员会（IPCC）出版的《气候变化：影响、适应和脆弱性》报告对气候变化引发的脆弱性及其对人类健康、社会经济发展和生态文明建设造成的影响进行了分析

---

① 本章作者：杨飞，方华军，张海燕，张良侠，樊江文；本章审读人：庾强。

和评价。2005 年，IGBP 提出的全球土地计划（Global Land Project）中，将"识别人类–环境耦合系统的脆弱性和持续性与各类干扰因素相互作用的特征及动力学"作为其主要研究方向（Turner et al.，2003）。资源环境系统脆弱性研究越来越受到学者们的重视。

　　脆弱性评价一直是国内外学者研究的重点，脆弱性评价是对自然、社会或人地耦合系统的结构、功能和健康状态进行分析和评估，预测外界灾害或胁迫对系统内部的影响。研究系统内部以及人类活动等对灾害和胁迫的抵抗力和恢复力，从而为决策和整治提供依据，实现可持续发展。目前，有关脆弱性的概念还没有统一。当前，不同学者对不同研究对象、应用不同研究方法并从不同研究尺度对资源环境和生态系统脆弱性展开了大量研究。从研究对象看，国外学者对脆弱性的研究大多是从气候变化或社会经济方面着手，更偏重于自然生态系统脆弱性研究，涉及农、林、牧、渔等多个生产部门（Smit and pilifosova，2003；杨飞等，2019），主要包括对陆地生态系统服务功能的研究（Liquete et al.，2013）、对海洋生态系统服务功能的研究（Micheli et al.，2014）。从 20 世纪 80 年代至 21 世纪初，我国资源环境生态系统脆弱性研究对象以典型的生态系统脆弱带为主，包括东北农牧交错带、西南喀斯特脆弱带、中国农牧与风水蚀交错区、青藏高原东部、黄土高原地区等（汪朝辉等，2004；邹亚荣等，2002；郭兵等，2018）。随着研究对象范围缩小（以市、县为研究重点），脆弱性研究以定量评价为主，有关脆弱性的研究正逐渐向多元化发展。从研究方法看，生态脆弱性评价概念模型主要有压力–状态–响应（pressure-state-response，PSR）模型（秦磊等，2013）、暴露–敏感–适应（vulnerability-scoping-diagram，VSD）模型（李平星和陈诚，2014）、敏感–弹性–压力（sensitivity-elasticity-pressure，SEP）模型（乔青等，2008），用于构建生态脆弱性评价指标模型。确定生态脆弱性指标权重的方法主要有层次分析法（于伯华和吕昌河，2011）、熵值法（陈桃等，2019）、主成分分析法、空间主成分法（林金煌等，2018）、模糊综合评价法（范语馨和史志华，2018）、BP 神经网络（刘倩倩和陈岩，2016）等。从研究尺度看，生态脆弱性研究是基于一定空间和时间尺度的变化特征，研究的空间尺度不同，脆弱性的分布特征也不同。大尺度上定义的脆弱带在小尺度上有可能并不是脆弱带，小尺度研究的脆弱带特征在大尺度上也很可能会成为无关紧要的枝节。研究的时间尺度不同，脆弱带组成要素的变化效率不同，反映的脆弱性问题和表现的脆弱性特征也不同（常学礼等，1999）。

　　资源环境脆弱性评价以土地利用变化和社会经济发展为基础，进行脆弱性动态评价，讨论资源环境脆弱性的驱动机理、演变过程和发展趋势，服务于资源环境可持续利用和社会经济可持续发展，是资源环境脆弱性研究的通常路径；主要包括数据收集，选择并构建指标评价体系，确定指标的权重值，利用模型分析计算脆弱性指数，对脆弱性结果分析评价。

　　目前脆弱性评价方法主要有两种：一种是定性方法，包括历史数据分析和实地考察，在脆弱性研究初期使用较多，操作简单，评价精度较低；另一种是定量方法，包括指标评价法、基于 GIS 和 RS 的脆弱性评价法、图层叠置法和脆弱性函数模型评价法等。

5.1.1　定性评价法

定性评价法是利用历史数据和实地考察数据分析系统脆弱性状况，采用归纳与演绎等方法，从历史演变、现实状况和未来发展等方向对系统进行非定量的描述、刻画和预测（杨飞等，2019）。

1. 归纳分析法

归纳分析法是以一系列经验事物或者知识为依据，寻找其服从的基本规律，并假设类似事物也服从相同规律的思维方法。在脆弱性评价中，常使用历史和实地考察数据作为依据，寻找其脆弱性发展规律，进而用于分析和预测脆弱性发展趋势。

2. 比较分析法

比较分析法也称对比分析法，是对两个相互联系的指标数据进行比较，从而由一种指标数据的规律和本质推算出另一种指标数据的规律和趋势，这种比较可以是横向的也可以是纵向的。例如，研究某一区域的脆弱性可以采用空间域进行分析，这是横向比较方法，还可以纵向比较研究区不同历史时期的脆弱性情况。

5.1.2　定量评价法

1. 指标评价法

指标评价法是目前脆弱性评估中最常使用的方法，原理是针对具体的脆弱性问题，在研究区内分析系统的结构和功能特征要素，选取评价指标构成指标评价系统，通过加权计算得到脆弱性指数。具体步骤是分析研究区结构和功能、选择评价指标、对评价指标赋权重、计算脆弱性和划分脆弱性等级。

指标体系的选择直接影响脆弱性评价精度，选取指标时需要考虑系统内部的功能和结构，同时兼顾外部环境与系统的相互作用关系。目前，国内外比较认可的指标体系类型有以下四种。

一是"成因及结果表现"指标体系，认为脆弱性指标体系包含自然环境的成因指标以及区域系统表现结果。成因指标包括气候、降水、干燥度、植被覆盖度和地形地貌等指标，结果指标要素包括人均 GDP、人均粮食产量、人口密度和恩格尔系数等。这种指标体系下的脆弱性评价考虑了脆弱性产生的原因以及各地区之间的表现差异。国内部分学者，如邓伟等以"成因及结果表现"为基础构建生态脆弱性评价指标体系，从而对榆林市生态脆弱性进行了综合评价（邓伟等，2016）。

二是 PSR 指标体系，该体系认为脆弱性是系统受到压力而出现的敏感性及适应性响应。压力指标反映人类活动对系统所造成的负荷（马骏等，2015），状态指标是系统内各种因素长期作用的结果，是系统结构和功能最直接的体现（雷波等，2013），响应指标一般是人类面对生态问题所采取的对策与措施（马骏等，2015）。此期间比较典型的有余中元等学者结合 PSR 模型和暴露度–敏感性–恢复力模型，从风险、敏感性、应对能力三个方面对社会生态系统脆弱性驱动机制进行分析（余中元等，2014）；王志杰和苏嫄（2018）分析了南水北调工程水源地生态脆弱性，利用 PSR 评价体系选取评价指标，利用主成分分析法评价汉中市生态系统脆弱性。此外，国内外学者从不同角度在 PSR 模型基础上进行补充和完善，并利用各自的模型和方法对国内外不同典型区域进行评价和估算，如王娅等（2018）针对沙漠化逆转脆弱性提出驱动力–压力–状态–影响–响应（DPSIR）模型，科学评估沙漠化逆转过程的脆弱性。Zhang 等（2017）通过压力–支持–状态–响应模型构建指标评价体系，采用单因素评价法对长江三角洲地区实地生态脆弱性进行评估。

三是"多系统"评价指标体系，该体系结合系统的水资源、土地资源、社会经济资源等方面筛选因子，从而确定评价指标体系。该指标评价体系多用于复合系统脆弱性研究，如陈美球等（2003）利用鄱阳湖区的地质、地貌、气候、植被、土壤、水文等构建指标体系认识了鄱阳湖区各县不同脆弱因子在区域内的相对差异性。

四是 VSD 评价指标体系。目前其应用广泛（田亚平等，2013）。敏感性是系统对各种灾害干扰的敏感程度，反映了系统抵抗灾害干扰的能力，主要取决于系统结构的稳定性（乔青等，2008），具体表现为敏感性越强，脆弱性越强；恢复性越弱，脆弱性越强。暴露性与风险有关，反映了系统遭遇危害的程度，取决于系统在灾害事件中暴露的概率，决定了系统在灾害影响下的潜在损失大小（Cumming et al.，2005）。适应能力是可以改变和调节的潜在状态参数，包含两个层次的概念，首先是系统的适应能力，包括系统中各要素对变化和灾害影响的适应，其次包含人类的适应，包括人类活动对经济政策变化的适应情况（徐广才等，2009），适应能力决定了系统在灾害事件中受损失的实际大小。表现为适应能力越大，脆弱性越弱，适应能力与脆弱性成反比。脆弱性三要素表现和相互关系如图 5.1 所示。

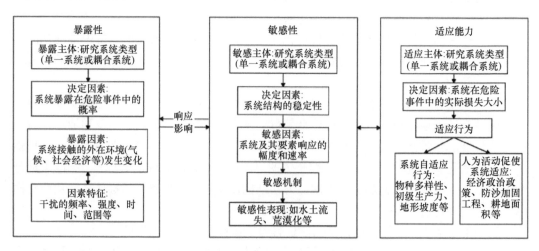

图 5.1　脆弱性的 VSD 评价指标体系要素相互关系

确定指标权重是指标评价法中重要的步骤，国内外学者使用的选取指标权重方法有层次分析法（AHP）（刘守强等，2017）、专家打分法（王瑞燕等，2008；孙双红，2014）、平均权重法（杨俊等，2018）、证据权重法（WOE）（陈金月和王石英，2017）以及其他统计方法。

指标评价方法简单易懂，在脆弱性评价中广泛应用，但是该方法存在一定局限，对指数赋权重存在很大主观性，忽略了各个指标内在的影响关系，难以对脆弱性评价结果进行验证，同时不能对跨地区、跨时间的脆弱性进行评价。

2. 基于 GIS 和 RS 的脆弱性评价法

随着 3S 技术的发展，以遥感为数据源、地理信息系统为分析工具的方法在科学研究中得到广泛应用，有效实现了对研究区域的脆弱性分析和制图，可以对评价结果实现空间表达和对比分析，有利于解释脆弱性空间格局和识别脆弱性热点区域，方便学者在更大研究区域和范围进行更精细的分析和预测。徐庆勇等（2011）通过遥感获得长江三角洲的影像范围，利用主成分分析法构建指标体系，利用 GIS 软件实现脆弱性的空间表达和分析；张德君等（2014）通过解译高精度遥感影像，利用 GIS 技术对南四湖湿地区域进行湿地生态系统脆弱性评价，并绘制脆弱性空间分布等级图。

3. 图层叠置法

图层叠置法是 GIS 技术中的一种统计分析方法，是利用多个图层属性按照一定的数学函数关系进行计算和分析，通过叠加所得新图层进行直观表达（薛正平等，2006）。该方法主要思想是将不同脆弱性要素构成的图层或者不同形式扰动的脆弱性图层进行叠置，进而得到脆弱性的空间分布以及差异状况。郝璐等（2003）将内蒙古牧区雪灾脆弱性的敏感性和适应性图层进行叠加，得到内蒙古地区雪灾脆弱性的空间差异；尹洪英（2011）采用图层叠置的方法研究交通运输网络脆弱性，将道路交通运输网络中路段脆弱性影响因素的风险分布图进行叠置，最终得到道路交通运输网络脆弱性综合风险区域分布图。该方法能够对脆弱性进行定性和定量分析，直观反映空间上脆弱性的差异，但是叠加过程中未体现不同图层的相对重要程度，因此没有考虑脆弱性的主要影响因素，同时不能实现脆弱性的动态预测。

4. 脆弱性函数模型评价法

脆弱性函数模型评价法是基于对脆弱性要素的理解，对系统结构和功能进行分析，运用函数模型评估脆弱性要素之间的关系。国内史培军（2002）早期提出灾害脆弱性评估模型，认为广义的灾害风险评估是在孕灾环境、致灾因子、承灾体风险评估的基础上，对灾害系统进行风险评估；狭义的灾害风险评估则主要针对致灾因子进行风险评估；国外学者 Polsky 提出 VSD 模型，通过方面层–指标层–参数层三个维度递减式建立脆弱性评估模型（Polsky et al.，2007；李佳芮等，2017），如图 5.2 所示。模型步骤分为 8 步：①明确区域和群体；②整理和收集背景资料；③假定驱动因子，明确脆弱性形成机制；

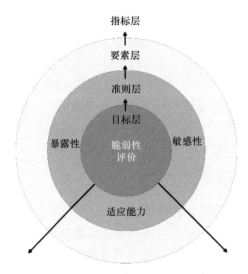

图 5.2　VSD 模型一般形式

④构建评估模型；⑤指标筛选，构建参数层；⑥指标综合和权重处理；⑦假定气候变化情景，进行预测；⑧对评价结果进行应用。国内外学者针对不同类型系统脆弱性分别建立 VSD 模型，选取评价指标和权重，党二莎等（2017）基于 VSD 模型的三个维度构建东山县海岸带区域生态脆弱性评价综合指标体系，对三个单元分区进行评价，并提出综合治理的建议和措施。许多学者在 VSD 模型基础上进行原创性研究，如将 VSD 模型作为框架，结合空间信息提出 AERV 模型对脆弱性进行评价，陈佳等（2016）通过空间敏感脆弱性（SERV）模型以及 VSD 框架数据指标组织方法，改进指标筛选与构建方法，运用 RS 和 GIS 技术测定了榆林市社会生态脆弱性空间分异特征和演化趋势；Frazier 等（2014）针对传统脆弱性评估限制，提出 SERV 模型，通过暴露、敏感性和适应能力构建社会经济、空间等特定指标体系，计算佛罗里达各县脆弱性空间分布和差异影响。另外，国内外学者针对不同研究领域提出对应的 VSD 模型，如在生态脆弱性领域，有学者提出了生态敏感性–生态恢复力–生态压力度（SPR）模型，认为 SPR 模型是集自然、人文及生态系统内部变化因素于一体的生态评价指标体系构建模型，其中，生态敏感性反映生态系统抵抗干扰的能力，生态恢复力反映生态环境的自我调节和恢复能力，生态压力度反映人口活动和经济活动压力（李永化等，2015）。

脆弱性函数模型评价方法能够通过函数关系较准确地表达脆弱性要素之间的关系，突出脆弱性产生的内在机制、地方特性等，反映系统整体脆弱情况和构成要素的影响程度，不过由于脆弱性概念和评价体系不完善，对要素之间的相互关系没有一个统一的认识，造成该评价方法使用较少，发展缓慢。

5. 模糊物元评价法

模糊物元评价法基本原理是首先设定一个参照系统（要求参照系统脆弱性最高或者最低），然后计算研究区域与参照系统的相似程度，从而确定研究区域的相对脆弱程度。

祝云舫和王忠郴（2006）设定参考城市风险程度为"最优序城市""中序城市""最劣序城市"，通过模糊集贴近理论计算待评价城市与三类参考城市的风险评价隶属度矩阵，从而计算待评价城市的风险程度。模糊物元评价法不必考虑变量之间的相关关系，可以充分利用原始变量的信息，但是脆弱性评价需要参考参照系统，对参照系统的选取具有主观性，另外，脆弱性评价结果只能反映相对大小，难以区分系统脆弱性的影响因素等。

6. 时间序列法

时间序列法是按照时间来排列数据，根据时间规律和特征计算或者预测未来的一种方法。原理是分析随机过程中时间序列的平稳性，如周期性、长期趋势和季节变动。国内外使用时间序列分析脆弱性的案例较少，王岩等利用时间序列法分析了大庆市的脆弱性，最后得出的结论为大庆市从经济主导型脆弱性城市转变为资源主导型脆弱性城市（王岩和方创琳，2014）；Cai 等（2015）从资源压力、发展压力、生态健康和管理容量等方面构建脆弱性指标体系，结合综合指数法对 2003～2013 年中国水资源脆弱性进行时空分析。时间序列法操作简单，规律性强，缺点是不考虑其他因素，在预测过程中可能出现未知因素的影响，从而导致未来预测产生偏差，因此，时间序列法适用于短期预测。

7. 关键指标阈值评估与脆弱性评价

应用关键指标阈值评估方法研究探索资源环境系统植被与气象要素之间的关系，以资源环境生态系统植被类型（荒漠、草地和森林）为因变量，以气象要素（降水量、温度、日照时数和风速）为自变量，构建逻辑斯谛回归（简称逻辑回归）方程，通过逻辑回归方程计算气象要素阈值，并预测研究区生态系统脆弱性空间分布（Yang et al.，2022）。

1）逻辑回归模型原理

逻辑回归分析用于构建二元或者多元因变量与一组解释变量的关系，直接预测因变量发生概率，如果预测事件概率大于 0.5，则可认为预测事件发生。另外，逻辑回归中的因变量可以为定性变量。逻辑回归模型主要针对多个因素影响下的事件概率进行计算，即需要研究某一现象发生的概率 p 的大小，并讨论 p 的大小与哪些因素有关（何晓群，1998）。但由于 $p \in [0,1]$，当 p 值接近 0 或者 1 时，p 的细微变化难以用传统方法处理好，因此 p 与自变量的关系很难用线性模型描述。逻辑回归与经典线性回归的不同之处在于，逻辑斯谛回归的建模响应是处于类别中的概率，而不是观察到的因变量的数量（Stoklosa et al.，2016）。因此，可以对概率 p 进行逻辑变换：

$$\text{Logit}(p) = \ln \frac{p}{1-p} \tag{5.1}$$

式中，$\text{Logit}(p)$ 为比值比；p 为事件发生的概率；$\ln(\cdot)$ 为自然对数；$\dfrac{p}{1-p}$ 为比值。

逻辑回归允许在概率基础上构建预测模型。与任何其他回归分析一样，它预测一个或多个预测变量（独立）的因变量，在这种情况下是分类变量。逻辑回归适用于原始因变量，回归方程如下：

$$\text{Logit}(p) = \alpha + \beta_1 x_1 + \beta_1 x_1 + \cdots + \beta_n x_n \tag{5.2}$$

式中，p 为概率，为一个事件发生的可能性；α 为常量；$\beta = (\beta_1, \beta_2, \beta_3, \cdots, \beta_n)'$，表示 n 个系数的向量；$x = (x_1, x_2, x_3, \cdots, x_n)'$，是一组概率 p 的协变量的值。逻辑回归模型中的系数 β 通常用比值比来解释（Sun et al.，2018）。

需要根据观测数据估计未知 β，并使用最大似然估计假设观测值是独立的，使用如下似然方程：

$$\frac{\partial L(\beta)}{\partial \beta_r} = \sum_{i=1}^{n} x_r \left(y_i - p_1(\beta|x_i) \right) = 0 \tag{5.3}$$

其中，$r = 0, 1, \cdots, n$。

似然比用于评价逻辑回归模型拟合程度（常用−2 乘以似然值自然对数代替似然比，记为−2LL），若模型拟合完美，则似然值为 1，−2LL 最小（何晓群，1998）。利用相关系数来评价自变量和因变量的相关程度，从而检验回归方程的显著性。逻辑回归模型与其他回归模型的区别在于逻辑回归模型直接预测事件发生的概率，因此对逻辑回归模型结果的解释与多元回归模型有区别。

2）关键变量阈值评估

利用逻辑回归模型将生态系统类别与不同的气象因子联系起来，计算以生态系统类型为因变量，以月均降水量、温度、日照时数和风速为自变量的逻辑回归方程，绘制逻辑回归曲线，计算降水量、温度、日照时数和风速四类气象要素在生态系统变换时的阈值。由逻辑回归方程可知，根据气象要素值可以推断给定地点的植被状况和生态系统类型，生态系统类型表现为内部结构与功能组分，而生态系统脆弱性与生态系统结构和功能息息相关，生态系统内植被类型为森林时，系统内部组成成分复杂，抵抗气象变化干扰的能力强，生态系统脆弱性弱。

根据生态系统类型和气象要素的逻辑回归方程计算降水量、温度、日照时数和风速影响下的每个像元的生态系统植被类型概率，绘制逻辑回归曲线，由生态系统变换点计算不同气象要素阈值，概率曲线显示植被类型如何随降水量、温度、日照时数和风速的变化而变化。

通过植被类型及树木覆盖范围，结合气象要素（降水、温度和日照时间），采用逻辑回归方程计算并绘制曲线。计算每个像元点的植被类型概率：

$$V_{\text{veg}} = P(\text{veg}) \tag{5.4}$$

式中，V_{veg} 为植被生态系统的脆弱性；veg 为植被类型；$P(\text{veg})$ 为植被生态系统受气候影响存在概率。

在气候要素影响下，森林生态系统存在概率升高，生态系统生产力增强，系统内部高生态功能组分丰富，生态系统结构稳定，生态服务功能增强，抵抗气候变化等能力增强，生态系统脆弱性降低。因此，本节根据逻辑回归计算生态系统存在概率，按照植被生态系统划分不同的脆弱性等级，脆弱生态系统类型与脆弱性等级的对应关系为荒漠—重度脆弱、草地—中度脆弱、森林—轻度脆弱（表 5.1）。根据逻辑回归方程预测区域植被类型存在概率，生态系统植被概率值大于 0.6 则确定该区域植被类型，如预测某一像元为荒漠的概率大于 0.6，则该区域受气候影响的植被类型为荒漠，此时脆弱性等级为重度脆弱性；生态系统植被概率值介于 0.4～0.6，则证明该区域为荒漠—草地—森林的过渡区域，受气候影响容易发生草地或森林退化，需要重点关注过渡脆弱区；生态系统植被概率值小于 0.4，则证明该种植被存在概率极低，则不考虑其脆弱性等级。

表 5.1　脆弱性分级标准及含义

植被生态系统类型	植被存在概率	区间含义	脆弱性等级
荒漠	0.00～0.40	荒漠不存在	—
	0.40～0.60	荒漠—草地过渡区	—
	0.60～1.00	荒漠	重度脆弱性
草地	0.00～0.40	草地不存在	—
	0.40～0.60	荒漠—草地、草地—森林过渡区	—
	0.60～1.00	草地	中度脆弱性
森林	0.00～0.40	森林不存在	—
	0.40～0.60	草地—森林过渡区	—
	0.60～1.00	森林	轻度脆弱性

因此，利用单一气象要素和综合气候要素空间分布对资源环境系统脆弱性进行诊断，通过气象因素计算典型生态系统内植被存在概率，若森林为气候要素预测下地区的主要植被生态系统类型，则系统内部高生态功能组分丰富，抵抗气候变化干扰的能力强，脆弱性低；反之，荒漠存在概率越高，系统内生物多样性越低，生态系统抵抗干扰的能力越差，脆弱性越高。

5.1.3　脆弱性评价

随着脆弱性研究领域和概念的深入，脆弱性评价方法日益多样化、丰富化。通过整理和分析国内外脆弱性评价方法发现，脆弱性评价方法由定性方法向定量方法逐渐转化（图 5.3），但定量方法目前以指标评价法应用最为广泛，即通过分析不同系统的结构和功能确定不同的指标体系，通过加权计算得到脆弱性指数。目前，国内外脆弱性研究缺乏统一通用的理论框架，以及对脆弱性组成要素之间的相互关系认识不足，脆弱性函数模型评价法和模糊物元评价法在实施过程中有一定阻碍，未来应建立统一的脆弱性概念和评价框架；基于 GIS 和 RS 技术的脆弱性评价方法能够利用多源数据对脆弱性要素和指标进行分析，通过软件实现脆弱性空间可视化，为脆弱性评价提供新思路，是未来脆弱性评价的发展方向；时间序列法利用时间序列数据，分析一段时间内脆弱性变化趋势，为脆弱性预测提供理论和依据，未来研究中可以考虑结合空间

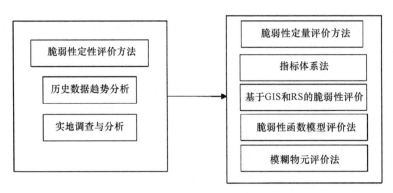

图 5.3　脆弱性评价方法

域数据，在横向和纵向两方面对研究区的脆弱性进行分析。综上所述，进行脆弱性评价时应选取简单、易操作的方法，因为脆弱性评价不仅要对脆弱性进行合理度量，而且要将指导实践的信息提供给决策者，为系统降低脆弱性、合理开发提供有力依据。此外，随着全球气候变化和可持续发展理论提出，脆弱性评价系统趋于复杂、多层次、多结构，脆弱性评价应抓住核心影响因素和关键过程，全面分析研究区结构和功能，选择合适的评价方法或根据系统实际情况进行方法集成，实现研究区脆弱性评价及空间化。

对于资源环境脆弱性评价更多的是数值在时空区域内分布，对资源环境脆弱性进行动态分析，认识其驱动机理、演变过程和发展趋势，进一步与研究区人地耦合方式、土地利用模式、生态保护措施等进行有效的衔接，开展资源环境的分区治理和有效管控研究，才能提高脆弱性研究的科学性和实用性。总体来说，资源环境脆弱性评价中也存在一些需要解决的问题。

1. 评价指标和分析模型难以统一

不同学者的学科背景和研究对象不同，导致学者们在对资源环境系统脆弱性进行定量评价选取指标时的角度也不同，对脆弱性评价指标的选择各具特色，不利于形成统一的认识。

2. 人为主观因素影响评价结果的有效性

不同的专家学者对资源环境脆弱性评价等级划分及阈值认知不统一，对资源环境脆弱性评价指标划分、权重和脆弱性等级划分标准不一，导致评价结果的主观性太强。

3. 评价结果的应用研究需拓展

未来资源环境脆弱性研究更需要从规范指标体系、探寻新的评价方法、丰富研究内容、延展研究时空尺度、突出评价结果的实用性等方向进行进一步研究，实现对自然地理、生态环境和社会经济的可持续发展的科学理论支持。

5.2　资源环境脆弱性评价理论与方法研究展望

21 世纪以来，资源环境脆弱性研究实现了由单一要素到复合系统、静态分析到动态监测、定性评价到定量评价、分类到综合的转变，但资源环境脆弱性定量评价方法、时空动态分析以及评价尺度仍然是脆弱性综合研究的重点和难点。学者们在传统脆弱性评价方法上进行了创新，针对人地关系对脆弱性进行了系统分析，着重分析了人类活动对脆弱性的影响，完善了脆弱性综合分析的理论与框架，极大地推动了脆弱性研究的跨世纪发展。

5.2.1　脆弱性评价方法完善与创新

1. 完善指标评价法

目前，国内外评价脆弱性的主要方法是指标评价法，该方法虽然简单普适，但指标和权重的选择具有很强的主观性，因此，国内外学者针对指标评价法的弊端，探究指标选取的方法，包括多重共线性诊断分析、SERV 模型和粗糙集属性约简等方法。典型的例子如下，姚雄等（2016）研究南方水土流失严重区的生态脆弱性时，使用多重共线性诊断分析指标之间的信息重叠性，从而建立无相关性指标体系，减少计算工作量的同时能提高评价准确性；陈佳等（2016）应用 SERV 模型筛选半干旱地区脆弱性指标，构建符合当地生态环境特征的指标体系；Wang 等（2017）从工业生态系统脆弱性四个维度建立评价指标体系，结合粗糙集属性约简方法对指标进行筛选并确定指标权重，最终确定 14 个指标计算中国工矿生态系统脆弱性。许多学者对指标权重的确定进行完善，如刘大海等（2015）分析 AHP 和熵权法的应用弊端，提出 AHP 法对熵权法的限制和熵权法对 AHP 法修正两种脆弱性指标赋权重的方法；夏兴生等（2016）分别确定 AHP 和主成分分析法权重，利用最小信息熵计算综合权重，实现对三峡库区农业生态环境脆弱性评价；张路路等（2016）基于资源环境、经济和社会构建指标体系，引入惩罚型变权模型对唐山城市脆弱性进行评价，结果表明变权模型能够有效满足城市脆弱性评价。

2. 与人工智能、模糊理论相结合

人工智能兴起于 20 世纪 60、70 年代的符号主义研究，80 年代以来，以人工神经网络为代表的连接主义把人工智能研究推向高潮（张健挺和邱友良，1998）。模糊理论诞生于 1965 年，根据模糊集合理论的数学基础建立，主要包括模糊集合理论、模糊逻辑、模糊推理和模糊控制等方面的内容（张莉莉和武艳，2012）。脆弱性评价涉及资源环境、社会、经济等因素的相互作用，资源环境脆弱性与人工智能、模糊理论的结合，能够体现脆弱性要素之间的相互作用关系，解释脆弱性成因与特征，从而评价研究区的整体脆弱性情况。传统脆弱性评价采用加权分析法计算脆弱性评价指数，也可结合人工智能、模糊数学或突变理论等方法，采用逼近理想解的排序方法（TOPSIS）（温晓金等，2016）、

突变级数法（高江波等，2016）、集对分析法（刚晓丹等，2016）、基于梯形模糊数联系数的评价方法（潘争伟等，2016）等辅助计算脆弱性评价指数。

随着脆弱性理论体系完善，越来越多的学者基于人工智能和模糊理论在脆弱性模型构建和评价分析方面进行原创性研究，如构建非线性评估模型、SERV 模型、数据包络分析（DEA）方法、基于松弛变量权重的数据包络分析模型（weighted slacks-based measure，WSBM）（张华等，2016）、人工神经网络（BP）模型、障碍度评价模型、理想解–秩和比方法、多准则决策分析与有序加权平均算子、SICM 模型等方法对脆弱性进行评价和分析（陈佳等，2016；裴欢等，2015；孙才志等，2016；Wang et al.，2017；Zhang et al.，2017；Nadiri et al.，2017）。

5.2.2 人为活动影响下的脆弱性时空分析与评价

耦合系统（社会–生态系统、人地耦合系统、资源环境系统）是目前脆弱性研究的重点，人–地系统素来为地理学研究的核心对象，以人地耦合系统为中心的脆弱性评价已成为地理学相关学科的关注热点与解决区域决策性问题的实践途径（陆大道，2002）。在过去几十年里，脆弱性评价虽然逐渐走向系统，但脆弱性时空分析和动态分析还相对薄弱，很多脆弱性研究案例大多在特定空间尺度或者某一时间截面展开，很多学者关注某一区域的生态脆弱性，如张红梅和沙晋明（2007）通过 RS 与 GIS，提取福州市能够反映生态环境的指标因子，得到了生态环境脆弱性综合评价图并进行了分析；有的学者关注某一年份的生态脆弱性，如钟晓娟等（2011）利用主成分分析法构建了云南省的生态脆弱性指标评估体系，得到当前情况下云南省的生态脆弱度。随着可持续发展等理论逐渐深入，从时间维度对脆弱性动态变化及其驱动因素的耦合作用过程和机制的探讨需要受到重视（Liu et al.，2008）。例如，在空间尺度上应注重对脆弱性跨尺度传递和转移过程的研究，从而促进脆弱性过程和机制方面的研究进展，有利于针对性地指导适应性能力建设。近年来，脆弱性评价从单一要素的脆弱性评价向人地耦合系统等综合研究转换，从某一年份某一区域研究向多时序多角度方向研究靠拢，从静态脆弱性评价向动态脆弱性评价转换。

自然生态环境为人类提供生存和发展的必要条件，其在人类合理利用下能够与外界系统达到平衡，维持良性循环。21 世纪以来，越来越多的学者认识到脆弱性除了与系统内部结构和功能有关外，还与人类活动有着密切的联系。目前，人类活动的干扰造成了严重的后果，如植被破坏、资源枯竭等。因此，在可持续发展理论的引导下，科学家和各领域学者应从脆弱性评价方法和模型、脆弱性要素、人地耦合系统出发，研究人为活动影响下的耦合系统脆弱性动态评价和分析。

5.2.3 脆弱性评价尺度与区域划分

随着全球气候变化、可持续发展等受到的关注越来越多，脆弱性研究由传统的单一要素、单一系统分析发展为综合时空尺度和动态预测的耦合系统脆弱性评价，特别是 21世纪以来，针对不同研究区域、不同脆弱性系统建立了许多脆弱性函数模型，完善和发展了传统评估方法，从而在一定程度上改善了指标评价法的弊端；环境恶化和资源枯竭等问题使国内外学者逐渐意识到研究人类活动的重要性，从而在脆弱性评价中增加了人类活动影响因素的考虑；"国家主体功能区"概念的提出促使脆弱性研究考虑评价尺度和区域问题，研究重心由市、省、国等区域尺度向县域转化，同时国内外学者从研究区本身结构和功能出发，进行区域划分，评估不同功能区的脆弱性变化，从而能够系统评价地区发展状况。纵观脆弱性发展的历程，不仅体现了人类对资源环境系统的认识和理解，也表现了人地关系、人类活动与可持续发展的关系。可以说，脆弱性研究不仅是区域发展状况评价问题，也是涉及人类进步与系统发展的哲学问题。

脆弱性研究存在动态分析，评价长时序县域社会生态系统脆弱性是理解区域可持续发展的重要途径，也是人地耦合系统中重要组成成分。近些年，国内外学者开展了大量县域脆弱性分析，如毛学刚和汪航（2017）利用 RS 和 GIS，通过建立生态环境质量评价指标空间数据库，对北京市密云区生态环境脆弱性进行评价；鲁大铭等（2017）在县域尺度上、从人地耦合系统出发，综合运用模糊层次分析和变异系数分析等方法，构建西北地区人地系统脆弱性评价模型并说明其时空演化过程；温晓金等（2016）讨论了脆弱性评价的多要素、长时序和多尺度等，提出进行长时序、小尺度区域社会–生态系统脆弱性时空特征评价的研究意义和现实需求。

资源环境脆弱性研究中，许多学者应用区域划分和功能分区的思想，将研究区划分为不同区域，根据区域特点进行针对性脆弱性分析评价（宋一凡等，2017；温晓金等，2016）。随着国家主体功能区划方案的建立，国家主体功能区能够直接提供地区社会生态系统状况，提供气候变化下社会生态可持续发展指标，利用主体功能分区对脆弱性进行评价时，能够明确研究区社会生态系统在不同适应目标下的脆弱性情况，为脆弱性评估提供一个新思路。

目前，真正意义上的人类社会和资源环境两大系统耦合作用研究仍然是前沿课题和难题，脆弱性评价不仅需要深化理论和方法，同时需要利用多学科交叉对研究系统进行综合评价。辨析自然驱动力和人文驱动力对系统脆弱性研究有重要的指导作用，科学利用资源环境及人地关系时空特征对脆弱性分析，充分认识人为活动对耦合系统的影响，对于推动资源环境脆弱性研究进展、充分发挥资源环境脆弱性研究实践价值具有重要意义。为进一步解决脆弱性研究面临的理论和实践问题，未来研究仍需着力解决以下 3 个问题。

（1）理论基础上，资源环境脆弱性内涵和评价的存在感和受关注度很高，不同领域研究脆弱性时都建立了理论基础和指标体系框架，但多样化的脆弱性概念容易造成研究思路和评价方法的混淆，同时造成不同领域的脆弱性成果交流和共享存在一定的难度，不利于多学科交叉和共享。因此，资源环境脆弱性概念框架统一和理论体系构建方面亟待统一完善。

（2）技术方法上，资源环境脆弱性单一要素和单一系统研究发展较系统，但综合研究相对薄弱，且前期研究多针对静态研究。因此，应加强系统动态评价和时空分析，运用函数模型、基于 GIS 和 RS 方法研究区域长时序脆弱性评价，真正实现脆弱性评价方法由静态到动态、由定性到定量的转变。

（3）实际应用上，在可持续理论指导下将脆弱性评价理论应用于实践研究中，注重资源环境脆弱性评价标准和技术规范的建立，理论研究与实践应用相结合，研究资源环境脆弱性动态评价、监测和预测系统，促使资源环境脆弱性评价系统化、标准化、规范化，使之更好地服务于区域研究和发展，从而为国家有关部门提供指导和参考，满足国家和地区可持续发展的需要。

5.3　全球变化背景下中国典型区资源环境脆弱性评价方法

5.3.1　典型地区资源环境脆弱性评价指标体系构建

1. 青藏高原典型生态脆弱区资源环境脆弱性评价指标

青藏高原典型生态脆弱区以高寒气候为主，年均气温低（−5～12℃），降水稀少且主要集中于 5～9 月（图 5.4）。该生态脆弱区水资源量约为 5688.61 亿 m³，占中国水资源总量的 20.23%，是长江、黄河及恒河等十余条河流的源区。青藏高原水热时空分布格局差异显著，具有多风、干旱、低氧、寒冷、辐射强以及昼夜温差大等典型特点，加

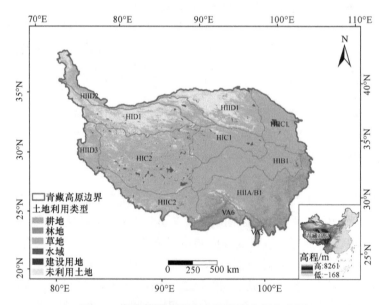

图 5.4　青藏高原典型生态脆弱区空间分布图

生态地理分区名称：HIC1 为青南高原宽谷高寒草甸草原区；HIC2 为羌塘高原湖盆高寒草原区；HIB1 为果洛那曲高原山地高寒草甸区；HID1 为昆仑高山高原高寒荒漠区；HIIA/B1 为川西藏东高山深谷针叶林区；HIIC1 为祁连青东高山盆地针叶林、草原区；HIID1 为柴达木盆地高寒荒漠区；HIID3 为阿里山地荒漠区；VA6 为东喜马拉雅南翼山地季雨林、阔叶林区；HIIC2 为藏南高山谷地灌丛草原区；HIID2 为昆仑山北翼山地荒漠区；VA5 为云南高原常绿阔叶林、松林区

上该区大部分地区位于 5000 m 以上，冻融侵蚀发育明显，盐湖广布，盐渍化严重，降水充沛且集中，从而导致地区的水力侵蚀状况较为严重。青藏高原的地表覆被类型从东南向西北依次是森林、灌丛、高寒草原、高寒草甸、高寒荒漠，主要植被类型有高山松林、高山栎林、常绿落叶阔叶混交林、针阔混交林等。该地区以草地生态系统为主，占总面积的 50.16%，其次是荒漠生态系统，其面积约占 37%。青藏高原高寒生态区的土壤类型空间分布具有明显的水平地带性和垂直地带性，主要有沼泽盐土、草甸盐土、棕钙土、栗钙土、寒漠土等。

　　针对青藏高原特殊的自然本底特征，指标的选取主要遵循以下 3 个原则：①综合性原则。选择能综合反映区域内影响因素和表现形式的指标因子。②可行性原则。尽量选择数据作用更大且更易获取的指标。③主导性原则。突出形成青藏高原脆弱生态环境的主导因子。从自然特征和人为活动干扰两个角度确立了研究区生态脆弱性评价的 19 个指标并建立了评价体系（表 5.2）。

表 5.2　青藏高原典型生态脆弱区脆弱性评价指标体系

指标类	指标层	指标项	相关性
自然潜在脆弱性	地形	坡度	正
		地形起伏度	正
	气候	海拔	正
		年降水量	负
		湿润度指数	负
		大风天数占全年百分比	正
		大于 0℃积温	负
	土壤	水蚀模数	正
		风蚀模数	正
	水	水源涵养量	负
	植被	植被覆盖度	负
		NPP	负
人为干扰脆弱性	人口	人口密度	正
		人均耕地面积	正
	交通	路网密度	正
	经济	人均 GDP	负
		牲畜密度	正
	土地利用	景观破碎度指数	正
		景观多样性指数	负

2. 黄土高原典型生态脆弱区资源环境脆弱性评价指标

　　黄土高原（33°43′～41°16′N，100°54′～114°33′E）位于我国中部偏北，黄河流域中部，包括太行山以西、日月山以东、秦岭以北、鄂尔多斯高原以南广大地区，可分为陇中盆地、陇东和陕北高原、渭河地堑平原以及山西高原。行政区域跨青海、甘肃、宁夏、内蒙古、陕西、山西及河南七省，东西绵延约 1000 km，南北地跨 750 km 左右，总面积约 64 万 km² (图 5.5)。区域内地势西北高、东南低，海拔为 84～5206 m，平均海拔 1500～2000 m。该区属于暖温带大陆性季风气候，冬季寒冷干燥多风沙，夏季炎热多暴雨，年均气温 3.6～14.3℃，年均降水量 300～800 mm。降水量在空间分布上，自西北向东南逐渐增多；在季节性差异上，雨量主要集中在夏季，7～9 月降水量占年降水总量的 60%～70%，降水集中且多暴雨，导致土壤侵蚀强烈。植被由东南向西北可划分为森林带、森林草原带、典型草原带、荒漠草原和草原化荒漠带。土壤类型主要有黄绵土、黑钙土等。除了一些裸岩的高山以外，黄土高原区基本上覆盖了 60～200 m 厚的细腻黄土微粒，土质疏松，流水侵蚀强烈，地形破碎。该区人口约有 1 亿，且以农业人口居多，属于国家支持开发、水土保持和生态治理的重点地区。干旱的气候背景、严重的水土流失以及相对落后的经济发展导致该地区生态环境脆弱，属于我国典型的生态脆弱区。

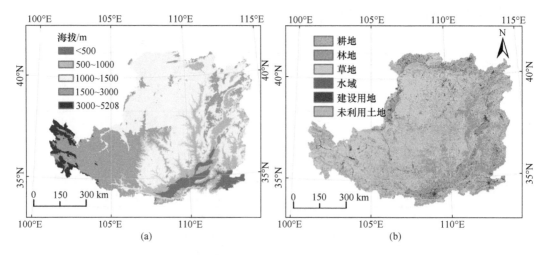

图 5.5　黄土高原典型生态脆弱区空间分布示意图

基于暴露度-敏感性-适应力的生态脆弱性评价概念框架 (陈佳等，2016；余中元等，2014)，结合黄土高原地区气候干旱、地形破碎和土壤侵蚀严重等主要生态问题，同时考虑数据的时效性、可获取性和易操作性，最终选取 13 个评价指标构建了黄土高原地区资源环境脆弱性评价指标体系 (表 5.3)。其中，暴露度代表生态系统经历外在环境、压力或风险干扰和胁迫的程度，采用气候状况、水土流失和人为干扰来反映。敏感性代表生态系统容易受到胁迫的正面或负面影响的程度，由生态环境、土地利用和生态系统服务来反映。适应力指生态系统面对外来不利影响时的内在自我调节能力或外界干预下的恢复潜力，由经济和社会发展指标来反映。各具体指标的生态学意义详见表 5.3。依据各指标对黄土高原区生态脆弱性的影响，将评价指标分为正相关指标和负相关指标。

3. 干旱-半干旱典型生态脆弱区资源环境脆弱性评价指标

干旱-半干旱典型生态脆弱区 (36°00′～49°16′N, 73°40′～116°13′E) 位于我国北部，覆盖新疆、甘肃、内蒙古和宁夏四个省份 (图 5.6)。该区具有气温温差大、降水量少且

表 5.3　黄土高原典型生态脆弱区脆弱性评价指标体系

目标层	准则层	指标层	指标项	生态学意义	指标性质
生态脆弱性	暴露度	气候状况	年降水量	气候的湿润程度	负
			湿润度指数		负
			大于 10℃积温	地表植被的生长发育进程	负
		水土流失	水蚀模数	土壤侵蚀状况	正
			风蚀模数		正
		人为干扰	人口密度	人口作用于土地和水资源的压力	正
	敏感性	生态环境	年最大 NDVI	地表植被覆盖状况	负
			坡度	地形地貌状况	正
			起伏度		正
		土地利用	香农多样性指数	景观异质性	负
		生态系统服务	水源涵养量	地表植被削弱降水侵蚀力和改善土壤结构等作用	负
	适应力	经济发展	人均 GDP	该地区的经济发展水平（其值越高，人们应对风险的能力越强）	负
		社会发展	公路密度	该地区与市场及其他地方接触的能力（其值越高，越有利于农牧产品的运输以及旅游业的发展）	负

注：“正”表示指标与生态脆弱性正相关，“负”表示指标与生态脆弱性负相关。

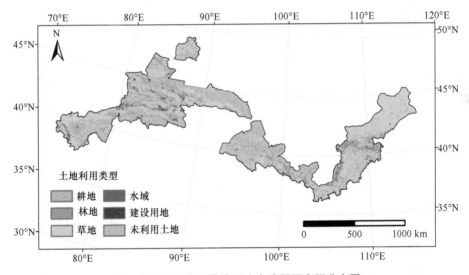

图 5.6　干旱–半干旱典型生态脆弱区空间分布图

年内分布不均、日照充足、气候干燥等气候特征。年均降水量在 0～1000 mm，在空间分布上呈现出由东向西先减少后增加的格局。位于西北部的阿尔泰山和天山山脉区域，年降水量较高，在 600～1000 mm。而在塔里木盆地西部边缘，以及东部边缘至巴丹吉林沙漠和腾格里沙漠区域，年降水量较低，基本在 200mm 以下。独特的地形及气候特点导致该区广泛分布着沙漠、风蚀残丘、戈壁，植被稀少，土壤质地松散，生态系统较为脆弱，主要表现为土壤退化、土地沙漠化、盐渍化严重、水资源匮乏等。

　　基于暴露度–敏感性–适应力的生态脆弱性评价概念框架,结合干旱–半干旱典型生态脆弱区气候干燥、植被稀少以及土地退化等主要生态问题(Li et al.,2021;张学渊等,2021),同时考虑数据的时效性、可获取性和易操作性,选取 13 个评价指标(包括 6 个暴露度指标、5 个敏感性指标和 2 个适应能力指标)构建了干旱–半干旱典型生态脆弱区资源环境脆弱性评价指标体系(表 5.4)。其中,暴露度代表资源环境系统经历外在环境、压力或风险干扰与胁迫的程度,采用气候状况、水土流失和人为干扰来反映。敏感性代表资源环境系统容易受到胁迫的正面或负面影响的程度,由生态环境、土地利用和生态系统服务来反映。适应力代表资源环境系统面对风险胁迫的内在自调节适应能力和在外界干预下(适应性管理)的恢复潜力,由经济和社会发展来反映。各具体指标的生态学意义详见表 5.4。依据各指标对干旱–半干旱典型生态脆弱区生态脆弱性的影响,将评价指标分为正相关指标和负相关指标。

表 5.4　干旱–半干旱典型生态脆弱区生态脆弱性评价指标体系

目标层	准则层	指标层	指标项	生态学意义	指标性质
生态脆弱性	暴露度	气候状况	年降水量	气候的湿润程度	负
			湿润度指数		负
			大于 10℃积温	地表植被的生长发育进程	负
		水土流失	水蚀模数	土壤侵蚀状况	正
			风蚀模数		正
		人为干扰	人口密度	人口作用于土地和水资源的压力	正
	敏感性	生态环境	年最大 NDVI	地表植被覆盖状况	负
			坡度	地形地貌状况	正
			起伏度		正
		土地利用	香农多样性指数	景观异质性	负
		生态系统服务	水源涵养量	地表植被削弱降水侵蚀力和改善土壤结构等作用	负
	适应力	经济发展	人均 GDP	该地区的经济发展水平(其值越高,人们应对风险的能力越强)	负
		社会发展	公路密度	该地区与市场及其他地方接触的能力(其值越高,越有利于农牧产品的运输以及旅游业的发展)	负

注:“正”表示指标与生态脆弱性正相关,“负”表示指标与生态脆弱性负相关。

4. 西南喀斯特典型生态脆弱区资源环境脆弱性评价指标

　　西南喀斯特典型生态脆弱区位于我国西南部,涉及贵州省、四川省、云南省、广西壮族自治区及重庆市(图 5.7)。该区域以亚热带季风气候为主,年平均气温在 17℃左右,年平均降水量约为 1000mm,且时空分布不均,广泛分布着喀斯特地貌、河谷地貌以及

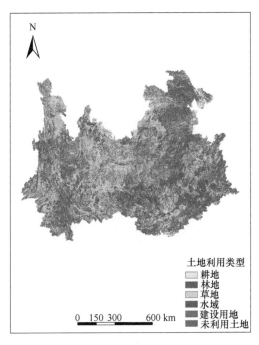

图 5.7　西南喀斯特典型生态脆弱区空间分布

盆地地貌，横跨我国三大地势阶梯，地形起伏大，植被覆盖类型、土地利用类型、气温降水的分布都依附于特殊的地形地貌特征，形成了区别于其他生态脆弱区的分布规律（曹翠华，2020）。地质背景复杂，在岩溶和降水的共同作用下，容易发生山体崩塌、山体滑坡、泥石流等自然灾害，环境承载能力差，人口激增和资源长期、无序开发以及大面积地表植被破坏直接威胁该地区生态系统安全（罗旭玲等，2021）。

依据暴露度–敏感性–适应力框架，综合考虑西南喀斯特典型生态脆弱区复杂的生态环境特征，依据独立性、可获取性、易操作性等指标选取原则，从暴露度（植被生态）、敏感性（气候、土壤、地形）、适应力（土地利用、社会发展、经济发展）中选取 24 项指标（Guo et al.，2020b），构建西南喀斯特典型生态脆弱区资源环境系统脆弱性评价的指标体系（表 5.5）。

5. 农牧交错带典型生态脆弱区资源环境脆弱性评价指标

农牧交错带指我国东部农耕区与西部草原牧区相连接的半干旱生态过渡带，是农业生产边际地带，是生态脆弱带，干湿波动明显，反映了东亚季风气候的独特性。干湿波动幅度大于温度变化幅度。干湿条件成为该区农牧业生产的限制因子（表 5.6）。年平均降水量为 380 mm，降水变率在 25%以上。植被特点如下，植被类型取决于该区气候、土壤条件，主要为半湿润–半干旱–干旱条件下森林–森林草原–草原–草甸草原植被景观。各类植被响应气候变化敏感程度不一样。因此不同程度的气候变化在交界地带植被第一生产力有不同的响应。随水分带的全面摆动，植被呈现明显的地带摆动现象。土地利用

表 5.5　喀斯特典型生态脆弱区脆弱性评价指标体系

指标类	指标层	指标项	生态学意义	相关性
脆弱性	暴露度	植被	NPP	生态系统状况	负
			植被覆盖度		负
			植被类型		负
	敏感性	气候	年均温变异系数	气候背景条件	正
			年均降水量变异系数		正
			极端高温天数占全年百分比		正
			极端低温天数占全年百分比		正
			侵蚀性降雨（或暴雨）占总降水量百分比		正
			>10℃积温		负
			太阳辐射总量		负
			无霜期		负
		土壤	土壤可蚀性	土壤本底条件	正
			土壤层厚度		负
			水蚀模数		正
		地形	海拔	地形地貌条件	正
			坡度		正
			起伏度		正
			岩性		正
	适应力	土地利用	景观多样性指数	土地景观条件	负
			景观破碎性指数		正
		社会发展	人口密度	人口干扰可能性	正
			人均耕地面积		正
		经济发展	人均 GDP	人类保护修复能力	负

注："正"表示指标与生态脆弱性正相关，"负"表示指标与生态脆弱性负相关。

特点为，在自然背景下呈现农区、牧区交错分布特点（图 5.8）。由于气候（降水）呈波动性变化，农牧业结构也呈现波动性交替。但由于人类响应滞后以及农业比牧业的收益更大，地区内人地关系不协调。农牧交错带生态脆弱性评价指标体系见表 5.6。

5.3.2　资源环境脆弱性评价指标权重确定

1. 应用层次分析法和空间主成分分析法确定脆弱性指标权重

目前脆弱性各指标因子权重主要分为主观（层次分析法）（Nguyen et al.，2016；Wang et al.，2008）和客观（主成分分析）（Hou et al.，2015；Xia et al.，2021）两种方法，前者结果极大地受研究者主观判断的影响，而后者往往会高估人类因子的权重。因此，采用层次分析法和空间主成分分析法相结合的方法定义各因子的权重。首先，利用层次分

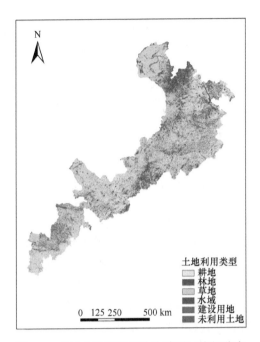

图 5.8　农牧交错带典型生态脆弱区空间分布

表 5.6　农牧交错带生态脆弱性评价指标体系

指标类	指标层	指标项	相关性
暴露度	植被	植被覆盖度	负
敏感性	气候	年降水量	负
		湿润度指数	负
		大于 10℃积温	负
		风蚀模数	正
	地形	坡度	正
		地形起伏度	正
	水	水源涵养量	负
适应力	社会发展	人口密度	正
		路网密度	负

注：指标类第一列为"脆弱性"，跨暴露度、敏感性、适应力三行。

析法对生态脆弱性评价准则层（暴露度、敏感性和适应力）进行权重赋值（表 5.7），结合所选指标建立资源环境生态脆弱性评价准则层的判断矩阵，进而计算得到暴露度、敏感性和适应力的相应权重。将每个准则层下的所有指标标准化后的数据均相应地乘以该准则层的权重再进行后续的主成分分析，以实现用较少的综合指标最大限度地保留原来较多变量所反映的信息（Hou et al.，2015）。

表 5.7　黄土高原区和干旱–半干旱区生态脆弱性评价准则层判断矩阵和权重

生态脆弱性	暴露度	敏感性	适应力	权重
暴露度	1			0.4286
敏感性	1	1		0.4286
适应力	1/3	1/3	1	0.1429

基于空间主成分分析（spatial principal component analysis，SPCA）法确定生态脆弱性指标的权重，应用 SPCA 对原有指标坐标轴进行旋转，对指标因子进行降维，从而实现用少量不相关的综合因子最大限度地解释原有指标信息。该方法能克服人为确定指标权重的不确定性，避免对原有指标信息重复计算，当前 n 个主成分因子的累计贡献率≥85%，就能代替原有指标信息进行计算。基于 ArcGIS10.2，对选定的多个脆弱性评价指标进行空间主成分分析，确定累计贡献率在 85% 以上的前 6 个主成分及其贡献率，贡献率作为指标权重。

2. 应用模糊层次分析法确定资源环境脆弱性指标权重

从动态确权思想出发，基于模糊层次分析（fuzzy analytic hierarchy process，FAHP；确定指标层权重）法和变差系数（the coefficient of variation）法（确定因子层权重）提出了动态确权法，进而制定了生态脆弱区的生态脆弱性指标动态权重赋值方案（Xue et al.，2019）。该方法不仅考虑权重指标本身的生态学意义及空间分异特征，同时还避免了研究者经验知识对权重赋值的过度干扰。同时，由于不同时期的目标层和指标层的相对重要性很难区分，研究中可采用相同的权重赋值，并利用变差系数法对因子层的指标权重进行调整。该方法不但能够保证评价指标权重赋值方案的连续性，同时也避免了不同时期同一评价指标权重差异过大的不足（Guo et al.，2020b）。

20 世纪 70 年代，美国运筹学教授 Saaty T. L. 提出了模糊层次分析法，与其他方法相比，该方法具有以下优点，该方法弥补了层次分析法在某一层次评价中具有 4 个及以上指标时难以确保思维一致性的缺陷，在量化评价指标方面有重要应用（吴春生等，2018）。变差系数又称离散系数，用于表示概率分布离散程度的归一化量度，可将其定义为标准差与平均值之比，用来表示指征因子的空间变异程度。

3. 应用熵权法确定资源环境脆弱性指标权重

熵权法目前已经在工程技术、社会经济等领域得到了非常广泛的应用，其基本思路是根据指标变异性的大小来确定客观权重。一般来说，若某个指标的信息熵越小，则表明指标值的变异程度越大，提供的信息量也越多，在综合评价中所能起的作用也越大，其权重也就越大。相反，某个指标的信息熵越大，表明指标值的变异程度越小，提供的信息量也越少，在综合评价中所起的作用也越小，其权重也就越小。

首先，将各个指标的数据进行标准化处理。假设给定了 k 个指标 $X_1, X_2, \cdots, X_k$，其中 $X_i = \{X_1, X_2, \cdots, X_n\}$。假设对各指标数据标准化后的值为 $Y_1, Y_2, \cdots, Y_k$，那么

$$Y_{ij} = \frac{X_{ij}}{\max(X_i) - \min(X_i)}$$

其次，求各指标的信息熵。根据信息论中信息熵的定义，一组数据的信息熵

$$E_j = -\ln(n)^{-1} \sum_{i=1}^{n} P_{ij} \ln P_{ij}$$

其中，$P_{ij} = Y_{ij} / \sum_{i=1}^{n} Y_{ij}$，如果 $P_{ij} = 0$，则定义 $\lim_{P_{ij}} P_{ij} \ln P_{ij} = 0$。

最后，确定各指标权重。根据信息熵的计算公式计算出各个指标的信息熵为 $E_1, E_2, \cdots, E_k$。通过信息熵计算各指标的权重：$W_i = \dfrac{1 - E_i}{k - \sum E_i}(i = 1, 2, \cdots, k)$。

4. 资源环境脆弱性指标数据归一化

当前针对脆弱性指标数据的处理方法大多采用分级赋权重，该方法对选取的各脆弱性评价因子分等级用于评价（Xue et al., 2019；Zhang and Xu, 2017）。由于采用不同的分级方案对最终的脆弱性评价结果的影响较大，并且分级方案的主观性很强，为了避免指标分级过程中人为因素的过多干扰，普遍采取归一化方法对脆弱性指标数据进行处理，其计算公式如下。

正相关指标：

$$X_i = \frac{X - X_{\min}}{X_{\max} - X_{\min}} \tag{5.5}$$

负相关指标：

$$X_i = \frac{X_{\max} - X}{X_{\max} - X_{\min}} \tag{5.6}$$

式中，X_i 为脆弱性评价指标 X 的归一化值；$X_{\min}$ 为 X 指标的最小值；$X_{\max}$ 为 X 指标的最大值。X_i 越大，说明脆弱性指标对脆弱性的影响越显著，脆弱性值越大；反之则越小。

5.3.3　资源环境脆弱性评价方法

1. 应用空间主成分分析法构建脆弱性评估模型

通过构建生态环境系统脆弱性指数（ecological environmental vulnerability index, EEVI）来评价青藏高原、黄土高原、干旱-半干旱区、农牧交错带的资源环境系统脆弱性状况。基于根据 SPCA 原理确定的所有关键评价指标进行空间主成分分析，应用得到的累计贡献率大于 85% 的空间主成分分析结果来计算 EEVI 的值，公式为

$$\text{EEVI} = r_1 Y_1 + r_2 Y_2 + r_3 Y_3 + \cdots + r_n Y_n \tag{5.7}$$

式中，EEVI 为资源环境系统脆弱性指数；$r_1, r_2, \cdots, r_n$ 为前 n 个主成分贡献值；$Y_1, Y_2, \cdots, Y_n$ 为前 n 个空间主成分；n 为累计贡献率大于 85% 的空间主成分个数。EEVI 值越高，表示资源环境脆弱性程度越高。

根据 EEVI 的数据直方图分布和标准差，结合自然断点分类法，确定各典型生态脆弱区 EEVI 分级标准，得到资源环境脆弱性分级结果（表 5.8～表 5.11）。自然断点分类法是基于数据中固有的自然分组识别分类间隔，对相似值进行最恰当的分组，并可使各个类之间的差异最大化，以使各级的内部方差之和最小（Liu et al., 2017）。相比于其他

表 5.8　青藏高原典型生态脆弱区资源环境脆弱性分级标准

资源环境脆弱性	分级标准
微度脆弱	<0.5
轻度脆弱	0.5～0.7
中度脆弱	0.7～0.9
重度脆弱	0.9～1.1
极度脆弱	>1.1

表 5.9　黄土高原典型生态脆弱区资源环境脆弱性分级标准

资源环境脆弱性	分级标准
微度脆弱	<0.59
轻度脆弱	0.59～0.67
中度脆弱	0.67～0.75
重度脆弱	0.75～0.84
极度脆弱	>0.84

表 5.10　干旱–半干旱典型生态脆弱区资源环境脆弱性分级标准

资源环境脆弱性	分级标准
微度脆弱	<0.59
轻度脆弱	0.59～0.79
中度脆弱	0.79～0.95
重度脆弱	0.95～1.07
极度脆弱	1.07～1.26

表 5.11　农牧交错带生态脆弱区资源环境脆弱性分级标准

资源环境脆弱性	分级标准
微度脆弱	<0.4
轻度脆弱	0.4～0.56
中度脆弱	0.56～0.68
重度脆弱	0.68～0.79
极度脆弱	>0.79

分类方法,该方法由于没有受到人为干扰,因此可以更加客观地得到脆弱性分级结果 (Zhao et al.,2018)。本节将资源环境脆弱性划分为 5 级,从轻到重依次为微度脆弱、轻度脆弱、中度脆弱、重度脆弱和极度脆弱。

2. 脆弱性指标综合评价模型构建

资源环境脆弱性评价研究采用最多的方法还是综合指标评价法,该方法对选取的各脆弱性评价因子分级赋权重、分等级评价,这种方法适用于大尺度的宏观研究,而且如果脆弱性评价因子选择科学合理的话，结果也是比较理想的。评价模型的公式如下：

$$\text{ESVI} = \sum_{i=0}^{n} I_i \cdot \omega_i \tag{5.8}$$

式中，ESVI 为生态系统脆弱性指数；I_i 为第 i 个归一化指标（或分级指标）；ω_i 为第 i 个指标权重；n 为指标个数。

指标赋权重确定从动态确权思想出发，基于 FAHP（确定指标层权重）和变差系数法（确定因子层权重）提出了动态确权法，进而确定西南喀斯特典型生态脆弱区的生态脆弱性指标动态权重赋值方案（表 5.12）（Xue et al.，2019；Guo et al.，2020a）。

表 5.12　西南喀斯特典型生态脆弱区生态脆弱性分级标准

资源环境脆弱性	分级标准
微度脆弱	<0.32
轻度脆弱	0.32~0.38
中度脆弱	0.38~0.42
重度脆弱	0.42~0.49
极度脆弱	>0.49

3. 资源环境系统关键指标变化阈值研究脆弱性

首先，通过遥感监测的植被覆盖度结合土地利用/土地覆被数据进行主要资源环境系统的分类划分。

其次，利用逻辑回归模型计算主要指标（如降水量、温度、日照时间等）在不同植被类型情况下的概率；概率曲线显示资源环境系统状态如何随降水量、温度、日照时间等的增加而变化。根据地区植被概率曲线，得出资源环境系统状态的变化受主要指标变化影响的规律，找出各资源环境系统、各指标的最合适的阈值及交错变化带。

最后，评价不同指标变化情况下的植被概率情况，根据计算阈值评价资源环境生态系统脆弱性，如为了进一步表达青藏高原地区生态环境脆弱性，将荒漠、草原、林草交错带和森林的脆弱性表达，在年平均降水量、温度和日照时间的条件下，根据各评价指标变化的逻辑回归方程计算荒漠、草原、林草交错带和森林的脆弱性。

参 考 文 献

曹翠华. 2020. InSAR 技术监测西南喀斯特地表形变应用研究. 西安: 西安科技大学.

常学礼, 赵爱芬, 李胜功. 1999. 生态脆弱带的尺度与等级特征. 中国沙漠, 19(2): 20-24.

陈佳, 杨新军, 尹莎, 等. 2016. 基于 VSD 框架的半干旱地区社会——生态系统脆弱性演化与模拟. 地理学报, 71(7): 1172-1188.

陈金月, 王石英. 2017. 岷江上游生态环境脆弱性评价. 长江流域资源与环境, 26(3): 471-479.

陈美球, 蔡海生, 赵小敏, 等. 2003. 基于 GIS 的鄱阳湖区脆弱生态环境的空间分异特征分析. 江西农业大学学报(自然科学版), 25(4): 523-527.

陈桃, 包安明, 郭浩, 等. 2019. 中亚跨境流域生态脆弱性评价及其时空特征分析——以阿姆河流域为例. 自然资源学报, 34(26): 43-57.

党二莎, 胡文佳, 陈甘霖, 等. 2017. 基于 VSD 模型的东山县海岸带区域生态脆弱性评价. 海洋环境科学, 36(2): 296-302.

邓伟, 袁兴中, 孙荣, 等. 2016. 基于遥感的北方农牧交错带生态脆弱性评价. 环境科学与技术, 39(11): 174-181.

范语馨, 史志华. 2018. 基于模糊层次分析法的生态环境脆弱性评价——以三峡水库生态屏障区湖北段为例. 水土保持学报, 32: 91-96.

刚晓丹, 韩增林, 彭飞, 等. 2016. 陆海统筹背景下的沿海地区经济系统脆弱性空间分异研究. 海洋开发与管理, 33(4): 19-26.

高江波, 侯文娟, 赵东升, 等. 2016. 基于遥感数据的西藏高原自然生态系统脆弱性评估. 地理科学, 36(4): 580-587.

郭兵, 孔维华, 姜琳, 等. 2018. 青藏高原高寒生态区生态系统脆弱性时空变化及驱动机制分析. 生态科学, 37: 96-106.

郝璐, 王静爱, 史培军, 等. 2003. 草地畜牧业雪灾脆弱性评价——以内蒙古牧区为例. 自然灾害学报, 2: 51-57.

何晓群. 1998. 现代统计分析方法与应用. 北京: 中国人民大学出版社.

雷波, 焦峰, 王志杰, 等. 2013. 延河流域生态环境脆弱性评价及其特征分析. 西北林学院学报, 28(3): 161-167.

李博, 杨智, 苏飞, 等. 2016. 基于集对分析的中国海洋经济系统脆弱性研究. 地理科学, 36(1): 47-54.

李鹤, 张平宇. 2008. 脆弱性的概念及其评价方法. 地理科学进展, 27(2): 18-25.

李佳芮, 张健, 司玉洁, 等. 2017. 基于 VSD 模型的象山湾生态系统脆弱性评价分析体系的构建. 海洋环境科学, 36(2): 274-280.

李平星, 陈诚. 2014. 基于 VSD 模型的经济发达地区生态脆弱性评价——以太湖流域为例. 生态环境学报, 23: 237-243.

李永化, 范强, 王雪, 等. 2015. 基于 SRP 模型的自然灾害多发区生态脆弱性时空分异研究——以辽宁省朝阳县为例. 地理科学, 35(11): 1452-1459.

林金煌, 胡国建, 祁新华, 等. 2018. 闽三角城市群生态环境脆弱性及其驱动力. 生态学报, 38: 4155-4166.

刘大海, 宫伟, 邢文秀, 等. 2015. 基于 AHP 熵权法的海岛海岸带脆弱性评价指标权重综合确定方法. 海洋环境科学, 34(3): 462-467.

刘倩倩, 陈岩. 2016. 基于粗糙集和 BP 神经网络的流域水资源脆弱性预测研究——以淮河流域为例. 长江流域资源与环境, 25(9): 1317-1327.

刘守强, 武强, 曾一凡, 等. 2017. 基于 GIS 的改进 AHP 型脆弱性指数法. 地球科学, 42(4): 625-633.

鲁大铭, 石育中, 李文龙, 等. 2017. 西北地区县域脆弱性时空格局演变. 地理科学进展, 36(4): 404-415.

陆大道. 2002. 关于地理学的"人-地系统"理论研究. 地理研究, 2: 135-145.

罗旭玲, 王世杰, 白晓永, 等. 2021. 西南喀斯特地区石漠化时空演变过程分析. 生态学报, 41(2): 680-693.

马骏, 李昌晓, 魏虹, 等. 2015. 三峡库区生态脆弱性评价. 生态学报, 35(21): 7117-7129.

毛学刚, 汪航. 2017. 基于栅格尺度的北京市密云县生态环境脆弱性评价. 南京林业大学学报(自然科学版), 41(1): 96-102.

潘争伟, 金菊良, 刘晓薇, 等. 2016. 水资源利用系统脆弱性机理分析与评价方法研究. 自然资源学报, 31(9): 1599-1609.

裴欢, 王晓妍, 房世峰. 2015. 基于 DEA 的中国农业旱灾脆弱性评价及时空演变分析. 灾害学, 30(2):

64-69.

乔青, 高吉喜, 王维, 等. 2008. 生态脆弱性综合评价方法与应用. 环境科学研究, (5): 117-123.

秦磊, 韩芳, 宋广明, 等. 2013. 基于 PSR 模型的七里海湿地生态脆弱性评价研究. 中国水土保持, (5): 69-72.

史培军. 2002. 三论灾害研究的理论与实践. 自然灾害学报, (3): 1-9.

宋一凡, 郭中小, 卢亚静, 等. 2017. 一种基于 SWAT 模型的干旱牧区生态脆弱性评价方法——以艾布盖河流域为例. 生态学报, 37(11): 3805-3815.

孙才志, 覃雄合, 李博, 等. 2016. 基于 WSBM 模型的环渤海地区海洋经济脆弱性研究. 地理科学, 36(5): 705-714.

孙双红. 2014. 石油资源型城市人地系统脆弱性研究. 青岛: 中国石油大学(华东).

田亚平, 向清成, 王鹏. 2013. 区域人地耦合系统脆弱性及其评价指标体系. 地理研究, 32(1): 53-55.

汪朝辉, 王克林, 李仁东, 等. 2004. 水陆交错生态脆弱带景观格局时空变化分析——以洞庭湖区为例. 自然资源学报, 19(2): 240-247.

王瑞燕, 赵庚星, 周伟, 等. 2008. 土地利用对生态环境脆弱性的影响评价. 农业工程学报, 24(12): 215-220.

王娅, 周立华, 魏轩. 2018. 基于社会—生态系统的沙漠化逆转过程脆弱性评价指标体系. 生态学报, 38(3): 829-840.

王岩, 方创琳. 2014. 大庆市城市脆弱性综合评价与动态演变研究. 地理科学, 34(5): 547-555.

王志杰, 苏嫄. 2018. 南水北调中线汉中市水源地生态脆弱性评价与特征分析. 生态学报, 38(2): 432-442.

温晓金, 杨新军, 王子侨. 2016. 多适应目标下的山地城市社会—生态系统脆弱性评价. 地理研究, 35(2): 299-312.

吴春生, 黄翀, 刘高焕, 等. 2018. 基于模糊层次分析法的黄河三角洲生态脆弱性评价. 生态学报, 38(45): 84-95.

夏兴生, 朱秀芳, 李月臣, 等. 2016. 基于 AHP-PCA 熵组合权重模型的三峡库区(重庆段)农业生态环境脆弱性评价. 南方农业学报, 47(4): 548-556.

徐广才, 康慕谊, 贺丽娜, 等. 2009. 生态脆弱性及其研究进展. 生态学报, 29(5): 2578-2588.

徐庆勇, 黄玫, 陆佩玲, 等. 2011. 基于 RS 与 GIS 的长江三角洲生态环境脆弱性综合评价. 环境科学研究, 24(1): 58-65.

薛正平, 邓华, 杨星卫, 等. 2006. 基于决策树和图层叠置的精准农业产量图分析方法. 农业工程学报, (8): 140-144.

杨飞, 马超, 方华军. 2019. 脆弱性研究进展:从理论研究到综合实践. 生态学报, 39(2): 441-453.

杨俊, 关莹莹, 李雪铭, 等. 2018. 城市边缘区生态脆弱性时空演变——以大连市甘井子区为例. 生态学报, 38(3): 778-787.

杨庆媛. 2003. 西南丘陵山地区土地整理与区域生态安全研究. 地理研究, 22(6): 698-708.

姚雄, 余坤勇, 刘健, 等. 2016. 南方水土流失严重区的生态脆弱性时空演变. 应用生态学报, 27(3): 735-745.

尹洪英. 2011. 道路交通运输网络脆弱性评估模型研究. 上海: 上海交通大学.

于伯华, 吕昌河. 2011. 青藏高原高寒区生态脆弱性评价. 地理研究, 30(22): 89-95.

余中元, 李波, 张新时. 2014. 社会生态系统及脆弱性驱动机制分析. 生态学报, 34(7): 1870-1879.

张德君, 高航, 杨俊, 等. 2014. 基于 GIS 的南四湖湿地生态脆弱性评价. 资源科学, 36(4): 874-882.

张红梅, 沙晋明. 2007. 基于 RS 与 GIS 的福州市生态环境脆弱性研究. 自然灾害学报, (2): 133-137.

张华, 王慧敏, 刘钢. 2016. 基于 WSBM 的创新创业政策效度评估及优化对策——以江苏省"科技企业家培育工程"政策为例. 科技管理研究, 36(14): 37-44.

张健挺, 邱友良. 1998. 人工智能和专家系统在地学中的应用综述. 地理科学进展, (1): 44-51.

张莉莉, 武艳. 2012. 模糊理论概述. 硅谷, 5(17): 177-178.

张路路, 郑新奇, 张春晓, 等. 2016. 基于变权模型的唐山城市脆弱性演变预警分析. 自然资源学报, 31(11): 1858-1870.

张学渊, 魏伟, 周亮, 等. 2021. 西北干旱区生态脆弱性时空演变分析. 生态学报, 41(12): 4707-4719.

钟晓娟, 孙保平, 赵岩, 等. 2011. 基于主成分分析的云南省生态脆弱性评价. 生态环境学报, 20(1): 109-113.

祝云舫, 王忠郴. 2006. 城市环境风险程度排序的模糊分析方法. 自然灾害学报, (1): 155-158.

邹亚荣, 张增祥, 王长有, 等. 2002. 中国农牧与风水蚀交错区的空间格局与生态恢复. 水土保持学报, 1: 32-35.

Barry S, Cai Y L. 1996. Climate change and agriculture in China. Global Environmental Change, 6(2): 5-14.

Brett B, Harvey N, Belperio T, et al. 2001. Distributed process modeling for regional assessment of coastal vulnerability to sea-level rise. Environmental Modeling & Assessment, 6: 57-65.

Cumming G S, Barnes G, Perz S, et al. 2005. An exploratory framework for the empirical measurement of resilience. Ecosystems, 8(8): 975-987.

Francisco A S, Ruiz-Barreiro T M. 2014. Approaching a functional measure of vulnerability in marine ecosystems. Ecological Indicators, 45: 130-138.

Frazier T G, Thompson C M, Dezzani R J. 2014. A framework for the development of the SERV model: A Spatially Explicit Resilience-Vulnerability model. Applied Geography, 51: 158-172.

Guo B, Zang W Q, Luo W. 2020b. Spatial-temporal shits of ecological vulnerability of Karst Mountain ecosystem impacts of global change and anthropogenic interference. Science of Total Environment.

Guo B, Zang W, Yang F, et al. 2020a. Spatial and temporal change patterns of net primary productivity and its response to climate change in the Qinghai-Tibet Plateau of China from 2000 to 2015. Journal of Arid Land, 12(1): 1-17.

Hou K, Li X, Zhang J. 2015. GIS Analysis of Changes in Ecological Vulnerability Using a SPCA Model in the Loess Plateau of Northern Shaanxi, China. International Journal of Environmental Research and Public Health, 12(4): 4292-4305.

Li X, Song L, Xie Z, et al. 2021. Assessment of ecological vulnerability on Northern Sand Prevention Belt of China based on the ecological pressure–sensibility–resilience model. Sustainability, 13: 60-78.

Liquete C, Grazia Z, Delgado-Fernandez I, et al. 2013.Assessment of coastal protection as an ecosystem service in Europe. Ecological Indicators: Integrating, Monitoring, Assessment and Management, 30(20): 5-17.

Liu C, Golding D, Gong G. 2008. Farmers' coping response to the low flows in the lower Yellow River: A case study of temporal dimensions of vulnerability. Global Environmental Change, 18(4): 543-553.

Micheli F, Mumby P J, Brumbaugh D R, et al. 2014. High vulnerability of ecosystem function and services to diversity loss in Caribbean coral reefs. Biological Conservation, 171(1): 86-94.

Nadiri A A, Gharekhani M, Khatibi R, et al. 2017. Groundwater vulnerability indices conditioned by Supervised Intelligence Committee Machine (SICM). Science of The Total Environment, 574: 691-706.

Nguyen A K, Liou Y A, Li M H, et al. 2016. Zoning eco-environmental vulnerability for environmental management and protection. Ecological Indicators, 69: 100-117.

Polsky C, Neff R, Yarnal B. 2007. Building comparable global change vulnerability assessments: The vulnerability scoping diagram. Global Environmental Change, 17(3): 472-485.

Smit B, Pilifosova O. 2003. From adaptation to adaptive capacity and vulnerability reduction//Smith J B, Klein R J T, Huq S. Climate Change, Adaptive Capacity and Development. London: Imperial College Press: 9-28.

Stoklosa J, Huang Y H, Furlan E, et al. 2016. On quadratic logistic regression models when predictor variables are subject to measurement error. Computational Statistics & Data Analysis, 95: 109-121.

Sun L Y, Miao C L, Yang L. 2018. Ecological environmental early-warning model for strategic emerging industries in China based on logistic regression. Ecological Indicators, 84: 748-752.

Turner B, Kasperson R E, Matson P A, et al. 2003. A framework for vulnerability analysis in sustainability science, 100(14): 8074-8079.

Turner D P, Gower S T, Cohen W B, et al. 2002. Effects of spatial variability in light use efficiency on satellite-based NPP monitoring. Remote Sensing of Environment, 80(3): 397-405.

Wang D, Zheng J, Song X, et al. 2017. Assessing industrial ecosystem vulnerability in the coal mining area under economic fluctuations. Journal of Cleaner Production, 142: 4019-4031.

Wang X D, Zhong X H, Liu S Z, et al. 2008. Regional assessment of environmental vulnerability in the Tibetan Plateau: Development and application of a new method. Journal of Arid Environments, 72(10): 1929-1939.

Xia M, Jia K, Zhao W, et al. 2021. Spatio-temporal changes of ecological vulnerability across the Qinghai-Tibetan Plateau. Ecological Indicators, 123: 107-274.

Xue L, Wang J, Zhang L, et al. 2019. Spatiotemporal analysis of ecological vulnerability and management in the Tarim River Basin, China. Science of The Total Environment, 649: 876-888.

Yang F, Ma C, Fang H J. 2022. Simulation of critical transitions and vulnerability assessment of Tibetan Plateau key ecosystems. Journal of Mountain Science, 19(3): 673-688.

Zhang H, Xu E. 2017. An evaluation of the ecological and environmental security on China's terrestrial ecosystems. Scientific Reports, 7(1): 8-11.

Zhang X, Wang L, Fu X, et al. 2017. Ecological vulnerability assessment based on PSSR in Yellow River Delta. Journal of Cleaner Production, 167: 1106-1111.

大气

人类

植被　社会　土壤

经济

微生物

第二篇

生态脆弱区的资源
环境及生态系统功能时空格局

天体众系、错落有秩、自运互维、嵌套连环。地球万物、日月星地，相貌样态、天造地成。生灵万种、动植人社、互惠共生、兴衰共荣。

日转地动、星环月绕、时空演变，乃自然之节律。天象海况、水文气象、物候生态，其因时而变。江河湖海、丘岭壑原、林草漠田，其因域而异。

花开叶落、生育繁衍、捕食共生、生态万千，乃环境所惠、资源所给、生命之欲。动态演变、地域分异、静动格局，乃气候所束、地力所滋，生命之规。

生态系统的脆弱性、适应性及承载力取决于区域资源与环境组合及其状态变化，形成于生态系统过程运维中，表达为时间动态和空间变异，存其时空变化之规律，生物地理之格局。

本篇以中国自然地理区划为基础，论述六大生态脆弱区的基本环境特征，认知三大高原的古气候和植被演化、现代气候和资源环境变化，分析生态系统结构、生物多样性、生产力及其时空格局特征，解析资源环境承载力及其限制性因素、生态系统脆弱性及其变化趋势。

第6章

中国自然地理区划与生态脆弱区划分①

摘　要

基于对自然环境及地域分异规律的完善认识，自然地理区划充分考虑了我国当前的资源环境格局，是对所划分区域内的地貌、气候、水文、土壤、生物资源、人口及经济发展水平等的全面概括。自然地理区划为生态脆弱区的划分提供了重要的科学依据。参照中国自然地理区划方案以及生态脆弱区的定义，本章确定了我国六大生态脆弱区（青藏高原生态脆弱区、干旱半干旱生态脆弱区、农牧交错带生态脆弱区、林草交错带生态脆弱区、黄土高原生态脆弱区和西南岩溶石漠化生态脆弱区）的分布，从地形地貌、气候状况、水文条件、植被分布等方面对六大生态脆弱区的自然特征进行了介绍，对脆弱成因进行了总结。在综合考虑自然因素与人为因素的基础上，明确了不同生态脆弱区脆弱性的共性与特性。

6.1　中国自然地理区划方案

在郑度院士团队拟订的中国自然地理区域系统框架方案中，全国共划分出3个大区，11 个温度带，21 个干湿地区，49 个自然区（郑度，2015）。其中，东部季风区包括 9 个温度带，包括湿润、半湿润和半干旱地区，含 30 个自然区；西北干旱区包括中温带、暖温带 2 个温度带，包括半干旱和干旱地区，含 10 个自然区；青藏高寒区包括高原亚寒带、高原温带 2 个温度带，包括湿润、半湿润、半干旱和干旱地区，含 10 个自然区（图 6.1 和表 6.1）。

---

① 本章作者：赵东升，邓思琪，郑度；本章审稿人：李玉强、何念鹏。

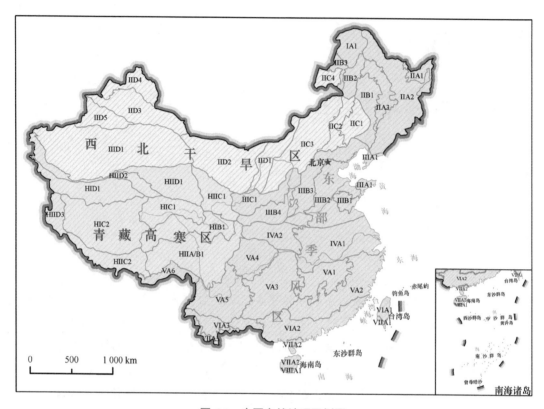

图 6.1　中国自然地理区划图

表 6.1　自然地理区划系统表

三大自然区	温度带	干湿地区	自然区
东部季风区	I 寒温带	A 湿润地区	I A1 大兴安岭北段山地落叶针叶林区
	II 中温带	A 湿润地区	II A1 三江平原湿地区 II A2 小兴安岭长白山地针叶林区 II A3 松辽平原东部山前台地针阔叶混交林区
		B 半湿润地区	II B1 松辽平原中部森林草原区 II B2 大兴安岭中段山地森林草原区 II B3 大兴安岭北段西侧丘陵森林草原区
	III 暖温带	A 湿润地区	IIIA1 辽东胶东低山丘陵落叶阔叶林、人工植被区
		B 半湿润地区	IIIB1 鲁中低山丘陵落叶阔叶林、人工植被区 IIIB2 华北平原人工植被区 IIIB3 华北山地落叶阔叶林区 IIIB4 汾渭盆地落叶阔叶林、人工植被区
		C 半干旱地区	IIIC1 黄土高原中北部草原区
	IV 北亚热带	A 湿润地区	IVA1 长江中下游平原与大别山地常绿落叶阔叶混交林、人工植被区 IVA2 秦巴山地常绿落叶阔叶混交林区

续表

三大自然区	温度带	干湿地区	自然区
东部季风区	V 中亚热带	A 湿润地区	V A1 江南丘陵常绿阔叶林、人工植被区 V A2 浙闽与南岭山地常绿阔叶林区 V A3 湘黔山地常绿阔叶林区 V A4 四川盆地常绿阔叶林、人工植被区 V A5 云南高原常绿阔叶林、松林区 V A6 东喜马拉雅南翼山地季风林、常绿阔叶林区
	VI 南亚热带	A 湿润地区	VIA1 台湾中北部山地平原常绿阔叶林、人工植被区 VIA2 闽粤桂低山平原常绿阔叶林、人工植被区 VIA3 滇中南山地丘陵常绿阔叶林、松林区
	VII 边缘热带	A 湿润地区	VIIA1 台湾南部山地平原季雨林、雨林区 VIIA2 琼雷山地丘陵半常绿季雨林区 VIIA3 西双版纳山地季雨林、雨林区
	VIII 中热带	A 湿润地区	VIIIA1 琼南低地与东沙中沙西沙诸岛季雨林区
	IX 赤道热带	A 湿润地区	IXA1 南沙群岛礁岛植被区
西北干旱区	II 中温带	C 半干旱地区	IIC1 西辽河平原草原区 IIC2 大兴安岭南段草原区 IIC3 内蒙古高原东部草原区 IIC4 呼伦贝尔平原草原区
		D 干旱地区	IID1 鄂尔多斯及内蒙古高原西部荒漠草原区 IID2 阿拉善与河西走廊荒漠区 IID3 准噶尔盆地荒漠区 IID4 阿尔泰山地草原、针叶林区 IID5 天山山地荒漠、草原、针叶林区
	III 暖温带	D 干旱地区	IIID1 塔里木盆地荒漠区
青藏高寒区	HI 高原亚寒带	B 半湿润地区	HIB1 果洛那曲高原山地高寒草甸区江河水源区
		C 半干旱地区	HIC1 青藏高原宽谷高寒草甸草原区 HIC2 羌塘高原湖盆高寒草原区
		D 干旱地区	HID1 昆仑高山高原高寒荒漠区
	HII 高原温带	A/B 湿润/半湿润地区	HIIA/B1 川西藏东高山深谷针叶林区
		C 半干旱地区	HIIC1 祁连青东高山盆地针叶林、草原区 HIIC2 藏南高山谷地灌丛草原区
		D 干旱地区	HIID1 柴达木盆地荒漠区 HIID2 昆仑山北翼山地荒漠区 HIID3 阿里山地荒漠区

6.2 中国六大生态脆弱区的划分

　　中国六大生态脆弱区的确立依托郑度院士团队的自然地理区划成果（图 6.2），并遵循沿用了自然地理区划中的相关指导思想、方法和原则。本节主要对六大生态脆弱区的分布位置、自然特征及其脆弱性成因进行介绍。

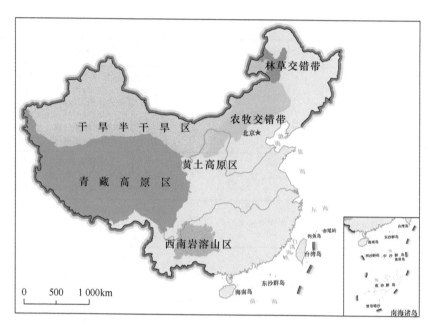

图6.2 中国六大生态脆弱区分布及其空间位置

6.2.1 干旱半干旱生态脆弱区

干旱半干旱生态脆弱区位于我国的西北方向（图6.3），包括温带干旱区下的ⅡD1鄂尔多斯及内蒙古高原西部荒漠草原区，ⅡD2阿拉善与河西走廊荒漠区，ⅡD3准噶尔盆地荒漠区，ⅡD4阿尔泰山地草原、针叶林区，ⅡD5天山山地荒漠、草原、针叶林区，以及暖温带干旱区下的ⅢD1塔里木盆地荒漠区共计6个自然区，整体上跨越了2个温度带和1个干湿地区。

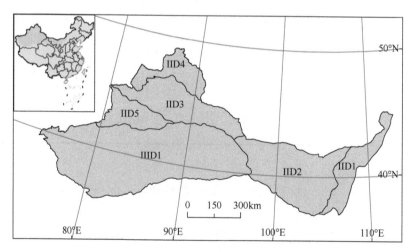

图6.3 干旱半干旱生态脆弱区

1. 自然地理特征

干旱半干旱生态脆弱区的自然地理特征将主要从其地貌特征、气候特征、水文特征以及植被类型 4 个方面进行介绍。

1) 地貌特征

该区东西跨越约 33 个经度，区内地势平坦，但山地海拔较高。地理位置和水分条件的差异导致从东到西、由南到北山地垂直景观发生明显变化（郑度，2015）。其中，阿尔泰山、准噶尔盆地、天山、阿拉善高原、河西走廊、贺兰山以及塔里木盆地等地貌特征具有区域代表性。

2) 气候特征

该区受周围地形地势的影响，西风气流带来的水汽大部分通过伊犁河谷、额尔齐斯河流域进入准噶尔流域，形成较多降水。能够达到阿拉善高原和河西走廊东部的水汽很少，这导致该区气候的东西差异明显。干旱是该区的主要气候特征，降水量多在 200mm 左右，变率大，山区降水丰富。同时，风力大，气温年较差和日较差大，日平均气温 ≥ 10℃ 期间的积温为 2100～4000℃，蒸发旺盛。

3) 水文特征

除了额尔齐斯河是该区唯一的国际河流，也是全国唯一流入北冰洋的河流外，其他河流都属于内陆河流域。这些河流发源于山区，流出山口后进入径流散失区，沿途蒸发渗入地下，或被引入农业灌区，水量逐渐变小；只有水量大的河流才能流向盆地平原低洼地带形成尾湖，水量小的河流最终在盆地中消失。河道携带的泥沙、有机质与盐分沉积在低洼地带或内陆湖泊，出山口后河水水质变差。该区的地表水与地下水之间存在着密切的转化关系，河西走廊地表水与地下水的转化关系尤为密切（丁宏伟等，2006）。

4) 植被类型

该区植被类型以荒漠为主，东西差异明显。土壤水分较多的地区还分布着非带状草甸或沼泽草甸。周边山地植被垂直地带性明显，从下而上依次为山地荒漠、山地草原、山林草原、高山灌丛、高寒草甸等植被类型（郑度，2015）。

2. 生态脆弱成因

该区环境干旱、生态系统脆弱，按土地面积计算，水资源远远低于全国平均水平。过度开垦放牧、毁草毁林、不合理利用水资源，破坏了脆弱的生态环境（郑度，2015）。大片土地沙化，环湖干涸地区成为重要的沙尘来源，大风使新的沙堆、沙丘不断出现。随着灌溉过度引水和人为乱砍滥伐，河岸林面积逐年减少。造成草地植被退化的主要原因是地下水位下降、过度放牧和过度开垦。与此同时，由于严重缺水，大量牧草和人工林死亡，但围垦和过度放牧造成的草原退化更为严重。该区耕地土壤盐分普遍较重，新开垦的土地必须采取洗盐措施，如果灌溉或排水不合理，容易产生次生盐渍化。此外，沙尘暴是该区的主要气候灾害之一。

6.2.2　青藏高原生态脆弱区

青藏高原生态脆弱区位于我国西南方向（图6.4），包括高原亚寒带半湿润地区下的ＨⅠB1 果洛那曲高原山地高寒草甸区江河水源区，高原亚寒带半干旱地区下的 ＨⅠC1 青藏高原宽谷高寒草甸草原区、ＨⅠC2 羌塘高原湖盆高寒草原区，高原亚寒带干旱地区下的ＨⅠD1 昆仑高山高原高寒荒漠区，以及高原温带自然区下的ＨⅡD1 柴达木盆地荒漠区，ＨⅡD2 昆仑山北翼山地荒漠区，ＨⅡD3 阿里山地荒漠区，ＨⅡA/B1 川西藏东高山深谷针叶林区，ＨⅡC1 祁连青东高山盆地针叶林、草原区，ＨⅡC2 藏南高山谷地灌丛草原区共计 10 个自然区，跨越了 2 个温度带，4 个干湿地区。

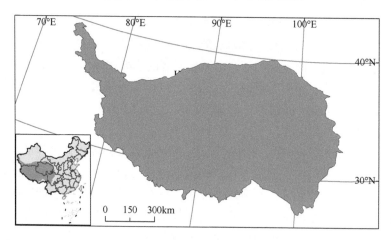

图 6.4　青藏高原生态脆弱区

1. 自然地理特征

青藏高原生态脆弱区可大致归为高原亚寒带自然区和高原温带自然区两类，由于这两个自然区的自然地理特征差别较大，因此将分别介绍其地貌特征、气候特征、冰川和冻土特征、水文特征及植被类型。

1）地貌特征

高原亚寒带自然区地势为西高东低，从东部海拔 3000m 左右的若尔盖高原向西，地势逐渐升高，经海拔 4000 多米的果洛与玉树，海拔 4500m 左右的玛多和那曲，海拔 4500m 以上的江河源地和羌塘高原，以及海拔 6000m 左右的昆仑山主脊，构成较为明显的梯级地势，形成了一个起伏相对较为和缓的丘状高原。

高原温带自然区地貌类型丰富，有高山、峡谷、山地、宽谷、湖盆、内陆盆地等多种地貌类型。其东南部为高山峡谷区，地形破碎、山势险峻，高山峡谷之间相对高差很大，常达 1500～2500m（郑度，2015）。

2）气候特征

由于高原腹地地势较高，高原亚寒带气候以寒冷为主要特征。春秋短暂，没有明显的夏季，年平均气温基本在0℃以下。日平均气温≥0℃的天数在若尔盖高原东部为170～

200 天，在其他地区为 140～160 天。气温的日较差范围为 15～19℃，甚至在 23℃ 以上。最冷月份平均气温为 -17～-10℃，由南向北逐渐降低，低温中心主要在高原中部。东部的红原、若尔盖、玛沁等地为高原多雨区，年均降水量约 700mm，年均相对湿度为 60%～70%。

高原温带自然区东部、东南、南部年平均气温为 4～9℃，最冷月平均气温为 -8～0℃，日平均气温 ≥0℃ 的天数为 220～300 天。西北部地区年平均气温为 0～6℃，持续 ≥0℃ 期间的活动积温一般为 1500～2100℃，作物生长受限。气温的年较差一般为 15～25℃，随湿度的降低有升高的趋势。夏季盛行偏南风，水汽充沛，年降水量一般在 500～1000mm（郑度，2015）。

3）冰川和冻土特征

冰川和冻土主要分布在高原亚寒带自然区中，其中现代冰川主要分布在昆仑山、念青唐古拉山、喀喇昆仑山、唐古拉山、羌塘高原、横断山及冈底斯山等各大山脉。该地区冰川主要有两种类型：亚大陆型冰川主要分布于高原东北部和南部，极大陆型冰川主要分布于高原西部。

高原亚寒带自然区是高原冻土最为集中的分布区域，高原隆升对青藏高原多年冻土形成、地域分异规律，以及历史演变亦有重要作用。高原的高海拔使其具备了形成和保存多年冻土的低温条件，与同纬度的中国东部地区相比，年均气温要低 18～24℃。晚更新世冰盛期时，青藏高原气温普遍更低，形成了现今存在的高原多年冻土的主体。但与中国东北及俄罗斯西伯利亚、北美高纬度多年冻土相比，其稳定性不高，对气候变化的响应较为敏感（郑度，2015）。

4）水文特征

高原亚寒带自然区降水丰沛，冰川广布，这使其成为亚洲主要河流的发源地，高原上的河流按其归宿分为外流和内流两大水系。外流水系包括长江、黄河、澜沧江、怒江等各大水系的发源地，是中国最重要的江河源区。内流水系的发育受湖盆地形的影响，大部分流域面积不大，通常在几十至几百平方千米，绝大部分属于季节性或间歇性河流。

高原温带自然区内水文特征差别明显。HⅡA/B1 川西藏东高山深谷针叶林区主要河流的水量均较大，横断山区三江一带年平均径流深度与径流模数由西向东逐渐减小，与年降水量的规律基本一致。HⅡC1 祁连青东高山盆地针叶林、草原区内流水系和外流水系并存，河流流量年际变化较小，但季节变化和日变化较大。HⅡC2 藏南高山谷地灌丛草原区河流主要有一江三河，区域水资源相对丰富，水资源总量为 161.0 亿 m³。HⅡD1 柴达木盆地荒漠区水资源基本来自盆地周围的高山冰雪融水。HⅡD3 阿里山地荒漠区内河流的径流补给以地下水补给为主（郑度，2015）。

5）植被类型

高原亚寒带自然区环境以高寒为特点，降水从东向西逐渐减少，湿润程度随之逐渐降低，相应植被类型变化为高寒灌丛草甸—高寒草甸草原—高寒草原—高寒荒漠草原—高寒荒漠。

高原温带自然区由东南向西北随着地势逐渐升高，地貌类型显著不同，气候也有着由湿到干的巨大变化,相应地发育着不同的植被类型,依次分布着山地森林灌丛草原—山地荒漠,植被组成的区系成分也有明显的地区差异(郑度,2015)。

2. 生态脆弱成因

HⅠB1 果洛那曲高原山地高寒草甸区江河水源区内,高寒草甸广布,初级生产力水平很低,过高的载畜量往往是草地退化的基本原因。HⅠC1 青藏高原宽谷高寒草甸草原区内,高寒草甸草原区生态、环境脆弱,其生态稳定性差、抗干扰能力低,是生态极脆弱区域。HⅠC2 羌塘高原湖盆高寒草原区内,天然草地面积大,由气候高寒干旱造成的生态系统脆弱性问题突出,草地生长量和载畜量均很低。盐湖众多,部分盐湖的不当开发带来了环境污染。HⅠD1 昆仑高山高原高寒荒漠区受放牧活动和全球气候变暖的影响,出现的生态退化问题也日趋凸显。HⅡA/B1 川西藏东高山深谷针叶林区内,川西藏东是青藏高原自然环境最复杂、生态与环境最脆弱、自然灾害最频繁的区域,也是高原自然保护区十分密集的区域。该区内森林采伐导致采伐迹地地表环境严重退化。HⅡC1祁连青东高山盆地针叶林、草原区内高海拔高原与高山遍布,气温低、降水少、干旱、风大,因而生境条件较差,生产潜力较低。主要环境问题有水土流失严重、草场持续退化、森林涵养水源功能减退等。HⅡC2 藏南高山谷地灌丛草原区由于长期过度开发,植被覆盖锐减,生态、环境质量随之变差,动植物物种多样性遭到严重破坏。HⅡD1 柴达木盆地荒漠区内存在降水稀少、蒸发强烈、盐分富集、干旱多风等不利于植物生长的生境条件。因而生物种群少,生物覆盖度低,自然生产力低下,是一个极端脆弱的生态区。HⅡD2 昆仑山北翼山地荒漠区内,西昆仑山林区由于经营管理不善,部分有运输条件的地区濒临毁灭的边缘。HⅡD3 阿里山地荒漠区内,气候干旱,生态脆弱,生态破坏难以恢复。干旱、多大风的自然条件,加之过牧,为土壤石砾化、植被荒漠化创造了条件(郑度,2015)。

6.2.3 农牧交错带生态脆弱区

农牧交错带生态脆弱区主要包括ⅡC1 西辽河平原草原区、ⅡC2 大兴安岭南段草原区、ⅡC3 内蒙古高原东部草原区和ⅡC4 呼伦贝尔平原草原区,整体上跨越 1 个温度带,1 个干湿地区(图 6.5),属于中温带半干旱地区。

1. 自然地理特征

农牧交错带生态脆弱区的自然地理特征将主要从地貌特征、气候特征、水文特征以及植被特征方面进行介绍。

1)地貌特征

内蒙古高原和鄂尔多斯高原占据该区的绝大部分,地表切割轻微,起伏和缓,间或有剥蚀残丘和岗阜,相对高度一般不超过 100m,且顶部浑圆,其间分布有宽浅的盆地,当地称为"塔拉"。内蒙古高原本身地貌特征也表现出区域差别,大青山以北的高原实

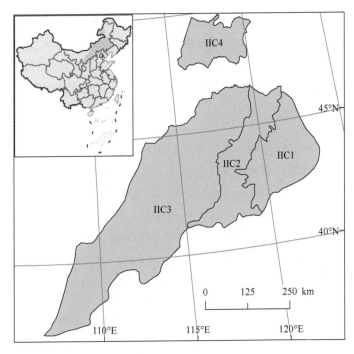

图 6.5 农牧交错带生态脆弱区

际上是大青山地北麓倾斜平原，海拔 1000～1400m，地势自南向北倾斜，由南向北出现海拔 1100～1500m、1050～1100m、1040～1050m、980～1020m 和 950～980m 五级台地。而 113°E 以东则为波状高原，地势自东南倾向西北，地貌类型较多，除波状高原外，还有熔岩台地、沙地和剥蚀残丘等。风成地貌发育普遍也是中国温带半干旱区的地貌特征。该区西部风蚀作用强烈，而东部和南部风蚀与风积并重，以至形成了科尔沁沙地、呼伦贝尔沙地、浑善达克沙地和毛乌素沙地等。与真正意义上干旱区的沙漠相比，该区的沙地降水量相对较多，植物生长良好；除草本植物及灌木外，部分微生境中还生长有乔木，因而大部分沙丘为固定、半固定沙丘，流动沙丘只是小面积斑点状分布（朱震达，1994）。

2）气候特征

我国温带半干旱地区的气候特点是日照充足，冬季漫长而寒冷，夏季温暖而短暂，降水少，风沙活动多。该地区横跨 13 个纬度（37°N～50°N），纬度较高。冬半年几乎完全受极地大陆气团控制，北部地形开阔，是寒潮南下的要冲。因此，其气温较低，年平均气温在-2～8℃，1 月平均气温为-24～-8℃，7 月平均气温 20～24℃。全年降水集中在夏季，通常 6～8 月降水量占全年的 2/3 甚至 70%，夏季暴雨强度较大。降水量的年际变化也很大，最大年降水量可达最小年降水量的 3 倍或更多（郑度，2015）。

3）水文特征

该区河流分属于外流与内流两大水系，其中大兴安岭和大青山是内外流域的分水岭。内流河流程短，径流量小，河网稀疏，主要靠上游降水补给。外流河通常源远流长，水量也较丰富。作为过境河的黄河流经该区西南部，流程约 310km，其间仅北岸有支流大黑河注入，河谷宽浅易淤积，河流弯曲，春初的凌汛常造成灾害，年径流量约 250 亿 m³。呼伦贝尔河年径流量可达 45 亿 m³。内流河中，年径流量以拉盖尔河最大，干流发源于大兴安岭宝格达山的巴润青格勒台（海拔 1461m），自东北流向西南，年径流量约 1.2 亿 m³（郑度，2015）。

4）植被特征

温带半干旱区的地带性植被为典型草原，区系成分以亚洲中部成分和蒙古草原成分为主。作为该区特色的蒙古草原成分，除针茅（*Stipa capillata*）等旱生禾草外，还包括该区特有的小叶锦鸡儿（*Caragana microphylla*）、矮锦鸡儿（*C. pygmaea*）、沙地锦鸡儿（*C. davazamcii*）、蒙古莸（*Caryopteris mongholica*）等中生类型的旱化类型。东南部常有华北成分的油松（*Pinus tabuliformis*）、荆条（*Vitex negundo* var. *heterophylla*）和文冠果（*Xanthoceras sorbifolium*）等。大针茅（*Stipa grandis*）草原是地带性植被的代表群系，分布面积很广，并分化为大针茅（*Stipa grandis*）+羊草（*Leymus chinensis*）+杂类草原、大针茅（*Stipa grandis*）+糙隐子草（*Cleistogenes squarrosa*）草原和小叶锦鸡儿（*Caragana microphylla*）、灌丛化的大针茅（*Stipa grandis*）草原等群落类型，而后者乃是该区特有的（郑度，2015）。

2. 生态脆弱成因

中国温带半干旱地区的生态既敏感又脆弱。其敏感性易受自然和人为因素的影响，而脆弱性则主要是由典型草原自然景观结构简单，生物多样性缺乏导致的。受自然和人为因素影响，该区容易发生植被覆盖度降低、植被类型减少、物种进一步减少、土地沙化、盐渍化等现象。年降水量少而变化大、春旱大风等气候条件，地貌起伏小、地面平坦等地貌条件，沙质地表成分多、典型草原覆盖率低、种属不丰富、鼠害多等，是导致该区生态敏感性和生态脆弱性的主要自然因素。人为因素也在很大程度上造成了温带半干旱草原的生态敏感性和生态脆弱性，其中过度开垦、过度砍伐和过度放牧是最重要的三个方面（郑度，2015）。

6.2.4　林草交错带生态脆弱区

林草交错带生态脆弱区主要包括ⅡB2 大兴安岭中段山地森林草原区、ⅡB3 大兴安岭北段西侧丘陵森林草原区，位于中温带半湿润地区（图 6.6）。

1. 自然地理特征

由于该生态脆弱区内的两个自然区的自然地理特征各不相同，因此将分别进行介绍。

1）地貌特征

ⅡB2 大兴安岭中段山地森林草原区的主要地貌特征之一是两翼不对称。大兴安岭

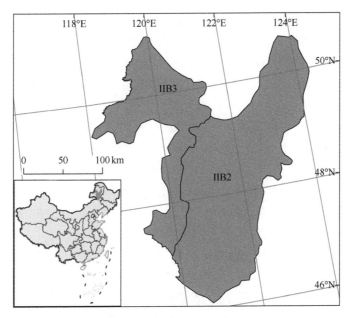

图 6.6 林草交错带生态脆弱区

东坡陡峻，阶梯地形明显，以山前台地、丘陵、低山到大兴安岭轴部为中山。由于东斜面坡度较大，河流多切成较深的峡谷。地貌类型主要有侵蚀、剥蚀丘陵，山间冲积、洪积平原，以及河谷冲积平原。西坡由海拔 700m 的内蒙古高原面与山体相接，起伏比较平缓，分水岭与最近谷底的高差一般为 200～300m，为丘陵低山景象。

ⅡB3 大兴安岭北段西侧丘陵森林草原区由低山丘陵和宽广的丘间谷地及沙地构成。其地势东高西低，南高北低；北部海拔 700～950m，南部海拔 900～1200m（郑度，2015）。

2）气候特征

ⅡB2 大兴安岭中段山地森林草原区的气候由寒温带逐渐向温带过渡，属于温带半湿润气候区。该区年平均气温−2～4℃，日平均气温≥10℃期间的积温为 1600～2400℃，年降水量为 400～500m，由北向南热量逐渐升高，年蒸发量为 1000～1500mm，湿润度为 0.6～0.8（崔玲和张奎壁，2003）。

ⅡB3 大兴安岭北段西侧丘陵森林草原区年平均气温为−3.1～−1.5℃，大部分地区年平均气温在 0℃以下。最冷月（1 月）平均气温在−30～−18℃，最热月（7 月）平均气温在 16～21℃。冬季寒冷漫长，夏季温凉短促，春季干燥风大，秋季气温骤降霜冻早。日平均气温≥10℃期间的积温为 1700～1950℃，无霜期短，日照丰富。降水量变率大，分布不均匀，年际变化也大。冬春两季各地降水量一般为 40～80mm，占年降水量的 15% 左右。夏季降水量大而集中，大部分地区降水量为 200～300mm，占年降水量的 65%～70%（郑度，2015）。

3）水文特征

ⅡB2 大兴安岭中段山地森林草原区南部为洮儿河、绰尔河两大河流。洮儿河以北大兴安岭北部山地东侧是古生代、中生代形成的基岩，历经数次构造运动，裂隙丰富，岩石裂隙水及裂隙潜水丰富。科尔沁右翼前旗还有第四纪更新世冰川水、沉积沙砾石孔隙潜水，总体上水资源较丰富（崔玲和张奎璧，2003）。

ⅡB3 大兴安岭北段西侧丘陵森林草原区水资源条件优越，较多的降水和较低的蒸发以及植被茂密的山岭，保证了该区丰富的地表水资源（郑度，2015）。

4）植被特征

ⅡB2 大兴安岭中段山地森林草原区海拔 500m 左右风山岭地区有偃松–落叶松林，海拔 500～1000m 有蒙古栎（*Quercus mongolica*）、黑桦（*Betula dahurica*）、白桦（*Betula platyphylla*）等阔叶混交林，海拔 1200～1450m 的阴坡低洼地、沟壑地区有杜香（*Rhododendron tomentosum*）–落叶松林。东部山麓丘陵区位于大兴安岭北段山地东南麓，属于温性夏绿阔叶林地带。因气候变暖，土壤、植被都与西部、北部山地有明显不同（郑度，2015）。

ⅡB3 大兴安岭北段西侧丘陵森林草原区大部分区域为草甸草原植被，山地森林植被只呈岛状分布在海拔较高的阴坡，林地外围有绣线菊（*Spiraea salicifolia*）灌丛。沟谷、河滩地上发育有草甸、沼泽及河岸灌丛等植被，南部红花尔基林区分布有较集中的天然樟子松林、白桦林、山杨林、兴安落叶松林（崔玲和张奎璧，2003）。

2. 生态脆弱成因

森林资源丰富是该区得天独厚的优势。但相当长一段时间以来，大量采伐森林使大兴安岭采育严重失调，森林面积日减，森林质量渐趋恶化。这导致了许多珍稀动植物濒临灭绝，物种减少。生态平衡失调，气候变坏，水土流失加剧，旱涝灾害频繁发生。水土流失加剧，土壤肥力普遍下降，有机质明显减少。黑土受侵蚀较重，土壤有机质含量逐渐降低，黑土层越来越薄。相对而言，该区畜牧业发展缓慢，与饲料资源丰富这一优势很不相称。但是，经过长期的开发利用，在草原畜牧业和草原建设方面投资很少，开垦草原或以农挤牧的现象严重，加之草原普遍超载过牧，导致土地沙化、碱化，草原退化日益加剧（郑度，2015）。

6.2.5 黄土高原生态脆弱区

黄土高原生态脆弱区主要分布在ⅢC1 黄土高原中北部草原区内（图 6.7），属于暖温带半干旱地区。

1. 自然地理特征

该区是传统的黄土高原主体部分，黄土在该区内大面积连续分布，植被稀疏，因此不对其植被特征做介绍。

1）地貌特征

该区以黄土地貌为主要特征。陕北高原及陇东南的黄土分布最为集中，黄土特性最明显，黄土地貌形态最完备，黄土覆盖的厚度巨大。黄土覆盖的厚度平均为 30～60m，

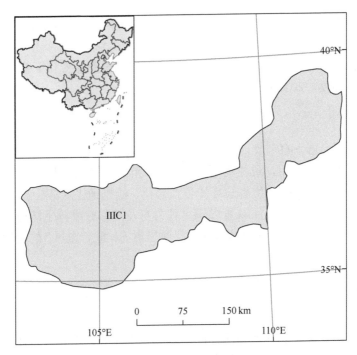

图 6.7　黄土高原生态脆弱区

最厚处可达 200m，是世界上覆盖最厚的黄土地区。黄土堆积的厚度在地域上有明显的变化，其整体变化趋势是，从西北至东南，先由薄变厚，再从厚变薄，呈条带状分布。黄土分布的高度，即所谓的黄土线，在黄土高原东部约海拔 1000m 以上（如吕梁山）；向西到达六盘山，其东坡约为 1800m，西坡为 2400m；在陇西盆地，黄土线海拔在 2000m以上。这些呈岛状的石质山地，其上常生长一些次生林，植被比较茂密，水土流失较轻微，是穿过黄土高原的唯一巨大河流黄河许多支流的发源地，是一种独特的地貌形态（郑度，2015）。

　　2）气候特征

　　该区日平均气温≥10℃期间的积温在 3200～3600℃，全年平均降水量在 350～600mm，约有 90%的降水集中于日平均气温≥10℃期间，水热同季对农业生产有利。但夏季多暴雨，且强度很大，因而容易引起土壤侵蚀。该区海拔高，夏季温度低，冬季处于反气旋南部，与华北平原同纬度相比，温度并不太低。另外，该区云量少，晴天多，日光充足，这均是气候上的有利条件。但由于雨量稀少、蒸发旺盛，从晋陕交界处向西越过六盘山到达陇西盆地，干燥度从 1.5 增加到 4.0。全年水分供应不足，越向西亏缺程度越大（郑度，2015）。

　　3）水文特征

　　该区土壤侵蚀极为严重，除部分土石山区外，其他均属于强烈水土流失区。黄土土质疏松，人为破坏后常出现植被稀少、水土流失极为严重的情况，河流泥沙含量极多。以黄河为例，其年平均含沙量为 37kg/m³，暴雨季节出现 1000kg/m³ 以上的高浓度输沙现象，成为世界上携带泥沙最多的河流。全区总计年输沙量达 14.7 亿 t，占三门峡年输沙总量 16.2 亿 t 的 90.7%。严重的水土流失不仅对该区危害甚大，还一直影响黄河下游（如下游河道的淤积、泛滥、改道等）、黄河河口（河口三角洲的变化无常以及向海延伸），直至中国近海（郑度，2015）。

2. 生态脆弱成因

黄土土质疏松，富垂直节理，加上雨量集中，多暴雨，植被稀少，新构造运动活跃，以及人类不合理的土地利用，致使黄土高原沟谷发育，水土流失极为严重。土壤因此遭受严重破坏，土壤日益贫瘠，生态与环境日益恶化，给当地工农业生产带来了巨大的影响。该区劳动生产率低，农民所获难以满足其自身及其家庭成员生活最低限度的需要，迫使其不断去扩大耕地面积，其结果是陷入"愈垦愈穷，愈穷愈垦"的恶性循环之中（郑度，2015）。

6.2.6 西南岩溶石漠化生态脆弱区

西南岩溶石漠化生态脆弱区（简称西南岩溶石漠化区）主要分布在 VA3 湘黔山地常绿阔叶林区以及 VA5 云南高原常绿阔叶林、松林区 2 个自然区内，属于中亚热带湿润地区。由于西南岩溶石漠化生态脆弱区的生态脆弱性以石漠化最为突出，因此在参考郑度院士团队等的自然地理区划方案之外，还根据欧阳志云（2008）的中国石漠化敏感性研究成果，确定了石漠化中度、重度、极敏感的范围，最后综合考虑划定了西南岩溶石漠化生态脆弱区的界线（图 6.8）。

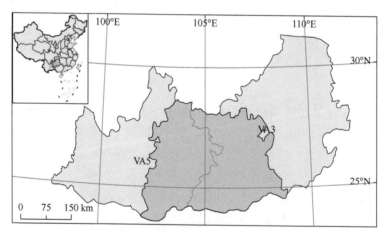

图 6.8　西南岩溶石漠化生态脆弱区

1. 自然地理特征

西南岩溶石漠化生态脆弱区的自然地理特征将主要从地貌特征、气候特征、水文特征以及植被和土壤类型特征等方面进行介绍。

1）地貌特征

该区岩溶地貌发育，峰林、洞穴奇特。贵州以及云南东部碳酸盐岩广布，一般占地表面积的 50%以上，总厚度可达数千米，是中国岩溶地貌最为发育的地区。该区内峡谷幽深，地面崎岖，石峰、石林、溶洞、伏流广布。从云贵高原边缘向广西盆地内部过渡，可依次见到峰丛、峰林、孤峰、残丘等地貌形态。地势西高东低，除东部河谷海拔低于1000m 外，大部分地面海拔 1500～2400m，是贵州高原地势最高的地区。该区内除河流上源分水岭一带保存有小块较完整的高原面（当地称梁子）外，其余切割深度一般达400～600m，最深可达 1000m。山地海拔常达 2000m，谷地海拔 900～1700m。地貌呈现山高、谷深、坡陡的特点（郑度，2015）。

2）气候特征

该区气候温暖，热量丰富，年平均气温多在 15～20℃，日平均气温≥10℃期间的积温，东部在 5300～7000℃，西部在 5100～6500℃。全年无霜期为 260～340 天，适合多种作物生长。贵州高原气温为 4～6℃。全区冰雪很少，冬季不算太冷。春秋两季气温比较适中，4 月和 10 月的平均气温为 16～21℃（郑度，2015）。

3）水文特征

该区河流的主要特点是水量丰富，汛期较长。这里位于水区范围，地表径流丰富。径流深一般在 500～1200mm，其分布趋势与降水量大体一致，从东南向西北递减。该区河流主要以雨水为补给来源，其径流量受季风进退造成的雨带移动影响明显，雨带自南向北推移，河流亦自南而北先后进入汛期。中亚热带河流汛期由 4 月持续到 9 月，为期达半年之久。与北方河流相比，该区河流径流的年内分配比较平衡，洪枯水位相差较小（郑度，2015）。

4）植被和土壤类型特征

该区植被类型与土壤类型复杂多样，其中常绿阔叶林和红壤（黏化湿润富铁）、黄壤（铝质常湿淋溶土）是这里的代表性植被和土壤，分布极为广泛。中亚热带常绿阔叶林是中国亚热带的典型地带性植被。高山栲和元江栲是云南高原常绿阔叶林的优势种或建群种，滇青冈是西部常绿阔叶林的建群种。

该区土壤复杂多样，黄壤、山地黄棕壤、山地棕壤、黄色石灰土、棕色石灰土、黑色石灰土、紫色土皆有分布，地带性土壤是红壤（黏化湿润富铁土）和山地黄棕壤（铁质湿润淋溶土）。耕作土以旱作为主，水稻土较少，仅分布于海拔 1900m 以下的河谷、山间盆地和喀斯特洼地中（郑度，2015）。

2. 生态脆弱成因

该区地表主要分布碳酸盐类岩层，在云南境内分布的面积占云南总土地面积的50%，在贵州境内更是占 80%左右。喀斯特地貌分布十分普遍，类型多样。地表水渗漏作用强烈，地表河流很少，出没无常。由于喀斯特地貌发育，地表渗漏严重，土壤干旱，森林过度采伐，生态平衡遭到破坏。该区内旱地多、水田少，土层薄、肥力低，水土流失严重。

　　贵州高原边缘多为高山峡谷，地形崎岖，山高坡陡，加之地处亚热带季风气候区，降水丰沛，多暴雨，水土流失十分严重。贵州高原碳酸盐岩广布，是中国生态环境最为脆弱、水土流失和石漠化最为严重的地区之一。在喀斯特地区，土壤侵蚀现象随着坡度的增加而变得严重。喀斯特基质成土过程十分缓慢，当土壤被雨水侵蚀后，下伏基岩直接暴露地表，形成典型的石质荒漠化景观。由于人口增长、政策变动、经济发展、市场需求、消费观念变化，以及农村能源需求等方面的影响，森林被大量砍伐，很多不适宜耕作的土地被开垦，导致土地覆盖发生显著变化，植被覆盖度急剧下降，成为水土流失的主要动因（郑度，2015）。

参 考 文 献

崔玲, 张奎璧. 2003. 中国北方地区生态建设与保护. 北京: 金盾出版社.

丁宏伟, 张举, 吕智, 等. 2006. 河西走廊水资源特征及其循环转化规律. 干旱区研究, (2): 241-248.

欧阳志云. 2008. 全国生态功能区划. 中国科技教育, (5): 21-22.

郑度. 2015. 中国自然地理总论. 北京: 科学出版社.

朱震达. 1994. 中国土地沙质荒漠化. 北京: 科学出版社.

第7章

生态脆弱区的古气候及古植被演化[①]

摘 要

　　C3、C4 植物是全球陆地生态系统的关键组成部分，对于全球气候环境变化响应极为敏感，且 C4 光合作用途径的植物在全球粮食生产中具有重要地位。IPCC 第六次评估报告显示，即使在严格控制 CO_2 等温室气体减排的措施下，到 21 世纪末全球平均温度仍会升高 1～2℃。然而，温度升高背景下生态系统格局的演变方向和变化程度仍存在不确定性。地质时期的气候–植被演化特征可以对预测未来气候–植被变化趋势提供可靠的依据。同时，重建 C3、C4 植物生物量演化历史对认识区域陆地生态系统转变、全球植被演化、地球气候变化和未来增温趋势下粮食安全等问题有重要意义：一方面可以增加对现代植被演替过程和驱动机制的认识；另一方面能为未来气候背景下植被演化趋势提供重要参照，进一步可为政府相关决策机构提供科学依据。

　　本次基于青藏高原、内蒙古高原和黄土高原地区古气候–古植被的调查研究，对三大高原地区全新世以来古气候演化历史和 C3、C4 植物分布及演化特征进行了总结。研究结果显示，青藏高原东部地区现代 C4 植物具有自西北向东南方向增加的趋势，可能主要受控于季风强度变化带来的降水和温度组合差异；而西部地区 C4 植物的分布可能主要受控于西风带来的水汽影响。对黄土高原和内蒙古高原 C4 植物的调查研究结果显示，二者现代 C4 植物相对丰度均呈现由西北向东南方向增大的趋势。现代气象因子与 C4 植物相对丰度相关性研究结果显示，降水是影响黄土高原 C4 植物生长的主要因素，温度是影响内蒙古地区 C4 植物生长的主要因素，且无论是黄土高原还是内蒙古高原，研究结果均显示存在控制 C4 植物生长的温度阈值，低于这个温度不利于 C4 植物生长。

　　青藏高原东北部降水量在全新世早期开始增加，在全新世中期达到最大值，在

---

① 本章作者：王永莉，魏志福，马雪云，汪亘，张婷，何薇，马贺，张鹏远，魏静宜，玉晓丽，李尚昆，李伦；本章审稿人：赵东升，李玉强。

全新世晚期减少，这与中国北部东亚夏季风的模式相似。在部分地区，晚全新世表现为冷湿的气候特征，这可能受西风的影响，但青藏高原南部地区几乎没有受到典型干冷气候事件的影响。青藏高原东北部地区 C4 植物演化历史记录显示，全新世早期，尽管温度较低，但夏季日照辐射强，CO_2 浓度约为 250 ppmv，夏季降水充足，C4 植物相对丰度较高；之后逐渐减少，在全新世中期再次升高，在晚全新世整体较低。

内蒙古地区处于西风与东亚季风交汇区域，但全新世以来内蒙古地区气候主要受东亚季风、日照辐射和北半球冰盖的影响。沿着东亚夏季风边缘，全新世东亚季风降水量最大时期，从东北至西南最早开始于 11.0 ka BP，最晚结束于 2.0 ka BP，集中在 9.0～3.0 ka BP。整体而言，目前研究对全新世降水量最大时期存在不同观点，尚未取得一致认识。内蒙古地区 C4 植物研究结果显示，毛乌素沙地和科尔沁沙地在早全新世较高的太阳辐射下温度升高，C4 植物明显扩张，之后逐渐降低。

黄土高原气候记录结果显示，无论是末次冰盛期还是全新世，黄土高原都存在一定的气候梯度，即越往西北气候越为干冷，和现代气候格局类似。总体而言，11.0 ka BP 左右季风降水量开始增加，全新世早期气候总体湿润，约 6.0 ka BP 以后逐渐变干。这一结果与南方石笋记录的季风变化趋势较为一致，均支持季风环流对低纬日照量变化表现出快速响应过程。但也有一些记录显示，黄土高原北部一些湖泊的湖面升高发生在 9.0～8.0 ka BP 以后，这可能指示夏季风对低纬度日照辐射量存在滞后响应。黄土高原 C4 植物从末次冰盛期到全新世大暖期增加约 10%～40%，在晚全新世减少，且不论是末次冰盛期还是全新世，C4 植物都具有从东南向西北减少的变化趋势。对于 C4 植物相对丰度从末次冰盛期到全新世大暖期增大的机制，目前主要观点认为是东亚夏季风增强导致的。

7.1　引　　言

21 世纪以来，全球气候环境问题发生频率和强度日益加剧，尤其是"全球气候变暖"导致的海平面上升、极端气候事件频发、生态环境破坏等一系列环境灾害问题已成为人类和社会发展面临的巨大威胁与挑战。严峻的气候-环境形势引起了国内外学术界的广泛关注，如 IGBP、全球环境变化的人文因素计划和世界气候研究计划等的实施，进一步加大了对全球气候变化的科学预测。据 IPCC（2022）估计，即使在严格控制 CO_2 等温室气体减排的措施下，21 世纪末全球平均温度仍将升高 1～2℃，而温度的变化将会导致季风环流及气候发生变化，这可能对我国生态环境、农业生产格局、经济发展以及全球碳循环产生重要影响。

2013 年 9 月 7 日上午，国家主席习近平在哈萨克斯坦纳扎尔巴耶夫大学作演讲时提出共同建设"丝绸之路经济带"倡议，得到了国际社会各界的高度重视。在全球气候变暖背景下，"丝绸之路经济带"的推进离不开对全球气候变化的考虑，在《推动共建丝绸之路经济带和 21 世纪海上丝绸之路的愿景与行动》中所阐述的"合作重点"就有两处提及"气候"，分别是"在投资贸易中突出生态文明理念，加强生态环境、生物多样性和应对气候变化合作，共建绿色丝绸之路"以及"强化基础设施绿色低碳化建设和运营管理，在建设中充分考虑气候变化影响"（张蕾，2016）。在全球气候变暖的背景下，我国大部分地区出现冰川退缩、荒漠化以及水资源短缺等问题，这严重限制了区域社会经济的发展。人类大规模活动使得人地关系更加紧张，"可持续发展"应运而生。因此，正确认识"丝绸之路经济带"沿线地区的气候变化特征是合作的必要前提（张蕾，2016；徐新良等，2016）。

应对全球气候变暖的关键是对未来气候变化进行科学预测，但现代器测气象数据记录尺度较短，在利用模型对未来气候变化规律进行模拟评估时可信度不够高。地质时期的气候变化是一面镜子，能为预测未来气候变化趋势提供可靠的参照，详尽的古气候研究对于预测和应对未来气候变化提供了翔实的科学数据。因此，掌握地质时期气候变化规律及驱动机制，能够为预测未来气候变化提供更为可靠的依据（毛沛妮，2018；刘俊余，2019）。

第四纪是地球历史中与人类活动、现代生物活动和植被生长密切联系的一个地质时期，对于揭示古气候规律具有重要借鉴意义。全新世大暖期是距离现在最近的一次显著增温期，可视为未来气候变化的"气候相似型"（Yang et al.，2015；杨石岭等，2019）。在全新世大暖期气候逐渐变暖的过程中，诸多气候影响因子，如太阳辐射强度、季风强度、温度、降水、大气 CO_2 浓度等都发生了明显变化，并且这些变化可以通过地球科学研究方法被检测和观察到（Quade and Broecker，2009）。因此，认识全新世的气候变化对于探究气候变化规律和预测未来气候变化具有非常重要的意义。

全新世期间，多次的升温–降温过程导致大气环流发生了显著变化，并通过海洋–大气循环影响全球水热分布，大幅度水热变化对全球气候和陆地生态系统格局产生了重要而深远的影响（Clark et al.，2004；Marcott et al.，2013）。C3、C4 植物是陆地生态系统的重要组成部分，对全球气候环境变化响应敏感。此外，C4 光合作用途径的植物是全球粮食生产的重要来源，且陆生植物中 C4 植物的初级生产力占约 25%（Thomas et al.，2014）。因此，重建 C3、C4 植物生物量的演化历史对认识地球气候变化、全球植被演化、区域陆地生态系统转变及未来气候变化条件下粮食安全等具有重要意义，一方面可以增加对现代植被演替过程和驱动机制的认识，另一方面可为未来植被演化趋势提供重要参照，还可为政府相关决策机构提供科学的参考依据（赵得爱等，2013）。

7.2　C3、C4 植物特征

7.2.1　C3、C4 植物的定义

陆生高等植物根据其光合碳同化作用路径可分为 C3 型植物（Calvin）、C4 型植物

（Kranz 型）和景天酸代谢型植物（crassulacean acid metabolism，CAM）三大类。C3 植物喜冷湿，多生长在纬度较高、冬季降水集中的地区，如乔木、灌木和部分草本植物（Edwards et al.，2010；Strömberg，2011），其在光合作用过程中使用 RuBisco 酶，初级产物为三个碳原子的酸。而 C4 植物在光合作用过程中利用磷酸烯醇式丙酮酸羧化酶（PEPCase），初级产物为四个碳原子的酸，叶片具有花环结构（Dengler and Nelson，1999），主要由喜暖干的草原植被组成，如藜科、禾本科和莎草科等。C4 植物多分布在气温高、水分条件差的环境中，区域降水一般集中在温暖的夏季；相对于 C3 植物，C4 植物更偏向于生长在日照充足的地区（Edwards et al.，2010；Strömberg，2011）（图 7.1）。

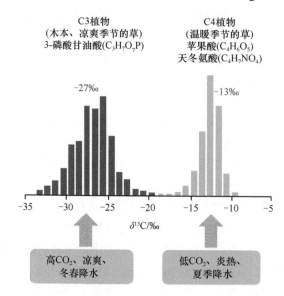

图 7.1　C3、C4 植物光合作用初级产物、$\delta^{13}C$ 特征及生活习性

7.2.2　C3、C4 植物有机碳同位素特征

植物生长通过吸收大气中的 CO_2 进行光合作用来合成自身的组成物质。大气中的 CO_2 主要有 $^{12}CO_2$ 和 $^{13}CO_2$ 两种形式。相关研究表明在同等环境条件下，C4 光合作用途径比 C3 途径能更高效地利用 CO_2（Hatch，1999；Kanai and Edward，1999）。由于轻重同位素在热运动或者生化反应中的活性不同，植物在蒸腾作用和生物合成过程中都会发生碳同位素的分馏。因此，C3、C4 植物的碳同位素具有明显的差别，两者的有机碳同位素在一定的区间内变化（图 7.1），并且 $\delta^{13}C$ 值的区间互不重叠，据此可区分这两类植物。不同学者对 C3 植物的 $\delta^{13}C$ 研究结果略有差别，但其总体变化范围为–34‰～–22‰，均值约为–27‰；C4 植物的变化范围为–19‰～–9‰，均值约为–13‰（Deines，1980；Ehleringer，1978；Ehleringer et al.，1997；Ehleringer and Pearey，1983）。

C3、C4 植物的碳同位素组成影响因素除遗传方面的因素外，还受到环境条件的限制，如大气 CO_2 浓度及其碳同位素组成、降水、温度、光照等因素。大气 CO_2 浓度对植物碳同位素组成影响的研究表明，随着大气 CO_2 浓度上升，植物的碳同位素值变轻，两者之间具有明显的负相关性（O'Leary，1981；Krishnamurthy and Epstein，1990；Feng and Epstein，1995）。Rao 等（2017）对来自全球超过 10000 个现代植物和表层土壤样品的 $\delta^{13}C$ 值进行了调查研究，结合在中国内陆的 107 个表土样品，对 C3、C4 植物与年均温度和年均降水量之间的关系进行了深入研究。结果显示，现代植物平均 $\delta^{13}C$ 值为−26.8‰（n=4908），表层土壤 $\delta^{13}C$ 为−23.1‰（n=5655），并提出以表层土壤中 $\delta^{13}C$ 值为−24‰作为区分纯 C3 植物与 C3、C4 混合生长的界限。此外，研究结果表明温度是决定 C3、C4 植物相对丰度的主要气候因子，现代 C3 植物和生长纯 C3 植物的表层土壤中 $\delta^{13}C$ 值与年均温度呈负相关关系，而 C4 植物 $\delta^{13}C$ 值与年均降水量呈明显正相关关系（Rao et al.，2017）。

7.3　青藏高原全新世以来植被和气候演化特征

7.3.1　青藏高原现代 C3、C4 植物分布特征

C4 光合作用途径的植物是全球粮食生产的重要来源，自然界中常见的 C4 植物中，主要农作物有玉米、小米（栗）、甘蔗等，陆生植物中 C4 植物的初级生产力占约 25%（Thomas et al.，2014）。研究表明，根据目前大气中 CO_2 的浓度，C4 植物在凉爽、高海拔地区是很少或者不存在的（Ehleringer et al.，1997；Collatz et al.，1998；Sage et al.，1999a，1999b；Edwards and Smith，2010）。C4 植物的现代分布可能是通过适应温暖的中生植物群系环境（平均生长季节温度>22℃，年均降水量为 1200 mm）优先采用 C4 光合作用而产生的分支，在这种条件下 C4 光合作用途径具有竞争优势（Collatz et al.，1998；Edwards and Smith，2010）。生态系统模型中 C4 植物的生长除了满足所有植物生长的月均降水量大于 25 mm 条件外，还需要月均温度不低于 22℃，据此划分出中国地区 C4 植物丰度 5%界线（Collatz et al.，1998；Still et al.，2003），结果显示青藏高原地区 C4 植物生物量极少。

然而，Wang 等（2004）采集了青藏高原海拔 2210～5050 m 的不同植物种类，通过研究植物稳定碳同位素组成，结果鉴定出 79 种 C4 植物，其中藜科中有 2 种、禾本科中有 6 种植物均属于 C4 植物，其中有 4 种 C4 植物在海拔 3800 m 的 11 处位置都有发现，海拔 4000 m 以上的 6 个点分布有白草（*Pennisetum flaccidum* Grisebach）、云南野古草（*Arundinella yunnanensis* Keng）和固沙草［*Orinus thoroldii*（Stapf ex Hemsl.）Bor］等 C4 植物种属。这一研究表明，在海拔 4000 m 以上地区，尽管 CO_2 浓度较低，但充足的太阳辐射和生长季节集中的降水量提高了 C4 植物的耐低温、耐干旱能力，这可能有利于 C4 植物在青藏高原高海拔地区生长（Wang et al.，2004）。Cheung 等（2015）从青藏高原海拔 3600～6100 m 的区域采集了树木、灌木和草本植物样本，并分析了植物样品的正构烷烃、有机碳同位素和单体碳同位素变化特征，结果显示，即使在高寒的青藏高原 C4 植物也是存在的。因此，存在于青藏高原和其他高海拔地区大于 50 种的 C4 植物对 22℃这一标准阈值也提出了挑战（Tieszen et al.，1979；Cavagnaro，1988；Wang et al.，

2004）。在高海拔地区尽管气候条件较冷，但其具有其他有助于 C4 植物生长的环境条件，C4 植物依然能够与 C3 植物竞争（Pyankov et al.，2000）。此外，C4 光合作用在干冷、盐度适应条件下能够演化出分支，如在亚洲沙漠广泛存在狭义的藜科、真双子叶植物，它们可能消除了人们对一些 C4 植物生长的严格温度限制等认识（Pyankov et al.，2000；Kadereit et al.，2012）。

前人根据青藏高原 C4 植物的区系组成、生长习性和海拔分布格局鉴定出青藏高原 C4 光合作用途径的植物有 7 科 46 属 79 种，其中禾本科 51 种，莎草科 14 种，藜科 10 种，这三科约占该地区 C4 光合作用途径植物总数的 95%（Wang，2003）。通过对高海拔（海拔大于 3000 m）藜科 C4 植物的研究表明，其对低温、干旱和强紫外线具有较强的适应性，而大多数禾本科和莎草科 C4 植物主要出现在中部平原（海拔在 1000～3000 m 的草原和草地）。由此可见，青藏高原地区 C4 植物分布与海拔相关，C4 植物的海拔分布格局不仅与海拔和气候相关，而且与海拔梯度上的植被类型相关（Wang，2003）。

本次研究中根据 122 个青藏高原表层土壤样品的有机碳同位素组成构建了青藏高原现代 C4 植物生物量的分布格局 [图 7.2（c）]。此外，在资源环境科学与数据中心网站（http://www.resdc.cn/Default.aspx）下载了中国气象背景数据集（徐新良和张亚庆，2017），用 ArcGIS 软件提取了本节 122 个样点相应的气象因子，包括温度和降水，利用 Sulfer15 软件构建了采样区域年均温度和年均降水量等值线 [图 7.2（b）和（d）]。等值线对比结果显示，在青藏高原西部地区，C4 植物具有自西北向东南方向增加的趋势，与年均降水量等值线趋势较为一致 [图 7.2（c）和（d）]。在青藏高原东部地区，C4 植物同样具有从西北至东南方向增加的趋势，这一结果与年均温度和年均降水量的变化趋势一致 [图 7.2（b）～（d）]。然而，在青藏高原中部地区，C4 植物分布具有自北向南增加的趋势（未发表数据）。

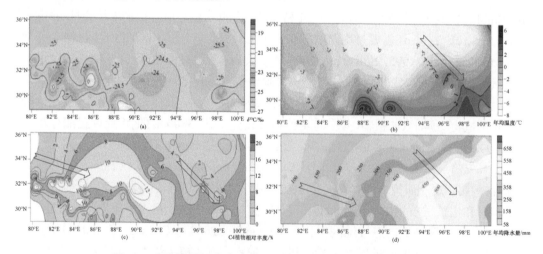

图 7.2　青藏高原现代 C4 植被及气候条件特征（未发表数据）

（a）表层土壤的有机碳同位素值；（b）年均温度；（c）C4 植物相对丰度；（d）年均降水量

青藏高原地区是西风、东亚季风和印度季风的交汇区域。在青藏高原西部地区，水汽主要来源于西风，而在东部地区，水汽来源主要为季风（Zhao et al.，2011），因此，初步推测 C4 植物分布与气象因子出现这种结果可能是青藏高原复杂的气候条件导致的。在季风区域，雨热同期是季风气候的典型特征，如在东亚季风区，夏季是一年中最热的季节，同时也是降水量最多的季节（Guo et al.，2019）。虽然相关研究显示 C4 植物喜暖干生长环境，但在达到 C4 植物生长需要的温度后，水分的参与也是必要的，C4 植物喜干生长环境的特点只是相对于 C3 植物而言的，能够在更为干旱的条件下生长。在这种情况下，青藏高原东部地区在季风的影响下，夏季温度升高，同时降水量增加共同促进了 C4 植物的生长，由于季风强度自西北向东南增强（Yang et al.，2015），因此季风强度的变化可能在青藏高原东部地区 C4 植物形成自西北向东南增加的分布特征中扮演了重要角色。在青藏高原西部地区，即使在夏季温度达到 C4 植物生长的阈值，但在极度干旱的条件下，C4 植物也是难以生长的，只有在温度和降水量同时达到 C4 植物的生长条件时，C4 植物才有可能生长。在北半球每年夏季温度升高的背景下，青藏高原亦是如此，因此降水量可能是青藏高原西部地区 C4 植物生长与否的主控因素。当然，由于目前关于青藏高原 C4 植被分布及生长控制因素的研究还较少，这一结论还需要进一步深入研究。

7.3.2　青藏高原全新世 C3、C4 植物演化历史

目前，全球各大陆区系 C3、C4 植物生物量以及演化历史的相关研究已经广泛开展。来自青藏高原南部印度次大陆的土壤碳酸盐碳同位素研究结果表明该区域在晚中新世期间（主要集中在 7～5 Ma BP）存在一个明显的由 C3 植物优势到 C4 植物优势的生态转型（Quade et al.，1989）。这一结果后来得到了动物化石碳同位素（Cerling et al.，1993，1997；Morgan et al.，1994）、土壤有机质碳同位素（Quade and Celling，1995；Sanyal et al.，2004）以及陆生高等植物来源长链正构烷烃单体碳同位素研究结果的证实（Freeman and Colarasso，2001）。

Thomas 等（2014）通过对来自青海湖湖泊沉积物中脂肪酸 $\delta^{13}C_{wax}$ 的研究，重建了青海湖地区 30.0 ka 以来 C4 植物的演化过程。结果显示该地区在冰期以 C3 植物为主（>80%），伴随着两次 C4 植物的扩张；而在末次冰消期和全新世早期（13.7～8.3 ka BP），尽管温度较低，但夏季日照辐射强，CO_2 浓度约为 250 ppmv，夏季降水充足，C4 植物相对丰度较高（约 50%）[图 7.3（f）]；以 C3 为主的现代生态系统大约在 6.0 ka BP 开始发展形成，同时青海湖地区 CO_2 浓度增大、夏季温度降低、降水量减少。这些研究成果表明，C4 植物完全可以在青藏高原生长、扩张，并且地质时期中 C4 植物生长的温度范围可能比现代 C4 植物分布的温度范围和模型模拟的生长温度范围更广，C4 植物的生长由气候因素和环境条件共同决定，这些因素条件包括温度、辐射强度、降水量以及季节性差异、土壤盐度等（Thomas et al.，2014）。

本节利用青藏高原东北部可鲁克湖钻孔岩心沉积物中长链正构烷烃单体碳同位素 $\delta^{13}C_{31}$ 重建了可鲁克湖地区末次冰消期以来（15.7～0.2 ka BP）C4 植物的演化历史，具

体演化特征可分为以下四个阶段。

（1）15.7～11.1 ka BP C4 植物扩张 ［图 7.3（b）］，此阶段 C/N 值上升 ［图 7.3（c）］，指示湖泊沉积物有机质来源中陆生植物贡献比率相对上升。此外，可鲁克湖孢粉总浓度

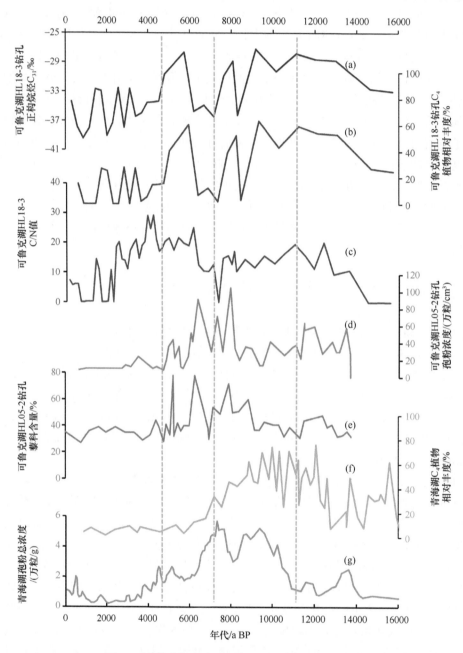

图 7.3　青藏高原末次冰消期以来 C4 植物演化历史

（a）可鲁克湖 HL18-3 岩心正构烷烃 $\delta^{13}C_{31}$ 值变化；（b）可鲁克湖 HL18-3 岩心 C4 植物相对丰度重建结果（Ma et al.，2023）；（c）可鲁克湖 HL18-3 岩心 C/N 值变化图；（d）可鲁克湖 HL05-2 钻孔孢粉浓度（Zhao et al.，2007）；（e）可鲁克湖 HL05-2 钻孔藜科孢粉百分含量（Zhao et al.，2007）；（f）青海湖 C4 植物相对丰度变化（Thomas et al.，2014）；（g）青海湖孢粉总浓度（Shen et al.，2005）

和藜科孢粉含量在 14.0～12.0 ka BP 升高，之后在 12.0～11.1 ka BP 降低 [图 7.3（c）和（d）]。青海湖沉积物中基于 C_{28} 脂肪酸甲酯 $\delta^{13}C$ 重建的 C4 植物相对丰度整体呈上升趋势 [图 7.3（f）]，C4 植物相对丰度最高可达 60%。

（2）11.1～7.2 ka BP C4 植物生物量降低 [图 7.3（b）]，C/N 值减小 [图 7.3（c）]，表明陆生来源有机质减少，与 C4 植物相对丰度减小趋势一致。可鲁克湖孢粉记录显示，在早全新世早期（11.0～9.0 ka BP），C4 植物相对丰度较高的时候，孢粉总浓度和藜科孢粉含量都比较低 [图 7.3（c）和（d）]，藜科孢粉含量在 30% 左右，并呈现上升趋势，而此时莎草科孢粉浓度较高，因此推测这一时期的 C4 植物可能主要由莎草科和藜科的部分植物组成。青海湖沉积物记录的 C4 植物相对丰度在早期波动较大，但整体丰度较高，并且有微弱上升趋势，直至约 9.0 ka BP 之后开始快速减少 [图 7.3（f）]，与可鲁克湖沉积物记录的 C4 植物相对丰度变化特征相似 [图 7.3（b）]。

（3）7.2～4.8 ka BP C4 植物再次扩张 [图 7.3（b）]，C/N 值明显上升 [图 7.3（c）]，指示陆生有机质输入量相对增加。在这一时期，可鲁克湖孢粉总浓度和藜科孢粉含量出现了明显的高值区 [图 7.3（c）和（d）]。青海湖 C_{28} 脂肪酸甲酯 $\delta^{13}C$ 重建的 C4 植物相对丰度整体较低，且呈下降趋势 [图 7.3（f）]，青海湖孢粉浓度也出现明显下降趋势，与可鲁克湖记录不一致。这表明，即使在青藏高原东北部也可能存在不同的区域小气候，造成两地的植被景观不同，相关原因还有待进一步探究。

（4）4.8～0.2 ka BP C4 植物生物量骤减 [图 7.3（b）]，C/N 值呈减小趋势，但在晚全新世早期 C/N 值较高 [图 7.3（c）]，这可能主要由 C3 植物对湖泊沉积物有机质输入相对较多导致的。可鲁克湖孢粉浓度较低，藜科孢粉含量也明显下降，保持在 30% 左右 [图 7.3（c）和（d）]。此时，青海湖地区 C4 植物相对丰度整体较低 [图 7.3（d）]，孢粉浓度在这一阶段降至最低 [图 7.3（g）]，与可鲁克湖沉积物重建结果较为一致。

7.3.3　青藏高原全新世气候演化特征

青藏高原是地球上抬升最大的陆地，它通过增加陆地和海洋之间日照驱动的热对比来触动季风环流的发生（Prell and Kutzbach，1992）。不仅如此，青藏高原是亚洲中部众多河流的发源地，有"亚洲水塔"之称，对东亚和南亚地区人类的生存和社会稳定发展具有重要意义（Huang et al.，2011）。由于其对大气环流系统的气候影响，以及对气候变化响应的敏感性，其成了古气候研究的关键区域。因此，了解青藏高原地区和邻近区域的气候变化能够为研究全球变化提供见解，并有助于更好地预测未来气候变化。

基于可鲁克湖湖泊沉积物中无机地球化学元素指标（包括风化强度指标 CIA，盐度指标 Sr/Ba、Al_2O_3/MgO，湿度指标 Rb/Sr、Sr/Cu，湖泊自生碳酸盐 $\delta^{13}C_{carb}$ 和 $\delta^{18}O_{carb}$）和有机地球化学指标（包括 $\delta^{13}C_{org}$、C/N 等），重建了青藏高原东北部可鲁克湖地区末次冰消期以来的古气候环境演化特征（图 7.4）。末次冰消期以来青藏高原东北部的气候演化可以分为四个阶段：①末次冰消期（15.7～11.1 ka BP），气候较为暖湿，

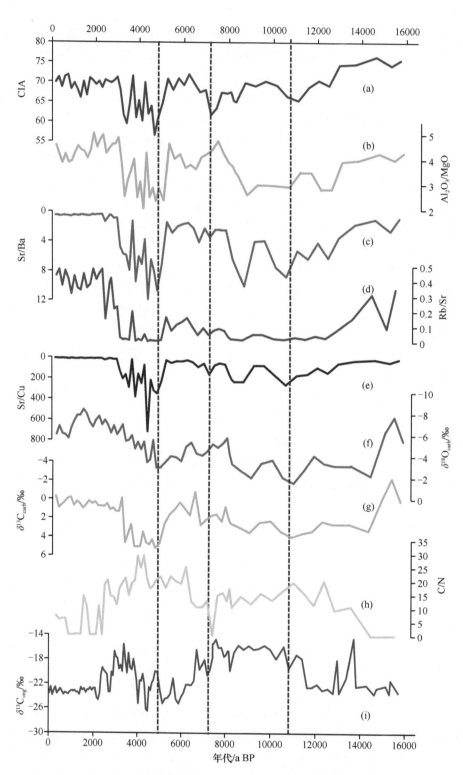

图 7.4　可鲁克湖 HL18-3 岩心气候代用指标变化图

伴有逐渐干旱的趋势，西风和季风交替控制水汽来源。从暖湿气候背景以及时间段分析，14.8~12.0 ka BP 这段时期对应 B/A 暖期，而 12.0~11.1 ka BP 气候冷干，可能发生了新仙女木事件（YD）。②早全新世（11.1~7.2 ka BP），早期气候条件短暂改善，较为暖湿，晚期逐渐干冷，水汽来源以东亚季风为主，在 9.2~8.3 ka BP 经历了短暂的冷干气候。③中全新世（7.2~4.8 ka BP）气候温暖湿润，对应全新世大暖期，水汽来源以东亚季风为主。④晚全新世（4.8~0.2 ka BP），早期（4.8~2.9 ka BP）气候恶化，出现了快速的干冷波动，可能与"4.2 ka BP"冷事件相关，晚期（2.9 ka BP 以来）气候条件稳定，以冷湿为主，水汽来源为西风携带。

An 等（2012）利用青藏高原东北部青海湖湖泊沉积物中总有机碳含量（TOC）、$CaCO_3$、西风指标（Westerly Index，WI）、夏季风指标（Summer Monsoon Index，SMI）等重建了 32.0 ka BP 以来气候的演化历史（图 7.5）。结果显示，在全新世早期 11.5 ka BP 左右，亚洲季风极大增强，这与海平面突然升高和热带海洋变暖时期较为一致（Clark et al.，2004），并且这一时期海平面上升与冰雪融化相关（Fairbanks et al.，1989）。全新世期间，东亚夏季风（East Asian Summer Monsoon，EASM）的波动和变化都显著增强，

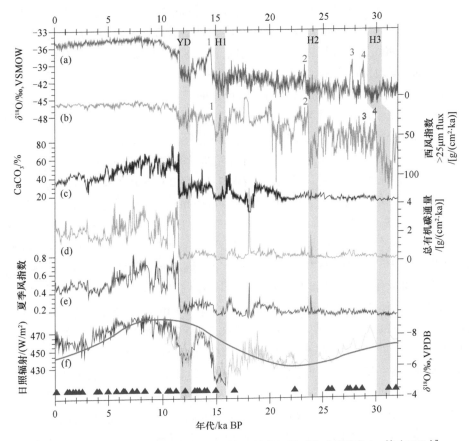

图 7.5　过去 32.0 ka 以来青海湖气候记录与其他记录对比［图改自 An 等（2012）］

（a）格陵兰冰心 NGRIP $\delta^{18}O$；（b）青海湖西风气候指标；（c）$CaCO_3$ 含量；（d）总有机碳含量；（e）青海湖亚洲夏季风指数；（f）董哥洞和葫芦洞钟乳石 $\delta^{18}O$ 记录（Dykoski et al.，2005；Wang et al.，2008）阴影蓝色条带指示冷事件

尤其是在早全新世。末次冰盛期较弱的季风和全新世增强的季风揭示太阳辐射强度是控制亚洲夏季风的一个主要因素（COHMAP Members，1988）。重建的 WI 结果显示冰期时，中纬度西风气候在青海湖地区占主导地位，西风的强度和变化在冰期比全新世明显要强。对 WI 和 SMI 与青海湖地区气候变化关系的分析显示，西风和夏季风是控制该地区气候变化的主要因素。近几十年来，从青海湖沉积岩心和青藏高原东北部周边地区的各种地质档案中获得了一系列全新世古气候记录。Chen 等（2016）回顾了青海湖钻孔岩心的所有古气候重建数据，以及来自周边地区湖泊和风成沉积物的其他证据，并结合植被历史，基于花粉的降水重建、风成活动、湖泊水深/湖面变化、盐度等指标，重建了全新世期间该地区的水分模式变化和可能的夏季风演化。青海湖地区在全新世早期经历了相对干旱的气候和较弱的 EASM，表现为相对较低的树木花粉百分比和流动花粉浓度，并且这一时期青海湖及邻近的柴达木盆地中的可鲁克湖和托素湖水位普遍偏低，广泛分布风积沙的青海盆地南部与邻近的共和盆地接壤，西部与柴达木盆地东部接壤。总体而言，在全新世早期，水分和降水开始增加，在全新世中期达到最大值，在全新世晚期减少，与中国北部 EASM 的模式相似。

青藏高原中部河谷湿地的孢粉记录显示在全新世早期植被类型为稀疏耐旱的草本植物，表明气候相比于现代较为凉爽干燥，这一时期的特点是土壤侵蚀程度很高，表现为这个位置的硅质碎屑物沉积较多。在早中全新世 8.1～7.1 ka BP，植被以莎草科为主，气候变得湿润，湿地保持稳定，有机质积累速率稳定。在晚全新世期间，气候开始变干，约 1.0 ka BP 之后，耐旱草本植物增加。尽管目前研究区周围没有树木，但是孢粉记录显示，在整个中晚全新世，树木花粉浓度较低，但稳步增大。这一结果证明在全新世中晚期，青藏高原中部存在一个稳定的季风区气候特征。研究结果还表明，青藏高原中部季风降水最适宜期比东亚季风地区晚，并且持续时间更长（Cheung et al.，2014）。

青藏高原东南部纳伦湖的记录显示，在 17.7～14.0 ka BP 末次冰盛期期间，湖泊受到相对寒冷和干燥的气候条件（年均降水量约 600 mm，年均温度约–3℃）及低生物生产力的影响。年均温度和年均降水量在 14.0～13.0 ka BP 增加（分别为–4～–2.2℃和500～820 mm），导致气候条件普遍变暖和潮湿。这个时期可能与北大西洋地区的Bølling/Allerød（B/A）温暖期事件相关，随后年均温度和年均降水量的突然减少指示了较为干冷的新仙女木时期。全新世在大约 11.5 ka BP 开始，表现为年均温度升高（从–5℃到大约 0.3℃）和年均降水量升高（从 600 mm 到 950 mm），生物生产力和风化物质显著增加。在 5.0～3.0 ka BP 年均温度升高至约 0.2℃，年降水量上升至 1000 mm，随后在3.0 ka BP 以后年均温度和年降水量略微降低（Opitz et al.，2015）。

Nishimura 等（2014）通过来自青藏高原南缘地区，喜马拉雅山东端普莫雍错湖岩心中的多种指标，包括花粉、钙碳酸盐、总有机碳、有机碳同位素、植物化石等，对 18.5 ka BP 以来的气候变化特征进行了详尽讨论。结合西南季风影响下的不同地区的气候记录对比，研究结果认为，不同于青藏高原其他地区，其南部地区几乎没有受到新仙女木事件的影响或者影响效果甚微，包括主要的干冷事件，如 H1 事件、8.0 ka BP 事件、4.0～5.0 ka BP 事件在南部地区影响不大。气候机制似乎具有持久的缓冲功能，能够防止正的植被反照率反馈系统遭受这种干冷逆转的严重损害。新仙女木事件后，南部地区的季风强度开始从 11.4 ka BP 迅速增大，在 10.8～10.0 ka BP 达到最大值，直到 2.5 ka BP 气候才变得最干旱和不稳定。因此，青藏高原南部地区全新世气候最适期从 11.4 ka BP 持续到 2.5 ka BP，并以青藏高原西南季风区最早开始和最晚结束时间为标志。2.5 ka BP 之后，人类活动导致该地区植被大量减少，气候系统的缓冲功能显著降低，极有可能使 2.5 ka BP 以来的可变气候响应增强，因此需要特别注意利用 2.5 ka BP 之前的古气候信息来讨论青藏高原未来的气候变化。

综合来看，在青藏高原地区全新世始于约 11.5 ka BP，早中全新世气候相对温暖湿润，晚全新世季风控制的区域较为冷干，而西风控制的区域气候特征以冷湿为主。总体而言，青藏高原南部地区全新世适宜期比东北部地区适宜期持续时间更长。目前，青藏高原东北部地区古气候研究相对于南部较为详尽，但其南部地区相比于青藏高原其他地区，纬度较低、多年冻土较少、海拔高，对气候变化的反应更为灵敏和迅速，是研究青藏高原西南季风早期稳定演变的关键区域。由于气候机制对干/冷逆转的严重影响具有持续的缓冲作用，因此需要以青藏高原南部为中心进行更深入的古气候对比研究，以阐明西南季风在青藏高原上演变的气候机制。

7.4 内蒙古高原全新世以来植被和气候演化特征

7.4.1 内蒙古高原现代 C3、C4 植物分布特征

前人对内蒙古地区 16 个自然植物地理区系的 C4 植物种类、自然地理分布、生物结构特征进行了详细的调研。在 8 个科属中发现了 80 种 C4 植物，包括苋科、藜科、大戟科、粟米草科、禾本科、蓼科、马齿苋科和合欢属；其中 C4 植物主要分布在藜科（41 种）、禾木科（25 种）、蓼科（6 种）中。C4 藜科植物占藜科植物总数的 45%，在盐碱地区和寒冷的干旱地区具有重要的生态意义（Pyankov et al.，2000）。通过对 C3、C4 植物分布及主要气候影响因子进行调查研究，结果表明 C4 物种比例随着地理纬度降低和南北温度梯度的增加而增加，C4 植物分布的北界是 7 月最低温度不低于 7.5℃，积温不少于 1200℃，以及最低温度大于 10℃ 的地区。禾本科植物和藜科植物对气候的反应不同，藜科植物的生物量与干旱程度密切相关，而 C4 禾本科植物的分布则更多地依赖于温度。C4 藜科一年生植物以盐生植物为主，肉质多，主要分布在草原和荒漠地区的盐碱和干旱环境中。C3 肉质藜科类植物相对丰度也随着干旱度的增加而增加（Pyankov et al.，2000）。

陈英勇等（2013）对浑善达克沙地进行了表土样品采集，并对 42 个表土样品进行了有机碳同位素组成的分析。结果表明，浑善达克沙地表土有机碳同位素（$\delta^{13}C$）组成介于 –25.0‰～–19.4‰，平均为 –22.2‰。通过两端元方法估算，结果显示研究区 C4 相对丰度介于 0～46%，均值为 17.9%。这与前人的 C4 植被调查结果一致。例如，Auerswald 等（2009）在内蒙古高原东北部地区利用羊毛碳同位素比植物有机碳同位素高 2.7±0.7‰

的特征，估算了研究区 C4 植物的相对丰度，得出浑善达克沙地周边地区 C4 植物相对丰度平均值为 19%。研究结果表明在最温暖的季节，温度大于 22℃的地区，C4 植物生物量明显较高。在该地区年均温差异较小的区域，C4 生物量与年降水量呈显著负相关关系，而与温度关系不大，这表明降水量可能是控制该地区 C4 植物生物量的主要因素（Auerswald et al.，2009）。

Ma 等（2021b）通过对内蒙古地区大范围表土样品有机碳同位素的分析，构建了内蒙古东南地区 C4 植物的分布格局。结果显示，内蒙古地区 C4 植物相对丰度变化范围为 0～48.8%，平均值为 17.9%，且从东南到西北具有明显降低趋势（图 7.6）。在此基础上，通过对 C4 植物相对丰度与年均温度之间的相关性进行分析，发现年均温度与 C4 植物相对丰度具有正相关性（R^2=0.3015，n=125，P<0.001），并且与生长月份（5～10 月）的平均温度相关性更高（R^2=0.4150，n=125，P<0.001）。结合前人在内蒙古高原局部地区的研究结果，认为在研究区域覆盖范围较大且温度变化幅度较大的情况下，温度是控制 C4 植物生长的主要因素，温度的升高有利于 C4 植物的生长。而在温度变化范围较小的研究区域，降水量是影响 C4 植物生长的主要因素，降水增多会抑制 C4 植物的生长。

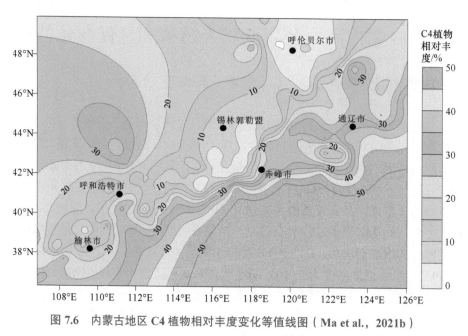

图 7.6 内蒙古地区 C4 植物相对丰度变化等值线图（Ma et al.，2021b）

7.4.2 内蒙古高原全新世 C3、C4 植物演化特征

目前对内蒙古高原全新世 C3、C4 植物演化特征的研究较少。Lu 等（2012）对巴丹吉林沙漠、腾格里沙漠、浑善达克沙地、科尔沁沙地进行了广泛的地表样品采集，研究了其碳同位素组成，并对毛乌素沙地、浑善达克沙地、科尔沁沙地共 9 个剖面的有机碳含量、有机碳同位素、磁化率、粒度等指标进行了研究。结果显示，在毛乌素沙地和

科尔沁沙地指示 C4 植物扩张的 $\delta^{13}C$ 值与沙丘稳定性和土壤形成的周期相关联，而较低的 $\delta^{13}C$ 值（C4 植物比例较低）通常出现在风成沙地层中。广泛的风成沙活动可能导致 C4 植物减少，而沙地的稳定和活动与有效湿度相关，因此，认为湿度变化是影响晚第四纪 C4 植物变化的一个重要因素。毛乌素沙地和科尔沁沙地在早全新世 C4 植物明显扩张，可能是较高的太阳辐射导致了温度升高，从而促进了 C4 植物的生长；相比于本节的其他区域，浑善达克沙地较为寒冷，$\delta^{13}C$ 值较低，可能是低温抑制了 C4 植物的生长，表明温度是影响 C4 植物生长的重要因素。

Guo 等（2019）对科尔沁沙地北部 TQ 剖面（45°11.0700′N，121°33.760′E）和西南部 MTG 剖面（42°31.402′N，118°51.843′E）全新世以来的 C4 植物演化历史进行了重建。重建结果显示 MTG 剖面 C4 植物相对丰度比 TQ 剖面高，但整体上都显示全新世以来，C4 植物相对丰度呈增长趋势（图 7.7 和图 7.8），且在 9.0～5.0 ka BP C4 植物相对丰度较高，5.0～1.0 ka BP 和 11.0～9.0 ka BP C4 植物相对丰度较低，并且有明显波动。进一步对比科尔沁沙地来自东亚季风边缘的湖泊沉积物和古土壤剖面记录，科尔沁沙地气候演化受东亚季风带来的降水和北半球夏季日照辐射的控制，同时这些因素也影响着 C4 植被生物量的变化（Guo et al.，2019）。

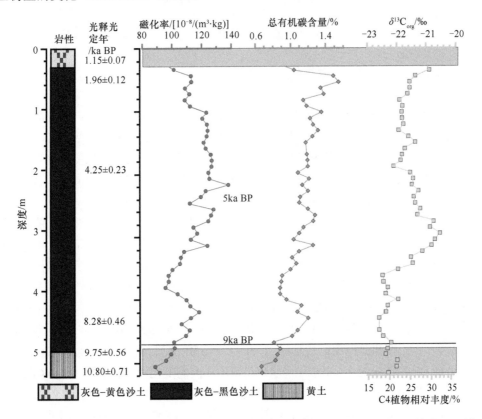

图 7.7　MTG 剖面磁化率、总有机碳含量和 C4 植物相对丰度变化［图改自 Guo 等（2019）］

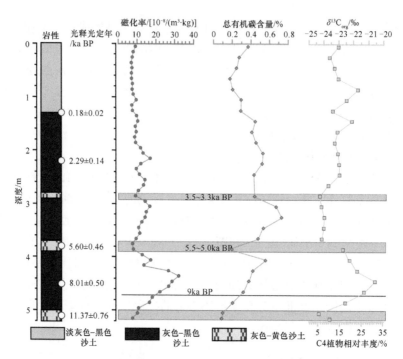

图 7.8　TQ 剖面磁化率、总有机碳含量和 C4 植物相对丰度变化［图改自 Guo 等（2019）］

7.4.3　内蒙古高原全新世气候演化特征

东亚夏季风是全球气候系统的重要组成部分，其强度变化以及其与西风带之间的相互作用对中国西北部干旱半干旱区域生态系统和社会生活方式具有重要影响。内蒙古高原位于中国北方，处于东亚夏季风的北部边缘。对内蒙古地区古气候进行研究有助于模拟东亚夏季风边界带的古气候波动和全球气候模式，加深对过去气候与干旱环境变化关系的认识，对预测未来气候变暖下的气候变化情景具有重要意义。

内蒙古地区西部阿拉善高原东部白碱湖古湖泊多指标古气候重建的研究结果显示在中全新世 6.0 ka BP 左右，古湖泊水位明显升高［图 7.9（a）］，这可能与东亚季风从早全新世至中全新世增强带来的强降水有关（Li et al.，2018），众多研究表明在早全新世季风强度增大，如三宝洞钟乳石 δ^{18}O（Wang et al.，2008）和董哥洞钟乳石氧同位素记录［图 7.9（g）］（Wang et al.，2005）均指示东亚季风强度在早全新世最大，在中晚全新世逐渐减小。整体而言，白碱湖古湖泊水位的变化与东亚季风强度变化趋势较为一致［图 7.9（a）］。黄土—古土壤和龚海湖记录显示，15.0～8.0 ka BP 东亚季风逐渐增强，8.0～5.0 ka BP 最强，3.0 ka BP 左右快速下降，季风降水也呈现出相同的变化特征［图 7.9（e）］（Chen et al.，2015），这种类似的变化趋势在内蒙古岱海地区的孢粉记录中也有显示［图 7.9（d）］（Xiao et al.，2004），但对阿拉善高原西部古湖泊的研究显示，湖泊水位在中晚全新世开始升高，在晚全新世达到最高，这一变化模式与中亚干旱区高分辨率黄土—古土壤剖面记录的湿度变化特征相符［图 7.9（h）］（Chen et al.，2016）。可能的原因是东亚夏季风对阿拉善高原东部降水具有主导作用，但即使在全新世东亚夏季风强度最大的时期也没有扩张到阿拉善高原西部（Li et al., 2018）。中亚干旱区的高分辨率的黄土—古土壤序列记录表明，该区全新世降水量较大，晚冰期降水条件最为湿润（Chen et al., 2016），这表明阿拉善高原西部的降水和水位变化与中亚干旱区的气候变化较为一致，而不是东亚夏季风所导致的结果。阿拉善高原东部白碱湖气候变化模式与阿拉善高原西部气候变化模式对比结果指示早全新世东亚季风与西风的交界可能位于阿拉善高原地区（Li et al., 2018）。

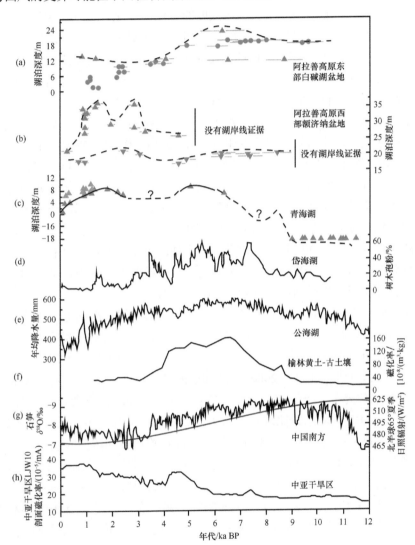

图 7.9　阿拉善高原重建的古湖泊水位变化及亚洲季风和中亚干旱区古气候记录[图改自 Li 等(2018)]

内蒙古中部岱海湖的孢粉记录显示，全新世以来至 7.9 ka BP 左右，研究区域气候较为干燥，7.9～4.4 ka BP 出现了大规模的森林植被，气候以暖湿为主要特征（Xiao et al., 2004）。这些数据显示 4.4～4.2 ka BP 木本科和禾本科植物孢粉比例显著下降，但后期在 4.2～2.8 ka BP 出现了第二次木本科和禾本科植物孢粉比例峰值，之后一直处于较低的水平。岱海湖东南方向的巴彦查干气候记录显示该区域全新世气候适宜期出现在 8.4～5.4 ka BP（Jiang et al.，2006），5.4～4.2 ka BP 气候较为干燥，之后气候较为湿润，一直持续到 2.2 ka BP 左右，最后一个湿润阶段出现在 2.2～1.8 ka BP，不过相比于前一阶段，湿润程度有所降低。岱海湖处于东亚夏季风和冬季季风交汇的关键位置，因此岱海湖地区的气候条件不仅受夏季和冬季季风的相互作用控制，而且还直接受西风急流路径和强度变化的影响。夏季风是来自太平洋低纬度湿润海洋气团的陆上气流，随着太阳辐射的季节分布以及西太平洋北赤道气流的轴和强度的变化而变化。然而，冬季风是亚洲内部冷干大陆气团的外流，对西伯利亚高压的位置和强度的变化具有敏感的反应。此外，西风急流主要是与高纬度冰原有关的极地高压系统。根据这些记录，Xiao 等（2004）推断岱海湖地区降水的波动与夏季太阳辐射和北太平洋西部洋流的变化有关，湖区温度的变化与极地高压系统的位置和强度以及大气环流的模式和强度有关。

在内蒙古东北部呼伦贝尔湖，基于湖泊沉积物中孢粉重建的温度和降水结果显示，呼伦贝尔地区的气候演化特征为早全新世（11.0～8.0 ka BP）气候温暖干旱；中全新世（8.0～4.4 ka BP）整体降水较多，全新世最大降水量出现在 8.0～7.0 ka BP，温度较早全新世有所降低，气候特征为温暖湿润；晚全新世（4.4～0 ka BP）气候波动较大，暖干和冷湿气候条件交替出现（Wen et al.，2010）。该研究进一步表明，研究区轨道时间尺度上的温度变化直接受北半球夏季日照辐射变化的控制，而千年至百年时间尺度上的温度变化可能与东亚夏季风强度的变化有关。由于全新世早期北半球残存冰盖的存在，季风降水量直到 8.0 ka BP 年以后才达到最大值，而全新世中晚期季风降水的变化与热带太平洋海气相互作用过程密切相关（Wen et al.，2010）。

然而在内蒙古地区，沿着东亚季风边缘，中全新世气候最湿润的时间段还存在一些争论。内蒙古东北部呼伦湖 8.3～6.2 ka BP 的孢粉学和介形类资料表明这一时期季风降水增加（Wen et al.，2010；Zhai et al.，2011），这一结果与毛乌素沙地和科尔沁沙地古土壤记录较为一致（Sun et al.，2006）。西部达丽湖的古湖泊水位研究资料显示，7.6～3.5 ka BP 湖泊水位处于一个较高的水平（Xiao et al.，2008）；巴彦查干湖的 MAP 指标显示 10.0～6.5 ka BP 的降水量比现在的降水量高 30%～60%，并且在 7.9～4.5 ka BP 达到最大降水量 500 mm 左右。在西南部，岱海湖的花粉组合和浓度表明，7.9～4.5 ka BP 气候温暖潮湿（Xiao et al.，2004），粒度指标显示这一时期季风降水增强且多变（Peng et al.，2005）。在内蒙古地区，沿着东亚季风边界，全新世降水量最大时期从东北至西南最早开始于 11.0 ka BP，最晚结束于 2.0 ka BP，并集中在 9.0～3.0 ka BP，但相对于整个全新世而言，内蒙古地区最大降水量的时期差异较大，还需进一步深入研究。

7.5　黄土高原全新世以来植被和气候演化

7.5.1　黄土高原现代 C3、C4 植物分布特征

黄土高原面积范围广阔，植被分布从东南到西北具有明显的分带特征。了解现代植

物的特点是研究地质历史时期植被类型及其分布、演化的基础。前人依据 C3、C4 植物具有明显不同的碳同位素组成范围，以及其生长环境的差别，在现代 C3、C4 植物研究的基础上，对近现代植被和地质历史时期 C3、C4 植物的分布范围、丰度、环境变化特征展开了研究。

王国安等（2002）对不同温度条件下生长的藜、独行菜、魁蓟和平车前 4 种常见 C3 植物的 $\delta^{13}C$ 进行了分析，结果发现这 4 种 C3 植物的 $\delta^{13}C$ 组成都表现出随年均温度下降而变重的趋势，其中藜和独行菜的碳同位素组成对温度变化的响应更明显。同时还发现藜、独行菜和魁蓟的 $\delta^{13}C$ 组成与年均温度显著相关，而平车前碳同位素组成与年均温度无显著相关性，表明藜、独行菜和魁蓟的 $\delta^{13}C$ 组成可作为年均温度的替代性指标，平车前的 $\delta^{13}C$ 组成不能作为年均温度的替代性指标。对黄土高原地区 367 个 C3 草本植物样品进行碳同位素分析，结果表明其 $\delta^{13}C$ 值分布区间为−30.0‰～−21.7‰，均值为−26.7‰。黄土高原中东部半湿润区 C3 草本植物 $\delta^{13}C$ 值分布集中，在−28.5‰～−24.4‰，均值为−27.5‰；黄土高原西部半干旱干旱气候区的 C3 草本植物 $\delta^{13}C$ 值在−30.0‰～−21.7‰，均值为−26.2‰。黄土高原中部较西部 C3 草本植物 δ^{13} 值显著偏轻，这可能是年降水量差异造成的（王国安等，2003）。

刘卫国等（2002）在黄土高原邻近毛乌素沙地的黄土—沙漠带以及森林带采集了 56 个现代植物样品，分析结果显示 C4 草本植物的 $\delta^{13}C$ 值在−16.8‰～−10.6‰变化，平均值为−12.6‰；C3 植物的 $\delta^{13}C$ 值在−29.3‰～−24.5‰变化，平均值为−27.3‰。Liu 等（2005a）为重建黄土高原古植被演化历史，对中国西北部不同降水梯度地区 3 种 C3 植物长芒草、胡枝子属和狗娃花属 $\delta^{13}C$ 值进行了研究，结果显示降水量与 C3 植物 $\delta^{13}C$ 值具有明显负相关关系。张博等（2015）从表土总有机碳同位素和现代植被间的关系入手，计算了黄土高原 67 个样点的 C4 植物生物量，估算出草本植物中 C4 植物比例，结果表明夏季风在黄土高原东南部比西北部的影响更大，C4 植物从西北向东南呈递增的趋势，C4 植物相对比例与年均降水量和 5～10 月平均气温均呈正相关关系，东亚夏季风在夏季为黄土高原带来了更多的降水，对黄土高原 C4 植物的时间和空间分布造成了影响。

对我国北方地区 C3 植物的大量研究结果显示，黄土高原 C3 植物的 $\delta^{13}C$ 值变化范围为−30‰～−21.7‰，C4 植物 $\delta^{13}C$ 值变化范围为−15.8‰～−10‰（Wang et al.，2008；王国安等，2003；刘卫国等，2002）。C3 植物的碳同位素组成相对偏负，在空间上自西向东具有相对减少的趋势。大量统计研究结果表明，C3 植物碳同位素组成与气温和降水均呈负相关关系（王国安和韩家懋，2001a，2001b；王国安等，2002，2003；刘卫国等，2002；Liu et al.，2005a；Rao et al.，2017）。黄土高原近现代 C4 植物从西北向东南呈递增的趋势，C4 植物相对丰度与采样点 5～10 月平均气温和年均降水量具有正相关关系（张博等，2015）。Ma 等（2021）对前人通过黄土高原表土土壤有机碳同位素计算得出的 C3、C4 植物相对丰度数据进行了总结，利用 Sulfer15 软件对黄土高原地区 C4 植物相对丰度进行克里格插值，分析结果显示，C4 植物相对丰度从西北到东南具有明显增加趋势（图 7.10）。

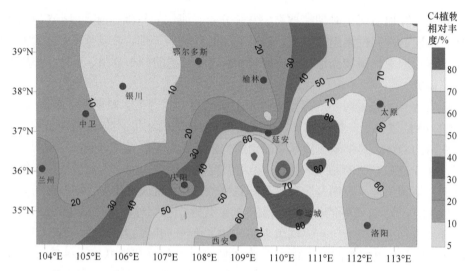

图 7.10　黄土高原地区研究点位置及现代植物 C4 植物相对丰度（%）等值线（Ma et al.，2021）

对于黄土高原地区来说，冬季时大陆高气压团从西伯利亚产生，带来北方干冷的空气，而夏季时东亚季风产生自西太平洋，能带来更多的降水（Tietze and Domrös，1987）。黄土高原年平均降水量在 200～700 mm 变化，主要集中在 7 月和 8 月。C4 植物较高的水利用效率使得它们在高温、暖季降水量大的环境下比 C3 植物更易生存，因此 C4 植物生物量从西北向东南逐渐增加。值得注意的是，对不同地区 C4、C3 植物生物量与生长环境间关系的研究上，研究人员得出了不同的结论，如在对浑善达克沙地的研究中发现，C4 植物生物量与降水量负相关（陈英勇等，2013）。这与在黄土高原地区得到的结果相反，表明黄土高原 C4 植物的地带性，同时也暗示了 C4 植物在内蒙古高原和黄土高原的气候影响因子不同和对影响因子的反馈不同。这说明鉴于生态系统与环境因子间的复杂关系，有关不同地区 C4、C3 植物生物量对生长环境的响应还需要更多研究和数据的支持（张博等，2015）。

7.5.2　黄土高原全新世 C3、C4 植物演化特征

黄土高原位于黄河流域中上游，面积约 623800 km^2，位于北温带半干旱半湿润地区，受东亚季风气候控制。目前，国内外学者已经在黄土高原数十个剖面开展了有机碳同位素的研究工作，对黄土高原古环境变迁、古植被演化进行了深入研究，并取得了重要进展。

顾兆炎等（2003）利用有机碳同位素指标对黄土高原中、南部多个剖面开展了 C4 植物演化历史的研究，结果表明，从末次冰盛期到全新世，黄土高原 C4 相对丰度增加了约 40%，C4 植物在空间上具有从西北向东南增加的趋势。同时，这一研究还指出，在黄土高原地区，C4 植物相对丰度与温度正相关，与降水负相关，而且与 4 月温度和降水的关系更加密切。由此可见，温度是导致全新世 C4 植物相对丰度增加的最主要因素，

夏季风增强，即降水量增加可能只是降低了 C4 植物在冰期至间冰期增加的幅度。此外，在温度降低达不到 C4 植物生长温度的条件下，无论是 CO_2 浓度降低还是干旱程度增大都不可能有效地驱使 C4 植物增加，而全新世 CO_2 浓度的上升仅仅可能是全球升温的因素之一，并不是导致黄土高原 C4 植物相对丰度增加的直接因素（顾兆炎等，2003）。

刘卫国等（2002）对黄土高原中部旬邑剖面 14.0 ka 以来有机碳同位素及磁化率进行系统研究，结合黄土高原中部地区现代植被调研，研究发现在黄土沉积阶段 C3 植物占优势，而在古土壤发育阶段 C4 植物相对增加。Liu 等（2005b）对蓝田、渭南、旬邑、西峰、环县 5 个剖面开展了总有机质碳同位素研究（图 7.11），并结合西峰剖面中长链正构烷烃单体碳同位素特征，分析发现全新世古土壤时期 C4 植物相对丰度高于黄土时期，并且从西北向东南，随着夏季风（磁化率）的增强，C4、C3 比值明显增大。C4 植物从末次冰盛期到全新世的增加是由夏季风增强引起的，而在干冷的气候条件下，C4 植物的生长被抑制，相对丰度较低。

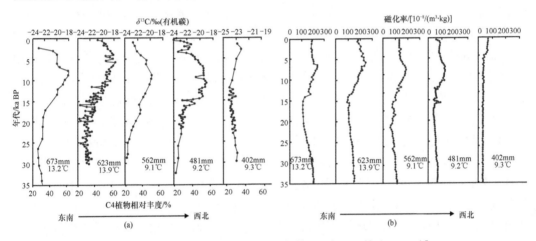

图 7.11　黄土高原 C4 植物演化历史［图改自 Liu 等（2005b）］
从左到右五个研究点为蓝田、渭南、旬邑、西峰和环县五个黄土—古土壤剖面 δ^{13}C 随深度变化图（a）；五个黄土—古土壤剖面磁化率变化图（b）

饶志国等（2005）对黄土高原西缘的塬堡剖面进行了有机碳同位素研究，并估算了末次冰盛期以来地表植被中 C3、C4 植物的相对丰度，研究结果显示黄土高原西缘在末次冰盛期几乎全部为 C3 植物，而全新世植被是以 C3 为主的 C3、C4 混合植被类型；温度是控制黄土高原 C4 植物相对丰度变化的关键性气候因素，末次冰盛期向全新世转化过程中存在"阈值温度"，控制了两种植被类型的相对丰度。此次研究验证了现代植物研究中 C3 植物本身碳同位素组成在黄土高原由西向东逐渐偏负的规律，并且指出在黄土—古土壤序列有机碳同位素研究中，应将植物本身的碳同位素组成变化和 C4 植物相对丰度变化引起的碳同位素变化结合起来综合考虑，而不能将冰期/间冰期土壤有机碳同位素偏正或者偏负简单归结为 C3、C4 相对丰度变化。此外，饶志国等（2012）通过对全球 C3、C4 植物末次冰盛期以来的演化方式、分布特征进行研究，发现温度对 C4 植物生长具有首要的决定意义。在某个"阈值温度"之下，C4 植物不发育，即使环境温度足够高，极端的湿润或者干旱（尤其是极端湿润或者干旱的生长季节）都不利于C4 植物的生长。当足够高的温度与中等程度的干旱（或者湿润）相结合时有利于 C4 植物的生长，该模式在大陆至全球尺度、冰期/间冰期尺度和末次冰盛期以来大气 CO_2 浓度变化范围内有效。

黄土高原东部旬邑和洛川剖面末次冰盛期以来陆生高等植物来源长链正构烷烃单体碳同位素研究结果表明，C4 植物相对丰度在全新世较末次冰盛期高 10%~20%（Zhang et al.，2003）。此外，张晓等（2013）对黄土高原东南部边缘区的张家川剖面进行了黄土有机质碳同位素分析，结果表明该区域由末次冰盛期向全新世的转化过程中 C4 植物相对丰度也有一定程度的上升。由于大量现代 C3 植物的研究结果表明其碳同位素组成的变化主要响应于降水量的变化，因此来源于 C3 植物为绝对优势植被的黄土有机质碳同位素很可能是一个潜在的古降水量的指示器。

Yang 等（2012）对土壤碳酸盐 $\delta^{18}O$-$\delta^{13}C$ 的研究表明，中国北方成土碳酸盐主要形成于东亚夏季风盛行的暖雨季，在黄土高原南部地区土壤碳酸盐 $\delta^{18}O$ 和 $\delta^{13}C$ 具有明显的负相关性，结合降水量、降水 $\delta^{18}O$ 和 C3、C4 植物生长的季节性差异，认为 C3、C4 植物生物量对中国黄土高原亚洲季风降水的季节性响应迅速。后期 Yang 等（2015）通过研究黄土高原 21 个剖面的全岩有机质 $\delta^{13}C$ 值（–25‰~–16‰），表明无论是末次冰盛期还是全新世，黄土高原 C4 植物相对丰度从西北部至东南呈增加趋势（图 7.12）。在末次冰盛期 C4 植物相对丰度从西北（<5%）到东南（10%~20%）增加，在中全新世期间，C4 植物在整个黄土高原扩张，且从西北（10%~20%）到东南（>40%）增加。

总的来说，中全新世 C4 植物相对丰度的空间变化规律与现代暖季降水格局类似，因而 C4 植物相对丰度等值线可以类比于现代东亚夏季风降水带。由 C4 植物 10%~20%等生物量线的分布可以得出在全新世暖期季风雨带至少向西北迁移了 300 km（图 7.13）。由此预测，在更温暖的气候环境下地球的热赤道将会北移，如果全球变暖趋势持续，近些年观察到的雨带南移和中国西北部的干旱化将会很大程度地好转。

综上所述，黄土高原 C4 植物相对丰度不论是在地质历史时期还是在现代，从西北到东南都具有增加趋势；从末次冰盛期到全新世增加 10%~40%，在全新世晚期相对减少。对于造成黄土高原 C4 植物末次冰盛期到全新世这种变化趋势的原因，主要观点认为东亚季风强度增大引起了全新世中期温度升高和降水量增加，其中温度是主控因素，是最终导致 C4 相对丰度变化的主要原因（Liu et al.，2005b）。在其他气候条件没有变化的情况下，CO_2 浓度的变化无论是在更新世还是在全新世都不足以触发 C4 相对丰度的大幅度变化（顾兆炎等，2003；Vidic and Montañez，2004）。

7.5.3　黄土高原全新世古气候演化特征

黄土高原的形成演化历史与亚洲季风环境、内陆干旱环境的形成演化及区域构造历史密切相关。亚洲季风系统是全球气候系统的重要组成部分，包含南亚季风（西南季风）、东亚季风（东南季风）和亚洲冬季风三个主要环流分支，它们与亚洲内陆荒漠形成于同一时代，是一种协同演化，既相互独立，又有着密切的相互作用，共同影响着亚洲大陆大范围地区的气候和生态格局（郭正堂和侯甬坚，2010）。

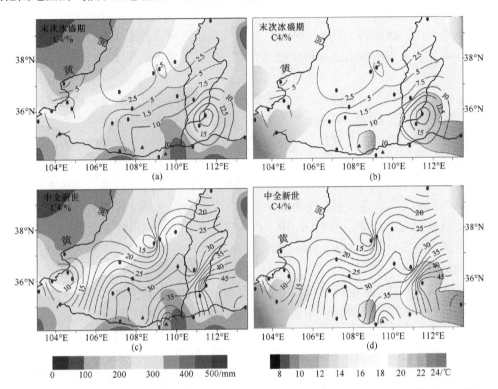

图 7.12　末次冰盛期和中全新世黄土高原 C4 植被分布等值线［图改自 Yang 等（2015）］

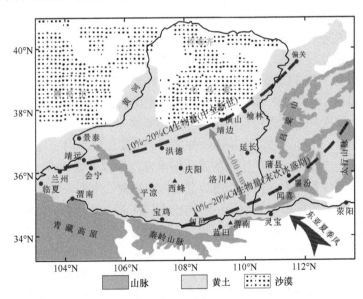

图 7.13　全新世黄土高原地区东亚季风降雨带自东南向西北推移示意图［图改自 Yang 等（2015）］

选择合适的指标并确定可靠的年代是重建全新世气候和环境变化的关键。在干旱和半干旱地区，黄土—古土壤序列对气候变化响应敏感，适用于古气候和古环境演变的研究（Ding et al.，1993）。在黄土—古土壤序列中存在很多复杂的序列，这些全新世黄土—古土壤序列可能归因于季风气候的波动（Zhou and An，1994；Huang et al.，2000）。通常情况下，在间冰期由于夏季风环流增强，气候较为温暖湿润（Porter，2001）。间冰期成土作用使得土壤磁性增强，现在已成为岩石磁性界的公认事实（Evans and Heller，2003）。

天水盆地位于黄土高原西部，区内发育连续堆积的厚层风成黄土，是记录区域气候环境变化的理想研究材料。刘俊余等（2019）通过对天水盆地狮家崖剖面典型黄土—古土壤剖面的地球化学特征及沉积学与物理学性质的研究，认为天水盆地全新世以来气候变化可以分为三个阶段：全新世早期（11.5～8.5 ka BP）气候温凉；全新世中期（8.5～3.1 ka BP）气候总体暖湿，有波动；全新世晚期（约 3.1 ka BP 以来）气候凉爽干旱。黄土高原西部的定西、秦安剖面孢粉记录显示，在全新世大部分时期草原或森林草原植被为主要植被景观；在 7.5～5.5 ka BP，森林植被显著扩张，反映出比现代环境更为温暖和潮湿的气候环境条件；3.8 ka BP 之后，旱生植被开始扩展，指示气候开始变干（Tang and An，2007）。

路彩晨等（2018）选取黄土高原中部的安塞黄土剖面为研究对象，对其磁学特征进行了系统分析。在早全新世至中全新世早期（10.0～8.5 ka BP）安塞剖面黄土层中磁性矿物含量较低且呈递增趋势，表现为温度高和降水量较多的气候组合。中全新世（8.0～3.0 ka BP）古土壤层中磁性矿物含量较高，进一步可划分为三个小阶段：①8.0～5.0 ka BP，地层中强磁性矿物含量高，对应高温、高湿的气候组合；②5.0～4.0 ka BP，地层中强磁性矿物含量明显降低，对应较干旱气候；③4.0～3.0 ka BP 地层中强磁性矿物含量较高，对应较低温度和较高降水的气候组合。晚全新世（3.0 ka BP 以来）黄土层中磁性矿物含量很低并呈递减趋势，对应低温低湿的气候组合。

高分辨率花粉分析重建古植被演化历史是帮助人们理解气候变化、生态恢复和人类对环境影响的重要工具。程玉芬（2011）对黄土高原北部靖边、富县两个剖面孢粉数据进行分析，重建了 2.6 万年来靖边县、富县植被变化的历史，并对比了全新世早—中期两区域植被对气候变化的响应特征。孢粉分析结果显示，2.6 万年以来两地一直发育以蒿为主的草原植被。但是，除蒿属植物以外，其他主要植物在时间和空间上都有明显的变化。全新世早—中期植物种类比末次盛冰期丰富，沙漠植被减少，落叶阔叶树增加，表明气候变得温暖湿润。末次盛冰期靖边县地区有以蒿、藜和其他菊科（非蒿属）为主的荒漠植被，而富县地区藜和其他菊科植物较少，且含少量禾本科植物，植被类型类似于干草原型的冷蒿草原。全新世早—中期，靖边地区仍然有一些藜和其他菊科植物生长，植被类型接近冷蒿—荒漠草原，而富县地区植物种类丰富，榛属植物增加，含少量禾本科植物，藜和其他菊科植物非常少，植被类型接近蒿类—草甸草原。结合黄土高原其他地区孢粉记录进一步对比显示，无论是末次盛冰期还是全新世早—中期，黄土高原都存在一定的气候梯度，即越往北气候相对越干冷，和现代的气候格局类似。全新世早—中期植被的空间差异比末次盛冰期显著，表明全新世早—中期的气候梯度似乎大于末次盛冰期。

Shang 和 Li（2010）通过对黄土高原南部渭河平原新店和北村庄两个剖面高分辨率孢粉记录进行研究，重建了全新世以来渭河流域古植被演化历史，结果显示在 8.2～7.7 ka BP 和 5.5～4.7 ka BP 植被类型以禾本科植物为主，在 7.7～5.5 ka BP 植被类型以森林草原为主。渭河流域花粉记录表明，位于黄土高原南塬并具有黄土高原地区最优良水热条件的渭河流域，其植被类型以疏林草原和草原为主。在全新世最适时期，森林广泛扩展，但仅在沟壑区。地形单元、土壤成分和黄土厚度是影响植被发育的重要控制因子，同时温度和降水也是影响植被生长的重要控制因子。

Sun 等（2017）根据来自黄土高原不同地形单元 41 个地点的孢粉化石对黄土高原不同地貌单元植被分布进行了重建，结果显示森林主要分布在山区，草原植被在塬区占优势地位，荒漠植被主要生长在黄土与沙漠过渡带。在全新世中期，沟壑区的植被表现出明显的空间差异。此外，在 9.0～4.0 ka BP，由东亚夏季风引起的降水量达到最大值，在此期间各地形单元植被都发育良好，这表明东亚季风是控制植被演变的主要因素之一。

对黄土高原 6 个剖面（苏家湾剖面、大地湾剖面、硝沟剖面、海原剖面、铜川剖面、耀县剖面，剖面从东南向西北分布）（孙爱芝等，2008；仵慧宁，2009；王盼丽等，2016；李小强等，2003）的植被演化总结发现，在 12.0～9.0 ka BP，各剖面研究结果都反映出当时为干草原或者荒漠草原环境，植物以菊科、禾本科为主；在 9.0 ka BP 左右气候好转，针叶树（松属、冷杉属）、落叶树（榆属）等植物花粉增多，疏林或森林草原景观出现；此后 4.0 ka BP 至今，针叶树、阔叶树花粉含量下降，蒿属、菊科和耐旱的藜科等草本植物花粉含量上升，指示气候变冷变干，植被过渡为草原或荒漠草原。

然而，无论是磁化率还是孢粉，指示的都是气候相对的干湿、冷暖变化，无法准确反映温度、降水的实际数值。Peterse 等（2011）基于黄土—古土壤序列中土壤细菌支链四乙醚膜脂的分布，对黄土高原最东南缘的邙山剖面 34.0 ka BP 以来的古温度进行了重建［图 7.14（b）］，综合其他气候指标，研究结果显示邙山剖面温度在全新世开始（约 12.0 ka BP）时达到最大值约 27℃，其总体变化趋势与 65°N 日照辐射相似。值得注意的是，该研究指出自末次冰消期以来，东亚季风降水增强时期与大陆变暖时期相比，有明显的滞后效应，大约滞后 3.0 ka。这也就意味着，黄土高原降水量最大的时期并不是全新世以来温度最高的时期。在前人所做的研究中，也曾指出全新世大暖期并非全新世温度最高的时期。

黄土高原内部一些年代控制较好的黄土记录有助于分析夏季风对低纬度日照辐射量存在滞后响应这一问题，如渭南地区的孢粉分析结果显示，黄土高原南部植被在 11.8 ka BP 以后显著增加（孙湘君和孙孟蓉，1996），表明季风当时已经增强。黄土高原北部岱海湖的湖泊钻孔花粉分析表明，从约 12.0 ka BP 以后，花粉浓度迅速增加，流域发育以白桦林为特征的森林草原植被。虽然木本花粉含量在 8.0 ka BP 以后进一步增加，但这主要是由松属花粉的增加所致（许清海等，2004；Xiao et al.，2004）。从这些湖泊和黄土记录推断来看，8.0 ka BP 以后的这种变化很可能是由温度升高而非降水因素所

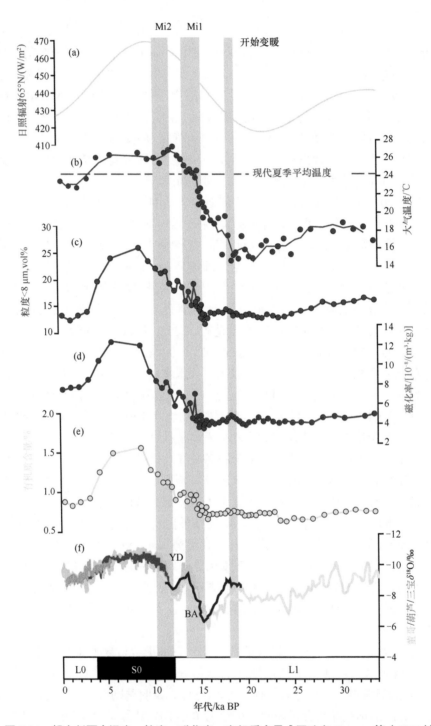

图 7.14 邙山剖面古温度、粒度、磁化率、有机质含量［图改自 Peterse 等（2011）］

致。已有研究表明，东亚冬季风环流在轨道时间尺度（一般指万年尺度）和构造时间尺度（Ding et al.，1995；Guo et al.，2004）都与北半球高纬冰盖和海冰的发展过程密切相关，较大的北极冰盖和较大范围的海冰对冬季风环流有显著的加强效应，而后者对黄土高原地区环境有深刻的影响。北极冰盖主要受高纬夏季日照量变化影响，且冰盖的消融对高纬日照量具有滞后响应的特征（Ruddiman，2003；Lisiecki and Raymo，2005）。全新世早期，虽然夏季风环流受低纬日照量增加的影响而显著加强，但当时北极冰盖依然较大，导致冬季风环流较强，冬半年气候较为干冷，这种效应会随着冰盖的融化逐渐减小。在这种全球背景下，东亚夏季风环流随北半球低纬日照量的变化于 11.5 ka BP 前后开始加强，到全新世中期 6.0 ka BP 以后减弱，是黄土高原气候在全新世前期总体湿润、后期总体呈变干趋势的主要原因。虽然一些研究表明全新世中期有千年尺度的夏季风相对减弱（Guo et al.，2000；Chen et al.，2001），但与其他时期相比仍然较强，此后逐渐减弱。而这应当是很多全新世记录显示的约 8.0 ka BP 以后为大暖期的主要原因（施雅风等，1992）。在全新世大暖期，季风降水可能并不是最多的，但年均气温可能是最高的，从这个意义上讲，平时所说的气候适宜期应当理解为考虑了温度和降水平均状况的一个综合概念（郭正堂和侯甬坚，2010）。

7.6　三大高原古植被及古气候演化特征

7.6.1　三大高原现代 C3、C4 植物分布特征

基于目前的调查研究来看，无论是黄土高原还是内蒙古高原，其现代 C4 植物相对丰度均呈现由西北向东南方向增加的趋势。在现代温度整体较高的条件下，降水是影响黄土高原 C4 植物生长的主要因素。内蒙古高原 C4 植物影响因素主要是温度和降水，其中温度是最主要的控制因素。无论是黄土高原还是内蒙古高原都显示存在一个控制 C4 植物生长的温度阈值，这个温度不利于 C4 植物的生长。

青藏高原海拔高、温度低，达不到 C4 植物生长的阈值温度，但研究显示，青藏高原 C4 光合作用途径的植物有 7 科 46 属 79 种（Wang，2003）。这进一步说明尽管高海拔地区气候寒冷，但其他有助于 C4 植物生长的环境条件，如高于沿海 20% 的日照辐射，夏季降水超过全年的 50% 和高盐度土壤（盐度>10 ppt），使得 C4 植物能够与 C3 植物竞争（Pyankov et al.，2000）。此外，C4 光合作用在干冷、盐度适应条件下能够演化出分支，如在亚洲沙漠广泛存在狭义的藜科、真双子叶植物，它们可能消除了对一些 C4 植物严格温度限制（Pyankov et al.，2000；Kadereit et al.，2012）。本次研究结果显示，青藏高原东部地区现代 C4 植被具有自西北向东南方向增加的趋势，可能主要受控于季风强度变化带来的降水和温度差异，而西部地区 C4 植被的分布可能主要受控于西风带来的水汽。

7.6.2　三大高原全新世 C3、C4 植物演化特征

黄土高原 C4 植物从末次冰盛期到全新世增加 10%～40%，在全新世晚期相对减少，且不论是在末次冰盛期还是全新世，都具有从东南向西北减少的变化趋势（顾兆

炎等，2000；Yang et al.，2015）。对于 C4 植物相对丰度从末次冰盛期到全新世增加的机制，有学者认为这种情况更多是由东亚夏季风增强导致的（Liu et al.，2005b）。也有学者认为，温度是导致全新世 C4 植物相对丰度增加的最主要的区域性因素，而不是夏季风加强的结果。相反，夏季风增强，即降水量的增加只可能降低 C4 植物冰期—间冰期增加的幅度，在温度基本不变时，C4 植物相对丰度降低才是夏季风增强的标志（顾兆炎等，2003；Gu et al.，2003）。此外，还有一种观点认为生长季节适宜的温度和降水有助于 C4 植物生长（Yang et al.，2015）。顾兆炎等（2003）认为黄土高原 C4 植物相对丰度与温度正相关，与降水负相关，并且与 4 月温度和降水的这种关系更加密切。总体而言，黄土高原全新世以来的 C4 植物相对丰度变化主要受季风强度、温度和降水的控制。

内蒙古地区 C4 植被演化历史研究相对较少，分辨率较低。前人研究显示毛乌素沙地和科尔沁沙地在早全新世较高的太阳辐射下，高温再升高，导致 C4 植物明显扩张，而浑善达克沙地气候更为寒冷，低温抑制了 C4 植物的生长，这表明温度是影响 C4 植物扩张的重要因素（Lu et al.，2012）。科尔沁地区两个剖面全新世以来的 C4 植被相对丰度重建结果与该地区来自东亚季风边缘的湖泊沉积物和古土壤剖面记录均表明，科尔沁地区气候演化受东亚季风带来的降水和北半球夏季日照辐射控制，同时这些因素也影响着 C4 植被生物量的变化。

青藏高原地区关于 C4 植物演化历史的研究明显不足，目前较好的记录显示，在末次冰盛期和全新世早期（13.7～8.3 ka BP），尽管温度较低，但夏季日照辐射强，CO_2浓度约为 250ppmv，夏季降水充足，C4 植物相对丰度较高（约 50%）（Thomas et al.，2014）。相对于之前一些学者认为青藏高原气候环境恶劣，C4 植物可能不存在或者存在极少的观点（Collatz et al.，1998；Still et al.，2003），Thomas 等（2014）认为在地质历史时期 C4 植物生长的温度范围比现代 C4 植物分布的温度范围和模型模拟的生长温度范围更广，C4 植物的生长由气候因素和环境条件共同决定，这些因素条件包括温度、辐射强度、降水量和季节性、土壤盐度。因此，32.0 ka BP 以来青藏高原是存在 C4 植物的，并且 C_{28} 脂肪酸单体碳同位素重建的 C4 植物演化历史表明在末次冰消期晚期和早全新世青藏高原存在着大量的 C4 植物。

7.6.3 三大高原全新世气候演化特征

近几十年来，从青海湖沉积岩心和青藏高原东北部周边地区的各种地质档案中获得了一系列全新世古气候记录。目前通过青海湖、可鲁克湖、苦海等众多湖泊钻孔岩心的主要古气候重建数据，以及来自周边地区湖泊和风成沉积物的其他证据，结合植被历史，基于花粉的降水重建、风成活动、湖泊水深/湖面变化、盐度等指标结果，重建的青藏高原东北部全新世以来的气候记录显示，全新世早期出现了相对干燥的气候和较弱的东亚夏季风，湖泊水位较低。但总体而言，在全新世早期，水分和降水开始增加，在全新世中期达到最大值，在全新世晚期减少，这与中国北部东亚夏季风的模式相似（Chen et al., 2016）。在部分地区，晚全新世表现为冷湿的气候特征，这可能受西风的影响。

青藏高原南部地区的气候变化受印度夏季风、东亚夏季风和西风带的共同影响，不同季风强度，其所带来的温度、降水、影响区域的大小和位置都对青藏高原南部地区的古环境、气候变迁有重要影响，彼此之间的相互作用对青藏高原南部地区气候系统的变化起着至关重要的作用。

黄土高原气候记录对比显示，无论是末次盛冰期还是全新世早—中期，黄土高原都存在一定的气候梯度，即越往北气候相对越干冷，和现代气候格局类似。全新世早—中期植被的空间差异比末次盛冰期显著，表明全新世早—中期的气候梯度似乎大于末次盛冰期。从目前的研究情况来看，黄土区的降水主要源于东亚季风携带的水汽。早期研究认为西南季风携带的水汽经云贵高原和四川盆地也可到达黄土高原，对黄土高原地区环境也有一定的影响。这就意味着东亚季风对黄土区降水的影响占主导地位，而西南季风的影响处于相对次要的地位。虽然定年、指标的选择以及研究区域等不同因素的影响，使得黄土高原全新世以来气候变化记录不尽相同，但总体而言，11.0 ka BP左右季风降水开始增加，使得全新世早期的气候总体湿润，湖面较高，自全新世中期约 6.0 ka BP 以后逐渐变干。这与南方石笋记录的季风变化在大趋势上是一致的，均支持季风环流对低纬日照量变化为一种快速响应过程。但也有一些记录显示，黄土高原北部一些湖泊的湖面升高发生在 9.0～8.0 ka BP 以后，这可能指示夏季风对低纬度日照辐射量为滞后响应。

内蒙古地区处于西风与东亚季风交汇区域，但全新世以来的研究结果表明内蒙古地区气候主要受东亚季风、日照辐射和北半球冰盖的影响。沿着东亚夏季风边缘，全新世东亚季风带来的降水量最大的时期，从东北至西南最早开始于 11.0 ka BP，最晚结束于 2.0 ka BP，总体而言集中在 9.0～3.0 ka BP，但相对于整个全新世而言，这些研究结果所展现出来的全新世降水量最大时期差异较大，研究结果差异较大。

7.6.4　三大高原古植被及古气候研究存在的问题

目前有关青藏高原地质历史时期气候条件、变化特征以及对季风的响应模式，在青藏高原西部、中部、东南部和东部以及东北部地区研究成果丰富，而南部地区相关研究较少（Zhu et al., 2009）。研究时代大多为全新世及全新世以来气候的变化情况。然而基于不同湖泊的岩心，有时甚至是同一个岩心的不同环境指标所重建的全新世气候变化和亚洲季风演化模式往往也并不一致（Chen et al., 2016）。例如，通过碳酸盐、介形虫壳氧同位素和地球化学元素指标等重建的青藏高原东北部地区气候在全新世早期被认为是最湿润、东亚季风最强盛的时期（Lister et al., 1991；Liu et al., 2007；An et al., 2012）。但也有研究表明，在青海湖地区，早全新世气候相对较为干燥，东亚季风强度较小。总体而言，关于全新世以来的气候演化特征还存在一些矛盾，研究的区域不够全面，研究成果的分辨率还不够高（Nishimura et al., 2014）。

　　对黄土高原而言，厚层黄土—古土壤沉积序列为长尺度气候变化的周期、变化特征、驱动因素等提供了较为详尽的研究资料。但对于千年尺度的气候变化研究，由于黄土高原内部缺乏相关记录，关于全新世千百年尺度气候变化的资料主要来源于周边邻近地区，虽然黄土高原与这些周边地区受统一的季风环流控制，对于黄土高原的气候演化历史有代表性，但在一定程度上还是存在差别。虽然黄土高原地区气候主要受控于东亚季风，但目前对东亚季风在不同时间尺度的驱动因素和机制均仍存在不同看法。在轨道尺度上，突出表现为季风对低纬日照量是快速响应还是具有一定的滞后性，而全球性的千年尺度上的气候变化也有"高纬驱动"和"低纬驱动"之争（汪品先，2009；郭正堂和侯甬坚，2010）。

　　内蒙古地区相对于黄土高原，其地貌特征更为丰富，沙漠、草原、森林、湖泊分布广泛，对于全新世早—中—晚期气候变化特征研究较多，但对于千百年尺度事件的研究比较缺乏。再者，内蒙古高原处于东亚季风和西风交界地带，而东亚季风和西风交界地质历史时期以来有多次变化。因此，全新世以来，东亚季风北界影响范围，以及气候主导因素是西风还是东亚季风等问题有待进一步明确。在过去二三十年间，关于蒙古高原水汽变化的争论一直存在，如来自蒙古高原北部、西伯利亚南部和中国全新世适宜期的研究结果显示，其在 9.5~3.3 ka BP 湿度较高，因此认为东亚季风最强盛时期一定到达了阿尔泰山脉北麓（Wang and Feng，2013），也有人认为西风占主导地位的中亚地区湿度变化与季风占主导地位的中国地区湿度变化相似（Herzschuh et al.，2006）。

参 考 文 献

陈英勇, 鹿化煜, 张恩楼, 等. 2013. 浑善达克沙地地表沉积物有机碳同位素组成与植被-气候的关系. 第四纪研究, 33(2): 351-359.

程玉芬. 2011. 2.6 万年以来黄土高原中北部的植被和气候变化. 北京: 中国地质大学(北京).

顾兆炎, 韩家懋, 刘东生. 2000. 中国第四纪黄土地球化学研究进展. 第四纪研究, 20(1): 41- 55.

顾兆炎, 刘强, 许冰, 等. 2003. 气候变化对黄土高原末次盛冰期以来的 C3/C4 植物相对丰度的控制. 科学通报, (13): 1458-1464.

郭正堂, 侯甬坚. 2010. 第 1 章黄土高原全新世以来自然环境变化概况. 北京: 中国科学院地质与地球物理研究所第十届(2010 年度)学术年会.

李小强, 安芷生, 周杰, 等. 2003. 全新世黄土高原塬区植被特征. 海洋地质与第四纪地质, (3): 109-114.

刘俊余. 2019. 天水盆地土壤沉积物记录的全新世气候变化规律. 西安: 陕西师范大学.

刘卫国, 宁有丰, 安芷生, 等. 2002. 黄土高原现代土壤和古土壤有机碳同位素对植被的响应.中国科学(D 辑), 32(10): 830-836.

路彩晨, 贾佳, 高福元, 等. 2018. 全新世安塞剖面的磁学特征变化历史及其受控因子分析. 海洋地质与第四纪地质, 38(5): 178-184.

毛沛妮. 2018. 汉江一级阶地形成时代及其上覆黄土对 MIS-3 以来气候变化的响应研究. 西安: 陕西师范大学.

牛书丽, 蒋高明, 李永庚. 2004. C3 与 C4 植物的环境调控. 生态学报, 24(2): 308-314.

饶志国, 陈发虎, 曹洁, 等. 2005. 黄土高原西部地区末次冰盛期和全新世有机碳同位素变化与

C_3/C_4 植被类型转换研究. 第四纪研究, 25(1): 107-114.

饶志国, 陈发虎, 张晓, 等. 2012. 末次冰盛期以来全球陆地植被中 C3/C4 植物相对丰度时空变化基本特征及其可能的驱动机制. 科学通报, 57(18): 1633-1645.

施雅风, 孔昭宸, 王苏民, 等. 1992. 中国全新世大暖期的气候波动与重要事件. 中国科学(B 辑化学生命科学地学), (12): 1300-1308.

孙爱芝, 冯兆东, 唐领余, 等. 2008. 13 ka BP 以来黄土高原西部的植被与环境演化. 地理学报, (3): 280-292.

孙湘君, 孙孟蓉. 1996. 黄土高原南缘最近 10 万年来的植被. 植物学报: 英文版, 38(12): 982-988.

王国安, 韩家懋, 周力平. 2002 中国北方 C3 植物碳同位素组成与年均温度关系. 中国地质, 29 (1): 55-57.

王国安, 韩家懋. 2001a. 中国西北 C3 植物的碳同位素组成与年降雨量关系初探. 地质科学, 36(4): 494-499.

王国安, 韩家懋. 2001b. C3 植物碳同位素在旱季和雨季中的变化. 海洋地质与第四纪地质, 21(4): 43-47.

王国安, 韩家懋, 刘东生. 2003. 中国北方黄土区 C3 草本植物碳同位素组成研究. 中国科学(D 辑), 33(6): 550-556.

汪品先. 2009. 全球季风的地质演变. 科学通报, 54(5): 535-556.

王盼丽. 2016. 黄土高原全新世以来植硅体记录及古气候研究. 石家庄: 河北地质大学.

仵慧宁. 2009. 陇中黄土高原祖厉河流域 25 ka 以来的植被与环境变化研究. 兰州: 兰州大学.

徐新良, 王靓, 蔡红艳. 2016. "丝绸之路经济带"沿线主要国家气候变化特征. 资源科学, 38(9): 1742-1753.

徐新良, 张亚庆. 2017. 中国气象背景数据集. 中国科学院资源环境科学数据中心数据注册与出版系统 (http://www.resdc.cn/DOI), 2017.DOI:10.12078/2017121301.

许清海, 肖举乐, 中村俊夫, 等. 2004. 全新世以来岱海盆地植被演替和气候变化的孢粉学证据. 冰川冻土, (1): 73-80.

杨石岭, 董欣欣, 肖举乐. 2019. 末次冰盛期以来东亚季风变化历史-中国北方的地质记录. 中国科学: 地球科学, 49(8):1169-1181.

张博, 宁有丰, 安芷生, 等. 2015. 黄土高原现代 C4 和 C3 植物生物量及其对环境的响应. 第四纪研究, 35(4): 801-808.

张蕾. 2016. "21 世纪海上丝绸之路"背景下的南海周边国家应对气候变化合作探讨. 东南亚研究, (6): 11-19.

张晓, 贾鑫, 饶志国. 2013. 陇西黄土高原东南部地区末次冰盛期以来 C3/C4 植物相对丰度变化及其区域性剖面的对比研究. 第四纪研究, 33(1): 187-196.

赵得爱, 吴海斌, 吴建育, 等. 2013. 过去典型增温期黄土高原东西部 C3/C4 植物组成变化特征. 第四纪研究, 33(5): 848-855.

An Z S, Colman S M, Zhou W J, et al. 2012. Interplay between the Westerlies and Asian monsoon recorded in Lake Qinghai sediments since 32 ka. Scientific Report, 2: 619.

Auerswald K, Wittmer M H O M, Männel T T, et al. 2009. Large regional-scale variation in C3/C4 distribution pattern of inner Mongolia steppe is revealed by grazer wool carbon isotope. Biogeosciences, 6: 795-805.

Cavagnaro J B. 1988. Distribution of C3 and C4 grasses at different altitudes in a temperate arid region of Agentina. Oecologia, 76: 273-277.

Cerling T E, Harris J M, MacFadden B J, et al. 1997. Global vegetation change through the Miocene/Pliocene boundary. Nature, 389: 153-158.

Cerling T E, Wang Y, Quade J, et al. 1993. Expansion of C4 ecosystems as indicator of global ecological change in the Late Miocene. Nature, 361: 344-345.

Chen F, Xu Q, Chen J, Birks B, et al. 2015. East Asian summer monsoon precipitation variability since the last deglaciation. Scientific Report, 5: 11186.

Chen F H, Wu D, Chen J H, et al. 2016. Holocene moisture and East Asian summer monsoon evolution in the northeastern Tibetan Plateau recorded by Lake Qinghai and its environs: A review of conflicting proxies. Quaternary Science Review, 154: 111-129.

Chen F H, Zhu Y, Li J, et al. 2001. Abrupt Holocene changes of the Asian monsoon at millennial-and centennial-scales: Evidence from lake sediment document in Minqin Basin, NW China. Chinese Science Bulletin, 46: 1942-1947.

Cheung M C, Zong Y, Zheng Z, et al. 2014. A stable mid-late Holocene monsoon climate of the central Tibetan Plateau indicated by a pollen record. Quaternary International, 333: 40-48.

Cheung M C, Zong Y Q, Wang N, et al. 2015. $\delta^{13}C_{org}$ and n-alkane evidence for changing wetland conditions during a stable mid-late Holocene climate in the central Tibetan Plateau. Palaeogeography, Palaeoclimatology, Palaeoecology, 438: 203-212.

Clark P U, McCabe A M, Mix A C, et al. 2004. Rapid rise of sea level 19,000 years ago and its global implications. Science, 304: 1141-1144.

COHMAP Members. 1988. Climatic changes of the last 18,000 years: Observations and model simulations. Science, 241: 1043-1052.

Collatz G J, Berry J A, Clark J S. 1998. Effects of climate and atmospheric CO_2 partial pressure on the global distribution of C4 grasses: Present, past, and future. Oecologia, 114: 441-454.

Deines P. 1980. The isotopic composition of reduced organic carbon//Fritz P, Fontes J C, eds. Handbook of Environmental Isotope Geochemistry I, the Terrestrial Environment. Amsterdam: Elsevier.

Dengler N G, Nelson T. 1999. Leaf structure and development in C4 plants//Sage R F, Monson R K, eds. C4 Plant Biology. San Diego Academic Press: 133-172.

Ding Z L, Rutter N W, Liu T. 1993. Pedostratigraphy of Chinese loess deposits and climatic cycles in the last 2.5 Ma. Catena, 20: 73-91.

Ding Z l, Liu T S, Rutter N W, et al. 1995. Ice-Volume forcing of East Asian winter monsoon variations in the past 80000 years. Quaternary Research, 44: 149-159.

Dykoski C A, Edwards R, Hai C, et al. 2005. A high-resolution, absolute-dated Holocene and deglacial Asian monsoon record from Dongge Cave, China. Earth & Planetary Science Letters, 233: 71-86.

Edwards E J, Osborne C P, Stromberg C A. et al. 2010. The origins of C4 grasslands: Integrating evolutionary and ecosystem science. Science, 328: 587-591.

Edwards E J, Smith S A. 2010. Phylogenetic analyses reveal the shady history of C4 grasses. Proceeding of the National Academy of Sciences, 107: 2532-2537.

Ehleringer J R. 1978. Implications of quantum yield differences to the distributions of C3 and C4 grasses. Oecologia, 31: 255-267.

Ehleringer J R, Cerling T E, Helliker, B R. 1997. C4 photosynthesis, atmospheric CO_2, and climate. Oecologia, 112: 285-299.

Ehleringer J R, Pearey R W. 1983. Variation in quantum yields for CO_2 uptake among C3 and C4 Plants. Plant Physiol, 73: 555-559.

Evans M E, Heller F. 2003. Environmental Magnetism: Principles and Applications of Enviromagnetics. Elsevier Science, Academic Press.

Fairbanks R G A. 1989. 17,000-year glacio-eustatic sea level record: influence of glacial melting rates on the Younger Dryas event and deep-ocean circulation. Nature, 342: 637-642.

Feng X, Epstein S. 1995. Carbon isotope of trees from arid environments and implications for reconstructing atmospheric CO_2 concentration. Geochimica et Cosmochimica Acta, 59: 2599-2608.

Freeman K H, Colarusso L A. 2001. Molecular and isotopic records of C4 grassland expansion in the Late Miocene. Geochimica et Cosmochimica Acta, 65: 1439-1454.

Gu Z Y, Liu Q, Xu B. et al. 2003. Climate as the dominant control on C3 and C4 plant abundance in the

Loess Plateau: Organic carbon isotope evidence from the last glacial-interglacial loess-soil sequences. Chinese Science Bulletin, 48: 1271-1276.

Guo Z T, Peng S Z, Hao Q Z. et al. 2004. Late Miocene-Pliocene development of Asian aridification as recorded in the Red-Earth Formation in northern China. Global and Planetary Change, 41: 135-145.

Guo L C, Xiong S F, Dong X X, et al. 2019. Linkage between C4 vegetation expansion and dune stabilization in the deserts NE China during the late Quaternary. Quaternary International, 503: 10-23.

Guo Z T, Maire M B, Kröpelin S. 2000. Holocene non-orbital climatic events in present-day arid areas of northern Africa and China. Global and Planetary Change, 26: 97-103.

Hatch M D. 1999. C4 photosynthesis: A historical overview// Sag E R F, Monson R K. C4 Plant Biology. San Diego: Academic Press: 17-46.

Herzschuh U, Winter K, Wünemann B, et al. 2006. A general cooling trend on the central Tibetan Plateau throughout the Holocene recorded by the Lake Zigetang pollen spectra. Quaternary International, 154: 113-121.

Huang C C, Zhou J, Pang J, et al. 2000. A regional aridity phase and its possible cultural impact during the Holocene Megathermal in the Guanzhong Basin, China. The Holocene, 10: 135-142.

Huang L, Liu J, Shao Q, et al. 2011. Changing inland lakes responding to climate warming in northeastern Tibetan Plateau. Climate Change, 109: 479-502.

IPCC. 2022. IPCC Sixth Assessment Report (AR6): Climate Change 2021: The Physical Science Basis. Contribution of Working Group I to the Sixth Assessment Report of the Intergovernmental Panel on Climate Change. Cambridge, United Kingdom and New York, NY, USA: Cambridge University Press.

Jiang W, Guo Z, Sun X, et al. 2006, Reconstruction of climate and vegetation changes of Lake Bayanchagan (Inner Mongolia): Holocene variability of the East Asian monsoon. Quaternary Research, 65: 411-420.

Kadereit G, Ackerly D, Pirie M D. 2012. A broader model for C4 photosynthesis evolution in plants inferred from the goosefoot family (Chenopodiaceae s s.). Proceedings Biological Sciences, 279: 3304-3311.

Kanai R, Edwards G E. 1999. The biochemistry of C4 photosynthesis//Sage R F, Monson R K, eds. C4 Plant Biology. San Diego: Academic Press.

Krishnamurthy R V, Epstein S. 1990. Glacial-interglacial excursion in the concentration of atmospheric CO_2: Effect in the $^{13}C/^{12}C$ ratio in wood cellulose. Tellus, 42: 423-434.

Li G Q, She L L, Jin M, et al. 2018. The spatial extent of the East Asian summer monsoon in arid NW China during the Holocene and Last Interglaciation. Global and Planetary Change, 169: 48-68.

Lisiecki L E, Raymo M E. 2005. A PliocenE-Pleistocene stack of 57 globally distributed benthic $\delta^{18}O$ records. Paleoceanography, 20(1): 1-17.

Lister G S, Kelts K R, Chen K Z, et al. 1991. Lake Qinghai, China: Closed-basin lake levels and the oxygen isotope record for Ostracoda since the latest Pleistocene. Palaeogeography, Palaeoclimatology, Palaeoecology, 84: 141-162.

Liu W, Ning Y, An Z, et al. 2005a. Carbon isotopic composition of modern soil and paleosol as a response to vegetation change on the Chinese Loess Plateau. Science China Earth Science, 48: 93-99.

Liu W G, Huang Y S, An Z S, et al. 2005b. Summer monsoon intensity controls C4/C3 plant abundance during the last 35 ka in the Chinese Loess Plateau: Carbon isotope evidence from bulk organic matter and individual leaf waxes. Palaeogeography, Palaeoclimatology, Palaeoecology, 220: 243-254.

Liu X, Cheng Z, Yan L, et al. 2009. Elevation dependency of recent and future minimum surface air temperature trends in the Tibetan Plateau and its surroundings. Global & Planetary Change, 68: 164-174.

Liu X, Shen J, Wang S, et al. 2007. Southwest monsoon changes indicated by oxygen isotope of ostracode shells from sediments in Qinghai Lake since the late Glacia. Chinese Science Bulletin, 52: 539-544.

Lu H Y, Zhou Y L, Liu W G, et al. 2012. Organic stable carbon isotopic composition reveals late Quaternary vegetation changes in the dune fields of northern China. Quaternary Research, 77: 433-444.

Ma X Y, Wei Z F, Wang Y L, et al. 2011. Reconstruction of climate changes based $\delta^{18}Ocarb$ on northeastern Tibetan Plateau: A 16.1-cal kyr BP record from Hurleg Lake. Frontiers in Earth Science, 10.

Marcott S, Shakun J, Clark P, et al. 2013. A Reconstruction of Regional and Global Temperature for the Past 11,300 Years. Science, 339: 1198-1201.

Ma X Y, Wei Z F, Wang Y L, et al. 2021. Speculation for quantifying increased C4 plants under future climate conditions: Inner Mongolia, China case study. Quaternary International, 592: 97-110.

Ma X Y, Wei Z F, Wang Y L, et al. 2023. Temperature and climatic seasonality affecting C3 vs C4 plants since the Last Deglacial on the northeastern Tibetan Plateau. Geochemistry Geophysics Geosystems, doi: 10.1029/2022GC010847.

Morgan M E, Kingston J D, Marino B D. 1994. Carbon isotopic evidence for the emergence of C4 plants in the Neogene from Pakistanand Kenya. Nature, 367: 162-165.

Nishimura M, Matsunaka T, Morita Y, et al. 2014. Paleoclimatic changes on the southern Tibetan Plateau over the past 19,000 years recorded in Lake Pumoyum Co, and their implications for the southwest monsoon evolution. Palaeogeography, Palaeoclimatology, Palaeoecology, 396: 75-92.

O'Leary M H. 1981. Carbon isotope fractionation in plants. Phytochemistry, 20: 533-567.

Opitz S, Zhang C J, Herzschuh U, et al. 2015. Climate variability on the south-eastern Tibetan Plateau since the Late glacial based on a multiproxy approach from Lake Naleng-comparing pollen and non-pollen signals. Quaternary Science Reviews, 115: 112-122.

Peng Y J, Xiao J L, Nakamura T, et al. 2005. Holocene East Asian monsoonal precipitation pattern revealed by grain-size distribution of core sediments of Daihai Lake in Inner Mongolia of north-central China. arth & Planetary Science Letters, 233: 467-479.

Peterse F, Prins M A, Beets C J, et al. 2011. Decoupled warming and monsoon precipitation in east Asia over the last deglaciation. Earth & Planetary Science Letters, 301: 256-264.

Porter S C. 2001. Chinese loess record of monsoon climate during the last glacial-interglacial cycle. Earth Science Review, 54: 115-128.

Prell W L, Kutzbach J E. 1992. Sensitivity of the Indian Monsoon to forcing pa-rameters and implications for its evolution. Nature, 360: 647-652.

Pyankov V I, Gunin P D, Tsoog S, et al. 2000. C4 plants in the vegetation of Mongolia: Their natural occurrence and geographical distribution in relation to climate. Oecologia (Berlin), 123: 15-31.

Quade J, Broecker W S. 2009. Dryland hydrology in a warmer world: Lessons from the Last Glacial period. European Physical Journal, 176: 21-36.

Quade J, Cerling T E. 1995. Expansion of C4 grasses in the Late Miocene of northern Pakistan: Evidence from stable isotopes in paleosols. Palaeogeography, Palaeoclimatology, Palaeoecology, 115: 91-116.

Quade J, Cerling T E, Bowman J R. 1989. Development of Asian monsoon revealed by marked ecological shift during the Latest Miocene in northern Pakistan. Nature, 342: 163-166.

Rao Z G, Guo W K, Cao J T, et al. 2017. Relationship between the stable carbon isotopic composition of modern plants and surface soils and climate: A global review. Earth-Science Reviews, 165: 110-119.

Ruddiman W F. 2003. Orbital insolation, ice volume, and greenhouse gases. Quaternary Science Reviews, 22: 1597-1629.

Sage R F, Li M, Monson R K. 1999a. The taxonomic distribution of C4 photosynthesis. San Diego: Academy Press: 551-558.

Sage R F, Wedin D A, Li M. 1999b. The biogeography of C4 photosynthesis: Patterns and controlling factors// Sage R F, Monson R K. C4 Plant Biology. San Diego: Academic Press.

Sanyal P, Bhattacharya S K, Kumar R, et al. 2004. Mio-Pliocene monsoonal record from Himalayan foreland basin (Indian Siwalik) and its relation to vegetational change. Palaeogeography, Palaeoclimatology, Palaeoecology, 205: 23-41.

Shang X, Li X Q. 2010. Holocene vegetation characteristics of the southern loess plateau in the Weihe River valley in China. Review of Palaeobotany and Palynology, 160: 46-52.

Shen J, Liu X, Wang S, et al. 2005. Palaeoclimatic changes in the Qinghai Lake area during the last 18,000 years. Quaternary International, 136: 131-140.

Still C J, Berry J A, Collatz G J, et al. 2003. Global distribution of C3and C4 vegetation: Carbon cycle implications. Biogeochemistry, Cycles, 17: 6-1-6-14.

Strömberg C A E. 2011. Evolution of grasses and grassland ecosystems. Annual Review of Earth & Planetary Sciences, 39: 517-544.

Sun A, Guo Z, Wu H, et al. 2017. Reconstruction of the vegetation distribution of different topographic units of the Chinese Loess Plateau during the Holocene. Quaternary Science Reviews, 173: 236-247.

Sun J M, Li S H, Han P, et al. 2006. Holocene environmental changes in the central Inner Mongolia, based on single-aliquot-quartz optical dating and multi-proxy study of dune sands. Palaeogeography, Palaeoclimatology, Palaeoecology, 233: 51-62.

Tang L Y, An C B. 2007. Pollen records of Holocene vegetation and climate changes in the Longzhong Basin of the Chinese Loess Plateau. Progress of National Science, 17: 1445-1456.

Thomas E K, Huang Y, Morrill C, et al. 2014. Abundant C4 plants on the Tibetan Plateau during the Late glacial and early Holocene. Quaternary Science Reviews, 87: 24-33.

Tieszen L L, Senyimba M M, Imbamba S K, et al. 1979. The distribution of C3 and C4 grasses and carbon isotope discrimination along an altitudinal and moisture gradient in Kenya. Oecologia, 37: 337-350.

Tietze W, Domrös M. 1987. The climate of China. Geo Journal, 14: 265-266.

Vidic N J, Montañez I P. 2004. Climatically driven glacial-interglacial variations in C3 and C4 plant proportions on the Chinese Loess Plateau. Geology, 32: 337.

Wang G, Feng X, Han J, et al. 2008. Paleovegetation reconstruction using $\delta^{13}C$ of Soil Organic Matter. Biogeosciences, 5:1325-1337.

Wang L, Lü H, Wu N, et al. 2004. Discovery of C4 species at high altitude in Qinghai-Tibetan Plateau. China Science Bullution, 49: 1392-1396.

Wang R Z. 2003. C4 Plants in the vegetation of Tibet, China: Their natural occurrence and altitude distribution pattern. Photosynthetica (Prague), 41: 21-26.

Wang W, Feng Z. 2013. Holocene moisture evolution across the Mongolian Plateau and its surrounding areas: A synthesis of climatic records. Earth-Science Reviews, 122: 38-57.

Wang Y J, Cheng H, Edwards R L, et al. 2005. The Holocene Asian monsoon: Links to solar changes and North Atlantic climate. Science, 308: 854-857.

Wen R L, Xiao J L, Chang Z G, et al. 2010. Holocene precipitation and temperature variations in the East Asian monsoonal margin from pollen data from Hulun Lake in northeastern Inner Mongolia, China. Boreas, 39: 262-272.

Xiao J L, Si B, Zhai D Y, et al. 2008. Hydrology of Dali Lake in central-eastern inner Mongolia and Holocene East Asian monsoon variability. Journal of Paleolimnology, 40: 519-528.

Xiao J L, Xu Q H, Nakamura T, et al. 2004. Holocene vegetation variation in the Daihai Lake region of north-central China: A direct indication of the Asian monsoon climatic history. Quaternary Science Review, 23: 1669-1679.

Yang S, Ding Z, Wang X, et al. 2012. Negative $\delta^{18}O$-$\delta^{13}C$ relationship of pedogenic carbonate from northern China indicates a strong response of C3/C4 biomass to the seasonality of Asian monsoon precipitation. Palaeogeography Palaeoclimatology Palaeoecology, 317-318: 32-40.

Yang S L, Ding Z L, Li Y Y, et al. 2015. Warming-induced northwestward migration of the East Asian monsoon rain belt from the Last Glacial Maximum to the mid-Holocene. Proceeding of the National Academy of Sciences, 112: 13178-13183.

Zhai D Y, Xiao J L, Zhou L, et al. 2011. Holocene East Asian monsoon variation inferred from species assemblage and shell chemistry of the ostracodes from Hulun Lake, Inner Mongolia. Quaternary Research, 75: 512-522.

Zhang Z H, Zhao M X, Lu H Y, et al. 2003. Lower temperature as the main cause of C4 plant declines during the glacial periods on the Chinese Loess Plateau. Earth and Planetary Science Letters, 214: 467-481.

Zhao Y, Yu Z, Chen F, et al. 2007. Holocene vegetation and climate history at Hurleg Lake in the Qaidam

Basin, northwest China. Review of Palaeobotany and Palynology, 145: 275-288.

Zhao Y, Yu Z, Zhao W. 2011. Holocene vegetation and climate histories in the eastern Tibetan Plateau: Controls by insolation-driven temperature or monsoon-derived precipitation changes. Quaternary Science Reviews, 30: 1173-1184.

Zhou W J, An Z S. 1994. Stratigraphic divisions of the Holocene loess in China. Radiocarbon, 36: 37-45.

Zhu L, Zhen X L, Wang J B, et al. 2009. A 30,000-year record of environmental changes inferred from Lake Chen Co, Southern Tibet. Journal of Paleolimnology, 42: 343-358.

第8章

生态脆弱区的现代气候和资源环境系统状态及时空演变①

摘　要

我国生态脆弱区域面积广大，中度以上生态脆弱区域约占国土空间的一半以上。在全球变化和人类活动双重影响下，其生态服务功能逐渐减弱，资源环境承载力下降，严重威胁着区域生态安全与可持续发展。因此，探明生态脆弱区的现代气候和资源环境系统状态及时空演变规律，可为揭示生态脆弱区资源环境承载力形成过程及其对全球变化响应机理提供理论依据和数据支持。

本章以我国六大典型生态脆弱区（干旱半干旱生态脆弱区、青藏高原生态脆弱区、西南岩溶石漠化生态脆弱区、黄土高原生态脆弱区、农牧交错带生态脆弱区和林草交错带生态脆弱区）为对象，基于1960～2016年气温和降水日值数据集，阐释了生态脆弱区过去近60年间气温和降水的时空变化规律，利用气候变化检测和极端气候指数（ETCCDI）阐明了生态脆弱区1960～2016年极端气候时空演变规律，并从大气环流的角度入手，揭示了生态脆弱区极端气候变化的主要影响机制；应用遥感技术手段，以生态系统NPP为研究对象，分析了1982～2018年生态脆弱区的气候变化以及人类活动导致的植被恢复和退化的空间格局，表明气候因素和人类活动对我国六个典型生态脆弱区的植被动态影响不同，气候因素是驱动植被恢复的主要因素，而人类活动是导致植被退化的主要原因；基于"中华人民共和国1:100万土壤类型图"以及全国第二次土壤普查土种调查数据转化生成的中国1 km土壤属性栅格数据分析了生态脆弱区表层（淋溶层）土壤属性空间格局特征，以整个北方农牧交错带（65.46万 km²）及其典型代表区域科尔沁沙地（面积12.05万 km²）为研究单元，开展了迄今为止在该类区域关于土壤有机碳（SOC）研究覆盖面积最广、取样密度最大的野外调查取样工作，以及精度最高的SOC储量估算；以典型生态脆弱区内的草

---

① 本章作者：王旭洋，段育龙，龚相文，陈云，李玉强；本章审稿人：赵东升，何念鹏。

地和森林生态系统植物、凋落物、土壤和土壤微生物为研究对象，通过沿降水和海拔梯度的样带野外调查，揭示了我国典型生态脆弱区 C、N、P 生态化学计量随环境梯度的变化规律和影响因素，阐明了植物、凋落物、土壤和土壤微生物系统 C、N、P 的协同关系以及元素在系统内的传递特征，揭示了植物、土壤微生物在环境变化下的养分利用策略与适应性；对于基于 Landsat TM 影像通过人机交互解译得到的土地沙漠化数据，依据沙漠化土地地表形态、植被及自然景观特征等对沙漠化程度进行定级分类，利用 GIS 探索不同时期土地沙漠化重心转移变化，从而揭示生态脆弱区土地沙漠化时空演变规律。

相关研究结果加深了我们对于生态脆弱区资源环境系统状态及时空演变规律的理解和认知，从而为区域资源环境承载力评估提供技术支撑，为生态脆弱区的生态环境风险监测、生态系统评估、生态灾害预报和预警，以及生态脆弱区资源利用、生态保护、区域资源环境管理、应对全球气候变化提供科学依据。

8.1 生态脆弱区 1960～2016 年气温和降水时空演变

8.1.1 生态脆弱区气温时空演变

在全球气候变化背景下，中国气温自 20 世纪 80 年代明显升高已成为共识。研究发现，1960～2016 年全国气温变化率介于–0.11～0.14℃/a（图 8.1），空间分布上北方气温变化率高于南方区域。生态脆弱区气温变化率（0.298℃/10a）略高于全国气温变化率（0.288℃/10a），不同生态脆弱区气温变化率依次为干旱半干旱生态脆弱区（0.341℃/10a）＞青藏高原生态脆弱区（0.337℃/10a）＞黄土高原生态脆弱区（0.321℃/10a）＞林草交错带生态脆弱区（0.311℃/10a）＞农牧交错带生态脆弱区（0.296℃/10a）＞西南岩溶石漠化生态脆弱区（0.131℃/10a）（图 8.2）。在全球气候变暖背景下，干旱半干旱生态脆弱区增温最为明显，而西南岩溶石漠化生态脆弱区增温最小。

8.1.2 生态脆弱区降水时空演变

1960～2016 年全国降水变化率介于–5.89～23.65 mm/a（图 8.3），降水减少区域主要分布在我国华北和中南部地区，而我国西部、北方和东南沿海地区降水主要呈增加趋势，全国生态脆弱区降水变化率（1.801 mm/10a）低于全国降水变化率（4.814 mm/10a）。全球气候变化背景下，不同生态脆弱区降水变化趋势表现不一致，其中西南岩溶石漠化生态脆弱区和黄土高原生态脆弱区降水呈下降趋势，其变化率分别为–12.059 mm/10a 和–4.923 mm/10a，其他脆弱区降水均呈增加趋势。降水变化率依次为青藏高原生态脆弱区

（7.791 mm/10a）>干旱半干旱生态脆弱区（6.154 mm/10a）>林草交错带生态脆弱区
（3.775 mm/10a）>农牧交错带生态脆弱区（2.142 mm/10a）（图 8.4）。

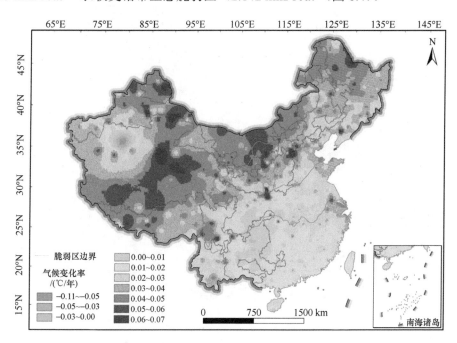

图 8.1　全国及生态脆弱区气温空间变化图

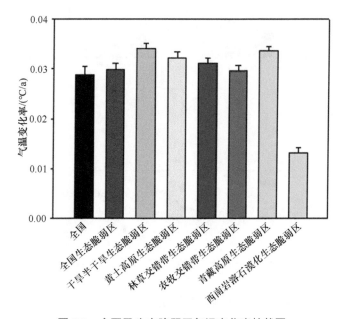

图 8.2　全国及生态脆弱区气温变化率柱状图

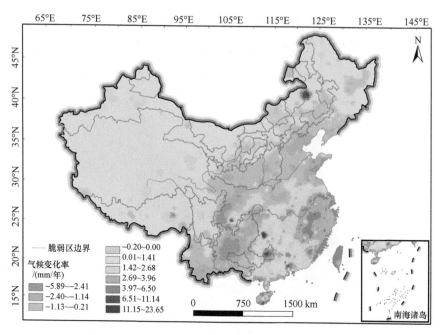

图 8.3 全国及生态脆弱区降水空间变化图

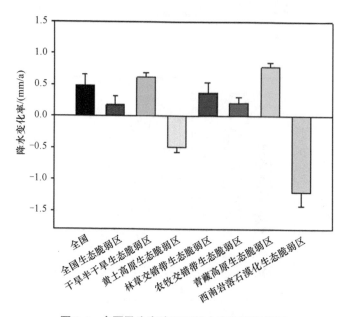

图 8.4 全国及生态脆弱区降水变化率柱状图

8.1.3 基于气候变化的生态脆弱性评价

研究方法：基于 1960～2016 年的气温和降水变化率来划分脆弱性等级，具体计算公式如下（Gonzalez et al.，2010）：

$$C_{\text{temperature}} = m_{\text{temperature}} \left(\frac{100\,\text{years}}{\text{century}} \right) \tag{8.1}$$

$$C_{\text{precipitation}} = \left(\frac{m_{\text{precipitation}}}{u_{\text{precipitation}}} \right) \left(\frac{100\,\text{years}}{\text{century}} \right) \tag{8.2}$$

$$P_{\text{climate}} = \text{erf} \left(\frac{C_{\text{climate}}}{\sigma_{\text{climate}}\,(\text{century})\sqrt{2}} \right) \tag{8.3}$$

式中，$C_{\text{temperature}}$ 为气温变化率（℃/century）；$m_{\text{temperature}}$ 为通过最小二乘法计算得出的回归斜率（℃/a）；$C_{\text{precipitation}}$ 为降水变化的分数率；$m_{\text{precipitation}}$ 为回归斜率（mm/a）；$u_{\text{precipitation}}$ 为 1960～2016 年的年平均降水量（mm/a）；下标"climate"表示气温或降水；P_{climate} 为 $C_{\text{temperature}}$ 或 $C_{\text{precipitation}}$ 落在计算所得出的（气温或降水量）年平均值的标准差之内的概率；erf（x）为误差函数；C_{climate} 为气温变化率或降水变化的分数率；σ_{climate} 为 1960～2016 年（气温或降水量）的标准差。

依据以下原则划分脆弱性等级：非常高（$P_{\text{climate}} \geq 0.95$），高（$0.95 > P_{\text{climate}} \geq 0.8$），中等（$0.8 > P_{\text{climate}} \geq 0.2$），低（$0.2 > P_{\text{climate}} \geq 0.05$）和非常低（$P_{\text{climate}} < 0.05$）。

选用 P_{climate} 为 $P_{\text{temperature}}$ 和 $P_{\text{precipitation}}$ 之间的较大值，因为气温和降水量中任一参数的显著变化都可能导致生物群落的变化（Woodward et al.，2004）。

计算表明，我国因气候变化划分的脆弱性等级基本以中等脆弱性为主（图 8.5），其面积占全国总面积的 89.71%，其次为低脆弱性区域，约占全国总面积的 10.12%。同样，生态脆弱区内气候变化脆弱等级以中等脆弱性为主，只有西南岩溶石漠化生态脆弱区内气候变化主要呈低脆弱性和中等脆弱性，其分别占该生态脆弱区面积的 57.22% 和 41.49%。

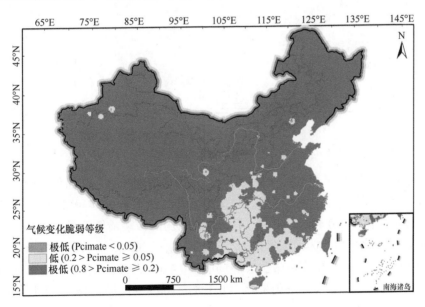

图 8.5　全国气候变化生态脆弱性评价图

8.2　生态脆弱区1960～2016年极端气候时空演变

8.2.1　极端气温事件时空演变

从全国范围来看，绝大部分区域霜冻日数表现为减少趋势（图8.6），其面积比例约占全国总面积的99.20%。1960～2016年全国霜冻日数（FD）变化率介于–1.82～0.86 d/a（图8.7），生态脆弱区霜冻日数变化率绝对值（|−3.51 d/10a|）高于全国霜冻日数变化率（|−3.38 d/10a|），不同生态脆弱区霜冻日数均表现为减少趋势，其变化率绝对值依次为：青藏高原生态脆弱区（|−4.70 d/10a|）>农牧交错带生态脆弱区（|−3.78 d/10a|）>干旱半干旱生态脆弱区（|−3.65 d/10a|）>黄土高原生态脆弱区（|−3.45 d/10a|）>林草交错带生态脆弱区（|−3.22 d/10a|）>西南岩溶石漠化生态脆弱区（|−1.49 d/10a|）（图8.8）。

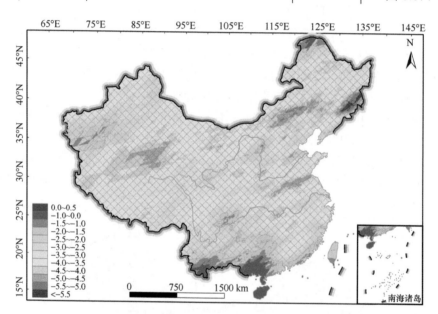

图8.6　1960～2016年中国霜冻日数Mann-Kendall检验Z值的空间格局

阴影线部分表示发生显著变化的区域（|Z|>1.96，Z为正值表示增加趋势，为负值表示减少趋势，P<0.05）

全国绝大部分区域极端最低气温（TNn）表现为增加趋势，其面积比例约占全国总面积的99.12%（图8.9），生态脆弱区极端最低气温变化率（0.440℃/10a）约等于全国极端最低气温变化率（0.441℃/10a），不同生态脆弱区极端最低气温均表现为升高趋势（图8.10），其变化率依次为：干旱半干旱生态脆弱区（0.513℃/10a）>青藏高原生态脆弱区（0.472℃/10a）>林草交错带生态脆弱区（0.470℃/10a）>农牧交错带生态脆弱区（0.431℃/10a）>黄土高原生态脆弱区（0.398℃/10a）>西南岩溶石漠化生态脆弱区（0.245℃/10a）（图8.11）。

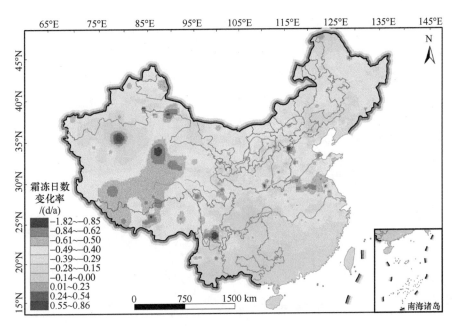

图 8.7 全国及生态脆弱区霜冻日数空间变化图

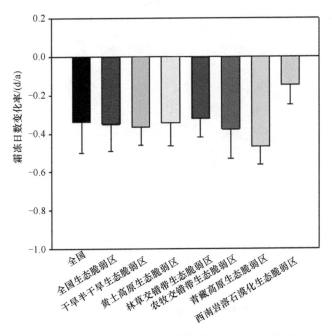

图 8.8 全国及生态脆弱区霜冻日数变化率柱状图

8.2.2 极端气温事件与大气环流之间的关系

西太平洋副热带高压是影响东亚大气环流变化的主要天气系统之一，它的活动关系着亚洲东部尤其是中国环流系统及气候的变化。因此，选用西太平洋副热带高压强度指

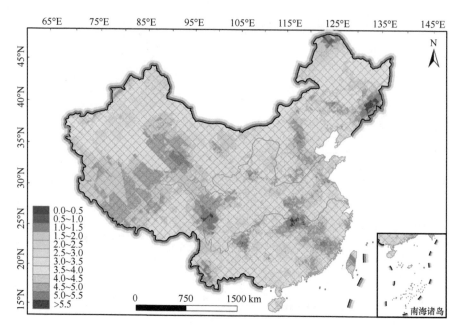

图 8.9　1960～2016 年中国极端最低气温（TNn）Mann-Kendall 检验 Z 值的空间格局

阴影线部分表示发生显著变化的区域（$|Z|>1.96$，$P<0.05$）

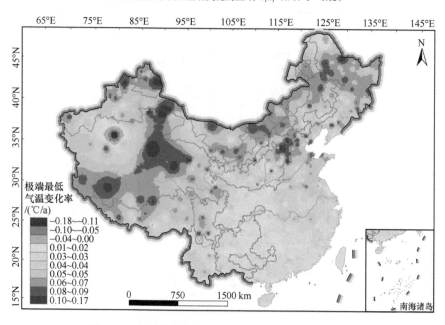

图 8.10　全国及生态脆弱区极端最低气温空间变化图

数（SHI）、西伸脊点（SHW）、面积指数（SHA）、脊线位置（SHR）、北极涛动指数（AO）、北大西洋涛动指数（NAO）、南方涛动指数（SOI）和太平洋十年涛动指数（PDO）共 8 项大气环流指数，探讨大气环流指数对我国极端气温事件的影响作用。结果表明，轴 1 和轴 2 的特征值分别为 0.6487 和 0.0008，8 种大气环流指数累计解释率小于 65.0%

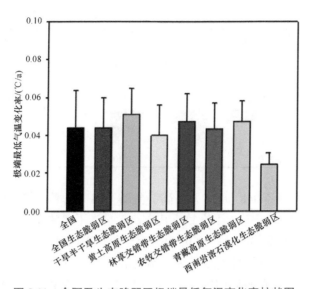

图 8.11　全国及生态脆弱区极端最低气温变化率柱状图

（图 8.12 和表 8.1）。FD 与 SHW、SHR 和 SOI 正相关，但与 SHA、SHI、AO、PDO 和 NAO 负相关，即我国霜冻日数随着西太平洋副高 SHW 的东移而不断增加，随着副高强度和面积的变大而不断减少，随着副高脊线位置的北移而不断增加，TNn 表现出相反的相关关系。进一步用偏蒙特卡罗置换检验评估各环流指数对 FD 和 TNn 变化的贡献率，发现 SHW 解释率最大（46.5%），相应地，其贡献率最高（71.6%），这说明 SHW 是中国大陆极端温度事件变化的主要驱动力（Wang et al.，2021）。

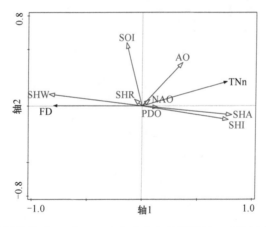

图 8.12　极端气温指数（FD 和 TNn）与大气环流指数的冗余分析（RDA）排序图

8.2.3　极端降水事件时空演变

从全国范围来看，持续湿润指数（CWD）仅在南部区域集中表现为显著下降趋势（图 8.13），1960~2016 年全国 CWD 变化率介于 –0.309~0.057d/a（图 8.14）。全国生态

表 8.1　大气环流指数对极端气温指数（FD 和 TNn）的影响结果

大气环流指数	解释率/%	贡献率/%	pseudo-F	P
SHW	46.50	71.60	47.90	<0.01
AO	8.40	12.90	10.10	<0.01
PDO	6.70	10.30	9.20	<0.01
SHR	0.70	1.10	1.00	0.32
NAO	1.00	1.50	1.40	0.21
SOI	0.90	1.30	1.20	0.27
SHA	0.70	1.10	1.00	0.32
SHI	<0.10	<0.10	<0.10	0.86

脆弱区 CWD 变化率（|−0.048 d/10a|）略高于全国平均变化率（|−0.044 d/10a|），不同生态脆弱区 CWD 的变化趋势基本不一致。其中，干旱半干旱生态脆弱区和青藏高原生态脆弱区呈增大趋势，其变化率分别为 0.036 d/10a 和 0.001 d/10a，其他生态脆弱区 CWD 均呈减小趋势。CWD 整体变化率依次为西南岩溶石漠化生态脆弱区（|−0.256 d/10a|）>黄土高原生态脆弱区（|−0.096 d/10a|）>农牧交错带生态脆弱区（|−0.084 d/10a|）>林草交错带生态脆弱区（|−0.025 d/10a|）（图 8.15）。

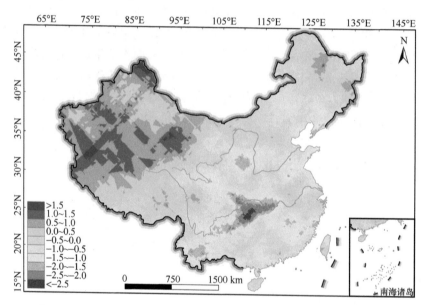

图 8.13　1960～2016 年中国 CWD Mann-Kendall 检验 Z 值的空间格局
阴影线部分表示发生显著变化的区域（|Z|>1.96，Z 为正值表示增加趋势，为负值表示减少趋势，$P<0.05$）

从全国范围来看，日降水强度（SDII）基本呈非显著变化趋势（图 8.16），1960～2016 年全国 SDII 变化率介于−0.051～0.089 mm/10a（图 8.17）。全国生态脆弱区日降水强度（SDII）变化率（0.039 mm/10a）低于全国平均变化率（0.052 mm/10a），林草交错带生态脆弱区的日降水强度呈减少趋势，其变化率为−0.009 mm/10a，其他脆弱区日降水强度均呈增加趋势。日降水强度的变化率依次为干旱半干旱生态脆弱区（0.066 mm/10a）>黄土高原生态脆弱区（0.040 mm/10a）>西南岩溶石漠化生态脆弱区（0.035

mm/10a)>青藏高原生态脆弱区(0.031 mm/10a)>农牧交错带生态脆弱区(0.023 mm/10a)
(图 8.18)。

8.2.4 极端降水事件与大气环流之间的关系

通过分析大气环流指数对我国极端降水事件的影响,结果显示轴 1 和轴 2 的特征值

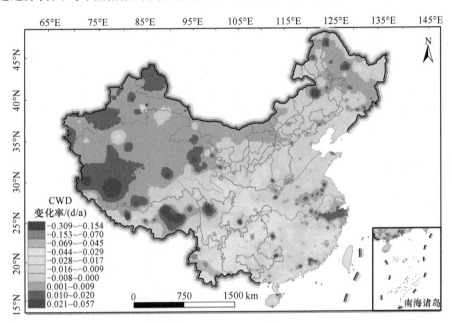

图 8.14 全国及生态脆弱区 CWD 空间变化图

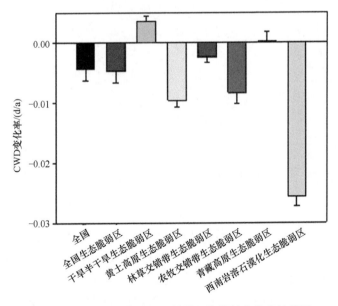

图 8.15 全国及生态脆弱区持续湿润指数变化率柱状图

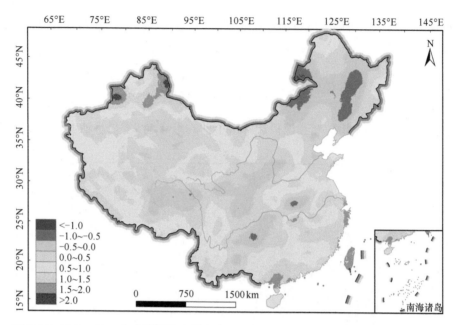

图 8.16 1960~2016 年中国日降水强度（SDII）Mann-Kendall 检验 Z 值的空间格局
阴影线部分表示发生显著变化的区域（$|Z|>1.96$，$P<0.05$）

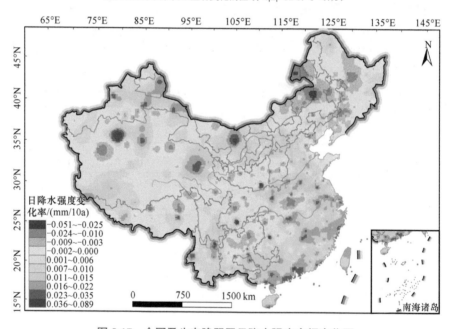

图 8.17 全国及生态脆弱区日降水强度空间变化图

分别为 0.2466 和 0.0962，8 种环流指数累计解释率为 34.2%（图 8.19 和表 8.2）。SDII 与 SHA、SHI 和 PDO 正相关，而与 SHW、SHR、AO、NAO 和 SOI 负相关；而 CWD 与 SHW、SHA 和 SHI 负相关。其中 SHA 对极端降水事件变化的解释率最大（19.8%），相应贡献率最高（57.8%），表明 SHA 在中国大陆极端降水变化中发挥了重要作用（Wang et al.，2021）。

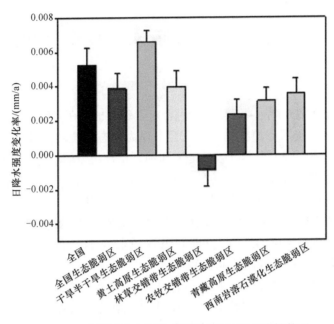

图 8.18 全国及生态脆弱区日降水强度变化率柱状图

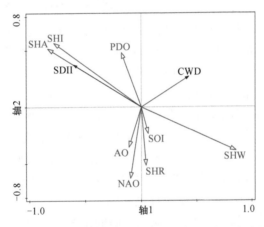

图 8.19 极端降水指数（CWD 和 SDII）与大气环流指数的冗余分析（RDA）排序图

表 8.2 大气环流指数对极端降水指数（CWD 和 SDII）的影响结果

大气环流指数	解释率/%	贡献率/%	pseudo-F	P
SHA	19.80	57.80	13.60	< 0.01
NAO	4.10	12.10	2.90	0.07
PDO	4.80	14.00	3.60	0.05
SHI	2.50	7.20	1.90	0.16
AO	1.70	5.00	1.30	0.29
SHR	0.90	2.70	0.70	0.48
SOI	0.20	0.50	0.10	0.88
SHW	0.20	0.60	0.20	0.86

8.3　生态脆弱区生态系统 NPP 对气候变化和人类活动的响应

认识植被 NPP 的变化特征及其影响因素,对于理解植被在气候变化和人类活动的持续影响下维持生态系统服务的机制至关重要。作为生态系统功能最重要的指标之一,NPP 代表从光合作用中减去自养呼吸后地上和地下植被组分的生物量增加部分。它不仅表征了陆地生态系统的质量,而且还是陆地生态系统健康和可持续发展水平的重要指标。因此,NPP 是陆地生态系统碳循环和气候变化研究的核心部分,通常被用作衡量植被恢复效果的重要指标。此外,气候变化和人类活动是 NPP 变化的主要驱动力,它们极大地改变了陆地生态系统的结构、功能和服务。因此,NPP 的变化通常用于量化由气候变化和人类活动引起的植被退化和恢复。

全球气候变化导致植物光合作用、呼吸作用和土壤有机碳分解速率的变化,极大地影响了生态系统的生产力。当前对全球 NPP 是否会因全球变暖而增加或减少尚未达成共识。从区域到全球尺度范围内,温度和降水已被确定为自然生态系统过程的主要气候驱动因素。尽管大量研究关注了温度和降水对 NPP 时空动态的限制作用,但结果并不一致。探索温度和降水变化对不同地区 NPP 的影响仍然是一项复杂且具有挑战性的任务。人类活动对植被最直接和最频繁的影响是通过改变土地覆被或土地利用而产生的。这些变化可以直接反映生态恢复和退化的结果。我国是最早投入大量资金进行生态修复研究和实践的国家之一,由大规模的生态恢复计划引起的土地覆被变化对 NPP 产生了重大的有益影响。但是,忽视气候因素的制约,可能破坏了这些计划的有效性。不适当的生态恢复措施导致恢复地区的植被成活率低,甚至引起生态系统退化。例如,我国黄土高原的"退耕还林"项目相当程度地破坏了区域水平衡。因此,研究人类活动对不同区域植被退化和恢复的影响将有助于揭示决定植被恢复是否成功的因素,从而为更合理地设计区域生态恢复措施提供基础。

我国是世界上生态脆弱区分布面积最大、脆弱生态类型最多、生态脆弱性表现最明显的国家之一。我国生态脆弱区大多位于生态过渡区和植被交错区,处于农牧、林牧、农林等复合交错带,是我国目前生态问题突出、经济相对落后和人民生活贫困区。这些地区为研究气候变化和人类活动对 NPP 的影响提供了一个很好的机会。认识生态脆弱区生态系统 NPP 对气候变化和人类活动的响应过程和机制,对于指导该区域植被恢复具有重要意义。

8.3.1　1982~2018 年生态脆弱区 NPP 的时空动态分析

我国 6 个典型生态脆弱区空间分布如图 8.20 所示。1982~2018 年 NPP 的时空动态(图 8.21)分析表明,植被总体呈恢复趋势 [$1.14\,\mathrm{g\,C/（m^2 \cdot a）}$],恢复面积高达 71.6%,

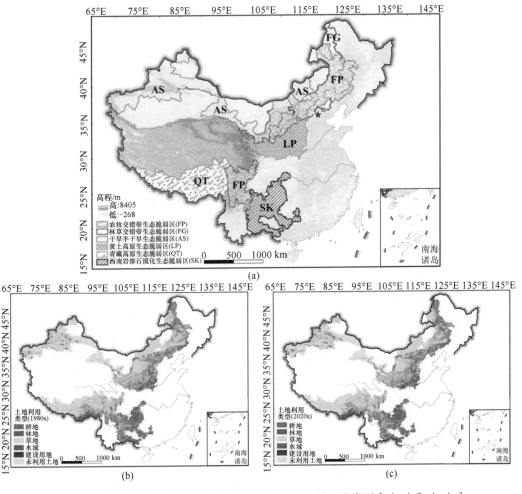

图 8.20　我国典型生态脆弱区的分布范围（a）和土地利用类型 [（b）和（c）]

呈现出明显的空间异质性分布格局。其中除青藏高原生态脆弱区表现为植被退化趋势 [−0.37 g C/（m²·a）] 外，其他 5 个生态脆弱区均表现出恢复趋势。青藏高原生态脆弱区的植被退化较为普遍，退化面积占总面积的 49.50%，其中表现为显著退化的面积占 19.11%，主要分布在该区南部和东北部。在其他 5 个表现为植被恢复的生态脆弱区中，西南岩溶石漠化生态脆弱区和黄土高原生态脆弱区的植被恢复最为明显，NPP 增加速率分别为 4.24 g C/（m²·a）和 2.07 g C/（m²·a）。西南岩溶石漠化生态脆弱区 88.98% 的地区显示恢复，呈退化趋势的主要分布在西北部；黄土高原生态脆弱区 84.59% 的地区显示恢复，呈退化趋势的主要分布在南部。林草交错带生态脆弱区、农牧交错带生态脆弱区、干旱半干旱生态脆弱区的植被恢复能力依次减弱，NPP 增加速率分别为 0.97 g C/（m²·a）、0.88 g C/（m²·a）和 0.49 g C/（m²·a），植被恢复区分别占总面积的 64.93%、68.30% 和 74.85%；林草交错带生态脆弱区的中部地区、农牧交错带生态脆弱区的北部地区、干旱半干旱生态脆弱区的中部和西部呈现出植被退化的趋势。按不同土地覆被类型来分析，1982～2018 年，青藏高原的林地和建筑用地的植被退化最为严重，NPP 分别下降了 0.75 g C/（m²·a）和 0.92 g C/（m²·a）；耕地和草地的 NPP 增加主要分布在干旱半干旱生态脆弱区；在西南岩溶石漠化生态脆弱区、黄土高原生态脆弱区、林草交错带生

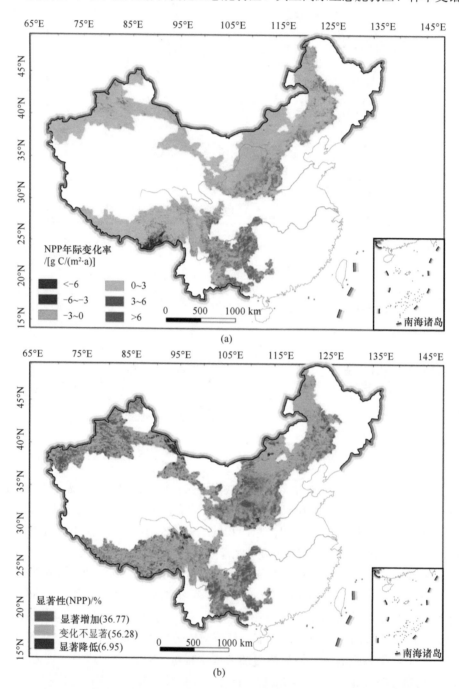

图 8.21　1982～2018 年中国典型生态脆弱区 NPP 变化趋势（a）和显著性检验（b）空间分布图

显著性变化，$P < 0.05$；非显著性变化，$P > 0.05$

态脆弱区和农牧交错带生态脆弱区，林地 NPP 增加最为明显；林草交错带生态脆弱区和农牧交错带生态脆弱区的水域植被、林草交错带生态脆弱区的未利用地植被呈现退化趋势，即 NPP 呈现下降趋势。

8.3.2　NPP 变化的驱动因素分析

基于表 8.3 中定义的 6 个情景，以确定气候变化（CC）和人类活动（HA）对植被影响的相对作用，分析 1982～2018 年生态脆弱区的气候变化和人类活动导致植被恢复和退化的空间格局（图 8.22 和图 8.23）。这六种情景说明由气候变化、人类活动或两者组合造成的植被恢复（R）或退化（D）。情景 RCH 代表气候因素和人类活动因素共同作用下的植被恢复；情景 RCC 代表气候因素主导的植被恢复；情景 RHA 代表人类活动因素主导的植被恢复；情景 DHA 代表人类活动因素主导的植被退化；情景 DCC 代表气候因素主导的植被退化；情景 DCH 代表气候因素和人类活动因素共同作用的植被退化。结果表明，气候因素和人类活动因素对我国 6 个典型生态脆弱区的植被动态影响不同。总体来看，气候因素是驱动植被恢复的主要因素，而人类活动因素是造成植被退化的主要因素。

表 8.3　用于评估不同条件下植被恢复或退化的驱动力方案

植被变化趋势	情景	斜率			主要驱动因素
		ANPP	PNPP	HNPP	
植被恢复	RCH	>0	>0	>0	气候因素和人类活动因素共同作用
	RCC	>0	>0	<0	气候因素
	RHA	>0	<0	>0	人类活动因素
植被退化	DHA	<0	>0	<0	人类活动因素
	DCC	<0	<0	>0	气候因素
	DCH	<0	<0	<0	气候因素和人类活动因素共同作用

注：斜率表示实际净初级生产力（ANPP）、潜在净初级生产力（PNPP）和人类净初级生产力（HNPP）随时间的一元线性回归斜率；斜率为 0 表示既不增加也不减少。六种情景说明由气候变化、人类活动或两者结合造成的植被恢复或退化。

图 8.22（a）和图 8.23（a）表明，我国生态脆弱区植被恢复面积为 244.21 万 km²，占总面积的 71.55%。气候变化对植被生长具有双重影响，对植被恢复的影响大于对退化的影响。其中，青藏高原生态脆弱区和干旱半干旱生态脆弱区受气候因素影响的植被恢复分别占恢复总面积的比例明显高于其他生态脆弱区，分别为 97.49% 和 83.52%，而在黄土高原生态脆弱区、农牧交错带生态脆弱区、林草交错带生态脆弱区和西南岩溶石漠化生态脆弱区分别为 61.37%、53.12%、31.87% 和 16.87%。这可能是由于不同生态脆弱区之间的气候背景限制植被生长。如在干旱半干旱生态脆弱区，干燥的气候抑制了植被的生长（Wang et al.，2019），水成为制约净初级生产力的主要因素，增加降水量将改善土壤水分并促进植被恢复（Wu et al.，2014），而温度对净初级生产力的影响强烈依赖于最近的降水量（Zhang et al.，2017）。在西南岩溶石漠化生态脆弱区，我们发现温度对 ANPP 的驱动作用

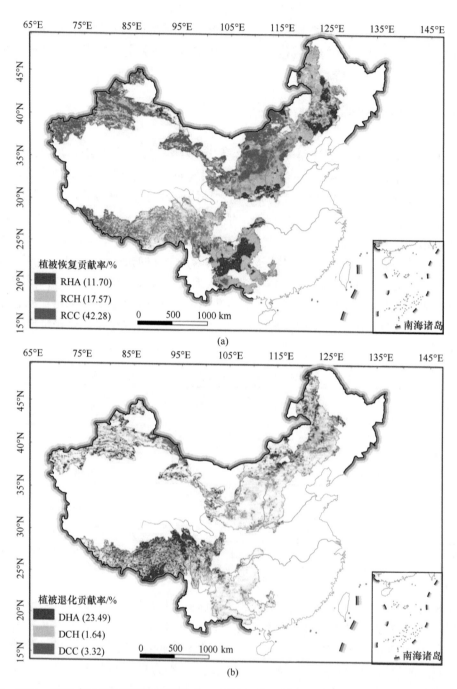

图 8.22　1982～2018 年生态脆弱区以气候变化、人类活动、气候变化与人类活动结合为主导的植被恢复（a）和植被退化（b）空间分布图

最强，这可能是因为充足的降水、温暖的气候和丰富的地下水更有利于植被的生长（Wang et al., 2008；Sun et al., 2015），气候变暖和增湿促进植被的生长和恢复（Wang et

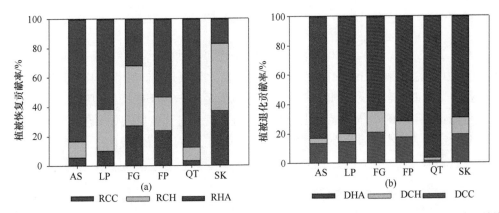

图 8.23　1982～2018 年生态脆弱区以气候变化、人类活动、气候变化与人类活动结合为主导的植被恢复（a）和植被退化（b）的面积百分比统计分析图

al.，2011；Zhang et al.，2019）。在不同生态脆弱区内，植被恢复的驱动因素也表现出空间异质性。例如，黄土高原生态脆弱区的北部地区、农牧交错带生态脆弱区的东北和西南地区、林草交错带生态脆弱区的中部地区、西南岩溶石漠化生态脆弱区的西北和西南地区，气候因素是植被恢复的主导因素。同时，人类活动对植被恢复的影响也不容忽视。例如，在西南岩溶石漠化生态脆弱区，人类活动在植被恢复中的作用明显大于其他生态脆弱区，占植被恢复区域的 37.36%，主要集中在该地区的中部地区。人类活动造成的植被恢复占恢复总面积的比例，林草交错带生态脆弱区为 27.23%、农牧交错带生态脆弱区为 23.83%、黄土高原生态脆弱区为 10.20%、干旱半干旱生态脆弱区为 5.50%、青藏高原生态脆弱区为 3.26%。这与我国实施的一系列重大生态恢复工程密切相关（Xie et al.，2014；Zheng et al.，2019；Bao et al. 2020）。图 8.22（b）和图 8.23（b）表明，我国生态脆弱区植被退化面积为 97.10 万 km²，占总面积的 28.45%。尽管植被退化受气候和人类活动等多种因素的影响，但人类活动却是造成植被退化的主要因素。人类活动造成植被退化的面积占退化总面积的比例在不同生态脆弱区均大于 50%。其中，青藏高原生态脆弱区为 96.81%、干旱半干旱生态脆弱区为 83.20%、黄土高原生态脆弱区为 80.24%、农牧交错带生态脆弱区为 71.53%、西南岩溶石漠化生态脆弱区为 69.40%、林草交错带生态脆弱区为 64.41%。这与人类活动管理不当有密切关系。如尽管采取了围栏和轮牧等生态保护措施，但牲畜数量的急剧增大将增大放牧压力，并加剧植被退化（Liu et al.，2019；Yin et al.，2020）。在干旱半干旱生态脆弱区，植被恢复计划会使水需求超过区域水资源的承载能力，从而导致植被退化（Wang et al.，2018）。当然，气候因素也是造成区域植被退化的重要原因，并表现出具有区域特征的空间异质性。例如，气候因素引起的植被退化，林草交错带生态脆弱区、西南岩溶石漠化生态脆弱区、干旱半干旱生态脆弱区三个区域的中部地区分别占 20.84%、19.40% 和 13.50%，农牧交错带生态脆弱区的东北和西南地区占 17.54%，黄土高原生态脆弱区的南部地区占 14.72%。

1. NPP 对气候变化的响应

图 8.24 显示，1982~2018 年不同生态脆弱区年均降水量和年平均温度呈上升趋势，年均太阳总辐射呈下降趋势。其中，年均降水量表现为，西南喀斯特地区最高，其次是农牧交错带生态脆弱区和青藏高原生态脆弱区，干旱半干旱生态脆弱区最低。所有的生态脆弱区年均降水量都显示出增加的趋势，但仅在干旱半干旱生态脆弱区、青藏高原生态脆弱区呈显著增加趋势。年平均温度表现为，西南岩溶石漠化生态脆弱区最高，青

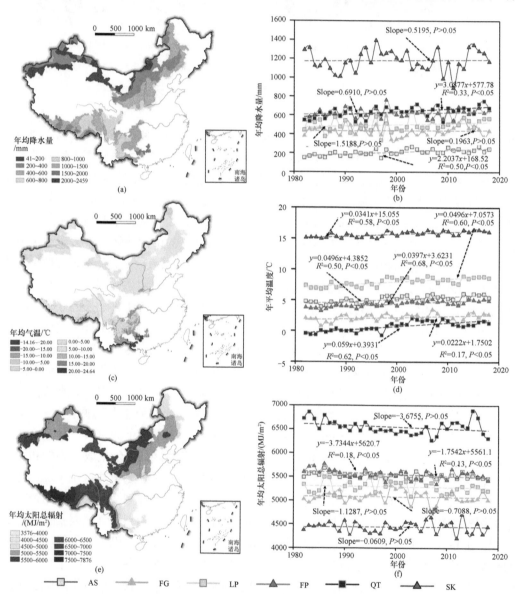

图 8.24　1982~2018 年生态脆弱区年均降水量、年平均温度、年均太阳总辐射的空间分布 [(a)、(c)、(e)] 和年际变化图 [(b)、(d)、(f)]

藏高原生态脆弱区最低。所有的生态脆弱区年平均温度均显示出显著（$P<0.05$）上升趋势，但在青藏高原生态脆弱区上升最高，其次是黄土高原生态脆弱区，林草交错带生态脆弱区最低。年均太阳总辐射表现为青藏高原生态脆弱区最高，西南岩溶石漠化生态脆弱区最低。所有的生态脆弱区年均太阳总辐射都显示出下降趋势，但仅在干旱半干旱生态脆弱区、农牧交错带生态脆弱区下降显著。

NPP 与年均降水量、年平均温度、年均太阳总辐射之间的相关性分析表明，气候因素在不同区域对 NPP 的影响不同。在干旱半干旱生态脆弱区和黄土高原生态脆弱区，NPP 与年均降水量的相关系数分别为 0.76 和 0.37，NPP 与年平均温度的相关系数分别为 0.54 和 0.48，表明降水和温度的升高促进了 NPP 增加。在西南岩溶石漠化生态脆弱区和农牧交错带生态脆弱区，NPP 与年平均温度的相关系数分别为 0.66 和 0.45，表明温度是导致 NPP 变化的主要气候因素。在青藏高原生态脆弱区，NPP 与年均太阳总辐射正相关（$r=0.36$，$P<0.05$），与年均降水量负相关（$r=-0.34$，$P<0.01$）。

2. NPP 对人类活动的响应

为了区分人类活动和气候变化对 NPP 总量变化的影响，将 1982～2018 年研究区域像素划分为土地利用类型没有发生变化和土地利用类型发生变化的区域。在土地利用类型没有发生变化的情况下，植被 NPP 总量表现为，西南岩溶石漠化生态脆弱区增加了 91.78 Tg C，黄土高原生态脆弱区增加了 60.79 Tg C，农牧交错带生态脆弱区增加了 57.07 Tg C，干旱半干旱生态脆弱区增加了 18.65 Tg C，林草交错带生态脆弱区增加了 18.12 Tg C，但青藏高原生态脆弱区降低了 34.23 Tg C。土地利用类型没有发生变化区域的植被 NPP 总量变化大于土地利用类型发生变化区域的植被 NPP 总量变化，表明气候变化对区域植被恢复的影响大于人类活动。

为了进一步分析人类活动对 NPP 的影响，分析了主要土地利用类型变化对 NPP 变化的影响。结果表明，在干旱半干旱生态脆弱区、黄土高原生态脆弱区和农牧交错带生态脆弱区，草地、未利用地、耕地是导致区域 NPP 变化的主要土地利用类型；在西南岩溶石漠化生态脆弱区、林草交错带生态脆弱区，草地、林地和耕地是引起区域 NPP 变化的主要土地利用类型；在青藏高原生态脆弱区，水域、未利用地、草地、林地是引起区域 NPP 变化的主要土地利用类型。

其他土地利用类型向林地转化通常导致区域 NPP 总量增加。例如，在林草交错带生态脆弱区，草地向林地的转化使 NPP 总量增加了 0.26 Tg C；在西南岩溶石漠化生态脆弱区，耕地和草地向林地的转化使 NPP 总量增加了 0.66 Tg C；在青藏高原生态脆弱区，草地和水域向林地的转化使 NPP 总量增加了 0.03 Tg C。其他土地利用类型向耕地转化通常导致区域 NPP 总量减少。例如，在干旱半干旱生态脆弱区，未利用地向耕地的转化使 NPP 总量降低了 0.02 Tg C；在农牧交错带生态脆弱区和林草交错带生态脆弱区，草地向耕地的转化使 NPP 总量分别降低了 1.08 Tg C 和 0.52 Tg C。在不同的生态脆弱区，相同的土地利用类型变化对植被 NPP 具有不同的影响。例如，在农牧交错带生态脆弱区，草地向耕地的转化使 NPP 总量降低了 1.08 Tg C，而在黄土高原生态脆弱区，草地向耕地的转化使 NPP 总量增加了 0.26 Tg C。

8.4 生态脆弱区土壤属性时空演变

8.4.1 生态脆弱区表层（淋溶层）土壤属性空间格局特征

基于中华人民共和国 1∶100 万土壤类型图以及全国第二次土壤普查耕层有机质含量数据转化生成的中国 1km 土壤有机质栅格图，数据源为 1995 年 1∶100 万中华人民共和国土壤图，栅格大小为 1km，土壤类型采用 cell-center 赋值，含量根据表层土壤亚类的均值赋值。

不同类型生态脆弱区土壤有机质、全氮（TN）、全磷（TP）和全钾（TK）含量空间格局如图 8.25～图 8.29 所示，均值大小见表 8.4。不同类型生态脆弱区表层土壤有机质平均含量由大到小依次为：青藏高原生态脆弱区＞农牧交错带生态脆弱区＞林草交错带生态脆弱区＞西南岩溶石漠化生态脆弱区＞黄土高原生态脆弱区＞干旱半干旱生态脆弱区；全氮平均含量为青藏高原生态脆弱区＞林草交错带生态脆弱区＞西南岩溶石漠化生态脆弱区＞农牧交错带生态脆弱区＞干旱半干旱生态脆弱区＞黄土高原生态脆弱区；全磷平均含量为青藏高原生态脆弱区＞农牧交错带生态脆弱区＞林草交错带生态脆弱区＞黄土高原生态脆弱区＞干旱半干旱生态脆弱区＞西南岩溶石漠化生态脆弱区；全钾平均含量为青藏高原生态脆弱区＞干旱半干旱生态脆弱区＞农牧交错带生态脆弱区＞林草交错带生态脆弱区＞黄土高原生态脆弱区＞西南岩溶石漠化生态脆弱区。

表 8.4 不同区域土壤有机质、全氮、全磷和全钾含量 （单位：g/kg）

研究区域	土壤有机质	土壤全氮	土壤全磷	土壤全钾
生态脆弱区平均	33.27	1.65	0.79	18.07
干旱半干旱生态脆弱区	17.32	1.05	0.70	18.54
黄土高原生态脆弱区	18.00	1.03	0.74	17.56
林草交错带生态脆弱区	43.39	2.66	0.77	18.22
农牧交错带生态脆弱区	44.81	1.73	0.88	18.48
青藏高原生态脆弱区	56.28	2.67	1.02	19.12
西南岩溶石漠化生态脆弱区	38.21	1.84	0.63	15.43

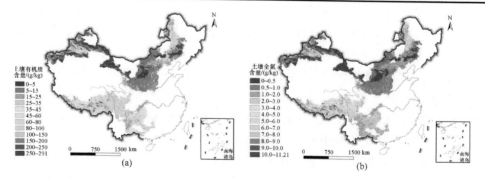

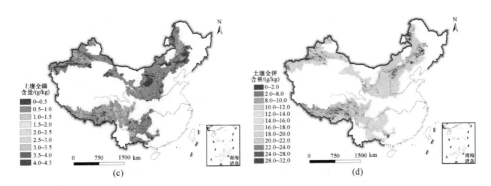

图 8.25 生态脆弱区 1km 栅格表层土壤有机质含量（a）、全氮含量（b）、全磷含量（c）和全钾含量（d）空间格局

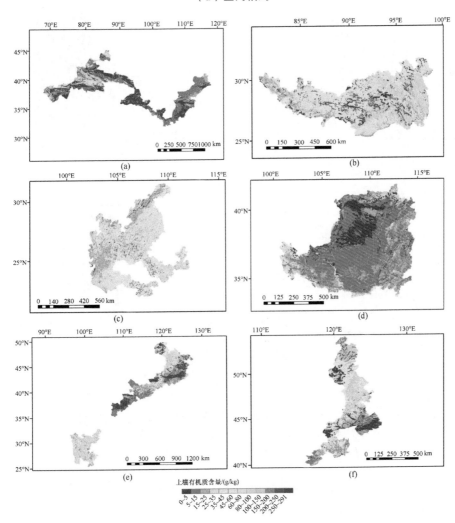

图 8.26 生态脆弱区 1km 栅格表层土壤有机质含量空间格局

（a）干旱半干旱生态脆弱区；（b）青藏高原生态脆弱区；（c）西南岩溶石漠化生态脆弱区；（d）黄土高原生态脆弱区；
（e）农牧交错带生态脆弱区；（f）林草交错带生态脆弱区

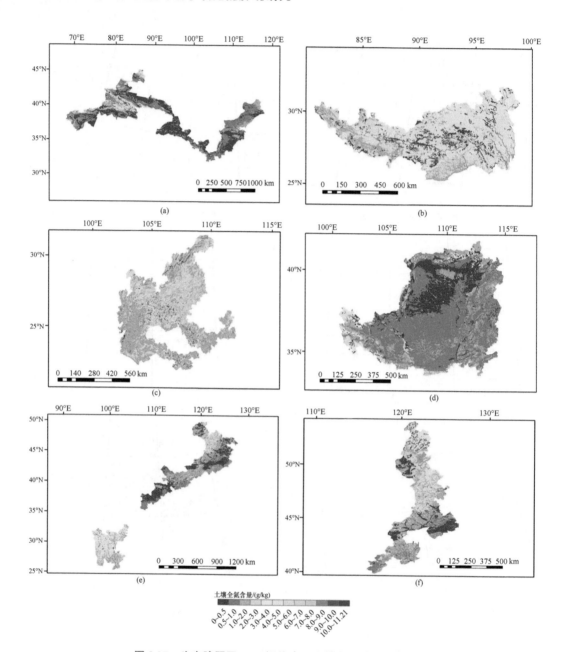

图 8.27 生态脆弱区 1km 栅格表层土壤全氮含量空间格局

（a）干旱半干旱生态脆弱区；（b）青藏高原生态脆弱区；（c）西南岩溶石漠化生态脆弱区；（d）黄土高原生态脆弱区；
（e）农牧交错带生态脆弱区；（f）林草交错带生态脆弱区

8.4.2 北方农牧交错带生态脆弱区 SOC 空间格局、储量变化及影响机制

1. 不同区域尺度 SOC 空间分布特征

了解 SOC 在生态环境变化和全球变化下的稳定性是认识土壤碳库对全球变化的长

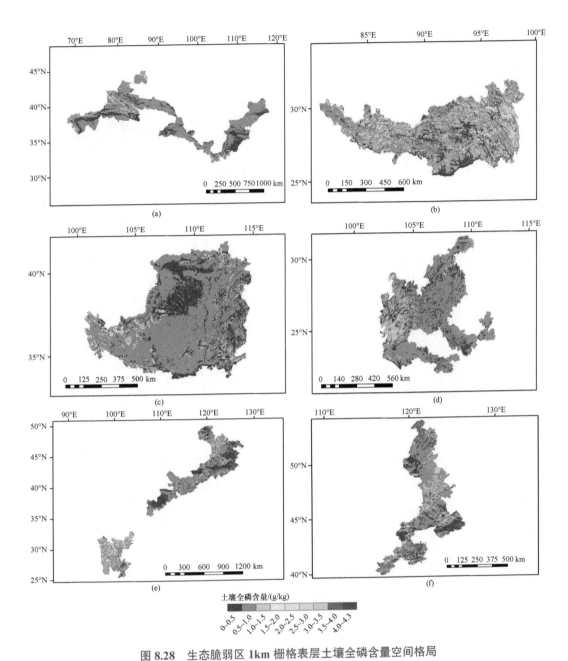

图 8.28　生态脆弱区 1km 栅格表层土壤全磷含量空间格局

（a）干旱半干旱生态脆弱区；（b）青藏高原生态脆弱区；（c）西南岩溶石漠化生态脆弱区；（d）黄土高原生态脆弱区；
（e）农牧交错带生态脆弱区；（f）林草交错带生态脆弱区

期效应的基本问题。本节分别以整个北方农牧交错带（65.46 万 km²）及其典型代表区域
科尔沁沙地（面积 12.05 万 km²）为研究单元，开展了迄今为止在该类区域关于 SOC 研究
覆盖面积最广、取样密度最大的野外调查取样工作，以及精度最高的 SOC 储量估算（图 8.30）。
科尔沁沙地 0～100 cm 和北方农牧交错带 0～30 cm SOC 储量分别为 863 Tg C 和
2248 Tg C。科尔沁沙地 0～100 cm 平均土壤有机碳密度（SOCD）为 6.84 kg C/m²，低

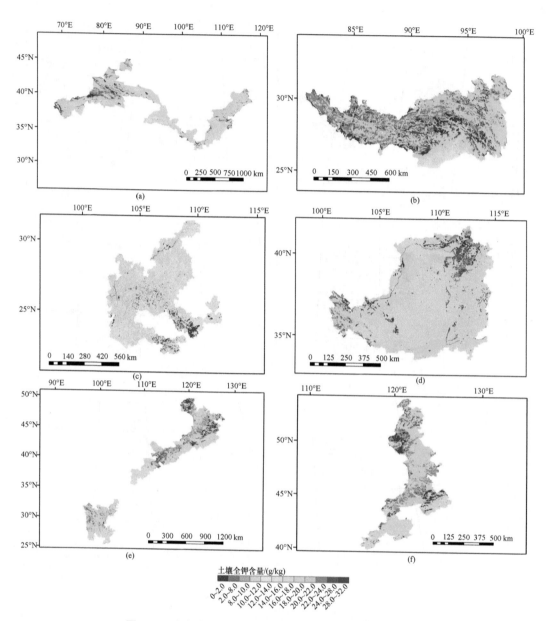

图 8.29　生态脆弱区 1km 栅格表层土壤全钾含量空间格局
（a）干旱半干旱生态脆弱区；（b）青藏高原生态脆弱区；（c）西南岩溶石漠化生态脆弱区；（d）黄土高原生态脆弱区；
（e）农牧交错带生态脆弱区；（f）林草交错带生态脆弱区

于相同深度的中国和全球 SOCD（分别为 9.60 kg C/m² 和 10.40 kg C/m²）；以西辽河流域为界，北部 SOCD（8.85 kg C/m²）高于南部（4.84 kg C/m²）（Li et al.，2018）。北方农牧交错带 0～30 cm 的 SOCD 变化范围为 0.16～18.47 kg C/m²，平均为 3.60 kg C/m²，表现为从西南向东北先增大后减小，随后又增大的趋势；最小值主要位于西南部的毛乌素沙地和黄土高原，以及东部的科尔沁沙地腹地，最大值主要分布在呼伦贝尔草原和大兴安岭东麓（Wang et al.，2019）。

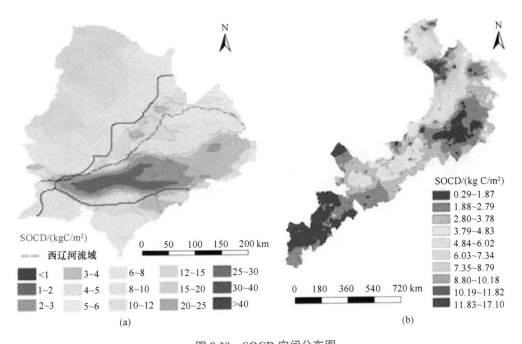

图 8.30 SOCD 空间分布图

（a）科尔沁沙地 0～100 cm 土壤；（b）北方农牧交错带 0～30 cm 土壤

科尔沁沙地草地、农田和林地 SOC 储量分别占总储量的 39%、26% 和 22%；不同土壤类型中，地带性土壤黑钙土 SOC 储量占比最高（34%），其次为风沙土和栗钙土（分别为 23% 和 21%）。北方农牧交错带草地、农田和林地 SOC 储量分别占总储量的 37%、27% 和 23%；栗钙土 SOC 储量最高（25%），其次为黑钙土（23%），风沙土占 10%，草甸土、黑垆土和褐土占比均为 8%。依据土壤有机质（SOM）划分的六级地力等级（一级最好、六级最差）（图 8.31），不同区域尺度均以四级和五级为主：科尔沁沙地分别为 37.2% 和 25.8%，北方农牧交错带分别为 41.6% 和 24.7%。显而易见，研究区域土地承载力较为低下。

不同区域尺度上，SOC 空间分布与经纬度均存在显著的函数关系，与年平均气温和干燥度显著负相关，与 NDVI、湿润指数和坡度显著正相关。然而，与降水和海拔之间的关系在不同区域尺度上存在差异：科尔沁沙地 SOC 空间分布与降水表现为显著负相关，而北方农牧交错带表现为显著正相关；科尔沁沙地 SOC 空间分布与海拔表现为显著正相关，而北方农牧交错带不显著。对北方农牧交错带 SOC 密度与影响因子进行冗余分析（RDA），发现环境因子对 SOC 密度空间变异的累计解释率为 49.5%，气温是影响该区域 SOC 空间变异最主要的因子。在科尔沁沙地以县域为计算单元，发现 SOC 密度与有林地、灌木林地、高覆盖度草地面积比例，以及地带性土壤类型（黑钙土、栗钙土）占比显著正相关，与沙化土地面积和风沙土占比显著负相关，表明人类活动对 SOC 空间分布影响显著（图 8.32）。

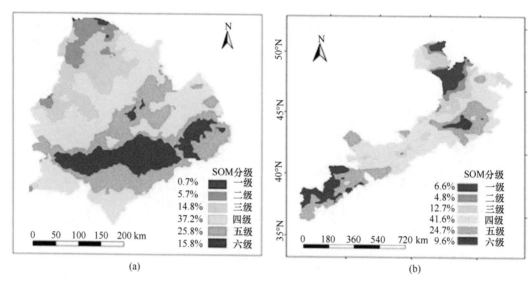

图 8.31　依据 SOM 含量划分的地力等级

（a）科尔沁沙地；（b）北方农牧交错带

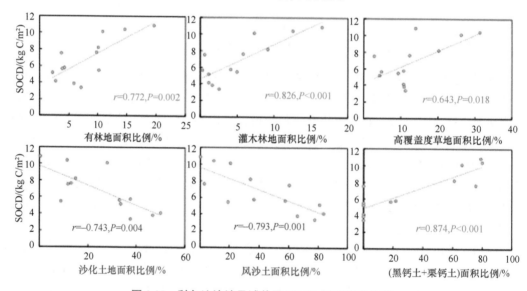

图 8.32　科尔沁沙地县域单元 SOCD 影响因素分析

2. 近 30 年区域 SOC 变化量及其影响因素

通过将研究区内第二次全国土壤普查探明的 SOC 储量与其现状进行对比分析，发现不同区域尺度 SOC 储量均表现为显著（$P<0.05$）下降（图 8.33）。科尔沁沙地（0～20 cm）SOC 储量减少 44 Tg C，速率为–12.29 g C/（m²·a）（Li et al.，2019），北方农牧交错带（0～30 cm）SOC 储量减少 545 Tg C，速率为–29.29 g C/（m²·a）（Wang et al.，2020）。

通过对研究区 21 世纪 80 年代和当前的土地利用/覆被数据进行转移矩阵分析，发现退耕还林还草以及沙化土地恢复是导致区域 SOC 储量增加的主要因素，而草地退化或

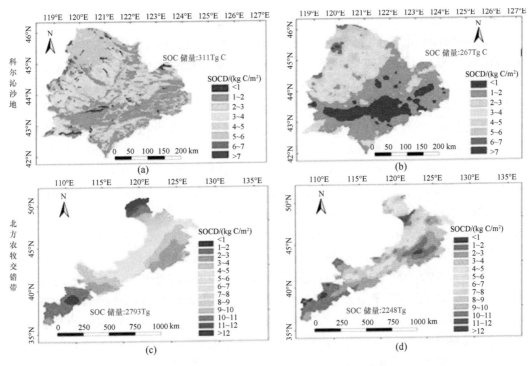

图 8.33　近 30 年不同区域尺度表层 SOC 储量变化

转换是导致 SOC 储量减少的主要因素（图 8.34）。近 30 年，科尔沁沙地 35.3%的区域表现为 SOC 储量增加，而 64.7%的区域表现为减少。在增加的 13.4 Tg C 中，造林的贡献率为 66%（草地还林占 42%，农田还林占 17%，其他占 7%），草地面积增加的贡献率为 30%（沙地还草占 19%，农田还草占 8%，其他占 3%）；在减少的 57.7 Tg C 中，草

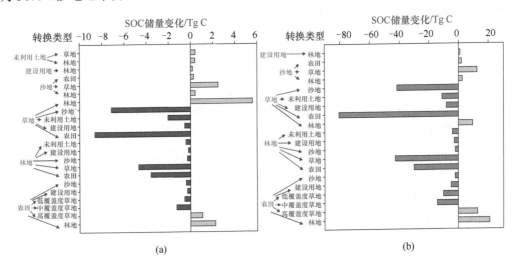

图 8.34　近 30 年不同区域尺度土地利用变化对 SOC 储量的影响

（a）科尔沁沙地；（b）北方农牧交错带

地退化或转换的贡献率为54%（草地退化占22%，草地开垦占15%，草地沙化占12%，其他占5%），林地退化或转换的贡献率为23%（林地转草地、退化、转农田分别占8%、7%、6%，其他占2%），农田退化或转换的贡献率为17%（农田退化占12%，其他占5%）（Li et al.，2019）。

近30年，北方农牧交错带31.2%的区域表现为SOC储量增加，而68.8%的区域表现为减少：增加的64.8 Tg C中，造林的贡献率为53%（农田造林占32%，草地造林占15%，其他占6%），草地面积增加的贡献率为40%（农田还草占20%，沙地还草占19%，其他占1%）；减少的609.6 Tg C中，草地退化或转换的贡献率为61%（草地退化占37%，草地开垦占13%，草地沙化占7%，其他占4%），林地退化或转换的贡献率为17%（林地退化、转农田、转草地分别占4%、5%、7%，其他占1%），农田退化或转换的贡献率为12%（农田退化占7%，其他占5%）（Wang et al.，2020）。

研究区的气候变化分析表明，近30年科尔沁沙地年平均气温以0.29℃/10a的速率显著升高（$Z=2.74$，$P<0.01$），年降水量以19.01 mm/10a的速率下降（$Z=-1.40$，$P>0.05$）（Li et al.，2019）。整个北方农牧交错带也表现为相同的变化趋势，年平均气温以0.36℃/10a的速率显著升高（$Z=3.64$，$P<0.01$），年降水量以14.44 mm/10a的速率下降（$Z=-1.38$，$P>0.05$）。回归分析表明，气温与降水变化对不同区域尺度SOC变化存在显著的协同影响（$P<0.05$），但决定系数非常低，并非主要影响因素（Wang et al.，2020）。

研究结果表明，我国退耕还林、还草等重大生态工程对北方农牧交错带的SOC储量增加发挥了巨大的作用。但是，该区域草地、林地和农田退化形势依然严峻，其造成的SOC损失完全湮没了生态工程实施带来的增碳效应，使整个区域土壤近30年总体表现为碳释放。因此，要合理调整研究区的农林牧业结构、加强草地的保护和可持续利用、实施农田保护性耕作措施，提升生态脆弱区生态系统的固碳功能。

8.5 典型生态脆弱区土壤微生物及土壤C、N、P生态化学计量特征

在青藏高原、河西走廊荒漠区、东北林草交错带、西南岩溶石漠化区、西南农牧交错带、黄土高原（图8.35），以草地和森林生态系统植物、凋落物、土壤和土壤微生物为研究对象，通过沿降水和海拔梯度的样带野外调查，以期达到以下研究目标：①揭示我国典型生态脆弱区C、N、P生态化学计量随环境梯度的变化规律和影响因素；②阐明植物、凋落物、土壤和土壤微生物系统C、N、P的协同关系和元素在系统内的传递特征；③揭示生态脆弱区植物、土壤微生物在环境变化下的养分利用策略与适应性。通过研究可为我国典型生态脆弱区生态系统保护与恢复研究提供理论依据。

8.5.1 典型生态脆弱区土壤微生物多样性特征

采用分子生物学方法对表层土壤样品中细菌16S rRNA基因和真核生物18S rRNA

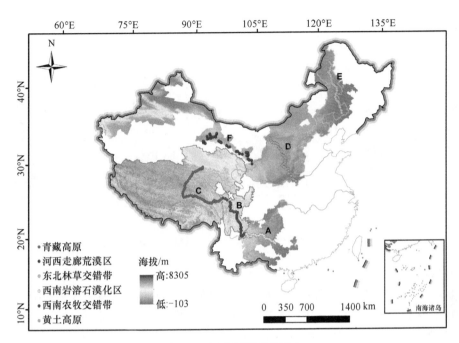

图 8.35 研究区域及采样点

序列进行 PCR 扩增，基于二代高通量测序平台 Illumina MiSeq PE300 分别构建细菌和真核生物基因文库，通过序列的同源性比较进行系统发育学分析和多样性指数分析。

首先，对比各生态脆弱区的土壤细菌和真核生物的物种丰富度（Chao 指数）和多样性（Shannon 指数）；其次，明确不同生态脆弱区细菌和真菌群落组成特征及优势类群（按相对丰度比较，占比最高的 10 个门）；再次，结合多年来各区域气候因子和土壤理化性质，量化驱动各脆弱区土壤微生物群落多样性和组成变化的关键因子及其相对贡献；最后，通过共线性网络模型分析直观地反映各生态脆弱区土壤细菌和真核生物群落内的相互作用关系。实验结果表明以下内容。

1. 不同生态脆弱区土壤微生物群落 α-多样性（Chao 指数和 Shannon 指数）比较

对比各生态脆弱区表层土壤（0~20 cm）微生物的丰富度（Chao 指数）和多样性（Shannon 指数），图 8.36 中 A 代表西南岩溶石漠化区，B 代表西南农牧交错带，C 代表青藏高原，D 代表黄土高原，E 代表东北林草交错带，F 代表河西走廊荒漠区。

1）细菌

Chao 指数：西南岩溶石漠化区、西南农牧交错带、青藏高原、黄土高原和东北林草交错带 5 个生态脆弱区细菌的 Chao 指数非常接近，分别为 3345.79、3564.85、3448.93、3554.86 和 3615.51，均显著高于河西走廊荒漠区（2206.01）（图 8.36）。

Shannon 指数：西南岩溶石漠化区、西南农牧交错带、青藏高原、黄土高原和东北林草交错带 5 个生态脆弱区细菌的 Shannon 指数同样非常接近，分别为 6.30、6.29、6.31、6.37 和 6.26，均显著高于河西走廊荒漠区（5.89）（图 8.36）。

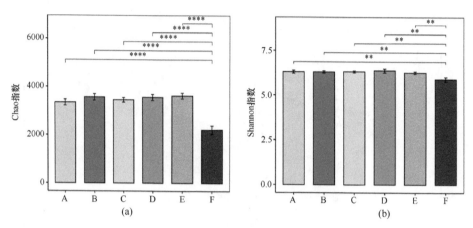

图8.36 不同生态脆弱区表层土壤（0~20 cm）细菌多样性对比分析

2）真菌

Chao 指数：东北林草交错带最高，为 490.59；西南岩溶石漠化区和西南农牧交错带次之，分别为 456.03 和 450.19；青藏高原和黄土高原再次之，分别为 345.08 和 352.77；河西走廊荒漠区最低，为 227.79（图8.37）。

Shannon 指数：趋势与 Chao 指数类似，东北林草交错带最高，为 4.39；西南农牧交错带和西南岩溶石漠化区次之，分别为 4.28 和 4.17；黄土高原和青藏高原再次之，分别为 3.98 和 3.88；河西走廊荒漠区最低，为 3.53（图8.37）。

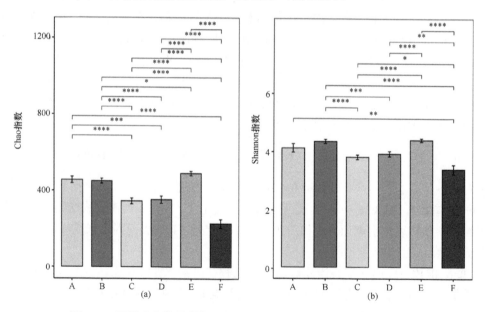

图8.37 不同生态脆弱区表层土壤（0~20 cm）真菌多样性对比分析

2. 不同生态脆弱区土壤微生物群落组成分析

基于二代高通量测序平台揭示了不同生态脆弱区细菌和真菌群落组成特征。

　　细菌：在门水平上，各生态脆弱区表层土壤中相对丰度排名前 10 的类群分别为放线菌门（Actinobacteria）、变形菌门（Proteobacteria）、绿弯菌门（Chloroflexi）、酸杆菌门（Acidobactota）、芽单胞菌门（Gemmatimonadota）、拟杆菌门（Bacteriodota）、厚壁菌门（Firmicutes）、Myxococcota、蓝细菌门（Cyanobacteria）和浮霉菌门（Planctomycetota）（图 8.38）。

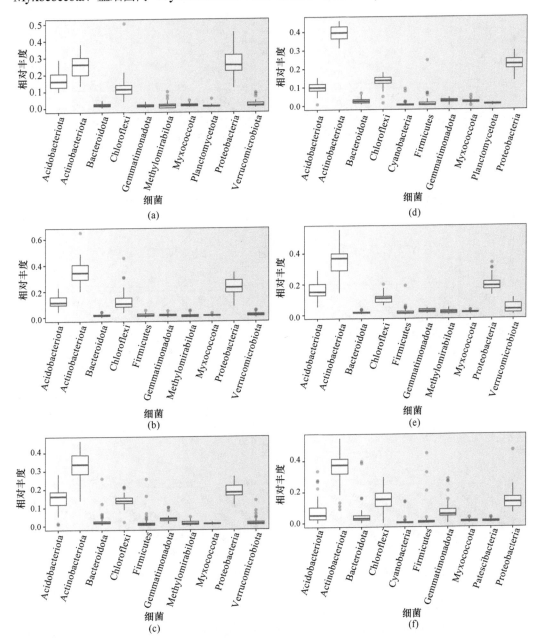

图 8.38　不同生态脆弱区表层土壤（0～20 cm）中相对丰度排前十的优势细菌类群（门）

（a）西南岩溶石漠化区；（b）西南农牧交错带；（c）青藏高原；（d）黄土高原；（e）东北林草交错带；（f）河西走廊荒漠区

　　真菌：在门水平上，各生态脆弱区表层土壤中以子囊菌门（Ascomycota）、担子菌门（Basidiomycota）、芽枝霉门（Blastocladiomycota）和 Mucoromycota 为最优势真菌（图 8.39）。

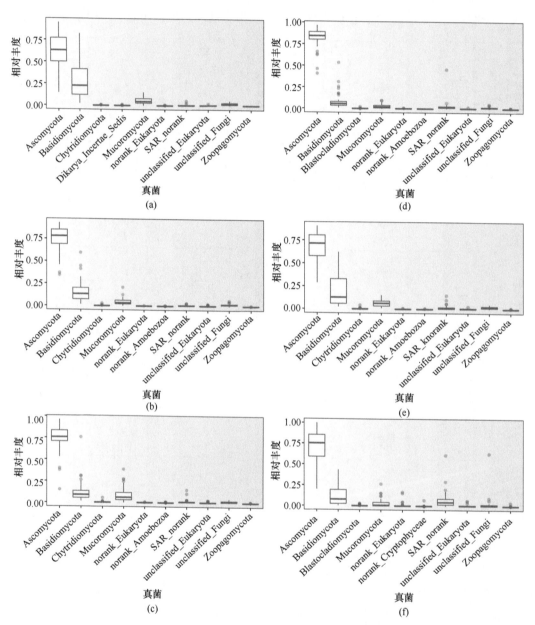

图 8.39　不同生态脆弱区表层土壤（0～20 cm）中相对丰度排前十的优势真菌类群（门）

（a）西南岩溶石漠化区；（b）西南农牧交错带；（c）青藏高原；（d）黄土高原；（e）东北林草交错带；（f）河西走廊荒漠区

3. 不同生态脆弱区土壤微生物群落的驱动因素

　　基于 Bray-Curtis 算法对不同生态脆弱区表层土壤微生物群落组成与地理距离和环

境相似性进行相关性分析。研究结果表明以下内容。

　　1）细菌

　　各生态脆弱区表层土壤细菌群落组成受地理距离和环境变量共同驱动，但不同生态脆弱区之间地理距离和环境变量对土壤细菌群落组成的相对贡献有所差异（图 8.40 和图 8.41），分别如下。

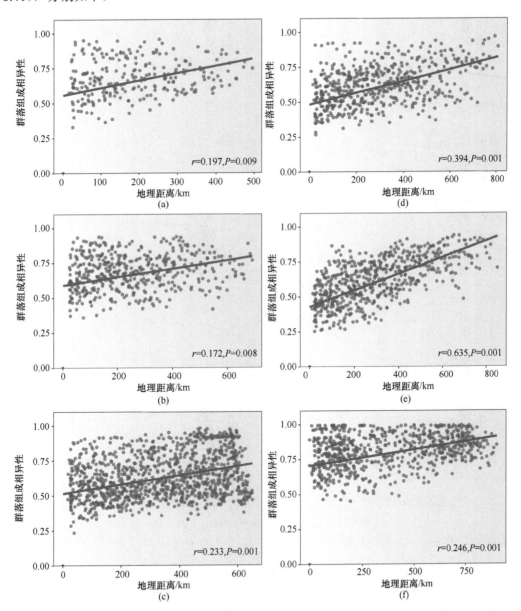

图 8.40　不同生态脆弱区表层土壤（0～20 cm）细菌群落组成相异性（community dissimilarity）
与地理距离（geographic distance）的关系

（a）西南岩溶石漠化区；（b）西南农牧交错带；（c）青藏高原；（d）黄土高原；（e）东北林草交错带；（f）河西走廊荒漠区

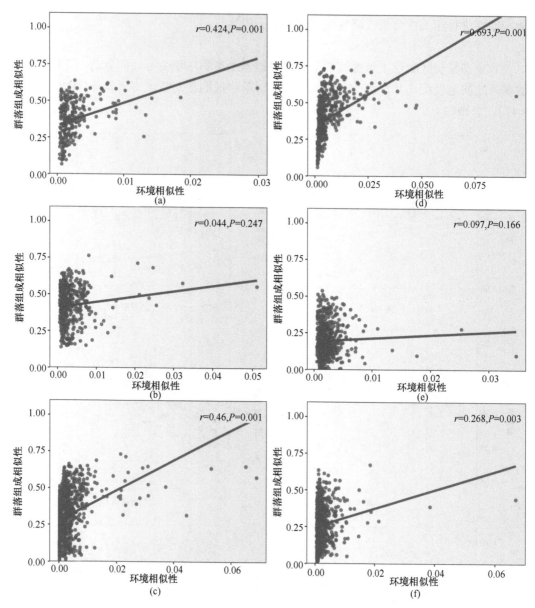

图 8.41　不同生态脆弱区表层土壤（0~20 cm）细菌群落组成相似性（community similarity）与环境相似性（environmental similarity）的关系

（a）西南岩溶石漠化区；（b）西南农牧交错带；（c）青藏高原；（d）黄土高原；（e）东北林草交错带；（f）河西走廊荒漠区

西南岩溶石漠化区：环境异质性（$r=0.424$）>地理距离（$r=0.197$）；

西南农牧交错带：地理距离（$r=0.172$）>环境异质性（$r=0.044$）；

青藏高原：环境异质性（$r=0.46$）>地理距离（$r=0.233$）；

黄土高原：环境异质性（$r=0.693$）≫地理距离（$r=0.394$）；

东北林草交错带：地理距离（$r=0.635$）≫环境异质性（$r=0.097$）；

河西走廊荒漠区：环境异质性（$r=0.268$）>地理距离（$r=0.246$）。

2）真菌

与细菌类似，各生态脆弱区表层土壤真菌群落组成受地理距离和环境变量共同驱动，但不同生态脆弱区之间地理距离和环境变量对土壤真菌群落组成的相对贡献有所差异（图 8.42 和图 8.43）。

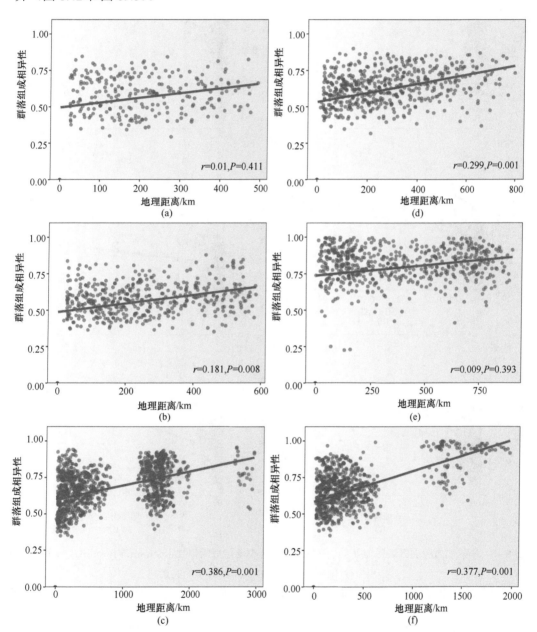

图 8.42　不同生态脆弱区表层土壤（0～20 cm）真菌群落组成相异性（community dissimilarity）与地理距离（geographic distance）的关系

（a）西南岩溶石漠化区；（b）西南农牧交错带；（c）青藏高原；（d）黄土高原；（e）东北林草交错带；（f）河西走廊荒漠区

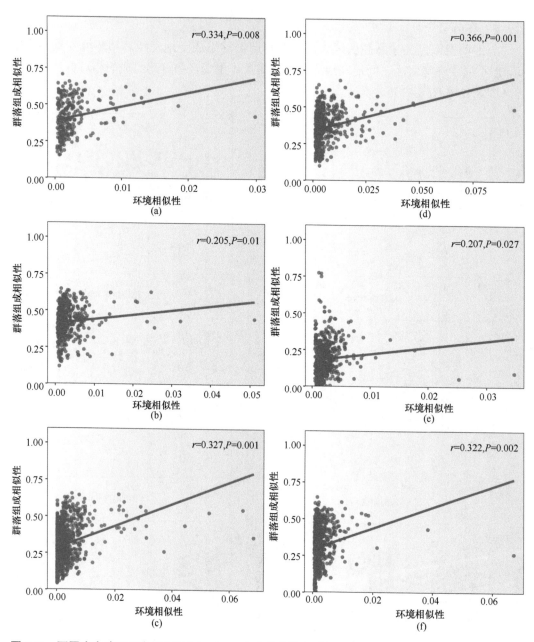

图 8.43 不同生态脆弱区表层土壤（0～20 cm）真菌群落组成相似性（community similarity）与环境相似性（environmental similarity）的关系

（a）西南岩溶石漠化区；（b）西南农牧交错带；（c）青藏高原；（d）黄土高原；（e）东北林草交错带；（f）河西走廊荒漠区

西南岩溶石漠化区：环境异质性（$r=0.334$）≫地理距离（$r=0.01$）；

西南农牧交错带：环境异质性（$r=0.205$）>地理距离（$r=0.181$）；

青藏高原：地理距离（$r=0.386$）>环境异质性（$r=0.327$）；

黄土高原：环境异质性（$r=0.366$）>地理距离（$r=0.299$）；

东北林草交错带：环境异质性（$r=0.207$）≫地理距离（$r=0.009$）；

河西走廊荒漠区：地理距离（$r=0.377$）>环境异质性（$r=0.322$）。

4. 不同生态脆弱区表层土壤微生物群落共线性网络分析

对不同生态脆弱区表层土壤细菌和真菌进行共线性网络分析，结果表明以下内容。

1）细菌

西南岩溶石漠化区：共 741 个节点，形成 7871 个连接，其中正连接（positive links）和负连接（negative links）分别为 5894 个和 1977 个，分别占 74.88%和 25.12%（图 8.44）。

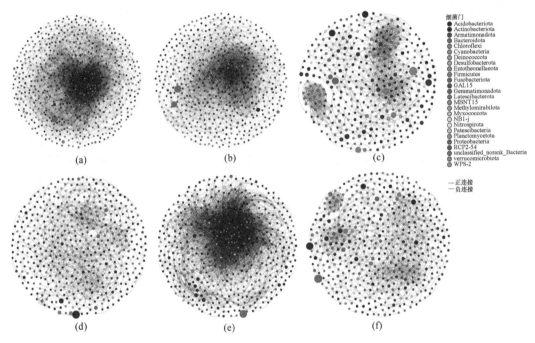

图 8.44　不同生态脆弱区表层土壤（0～20 cm）细菌群落共线性网络分析

（a）西南岩溶石漠化区；（b）西南农牧交错带；（c）青藏高原；（d）黄土高原；（e）东北林草交错带；（f）河西走廊荒漠区

西南农牧交错带：共 609 个节点，形成 4468 个连接，其中正连接和负连接分别为 3295 个和 1173 个，分别占 73.75%和 26.25%。

青藏高原：共 393 个节点，形成 1499 个连接，其中正连接和负连接分别为 1480 个和 19 个，分别占 98.73%和 1.27%。

黄土高原：共 485 个节点，形成 1033 个连接，其中正连接和负连接分别为 1005 个和 28 个，分别占 97.29%和 2.71%。

东北林草交错带：共 598 个节点，形成 8009 个连接，其中正连接和负连接分别为 5529 个和 2480 个，分别占 69.03%和 30.97%。

河西走廊荒漠区：共 498 个节点，形成 1289 个连接，全部为正连接。

对比不同生态脆弱区表层土壤细菌共线性网络分析（图 8.44），发现西南岩溶石漠化区、西南农牧交错带和东北林草交错带形成的连接数远高于青藏高原、黄土高原和河西走廊荒漠区，且负连接的占比也较高，这意味着西南岩溶石漠化区、西南农牧交错带和东北林草交错带三个区域土壤细菌网络的稳定性可能远高于其余三个区域。

2）真菌

西南岩溶石漠化区：共 514 个节点，形成 1110 个连接，其中正连接和负连接分别为 1101 个和 9 个，分占 99.19%和 0.81%。

西南农牧交错带：共 318 个节点，形成 558 个连接，均为正连接。

青藏高原：共 275 个节点，形成 431 个连接，均为正连接。

黄土高原：共 450 个节点，形成 1540 个连接，均为正连接。

东北林草交错带：共 293 个节点，形成 437 个连接，其中正连接和负连接分别为 435 个和 2 个，分别占 99.54%和 0.46%。

河西走廊荒漠区：共 560 个节点，形成 2228 个连接，全部为正连接。

与细菌不同，对比不同生态脆弱区表层土壤真菌共线性网络图（图 8.45），发现各生态脆弱区土壤真菌网络形成的连接数远少于细菌，且几乎全部为正连接，这可能意味着各生态脆弱区土壤真菌网络稳定性差异不大，但均较弱。

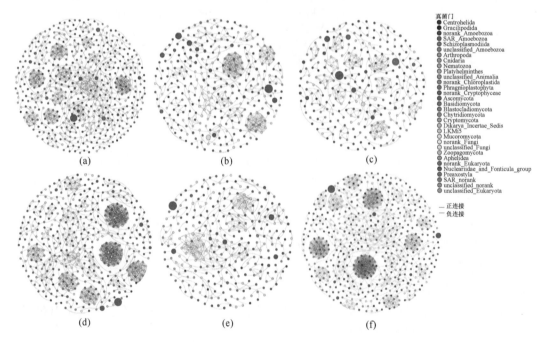

图 8.45　不同生态脆弱区表层土壤（0～20 cm）真菌群落共线性网络分析

（a）西南岩溶石漠化区；（b）西南农牧交错带；（c）青藏高原；（d）黄土高原；（e）东北林草交错带；（f）河西走廊荒漠区

8.5.2　典型生态脆弱区土壤碳氮磷生态化学计量特征

1. 土壤生态化学计量特征

对所有样本分区域和分土层分别进行统计分析（图 8.46），在 0~20cm 土层，SOC、TN 含量的变化趋势基本一致。0~20cm 土层的 SOC 和 TN 含量在西南岩溶石漠化区、西南农牧交错带、青藏高原和东北林草交错带没有显著差异，西南农牧交错带和林草交错带略高于西南岩溶石漠化区和青藏高原，而黄土高原显著低于其他四个生态脆弱区。西南山地农牧交错带 TP 含量显著高于西南岩溶石漠化地区和黄土高原，其他区域无明显差异。五个脆弱区 C∶N 无明显差异，但黄土高原生态脆弱区 C∶P、N∶P 显著低于其他区域。在 20~30cm 土层，SOC 含量与 C∶N 变化趋势一致，即西南岩溶石漠化区、西南山地农牧交错带和林草交错带显著高于青藏高原和黄土高原。黄土高原土壤 TN 含量显著低于其他四个区域。西南农牧交错带土壤 TP 含量显著大于黄土高原，而其他区域之间无显著差异。C∶P、N∶P 的分布趋势一致，黄土高原最小，其次是林草交错带，且差异显著，而其他三个区域则无明显差异。

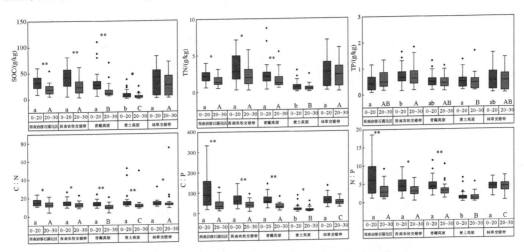

图 8.46　生态脆弱区不同土层生态化学计量差异性

不同小写字母表示 0~20 cm 土层土壤生态化学计量分布差异显著，不同大写字母表示 20~30 cm 土层土壤生态化学计量分布差异显著，*表示同一生态脆弱区不同土层土壤生态化学计量分布差异显著（$P<0.05$），**表示同一生态脆弱区不同土层土壤生态化学计量分布差异极显著（$P<0.01$）

在不同土层，西南岩溶石漠化区、西南农牧交错带、青藏高原和黄土高原 0~20 cm 土层土壤 SOC 和 C∶P 显著大于 20~30 cm 土层，但林草交错带 0~20 cm 土层 SOC 和 C∶P 略大于 20~30 cm 土层，但差异不显著。西南岩溶石漠化区、西南农牧交错带、青藏高原 0~20 cm 土层土壤 TN 和 N∶P 显著大于 20~30 cm 土层，但黄土高原和林草交错带不同土层土壤 TN 和 N∶P 无显著差异。在五个生态脆弱区，随土层加深，土壤 C∶N 均显著降低，而同一土层不同区域土壤 C∶N 的差异较小。所有生态脆弱区不同土层 TP 含量无显著性差异。对于整个研究区而言，0~30cm、0~20cm、20~30cm 土层土壤平均 C∶N∶P 分别为 51∶4∶1、60∶4∶1、35∶4∶1。

2. 土壤生态化学计量变化规律

在 0~20 cm 土层，西南岩溶石漠化区 TN 随降水量、TP 随纬度增加而显著增大，而 C∶P、N∶P 随纬度增加而显著减小（图 8.47 和图 8.48）。在西南农牧交错带，SOC、TN、N∶P 随纬度增加而显著增大，C∶N 随纬度增加而显著减小，与随降水量变化趋势相反。SOC、TN、TP 与海拔显著正相关关系。青藏高原 TN、TP 与纬度显著负相关。SOC、TN、TP 生态化学计量未表现出显著的随海拔和降水量变化而变化的趋势。黄土高原 SOC、TN、TP、C∶P、N∶P 随纬度和海拔的增加而显著减小，但随降水量变化的规律与其相反。林草交错带 SOC、TN、TP 随纬度、海拔和降水量增加而显著增大，C∶N、C∶P 随纬度、海拔增加而显著增大，N∶P 随海拔增加而显著增大。对于整个研究区的所有样本而言，SOC、TN 随海拔和降水量增加而显著增大。C∶P、N∶P 随纬度增加而显著减小，但随降水量增加而显著增大。

尽管回归结果显著与否不一致，但大多数情况下 SOC、TN、TP 及其化学计量比随海拔变化的趋势与随纬度变化的趋势基本一致，而随降水量变化的趋势相反。但这一规律存在个例，如在林草交错带，SOC、TN、TP 及其化学计量比随降水量变化的趋势与随纬度变化的趋势基本相同。此外，在 20~30cm 土层中，除 P 值存在差异外，不同土层 SOC、TN、TP 含量随环境梯度变化的趋势基本一致，但 C∶N、C∶P、N∶P 随纬度变化的趋势与 0~20cm 具有差异。

3. 土壤生态化学计量的影响因素

在西南岩溶石漠化区 0~20cm 土层，环境因子解释了生态化学计量总变异的 36.4%，轴 1 和轴 2 分别解释了 34.61%、1.66%的变异［表 8.5，图 8.49（a）］。但环境因子对生态化学计量变异的贡献并不显著（$P>0.05$）。冗余分析表明 0~20cm 土层土壤 N∶P 与海拔存在显著的负相关关系，N∶P 与年平均温度（MAT）、SOC、TN 和湿润度指数（MI）存在正相关关系。在 20~30cm 土层，环境因子解释了生态化学计量 48.1%的变异，生态化学计量主要受年平均降水量的影响（表 8.6）。C∶N 与年平均降水量（MAP）、SOC 与 NDVI 和 MI、SOC 和 TN 与电导率（EC）呈现较强的正相关关系、C∶P 与海拔（ALT）呈负相关关系［图 8.50（a）］。

在西南农牧交错带 0~20cm 土层，环境因子共解释了生态化学计量 56.6%的变异，生态化学计量主要受 pH 和容重（BD）的影响，它们一共解释了 35.4%的变异，贡献率为 62.5%（$P<0.05$，表 8.5）。SOC、TN 与 BD、MAP 存在较强的负相关关系，而 C∶N 与 MAP、TP 与 pH 具有较强的正相关关系［图 8.49（b）］。在 20~30cm 土层，环境因子解释了生态化学计量 62.2%的变异，生态化学计量主要受 BD 和 MAT 的影响（$P<0.05$，表 8.6）。它们一共解释了 40.5%的变异，贡献率为 64.95%。图 8.50（b）显示了 SOC、TN 与 BD、MAT 存在较强的负相关关系，TP 与 NDVI、pH、MI 具有正相关关系。

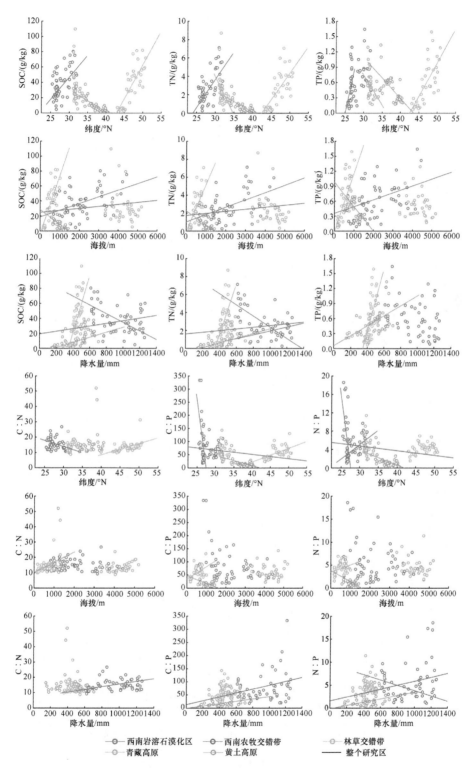

图 8.47　0～20 cm 土层土壤 C、N、P 生态化学计量与纬度、海拔和降水量的回归分析

实线代表拟合显著（$P<0.05$），虚线代表拟合不显著（$P>0.05$）

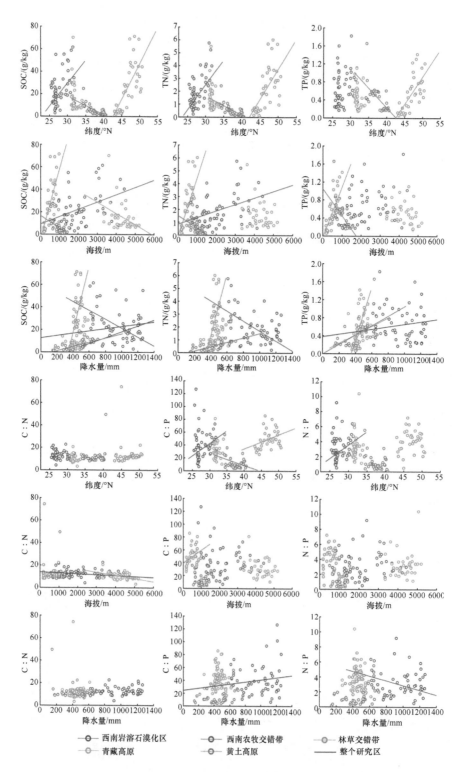

图 8.48　20～30 cm 土层土壤 C、N、P 生态化学计量与纬度、海拔和降水量的回归分析

实线代表拟合显著（$P<0.05$），虚线代表拟合不显著（$P>0.05$）

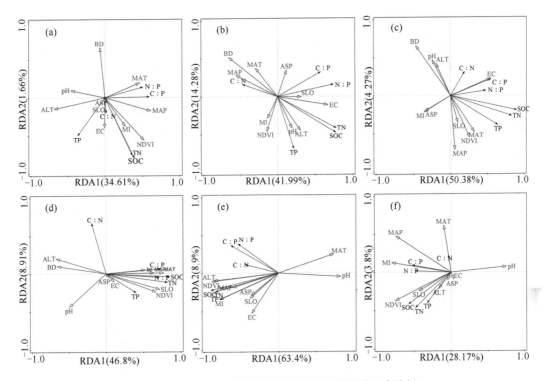

图 8.49　0～20 cm 土层土壤生态化学计量影响因素分析

（a）西南岩溶石漠化区；（b）西南农牧交错带；（c）青藏高原；（d）黄土高原；（e）林草交错带；（f）整个研究区

表 8.5　0～20cm 土层土壤生态化学计量影响因素分析

区域	影响	ALT	SLO	坡向	NDVI	MAT	MAP	MI	pH	电导率	容重
所有区域	解释率%	0.2	0.3	0.2	2.2	2.1	2.4	18.3	5.8	0.6	—
	pseudo-F	0.5	0.6	0.4	4.6	4.5	5.1	34.4	11.8	1.3	—
	P	0.52	0.43	0.62	0.02	0.02	0.02	0.002	0.002	0.15	—
西南岩溶石漠化区	解释率%	16.3	1.4	<0.1	0.7	4.5	1.8	2.6	5.9	2.3	0.8
	pseudo-F	4.1	0.3	<0.1	0.1	1.2	0.4	0.6	1.5	0.6	0.2
	P	0.06	0.61	0.96	0.70	0.27	0.50	0.45	0.21	0.45	0.71
西南农牧交错带	解释率%	3.0	0.4	0.2	0.6	5.2	0.4	1.7	13.4	9.7	22.0
	pseudo-F	1.6	0.2	0.1	0.3	2.7	0.2	0.9	6.6	4	8.2
	P	0.19	0.83	0.88	0.67	0.09	0.80	0.37	0.02	0.06	0.004
青藏高原	解释率%	2.9	0.2	1.7	2.3	5.3	0.8	0.1	24.7	15.2	1.6
	pseudo-F	1.5	<0.1	1	1.3	3	0.4	<0.1	12.7	5.8	0.9
	P	0.19	0.91	0.35	0.25	0.08	0.56	0.92	0.002	0.01	0.36
黄土高原	解释率%	1.0	0.1	3.4	7.8	27.9	1.1	4.5	3.4	4.3	3.7
	pseudo-F	0.5	<0.1	1.9	3.9	12	0.6	2	1.5	2.2	2
	P	0.54	0.97	0.17	0.04	0.002	0.51	0.13	0.22	0.15	0.12
林草交错带	解释率%	1.9	4.1	1.0	51.4	0.5	0.9	3.2	6.3	3.2	—
	pseudo-F	1.8	3.5	0.9	35	0.4	0.8	2.9	5	2.2	—
	P	0.19	0.04	0.35	0.002	0.62	0.36	0.07	0.03	0.11	—

在青藏高原 0～20cm 土层，环境因子共解释了生态化学计量 54.8% 的变异，生态化学计量主要受 EC 和 pH 的影响，它们一共解释了 39.9% 的变异，贡献率为 72.81%（$P<0.05$，表 8.5）。C∶P 与 EC 具有显著的正相关关系［图 8.49（c）］。在 20～30cm 土层，环境因子共解释了生态化学计量 57.7% 的变异，生态化学计量主要受 BD、EC 和 pH 的影响，它们一共解释了 47.2% 的变异，贡献率为 81.80%（$P<0.05$，表 8.6）。TP 与 NDVI、MAT，SOC、TN 与坡度（SLO）、C∶P 与 EC 存在正相关关系。TP 与 BD 和 ALT 存在负相关关系［图 8.50（c）］。

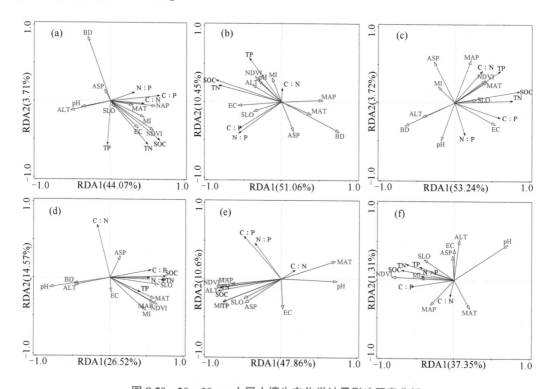

图 8.50　20～30 cm 土层土壤生态化学计量影响因素分析

（a）西南岩溶石漠化区；（b）西南农牧交错带；（c）青藏高原；（d）黄土高原；（e）林草交错带；（f）整个研究区

在黄土高原 0～20cm 土层，环境因子共解释了生态化学计量 57.2% 的变异，生态化学计量主要受 MAT 和 NDVI 的影响，它们一共解释了 35.7% 的变异，贡献率为 62.41%（$P<0.05$，表 8.5）。SOC、TN、C∶P、N∶P 与 MAT、MI、MAP 呈较强的正相关关系，而与 BD 呈负相关关系。TP 与 NDVI 呈正相关关系［图 8.49（d）］。在 20～30cm 土层，环境因子共解释了生态化学计量 42.4% 的变异，生态化学计量主要受 pH 的影响，它解释了 18% 的变异（$P<0.05$，表 8.6）。SOC、TN、C∶P、N∶P 与 pH、BD、ALT 呈负相关关系，TP 与 NDVI、MAT、MAP 呈正相关关系，SOC、TN、N∶P 与 SLO 也呈正相关关系［图 8.50（d）］。

在林草交错带 0～20cm 土层，环境因子共解释了生态化学计量 72.5% 的变异，生态化学计量主要受 NDVI、pH、SLO 的影响，它们一共解释了 61.8% 的变异，贡献率为

85.24%（$P<0.05$，表 8.5）。NDVI 单独的贡献率达 70.90%。SOC 与 MAP、NDVI、海拔呈正相关关系，TN、TP 与 MAP、MI 呈正相关关系，SOC、TN、TP 与 MAT 以及 C：N 与 pH 呈负相关关系［图 8.49（e）］。在 20～30cm 土层，环境因子共解释了生态化学计量 60.4%的变异，生态化学计量主要受 NDVI 的影响，它解释了 39.5%的变异（$P<0.05$，表 8.6）。SOC、TN 与 NDVI、ALT 和 MAP 以及 TP 与 MI 和 SLO 呈较强的正相关关系，SOC、TN、TP 与 MAT 呈负相关关系［图 8.50（e）］。

　　冗余分析表明，在 0～20cm 土层，环境因子共解释了生态化学计量 32%的变异，生态化学计量主要受 MI、pH、MAP、NDVI、MAT 和 SLO 的影响，它们一共解释了 30.8%的变异，贡献率为 96.25%，其中贡献率排序为 MI>pH>MAP>NDVI>MAT（$P<0.05$，表 8.5）。C：N 与 MAT、C：P 和 N：P 与 MI、SOC 与 NDVI 和坡度呈正相关关系，TN、TP 与 ALT 呈正相关关系，而 NP 与 pH 呈负相关关系［图 8.49（f）］。在 20～30cm 土层，环境因子共解释了生态化学计量 38.8%的变异，生态化学计量主要受 NDVI、MAT、pH、EC 的影响，它们共解释了 34.7%的变异，贡献率为 89.43%（$P<0.05$，表 8.6）。SOC、N：P 与 NDVI、MI 呈正相关关系，C：N 与 ALT 呈负相关关系［图 8.50（f）］。

表 8.6　20～30cm 土层土壤生态化学计量影响因素分析

区域	影响	ALT	SLO	坡向	NDVI	MAT	MAP	MI	pH	电导率	容重
所有区域	解释率%	1.2	0.8	0.9	25.9	4.4	0.2	1.0	2.5	1.9	—
	pseudo-F	2.9	1.8	2.2	53.4	9.6	0.5	2.4	5.6	4.4	—
	P	0.08	0.16	0.12	0.002	0.004	0.63	0.08	0.006	0.04	—
西南岩溶石漠化区	解释率%	2.4	4.7	0.8	0.2	9.3	16.2	0.2	7.3	1.0	5.9
	pseudo-F	0.6	1.4	0.2	<0.1	2.7	4.1	<0.1	1.9	0.3	1.6
	P	0.43	0.24	0.74	0.95	0.11	0.05	0.93	0.16	0.67	0.218
西南农牧交错带	解释率%	1.5	0.7	0.4	5.2	8.7	1.7	0.1	6.3	5.9	31.7
	pseudo-F	0.9	0.4	0.2	3.1	4.7	1	<0.1	3	2.6	13.4
	P	0.41	0.59	0.80	0.07	0.03	0.39	0.92	0.06	0.09	0.002
青藏高原	解释率%	0.9	0.6	3.0	1.4	1.0	1.3	2.3	12.4	10.8	24.0
	pseudo-F	0.5	0.3	1.8	0.8	0.6	0.7	1.4	7.1	5.1	10.1
	P	0.58	0.67	0.16	0.38	0.53	0.45	0.23	0.002	0.01	0.002
黄土高原	解释率%	2.3	<0.1	2.6	2.7	2.1	1.1	5.8	18.0	1.6	6.1
	pseudo-F	0.9	<0.1	1.1	1.1	0.8	0.4	2.2	6.6	0.6	2.5
	P	0.4	1	0.34	0.35	0.44	0.62	0.13	0.02	0.38	0.08
林草交错带	解释率%	1.5	2.5	3.4	39.5	2.8	3.2	2.6	1.0	3.9	—
	pseudo-F	0.9	1.5	1.9	21.5	1.8	1.9	1.5	0.9	2.3	—
	P	0.42	0.19	0.12	0.002	0.16	0.12	0.23	0.60	0.11	—

8.6　生态脆弱区土地沙漠化时空演变

数据来源于国家科技资源共享服务平台——国家地球系统科学数据中心（http://

www.geodata.cn），包含研究区 1990 年、2000 年和 2010 年三期土地沙漠化数据；该数据基于 Landsat TM 影像通过人机交互解译得到，依据沙漠化土地地表形态、植被及自然景观特征等将沙漠化程度由轻到重划分为四级：轻度、中度、重度和严重。为了反映生态脆弱区土地沙漠化发展方向和迁移距离，利用 ArcGIS 探索不同时期土地沙漠化重心转移规律。由于不同程度土地沙漠化所产生的生态效应存在差异，本节在参考现有研究基础上，分别赋予轻度、中度、重度和严重沙漠化权重值为 0.1、0.2、0.3 和 0.4，以获得土地沙漠化加权重心。

生态脆弱区土地沙漠化主要发生于内蒙古自治区境内（图 8.51），以我国四大沙地（毛乌素沙地、浑善达克沙地、科尔沁沙地和呼伦贝尔沙地）所处区域最为突出。同时，这些区域也是 1990~2010 年土地沙漠化动态变化最剧烈的区域。此外，重度和严重沙漠化地区则主要分布于毛乌素沙地以北、科尔沁沙地西南部和塔里木盆地西缘三个区域。就具体生态脆弱区而言，沙漠化较为突出的四大沙地全部或部分位于北方农牧交错带，该区域沙漠化土地分布范围最广，南部和中部地区沙漠化较严重。荒漠—绿洲区东部土地沙漠化程度最严重，土地沙漠化演变最剧烈；其次是荒漠—绿洲区中部、西部及西北部地区。黄土高原生态脆弱区土地沙漠化主要发生于北部地区，土地沙漠化集中且程度较严重，毛乌素沙地和库布齐沙漠位于该地区。林草交错带土地沙漠化现象主要发生于中部地区。青藏高原生态脆弱区土地沙漠化则零散分布于西部地区，整体而言其沙漠化分布范围小、程度低，尤其是在 1990~2010 年变化较小。

根据 3 期土地沙漠化程度数据，在整个生态脆弱区 1990~2000 年土地沙漠化面积是增加的；其中，轻度和严重沙漠化面积分别增长 9244.32 km² 和 9427.27 km²，合计约占净增长的 84%。轻度沙漠化增长主要来源于非沙漠化地区转化，而严重沙漠化增长主要来源于重度沙漠化的转入，各程度土地沙漠化以向更严重一级程度发展为主，如轻度向中度、中度向重度沙漠化转移。总体而言，1990~2000 年，整个生态脆弱区土地沙漠化呈现扩张快、程度加深的特点。北方农牧交错带和荒漠—绿洲区呈现相似的转移特征，但荒漠—绿洲区以严重沙漠化净增长为主，而中度和重度沙漠化面积呈减少趋势。黄土高原生态脆弱区土地沙漠化转移特点表现为各程度之间的相互转化，土地沙漠化净增长主要来源于严重沙漠化面积净增加。林草交错带土地沙漠化面积的净增长主要来源于轻度和重度沙漠化面积的净增长，分别为 3288.7 km² 和 2674.54 km²，合计约占该区域净增长的 80%。相比而言，青藏高原生态脆弱区土地沙漠化转移过程更加平缓，以轻度向中度沙漠化转移和中度向重度沙漠化转移为主。

2000~2010 年是生态脆弱区土地沙漠化逆转时期，呈现面积逐步紧缩、程度明显减弱的特征。在北方农牧交错带、荒漠—绿洲区、黄土高原生态脆弱区均为严重沙漠化面积净转出，林草交错带和青藏高原生态脆弱区则是中度、重度和严重沙漠化面积净转出。除黄土高原生态脆弱区外，其他生态脆弱区土地以轻度沙漠化为主要净转入。在所有区域，土地沙漠化以向更轻一级程度转移为主，如严重向重度、重度向中度沙漠化转移。

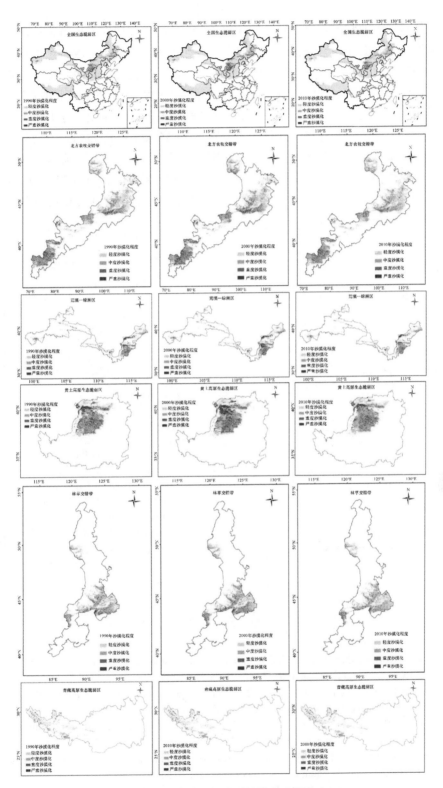

图 8.51　生态脆弱区土地沙漠化空间分布

　　结合脆弱区土地沙漠化重心转移图（图8.52）和沙漠化时空发展特征，在整个研究区内土地沙漠化先沿东南方向扩张，再向东北方向萎缩，三期土地沙漠化重心迁移距离分别为24.07 km和44.78 km。在林草交错带，土地沙漠化连续向西先扩张再紧缩，其重心分别迁移了10.02 km和10.11 km。农牧交错带土地沙漠化则先向东北扩张，再向西南折回紧缩，沙漠化重心分别迁移了40.57 km和43.65 km。荒漠—绿洲区土地沙漠化重心转移特点为连续向东迁移，迁移距离分别为34.35 km和63.49 km。而黄土高原生态脆弱区和青藏高原生态脆弱区土地沙漠化则相对稳定，黄土高原生态脆弱区土地沙漠化为先向东北扩张，再向西南折回，沙漠化重心分别迁移了6.61 km和6.57 km；青藏高原生态脆弱区土地沙漠化则为先向东扩张，再向西萎缩，其沙漠化重心分别迁移了1.47 km和5.31 km。

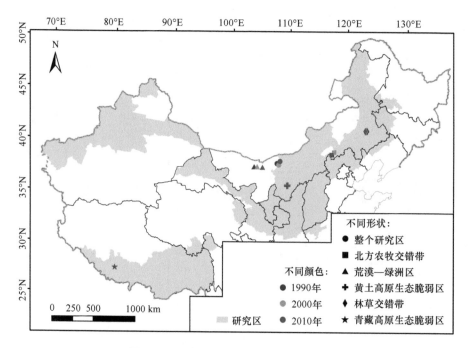

图8.52　生态脆弱区土地沙漠化重心转移

参 考 文 献

Bao G, Tuya A, Bayarsaikhan S, et al. 2020. Variations and climate constraints of terrestrial net primary productivity over Mongolia. Quaternary International, 537: 112-125.

Gonzalez P, Neilson R P, Lenihan J M, et al. 2010. Global patterns in the vulnerability of ecosystems to vegetation shifts due to climate change. Global Ecol. Biogeogr., 19: 755-768.

Li Y Q, Wang X Y, Chen Y P, et al. 2019. Changes in surface soil organic carbon in semiarid degraded Horqin Grassland of northeastern China between the 1980s and the 2010s. Catena, 174: 217-226.

Li Y Q, Wang X Y, Niu Y Y, et al. 2018. Spatial distribution of soil organic carbon in the ecologically fragile Horqin Grassland of northeastern China. Geoderma, 325, 102-109.

Liu Y, Wang Q, Zhang Z, et al. 2019. Grassland dynamics in responses to climate variation and human activities in China from 2000 to 2013. Science of the Total Environment, 690: 27-39.

Sun W, Song X, Mu X, et al. 2015. Spatiotemporal vegetation cover variations associated with climate change and ecological restoration in the Loess Plateau. Agricultural & Forest Meteorology, 209: 87-99.

Wang B, Yang S, Chen Y. 2011. Effect of climate variables on the modeling of vegetation net primary productivity in karst areas. In: Chan F, Marinova D, Anderssen RS, editors. 19th International Congress on Modelling and Simulation.

Wang H, Liu G, Li Z, et al. 2018. Assessing the driving forces in vegetation dynamics using net primary productivity as the indicator: a case study in jinghe river basin in the Loess Plateau. Forests, 9: 374-391.

Wang H, Liu G, Li Z, et al. 2019. Comparative assessment of vegetation dynamics under the influence of climate change and human activities in five ecologically vulnerable regions of China from 2000 to 2015. Forests, 10: 317-337.

Wang J, Meng J J, Cai Y L. 2008. Assessing vegetation dynamics impacted by climate change in the southwestern karst region of China with AVHRR NDVI and AVHRR NPP time-series. Environmental Geology, 54: 1185-1195.

Wang X Y, Li Y Q, Gong X W, et al. 2019. Storage, pattern and driving factors of soil organic carbon in an ecologically fragile zone of northern China. Geoderma, 343: 155-165.

Wang X Y, Li Y Q, Gong X W, et al. 2020. Changes of soil organic carbon stocks from the 1980s to 2018 in northern China's agro-pastoral ecotone. Catena: 194: 104722.

Wang X Y, Li Y, Wang M, et al. 2021. Changes in daily extreme temperature and precipitation events in mainland China from 1960 to 2016 under global warming. Internat. J. Climatol., 41: 1465-1483.

Woodward F I, Lomas M R, Kelly C K. 2004. Global climate and the distribution of plant biomes. Philos. Trans. R. Soc. B: Biol. Sci., 359: 1465-1476.

Wu Z, Wu J, He B, et al. 2014. Drought offset ecological restoration program-induced increase in vegetation activity in the Beijing-Tianjin Sand Source Region, China. Environmental Science and Technology, 48: 12108-12117.

Xie B, Qin Z, Wang Y, et al. 2014. Spatial and temporal variation in terrestrial net primary productivity on Chinese Loess Plateau and its influential factors. Transactions of the Chinese Society of Agricultural Engineering, 30: 244-253.

Yin L, Dai E, Zheng D, et al. 2020. What drives the vegetation dynamics in the Hengduan Mountain region, southwest China: Climate change or human activity? Ecological Indicators, 112: 106013-106025.

Zhang F, Zhang Z, Kong R, et al. 2019. Changes in forest net primary productivity in the Yangtze River Basin and its relationship with climate change and human activities. Remote Sensing, 11.

Zhang S, Zhang R, Liu T, et al. 2017. Empirical and model-based estimates of spatial and temporal variations in net primary productivity in semi-arid grasslands of Northern China. Plos One, 12: 1-18.

Zheng K, Wei J, Pei J, et al. 2019. Impacts of climate change and human activities on grassland vegetation variation in the Chinese Loess Plateau. Science of the Total Environment, 660: 236-244.

第 9 章

生态脆弱区的现代植被、生态系统结构状态及时空演变[①]

摘 要

生态脆弱区生态系统结构是维持其生态系统服务功能和生态安全屏障功能的基础。在过去几十年，受气候变化、人类活动和自然扰动等综合因素的影响，生态脆弱区生态系统结构发生了变化，导致生态系统服务功能降低，严重威胁着区域生态安全与可持续发展。因此，深入认识生态脆弱区生态系统结构及其时空变化对于制定可持续发展战略和维持生态屏障功能具有重要的现实意义。本章系统评价了不同植被覆盖度反演方法和产品精度，分析了过去 20 年青藏高原高寒草地植被覆盖度时空变化趋势；构建了无人机–遥感地上生物量估算模型，估算了 2000~2019 年青藏高原草地地上生物量的时空变化特征。基于海量无人机航拍影像全面解析了内蒙古高原和青藏高原不同类型草地斑块空间分异特征。通过样带调查系统性地分析了青藏高原、黄土高原和内蒙古高原不同草地类型草地群落及其内部植物高度变异规律，以及其对环境变化的响应机制。

9.1 前 言

中国生态脆弱区具有分布面积广、脆弱生态系统类型多样等特点（于贵瑞等，2020）。尽管生态脆弱区生态系统承载力低且对外界扰动响应敏感，但是其具有突出的生态安全屏障功能，对于维持生态脆弱区可持续发展具有重要作用（刘军会等，2015；周侃和王传胜，2016）。过去几十年，受气候变化、人类活动和自然扰动等综合因素的影响，这些生态脆弱区生态系统结构发生了显著改变，导致资源环境承载力降低，影响了生态系统服务功能和生态安全屏障功能。因此，深入认识变化环境下生态脆弱区生态系统结构

---

① 本章作者：秦曦，何念鹏，宜树华，陈建军，张慧芳，孟宝平，黄玉婷，卢霞梦；本章审稿人：徐兴良，王常慧。

及其时空演变对于制定可持续发展战略和维持生态安全具有重要的现实意义。

　　生态系统结构主要指构成生态的诸要素及其量化关系，各组分在时间、空间上的分布，以及各组分间能量、物质、信息流的途径与传递关系，主要包括组分结构、时空结构和营养结构三个方面的内容。生态系统结构是描述生态系统、反映植被生长状态和趋势的重要基础，对区域生态系统环境变化具有重要的指示作用。本章选择植被覆盖度、地上生物量、斑块以及植被高度这几个重要的组分结构指标来论述生态系统结构状态及时空演变特征。它们被广泛应用于农业、林业、水文和干旱监测等相关领域，是生态环境动态监测的理想指标（Liang et al.，2012；Guo et al.，2018）。植被覆盖率指某一地域植物垂直投影面积与该地域面积之比，是植被生长状况的直观量化指标。生物量是植被生态系统获取能量、固定 CO_2 的物质载体，是定量表示植被生产力状况的重要指标。斑块是依赖于尺度的并与周围环境在性质上或外观上不同的空间实体（邬建国等，1992），表现为形态上的破碎化和生态功能上的破碎化（Forman，1995），是表征草地退化的重要指标之一。植被高度一般情况下指单个植物个体或者整个植物群落在地面以上部分的植株高度，既可以反映植被生长状况及其健康程度，也是表征植被对所处环境适应性的重要参数。

9.2　植被覆盖度监测与反演

　　植被覆盖度变化过程对生态环境演替具有重要的指示意义（Chen et al.，2016）。受地面观测数据不足（特别是与卫星遥感影像像元空间尺度匹配的实测数据）的影响，当前植被覆盖度遥感反演结果和精度评价还存在一定的不确定性（Lin et al.，2021，2022）。本节在青藏高原布设了 2428 个遥感监测样地，于 2015～2019 年利用团队自主开发的航拍系统（FragMAP）在上述遥感监测样地开展了定点、定位航拍监测，获取了大量的航拍影像用于精确分辨植被和非植被像元（Yi，2017）。基于 EGI 阈值法获得了大量能与卫星遥感影像像元空间尺度匹配的实测植被覆盖度数据，并结合多源遥感数据和相关辅助数据评估了不同植被覆盖度反演算法（BPNNs、SVR、RF）的精度，分析了当前主流植被覆盖度产品（GLASS FVC 产品和 GEOV3 FVC 产品）的质量，得到了青藏高原高寒草地 2000～2021 年植被覆盖度时空变化特征。

9.2.1　不同植被覆盖度反演方法精度评价

　　为了探索不同机器学习反演方法的精度，基于 5 年的实测数据反演了青藏高原的植被覆盖度。结果显示 RF 反演方法的相关系数为 0.914，高于 BPNNs（0.908）和 SVR（0.887）反演方法，且 RF 反演方法的均方根误差（0.127）同样高于 BPNNs（0.132）和 SVR（0.148）反演方法（图 9.1）。这些结果表明 RF 反演方法更适合青藏高原区域的植被覆盖度反演。

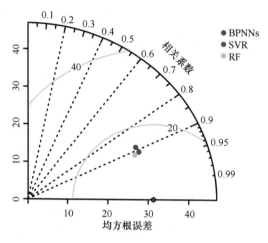

图 9.1 RF、BPNNs 和 SVR 三种机器学习算法的反演精度

9.2.2 不同植被覆盖度反演方法精度评价

和其他现有的 FVC 产品进行比较是验证产品性能的一个重要手段。图 9.2 展示了 GLASS FVC 产品、GEOV3 FVC 产品和本节生成的产品（QTP_FVC）在青藏高原区域 2015~2018 年植被生长季的空间分布图。在空间尺度，GLASS FVC、GEOV3 FVC 和 QTP_FVC 三种产品都呈现出从西往东逐渐升高的趋势，且西部地区 QTP_FVC 的值明显高于 GLASS FVC、GEOV3 FVC 两种产品的值。

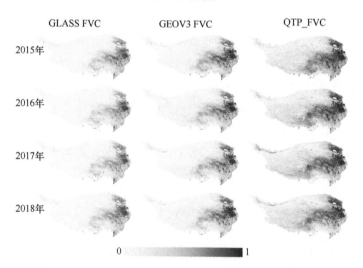

图 9.2 青藏高原区域 GLASS FVC、GEOV3 FVC 和 QTP_FVC 三种产品 2015~2018 年生长季
空间分布图

图 9.3 为 QTP_FVC 和 GLASS FVC 产品在 2015~2018 年的差异空间分布图，通过目视判读可知，2015 年 QTP_FVC 和 GLASS FVC 产品的差异相对较小，2016~2018

年差异较大的区域主要分布在中部和西南地区。为了定量评估两种产品之间的差异，统计了不同差异区间的像元占比。结果表明，两种 FVC 产品的差异主要集中在大于 0 的区域，占整个区域的 95%以上，而小于 0 的区域小于 5%。在大于 0 的区域，差异集中在 0.1~0.2 和 0.2~0.3 的区域分别约占研究区总面积的 23.379%和 22.076%（图 9.4）。

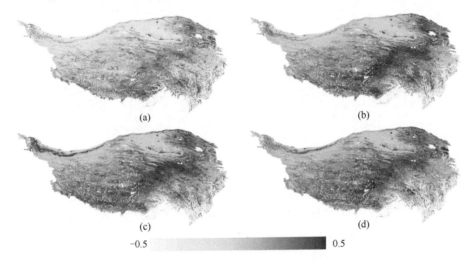

（a）　　　　　　　　　　　　　（b）

（c）　　　　　　　　　　　　　（d）

−0.5　　　　　　　　　　　0.5

图 9.3　QTP_FVC 和 GLASS FVC 产品在 2015~2018 年的差异空间分布图

（a）2015 年；（b）2016 年；（c）2017 年；（d）2018 年

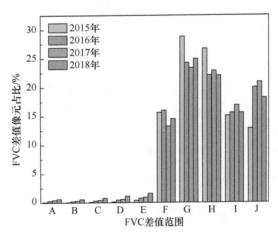

图 9.4　QTP_FVC 和 GLASS FVC 产品在 2015~2018 年的差异统计结果

A：−0.5~−0.4，B：−0.4~−0.3，C：−0.3~−0.2，D：−0.2~−0.1，E：−0.1~0，F：0~0.1，G：0.1~0.2，H：0.2~0.3，I：0.3~0.4，J：0.4~0.5

图 9.5 为 QTP_FVC 和 GEOV3 FVC 产品在 2015~2018 年的差异空间分布图，整体来看，2015 年和 2016 年的差异相对较小，而 2017 年和 2018 年的差异相对较大，且差异较大的区域主要集中在西南部和北部边缘。同样，为了定量评估两种产品之间的差异，统计了不同差异区间的像元占比。可以看出，两种 FVC 产品的差异主要集中在 0~0.3 区域，占整个区域的 70%以上。统计区间像元占比最高的为 0.1~0.2，占研究区的 25%

以上；占比最低的区间为−0.5～0.1，约占研究区总面积的 7%（图 9.6）。

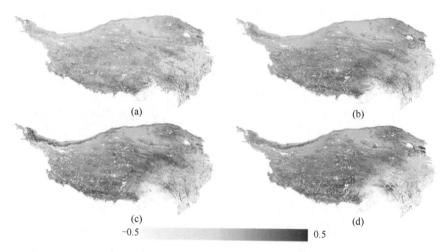

（a）　　　　　　　　　　　　　　　（b）

（c）　　　　　　　　　　　　　　　（d）

−0.5　　　　　　　　　　　0.5

图 9.5　QTP_FVC 和 GEOV3 FVC 产品在 2015～2018 年的差异空间分布图

（a）2015 年；（b）2016 年；（c）2017 年；（d）2018 年

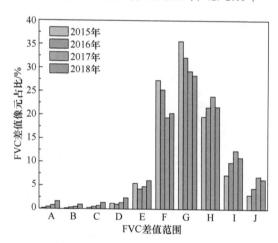

图 9.6　QTP_FVC 和 GEOV3 FVC 产品在 2015～2018 年的差异统计结果

A：−0.5～−0.4，B：−0.4～−0.3，C：−0.3～−0.2，D：−0.2～−0.1，E：−0.1～0，F：0～0.1，G：0.1～0.2，H：0.2～0.3，
I：0.3～0.4，J：0.4～0.5

9.2.3　三种 FVC 产品精度评价

为了评估三种 FVC 产品的精度，选用 QTP_FVC 反演时使用的标定数据集（共 658
个实测站点的监测数据）作为评价数据源。结果表明，QTP_FVC 产品的精度最高，GLASS
FVC 和 GEOV3 FVC 产品的精度相对较低（图 9.7）。在评估的四年中，2018 年三种 FVC
产品的一致性相对较好，且 QTP_FVC 的精度（R^2=0.85，RMSE=11.448）优于 GLASS FVC
（R^2=0.80，RMSE=13.784）和 GEOV3 FVC（R^2=0.82，RMSE=14.658）。此外，QTP_FVC
与实测数据组成的散点集中分布在 1：1 线周围，而 GLASS FVC 和 GEOV3 FVC 与实

测数据组成的散点集中分布在 1：1 线的下方，表明 GLASS FVC 和 GEOV3 FVC 两种产品存在低估现象。

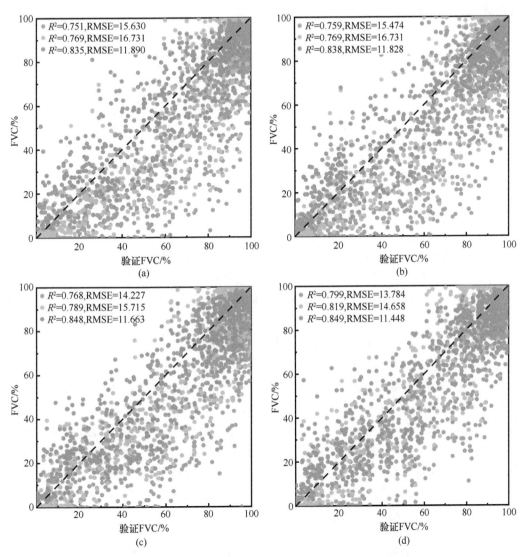

图 9.7 QTP_FVC、GLASS FVC 和 GEOV3 FVC 三种产品精度评价

（a）2015 年；（b）2016 年；（c）2017 年；（d）2018 年

9.2.4 青藏高原高寒草地植被覆盖度变化趋势

基于 QTP_FVC 产品数据分析了青藏高原高寒草地 2000～2021 年 FVC 时空变化特征。结果表明，过去 22 年青藏高原高寒草地的植被覆盖度呈现稳中有增的趋势，稳定的区域占研究区域的 86.603%，增加和减少的区域分别占研究区域的 11.560% 和 1.836%（图 9.8）。在所有增加的区域中，显著增加的区域占研究区域的 4.514%，增加的区域占研究区域的 7.046%，主要分布在青藏高原的北部、河流和湖泊周围（图 9.8）。在所有减少的区域中，显著减少和减少的区域分别占研究区域的 0.573% 和 1.263%，主要分布在青藏高原沙漠地带。

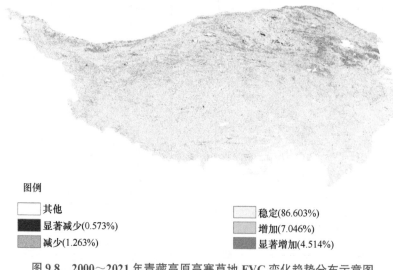

图例

☐ 其他 ☐ 稳定(86.603%)

■ 显著减少(0.573%) ☐ 增加(7.046%)

☐ 减少(1.263%) ■ 显著增加(4.514%)

图 9.8　2000~2021 年青藏高原高寒草地 FVC 变化趋势分布示意图

9.3　地上生物量监测与反演

地上生物量是反映草地健康状况的指标之一（O'Mara，2012）。但是，长期以来在大范围获取高质量的实地验证资料一直是制约高精度生物量遥感反演的瓶颈。本节旨在基于无人机航拍影像，开发一套无损、快速获取用于遥感反演所需草地地上生物量实测资料的解决方案。为此，本节在内蒙古、黄河源、青藏高原以及江苏滨海等不同草地生态系统开展了样方尺度的无人机地上生物量估算实验，尝试了不同方法，同时构建了不同尺度草地地上生物量估算模型。基于构建的模型分析 2000~2019 年青藏高原高寒草地地上生物量的变化趋势。

9.3.1　基于植被高度的样方尺度无人机草地地上生物量估算模型

首先，在江苏滨海、内蒙古以及甘肃部分区域开展了小范围的无人机样方尺度的草地高度及其地上生物量反演研究。为反演样方尺度的草地高度，本节自主研发了 QUADRAT 飞行模式（图 9.9），用以获取可生成植被点云、具有一定重叠度的无人机航拍照片。采用 SFM 算法和 CHM 模型生成了样方尺度的草地植被点云并提取了植被高度（图 9.10）。在此基础上，建立了实测地面高度及地上生物量的回归模型（图 9.11）。结果表明，样方尺度的平均高度 CHM_mean 与实际测量的高度及地面实测生物量具有较好的相关性（R^2=0.95 和 R^2=0.86）。CHM_mean 与实测生物量之间存在较好的对数关系，

验证数据集的 R^2 是 0.89，RMSE 为 91.48 g/m^2，相对误差 rRMSE 为 16.1%（图 9.12）。鉴于样本量有限，该方法是否适合大面积草地地上生物量验证数据收集仍需进一步验证。

(a)　　　　　　　　　　　　　　　　　(b)

图 9.9　QUADRAT 飞行模式航点示意图（a）以及每个样方的无人机拍摄流程示意图（b）

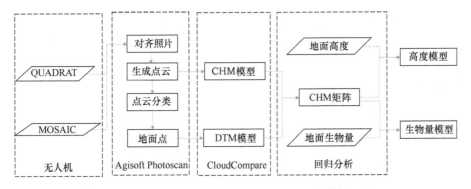

图 9.10　样方尺度植被高度模型及其 AGB 估算模型构建流程

9.3.2　基于植被高度和水平信息的草地样方尺度的生物量估算模型

基于前期研究基础，采用 QUADRAT 飞行模式在内蒙古、苏里及黄河源区域开展了广泛的无人机–地面草地地上生物量同步观测实验（图 9.13），共收集样本 208 个，其中内蒙古 50 个，苏里 94 个，黄河源 64 个（表 9.1），涉及高寒草甸、高寒草原、典型草原、荒漠草原等多种草地类型。为提高无人机草地地上生物量估算模型的精度，一方面，基于重叠的无人机 RGB 照片，采用 SFM 和 CHM 算法提取植被点云以获取草地的高度信息；另一方面，基于无人机 RGB 影像计算用以描述草地二维特征相关的水平指数（例如，RGB、HSV 色彩空间），以及可表征植被信息的指数（例如，FVC，EGI 和 GI 以及

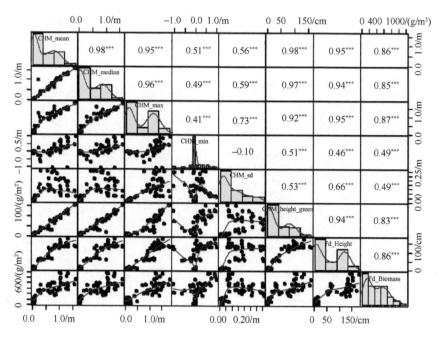

图 9.11　CHM 模型高度参数及其与实测高度和实测生物量之间的相关关系分析

***表示 $P<0.001$

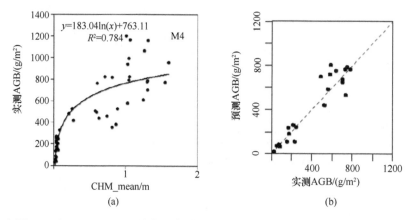

图 9.12　实测 AGB 与 CHM_mean 散点图（a）及验证数据集预测 AGB 与实测 AGB 散点图（b）

RGB 影像直方图信息指数）。同时，采用随机森林算法构建样方尺度草地地上生物量估算模型（图 9.14）。

结果表明，基于水平指数和垂直指数构建的草地 RF_{VH} AGB 模型的估算精度最高（R^2= 0.78，RMSE= 24.80 g/m^2），基于水平指数构建的 RF_H AGB 估算模型精度次之（R^2=0.73，RMSE =26.54 g/m^2），而使用垂直指标构建的 RF_V AGB 模型精度最低（图 9.15 和表 9.2）。研究结果证实基于重叠的无人机 RGB 照片可用于草地高度的反演（Bendig et al.，2014；Li et al.，2016）。但生成的样方尺度的点云质量与草地密度密切相关。并非所有采样点的无人机照片均可成功地生成高质量的植被点云数据，其普适性受限。随着草地植被盖度的

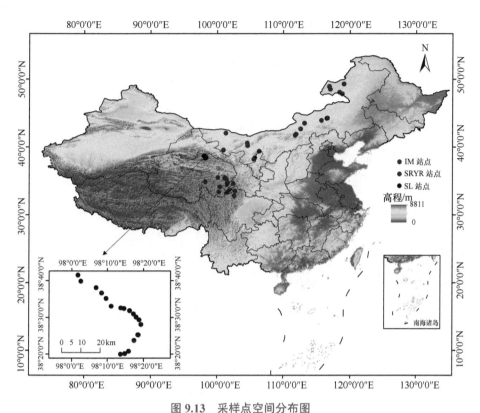

图 9.13　采样点空间分布图

IM 表示内蒙古，SRYR 表示黄河源，SL 表示苏里

表 9.1　样方尺度地面草地 AGB 观测值统计信息

研究区	样方个数/个	最小值/（g/m²）	最大值/（g/m²）	平均值/（g/m²）	标准差/（g/m²）
黄河源	64	11.60	258.04	130.29	73.14
苏里	94	1.20	252.40	102.37	50.92
内蒙古	50	0.43	254.43	83.19	74.56

增加，获取植被点云失败的比例也随之大幅增加（图 9.16）。此外，地面点云的准确识别也对草地高度的植被反演有着较大的影响，如草地覆盖、微地形起伏、牛粪、砂砾石等因素均对地面点的准确提取产生影响（Lussem and Bareth，2018）。由此可见，基于无人机 RGB 影像大范围获取草地高度存在诸多障碍。而基于水平指数构建的无人机样方尺度的草地 RF_H AGB 估算模型更适合大范围的样方尺度草地地上生物量的调查。

9.3.3　基于无人机和 MODIS 卫星数据的青藏高原草地地上生物量反演

针对传统地面采样与卫星遥感存在空间尺度不匹配问题，在青藏高原高寒草地开展了大范围的无人机–地面同步观测实验（图 9.17）。在实验方案设计中充分考虑了卫星、无人机及地面采样三者之间的空间尺度匹配（图 9.18），采用"样方–照片–像元"逐步升尺度策略实现了 MODIS 卫星像元尺度的草地地上生物量的估算（图 9.19）。

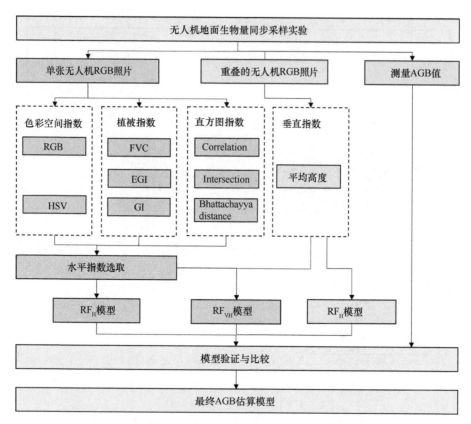

图 9.14　基于无人机水平指数和垂直指数的草地 AGB 估算流程

表 9.2　不同 AGB 估计模型的训练和验证结果

模型类型	训练集 R^2			训练集均方根误差/（g/m²）			验证集 R^2			验证集均方根误差/（g/m²）		
	平均值	最小值	最大值	平均值	最小值	最大值	平均值	最小值	最大值	平均值	最小值	最大值
RF_{VH}	0.94	0.93	0.95	13.65	11.55	15.42	0.78	0.63	0.93	24.80	15.69	42.75
RF_H	0.93	0.92	0.95	14.53	12.50	16.66	0.73	0.42	0.92	26.54	14.48	40.14
RF_V	0.80	0.78	0.83	23.81	22.25	25.12	0.28	0.02	0.67	46.38	32.00	68.32

1. 样方尺度草地地上生物量模型构建

在 20 m 飞行高度进行无人机航拍，同时在四个飞行航点（6、7、10 和 11）放置 0.5 m 样方框用于地面地上生物量的实地调查。对无人机获取的航拍照片进行裁剪［图 9.18（e）］，计算 RGB、HSV、FVC、EGI 等指数，采用 4.3.2 小节的方法构建基样方尺度的青藏高原草地地上生物量模型。

2. 照片尺度草地地上生物量估算

将 20 m 高度拍摄的无人机航拍照片按照样方大小进行分块处理（图 9.19）。然后调用 20 m 样方尺度的无人机草地地上生物量估算模型计算每个小块的生物量，并将所有小块生物量的平均值作为照片尺度的地上生物量估算值。

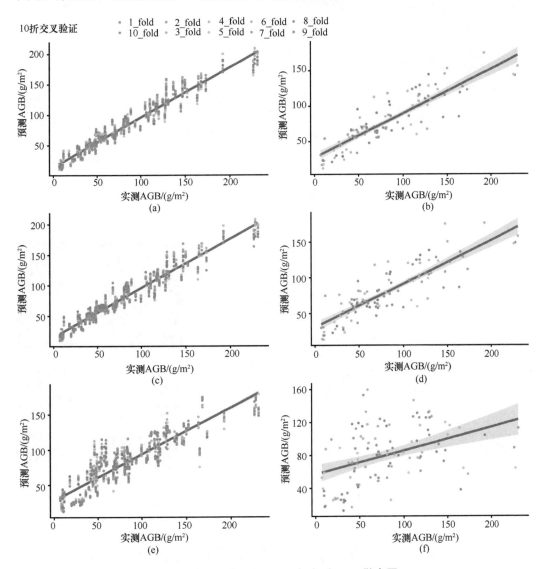

图 9.15　不同模型预测 AGB 与实测 AGB 散点图

（a）和（b）分别为 RF_{VH} 模型的训练数据集和验证数据集的散点图；（c）和（d）分别为 RF_{H} 模型的训练数据集的散点图；（e）和（f）分别为 RF_{V} 模型的训练数据集和验证数据集的散点图

3. MODIS 像元尺度草地地上生物量估算

为了实现无人机航拍调查尺度与 MODIS 卫星像元相匹配，首先需要在 MODIS 的 250 m 分辨率的像元内，基于 GRID 飞行模式均匀拍摄 16 张 20 m 高的无人机照片。然后基于样地尺度估算方法，分别计算 16 张照片的草地地上生物，然后求取平均值作为与 MODIS 像元尺度相匹配的草地地上生物量（图 9.19）。

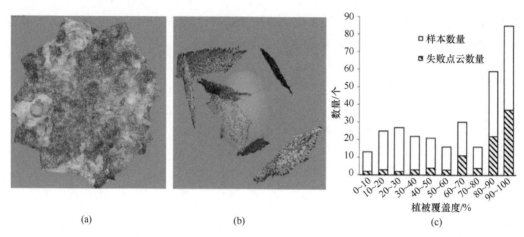

图 9.16 高质量植被点云示意图（a）、失败点云示意图（b）以及失败点云与植被覆盖度之间的占比关系（c）

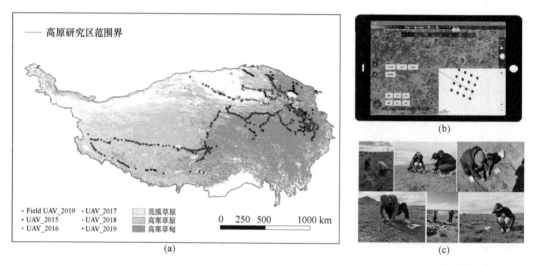

图 9.17 青藏高原地区无人机–地面草地 AGB 采样点空间分布图（a）、FragMap 航线规划示意图（b）以及野外调查照片（c）

4. 基于 MODIS 与无人机的区域尺度草地地上生物量估算模型构建

将 GRID 航线尺度无人机估算的地上生物量估算值作为因变量，对应的 MODIS 像元指数，如 NDIV、EVI、kNDVI 等作为自变量，采用随机森林算法构建像元尺度的草地地上生物量估算模型。在像元尺度草地地上生物量估算模型构建上实现了因变量与自变量的尺度匹配。此外，为检验模型的稳健性，采用跨年交叉验证的方法对模型精度进行了验证（表 9.3）。

结果表明，基于 20 m 高无人机航拍照片获取的水平指数可用于样方尺度的草地地上生物量估算，与地面实测地上生物量具有良好的线性关系（R^2=0.73，RMSE=44.23 g/m^2）[图 9.20（a），表 9.3]。基于 GRID 飞行模式获取的 20 m 高的无人机照片可作为中间桥梁，用于估算与 MODIS 像元尺度相匹配的草地地上生物量，且基于无人机估算的地上生物量与 MOIDS 像元的植被指数（NDVI、EVI 等）比传统地面观测数据更具有相关性（图 9.21）。与传统地面采样方法相比，基于无人机进行草地地上生物量估算可解决以往空间尺度不匹配的问题，用其构建的像元尺度的草地地上生物量模型的模拟精

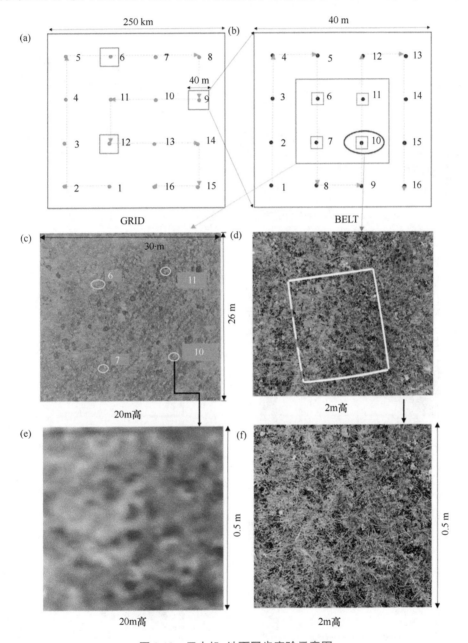

图 9.18　无人机–地面同步实验示意图

GRID（a）和 BELT（b）飞行模式的组合设计；（c）手动拍摄包含四个样方框的 20 m 高无人机图像；（d）2 m 高的 BELT 模式无人机图像；（e）和（f）分别是 20 m 及 2 m 高无人机照片裁剪后的 10 号样方框内的无人机图像

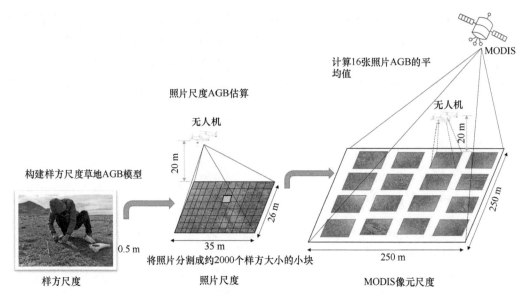

图 9.19 构建与 MODIS 像元尺度相匹配的草地 AGB 估算流程图

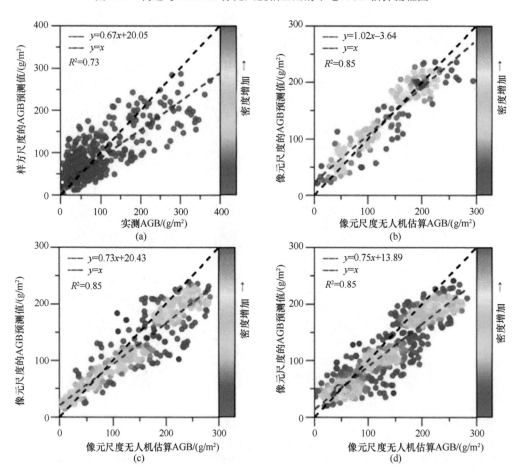

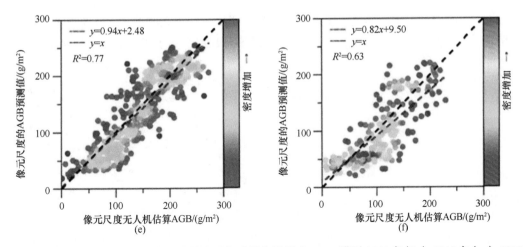

图 9.20　样方尺度 AGB 模型验证集散点图（a）及像元尺度 AGB 模型 2019 年（b）、2018 年（c）、2017 年（d）、2016 年（e）、2015 年（f）交叉验证散点图

表 9.3　不同尺度草地 AGB 模型训练精度与验证精度结果

尺度	年份	训练样本		验证样本	
		R^2	均方根误差/（g/m²）	R^2	均方根误差/（g/m²）
样方尺度	2019	0.94	20.18	0.73	44.23
像元尺度	2019	0.96	10.68	0.85	25.80
	2018			0.85	39.15
	2017			0.85	36.49
	2016			0.77	32.25
	2015			0.63	36.98

度和稳定性均得到大幅提升。尽管不同年份的验证样本在空间分布和数量上有所区别，但均取得了较好的拟合精度。其中，2017～2019 年的模型拟合精度 R^2 均为 0.85，2015～2016 年因无人机照片质量偏低，拟合精度较差（图 9.20 和表 9.3）。不同于以往研究（Yang et al.，2017；Meng et al.，2020）直接用 3～5 个样方尺度样本的平均值来表示一个卫星像素的 AGB 值，本节成功地将传统的样方尺度提升到 MODIS 像素尺度。在计算不同尺度的 AGB 值时，实现了因变量和自变量的空间尺度匹配。由此可见，无人机可作为桥梁有效降低传统地面 AGB 实测值与卫星像元之间的尺度差异。

5. 青藏高原草地地上生物量模拟结果分析

基于构建的 MODIS 像元尺度的无人机-遥感地上生物量估算模型估算 2000～2019 年青藏高原草地地上生物量（图 9.22）。可以看出青藏高原草地地上生物量总体上呈现出由西向东逐步增加的趋势。2000～2019 年青藏高原草地的平均生物量为 104 g/m²，草地平均地上生物量存在一定的年际波动，总体以每年 0.22 g/m² 的速率呈增长趋势（图 9.23）。不同草地类型平均地上生物量略有不同，其中高寒草甸为 151.85 g/m²，高寒草原为 60.85 g/m²。该结果与 Zeng 等（2019）的估算结果基本一致，但总体平均地上生物量高于其估算的 77.12 g/m²。从表 9.4 中可以看出，不同研究者间的估算结果存在一定的差异。

其主要原因在于两方面。首先，使用的地面验证资料具有极大的差异。与以往研究相比，本节将传统采样和无人机采样相结合，通过逐步升尺度，实现了 20m 高分辨率无人机

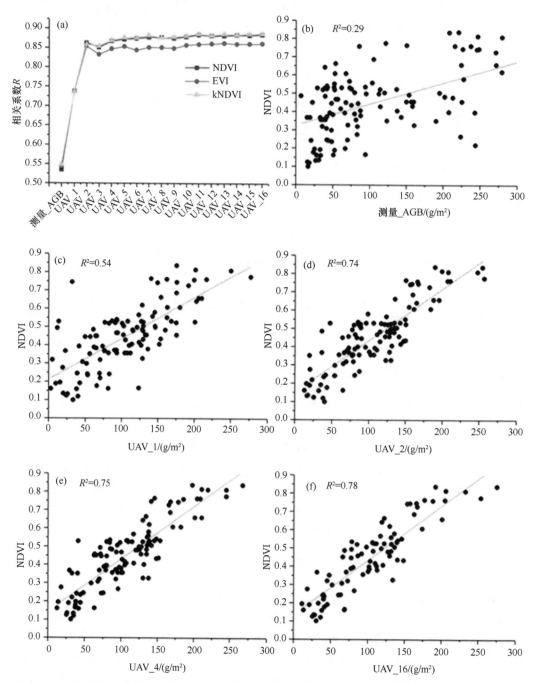

图 9.21　MODIS 植被指数与不同 AGB 估计方法的相关性分析（a）及 MODIS NDVI 与不同 AGB 估计方法的散点图［(b) ～ (f)］

UAV_x 表示用于计算 MODIS 像素尺度 AGB 的无人机照片数量，其中，x 的取值范围是 1～16

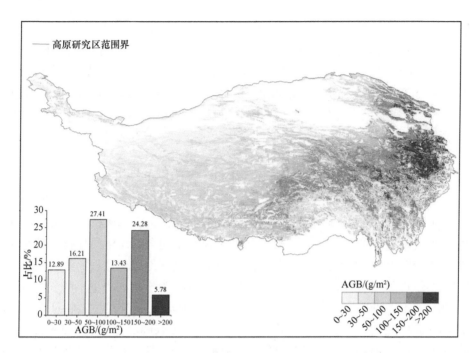

图 9.22　2000～2019 年青藏高原草地平均 AGB 空间分布图

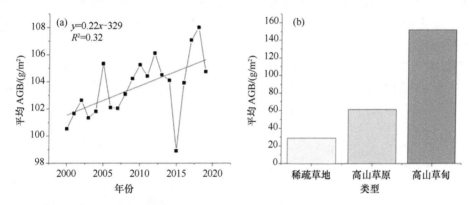

图 9.23　2000～2019 年青藏高原草地平均 AGB 变化趋势（a）及不同草地类型平均 AGB（b）

表 9.4　青藏高原不同草地类型 AGB 估算结果列表

平均 AGB/（g/m²）	高寒草原/（g/m²）	高寒草甸/（g/m²）	时间范围	研究方法	数据源	参考文献
68.8	50.1	90.8	2001～2004	线性回归	MODIS EVI	（Yang et al.，2009）
—	22.4	42.37	2000～2012	线性回归	MODISNDVI	（Liu et al.，2017）
78.4	—	—	1982～2010	随机森林	GIMMS	（Xia et al.，2018）
77.12	76.43	154.72	2000～2014	随机森林	MODIS	（Zeng et al.，2019）
59.63	42.75	77.56	2000～2017	随机森林	MODIS	（Gao et al.，2020）
120.73	—	—	1998～2014	文献分析	MODIS	（焦翠翠等，2016）

照片草地 AGB 的估算。与传统方法相比，无人机采样具有速度快、空间覆盖广的特点。其次，估算结果的差异与所采用的建模方法也密切相关。Yang 等（2017）基于相同的样本数据分别采用 ANN 和线性回归模型对三江源的草地生物量进行反演，研究结果表明 ANN 的精度要优于传统的线性回归模型（Yang et al.，2017）。为降低建模方法对模型估算的影响，在建模方法上选择了在草地 AGB 估算方面具有良好表现的随机森林算法。

9.4　脆弱区草地斑块空间分异特征

除草地植被盖度、生物量能反映草地生态系统状态之外，草地植被斑块是从景观尺度反映草地状态变化的重要指标之一。草地植被斑块空间自组织格局分布是对外部条件长期适应的结果，而草地斑块格局的转变（破碎化）是草地退化过程的重要体现，即连续完整的生境在外部干扰（自然或人为扰动）下被分割为一系列类型不同、大小不等的斑块（Kéfi et al.，2007；Maestre and Escudero，2009）。破碎化的主要特征表现为斑块面积缩小，斑块密度增大，斑块形状趋于简单化（Scanlon et al.，2007；Solé et al.，2007），斑块间邻近度及连通性降低，导致多样性生境隔离、退化甚至丧失，最终造成生态系统结构和功能发生变化（Fischer and Lindenmayer，2007）。由于地面观测和遥感观测的局限性，很难获取能够代表大、中尺度真实情况的草地斑块观测资料（Chen et al.，2017；Qin et al.，2019），因而目前开展的关于草地斑块空间自组织格局特征变化的工作多为理论性研究，缺乏真实性检验，对于区域尺度草地生态系统斑块格局的分异机制的认识尚且不足。本节采用无人机航拍的调查方法，结合室内航拍影像分析了内蒙古高原（图 9.24）和青藏高原（图 9.25）草地斑块特征。

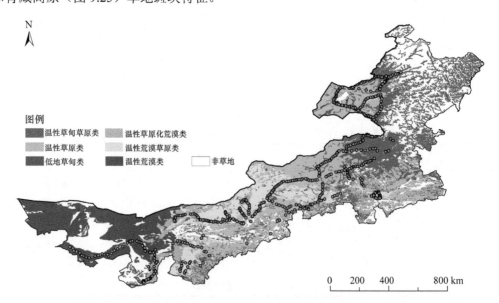

图 9.24　内蒙古高原草地类型及其航拍样地

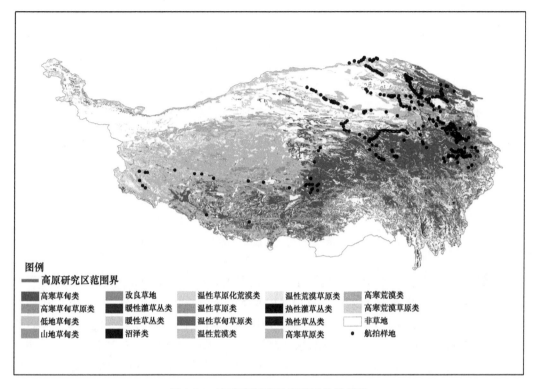

图 9.25　青藏高原草地类型及航拍样地

首先，基于二值化的航拍照片，在 Fragstats 4.2 下提取草地植被斑块特征（Zhang et al.，2020）。由于无人机采样的地面覆盖范围固定，因此本节采用斑块数量（NP）、斑块面积占比（PLAND）、加权斑块周长面积比（PARA_AM）和最大斑块面积占比（LPI）四类指标来描述航拍照片中草地的斑块特征。四类指数中，NP 代表景观中某一类型斑块的总个数 [式（9.1）]，斑块数量可影响诸多生态过程，包括：①决定景观中各物种及次生种的空间分布特征。②改变物种间相互作用和协同共生的稳定性。③其值与景观的破碎程度存在很好的相关性。PLAND 描述草地占整个航拍照片面积的相对比例 [式（9.2）]，是确定景观中优势景观元素的依据之一，其值趋于 0 时，说明景观中此类型变得稀少，其值等于 100 时，说明整个景观只由一类斑块组成。PARA 描述斑块形状的复杂程度，其取值范围为 1～2、分维数值为 1 时代表最简单的斑块形状，如正方形和圆形，数值越大表明斑块形状越复杂 [式（9.3）]。LPI 描述景观水平上的优势斑块类型或斑块水平上的最大斑块规模。最大面积占比具体是指规模最大的斑块的面积占据整个景观面积的比例 [式（9.4）]，单位为%，范围在 0～100%。其值的大小决定着景观中优势种、内部种的丰富度等生态特征。

$$\text{NP} = n_i \tag{9.1}$$

$$\text{PLAND} = \frac{\sum_{i=1}^{n} a_{ij}}{A}(100) \tag{9.2}$$

$$\text{PARA} = \frac{\overline{e_i}}{a_i} \tag{9.3}$$

$$\text{LPI} = \frac{\max(a_{ij})}{A} \times 100 \tag{9.4}$$

式中，NP 为斑块数量；n_i 为景观中 i 类型斑块的总个数；PLAND 为斑块面积占比；a_{ij} 为斑块 i 的面积；A 为观测样地的总面积；PARA 为斑块周长面积比；$\overline{e_i}$ 为斑块周长；a_i 为斑块面积；LPI 为最大斑块面积占比；$\max(a_{ij})$ 为最大斑块面积。

9.4.1 内蒙古高原不同类型草地斑块空间分异特征

1. 斑块数量

内蒙古高原生长旺季植被斑块数量总体呈现出自东南向西北先增加后减少的变化趋势（图 9.26）。内蒙古高原东南部草地 NP 多介于 0～6500 个；中部草地 NP 变化幅度巨大，其值多介于 19500～58500 个；相较于中部地区，西部草地 NP 变化幅度较小，其值多介于 6500～39000 个。在所有航拍观测样地中，NP 最大值为 67224 个，位于四子王旗北部草原化荒漠地区；最小值仅为 31 个，位于呼伦贝尔市陈巴尔虎旗温带草甸草

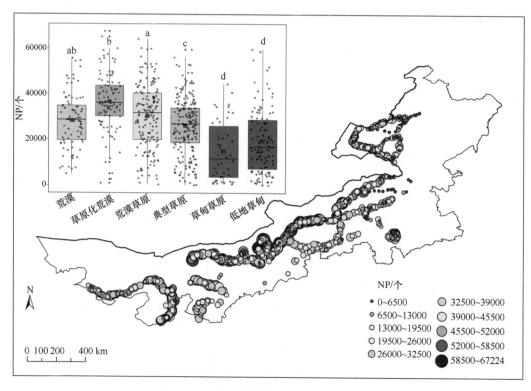

图 9.26　内蒙古高原草地 NP 空间分异特征

原。就不同草地类型而言（图 9.26 左上小图），草原化荒漠 NP 值显著高于其他草地类型（$P<0.05$），其平均值为 36525 个；其次为荒漠草原和荒漠（两者无显著性差异，但均显著高于典型草原、草甸草原和低地草甸）；典型草原 NP 显著低于荒漠、草原化荒漠和荒漠草原，而高于草甸草原和低地草甸（$P<0.05$）；草甸草原和低地草甸 NP 值显著低于其他草地类型（$P<0.05$），其平均值分别为 14679 个和 18572 个。

2. 斑块面积占比

在空间尺度，内蒙古高原草地 PLAND 自东南向西北呈现递减的变化趋势（图 9.27）。东南部多数航拍样地 PLAND 介于 70.00%～99.00%；中部航拍样地草地 PLAND 变化幅度较大，其值变化范围在 10.00%～60.00%；西北部草地 PLAND 较小，值介于 0.00～20.00%。所有航拍样地中，草地 PLAND 最大值为 99.97%，位于呼伦贝尔市陈巴尔虎旗草甸草原；草地 PLAND 最小值仅 0.06%，位于达尔罕茂明安联合旗荒漠草原。对于不同的草地类型而言（图 9.27 左上小图），草甸草原 PLAND 显著高于其他类型，其平均值为 70.38%（$P<0.05$）；其次为低地草甸（平均值为 58.47%），显著低于草甸草原而高于其他草地类型（$P<0.05$）；典型草原 PLAND 介于草甸和荒漠之间，且与其他草地类型之间存在显著性差异（平均值为 47.05%，$P<0.05$）；草原化荒漠和荒漠草原 PLAND 相近（平均值分别为 36.66%和 38.70%），两者之间不存在显著性差异，但与其他草地类型存在显著差异。所有类型中荒漠植被 PLAND 显著低于其他类型，平均值仅为 18.80%（$P<0.05$）。

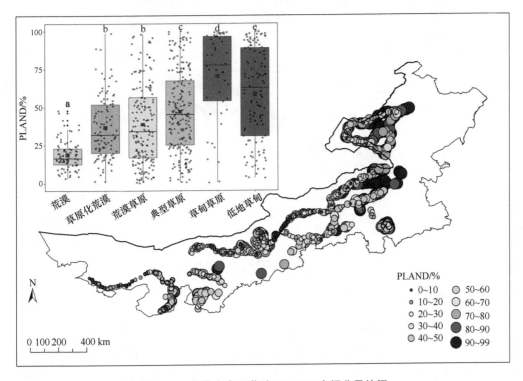

图 9.27 内蒙古高原草地 PLAND 空间分异特征

3. 最大斑块面积占比

内蒙古高原草地 LPI 空间分异特征与 PLAND 类似，也呈现自东南向西北逐渐递减的变化趋势（图 9.28）。东南部航拍样地 LPI 多介于 50.00%～99.00%；中部草地 LPI 变化幅度较大，变化范围在 10%～70%，但大多数航拍样地 LPI 介于 10.00%～50.00%；西北部草地 LPI 普遍较低，多介于 0～10.0%。所有航拍样地中，草地 LPI 最大值为 99.97%，位于呼伦贝尔市陈巴尔虎旗草甸草原；草地 LPI 最小的仅为 0.01%，位于达尔罕茂明安联合旗荒漠草原。就 6 类草地类型而言（图 9.28 左上小图），草甸草原 LPI 显著高于其他草地类型，平均值为 65.17%（$P<0.05$）；其次依次为低地草甸和典型草原（平均值分别为 50.9% 和 37.6%，$P<0.05$）；荒漠草原和草原化荒漠 LPI 相近（平均值分别为 29.67% 和 23.23%），两者之间无显著性差异，但与其他草地类型存在显著差异。所有草地类型中，荒漠植被 LPI 值最小，平均值仅为 4.35%，显著低于其他类型草地。

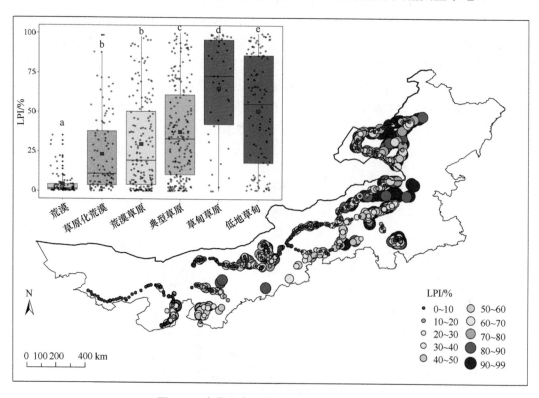

图 9.28　内蒙古高原草地 LPI 空间分异特征

4. 加权斑块周长面积比

内蒙古高原草地 PARA_AM 空间分异特征如图 9.29 所示，整体呈现从东南向西北逐渐增加的变化趋势。东南部草地 PARA_AM 值较小，多数航拍样地介于 0～4800；中部草地 PARA_AM 变化幅度大（0～24000），大部分航拍样地 PARA_AM 介于 9600～19200；相较于中部地区，西北部草地 PARA_AM 变化幅度较小，PARA_AM 介于 7900～

12000。所有航拍样地中，PARA_AM 最大值为 24381，位于达尔罕茂明安联合旗荒漠草原；PARA_AM 最小值为 17.89，位于呼伦贝尔市陈巴尔虎旗草甸草原。对于内蒙古高原 6 类不同草地类型而言（图 9.29 左上小图），荒漠、草原化荒漠和荒漠草原 PARA_AM 平均值相差不大（三类草地 PARA_AM 平均值分别为 10513、10391 和 10521），不存在显著性差异，但显著高于其他草地类型；典型草原 PARA_AM 介于草甸与荒漠类草原之间，平均值为 7025，与其他草地类型之间存在显著性差异（$P<0.05$）。草甸草原的 PARA_AM 值最低，平均值为 3517；其次为低地草甸，平均值为 5205。两类草地 PARA_AM 均与其他草地类型存在显著性差异。

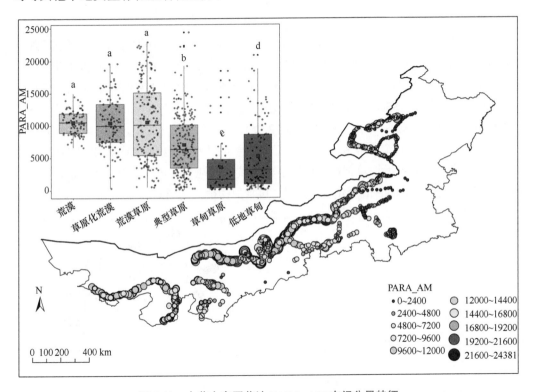

图 9.29　内蒙古高原草地 PARA_AM 空间分异特征

5. 内蒙古高原草地斑块格局空间分异特征

内蒙古高原草地斑块指数自东南向西北的空间分异格局差异显著，其中 NP 和 PARA 按照草甸草原、典型草原、荒漠草原、草原化荒漠和荒漠的顺序递减，其中荒漠草原和草原化荒漠 NP 和 PRAR 变化幅度较大；与 NP 和 PARA 相反，PLAND 和 LPI 则按照草甸草原、典型草原、荒漠草原、草原化荒漠和荒漠的顺序递增，同样在荒漠草原和草原化荒漠中变化幅度较大。这说明在内蒙古高原草甸草原 NP 少，斑块面积大，PARA 小，草地的破碎化程度最低。随着气候条件和人类活动等因子的变化，内蒙古高原草地类型自东向西逐渐由草甸过渡为荒漠，草地 NP 逐渐增加，斑块面积逐渐减小，斑块形状也趋于复杂，草地的破碎化程度逐渐增大。内蒙古高原温性草原在降水等外部资源充足的条件下，草地斑块呈现面积大、破碎化程度低的空间自组织分布格局；受到降水等因素胁迫时，草地植被类型逐渐演替，草地斑块逐渐破碎化。值得注意的是，在荒漠草原和草原化荒漠地区，草地斑块的变化并不是逐渐过渡的，其斑块特征存在较大的变化幅度，草地斑块的稳定性最低。这可能与生态系统发生转变时，草地斑块对环境变化的响应有关（Hu et al.，2018）。

9.4.2　青藏高原不同类型草地斑块空间分异特征

1. 斑块数量

青藏高原草地 NP 空间分异特征如图 9.30 所示，NP 自东南向西北呈现逐渐增加趋势。青藏高原东部边缘地区草地 NP 较低，其范围多介于 0～17000 个；东北部以及中部地区草地 NP 变化幅度较大，其范围多介于 8500～51000 个；西部地区草地斑块变化幅度最大，其范围介于 8500～84000 个。所有航拍结果中，草地 NP 最大为 84184 个，位于西藏萨嘎县高寒草原；草地 NP 最小为 79 个，位于甘肃省玛曲县。就青藏高原高寒草甸、高寒草原、高寒荒漠草原和高寒荒漠等最主要的几类草地类型而言（图 9.30 左下小图），所有草地类型中山地草甸的 NP 最小，其航拍样地平均值为 2420 个，显著低于其他草地类型；高寒草甸 NP 值变化幅度较大，其航拍样地平均值仅大于山地草甸，为 12064

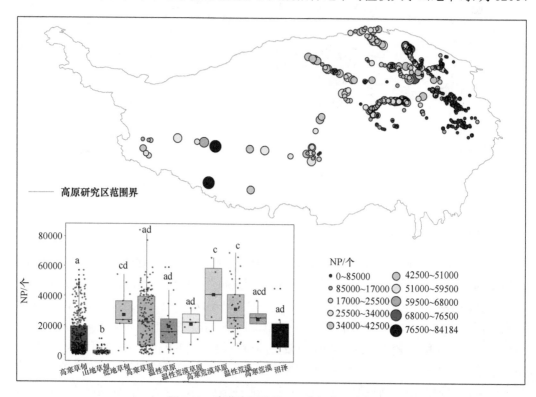

图 9.30　青藏高原草地 NP 空间分异特征

个，与山地草甸、低地草甸和高寒荒漠等具有显著差异（$P<0.05$）；低地草甸和高寒草原 NP 平均值相近，分别为 27006 个和 23968 个，两者不存在显著差异（$P>0.05$），但与高寒草甸、山地草甸、高寒荒漠和高寒荒漠草原存在显著差异（$P<0.05$）；高寒荒漠草原和高寒荒漠之间不存在显著差异（$P>0.05$），但与高寒草甸、山地草甸和高寒草原差异显著（$P<0.05$）。由于本节青藏高原温性草原、温性荒漠草原、温性荒漠以及沼泽无人机航拍样地数量较少，其草地 NP 统计结果还存在一定的不确定性。

2. 斑块面积占比

青藏高原草地 PLAND 空间分异特征如图 9.31 所示，PLAND 整体呈现由东南向西北逐渐减少的变化趋势。青藏高原东部边缘地区航拍样地草地 PLAND 值最大，多介于 70.00%～99.00%；东北部以及中部地区草地 PLAND 变化幅度较大，PLAND 多介于 0.00～70.00%，少数航拍样地达 80.00% 以上；青藏高原西部地区草地 PLAND 较小，多介于 50.00% 以下。所有航拍样地中，PLAND 最大为 99.92%，位于甘肃省玛曲县；PLAND 最小为 0.25%，位于青海省格尔木市。就青藏高原最主要的几类草地类型而言（图 9.31 左下小图），山地草甸 PLAND 值显著高于其他草地类型，其平均值为 92.13%（$P<0.05$）；其次为高寒草甸，PLAND 平均值仅次于山地草甸（平均值为 78.34%），与其他草地类型均存在显著差异（$P<0.05$）；低地草甸和高寒草原 PLAND 平均值相近，分

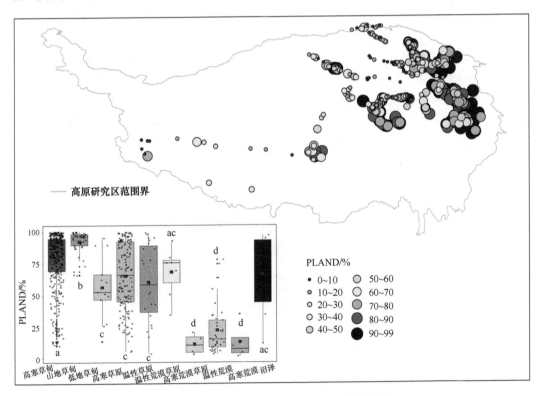

图 9.31 青藏高原草地 PLAND 空间分异特征

别为 55.95%和 65.17%，与草甸类和荒漠类草地存在显著差异（*P*<0.05）；高寒荒漠草原和高寒荒漠 PLAND 相近（平均值分别为 11.12%和 12.80%），显著低于高寒草甸、山地草甸、高寒草原和低地草甸（*P*<0.05）。

3. 最大斑块占比

青藏高原草地 LPI 空间分异特征与草地 PLAND 空间分异特征相似，均呈现自东南向西北逐渐减小的变化趋势（图 9.32）。在青藏高原东部边缘地区，草地 LPI 较大，多介于 60.00%～100.00%；青藏高原东北部和西部地区 LPI 较小，多数航拍样地 LPI 值小于 30.00%，仅个别样地 LPI 值在 60.00%～70.00%；中部地区 LPI 值变化幅度较大。所有航拍结果中，LPI 最大为 99.91%，位于甘肃省玛曲县；最小为 0.005%，位于青海省格尔木市。就青藏高原几类最主要的草地类型而言（图 9.32 左下小图），所有草地类型中，山地草甸 LPI 显著高于其他草地类型（*P*<0.05），其 LPI 平均值为 90.28%；高寒草甸 LPI 显著低于山地草甸而高于其他草地类型（平均值为 74.07%）（*P*<0.05）；低地草甸和高寒草原 LPI 相近（LPI 平均值分别为 47.45%和 58.17%），两者无显著差异（*P*>0.05），但与高寒草甸、山地草甸、高寒荒漠草原和高寒荒漠存在显著差异（*P*<0.05）；高寒荒漠草原和高寒荒漠 LPI 值相近（平均值分别为 0.71%和 4.56%），显著低于其他草地类型（*P*<0.05）。

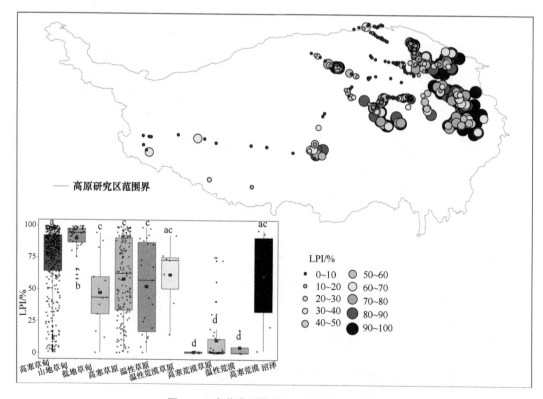

图 9.32　青藏高原草地 LPI 空间分异特征

4. 斑块周长面积比

青藏高原草地 PARA_AM 空间分异特征如图 9.33 所示，PARA_AM 整体呈现由东南向西北逐渐增加的变化趋势。在青藏高原东南部 PARA_AM 较小，其值多小于 4600；在青藏高原东北部和中部地区，PARA_AM 变化幅度较大，多数航拍样地 PARA_AM 介于 7000~16600，部分大于 19000；青藏高原西部地区 PARA_AM 介于 14200~21400。所有航拍结果中，PARA_AM 最大为 22785，位于青海省格尔木市；最小为 23，位于甘肃省玛曲县。就青藏高原最主要的几类草地类型而言（图 9.33 左下小图），所有草地类型中山地草甸 PARA_AM 显著低于其他草地类型，平均值为 518（$P<0.05$）；高寒草甸 PARA_AM 则显著高于山地草甸而低于其他草地类型，PARA_AM 平均值为 2348（$P<0.05$）；低地草甸和高寒草原 PARA_AM 相近，其平均值分别为 6046 和 4995，显著高于高寒草甸和山地草甸，低于高寒荒漠草原和高寒荒漠（$P<0.05$）。高寒荒漠草原和高寒荒漠 PARA_AM 显著高于其他草地类型，其 PARA_AM 平均值分别为 16073 和 14957（$P<0.05$）。

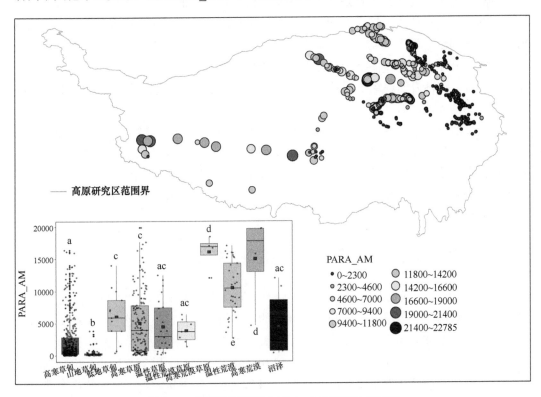

图 9.33　青藏高原草地 PARA_AM 空间分异特征

5. 青藏高原草地斑块格局空间分异特征

青藏高原草地斑块指数自东南向西北呈现显著差异的空间分布特征，其中 NP 和 PARA 按照山地草甸、高寒草甸、高寒草原、低地草甸、高寒荒漠草原和高寒荒漠的顺序呈现逐渐增加的变化趋势，PLAND 和 LPI 则呈现相反的变化趋势，四类斑块指数均在高寒草原呈现较大的变化幅度。由此可见，青藏高原地区山地草甸的 NP 最少，斑块面积最大，PARA 最小，草地的破碎化程度最小。随着气候和人类活动的影响，草地破碎化程度按照高寒草甸、高寒草原、低地草甸、高寒荒漠草原和高寒荒漠的顺序逐渐加剧。不同于内蒙古高原，青藏高原草地类型中高寒草原四类指标的变化幅度最大，草地斑块的稳定性最低（Rietkerk et al., 2004），其次为高寒草甸。相较于内蒙古温性草原，青藏高原草地生态系统海拔较高、土层薄弱，草地斑块一旦发生破碎化，其将很难恢复其原有的状态。而高寒草甸和高寒草原是青藏高原主要放牧利用区域，因此，除了气温、降水等环境因子外，过度放牧也是造成该区域草地斑块自组织分布格局差异较大的重要原因之一。

9.5　植物群落高度的区域变异及响应规律

生态位理论认为物种共存是由于物种对资源利用不同而引发的排序不同。因此，物种高度的不同可看作一种排序的变化。本节运用对比性的野外样带调查，探讨了草地植物群落高度构建的适应机制。在具体操作中，研究人员系统地测量了青藏高原、黄土高原和内蒙古高原三条样带 240 个草地样方中每株植物的高度（125726 个个体），在样带、样点、样方、物种方面逐级进行数据归类，同时计算了不同区域、草地类型、群落及其种群内部的高度波动特征。

首先，研究人员计算了 3 个区域、9 种植被类型、240 个植物群落及其内部种群高度结构的 4 个特征参数（均值、标准差、偏度和峰度），应用 Duncan 法多重比较了群落高度特征在三个高原的显著性差异。借助皮尔逊相关系数检验了高度结构在群落水平及种群水平的自相关性及显著性，利用层次分割理论来分解冗余分析中每个环境变量对高度结构的贡献度。

9.5.1　不同区域和不同类型草地的植物高度特征

如表 9.5 所示，我国北方典型草地植物的平均高度为（30.38 ± 22.44）cm；在区域尺度上，青藏高原、内蒙古高原和黄土高原的草地植物平均高度依次为（8.89 ± 7.77）cm、（29.26 ± 18.68）cm 和（40.27 ± 27.81）cm。从草甸、草原到荒漠，内蒙古高原（38.49 cm、18.85 cm 和 9.39 cm）和黄土高原（51.06 cm、42.75 cm 和 22.23 cm）植物高度依次降低，但植物高度在青藏高原高寒荒漠（14.02 cm）反而高于高寒草甸和高寒典型草原（9.32 cm 和 6.18 cm）。

9.5.2　草地群落及种群高度特征的区域差异与共性规律

在植物群落或种群水平，高度特征的均值和标准差显著增加，而偏度和峰度没有显著差异。群落内植物高度的聚集模式一般具有正偏度（Skew>0）和尖锐的峰度，表明群

表 9.5　不同区域、不同草地类型的草地高度结构的变异

区域		计数 (Ln (N))	均值 (Mean)	标准差 (SD)	变异系数 (CV)	偏度 (Skew)	峰度 (Kurt)	偏聚性 (δ)	最大值 (Max)
	总计	11.74	30.38	22.44	0.74	0.91	3.60	1.02	142.31
青藏高原	合计	10.18	8.89	7.77	0.87	2.05	8.86	1.54	89.44
	草甸	8.80	9.32	8.86	0.95	2.14	8.91	1.47	89.44
	草原	9.51	6.18	3.81	0.62	1.40	6.18	1.44	36.38
	荒漠	8.75	14.02	8.14	0.58	0.39	1.94	0.58	37.73
内蒙古高原	合计	10.92	29.26	18.68	0.64	1.12	4.81	1.27	106.10
	草甸	9.50	38.49	17.74	0.46	1.21	5.12	1.30	106.10
	草原	10.31	18.85	11.18	0.59	0.95	3.46	0.94	80.33
	荒漠	9.38	9.39	5.34	0.57	1.80	8.61	1.68	38.42
黄土高原	合计	10.69	40.27	21.81	0.54	0.71	3.38	1.06	142.31
	草甸	10.27	51.06	19.67	0.39	0.53	3.42	1.14	123.25
	草原	9.39	42.75	21.87	0.51	0.67	3.56	1.13	142.31
	荒漠	8.03	22.23	10.03	0.45	0.23	2.54	0.91	84.25

落结构以矮生植物为主，并支持少量高大植物。然而，植物种群的聚集模式包括正偏度和负偏度，表明纯矮小或纯高大植物种群结构的极端模式。

在种群和群落水平上（图 9.34 和图 9.35），植株高度的均值和标准差、偏度和峰度之间多存在显著正相关关系（$P<0.05$），相关系数在 0.78～0.92。青藏高原植物高度的偏度和峰度不显著（$P>0.05$），但青藏高原的均值与偏度、峰度和聚集度有显著的负相关关系（$P<0.05$）。

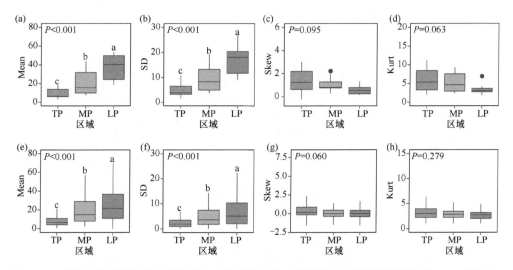

图 9.34　草地植物群落及其种群的高度结构区域差异（群落高度结构的简写详见表 4.5，下同）

（a）～（d）为群落水平；（e）～（h）为种群水平

TP 代表青藏高原，MP 代表内蒙古高原，LP 代表黄土高原

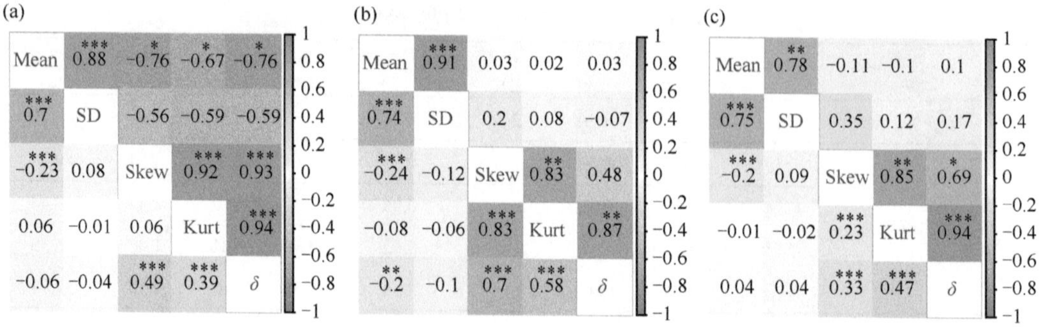

图9.35　在群落（右上）和种群水平（左下）不同区域草地群落高度结构的相关系数
(a) 青藏高原；(b) 内蒙古高原；(c) 黄土高原

9.5.3　植物群落高度特征随环境变化的区域响应

环境变化主要影响各区域植物群落的平均高度而非偏聚度（表9.6），但青藏高原草地植物群落高度的聚集度受到环境因素的显著影响。其中，对于温度和风速变化，各区域呈现相同的响应趋势，青藏高原群落平均高度对降水和紫外辐射变化的响应趋势与内蒙古高原、黄土高原相反。黄土高原草地高度随环境变化的响应速率最快，内蒙古高原仅对紫外辐射的响应速率最快。

表9.6　不同区域植物群落高度结构随环境因子变化的标准回归系数

高原类型	MAT	MAP	紫外辐射（UV）	风速（WS）	氮（N）	磷（P）
青藏高原	0.4952	−0.3596	0.3147	−0.3745	−0.1488	0.0149
内蒙古高原	0.5850	0.7063	−0.7037	−0.4090	0.0382	−0.1099
黄土高原	0.7502	0.8153	−0.6754	−0.6154	0.7900	0.4206

注：加粗数字代表存在显著的线性相关性（$P<0.05$）。

不同区域植物群落高度的响应机制也不尽相同。对平均高度而言，青藏高原的紫外辐射、内蒙古高原的降水以及黄土高原的降水和土壤氮含量是区域最敏感的促进影响因子；然而，青藏高原平均高度不受温度调控、黄土高原平均高度不受风速调控。对偏聚度而言，青藏高原的紫外辐射和土壤氮含量是区域最敏感的抑制影响因子，青藏高原偏聚度不受降水的调控。

9.5.4　环境因素对植物群落高度的整体效应

三大高原草地群落高度构建受到环境因子的显著影响（图9.36）；区域汇总的整体效应（67.30%）与内蒙古高原草地（66.60%）和黄土高原草地（66.50%）一致，而青藏高原较低（47.30%），进一步证明群落高度结构在不同区域间存在共性规律。整体而言，温度的贡献度最高；然而不同区域间的效应差异很大。具体表现为青藏高原表现为 WS

和 UV、内蒙古高原表现为 MAP 和 MAT、黄土高原表现为 MAP 和土壤 N 含量。

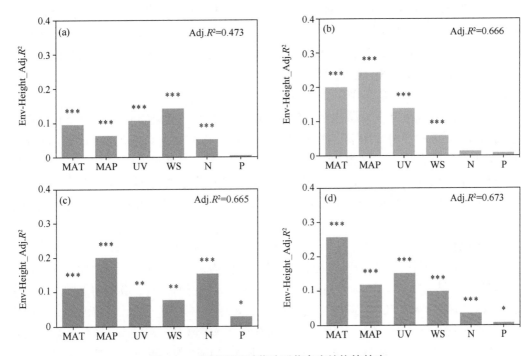

图 9.36　环境因子对草地群落高度结构的效应
（a）青藏高原；（b）内蒙古高原；（c）黄土高原；（d）整体
高度结构包括均值、标准差、偏度和峰度

　　植株高度是物种战胜其他植株以获取更多环境资源的重要手段，群落在垂直结构呈现出分层现象，也是种群间、种群内各植株竞争与共存的结果，最终占据不同的功能生态位、采取不同的适应策略以实现对资源环境的更高效利用（Li et al.，2018）。在青藏高原、黄土高原和内蒙古高原，草地植物群落的高度结构始终处于正向的偏态［图 9.34（c）］，即下层植株聚集而上层或顶层植株较少，说明群落生长始终坚持保守型生长策略，以多数的矮小植物为主体供养着较少的高大个体。此结构类似于经济学中提及的"二八定律"（Rodd，1996），即少数人（20.00%）占大多数财富（80.00%）的不平衡现象。那么维持下层植株的基数储备以支持群落极大值的生存，或可成为群落构建机制中的重要理念。相反，群落内部种群的高度结构同时存在正向和负向的偏态［图 9.34（g）］，且存在离群值，意味着少数物种在高度结构中是存在风险型生长策略的。个别物种敢于在单一性的上层或低矮式极端聚集分布，证明了植物群落的复杂结构会赋予植物种群生长一定的保护性。相似的结论在微生物群落构建中也有报道（Goldford et al.，2018），即稳定群落虽然在物种水平上存在巨大变异，但是在菌群水平以及粗略的分类水平上都是高度可预测的。同样，植物根系在传统的保守策略基础上（Ma et al.，2020），个别物种也衍生出了机会主义策略，前者依靠粗大的根系与菌根真菌的共生来获取土壤资源，后者通过细小薄弱的根系更有效地利用光合碳与土壤养分产生关联。

寻找动态变化的自然界中所存在的固有规律或恒定参数一直是生态学家追求的目标。已有研究表明植物器官中多种养分元素的分配是稳定的、保守的，与功能群或群落系统无关，植物有能力在面对外部变化时保持元素平衡以健康生长（Zhao et al.，2020）。本节对群落层次的植被高度结构研究后发现无论是在区域之间对比所揭示的长期适应（图 9.34），还是区域内部存在的短期响应（表 9.6），平均高度受到的影响远大于聚集度所受到的影响。其中，群落平均高度与环境因子的拟合优度平均可达 76.70%，偏聚度与环境因子的拟合优度在青藏高原仅为 20.90%，说明群落平均高度更容易受到环境变化调控，这与过去 30 年北极圈植物高度的观测结果基本一致（Bjorkman et al.，2018）。植物聚集度更符合特定范围相对恒定的随机因子特征，虽然它在青藏高原高寒草甸出现了极端型的聚集度。此外，区域简单整合后，环境因子对群落高度结构整体变异的贡献度并未因区域差异而降低，针对植物高度构建的环境调控机制的共性规律尚待进一步挖掘。

青藏高原与内蒙古高原，内蒙古高原与黄土高原的比较，在区域尺度相差约 5℃，呈现出自然的增温梯度，区域对比可看作气候变暖（内蒙古高原向黄土高原的气候转化）或气候寒冷（内蒙古高原向青藏高原的气候转变）情景下的预测。群落的平均高度主要受 MAT、MAP、WS、UV 等气候因素的影响，即单一环境因子的改善普遍能提高群落或种群的平均高度（表 9.6）。其中黄土高原的单一响应速率普遍最高，或与其拥有相对最高的区域气温有关（Wang et al.，2018）。但随着环境改善，青藏高原群落的平均高度下降、聚集度增加，形成了植物高度对环境变化的响应趋势在群落水平上相反的现象，进一步证实了青藏高原生态系统在生态学研究中的特殊地位（Liu et al.，2020）。此外，仅黄土高原草地群落平均高度会随土壤氮和磷的单一增加而显著升高（表 9.6），说明黄土高原群落高度的生长过程中可能存在一定的养分限制；黄土高原草地受到的环境调控的力度却低于内蒙古高原草地，说明内蒙古高原的环境因子间应存在强烈的自相关性。

与内蒙古高原相比，青藏高原草地群落高度构建因素从水热因子转移到 UV 和 WS，黄土高原则转移到水分和土壤养分（图 9.36），与前文所提及的区域限制因子存在联系。其中干旱会影响光资源分布和植物对光的竞争，从而间接影响植被对干旱的响应以及植被的旱后恢复（Chen et al.，2019）。尽管如此，预测植物高度组合对气候变化的反应仍然具有高度复杂性，特别是在极端寒冷或干旱环境。随着气候变化和人为干扰逐渐增强到一定程度，草地群落的变化不再以渐变的方式产生响应，更需关注其质变的临界点或阈值。总的来说，我们的结论建立在大范围区域比较的基础上，气候变化对群落结构高度的影响更多集中在变化趋势上，而不是具体数值上；因此，上述结论仍需未来的控制实验来验证或完善。

基于植物个体高度性状开展群落水平的植株调查，可还原种群、群落甚至区域水平的高度结构（均值、标准差、偏度和峰度），进而探讨北半球草地群落的构建机制。通过对比性的草地样带调查，可模拟在全球变化下不同草地气候区，植株或群落高度结构的响应趋势和适应机制的差异。相对于植物种群，群落高度的变化策略更加保守；因为种群水平的高度结构兼具正偏、负偏，而群落水平仅包含正偏。在资源相对充足的条件下，如气候变暖，植物高度和生产力在群落和种群水平上都会提高。群落高度的这些不同反应构成了青藏高原、黄土高原和内蒙古高原草地群落实现相当稳定生产力的重要维持机制，群落对气候变化的响应与其历史本底气候（或限制性气候因子）密切相关。研究结果为预测植物高度聚集对气候变化的反应提供了新的见解，并建议应对这些极端寒冷或干旱环境的研究给予特别关注。

参 考 文 献

焦翠翠, 于贵瑞, 何念鹏, 等. 2016. 欧亚大陆草原地上生物量的空间格局及其与环境因子的关系. 地理学报, 71(5): 781-796.

刘军会, 邹长新, 高吉喜, 等. 2015. 中国生态环境脆弱区范围界定. 生物多样性, 23(6): 725-732.

邬建国, 李百炼, 伍业钢. 1992. 缀块性与缀块动态:I.概念与机制. 生态学杂志, 11(4): 41-45.

于贵瑞, 徐兴良, 王秋风. 2020. 全球变化对生态脆弱区资源环境承载力影响的研究进展. 中国基础科学, 5: 16-20.

周侃, 王传胜. 2016. 中国贫困地区时空格局与差别化脱贫政策研究.中国科学院院刊, 31(1): 101-111.

Bareth G, Bendig J, Tilly N, et al. 2016. A comparison of UAV-and TLS-derived plant height for crop monitoring: Using polygon grids for the analysis of crop surface models (CSMS). Photogramm. Fernerkund. Geoinf, (2): 85-94.

Bendig J, Bolten A, Bennertz S, et al. 2014. Estimating biomass of barley using crop surface models (CSMS) derived from UAV-based RGB imaging. Remote Sensing, 6: 10395-10412.

Bjorkman A D, Myers S I H, Elmendorf S C, et al. 2018. Plant functional trait change across a warming tundra biome. Nature, 562(7725): 57-62.

Chen J, Yi S, Qin Y. 2017. The contribution of plateau pika disturbance and erosion on patchy alpine grassland soil on the Qinghai-Tibetan Plateau: Implications for grassland restoration. Geoderma, 297: 1-9.

Chen J, Yi S, Qin Y, et al. 2016. Improving estimates of fractional vegetation cover based on UAV in alpine grassland on the Qinghai-Tibetan Plateau. International Journal of Remote Sensing. 37(8): 1922-1936.

Chen Y, Uriarte M, Wright S J, et al. 2019. Effects of neighborhood trait composition on tree survival differ between drought and postdrought periods. Ecology, 100(9): e2766.

Fischer J, Lindenmayer D B. 2007. Landscape modification and habitat fragmentation: A synthesis. Global Ecology and Biogeography, 16(3): 265-280.

Forman R T T. 1995. Land Mosaic: The Ecology of Landscapes and Regions. Cambridge: Cambridge University Press.

Gao X, Dong S, Li S, et al. 2020. Using the random forest model and validated MODIS with the field spectrometer measurement promote the accuracy of estimating aboveground biomass and coverage of alpine grasslands on the Qinghai-Tibetan Plateau. Ecological Indicators, 112: 106114.

Goldford J E, Lu N, Bajic D, et al. 2018. Emergent simplicity in microbial community assembly. Science, 361(6401): 469-474.

Guo X, Shao Q, Li Y, et al. 2018. Application of UAV remote sensing for a population census of large wild herbivores—taking the headwater region of the yellow river as an example. Remote Sensing, 10(7): 1041.

Hu Z, Guo Q, Li S, et al. 2018. Shifts in the dynamics of productivity signal ecosystem state transitions at the biome-scale. Ecology Letters, 21: 1457-1466.

Kéfi S, Rietkerk M, Alados C L, et al. 2007. Spatial vegetation patterns and imminent desertification in Mediterranean arid ecosystems. Nature, 449(7159): 213-217.

Li W, Niu Z, Chen H, et al. 2016. Remote estimation of canopy height and aboveground biomass of maize using high-resolution stereo images from a low-cost unmanned aerial vehicle system. Ecological Indicators, 67: 637- 648.

Li Y, Shipley B, Price J N, et al. 2018. Habitat filtering determines the functional niche occupancy of plant communities worldwide. Journal of Ecology, 106(3): 1001-1009.

Liang S, Ge S, Wan L, et al. 2012. Characteristics and causes of vegetation variation in the source regions of the Yellow River, China. International Journal of Remote Sensing, 33(5): 1529-1542.

Lin X, Chen J, Lou P, et al. 2021. Improving the estimation of alpine grassland fractional vegetation cover using optimized algorithms and multi-dimensional features. Plant Methods, 17: 96.

Lin X, Chen J, Lou P, et al. 2022. Quantification of Alpine Grassland Fractional Vegetation Cover Retrieval Uncertainty Based on Multiscale Remote Sensing Data. IEEE Geoscience and Remote Sensing Letters, 19: 1-5.

Liu S, Cheng F, Dong S, et al. 2017. Spatiotemporal dynamics of grassland aboveground biomass on the Qinghai-Tibet Plateau based on validated MODIS NDVI. Scientific reports, 7: 1-10.

Liu Y, Lu M, Yang H, et al. 2020. Land–atmosphere–ocean coupling associated with the Tibetan Plateau and its climate impacts. National Science Review, 7(3): 534-552.

Lussem U, Bolten A, Menne J, et al. 2019. Estimating biomass in temperate grassland with high resolution canopy surface models from UAV-based RGB images and vegetation indices. Journal of Applied Remote Sensing, 13(3): 034525.

Lussem U, Bareth G. 2018. Introducing a New Concept for GrasslandMonitoring: TheMulti-Temporal Grassland Index (MtGI); 38th Scientific-Technical AnnualMeeting of the DGPF and PFGK18 Conference inMunich-Publications of the DGPF, 27: 285-293.

Ma Q, Liu X, Li Y, et al. 2020. Nitrogen deposition magnifies the sensitivity of desert steppe plant communities to large changes in precipitation. Journal of Ecology, 108(2): 598-610.

Maestre F T, Escudero A. 2009. Is the patch size distribution of vegetation a suitable indicator of desertification processes? Ecology, 90(7): 1729-1735.

Meng B, Yi S, Liang T, et al. 2020. Modeling alpine grassland above ground biomass based on remote sensing data and machine learning algorithm: A case study in the east of Tibetan Plateau, China. IEEE Journal of Selected Topics in Applied Earth Observations and Remote Sensing, 13: 2986-2995.

O'Mara F P. 2012. The role of grasslands in food security and climate change. Annals of botany, 110: 1263-1270.

Qin Y, Yi S, Ding Y, et al. 2019. Effect of plateau pika disturbance and patchiness on ecosystem carbon emission of alpine meadow on the northeastern part of Qinghai-Tibetan Plateau. Biogeosciences, 16(6): 1097-1109.

Rietkerk M, Dekker S C, De Ruiter P C, et al. 2004. Self-Organized patchiness and catastrophic shifts in ecosystems. Science, 305(5692): 1926-1929.

Rodd J. 1996. Pareto's law of income distribution, or the 80/20 rule. International Journal of Nonprofit and Voluntary Sector Marketing, 1(1): 77-89.

Scanlon T M, Caylor K K, Levin S A, et al. 2007. Positive feedbacks promote power-law clustering of Kalahari vegetation. Nature, 449(7159): 209-212.

Sole R. 2007. Ecology: Scaling laws in the drier. Nature, 449: 151-153.

Wang X, Yao Y, Wortley A H, et al. 2018. Vegetation responses to the warming at the Younger Dryas-Holocene transition in the Hengduan Mountains, southwestern China. Quaternary Science Reviews, 192: 236-248.

Xia J, Ma M, Liang T, et al. 2018. Estimates of grassland biomass and turnover time on the Tibetan Plateau. Environmental Research Letters, 13: 014020.

Yang S, Feng Q, Liang T, et al. 2017. Modeling grassland above-ground biomass based on artificial neural network and remote sensing in the Three-River Headwaters Region. Remote Sensing of Environment,

204: 448-455.

Yang Y, Fang J, Pan Y, et al. 2009. Aboveground biomass in Tibetan grasslands. Journal of Arid Environments, 73: 91-95.

Yi S. 2017. FragMAP: a tool for long-term and coorperative monitoring and analysis of small-scale habitat fragmentation using an unmanned aerial vehicle. International Journal of Remote Sensing, 38: 2686-2697.

Zeng N, Ren X L, He H L, et al. 2019. Estimating grassland aboveground biomass on the Tibetan Plateau using a random forest algorithm. Ecological Indicators, 102: 479-487.

Zhang W, Yi S, Qin Y, et al. 2020. Effects of Patchiness on Surface Soil Moisture of Alpine Meadow on the Northeastern Qinghai-Tibetan Plateau: Implications for Grassland Restoration. Remote Sensing, 12: 4121.

Zhao N, Yu G, Wang Q, et al. 2020. Conservative allocation strategy of multiple nutrients among major plant organs: From species to community. Journal of Ecology, 108(1): 267-278.

第 10 章

生态脆弱区的生物多样性状态及时空演变①

摘　要

较高的生物多样性是维持脆弱自然生态系统服务功能和生态安全屏障功能的关键因素。尽管自然资源环境要素是影响物种地理分布的主要因素，但是全球变化和人类活动的影响也在逐步增加，尤其是二者的共同作用已引起生物多样性下降和群落结构改变，已显著降低生态系统的服务功能，威胁着区域生态安全与可持续发展。因此，开展自然生态系统不同地理环境的生物多样性监测和分析，对揭示脆弱区生态系统结构与功能对全球变化和人类活动干扰的响应与适应以及制定区域可持续发展战略均具有重要的现实意义。本章系统评价了脆弱区不同类型草地植物物种多样性的监测和研究方法，对比了不同监测方法的适用范围，明确了基于无人机航拍影像的草地植物物种多样性监测和分析方法在探究青藏高原物种多样性演变规律中具有明显优势。通过实地样带调查，系统性分析了青藏高原、黄土高原和内蒙古高原不同草地群落物种多样性的内在规律及其与环境水热条件和土壤养分状况的关系，阐明了植物群落多样性的区域差异和产生差异的原因。本节对认知生态脆弱区植物多样性特征及其对全球变化和人类活动的响应有重要的意义。

10.1　前　　言

生态脆弱区指自然环境差、生态问题突出、经济落后和人民生活相对贫困的地区。我国是世界上生态环境脆弱区分布面积最大、脆弱生态系统类型最多、生态脆弱性表现最明显的国家之一（王晓峰等，2019）。生态系统生物多样性是产生生态系统服务的基

---

① 本章作者：孙义，何念鹏，宜树华，秦彧，魏天锋，黄玉婷，卢霞梦；本章审稿人：徐兴良，王常慧。

础，可对人类福祉产生直接惠益（于丹丹等，2017）。生态系统服务通常分为供给服务、调节服务、文化服务和支持服务（傅伯杰等，2017）。近几十年来，生态系统结构、功能和服务的研究方兴未艾（吕一河等，2013）。但是对生态脆弱区的生态系统动态与反馈以及不确定性考虑不足，尤其对重点生态脆弱区的生物多样性格局、状态及其时空演变过程的研究较少。

植被几乎覆盖了全球陆地总面积的 73%，为人类提供粮食、纤维、燃料等物质需求，调控土壤和大气之间的碳水循环和能量交换，并且满足人们的精神文化需求（Piao et al.，2020；Terrer et al.，2021）。草地是我国生态脆弱区最主要的植被类型，其生物多样性与生态功能密切相关，可以表征草地生态系统的服务功能。草地生物多样性降低将导致生态系统稳定性下降，影响该区的可持续发展和生态安全（牛亚菲，1999）。如何准确、高效地掌握草地物种多样性等信息是有效保护草地生物多样性、保障草地生态系统服务功能的前提（Anderson et al.，2011）。但是在不同生物区系或气候区域，生态系统的发生过程和调控机理可能不同（刘焱序等，2017；张玉等，2021）。地球表面作为不同地理板块和气候区的组合，自然环境要素（如地形、水文、土壤等）的类型丰富且地域差异较大，植物也因不同起源和长期演变而形成多样化的生存策略，即自然界普遍存在的区域差异使得大尺度测算生物多样性面临巨大挑战。截至目前，野外调查和模型模拟相结合是大尺度植被多样性测算最主要的研究手段（Feng et al.，2014）。本章以生态脆弱区生态系统功能与服务的关键指标——生物多样性为对象，重点阐述生态脆弱区生物多样性（物种）调查方法、生物多样性（物种）分布特征以及不同梯度上的变化规律。

10.2　生物多样性（物种）调查方法

全球变化背景下植物群落的物种多样性具有稳定性和自适应能力，在一定程度上可以适应剧烈的环境变化，同时也会伴随着生物多样性的降低态势（Wilson，2016）。综合不同气候区或资源条件下的自然植被开展对比性研究，能有效解译植物物种多样性对环境变化响应规律的共性与差异，服务于区域生态系统的可持续发展。IGBP 提出的全球变化陆地样带法（Koch et al.，1995）就是依据区域内最强烈的驱动因子布设调查样带，模拟或预测生态系统与其他环境因子的相互关系和动态变化。陆地生态系统样带具备"以空间代替时间"的特征，使得小尺度的过程研究可推译为长时序、大尺度的生态机理探讨（周广胜和何奇瑾，2012），但明显区别于与生态系统移位实验（Li et al.，2016）或长期控制实验（Huang et al.，2018）。本节概述了适用于生态脆弱区草地物种多样性样带调查研究方法的范围。

10.2.1　草地植物物种多样性的调查方法

草地是我国生态脆弱区主要的植被类型，对其物种多样性进行研究是了解草地对外界干扰响应的核心内容（Magurran，1988）。植物物种多样性监测常用方法包括两大类：遥感影像和地面调查方法。遥感方法分辨率低，传统地面调查方法效率低而难以适应当前大范围的草地植物物种多样性的监测需求，因此亟待寻找高效、准确和适宜大范围开展草地物种多样性监测的方法和技术。

（1）传统的人工地面调查方法即样方法或样带法。主要有以下方法：①Parker 样线法（Parker，1951），在研究区设置样带，以固定距离为间隔测定植物物种的出现频率，估算盖度或者优势度。②Daubenmire 样线法（Daubenmire，1959），在研究区设置样带，主要用于估测样带上主要物种的盖度。一般建议使用 40 个样方（20 cm×50 cm），间隔为 0.5 m。③大样方–样线法（Stohlgren and Kelly，1998），在研究区设置样带，用于估测草本植物样带上主要植物物种的盖度。样方（50 cm×100 cm）通常大于 Daubenmire 样线法，随机布设于样带的两侧，样方上用绳子设置格网。④同心圆样线–样方法（Hankins et al.，2005），在拟选定的研究区域确定一点为圆心，以其为起点布设特定长度的样带，样带之间所成角均为特定角度（多为 120°），沿着样带等间隔设置样方。⑤巢式取样（Stohlgren et al.，1995），按一定规则逐步扩大取样面积并获得相应面积所含物种数量的数据。巢式取样是获得种–面积曲线的途径，为草地植物物种多样性监测的基础样方大小和数量的确定提供了方法（张晓蕾等，2015）。传统的人工地面调查方法通常需要大量时间、人力和资金投入。该方法精确度较高，因此依然是我国草地资源监测的基本方法，例如结合我国高原山地气候的青藏高原草地、温带大陆性气候的内蒙古高原草地，以及温带季风气候的黄土高原草地均呈现东西向的水热梯度，自西向东覆盖有草甸、草原、荒漠等草地植被的空间布局特征进行样带观测，为揭示植物群落的长期适应对策和非短期响应规律提供重要依据（高海东等，2017；张艳珍等，2018；Zhou et al.，2020）。

（2）基于遥感技术的非接触式监测。传统卫星遥感有规律地覆盖大面积区域，对于生物多样性的研究优势明显，但是受制于分辨率的限制，难以在物种水平揭示植物物种多样性的特征，因此多利用统计学方法构建遥感数据光谱辐射值和地面实际观测物种的空间分布特征的关系模型估计特定区域的生物多样性特征（Foody and Cuitler，2003）。草地植被群落具有植株矮小且混杂程度高的特征，因此该方法难以满足物种水平群落结构的特征（Langley et al.，2001；Huang et al.，2009）。近年来，随着以高机动性、高时空分辨率为特征的无人机技术的快速发展，近地面遥感为大尺度开展草地植物物种多样性监测提供了新手段，如选用无人机搭载照相机的分辨率在 3000 像素×4000 像素以上，在距地面 2 m 拍摄时的分辨率约为 0.8 mm，可满足辨别物种种类的需求。Sun 等（2018a）借助无人机路径规划与信息提取系统（FragMAP）开展草地植物物种多样性观测研究（图 10.1）。

10.2.2　草地植物物种多样性的计算方法

基于特定区域或者样带的传统地面调查法能够获得较全面的物种多样性信息，且已经配套形成了完整的多样性指数和配套的计算方法。常用的物种多样性指标（α 多样

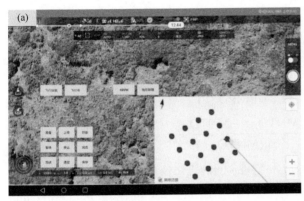
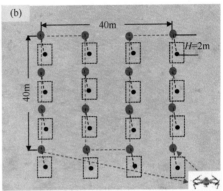

图 10.1　基于 FragMAP 系统开展的草地植物物种多样性监测方法

（a）FragMAP 系统实时控制界面；（b）航点（红色点）、航线（红色虚线）和航拍照片覆盖区域

性）包括物种丰富度（Karen et al.，2004）［式（10.1）］、Shannon 多样性（Spellerberg et al.，2003）［式（10.2）］、Gini-Simpson 优势度（Bello，2006）［式（10.3）］和 Pielou 均匀度（Karen et al.，2004）［式（10.4）］，其计算公式如下：

$$S = N \tag{10.1}$$

$$H = -\sum_{i}^{N} (P_i \ln P_i) \tag{10.2}$$

$$D = 1 - \sum_{i}^{N} P_i^2 \tag{10.3}$$

$$J = H / \ln S \tag{10.4}$$

式中，N 是群落内观测到的物种数量；P_i 属于第 i 个物种在群落中的相对生物量；物种丰富度（S）关注植物种类的存在与否，无论优势种或者稀有种的权重有多大；多样性指数（H）的取值范围约为（0，10），优势度指数（D）的取值范围（0，1），二者取值越大说明群落多样性越高，但前者对稀有种更敏感，后者对优势种、均匀度更敏感；均匀度指数（J）用于度量群落中各物种相对生物量（或相对多度）的分布，分布范围为（0，1），当所有物种占比相同时该值为 1。同理，也可采用 R 语言的"vegan"包计算β物种多样性（Oksanen et al.，2019）。

系统发育多样性则基于一个群落中所有物种构建的谱系树，利用谱系分支的单位枝长计算 Faith's 谱系多样性（PD）、种间平均进化距离（MPD）、最近种间平均进化距离（MNTD）、净亲缘关系指数（NRI）和净最近谱系亲缘关系指数（NTI），其计算原理如下：

$$PD = \sum_{i} l_i \tag{10.5}$$

$$MPD = \frac{\sum_{i}^{N}\sum_{j}^{N} \delta_{i,j} f_i f_j}{N} \quad i \neq j \tag{10.6}$$

$$MNTD = \frac{\sum_{i}^{N} \min \delta_{i,j} f}{N}, i \neq j \qquad (10.7)$$

$$NRI = -1 \times \frac{MPD_{obs} - MPD_{null}}{sd(MPD_{null})} \qquad (10.8)$$

$$NTI = -1 \times \frac{MNTD_{obs} - MNTD_{null}}{sd(MNTD_{null})} \qquad (10.9)$$

式中，N 为群落中的物种数；$\delta_{i,j}$ 为物种 i 和物种 j 间的进化枝长；$\min \delta_{i,j}$ 为物种 i 与群落其他物种的最小进化距离；f_i 和 f_j 为各物种的多度/生物量权重；obs 为群落实测值；null 为零模型随机 999 次的平均值；PD 为群落内所有物种的枝长之和，与物种丰富度密切相关。MPD 和 MNTD 是物种对之间的平均进化距离，前者对系统发育整体的聚集性或均匀性较为敏感，后者则对靠近进化树末端的均匀性和聚集性更为敏感。NRI、NTI 是将测得的 MPD、MNTD 与纯随机"零模型"的谱系多样性进行比对，NRI 或 NTI>0 且显著性>0 说明群落谱系结构均匀；NRI 或 NTI<0 且显著性<0.95，说明群落谱系结构收敛。同理，β 系统发育多样性可采用 R 语言的"picante"包运算（Kembel et al.，2010）。

需要遵循被子植物分类系统 III（APGIII），借助中国植物志（http://www.iplant.cn/）、被子植物系统发育网站（http://www.mobot.org/MOBOT/research/APweb/）、植物名录（http://www.theplantlist.org），校正整理样方植物的拉丁名及科属种信息，再利用 Phylomatic 软件（http://phylodiversity/net/phylomatic/）提供的谱系树提取所需的系统发育树（Zanne et al.，2014）。

近年来，无人机技术发展迅速，为生态学研究提供了新的视角和方法（郭庆华等，2016）。例如，Sun 等（2018a）提出利用无人机获取高分辨率（毫米级）影像，通过统计监测样地范围内（40 m × 40 m）出现的物种数量和每一种植物出现的频率计算物种多样性信息。依据无人机获取的草地植物信息可计算常用的植物物种多样性指数（图 10.2），只需将重要值调整为各个物种的频度。

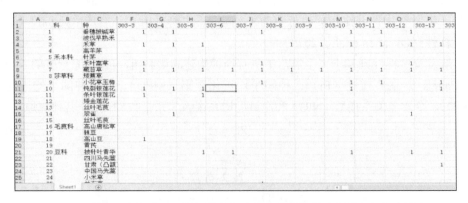

图 10.2　基于无人机（Belt 航拍模式）航拍照片提取草地物种出现频率信息

以此为基础，将植物在监测范围出现的频率作为重要值，即可计算出适宜各个研究尺度的物种多样性指数，而且具有更高时空的可比性（Sun et al.，2018a），为揭示大尺度植物物种多样性特征及其与生物和非生物因素之间的关系奠定基础。

10.3　样带法测定典型生态脆弱区草地植物物种多样性

在北半球连续分布的欧亚大陆草原，涉及干旱、半干旱及高寒区，气候梯度跨度大，是开展植被响应气候特征以及生态地理学机制等研究的理想系统（周兴民，1980；Zhang et al.，2020a）。例如，分布于我国境内的典型的三大高原，青藏高原、黄土高原和内蒙古高原，都属于生态脆弱区，但从生产力主要限制因素而言又各不相同。本节重点介绍三大高原 3 条草地样带的草地植物物种多样性研究结果，希望通过对比的技术手段探讨不同区域物种多样性对环境变化的响应及其调控机制。

10.3.1　研究概况

1. 研究区域概况

青藏高原（Tibetan Plateau，TP）处于我国西南边缘（26°50'～39°19'E，78°25'～103°04'N），平均海拔在 4000 m 以上，地势东高西低，总面积约 2.58×10⁶ km²。区域气候同时受到东亚季风、印度季风和西风带的影响，年均气温从由东南的 20℃ 向西北递减至 –6℃，年均降水量也从 2000 mm 递减至 50 mm（陈槐等，2020）。高寒草地覆盖青藏高原约 60% 的面积，是海拔最高的天然草地；草地植被从东南向西北依次分布为高寒草甸、高寒草原、高寒荒漠草地（莫兴国等，2021）。植被群落包括高山嵩草（*Kobresia pygmaea*）群落、西藏嵩草（*K. Tibetica*）群落、紫花针茅（*Stipa purpurea*）群落和金露梅（*Potentilla fruticosa*）群落等（于海玲等，2017）。土壤类型包括毛毡土、棕色钙质土和冷钙质土。

黄土高原是世界上最大的黄土沉积区，处于黄河流域中游（33°43'～41°16' N，100°54'～114°33' E），海拔范围为 85～5210 m，面积约 6.4×10⁵ km²。区域气候从西北内陆干旱半干旱气候到暖温带湿润季风气候，年降水量为 447 mm，年均温为 7.3℃，地貌类型以丘陵、高塬、山地平原为主（杨艳芬等，2019）。草地植被覆盖与水热梯度的空间分布一致，自东南向西北依次为灌木草丛、森林草原、典型草原、干草原及荒漠草原（Wang et al.，2017）。优势物种包括糙隐子草（*Cleistogenes squarrosa*）、长芒草（*Stipa Bungeana*）、猪毛菜（*Salsola collina*）、白莲蒿（*Artemisia stechmanniana*）、白羊草（*Bothriochloa ischaemum*）等（Sun et al.，2015）。土壤类型以典型黄土、风沙土、砂质黄土和黏土为主（李婷等，2020）。

内蒙古高原是亚洲东部最大的内陆高原，面积约 2.6×10⁶ km²，区域气候属于极端大陆性气候，其西北部为山地，西南部为荒漠戈壁，东部和中部为广阔的草原与丘陵，地势自西向东逐渐降低（那音太等，2019）。本节主要选取我国境内的中东部草原（43°～45°N，112°～125°E），年均温为 1.8～5.8℃，自东到西为温带湿润半干旱区以及温带半干旱、干旱区，年降水量从东部 500 mm 到西部 200 mm 以下（张峰和周广胜，2008）。草地植被依次为草甸草原、典型草原、荒漠草原等，优势物种包括羊草（*Leymus chinensis*）、糙隐子草（*Cleistogenes squarrosa*）、大针茅（*Stipa Grandis*）、猪毛菜（*Salsola collina*）等，土壤类型依次为黑钙土、栗钙土和棕钙土。

2. 野外调查及数据处理

每条样带调查均沿水热变化梯度展开，总跨度 3000 km 以上；每条样带均匀布设 10 个样点，自东向西草地类型依次为草甸、草原、荒漠（3∶4∶3）。每个样点设置 2 条平行的小样线作为重复，在每条样线内相对均匀布设 4 个 1 m × 1 m 的草地样方，样方间距 50 m 以上。蒙古样带遵循张新时等（1997）提出并建立的东北草地样带的调查点而设置；青藏样带遵循张宪洲在青藏西北部设置的草地样带并适当延长（武建双等，2012）。为了增强三个样带之间的可比性，草地植被类型划分相对简单，与强调不同区域的植被群组间差异的中国植被志草地分类系统略有不同（沈海花等，2016）。样点选址经前期考察修正后，均属于远离人为干扰（或人为干扰相对较小）的天然草地。

野外调查在 2018 年 7～8 月的植物生长高峰期进行。在具体操作过程中，在每个样方内收集凋落物和立枯后，估算样方内的植物总盖度和平均高度，再分物种测量株高、分盖度和多度，最后分物种收割植株地上部分。室内对各调查样点的植物进行辨认和核实，分物种测量每棵植株的高度、重量以及各物种的总鲜重后，放入烘箱内在 65℃下烘干至恒重，称重获得含水率和地上生物量（aboveground biomass，AGB）。共采集 266 种植物，包含 152 属、48 科。同时，在样方内收集土壤样品，用 10 cm 土钻采集 0～20 cm 表层土壤，在室内自然风干，去除植物根和石砾等杂物，用球磨仪和玛瑙研钵（MM400，Retsch，Germany）研磨备用。

气候数据基于样点经纬度从公开数据集中提取。MAT 和 MAP 来源于中国气象数据网的 1961～2007 年气候数据集（Zhang et al.，2020）。UV 数据来源于中国生态系统研究网 2005～2015 年气象辐射观测系统（唐利琴等，2017）。干燥度（aridity）来源于全球干旱和潜在蒸散数据库（Trabucco and Zomer，2019），根据 1970～2000 年气候数据集计算，数值越大气候越干燥。WS 来源于 WorldClim 数据集（Fick and Hijmans，2017），提供 1970～2000 年气候数据集。土壤数据从样方土壤实测获得。TN 采用元素分析仪（Vario MAX CN，Elementar，Germany）测定；土壤 TP、TK 通过微波消解仪（MARS Xpress，CEM，Matthews，USA）消解后，利用电感耦合等离子体发射光谱仪（Optima 5300 DV，Perkin Elmer，Waltham，MA，USA）测定。

10.3.2 植物群落物种多样性的区域差异

衡量植物多样性的现状和趋势,对于物种、生境和生态系统的保护与管理至关重要 (Mcnellie et al., 2020)。样带调查研究结果发现,三大高原草地群落的 α 多样性(图 10.3)、β 多样性(图 10.4)存在显著差异。对于物种多样性,蒙古高原拥有最高的丰富度、多样性、优势度和均匀度;对于谱系多样性,三大高原草地的系统发育多样性无显著差别,但青藏高原的种间平均进化距离最高,而谱系结构的亲缘指数较为收敛;内蒙古高原和黄土高原草地的种间进化距离无显著差别,且谱系结构的亲缘指数却较为发散。β 物种多样性和 β 谱系多样性的区域差异依次为 16.3% 和 26.2%。

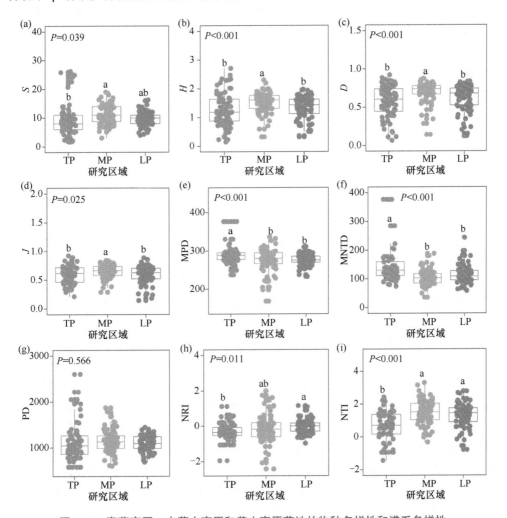

图 10.3 青藏高原、内蒙古高原和黄土高原草地的物种多样性和谱系多样性

(a) ～ (d) 属于物种多样性:S 为物种丰富度,H 为 Shannon 多样性,D 为 Simpson 多样性,J 为均匀度指数;(e) ～ (i) 属于谱系多样性:PD 为系统发育多样性,MPD 为种间平均进化距离,MNTD 为最近种间平均进化距离,NRI 为净亲缘关系指数,NTI 为净最近谱系亲缘关系指数

　　内蒙古高原草地的物种多样性远高于青藏高原和黄土高原草地，说明内蒙古草地能拥有更稳定的群落结构和生态系统功能。对于存在显著的环境资源梯度变化的区域，植物多样性的变化多归因于植物区系的环境过滤，是长期成土过程导致的（Laliberté et al.，2014）。因而，大多数情况下温度、降水和氮添加可能会增加植物的生态位幅度并促进植物多样性（Feng et al.，2020），但长期来看其正向效果仍然存在广泛争议。内蒙古高原草地的物种多样性随土壤养分增加而上升，但气候变暖和氮沉降对内蒙古高原荒漠草地的群落稳定性有累加的负效应（Wu et al.，2020）。内蒙古草甸草原和典型草原应对干旱波动的抗性最弱、弹性最强、恢复时间最短（Huang et al.，2021）。面对短期气候或年际干旱的波动，植物群落可通过个体尺度的种内功能性状变异，缓冲气候波动对群落功能多样性的影响，对群落稳定性有正向作用（Chen et al.，2019）。研究还发现其谱系结构会随降水量的增加而发散，内在机理从随机性过程变为确定性过程。

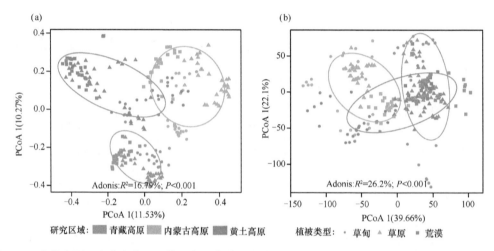

图 10.4　青藏高原、内蒙古高原和黄土高原草地 β 物种多样性（a）和 β 谱系多样性（b）的区域差异

10.3.3　植物群落 α 多样性的内在规律

　　α 多样性的区域变异为 23.4% ［图 10.5（a）］，且物种多样性 S、H、D、J 和 PD 之间存在较强的同一性，它们与谱系进化距离、谱系结构或可看作两种不同的植物多样性类型。

　　在气候变化和超载放牧等影响下，近年来青藏高寒草甸已出现不同程度的退化，伴随着生物多样性一定程度的降低。在禁牧 10 年高寒草甸中，多样性指数和地下生物量没有显著变化，植被盖度显著提高，但地上生物量却下降（Yin et al.，2021）。样带调查发现青藏高原草地多样性受温度、水分和养分的正向效应影响显著，部分解释了气候变化和氮沉降等因子对青藏高原草地生物多样性的潜在影响，需要加强监测。气候变暖背景下青藏高原冻土区氮的释放会增加植物有效氮的供给，但植物氮需求也会相应增加，导致新的植物氮限制可能增强（Kou et al.，2020）。青藏高原高寒草原和高寒草甸对干旱的抗性最强、弹性最弱、恢复时间最长。田间试验表明，氮素和水分的添加会改变高寒草甸植物功能群组成进而影响植物多样性；其中谱系结构随温度升高而收敛、随降水增加而发散，植物多样性和生态系统功能受地质过程和当代环境的共同驱动（Hu et al.，2020）。

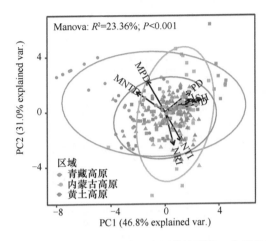

图 10.5　青藏高原、内蒙古高原、黄土高原草地群落 α 多样性的区域变异

10.3.4　多维度植物多样性对水热和养分的响应

由于 α 多样性之间强烈的自相关性，选择 S、MPD、NTI 讨论环境变化对 β 多样性的影响（图 10.6）。其中，青藏高原草地多样性受到的气温、降水影响较为显著，黄土高原草地仅丰富度受到降水的影响，而内蒙古高原草地的丰富度受到土壤氮含量的影响、谱系结构受到降水的影响。整体而言，随着气温、降水、土壤氮含量的增加，三大高原草地植物 α 多样性的响应趋异而 β 多样性的响应趋同（图 10.6）。

β 多样性侧重于不同生境的群落比较，是群落之间物种组成的相异性量化，沿着环境或时空梯度的变化以及特定区域内的近似离散值，都可用来计算 β 多样性（Anderson et al.，2011）。面对环境波动，植物群落 α 多样性的响应模式仅在青藏高原活跃，而 β 多样性的响应趋势却呈现区域间的高度一致性。这与温带森林木本植物的 β 多样性格局相似（Wang et al.，2018），从侧面反映了环境过滤和扩散限制在共同调控。对热带森林的 β 多样性格局而言，通常认为环境变量的驱动最重要而地理距离次之（He et al.，2020）；若消除环境梯度和地理空间对 β 多样性的相对影响，可更真实地反映组成和空间结构。在亚洲东部区域 β 多样性的纬度梯度格局研究中，消除 β 多样性对 γ 多样性的依赖后，发现热带森林的 β 多样性仍然显著地高于温带森林，进一步验证了 β 多样性对群落构建过程的重要性（Sun et al.，2015）。此外，虽然大量研究证明植物多样性可以通过生态位互补促进植被生产力，但本节多样性计算是以生物量作为权重，因此探讨其与生产力关系的结果或许存在偏差。

在群落生态学分析中，α 多样性和 β 多样性的度量指标和计算方法愈发复杂。多重指标之间是否存在一致性，指标对环境响应是否呈现异质性，都有待解答。本节基于物

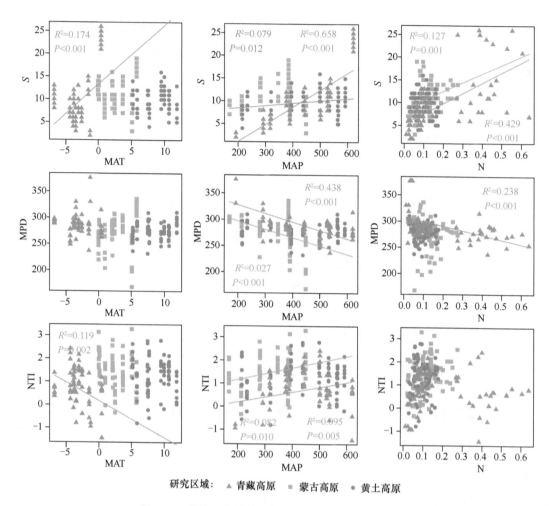

研究区域：　▲ 青藏高原　■ 蒙古高原　● 黄土高原

图 10.6　草地 α 多样性与气候和土壤因子的线性回归

种多样性和谱系多样性，并兼具 α 多样性和 β 多样性的多重指标探讨，通过区域对比途径探讨植物群落多样性的区域格局及响应机理。发现草地群落物种多样性内部和谱系多样性内部均存在显著的自相关关系，值得后续相关研究在选择指标时考虑。另外，内蒙古高原草地群落具备相对最高的物种多样性，青藏高原草地群落 α 多样性对气候资源变化的响应最为敏感；三大高原草地群落 β 多样性对环境改变都呈现一致的正向效应，表明环境驱动机制对于多样性的效应随着尺度上升具有同质性。

10.4　无人机方法测定典型高寒草地植物物种多样性

准确、高效地掌握生物多样性等信息是有效保护草地生物多样性，保障生态脆弱区草地生态系统服务功能的前提（Anderson et al., 2011）。沿着特定的环境或者人为干扰梯度研究物种多样性能够揭示草地生物多样性的形成机制。与此同时，为草地合理利用和管理，提升其生态系统多功能性和服务性奠定基础。然而，受制于监测手段精度和效率，主要研究还是集中在短期观测的小区域。本节以无人机监测为主要技术手段，探讨沿放牧强度梯度、鼠兔密度梯度以及冰川前缘的演替梯度草地植物物种多样的特征，在揭示物种多样性演变规律的同时，为明晰生态脆弱区草地机构和功能，进而提升其生态系统服务功能提供理论和实践依据。同时，提出一种基于 FragMAP 的效率高、覆盖范围广、可覆盖野外不易到达的区域，实现长期定点、无损监测的特征草地植物物种多样性监测方法，为在更大尺度开展更为全面和完整的草地植物物种多样性监测体系奠定基础。

10.4.1　沿放牧强度梯度的物种多样性

1. 研究区域概况

研究区位于甘肃省甘南藏族自治州玛曲县阿孜畜牧科技示范园区（101°52′07.9″E，33°24′24.1″N；海拔 3547 m）（图 10.7）。该区年平均降水量大于 600 mm，年均温为 1.1℃（Sun et al.，2018b）。该区的土壤类型以高寒草甸土为主。植物群落类型是以单子叶植物为主的高寒草甸，最主要的是禾本科和莎草科植物。主要分布的双子叶植物以毛茛科、蓼科、菊科、玄参科及龙胆科植物为主（Ma et al.，2010）。

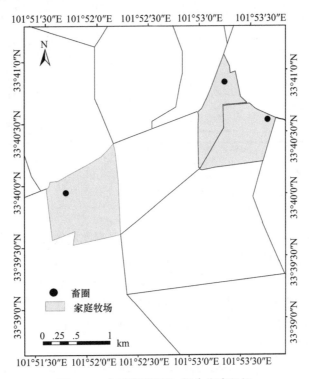

图 10.7　典型高寒草甸–牦牛家庭牧场

该区主要为三个典型家庭牧场的暖季牧场，牧场较为平整（总体坡度<5°）（图 10.7），

面积为 48.53～113.64 hm²，研究期间放牧牦牛数量为 278～335 头。牦牛采用清晨出牧、夜晚归牧的方式进行管理。该管理方式已持续 30 余年，而这一方式形成了放牧强度随着畜圈距离增加而降低的空间分布格局（Chillo et al.，2015）。这一格局适合开展物种多样性与放牧强度关系的研究。

2. 沿放牧强度梯度的物种多样性的演变规律

高寒草甸放牧生态系统：在每一个家庭牧场内采用由畜圈到最远边界依次设置三个取样点（设置时排除边际效应）。取样点与畜圈距离通过无人机航拍研究区正射影像获取（图 10.8）。

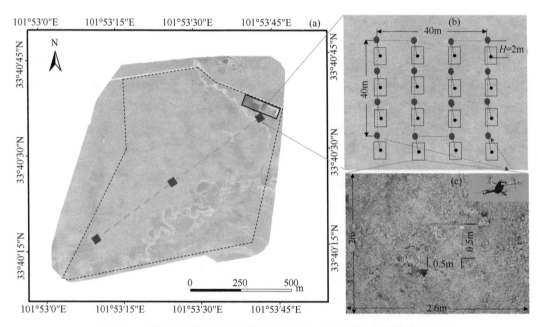

图 10.8　家庭牧场草地物种多样性调查方法（以二号观测牧场为例）

（a）从畜圈（黑色矩形）到边界（黑色虚线）的取样带（蓝色虚线和红色矩形）；（b）FragMAP 系统下"Belt"航线；（c）无人机获取的高分辨率照片及用于准确性验证的样方框设置

基于前期研究，高寒草甸–牦牛放牧系统三个典型家庭牧场总物种数为 74 种。尽管用无人机观测方法有 3 种低矮植物未能辨识出来（表 10.1），但无人机观测单元内出现的物种数显著高于传统方法观测单元的物种数（$P<0.01$）（图 10.9）。

无人机方法与传统方法测定的主要物种多样性指标呈显著的正相关关系（$P\leqslant 0.002$）（图 10.10）。而且用无人机方法获取的物种多样性指数数值变化范围（variation range）明显小于传统方法。

自由放牧条件下，资源的不均匀分布会导致形成放牧强度空间的差异（例如，畜圈和水源点会形成高放牧强度区）。在此基础上进一步研究草地物种组成和家畜的空间分布被认为是一种可行和有效的方法（Sun et al.，2018a）。在家庭牧场尺度上的物种多样性的研究中发现，随着放牧强度的增大草地植物物种多样性具有非线性降低的趋势

表 10.1　家庭牧场试验区物种

物种	GF	物种	GF
垂穗披碱草 *Elymus nutans*	禾本类	乳白香青 *Anaphalis lactea*	杂类草
波伐早熟禾 *Poa poophagorum*	禾本类	银叶火绒草 *Leontopodium souliei*	杂类草
垂穗鹅观草 *Roegneria nutans*	禾本类	大籽蒿 *Artemisia sieversiana*	杂类草
疏花早熟禾 *Poa chalarantha*	禾本类	细叶亚菊 *Ajania tenuifolia*	杂类草
菭草 *Koeleria cristata*	禾本类	黄帚橐吾 *Ligularia virgaurea*	杂类草
异针茅 *Stipa aliena*	禾本类	蒲公英 *Taraxacum mongolicum*	杂类草
禾叶嵩草 *Kobresia graminifolia*	莎草类	东俄洛风毛菊 *Saussurea pachyneura*	杂类草
西藏嵩草 *Kobresia tibetica*	莎草类	条叶垂头菊 *Cremanthodium lineare*	杂类草
高山嵩草 *Kobresia pygmaea*	莎草类	臭蒿 *Artemisia hedinii*	杂类草
褐穗薹草 *Carex brunnescens*	莎草类	钝苞雪莲 *Saussurea nigrescens*	杂类草
小花草玉梅 *Anemone rioularis*	杂类草	莓叶委陵菜 *Potentilla fragarioides*	杂类草
钝裂银莲花 *Anemone obtusiloba*	杂类草	二裂委陵菜 *Potentilla bifurca*	杂类草
条叶银莲花 *Anemone trullifolia*	杂类草	鹅绒委陵菜 *Potentilla anserine*	杂类草
矮金莲花 *Trollius farreri*	杂类草	青藏棱子芹 *Pleurospermum pulszkyi*	杂类草
翠雀 *Delphinium grandiflorum*	杂类草	葛缕子 *Carum carvi*	杂类草
丝叶毛茛 *Ranunculus tanguticus*	杂类草	裂叶独活 *Heracleum millefolium*	杂类草
高山唐松草 *Thalicturn alpinum*	杂类草	蚤缀 *Arenaria serpyllifolia**	杂类草
甘肃棘豆 *Oxytropis kansuensis*	杂类草	原野卷耳 *Cerastium arvense**	杂类草
高山豆 *Gueldenstaedtia diversifolia*	杂类草	问荆 *Equisetum arvense*	杂类草
多枝黄芪 *Astragalus polycladus*	杂类草	平车前 *Plantago depressa*	杂类草
披针叶野决明 *Thermopsis lanceolata*	杂类草	珠芽蓼 *Polygonum viviparum*	杂类草
四川马先蒿 *Pedicularis szetschuanica*	杂类草	巴天酸模 *Rumex patientia*	杂类草
凸额马先蒿 *Pedicularis cranolopha*	杂类草	老鹳草 *Geranium wilfordii**	杂类草
中国马先蒿 *Pedicularis chinensis*	杂类草	高山韭 *Allium sikkimense*	杂类草
短腺小米草 *Euphrasia regelii*	杂类草	乳浆大戟 *Euphorbia esula*	杂类草
肉果草 *Lancea tibetica*	杂类草	独一味 *Lamiophlomis rotata*	杂类草
短穗兔耳草 *Lagotis brachystachya*	杂类草	白苞筋骨草 *Ajuga lupulina*	杂类草
毛果婆婆纳 *Veronica eriogyne*	杂类草	异叶青兰 *Dracocephalum heterophyllum*	杂类草
椭圆叶花锚 *Halenia elliptica*	杂类草	香薷 *Elsholtzia ciliata*	杂类草
匙叶龙胆 *Gentiana spathulifolia*	杂类草	狼毒 *Stellera chamaejasme*	杂类草
华丽龙胆 *Gentiana sino-ornata*	杂类草	虎耳草 *Saxifraga stolonifera*	杂类草
秦艽 *Gentiana macrophylla*	杂类草	菥蓂 *Thlaspi arvense*	杂类草
扁蕾 *Gentianopsis barbata*	杂类草	金露梅 *Potentilla fruticosa*	杂类草
獐牙菜 *Swertia bimaculata*	杂类草	荠 *Capsella bursa-pastoris*	灌丛
高山紫菀 *Aster alpinus*	杂类草	甘松 *Nardostachys chinensis*	杂类草
长毛风毛菊 *Saussurea hieracioides*	杂类草	青海刺参 *Morina kokonorica*	杂类草
星状雪兔子 *Saussurea stella*	杂类草	蓬子菜 *Galium verum*	杂类草

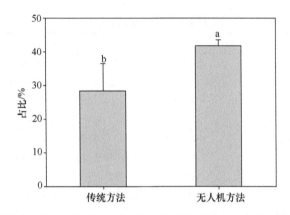

图 10.9　传统方法与无人机方法观测单元所含物种数占研究区总物种数的比例

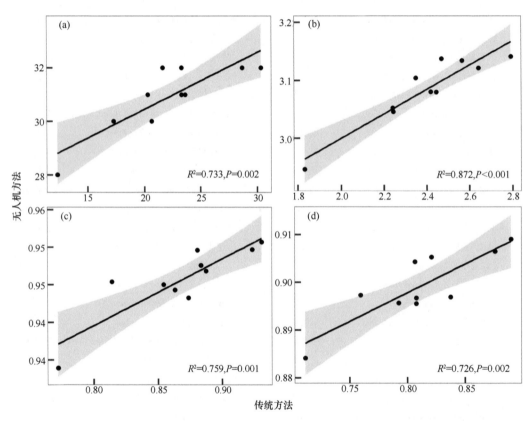

图 10.10　基于传统方法和无人机方法获取的 species richness（a）、Shannon index（b）、Simpson index（c）、Pielou's J index（d）对比

（图 10.11），说明在气候条件和其他生境差异明显的情境下，高寒草甸植物物种多样性受放牧压力的影响，尽管二者呈非线性关系，但整体趋势是多样性随着放牧强度的增加而降低。当达到一定程度时草地结构可能会改变，进而其生态功能和服务价值降低甚至丧失。

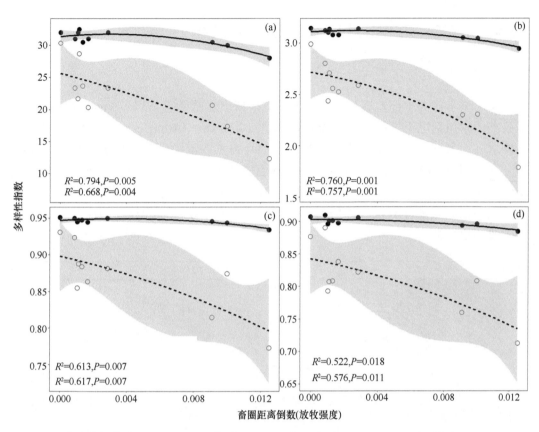

图 10.11　家庭牧场草地 species richness(a)、Shannon index(b)、Simpson index(c)和 Pielou's J index
（d ）与放牧强度的关系

　　大范围、长期定点监测植物物种组成是提高我们认识生物多样性在维持生态系统稳定性和多功能性作用的基础（Qin et al.，2020a）。然而，高海拔和恶劣的环境导致高寒草地样地尺度的植物物种组成研究还是比较少（Wang et al.，2006）。研究结果显示用该方法观测的样地尺度上草地植物物种多样性与样方法观测值呈显著的线性关系［图 10.10 和式（5.11）］，说明该方法适合用于样地尺度草地植物物种组成调查。

　　因为高寒草甸具有致密的冠层结构，处于底层的物种通常难以被垂直向下的航拍捕获到，因此应用该方法观测的总物种数要少于传统的样方法。但是，该方法研究包含 16 张航拍照片，比用传统样方法观测的范围更大。因此，本节研究观测范围内，用无人机观测方法观测到的物种总数多于用传统样方法获取的植物物种数量（表 10.1）。可以推断基于无人机的方法适用于样地尺度的高寒草地植物物种多样性监测。在不同研究域和尺度的研究中采用了同样的物种多样性参数计算方法，其中特定物种的重要值参数改用了目标物种在 16 张航拍照片出现的频率。基于本节发现的两种方法测定主要物种多样性指数显著的线性相关关系，可以预测该方法同样适用于其他草地物种多样性指数的计算。此外，无人机观测方法具备的监测单元具有更多的物种和更小的变化空间，标志着这一方法在以空间异质性为特征的天然草地上具有更强的代表性和实用性。

10.4.2 乌鲁木齐一号冰川退缩区植物物种多样性

1. 研究区概况

天山位于亚洲中部，连接中国、吉尔吉斯斯坦和哈萨克斯坦（Wu et al.，2012）。多条高山冰川形成于这些区域，覆盖范围达 15416 km^2（Wang et al.，2011）。其中，乌鲁木齐一号冰川位于新疆维吾尔自治区的乌鲁木齐河的源区，属于典型的大陆冰川之一 ［图 10.12（a）］。该区域主要受到上层西风环流和西伯利亚高压的影响。年均气温和年均降水量分别为−5.4℃和 425.8 mm（李忠勤和沈永平，2008）。冰川消融区的表面由大量的碎石堆和冰碛物组成。广泛分布于现存冰川前缘的高寒垫状植被是主要的植被类型。

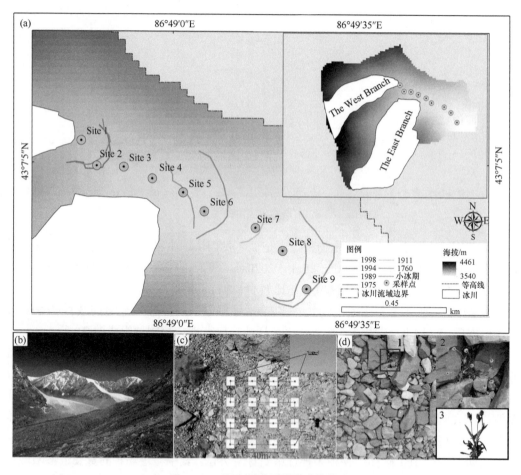

图 10.12　研究区域及样品采集方法

（a）研究区域的位置以及样本采集方法；（b）2019 年乌鲁木齐一号冰川照片；（c）（d）基于无人机和 FragMAP 中 Belt 航拍方式进行野外样本采集的方法

2. 植物物种多样性的演变规律

冰川前缘植被演替研究中，随着距离和时间的增加，植物物种多样性和盖度呈现增加趋势，土壤养分含量呈非线性变化（图 10.13 和图 10.14）；植被演替早期、中期及晚期阶段的优势种分别为隐瓣蝇子草（*Silene gonosperma*）、火绒草（*Leontopodium leontopodioides*）和鼠麴雪兔子（*Saussurea gnaphalodes*），黄头小甘菊（*Cancrinia chrysocephala*）出现在整个演替阶段，并在早期和晚期阶段具有很高的丰富度（图 10.13）；植被盖度与土壤养分含量呈非线性关系（图 10.14）。此外，距离和时间在物种分布中扮演了重要的角色。植被的不断定植和生长促进了土壤养分的积累，但是土壤养分的积累又受到植被快速生长的影响。石竹科和菊科植物在演替过程中最为常见，前者趋向定植在早期演替阶段。

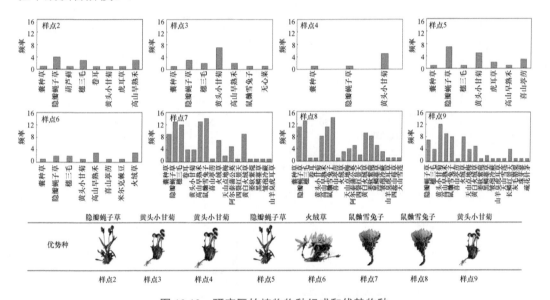

图 10.13　研究区的植物物种组成和优势物种

冰川前缘的早期演替阶段具有相似的生物多样性和低植被盖度特征（Schumann et al.，2016）。相比之下，大陆型冰川和海洋型冰川在植物组成中后期的演替过程中具有显著的时空差异，主要原因有区域性气候、地质阶段、土壤养分、地形条件以及其他外界干扰等（Fickert et al.，2018），本节的乌鲁木齐一号冰川也发现了类似的现象。随着冰川退缩，微生物开始在裸露区域的冰碛物和矿物基质上大量滋生，产生的有机质为先锋植物提供了原始土壤和营养条件（Wu et al.，2012）。之后，逐渐形成植物群落，但是与后期演替阶段相比具有较低的植被盖度和生物多样性。在后期的演替进程中，植被盖度和生物多样性因受到基质异质性以及外界环境差异的影响呈波动性变化，与已有的研究结论相符（Liu et al.，2012）。

因为冰川前缘自然环境恶劣，在早期演替阶段先锋植物很难定植，因此只有少部分植物物种才能生存下来（Dong et al.，2016），而且这些植物需要不断地适应生存区域独

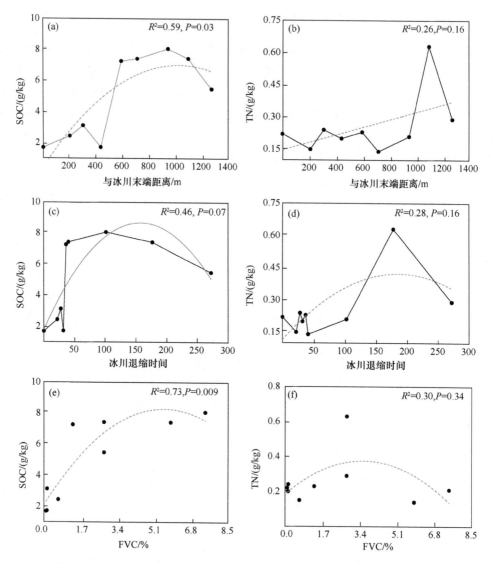

图 10.14　随着冰川退缩起点距离的增加土壤有机碳和全氮在土壤中的变化 [（a）～（d）] 及其与草地植被盖度的关系 [（e）、（f）]

特环境。因此，可以通过植物性状的改变和定植区域选择来研究植物的行为（Andrea et al.，2015）。尽管前期研究揭示了这一现象，但是定量研究很少。本节首次利用无人机手段定量了不同演替阶段植物多样性特征。

10.4.3　疏勒河源区植物物种多样性

1. 研究区概况

研究区地处半干旱区，年均气温为-4℃，年均降水量在 200～400 mm 范围内，而且90%的降水发生在夏季。研究区包括四种草地类型,分别是高寒沼泽草甸(ASwM)、高寒草甸(AM)、草原化草甸(AStM)和高寒草地(AS)。在研究区内根据路况设置1~5 km间隔的55个观测区,其中高寒沼泽草甸设置了7个观测区、高寒草甸设置了14个观测区、草原化草甸设置了10个观测区和高寒草地设置了24个观测区(图10.15)。

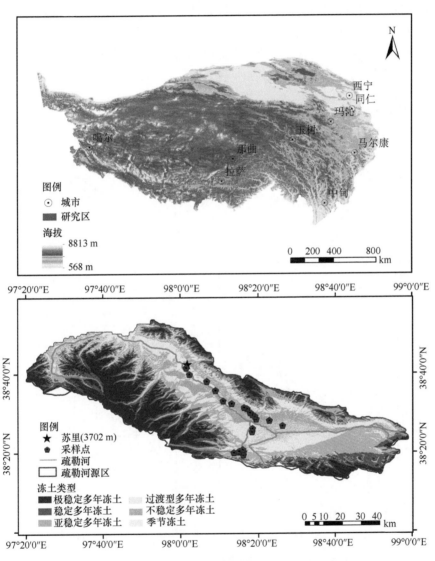

图 10.15　青藏高原疏勒河源区

红色五角星表示同时开展了地面样本采集和无人机航拍工作

2. 疏勒河源区植物物种多样性的演变规律

尽管有个别匍生或者低矮的植物因遮盖和相机分辨率等问题未能在航拍照片上观测到,但影响是有限的。一方面,这些物种通常为稀少物种,其盖度和生物量等通常小于1%;另一方面,香农指数体现稀少物种的重要性而辛普森指数体现大量分布物种的重要性，研究发现通过两种方法获取的两个指数值均为显著的线性相关，也说明这些稀少物种的影响有限［图 10.16（b）和（c）］。此外，该方法克服了传统观测方法过度干扰和遥感观测无法进行物种辨认（分辨率低）的限制。尽管近期的研究表明高分遥感影像分辨率可以达到几十厘米（Mandanici et al.，2019），但是因为高寒草地植被植株矮小、致密而无法进行物种级别的辨认。其次，该方法具有高效率的特点，即应用该方法在野外开展调查所用时间仅为传统方法的 1/10 左右。再次，该方法属于非破坏性采集样本，一方面保证采集的样本具有代表性（自然和人为干扰少），另一方面也可以确保进行大范围、定点长期监测（Yi，2017）。

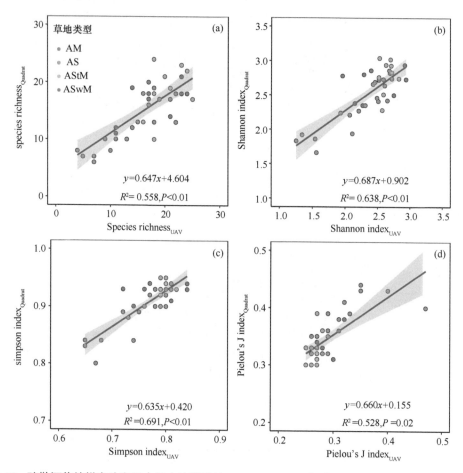

图 10.16　疏勒河传统样方法和无人机方法获取的 species richness（a）、Shannon index（b）、Simpson index（c）和 Pielou's J index（d）对比

下标 Quadrat 表示传统样方法；下标 UAV 表示无人机方法

　　疏勒河源区，在样地尺度高原鼠兔密度与物种丰富度指数、香农-维纳多样性指数和辛普森多样性指数具有显著的正相关关系，但与物种均匀度指数呈显著的负相关关系（图 10.17），表明高原鼠兔的扰动有利于高寒草地植物多样性的维持。

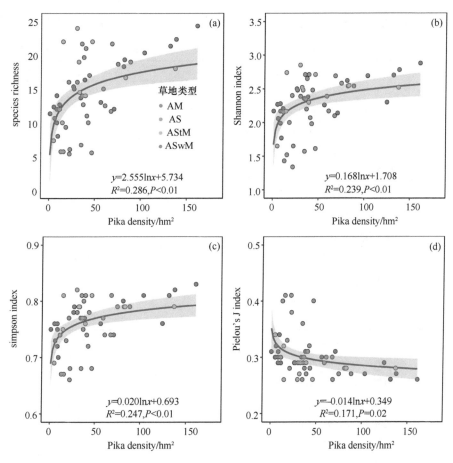

图 10.17　高原鼠兔密度与 species richness（a）、Shannon index（b）、Simpson index（c）和 Pielou's J index（d）的相关性

　　通常，具有高生物多样性的生态系统能够维持较高的群落生产力、稳定性和抵抗生物入侵的能力（Tilman and Downing，1994；Balvanera et al.，2010）。研究结果与鼠兔中度干扰导致植物物种多样性最高的观点一致（Huston，1979），也说明中等强度的鼠兔干扰可能有助于提升高寒草地的稳定性和多功能性。不同于传统基于样方的观测方法（10 m×10 m～25 m × 25 m），本节采用更大样地尺度的（200 m × 200 m）观测，而这种更大尺度和更大数量的观测可以在异质性明显的草地上有效降低取样偏差和不确定性（Sun et al.，2018a；Qin et al.，2020b）。因此，疏勒河源区的结果更加有利于揭示高原鼠兔密度与植物物种多样性的关系。基于无人机技术，首次在大尺度上、实际情境下监测草地植物物种多样性并分析其与高原鼠兔密度的关系。但是，本节也存在一定的问题，需要在以下方面进一步提升：第一，物种辨别的准确度需要进一步提升，如本节中的鳞叶龙胆（*Gentiana squarrosa*）、星毛委陵菜（*Potentilla acaulis*）和山莓草（*Sibbaldia procumbens*）（表 10.2）。截至目前，草地植物物种的辨认主要还是依靠目视辨别，该方法需要大量的时间用于航拍照片的分析，而随着深度学习等方法的广泛应用，草地植物

物种自动识别的实现将进一步提升基于无人机的草地植物物种多样性研究的效率。

表 10.2　勒河源区高寒沼泽草甸、高寒草甸、草原化草甸和高寒草地出现的植物物种

功能群	物种	样方				无人机航拍			
		ASwM	AM	AStM	AS	ASwM	AM	AStM	AS
禾草	草地早熟禾 *Poa pratensis*	+	+	+	+	+	+	+	+
	蔊草 *Koeleria cristata*	+	+	+	+			+	+
	紫花针茅 *Stipa purpurea*		+	+	+		+	+	+
	垂穗披碱草 *Elymus nutans*		+		+		+	+	+
	老芒麦 *Elymus sibiricus*		+	+	+			+	+
	梭罗草 *Roegneria thoroldiana*				+		+		+
	赖草 *Leymus secalinus*				+				+
豆科	黄花棘豆 *Oxytropis ochrocephala*	+	+	+	+	+	+	+	+
	红花岩黄蓍 *Hedysarum multijugum*	+	+	+	+	+	+	+	+
	青海野决明 *Thermopsis przewalskii*			+	+			+	+
	镰形棘豆 *Oxytropis falcata*						+	+	+
莎草科	高山嵩草 *Kobresia pygmaea*	+	+	+		+	+	+	
	粗壮嵩草 *Kobresia robusta*	+	+			+	+		+
	西藏嵩草 *Kobresia tibetica*	+	+			+	+		
	矮生嵩草 *Kobresia humilis*		+	+			+	+	
	黑褐穗薹草 *Carex atrofuscoides*	+	+			+	+		
	圆囊薹草 *Carex orbicularis*		+	+			+	+	
	青藏薹草 *Carex moorcroftii*				+				+
	线叶嵩草 *Kobresia capillifolia*		+	+					
杂草类	紫菀 *Aster tataricus*	+	+	+		+	+	+	
	火绒草 *Leontopodium leontopodioides*	+	+	+	+	+	+	+	+
	婆婆纳 *Veronica didyma*	+	+	+	+	+	+	+	+
	西藏微孔草 *Microula tibetica*	+	+	+	+	+	+	+	+
	二裂委陵菜 *Potentilla bifurca*	+	+	+	+	+	+	+	+
	灰藜 *Chenopodium album*	+	+	+	+		+		+
	西伯利亚蓼 *Polygonum sibiricum*	+	+	+		+			
	小点地梅 *Androsace gmelinii*	+	+					+	+
	亚菊 *Ajania pallasiana*		+	+	+		+		+
	沙生风毛菊 *Saussurea arenaria*		+	+	+		+		+
	甘青大戟 *Euphorbia micractina*		+	+	+		+		+
	蒲公英 *Taraxacum mongolicum*		+	+	+		+	+	+
	多裂紫堇 *Corydalis multisecta*		+	+	+		+	+	+

续表

功能群	物种	样方				无人机航拍			
		ASwM	AM	AStM	AS	ASwM	AM	AStM	AS
	短穗兔耳草 *Lagotis brachystachya*	+	+			+	+	+	
	羽叶点地梅 *Pomatosace filicula*		+		+		+	+	+
	狗娃花 *Heteropappus hispidus*			+	+		+	+	+
	山莓草 *Sibbaldia procumbens*	+	+	+	+				
	长茎毛茛 *Ranunculus longicaulis*	+	+			+	+		
	三脉梅花草 *Parnassia trinervis*	+	+			+	+		
	异叶青兰 *Dracocephalum heterophyllum*	+	+				+		+
	高山唐松草 *Thalictrum alpinum*		+	+	+				+
	西藏棱子芹 *Pleurospermum hookeri*		+	+			+	+	
	千里光 *Senecio scandens*		+	+			+	+	
	马先蒿 *Pedicularis* Linn.		+				+	+	+
	肉果草 *Lancea tibetica*			+			+	+	+
	多头委陵菜 *Potentilla multiceps*			+	+			+	+
	星状雪兔子 *Saussurea stella*	+	+			+			
	海乳草 *Glaux maritima*	+	+				+		
	雪灵芝 *Arenaria kansuensis*	+				+	+		
	垫状点地梅 *Androsace tapete*	+				+	+		
	蓝白龙胆 *Gentiana leucomelaena*	+				+	+		
杂草类	珠芽蓼 *Polygonum viviparum*	+	+			+			
	柴胡 *Bupleuri Radix*	+	+				+		
	鳞叶龙胆 *Gentiana squarrosa*	+	+	+					
	铁棒锤 *Aconitum pendulum*		+				+	+	
	鸢尾 *Iris tectorum*						+	+	+
	天山报春 *Primula nutans*	+				+			
	水毛茛 *Batrachium bungei*	+				+			
	星毛委陵菜 *Potentilla acaulis*	+	+						
	鹅绒委陵菜 *Potentilla anserina*			+				+	
	风毛菊 *Saussurea japonica*			+				+	
	独行菜 *Lepidium apetalum*			+				+	
	马尿泡 *Przewalskia tangutica*							+	+
	美丽风毛菊 *Saussurea superba*				+				+
	独行菜 *Lepidium apetalum*				+				+
	单子麻黄 *Ephedra monosperma*				+				+
	毛茛 Ranunculaceae					+			
	轮叶马先蒿 *Pedicularis verticillata*						+		
	镰叶韭 *Allium carolinianum*						+		
	管花秦艽 *Gentiana siphonantha*						+		

续表

功能群	物种	样方				无人机航拍			
		ASwM	AM	AStM	AS	ASwM	AM	AStM	AS
杂草类	喉毛花 *Comastoma pulmonarium*						+		
	高山龙胆 *Gentiana algida*						+		
	穗序大黄 *Rheum spiciforme*						+		
	葶苈 *Draba nemorosa*								+
灌木	金露梅 *Potentilla fruticosa*	+	+			+	+		

参 考 文 献

陈槐, 鞠佩君, 张江, 等. 2020. 青藏高原高寒草地生态系统变化的归因分析. 科学通报, 65(22): 2406-2418.

傅伯杰, 于丹丹, 吕楠. 2017. 中国生物多样性与生态系统服务评估指标体系. 生态学报, 37(2): 341-348.

高海东, 庞国伟, 李占斌, 等. 2017. 黄土高原植被恢复潜力研究. 地理学报, 72(5): 863-874.

郭庆华, 吴芳芳, 胡天宇, 等. 2016. 无人机在生物多样性遥感监测中的应用现状与展望. 生物多样性, 24: 1267-1278.

李婷, 吕一河, 任艳姣, 等. 2020. 黄土高原植被恢复成效及影响因素. 生态学报, 40(23): 8593-8605.

李忠勤, 沈永平. 2008. 天山乌鲁木齐河源 1 号冰川消融对气候变化的响应. 气候变化研究进展, 4: 67-72.

刘焱序, 傅伯杰, 王帅, 等. 2017. 从生物地理区划到生态功能区划-全球生态区划研究进展. 生态学报, 37(23): 7761-7768.

吕一河, 张立伟, 王江磊. 2013. 生态系统及其服务保护评估:指标与方法. 应用生态学报, 24(5): 1237-1243.

莫兴国, 刘文, 孟铖铖, 等. 2021. 青藏高原草地产量与草畜平衡变化. 应用生态学报, 32(7): 1-13.

那音太, 秦福莹, 贾根锁, 等. 2019. 近 54a 蒙古高原降水变化趋势及区域分异特征. 干旱区地理, 42(6): 1253-1261.

牛亚菲. 1999. 青藏高原生态环境问题研究. 地理科学进展, 18(2): 163-171.

沈海花, 朱言坤, 赵霞, 等. 2016. 中国草地资源的现状分析. 科学通报, 61(2): 139-154.

唐利琴, 刘慧, 胡波, 等. 2017. 1961~2014 年中国光合有效辐射重构数据集. 中国科学数据(中英文网络版), 2(3): 40-51.

王晓峰, 马雪, 冯晓明, 等. 2019. 重点脆弱生态区生态系统服务权衡与协同关系时空特征. 生态学报, 39(20): 7344-7355.

武建双, 李晓佳, 沈振西, 等. 2012. 藏北高寒草地样带物种多样性沿降水梯度的分布格局. 草业学报, 21(3): 17-25.

杨艳芬, 王兵, 王国梁, 等. 2019. 黄土高原生态分区及概况. 生态学报, 39(20): 7389-7397.

于丹丹, 吕楠, 傅伯杰. 2017. 生物多样性与生态系统服务评估指标与方法. 生态学报, 37(2): 349-357.

于海玲, 樊江文, 钟华平, 等. 2017. 青藏高原区域不同功能群植物氮磷生态化学计量学特征. 生态学报, 37(11): 3755-3764.

张峰, 周广胜. 2008. 中国东北样带植被净初级生产力时空动态遥感模拟. 植物生态学报, 4: 798-809.

张晓蕾, 董世魁, 郭贤达, 等. 2015. 青藏高原高寒草地植物多样性调查方法的比较. 生态学杂志,

34(12): 3568-3574.

张新时, 高琼, 杨奠安, 等. 1997. 中国东北样带的梯度分析及其预测. 植物学报, 39(9): 785-799.

张艳珍, 王钊齐, 杨悦, 等. 2018. 蒙古高原草地退化程度时空分布定量研究. 草业科学, 35(2): 233-243.

张玉, 冯晓明, 陈利顶, 等. 2021. 区域生态学的国际起源和研究热点. 生态学报, (8): 1-9.

周广胜, 何奇瑾. 2012. 生态系统响应全球变化的陆地样带研究. 地球科学进展, 27(5): 563-572.

周兴民. 1980. 青藏高原高寒草原的概述及其与欧亚草原区的关系. 中国草地学报, 4: 3-8.

Anderson M J, Crist T O, Chase J M, et al. 2011. Navigating the multiple meanings of β diversity: a roadmap for the practicing ecologist. Ecology Letters, 14(1): 19-28.

Andrea M, Simone P, Giulietta B, et al. 2015. Climate warming could increase recruitment success in glacier foreland plants. Annals of Botany, 116(6): 907-916.

Balvanera P, Pfisterer A, Buchmann N, et al. 2010. Quantifying the evidence for biodiversity effects on ecosystem functioning and services. Ecology Letters, 9: 1146-1156.

Bello F D, Leps J, Sebastià M T. 2006. Variations in species and functional plant diversity along climatic and grazing gradients. Ecography, 29: 801-810.

Chen H, Huang Y, He K, et al. 2019. Temporal intraspecific trait variability drives responses of functional diversity to interannual aridity variation in grasslands. Ecology and Evolution, 9(10): 5731-5742.

Chillo V, Ojeda R A, Anand M, et al. 2015. A novel approach to assess livestock management effects on biodiversity of drylands. Ecological Indicators, 50: 69-78.

Daubenmire R. 1959. A canopy coverage method of vegetation analysis. Northwest Science, 33: 43-64.

Dong K, Tripathi B, Moroenyane I, et al. 2016. Soil fungal community development in a high Arctic glacier foreland follows a directional replacement model, with a mid-successional diversity maximum. Scientific Reports, 6: 26360.

Feng K, Wang S, Wei Z, et al. 2020. Niche width of above- and below-ground organisms varied in predicting biodiversity profiling along a latitudinal gradient. Molecular Ecology, 29(10): 1890-1902.

Feng X, Sun Q, Lin B. 2014. NPP process models applied in regional and global scales and responses of NPP to the global change. Ecology and Environmental Sciences, 23: 496-503.

Fickert T, Grüninger F. 2018. High-speed colonization of bare ground-Permanent plot studies on primary succession of plants in recently deglaciated glacier forelands. Land Degradation & Development, 29(8): 2668-2680.

Fick S E, Hijmans R J. 2017. World Clim 2: new 1-km spatial resolution climate surfaces for global land areas. International Journal of Climatology, 37(12): 4302-4315.

Foody G M, Cuitler M. 2003. Tree biodiversity in protected and logged Bornean tropical rain forest and it's measurement by satellite remote sensing. Journal of Biogeography, 30: 1053-1066.

Hankins J, Launchbaugh K, Hyde G. 2005. Rangeland inventory as a tool for science education. Rangelands, 26: 28-32.

He J, Lin S, Kong F, et al. 2020. Determinants of the beta diversity of tree species in tropical forests: Implications for biodiversity conservation. Science of the Total Environment, 704: 135301.

Hu A, Wang J, Sun H, et al. 2020. Mountain biodiversity and ecosystem functions: interplay between geology and contemporary environments. The Isme Journal, 14(4): 931-944.

Huang C, Geiger E L, Leeuwen W, et al. 2009. Discrimination of invaded and native species sites in a semi-desert grassland using MODIS multi-temporal data. International Journal of Remote Sensing, 30(4): 897-917.

Huang W, Wang W, Cao M, et al. 2021. Local climate and biodiversity affect the stability of China's grasslands in response to drought. Science of the Total Environment, 768: 145482.

Huang Y, Chen Y, Castro-Izaguirre N, et al. 2018. Impacts of species richness on productivity in a large-scale subtropical forest experiment. Science, 362(6410SI): 80.

Huston M A. 1979. A general hypothesis of species diversity. The American Naturalist, 113: 81-101.

Karen R H, Hartnett D C, Robert C C, et al. 2004. Grazing management effects on plant species diversity in tallgrass prairie. Journal of Rangeland Management, 57: 58-65.

Kembel S W, Cowan P D, Helmus M R, et al. 2010. Picante: R tools for integrating phylogenies and ecology. Bioinformatics, 26(11): 1463-1464.

Koch G W, Vitousek P M, Steffen W L, et al. 1995. Terrestrial transects for global change research. Vegetatio, 121(1-2): 53-65.

Kou L, Jiang L, Hattenschwiler S, et al. 2020. Diversity-decomposition relationships in forests worldwide. Elife, 9: e55813.

Laliberté E, Zemunik G, Turner B L. 2014. Environmental filtering explains variation in plant diversity along resource gradients. Science, 345(6204): 1602.

Langley S K, Cheshire H M, Humes K S. 2001. A comparison of single date and multitemporal satellite image classifications in a semi-arid grassland. Journal of Arid Environments, 49(2): 401-411.

Li X, Jiang L, Meng F, et al. 2016. Responses of sequential and hierarchical phenological events to warming and cooling in alpine meadows. Nature Communications, 7(1): 12489.

Liu G X, Li S, Wu X, et al. 2012. Studies on the Rule and Mechanism of the Succession of Plant Community in the Retreat Forefield of the Tianshan Mountain Glacier No.1 at the Headwaters of rümqi River. Journal of Glaciology and Geocryology.

Ma M, Zhou X, Wang G, et al. 2010. Seasonal dynamics in alpine meadow seed banksalong an altitudinal gradient on the Tibetan Plateau. Plant & Soil, 336: 291-302.

Magurran A E. 1988. Ecological diversity and its measurement. Princeton: Princeton University Press.

Mandanici E, Girelli V A, Poluzzi L. 2019. Metric Accuracy of Digital Elevation Models from WorldView-3 Stereo-Pairs in Urban Areas. Remote Sensing, 11: 878.

Mcnellie M J, Oliver I, Dorrough J, et al. 2020. Reference state and benchmark concepts for better biodiversity conservation in contemporary ecosystems. Global Change Biology, 26(12): 6702-6714.

Oksanen J, Blanchet F G, Friendly M, et al. 2019. Vegan: community ecology package. R package version 2.5-6.

Parker K W. 1951. A Method for measuring trend in range condition in National Ranges. Washington DC: USDA Forest Service.

Piao S, Wang X, Park T, et al. 2020. Characteristics, drivers and feedbacks of global greening. Nature Reviews Earth & Environment, 1(1): 14-27.

Qin Y, Sun Y, Zhang W, et al. 2020a. Species Monitoring Using Unmanned Aerial Vehicle to Reveal the Ecological Role of Plateau Pika in Maintaining Vegetation Diversity on the Northeastern Qinghai-Tibetan Plateau. Remote Sensing, 12: 2480.

Qin Y, Yi S, Ding Y, et al. 2020b. Effects of plateau pikas' foraging and burrowing activities on vegetation biomass and soil organic carbon of alpine grasslands. Plant and Soil, 1: 201-216.

Schumann K, Gewolf S, Tackenberg O. 2016. Factors affecting primary succession of glacier foreland vegetation in the European Alps. Alpine Botany, 126: 105-117.

Spellerberg I F, Fedor P J. 2003. A tribute to Claude Shannon (1916–2001) and a plea for more rigorous use of species richness, species diversity and the 'Shannon–Wiener' Index. Global Ecology and Biogeography, 12: 177-179.

Stohlgren T J, Falkner M B, Schell L D. 1995. A modified-Whittaker nested vegetation sampling method. Vegetatio, 117: 113-121.

Stohlgren T J, Kelly A B. 1998. Comparison of rangeland vegetation sampling techniques in the Central Grasslands. Journal of Range Management, 51: 164-172.

Sun W, Song X, Mu X, et al. 2015. Spatiotemporal vegetation cover variations associated with climate change and ecological restoration in the Loess Plateau. Agricultural and Forest Meteorology, 209-210: 87-99.

Sun Y, He X Z, Hou F, et al. 2018b. Grazing elevates litter decomposition but slows nitrogen release in an alpine meadow. Biogeosciences, 15(13): 4233-4243.

Sun Y, Yi S, Hou F. 2018a. Unmanned aerial vehicle methods makes species composition monitoring easier in grasslands. Ecological Indicators, 95: 825-830.

Terrer C, Phillips R P, Hungate B A, et al. 2021. A trade-off between plant and soil carbon storage under elevated CO_2. Nature, 591(7851): 599-603.

Trabucco A, Zomer R. 2019. Global aridity index and potential evapotranspiration (ET0) climate database v2.figshare. Fileset. [EB/OL]. https://doi.org/10.6084/m9.figshare.7504448.v3[2020-11-21].

Tilman D, Downing J A. 1994. Biodiversity and Stability in Grasslands. Nature, 367: 363-365.

Wang S, Zhang M, Li Z, et al. 2011. Glacier area variation and climate change in the Chinese Tianshan Mountains since 1960. Journal of Geographical Science, 21: 263-273.

Wang W Y, Wang Q J, Li S X, et al. 2006. Distribution and species diversity of plant communities along transect on the Northeastern Tibetan plateau. Biodiversity & Conservation, 15(5): 1811-1828.

Wang X, Gao Q, Wang C, et al. 2017. Spatiotemporal patterns of vegetation phenology change and relationships with climate in the two transects of East China. Global Ecology and Conservation, 10: 206-219.

Wang X, Wang T, Guo H, et al. 2018. Disentangling the mechanisms behind winter snow impact on vegetation activity in northern ecosystems. Global Change Biology, 24(4): 1651-1662.

Wilson E O. 2016. Half-earth: our planet's fight for life. New York: Liveright Publishing Corporation, a division of W.W. Norton & Company.

Wu L, Wang S, Bai X, et al. 2020. Climate change weakens the positive effect of human activities on karst vegetation productivity restoration in southern China. Ecological Indicators, 115: 106392.

Wu X, Zhang W, Liu G, et al. 2012. Bacterial diversity in the foreland of the Tianshan No.1 glacier, China. Environ. Research Letters, 7(9): 14038-14046.

Yin Y, Wang Y, Li S, et al. 2021. Soil microbial character response to plant community variation after grazing prohibition for 10 years in a Qinghai-Tibetan alpine meadow. Plant & Soil, 458(1): 175-189.

Yi S. 2017. FragMAP: a tool for long-term and cooperative monitoring and analysis of small-scale habitat fragmentation using an unmanned aerial vehicle. International Journal of Remote Sensing, 38:2686-2697.

Zanne A E, Tank D C, Cornwell W K, et al. 2014. Three keys to the radiation of angiosperms into freezing environments. Nature, 506(7486): 89.

Zhang T, Yu G, Chen Z, et al. 2020a. Patterns and controls of vegetation productivity and precipitation-use efficiency across Eurasian grasslands. Science of the Total Environment, 741: 140204.

Zhang Z, Zhang Y, Porcar C A, et al. 2020b. Reduction of structural impacts and distinction of photosynthetic pathways in a global estimation of GPP from space-borne solar-induced chlorophyll fluorescence. Remote Sensing of Environment, 240: 111722.

Zhou X, Tao Y, Yin B, et al. 2020. Nitrogen pools in soil covered by biological soil crusts of different successional stages in a temperate desert in Central Asia. Geoderma, 366: 114166.

第 11 章

生态脆弱区生态系统生产力及其时空格局[①]

摘　要

生态脆弱区生态系统对气候变化的响应十分敏感，也是面临干旱威胁和生态退化的重要区域。生态系统生产力是生态系统功能的核心，分析其对气候变化响应和适应的时空模式、变化速率及潜力对区域生态环境治理、保护和修复等政策的实施，以及区域碳汇功能及潜力评估具有重要的指导意义。本章利用欧亚草原区及中国生态脆弱区的野外样点数据、定位观测数据、遥感影像数据和第六次国际耦合模式比较计划（CMIP6）未来不同情景气候变化数据分析了生态系统地上净初级生产力（aboveground net primary production，ANPP）、总初级生产力（gross primary productivity，GPP）和净生态系统生产力（net ecosystem productivity，NEP）对气候变化的时空响应模式、变化速率和变化潜力。通过研究发现，生态脆弱区生态系统生产力的不同组分相对较低，且对气候变化十分敏感，年际动态整体呈增加的趋势；生产力不同组分时空变化在温带区域主要受降水和养分限制的影响，在寒区主要受温度因素的限制；生产力不同组分在未来气候变化影响下仍然有较大的增幅潜力。本章将为脆弱区生态系统生产力、碳汇功能和生态地理格局的研究提供基础数据，也为未来气候变化影响下区域生态系统资源利用策略的辨析和资源承载力形成过程的理论发展提供参考。

11.1　引　　言

中国是世界上生态脆弱区分布面积最大、脆弱生态类型最多、生态脆弱性表现最明显的国家之一，中度以上生态脆弱区占我国国土面积的 55%（孙康慧等，2019；王晓峰

[①] 本章作者：陈智，张添佑，刘召刚，林雍，张维康，韩朗；本章审稿人：胡中民，宜树华。

等，2019；王聪等，2019）。全面把握生态脆弱区生态系统生产力对气候变化的响应和适应特征，对我国制定气候变化和生态保护修复政策具有重要的指导意义。本章依据"全球变化及应对"重点专项项目"全球变化对生态脆弱区资源环境承载力的影响研究"前期研究成果（于贵瑞等，2017；于贵瑞等，2020），将我国典型生态脆弱区划分为农牧交错带、林草交错带、干旱–半干旱区、黄土高原脆弱区、青藏高原脆弱区和西南岩溶石漠化区（陈云等，2021；孙康慧等，2019）。生态脆弱区大部分位于对气候变化响应敏感的干旱–半干旱区（Maurer et al.，2020），主控了过去几十年全球碳库的年际变化趋势和变异性（Ahlstrom et al.，2015；Poulter et al.，2014）。未来全球干旱区面积将会不断扩张，干旱程度也会不断增强（Dai 2013；Huang et al.，2016），这会对生态脆弱区生态系统结构和功能产生深远影响（Berdugo et al.，2020；Maurer et al.，2020）。

　　生产力作为生态系统功能的核心参数，是生态系统承载力的物质基础，主要包括生态系统总初级生产力、净初级生产力和净生态系统生产力（方精云等，2001）。GPP 指在单位时间单位面积上植物生产的全部有机物，包括同一期间植物的自养呼吸，又称总第一性生产力，决定了进入陆地生态系统的初始物质和能量。NPP 指植被所固定的有机物中扣除自身呼吸消耗的部分，即绿色植物在单位时间和空间内所净积累的干物质，这部分用于植被的生长和生殖，又称净第一性生产力，反映了植物固定和转化光合产物的效率，也决定了可供异养生物利用的物质和能量。净初级生产力还反映了植物群落在自然条件下的生产能力，是一个估算陆地生态系统承载力和评价可持续发展的一个重要生态指标。NEP 指生态系统净初级生产力与异氧呼吸（土壤及凋落物）之差。它是最重要的表征生态系统碳源汇的变量，表示大气 CO_2 进入生态系统的净光合产量。

　　温度和降水是影响草地生产力的主要调控因子。草地生态系统的增温控制实验表明，生产力对温度的响应产生了不一致的模式，包括积极的正响应、负响应，或没有影响（Niu et al.，2008；Peng et al.，2014；Wang et al.，2019）。这些不同的响应可能是由以下几个因素造成的：①初始气候条件的变化；②不同碳循环过程的温度敏感性不同；③增温处理持续时间的差异；④升温实验方法的差异。由于温度和水分条件限制了碳循环过程，初始气候条件会影响草地生产力对气候变暖的响应。例如，寒冷地区的草地可能对变暖更敏感，因为它们通常具有更大的土壤有机碳储量，而这些土壤有机碳储量可能容易分解（Crowther et al.，2016），而且分解通常会随着温度的升高而增加（Davidson and Janssens，2006）。在寒冷或温带草原上，延长生长季节也能刺激植物生长（Wan et al.，2005）。在半干旱草原，水的可用性是碳交换的主要驱动因素（Jiang et al.，2012）。变暖引起的干旱会降低生态系统 GPP 和呼吸（ER）（Maestre et al.，2015）。大多数研究认为高寒草地生态系统主要受温度的限制（Fu et al.，2006；Kato et al.，2006）。植被光合作用需要在酶系统的参与下完成，而温度条件与酶活性密切相关。酶活性与植被对温度的响应一样，存在三基点温度，即最低温度、最适温度和最高温度。低温和高温都会对生态系统的光合作用产生影响，同时也会影响呼吸（Davidson et al.，1998）。然而，不同类型草地生态系统对温度的响应也不同，例如西班牙比利牛斯山的亚高山草地（Sebastia，2007），以及在加利福尼亚的地中海草地上观察到的植物物种组成的变化

（Zavaleta et al., 2003）。在其他地方，试验性变暖最初提高了美国西部 4 个草原的 ANPP，但在 9 年的变暖过程中，这种刺激逐渐减弱，因为植物物种组成发生了变化，氮的损失增加限制了植物的生长（Wu et al., 2012）。

降水是干旱–半干旱区植被生产力的主要限制因素，干旱期间植被生产力的变化取决于植物获得有效水分的生理反应和植被结构的变化。以往很多研究证实，年降水量增加将提高草地的生产力，草地生态系统 ANPP 与年降水量之间呈现正相关关系（Fan et al., 2009）。但二者之间相互关系的形态在不同的研究中存在一定差异，大多数研究认为二者之间呈现简单的线性关系（Bai et al., 2008），但最近的研究发现线性关系并不是普遍适用的，如在中国草地生态系统多认为二者呈指数关系（Hu et al., 2008；Hu et al., 2010）。基于站点尺度的研究表明，植被群落组成、植被对降水响应的时滞效应、地形条件以及不同的研究尺度等都会对生产力与降水的响应关系有重要影响（Bai et al., 2007）。生产力与年降水量年际之间存在何种关系在不同的研究区域存在一定差异。有研究发现，草地生态系统生产力与年降水量年际之间呈线性关系（Lauenroth and Sala，1992），而也有研究发现，二者之间并不存在明显的相关关系或者相关关系较弱（Hu et al., 2010）。植被组成以及降水的其他特征（如降水的季节分配、降水事件特征等）可能是这些结果存在差异的一个重要原因（Briggs and Knapp 1995；Hu et al., 2007），如有些草地生态系统由于植物利用深层水分，生产力和降水之间不再具有相关关系（Sala et al., 1992），而同样年降水量下不同的降水季节分配特征也可能导致生产力的差异。

生态脆弱区在全球变化背景下，其生态系统生产力正发生着空间和时间尺度的变异，其响应气候变化的速率及其增加潜力也会发生明显的变化。因此，整合研究生态脆弱区生态系统生产力（GPP、NPP、NEP）及其时空格局（现状、变率、潜力）的变化特征，以及生态系统结构和功能状态及其与生态系统生产力的关系，阐述全球变化对生态脆弱区生态系统生产力的影响机制，是发展和构建资源环境承载力和脆弱性评估方法的科学基础，可以为未来气候变化影响下区域生态系统资源利用策略的辨析和承载力形成过程的理论发展提供数据支撑。

11.2　生态脆弱区生态系统生产力现状、空间格局及其影响因素

11.2.1　欧亚草原区 ANPP 现状、空间格局及其影响因素

研究通过 Web of Science（www.Webofknowledge.com）和中国知网（http://epub.cnki.net）的文献检索平台，搜集已经发表的与地上生物量、地上净初级生产力相关的学术论文，从文献中获得了 1015 个 ANPP 样点数据；从美国橡树岭国家实验室公开的全球 ANPP 数据库中，选取并下载了研究区域内质量级别为 A 数据集中的 7 个 ANPP 样点数据；通过野外观测和野外采样获取了 809 个 ANPP 样点数据。为了保证数据质量，

剔除了采样点缺失的样点，土地利用类型不属于草原类型的样点（参考本节获取的欧亚大陆草原范围），以及数值过高或者过低的样点（平均值±3 倍标准差为标准），最终得到 1539 个样点数据。利用 GIMMS NDVI（1982～2015 年）的卫星遥感数据和样点数据构建了 ANPP 的统计反演模型，生成了长时间序列的 ANPP 数据集，用于分析欧亚大陆草原区 ANPP 的空间格局及其影响因素(Zhang et al.，2020)。

1. ANPP 的空间分布现状和统计特征

欧亚大陆草原 ANPP 的空间变异范围为 4～140 g C/（m^2·a），平均 ANPP 约为 40.20± 20.89 g C/（m^2·a），其空间分布特征为蒙古高原东北部和青藏高原东南部的 ANPP 较高，而黑海到哈萨克斯坦的中亚、青藏高原的西南和蒙古高原西南部的 ANPP 较小（图 11.1）。

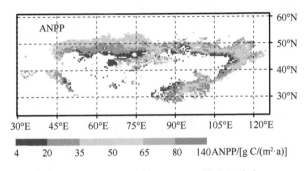

图 11.1　欧亚大陆草原 ANPP 的空间分布

欧亚大陆草原 ANPP 的空间变异范围都在全球草地的变异范围内，但是相比于全球其他草原，例如普列里大草原和潘帕斯草原的 ANPP 平均值都相对较低，为 40.20 ± 20.89 g C/m^2（图 11.2）。这主要是由于普列里大草原和潘帕斯草原分别受温带草原气候和温暖湿润的亚热带季风湿润气候的影响，普列里大草原有独特的北美草原土壤，以及相对较多的降水和适宜的温度，潘帕斯草原发育有肥沃的黑土，这些因素共同孕育了高的

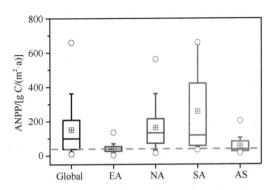

图 11.2　全球及不同区域草原 ANPP 统计特征

Global，EA，NA，SA 和 AS 分别表示全球草地、欧亚大陆草原、北美洲草原、南美洲草原和非洲草原（除欧亚大陆草原以外，其他数据均来源于文献数据）

ANPP（Ramos et al.，2018）。相反，欧亚大陆草原的荒漠草原降水稀少，高寒草原温度低、生长季短和土壤养分短缺等不利于植物生长（Yang et al.，2009），导致 ANPP 较低。由于欧亚大陆草原植被覆盖度低和土壤蓄水能力差（Gamoun，2016），大量降水以土壤蒸发或者地表径流方式损失（Hu et al.，2010），未用于植物生长，导致其 ANPP 也较低。同样，非洲草原受热带草原气候的影响，不仅气候干旱而且土壤贫瘠，草原植被生长受到土壤营养物质和降水的限制，从而导致非洲草原的 ANPP 较低。

2. ANPP 的空间格局

ANPP 在水平和垂直方向上呈现出复杂的空间变异规律，在经向上呈现为自西向东的二次凹函数的空间变异，最小值出现在 65°E 处，在纬向上呈现出自低纬向高纬的二次凹函数的空间变异，最小值出现在 41°N 处，在垂直方向上从低海拔向高海拔呈现出先增加后减小的变异模式，最大值出现在海拔 3700 m 处（图 11.3）。

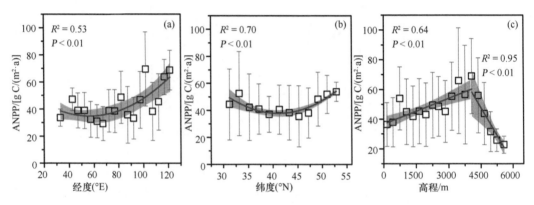

图 11.3　欧亚大陆草原 ANPP 的经度、纬度和高程分布规律

3. ANPP 空间格局的影响因素

为了解析水热资源组合对 ANPP 和 PUE 的影响，本节提出一个反映水热资源供给及其平衡状态的水热指数（hydro thermal index，HT），其数值被定义为归一化的多年平均降水量（MAPnor）与归一化的多年平均温度（MATnor）的比值。这里 HT 表征了欧亚草原区不同地理位置的生态系统水热资源配置的平衡状态，可以度量水分与温度条件对区域植被生长限制的相对重要性（Zhang et al.，2020）。分析结果表明，MAP 和 MAT 两个气候因素的空间变异共同作用形成了 ANPP 的空间格局。不同的气候要素影响 ANPP 空间格局对 MAP 和 MAT 的响应模式有所不同（图 11.4）。ANPP 与 MAP 空间格局呈现出正偏态单峰曲线的响应模式。ANPP 与 MAT 空间格局的定量关系呈现分阶段的非连续函数关系。ANPP 对 MAT 的空间变异呈现出三阶段的响应模式，ANPP 在 MAT∈（−9，−3.5]℃和 MAT∈（0.5，15）℃两个区间范围上都为线性递减，而在 MAT∈（−3.5，0.5]℃的区间范围上为线性递增。指示区域水热资源配置平衡状态的 HT 与 ANPP 的定量关系也呈现正偏态单峰变化趋势，ANPP 在

HT∈（0，1]的范围为递增的变化趋势，而在 HT∈（1，2.5）的范围为递减趋势，在水热资源分配均衡区域（HT 接近 1）的草原 ANPP 达到峰值，在水热指数过小或过大区域 ANPP 值都显著减小。

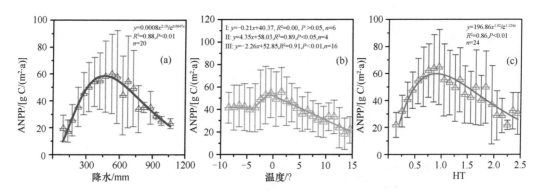

图 11.4　欧亚大陆草原 ANPP 与气候因子的变化关系

利用算数平均法统计了不同 MAP 区间（每 50 mm 为一个间隔）、MAT 区间（每 0.5℃为一个间隔）和 HT（每 0.1 个单位为一个间隔）的 ANPP 值

欧亚大陆草原 ANPP 空间格局的形成是受气候因素影响的水热资源环境配置和植被类型地带性分异共同调控的结果。以往的研究表明，欧亚大陆草原区内不同区域的 ANPP 与 MAP 和 MAT 的定量关系呈现为不同类型的环境响应模式，例如，内蒙古高原和青藏高原草原的 ANPP 与 MAP 的关系均为幂指数函数增加趋势（Hu et al.，2009），另外，内蒙古高原草原的 ANPP 随 MAT 的变异呈现为线性减小的变化趋势（Bai et al.，2008），而青藏高原的 ANPP 随着 MAT 增加呈现为线性增加的趋势（Sun and Du，2017）。美国中部大草原和巴塔哥尼亚草原的 ANPP 受降水和温度空间配置的影响也形成了类似的水平和垂直分布规律（Irisarri et al.，2012）。除此之外，研究区范围内的内蒙古草原和青藏高原草原的 ANPP 也具有相似的水平和垂直分布规律（Sun and Du，2017）。这种响应模式概括了大陆尺度草地生态系统 ANPP 空间格局响应水热资源空间变异的整体构象及普适性规律，为全球草地生产力、碳汇功能和生态地理生态学研究提供了理论依据，也为区域草地生态系统水分利用策略的辨析和降水资源承载力形成过程的理论发展提供了数据支撑。

11.2.2　生态脆弱区 GPP、NEP、ER 的现状、空间格局及其影响因素

1. 生态脆弱区 GPP、NEP、ER 的统计特征

收集了 2002～2019 年中国区域内开展的典型生态脆弱区碳通量观测的研究论文，共获取了涵盖典型草原、草甸草原、荒漠草原的 43 个站点的碳通量观测数据（图 11.5）。中国整体生态脆弱区典型陆地生态系统 GPP、NEP、ER 分别为 402.83 g C/（m²·a），68.72 g C/（m²·a）和 318.14 g C/（m²·a），可以得出中国生态脆弱区为明显的碳汇。

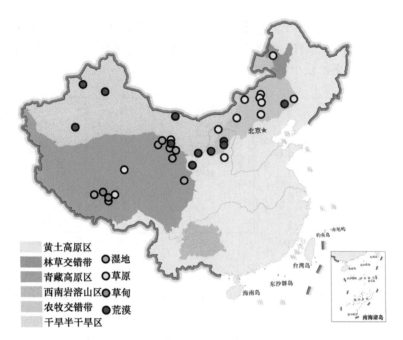

图 11.5　中国典型生态脆弱区分布范围

中国生态脆弱区典型草原生态系统 NEP、GPP、ER 分别为 29.4 g C/（m²·a）、317.41 g C/（m²·a）、259.76 g C/（m²·a），草甸草原 NEP、GPP、ER 分别为 98.05 g C/（m²·a）、448.59 g C/（m²·a）、344 g C/（m²·a），荒漠草原 NEP、GPP、ER 分别为 62.22 g C/（m²·a）、299.57 g C/（m²·a）、221.52 g C/（m²·a）（图 11.6）。不同植被类型 NEP、GPP、ER 存在显著性差异，典型草原为最小的碳汇。中国干旱半干旱区 NEP、GPP、ER 分别为 193.84 g C/（m²·a）、547.38 g C/（m²·a）、323.75 g C/（m²·a），黄土高原 NEP、GPP、ER 分别为 193.61 g C/（m²·a）、399.06 g C/（m²·a）、205.47 g C/（m²·a），农牧交错带 NEP、GPP、ER 分别为 28.55 g C/（m²·a），298.37 g C/（m²·a），263.13 g C/（m²·a），青藏高原 NEP、GPP、ER 分别为 73.67 g C/（m²·a）、510.2 g C/（m²·a）、428.1 g C/（m²·a）（图 11.6）。

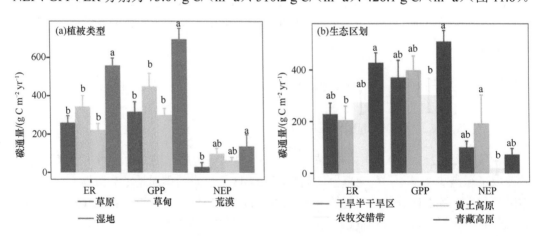

图 11.6　中国生态脆弱区 GPP、NEP、ER 的变异

不同生态脆弱区 GPP、NEP、ER 存在显著性差异。青藏高原 GPP 最大，农牧交错带 GPP 最小。青藏高原 ER 最大，黄土高原 ER 最小。黄土高原为最大碳汇，农牧交错带为最小碳汇。

相比于其他生态系统，生态脆弱区碳汇能力较弱，主要是由于大部分脆弱区位于草原生态系统。研究表明，草地生态系统的光合作用 GPP 峰值 [3 g C/ (m²·d)] 显著低于农田 [12～15 g C/ (m²·d)] 和森林生态系统 [6～15 g C/ (m²·d)]（Xiao et al.，2010）。此外，草地生态系统的 NEP 还具有较大的变异性，其中人为活动干扰显著增强了草地碳吸收强度的变异。在人为放牧干扰下，草地生长会受到抑制，从而促进 CO_2 的分解释放（Li et al.，2005）。而受到干扰的湿地则表现出以 399 g C/ (m²·d) 高强度向大气释放 CO_2（Janssens et al.，2003）。由此可见，碳吸收强度相对较低的草地生态系统如果受到外界或人为的强烈干扰，将极易从碳汇转为碳源。在我国北方干旱–半干旱地区，植物生长更容易受 N 限制，但植物对 N 添加的响应需要较长时间，而水分添加可显著提高植物地上净初级生产量（Lu et al.，2012），说明水分是北方干旱半干旱地区生态系统初级生产力的重要限制因子（Wang et al.，2018）。除此之外，中国生态脆弱区叶面积指数变化以增长为主，农牧脆弱区呈减少趋势（彭飞和孙国栋，2017）。我国北方生态脆弱区气温普遍上升，黄土高原、干旱半干旱区降水增加，在一定程度上有利于植被恢复与改善（孙康慧等，2019）。

2. 生态脆弱区 GPP、NEP、ER 的影响因素

研究探索了生物因子、土壤因子、气候因子、内生因子（植被类型和 GPP）对生态脆弱区 GPP、NEP、ER 的影响。为了探索影响 NEP 的因素，只保留同时含有 GPP 和 NEP 的站点，同时把 GPP 作为响应变量，代表站点的生产力水平。可以看出气候因子（MAP、PAR、AI）、土壤因子（SM、TN）、生物因子（NDVI、LAI、LDMC、LN）对 GPP 是有显著影响的。气候因子（MAP、MAT、PAR、ET、AI）、土壤因子（SM、TN、SOC）、NDVI、生物因子（LAI、LDMC）对 ER 是有显著影响的。GPP 和 LN 对 NEP 是有显著影响的（图 11.7）。

研究建立了结构方程模型，解析了土壤因子和生物因子对 GPP 和 ER 的直接作用和间接作用。气候因子和土壤因子都是通过生物因子对 GPP 和 ER 的起作用。生物因子对 GPP 和 ER 的影响最大，气候因子次之，土壤因子影响最小。研究发现生物因子、气候因子和土壤因子能够解释 GPP 为 0.48 的变异和 ER 为 0.55 的变异（图 11.8）。

如果考虑植被类型、气候因子、土壤因子、生物因子和植被类型，能够解释 GPP 为 0.68 的变异和 ER 为 0.70 的变异。生物因子和植被类型对 GPP 和 ER 作用最大，GPP 对 NEP 的解释最大（图 11.9）。为了进一步揭示中国生态脆弱区 GPP、NEP、ER 的影响因子，研究分析了各因子对不同植被类型和生态脆弱区的影响。发现生物因子对草地 GPP 和 ER 影响最大，生物因子（NDVI）对湿地 ER 影响最大，气候因子对湿地 GPP 影响最大。GPP 对草地 NEP 影响最大，气候因子对湿地 NEP 影响最大。生物因子对干旱半干旱区、青藏高原的 GPP 和 ER 的影响最大，植被类型对农牧交错带 GPP 和 ER 的影响最大，干旱半干旱区和农牧交错带 NEP 主要是由 GPP 决定的。

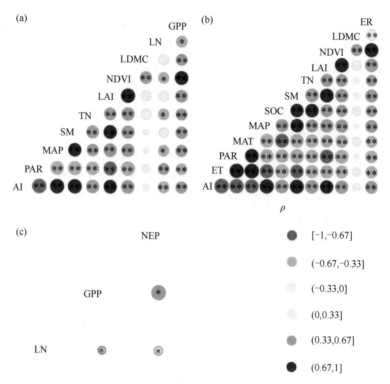

图 11.7 中国生态脆弱区 GPP、NEP、ER 与各因子的相关系数图

*代表 $P < 0.05$，**代表 $P < 0.01$，下同

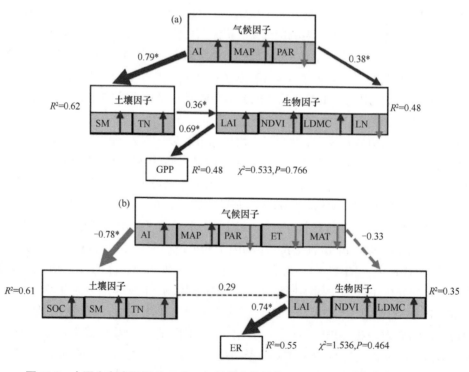

图 11.8 中国生态脆弱区 GPP 和 ER 随着生物梯度、土壤梯度和气候梯度的变化

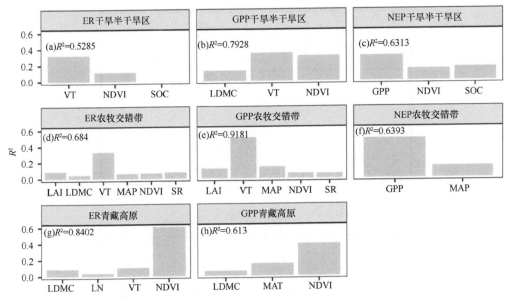

图 11.9　不同生态脆弱区 GPP、NEP、ER 的影响因子

通过研究发现，中国典型生态脆弱区为弱碳汇，不同植被类型和典型生态脆弱区 GPP、NEP、ER 存在显著差异。此外，中国典型生态脆弱区 GPP、NEP、ER 受生物因子、内生因子、气候因子和土壤因子的影响。气候因子和土壤因子都是通过生物因子对中国典型生态脆弱区 GPP 和 ER 起作用，生物因子对中国典型生态脆弱区 GPP 和 ER 的影响最大。中国典型生态脆弱区 NEP 主要是由其生产力决定的。生物因子和内在因子（植被类型和 GPP）决定了干旱半干旱区、青藏高原、农牧交错带碳通量的空间变异。

气候条件是影响生态系统碳通量空间变化的主要驱动因素（Xia et al.，2014；Yuan et al.，2009）。植被特征的差异也影响着生态系统碳通量的空间格局（Pastor and Post，1993；Potter et al.，1993）。除气候和植被外，土壤条件是影响生态系统碳通量空间格局的另一个潜在因素。土壤呼吸的空间变化与 SOC 含量有关（Gough and Seiler，2004；Rodeghiero and Cescatti，2005）。气候因素通过决定热和水的可用性强烈地影响生态系统的生产和呼吸。值得注意的是，研究发现气候对 GPP 和 ER 的影响主要是通过调节植被性质来实现的。在以往的研究中，GPP 和 ER 对气候因子有很强的依赖性（Kato and Tang，2008；Yu et al.，2013），这可能是因为气候模式决定了植被类型的地理分布，这些不同的植被类型代表了直接影响生态系统碳交换的不同的植被指数和叶生活史（Prentice et al.，1992；Prentice，1990）。

11.3　生态脆弱区生态系统生产力时间变化及影响因素

1. ANPP 的年际动态变化

欧亚大陆草原植被 ANPP 在 1982～2015 年呈三阶段的变化特征（图 11.10）。1982～

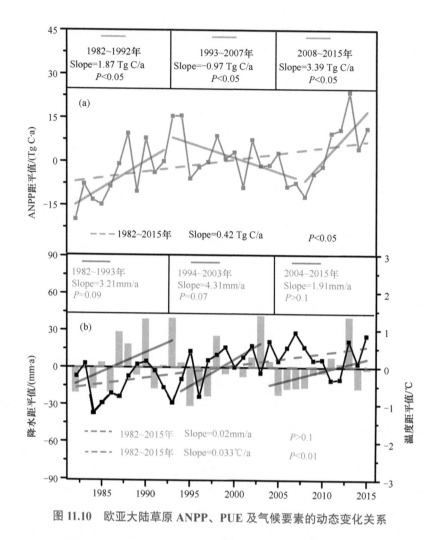

图 11.10 欧亚大陆草原 ANPP、PUE 及气候要素的动态变化关系

1992 年 ANPP 为增加趋势, 增加速率为 1.87 Tg C/a。1993~2007 年 ANPP 为减小趋势, 减小速率为 0.97 Tg C/a。2008~2015 年 ANPP 为减小趋势, 减小速率为 3.39 Tg C/a。欧亚大陆草原 ANPP 的增加趋势表明草地生态系统服务能力增强, 可以提供更多的载畜空间。在过去 34 年, 欧亚大陆草原年平均温度呈现显著升高的趋势 ($P<0.01$), 增加速率为 0.03℃/a, 波动范围为 1.78~3.9℃, 变化幅度是多年平均温度的 70%。温度的持续升高, 为区域提供了更多的热量, 同时增加土壤水分流失引起的干旱胁迫草地植被的生长。在过去 34 年, 欧亚大陆草原年平均降水的变化相对稳定, 没有显著的趋势性变化 ($P>0.1$), 波动范围为 285.20~358.67 mm, 变化幅度是多年平均降水的 24%。在过去 34 年, 欧亚大陆草原年平均温度呈现显著升高的趋势 ($P<0.01$), 升高速率为 0.03℃/a, 波动范围为 1.78~3.9℃, 变化幅度是多年平均温度的 70%。温度的持续升高为区域提供了更多的热量资源, 同时增加土壤水分流失引起的干旱胁迫草地植被的生长。在过去 34 年, 欧亚大陆草原年平均降水的变化相对稳定, 没有显著的趋势性变化 ($P>0.1$), 波动范围为 285.20~358.67 mm, 变化幅度是多年平均降水的 24%。

　　已有研究发现，全球范围内的降水在一些区域出现增加的趋势，而在另一些区域为减少趋势，然而温度呈现出持续升高的趋势（Anderegg and Diffenbaugh，2015）。1982～2015 年欧亚大陆草原降水没有明显的变化趋势，而温度为显著的升高趋势，且温度的变异强度大于降水。在低温限制区域，温度升高有利于植被光合能力增强，从而增加 ANPP和 PUE。欧亚大陆草原区域，植被叶面积指数和植被覆盖度也呈增加趋势（Chen et al.，2019），植被盖度的增加会增强植被的保水性（Sterling et al.，2013；Hu et al.，2018）。中纬度地区 CO_2 浓度也表现出持续增加的趋势（Humphrey et al.，2018），CO_2 的施肥效应可以促进植被 ANPP 和 PUE 的增加（Reich et al.，2018）。氮、磷沉降的增加也有利于植被 ANPP 和 PUE 的增加，尤其在营养元素匮乏的区域。近几十年，欧亚大陆草原ANPP 和 PUE 的增加趋势可以归功于植被盖度、叶面积指数和营养物质富集等因素综合作用的结果。ANPP 的增加表明植被的碳汇功能和供给服务的增强，PUE 的增加表明草地生态系统植被利用降水的能力增强。

　　2. ANPP 年际变化趋势的空间分布图

　　1982～2015 年欧亚大陆草原植被 ANPP 的变化趋势在空间分布上有很大差异（图 11.11）。研究发现，在欧亚大陆草原东部，ANPP 呈明显的增加趋势。在地中海气

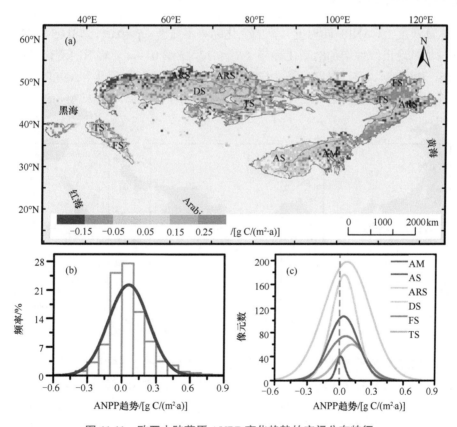

图 11.11　欧亚大陆草原 ANPP 变化趋势的空间分布特征

候控制区域，大陆性气候控制的中亚区域和青藏高原区域，ANPP 呈现出减小的趋势。ANPP 变化趋势的范围为 $-2.5\times10^{-3}\sim4.5\times10^{-3}$ gC/(m²·mm·a)，平均值为 0.06 g C/(m²·a)，增加的面积大于减少的面积。各草地类型中，典型草原增加趋势的速率最快，而干旱草原增加趋势的速率最慢。

不同气候类型、土壤营养物质和植被类型的综合作用导致各草地类型 ANPP 具有年际变化趋势。1982～2015 年各草地类型的 ANPP 都为增加的变化趋势，其中典型草原 ANPP 增加得最快，干草原 ANPP 增加得最慢。不同草地类型 ANPP 的变化趋势不一致。森林草原主要分布于东亚季风区，氮沉降、CO_2 浓度的增加和充足的水热资源共同使得植被 ANPP 为增加的变化趋势（Fang et al., 2014）。高寒草原温度的升高和降水的增多可以促进生态系统的光合能力，但是匮乏的氮元素会限制植被的生长（Kou et al., 2020），并且降水增加会导致 ANPP 为增加趋势（Zhang et al., 2016）。草地生态系统的稳定性和生产力潜力在不断降低，这将对区域植被碳汇有重要影响。过去的研究表明，在气候变化敏感的荒漠区域，干旱化程度的增强和频率增加会导致荒漠化面积不断扩张（Huang et al., 2016）。因此，各草原类型 ANPP 的变化趋势是生态系统发生退化的重要信号，需要加强退化草地的保护和治理。

3. ANPP 的年际变异的影响因素

在大陆尺度上，ANPP 随温度升高的变化趋势不显著（R^2=0.01，$P>0.05$）（图 11.12），随降水增加呈现出线性增加的变化趋势（R^2=0.37，$P<0.01$），随辐射的变化趋势不显著（R^2=0.05，$P>0.05$）。通过温度、降水与 ANPP 的变化关系可以得出，ANPP 的年际变异主要受降水的影响。因而在气候变暖影响下，降水的年际变异对未来 ANPP 的变化具有重要影响。

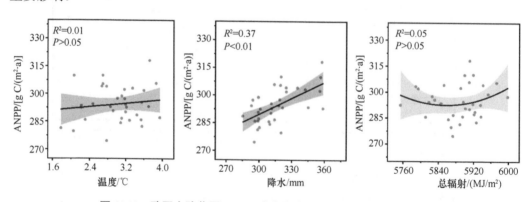

图 11.12　欧亚大陆草原 ANPP 响应温度、降水和辐射的变化关系

研究利用线性回归模型分析了不同草地类型的 ANPP 与气候变量（温度和降水）的年际变异关系。研究发现年均温度对高寒草甸（R^2=0.11，$P<0.05$）和森林草地（R^2=0.11，$P<0.05$）具有显著的促进作用，而在其他草地方面，温度对 ANPP 的影响不显著。年均降水的增加可以促进荒漠草地、干旱草原、温带草原和典型草原 ANPP 的增加。而年均

降水的增加对高寒草甸和高寒草原 ANPP 的影响不显著。年总辐射对不同草地 ANPP 的年际变异影响不显著（图 11.13）。

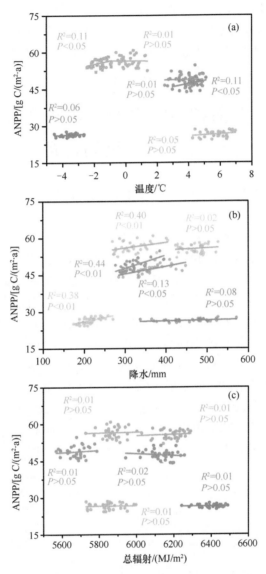

图 11.13　欧亚大陆草原不同草地类型 ANPP 响应温度、降水和辐射的变化关系

研究发现，在大陆尺度 ANPP 和 PUE 的年际动态变化主要受降水调控。在生物区系尺度，降水可以促进荒漠草地、干草原、温带草原和典型草原 ANPP 的增加，而对高寒草甸和高寒草原 ANPP 的影响不显著。降水资源供给的增加一方面通过促进植被光合作用的生物过程来增加降水的利用和有机质的积累，另一方面也会通过影响径流和蒸发损失降水的物理过程减少降水的利用，两者的综合作用影响了 ANPP 的年际动态变化（Gaitán et al.，2014）。在降水较少的荒漠草原和干草原，降水的增加有利于光合能力的

提高和有机质碳的累积，但是低的植被盖度使得增加的降水通常以土壤水分蒸发的形式流失，而在降水较多的高寒草地，温度和营养物质的限制导致增加的降水多以径流的方式流失（Gamoun，2016）。高寒草地低温是限制植被吸收利用降水的重要因素，从而导致大部分降水以径流的方式流失（Paruelo et al.，1999）。内蒙古草原、北美草原站点尺度（Bai et al.，2008）及高寒草地的区域尺度（Sun and Du，2017）的研究都得出 ANPP 与降水的变化关系呈现出线性增加的变化规律。

11.4 生态脆弱区生产力年际变异响应 气候变化的空间特征

11.4.1 温带草地 ANPP 和 PUE 年际动态参数对降水的空间响应模式

本节分析了温带草地 ANPP 和 PUE 的变异性、不对称性和敏感性对 MAP 的空间响应模式（图 11.14）。$S_{ANPP-AP}$ 与 MAP 形成了先增加后减小的空间变异模式，峰值点出现在典型草原向荒漠草原转变过渡区的 301 mm 的降水处（$R^2 = 0.91$，$P < 0.0001$）。因此，$S_{ANPP-AP}$ 与 MAP 的空间响应模式的峰值点能够指示典型草原向荒漠草原发生临界转变时生态系统弹性减小的特征。A_{ANPP} 与 MAP 形成了三阶段的线性变异模式 [图 11.14（b）]。A_{ANPP} 在小于 299.5mm 降水范围内与 MAP 为负相关的线性变化模式（$R^2 = 0.67$，$P < 0.001$），而 A_{ANPP} 在大于 299.5mm 降水范围内与 MAP 形成了先增加后减小的变化模式，在 417.3 mm 降水处出现峰值 [$R^2 = 0.65$，$P < 0.001$，图 11.14（b）]。CV_{PUE} 在小于 299.56 mm 降水范围内与 MAP 为负相关的线性变化模式（$R^2 = 0.87$，$P < 0.0001$）。CV_{PUE} 在 299.50～418.45 mm 降水范围内线性增加趋势不显著，而 CV_{PUE} 在大于 418.45 mm 降水的范围内为减小的变化趋势（$R^2 = 0.90$，$P < 0.0001$），最大值点出现在 418.45 mm 降水

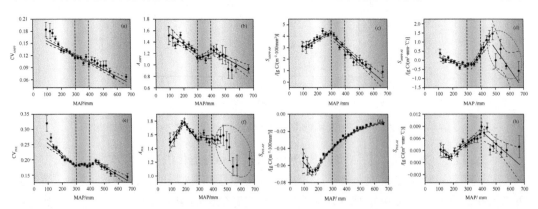

图 11.14 温带草地（温带荒漠草原、温带典型草地、温带草甸草原）ANPP 和 PUE 年际动态的变异性、不对称性和敏感性对多年平均降水空间变异的响应模式

（a）～（d）分别表示 ANPP 年际动态的变异性、不对称性、对降水敏感性和对温度敏感性；（e）～（h）分别表示 PUE 年际动态的变异性、不对称性、对降水敏感性和对温度敏感性

处 [图 11.14 (e)]。S_{PUE-AT} 在小于 189.08 mm 降水范围内为线性减小的变异模式（$R^2 = 0.80$，$P<0.01$），而 S_{PUE-AT} 在大于 189.08 mm 降水的范围内为先增加后减小的变异模式（$R^2 = 0.66$，$P<0.0001$），峰值点出现在 418.54 mm 降水处 [图 11.14 (h)]。因此，A_{ANPP}、CV_{PUE} 和 S_{PUE-AT} 与 MAP 的空间响应模式的峰值点，可以指示草甸草原向典型草原发生临界转变时生态系统弹性减小的特征。

CV_{ANPP} 与 MAP 形成了线性递减的空间变异模式（$R^2 = 0.90$，$P<0.0001$）。$S_{ANPP-AT}$ 在小于 459.47 mm 降水范围内与 MAP 形成了先减小后增加的变异模式（$R^2 = 0.68$，$P<0.001$），而在大于 459.47 mm 降水范围内线性减小的趋势不显著（$P>0.05$）[图 11.14 (a)]。在各草地类型过渡的转变区域，CV_{ANPP} 和 $S_{ANPP-AT}$ 与 MAP 的空间响应模式没有出现与生态系统弹性最小相对应的峰值点，因而不能指示温带草地生态系统的状态转变。A_{PUE} 在小于 309.82 mm 降水的范围内与 MAP 形成了先增加后减小的变异模式，峰值点出现在荒漠草原 201.5 mm 降水处（$R^2 = 0.88$，$P<0.0001$），而 A_{PUE} 在大于 309.82 mm 降水范围内的变化趋势不显著 [图 11.14 (f)]。S_{PUE-AP} 的绝对值与 MAP 形成了先增加后减小的空间变异模式，峰值点出现在荒漠草原 160.55 mm 降水处。A_{PUE} 和 S_{PUE-AP} 与 MAP 的空间响应模式的峰值出现在荒漠草原 201.5 mm 和 160.55 mm 降水处，对指示生态系统状态转变具有滞后性，因而不能指示温带草地生态系统的状态转变。

11.4.2　高寒草地 ANPP 和 PUE 年际动态参数对降水的空间响应模式

本节明确了高寒草地 ANPP 和 PUE 的变异性、不对称性和敏感性对 MAP 的空间响应模式（图 11.15）。A_{PUE} 和 $S_{ANPP-AP}$ 与 MAP 都形成了三阶段的线性变异模式，表征生态系统弹性最小的峰值点与高寒荒漠草原向高寒草原转变的过渡区相对应。$S_{ANPP-AT}$ 与 MAP 形成了先增加后减小的空间变异模式，表征生态系统弹性最小的峰值点与高寒草原向高寒草甸转变的过渡区相对应。因此，$S_{ANPP-AP}$ 和 A_{PUE} 可以指示高寒草原向高寒荒

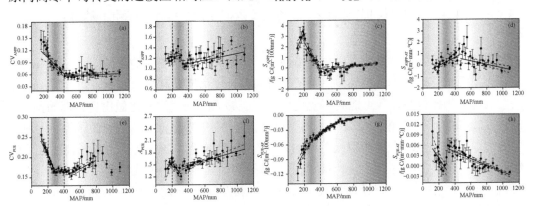

图 11.15　寒带草地（高寒荒漠草原、高寒草原和高寒草甸草原）ANPP 和 PUE 年际动态的变异性、不对称性和敏感性对多年平均降水空间变异的响应模式

（a）～（d）分别表示 ANPP 年际动态的变异性、不对称性、对降水敏感性和对温度敏感性；（e）～（h）分别表示 PUE 年际动态的变异性、不对称性、对降水敏感性和对温度敏感性

漠草原的状态转变［图 11.15（c）和（f）］。$S_{\text{ANPP-AT}}$ 可以指示高寒草甸向高寒草原的状态转变。CV_{ANPP} 与 MAP 形成了两阶段线性减小的空间变异模式，高寒草甸 CV_{ANPP} 的变化速率小于高寒荒漠草原和高寒草原［图 11.15（a）］。CV_{PUE} 在小于 310.28 mm 降水的范围内与 MAP 形成了线性减小的变化趋势，而在 310.28～469.09 mm 的变化趋势不显著。在大于 469.09 mm 降水的范围内，CV_{PUE} 随着降水的增加趋向离散［图 11.15（e）］。A_{ANPP} 与 MAP 形成了两阶段线性增加的空间变异模式。$S_{\text{PUE-AP}}$ 与 MAP 形成了单调递增的指数函数（$R^2 = 0.97$，$P<0.0001$）。$S_{\text{PUE-AT}}$ 与 MAP 形成了两阶段线性减小的空间变异模式［图 11.15（h）］。在各草地类型过渡的转变区域，CV_{ANPP}、CV_{PUE}、A_{ANPP}、$S_{\text{PUE-AP}}$ 和 $S_{\text{PUE-AT}}$ 与 MAP 的空间响应模式没有出现表征生态系统弹性最小的峰值点，因而不能指示高寒草地生态系统的状态转变。

　　本节分析了生态脆弱区高寒草地和温带草地 ANPP 和 PUE 年际动态变异性、不对称性、降水和温度敏感性对 MAP 的空间响应模式。温带草地和高寒草地的 ANPP 和 PUE 年际动态参数与 MAP 形成了不同的空间响应模式。温带草地 CV_{ANPP} 与 MAP 形成了线性减小的变异模式，而高寒草地形成了两阶段线性递减的变异模式。生物与非生物因素共同作用形成了 ANPP 和 PUE 年际动态参数对 MAP 空间变异的响应模式。过去利用长时间序列的定位观测数据和大尺度的遥感监测数据的研究同样指出，草地生态系统 CV_{ANPP} 沿着 MAP 增加的方向为减小的变化趋势（Davidowitz，2002；Fang et al.，2001；Kéfi et al.，2007）。本节再次明确了大陆尺度 CV_{ANPP} 与 MAP 单调递减的变异模式。温带草地和高寒草地 CV_{PUE} 与 MAP 都形成了三阶段的变异模式。机会主义中，耐旱性物种比例的减少和降水年际变异的减小共同导致 CV_{ANPP} 和 CV_{PUE} 为线性减小的变化趋势（Huang et al.，2015；Liu et al.，2012）。在种群数量的增加、群落结构的趋稳和 CV_{AP} 减小趋势的趋缓共同影响下，CV_{ANPP} 和 CV_{PUE} 呈现出无趋势的变化规律（Liu et al.，2018；Luo et al.，2017）。

11.5　生态脆弱区生态系统生产力的增加潜力

　　地球系统模式是模拟地球历史环境演变、预估未来全球变化的重要工具。第六次国际耦合模式比较计划（CMIP 6）使用了最新的综合评估模型和排放数据，包含更加全面的空气污染物排放路径和土地利用变化情景，能够为区域气候变化做出更合理的预估。SSP 1-2.6 试验中，多模式集合平均温度可能在 2100 年显著低 2℃，包含显著的土地利用变化（特别是全球森林面积显著增加），代表低脆弱性、低减缓压力和低辐射强迫的综合影响。SSP 2-4.5 的土地利用和气溶胶路径不如其他 SSP 模式极端，是延续历史发展模式的一种中度发展路径，代表中等社会脆弱性与中等辐射强迫的组合。SSP 3-7.0 代表可持续发展的土地利用变化和高 NTFC 排放（特别是 SO_2）情景，是更加悲观的发展趋势，强调局地气候变化对土地利用和气溶胶强迫的敏感性。SSP 5-8.5 是唯一可以实现 2100 年人为辐射强迫达到 8.5 W/m² 的共享社会经济路径。在 4 个未来气候变化情景（SSP 1-2.6，SSP 2-4.5，SSP 3-7.0 和 SSP 5-8.5）下，利用 CMIP 6 中 5 个地球系统模式

（BCC-CSM2-MR、CESM2-WACCM、CMCC-CM2-SR5、MPI-ESM1-2-HR、NorESM2-MM）的 ANPP 和 GPP 模拟数据，基于传统的多模式集合平均（MME），预估了 21 世纪中国生态脆弱区 ANPP 和 GPP 的增加潜力及其变化速率。

11.5.1　未来气候变化情景下生态脆弱区生态系统 ANPP 的增加潜力

1. 基于 CIMIP 6 预测生态脆弱区 ANPP（2015～2100 年）增加潜力

利用传统的多模式集合平均（MME）方法，预估了 2015～2100 年中国生态脆弱区的 ANPP 变化情况（图 11.16）。在 SSP 1-2.6、SSP 2-4.5、SSP 3-7.0 和 SSP 5-8.5 情景下，ANPP 都呈现出增加的变化趋势，脆弱区生态系统 ANPP 的增加潜力相比于 2015 年分别增加到了 262.87±25.42 g C/（m^2·a）、293.56±27.56 g C/（m^2·a）、373.32±53.15 g C/（m^2·a）和 411.36±57.68 g C/（m^2·a），其中 SSP 3-7.0 和 SSP 5-8.5 情景下，ANPP 增加的量最多，分别为增加了 167.68 g C/（m^2·a）和 193.80 g C/（m^2·a），而 SSP 1-2.6 情景下 ANPP 增加的量最少，为 45.71 g C/（m^2·a）。

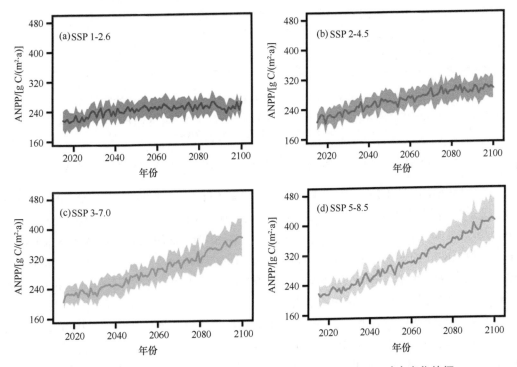

图 11.16　中国生态脆弱区不同情景下 2015～2100 年的 ANPP 动态变化特征

2. 基于 CIMIP 6 预测生态脆弱区的 ANPP（2015～2100 年）空间格局

在 CIMIP 6 的 SSP 1-2.6、SSP 2-4.5、SSP 3-7.0 和 SSP 5-8.5 四种情景下，ANPP（2015～2100 年）空间分布范围分别为 0.08～1039.16 g C/（m^2·a）、0.18～1082.73 g C/（m^2·a）、0.57～

1132.57 g C/（m²·a）和 0.18～1185.69 g C/（m²·a）（图 11.17）。ANPP 的空间分布呈现出西北部较小、中东部地区较高的整体分布规律。青藏高原东南缘的 ANPP 较高，而位于中亚的新疆区域较小。在 SSP 1-2.6 情景下，ANPP 的最大潜力值可以达到 1039.16 g C/（m²·a）。在 SSP 5-8.5 情景下，ANPP 的最大潜力值可以达到 1185.69 g C/（m²·a）。综合四种情景的预测结果可以得出，青藏高原东南缘和黄土高原的 ANPP 增加潜力较大。

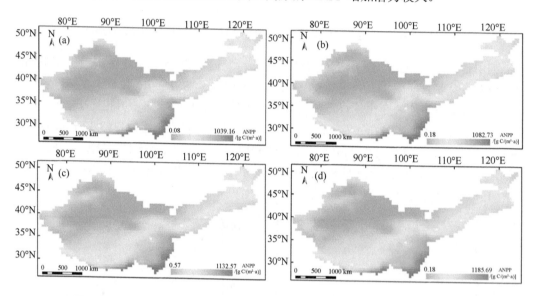

图 11.17　中国生态脆弱区不同情景下 2015～2100 年 ANPP 均值的空间格局
（a）SSP 1-2.6 ANPP$_{mean}$（2015～2100 年）；（b）SSP 2-4.5 ANPP$_{mean}$（2015～2100 年）；（c）SSP 3-7.0 ANPP$_{mean}$（2015～2100 年）；（d）SSP 5-8.5 ANPP$_{mean}$（2015～2100 年）

3. 基于 CIMIP6 预测生态脆弱区的 ANPP（2015～2100 年）增加速率

在 CIMIP6 的 SSP 1-2.6、SSP 2-4.5、SSP 3-7.0 和 SSP 5-8.5 四种情景下，ANPP 变化速率的空间分布范围分别为–0.11～1.31 g C/（m²·a²）、0.01～3.17 g C/（m²·a²）、0.01～5.34 g C/（m²·a²）和 0.00～6.97 g C/（m²·a²）（图 11.18）。在 SSP1-2.6 情景下，青藏高原东南缘和华北平原 ANPP 的增加速率较大，可以达到 1.31 g C/（m²·a²）。在 SSP 5-8.5 情景下，青藏高原东南缘的增加速率最大，可以达到 6.97 g C/（m²·a²）。综合四种情景可以得出，青藏高东南缘及黄土高原 ANPP 会快速增加。

在未来气候变化情景下，CIMIP 6 的 SSP 1-2.6、SSP 2-4.5、SSP 3-7.0 和 SSP 5-8.5 四种情景均表明我国生态脆弱区 ANPP 均为增加的变化趋势。这与已有研究利用 CIMIP5 RCP 模式得出的研究结果相一致（朱再春等，2018）。已有研究表明，北方高纬度地区和青藏高原地区的生态系统 ANPP 主要受温度限制，而这些区域升温速率相对较快，温度的升高从一定程度上缓解了植被的温度限制，从而促进这些区域 ANPP 的增长。与升温不同，大气 CO_2 浓度上升对全球范围内 ANPP 均有促进作用，且促进作用最大的地区主要分布于中低纬度地区，可能由于这些区域内良好的水热条件有利于 CO_2 施肥效应（Schimel et al.，2015；Zhu et al.，2016）。本节综合 5 个地球系统模式的模拟结果

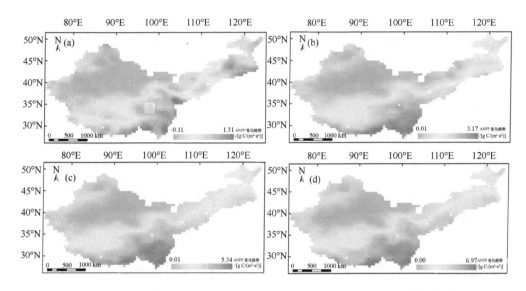

图 11.18　中国生态脆弱区不同情景下 2015～2100 年的 ANPP 变化趋势的空间格局

（a）SSP 1-2.6 ANPP 变化趋势（2015～2100 年）；（b）SSP 2-4.5 ANPP 变化趋势（2015～2100 年）；（c）SSP 3-7.0 ANPP 变化趋势（2015～2100 年）；（d）SSP 5-8.5 ANPP 变化趋势（2015～2100 年）

对未来全球升温情景下 ANPP 的 2015～2100 年的变化情况进行了分析，各个模式的模拟结果之间仍然存在较大的差异，其结果还存在很大的不确定性。产生各个模式的模拟结果差异的原因主要包括模式驱动数据集的差异，以及大气、海洋、陆地模块结构及其耦合方式的差异，这些问题都需要在未来模式的研究中不断完善。

11.5.2　未来气候变化情景下生态脆弱区生态系统 GPP 的增加潜力

1. 基于 CIMIP 6 预测生态脆弱区的 GPP（2015～2100 年）增加潜力

同样利用传统的多模式集合平均（MME）的方法预估了 2015～2100 年中国生态脆弱区的 GPP 变化情况（图 11.19）。在 SSP 1-2.6、SSP 2-4.5、SSP 3-7.0 和 SSP5-8.5 情景下，GPP 同样呈现出增加的变化趋势。相比于 2015 年，我国生态脆弱区生态系统 GPP 的潜力分别增加到了 500.27 ± 54.42 g C/（$m^2 \cdot a$）、655.79 ± 62.05 g C/（$m^2 \cdot a$）、722.98 ± 87.04 gC/（$m^2 \cdot a$）和 804.37 ± 89.8 g C/（$m^2 \cdot a$），其中 SSP 3-7.0 和 SSP 5-8.5 情景下，GPP 增加的量最多，分别增加了 337.01 g C/（$m^2 \cdot a$）和 439.35 g C/（$m^2 \cdot a$），而 SSP 1-2.6 情景下 ANPP 增加的最少，为 95.27 g C/（$m^2 \cdot a$）。

2. 基于 CIMIP6 预测生态脆弱区的 GPP（2015～2100 年）的空间格局

在 CIMIP6 的 SSP 1-2.6、SSP 2-4.5、SSP 3-7.0 和 SSP 5-8.5 四种情景下，GPP（2015～2100 年）空间分布范围分别为 0.20～2053.50 g C/（$m^2 \cdot a$）、0.33～1986.29 g C/（$m^2 \cdot a$）、1.05～2229.50 g C/（$m^2 \cdot a$）和 0.40～2351.52 g C/（$m^2 \cdot a$）（图 11.20）。GPP 的空间分布呈现出西北部较小、中东部较高的整体分布规律。青藏高原东南缘的 GPP 较高，而位

于中亚的新疆区域较小。在 SSP 1-2.6 情景下，GPP 的最大潜力值可以达到 2055.50 g C/ $(m^2 \cdot a)$。在 SSP 5-8.5 情景下，GPP 的最大潜力值可以达到 2351.52 g C/ $(m^2 \cdot a)$。综合四种情景的预测结果可以得出，青藏高原东南缘和黄土高原的 GPP 增加潜力较大。

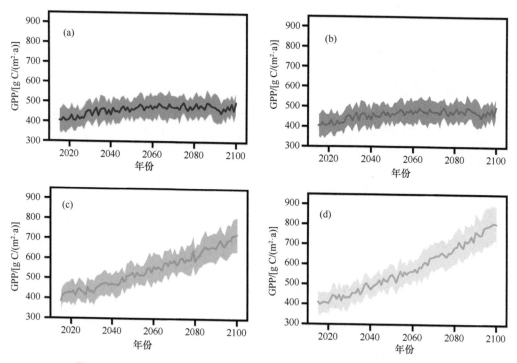

图 11.19　中国生态脆弱区不同情景下 2015～2100 年 GPP 动态变化特征

（a）SSP 1-2.6；（b）SSP 2-4.5；（c）SSP 3-7.0；（d）SSP 5-8.5

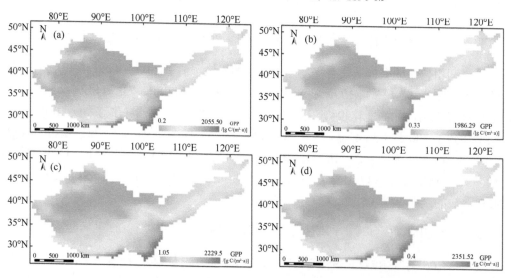

图 11.20　中国生态脆弱区不同情景下 2015～2100 年的 GPP 均值的空间格局

（a）SSP 1-2.6 GPP$_{mean}$（2015～2100 年）；（b）SSP 2-4.5 GPP$_{mean}$（2015～2100 年）；（c）SSP 3-7.0 GPP$_{mean}$（2015～2100 年）；（d）SSP 5-8.5 GPP$_{mean}$（2015～2100 年）

3. 基于 CIMIP6 预测生态脆弱区的 GPP（2015～2100 年）增加速率

在 CIMIP6 的 SSP 1-2.6、SSP 2-4.5、SSP 3-7.0 和 SSP 5-8.5 四种情景下，GPP 变化速率的空间分布范围分别为 –0.14～2.90 g C/（m²·a²）、–0.13～5.13 g C/（m²·a²）、0.01～11.46 g C/（m²·a²）和 0.01～14.60 g C/（m²·a²）（图 11.21）。在 SSP 1-2.6 情景下，青藏高原东南缘和华北平原 ANPP 的增加速率较大，但是仅为 2.90 g C/（m²·a）。在 SSP 5-8.5 情景下，青藏高原东南缘的增加速率最大，可以达到 14.60 g C/（m²·a）。综合四种情景可以得出，青藏高东南缘及黄土高原 GPP 会快速增加。

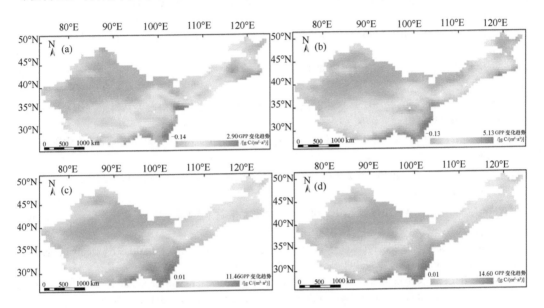

图 11.21　中国生态脆弱区不同情景下 2015～2100 年的 GPP 变化趋势的空间格局
（a）SSP 1-2.6 GPP 变化趋势（2015～2100 年）；（b）SSP 2-4.5 GPP 变化趋势（2015～2100 年）；（c）SSP 3-7.0 GPP 变化趋势（2015～2100 年）；（d）SSP 5-8.5 GPP 变化趋势（2015～2100 年）

在未来气候变化情景下，CIMIP6 的 SSP 1-2.6、SSP 2-4.5、SSP 3-7.0 和 SSP 5-8.5 四种情景均表明我国生态脆弱区 GPP 均为增加的变化趋势，其中 SSP 1-2.6 和 SSP 2-4.5 两种情景的增加幅度小于 SSP 3-7.0 和 SSP 5-8.5 两种情景。这一研究结果与过去利用多种评估方法得出的全球 GPP 变化趋势一致（黄禄丰等，2021）。但是过去已有研究利用多种平均模式结果的方法发现不同方法存在较大的不确定性（Mystakidis et al.，2016；Schlund et al.，2020）。本节利用的最新的 CMIP6 地球系统模式是在模式数量、未来情景设置、模式结构和参数化方面都做了改善的，但是目前模式对生态系统中的养分循环、湿地和森林的形成和消亡、自然扰动等因素的参数化和表征仍不足，并且没有考虑植物对气候变化的适应，以及生态系统群落结构和组成的变化（Lawrence et al.，2019；Riahi et al.，2017），因此，还需要在未来研究中不断完善。

参 考 文 献

陈云, 李玉强, 王旭洋, 等. 2021. 中国典型生态脆弱区生态化学计量学研究进展. 生态学报, 41(10): 4213-4225.

方精云, 柯金虎, 唐志尧, 等. 2001. 生物生产力的"4P"概念、估算及其相互关系. 植物生态报, 25(4): 414-419.

黄禄丰, 朱再春, 黄萌田, 等. 2021. 基于CMIP6模式优化集合平均预估21世纪全球陆地生态系统总初级生产力变化. 气候变化研究进展, 17(5): 514-524.

彭飞, 孙国栋. 2017. 1982~1999年中国地区叶面积指数变化及其与气候变化的关系. 气候与环境研究, 22(2): 162-176.

孙康慧, 曾晓东, 李芳. 2019. 1980~2014年中国生态脆弱区气候变化特征分析. 气候与环境研究, 24(4): 455-468.

王聪, 伍星, 傅伯杰, 等. 2019. 重点脆弱生态区生态恢复模式现状与发展方向. 生态学报, 39(20): 7333-7343.

王晓峰, 马雪, 冯晓明, 等. 2019. 重点脆弱生态区生态系统服务权衡与协同关系时空特征. 生态学报, 39(20): 7344-7355.

于贵瑞, 徐兴良, 王秋凤, 等. 2017. 全球变化对生态脆弱区资源环境承载力的影响研究. 中国基础科学, 19(6): 19-23,35.

于贵瑞, 徐兴良, 王秋凤. 2020. 全球变化对生态脆弱区资源环境承载力影响的研究进展. 中国基础科学, 22(5): 16-20.

朱再春, 刘永稳, 刘祯, 等. 2018. CMIP5模式对未来升温情景下全球陆地生态系统净初级生产力变化的预估. 气候变化研究进展, 14(1): 31-39.

Ahlström A, Raupach M R, Schurgers G, et al. 2015. The dominant role of semi-arid ecosystems in the trend and variability of the land CO_2 sink. Science, 348(6237): 895-899.

Anderegg W R L, Diffenbaugh N S. 2015. Observed and projected climate trends and hotspots across the National Ecological Observatory Network regions. Front Ecol Environ, 13(10): 547-552.

Bai Y, Wu J, Pan Q, et al. 2007. Positive linear relationship between productivity and diversity: evidence from the Eurasian Steppe. J Appl Ecol, 44(5): 1023-1034.

Bai Y, Wu J, Xing Q, et al. 2008. Primary production and rain use efficiency across a precipitation gradient on the Mongolia plateau. Ecology, 89(8): 2140-2153.

Berdugo M, Delgado-Baquerizo M, Soliveres S, et al. 2020. Global ecosystem thresholds driven by aridity. Science, 367(6479): 787-790.

Briggs J M, Knapp A K. 1995. Interannual variability in primary production in tallgrass prairie: climate, soil moisture, topographic position, and fire as determinants of aboveground biomass. Am J Bot, 82(8): 1024-1030.

Chen J, Luo Y, Xia J, et al. 2017. Warming effects on ecosystem carbon fluxes are modulated by plant functional types. Ecosystems, 20(3): 515-526.

Chen J M, Ju W, Ciais P, et al. 2019. Vegetation structural change since 1981 significantly enhanced the terrestrial carbon sink. Nat Commun, 10(1): 1-7.

Crowther T W, Todd-Brown K E O, Rowe C W, et al. 2016. Quantifying global soil carbon losses in response to warming. Nature, 540(7631): 104-108.

Dai A. 2013. Increasing drought under global warming in observations and models. Nat Clim Change, 3(1): 52-58.

Davidowitz G. 2002. Does precipitation variability increase from mesic to xeric biomes? Global Ecol Biogeogr, 11(2): 143-154.

Davidson E A, Janssens I A. 2006. Temperature sensitivity of soil carbon decomposition and feedbacks to climate change. Nature, 440(7081): 165-173.

Davidson E C A, Belk E, Boone R D. 1998. Soil water content and temperature as independent or confounded factors controlling soil respiration in a temperate mixed hardwood forest. Global Change Biol, 4(2): 217-227.

Fang J, Kato T, Guo Z, et al. 2014. Evidence for environmentally enhanced forest growth. P Natl Acad Sci USA, 111(26): 9527-9532.

Fang J, Piao S, Tang Z, et al. 2001. Interannual variability in net primary production and precipitation. Science, 293(5536): 1723.

Fan J W, Wang K, Harris W, et al. 2009. Allocation of vegetation biomass across a climate-related gradient in the grasslands of Inner Mongolia. J Arid Environ, 73(4-5): 521-528.

Fu Y L, Yu G R, Sun X M, et al. 2006. Depression of net ecosystem CO_2 exchange in semi-arid Leymus chinensis steppe and alpine shrub. Agr Forest Meteorol, 137(3-4): 234-244.

Gaitan J J, Oliva G E, Bran D E, et al. 2014. Vegetation structure is as important as climate for explaining ecosystem function across P atagonian rangelands. J Ind Ecol, 102(6): 1419-1428.

Gamoun M. 2016. Rain use efficiency, primary production and rainfall relationships in desert rangelands of Tunisia. Land Degrad Dev, 27(3): 738-747.

Gough C M, Seiler J R. 2004. The influence of environmental, soil carbon, root, and stand characteristics on soil CO_2 efflux in loblolly pine (Pinus taeda L.) plantations located on the South Carolina Coastal Plain. Forest Ecol Manag, 191(1-3): 353-363.

Hu Z, Fan J W, Zhong H P, et al. 2007. Spatiotemporal dynamics of aboveground primary productivity along a precipitation gradient in Chinese temperate grassland. Sci China Ser D, 50(5): 754-764.

Hu Z, Shi H, Cheng K, et al. 2018. Joint structural and physiological control on the interannual variation in productivity in a temperate grassland: A data‐model comparison. Global Change Biol, 24(7): 2965-2979.

Hu Z, Yu G, Fu Y, et al. 2008. Effects of vegetation control on ecosystem water use efficiency within and among four grassland ecosystems in China. Global Change Biol, 14(7): 1609-1619.

Hu Z, Yu G, Fan J, et al. 2010. Precipitation-use efficiency along a 4500-km grassland transect. Global Ecol Biogeogr, 19(6): 842-851.

Huang J, Yu H, Guan X, et al. 2016. Accelerated dryland expansion under climate change. Nat Clim Change, 6(2): 166-171.

Huang G, Li Y, Padilla F M. 2015. Ephemeral plants mediate responses of ecosystem carbon exchange to increased precipitation in a temperate desert. Agr Forest Meteorol, 201: 141-152.

Humphrey V, Zscheischler J, Ciais P, et al. 2018. Sensitivity of atmospheric CO_2 growth rate to observed changes in terrestrial water storage. Nature, 560(7720): 628-631.

Irisarri J G N, Oesterheld M, Paruelo J M, et al. 2012. Patterns and controls of above-ground net primary production in meadows of Patagonia. A remote sensing approach. J Veg Sci, 23(1): 114-126.

Janssens I A, Freibauer A, Ciais P, et al. 2003. Europe's terrestrial biosphere absorbs 7 to 12% of European anthropogenic CO_2 emissions. Science, 300(5625): 1538-1542.

Jiang L, Guo R, Zhu T, et al. 2012. Water- and Plant-Mediated Responses of Ecosystem Carbon Fluxes to Warming and Nitrogen Addition on the Songnen Grassland in Northeast China. PLoS ONE, 7(9): e45205.

Kato T, Tang Y. 2008. Spatial variability and major controlling factors of CO_2 sink strength in Asian terrestrial ecosystems: evidence from eddy covariance data. Global Change Biol, 14(10): 2333-2348.

Kato T, Tang Y, Gu S, et al. 2006. Temperature and biomass influences on interannual changes in CO_2 exchange in an alpine meadow on the Qinghai-Tibetan Plateau. Global Change Biol, 12(7): 1285-1298.

Kéfi S, Rietkerk M, Alados C L, et al. 2007. Spatial vegetation patterns and imminent desertification in Mediterranean arid ecosystems. Nature, 449(7159): 213-217.

Knapp A K, Smith M D. 2001. Variation among biomes in temporal dynamics of aboveground primary production. Science, 291(5503): 481-484.

Kou D, Yang G, Li F, et al. 2020. Progressive nitrogen limitation across the Tibetan alpine permafrost region. Nat Commun, 11(1): 1-9.

Lauenroth W K, Sala O E. 1992. Long-term forage production of North American shortgrass steppe. Ecol Appl, 2(4): 397-403.

Lawrence D M, Fisher R A, Koven C D, et al. 2019. The Community Land Model version 5: Description of new features, benchmarking, and impact of forcing uncertainty. J Adv Model Earth Sy, 11(12): 4245-4287.

Li S G, Asanuma J, Eugster W, et al. 2005. Net ecosystem carbon dioxide exchange over grazed steppe in central Mongolia. Global Change Biol, 11(11): 1941-1955.

Liu H, Mi Z, Lin L I, et al. 2018. Shifting plant species composition in response to climate change stabilizes grassland primary production. P Natl Acad Sci USA, 115(16): 4051-4056.

Liu R, Pan L P, Jenerette G D, et al. 2012. High efficiency in water use and carbon gain in a wet year for a desert halophyte community. Agr Forest Meteorol, 162: 127-135.

Lu X T, Kong D L, Pan Q M, et al. 2012. Nitrogen and water availability interact to affect leaf stoichiometry in a semi-arid grassland. Oecologia, 168(2): 301-310.

Luo Y, Jiang L, Niu S, et al. 2017. Nonlinear responses of land ecosystems to variation in precipitation. New Phytol, 214(1): 5-7.

Maestre F T, Delgado-Baquerizo M, Jeffries T C, et al. 2015. Increasing aridity reduces soil microbial diversity and abundance in global drylands. P Natl Acad Sci USA, 112(51): 15684-15689.

Maurer G E, Hallmark A J, Brown R F, et al. 2020. Sensitivity of primary production to precipitation across the United States. Ecol Lett, 23(3): 527-536.

Mystakidis S, Davin E L, Gruber N, et al. 2016. Constraining future terrestrial carbon cycle projections using observation‐based water and carbon flux estimates. Global Change Biol, 22(6): 2198-2215.

Niu S, Wu M, Han Y, et al. 2008. Water-mediated responses of ecosystem carbon fluxes to climatic change in a temperate steppe. New Phytol, 177(1): 209-219.

Paruelo J M, Lauenroth W K, Burke I C, et al. 1999. Grassland precipitation-use efficiency varies across a resource gradient. Ecosystems, 2(1): 64-68.

Pastor J, Post W M. 1993. Linear regressions do not predict the transient responses of eastern North American forests to CO_2-induced climate change. Climatic Change, 23(2): 111-119.

Peng F, You Q, Xu M, et al. 2014. Effects of warming and clipping on ecosystem carbon fluxes across two hydrologically contrasting years in an alpine meadow of the Qinghai-Tibet Plateau. PLoS One, 9(10): e109319.

Potter C S, Randerson J T, Field C B, et al. 1993. Terrestrial ecosystem production: a process model based on global satellite and surface data. Global Biogeochemical Cycles, 7(4): 811-841.

Poulter B, Frank D, Ciais P, et al. 2014. Contribution of semi-arid ecosystems to interannual variability of the global carbon cycle. Nature, 509(7502): 600-603.

Prentice I C, Cramer W, Harrison S P, et al. 1992. Special paper: a global biome model based on plant physiology and dominance, soil properties and climate. J Biogeogr, 19(2): 117-134.

Prentice K C. 1990. Bioclimatic distribution of vegetation for general circulation model studies. J Geophys Res-Atmos, 95(D8): 11811-11830.

Ramos C S, Isabel Bellocq M, Paris C I, et al. 2018. Environmental drivers of ant species richness and composition across the Argentine Pampas grassland. Austral Ecol, 43(4): 424-434.

Reich P B, Hobbie S E, Lee T D, et al. 2018. Response to Comment on "Unexpected reversal of C3 versus C4 grass response to elevated CO_2 during a 20-year field experiment". Science, 361(6402): eaau1300.

Riahi K, Van Vuuren D P, Kriegler E, et al. 2017. The shared socioeconomic pathways and their energy, land use, and greenhouse gas emissions implications: an overview. Global Environ Chang, 42: 153-168.

Rodeghiero M, Cescatti A. 2005. Main determinants of forest soil respiration along an elevation/temperature gradient in the Italian Alps. Global Change Biol, 11(7): 1024-1041.

Sala O E, Lauenroth W K, Parton W J. 1992. Long-term soil water dynamics in the shortgrass steppe. Ecology, 73(4): 1175-1181.

Schimel D, Stephens B B, Fisher J B. 2015. Effect of increasing CO_2 on the terrestrial carbon cycle. P Natl Acad Sci USA, 112(2): 436-441.

Schlund M, Eyring V, Camps G, et al. 2020. Constraining uncertainty in projected gross primary production with machine learning. J Geophys Res-Biogeo, 125(11): e2019JG005619.

Sebastia M T. 2007. Plant guilds drive biomass response to global warming and water availability in subalpine grassland. J Appl Ecol, 44(1): 158-167.

Sterling S M, Ducharne A, Polcher J. 2013. The impact of global land-cover change on the terrestrial water cycle. Nat Clim Change, 3(4): 385-390.

Sun J, Du W. 2017. Effects of precipitation and temperature on net primary productivity and precipitation use efficiency across China's grasslands. Gisci Remote Sens, 54(6): 881-897.

Wan S, Hui D, Wallace L, et al. 2012. Direct and indirect effects of experimental warming on ecosystem carbon processes in a tallgrass prairie. Global Biogeochem Cy, 19(2): 1-13.

Wang N, Quesada B, Xia L, et al. 2019. Effects of climate warming on carbon fluxes in grasslands-A global meta-analysis. Global Change Biol, 25(5): 1839-1851.

Wang S, Wang X, Han X, et al. 2018. Higher precipitation strengthens the microbial interactions in semi-arid grassland soils. Global Ecol Biogeogr, 27(5): 570-580.

Wu Z, Dijkstra P, Koch G W, et al. 2012. Biogeochemical and ecological feedbacks in grassland responses to warming. Nat Clim Change, 2(6): 458-461.

Xia J, Liu S, Liang S, et al. 2014. Spatio-temporal patterns and climate variables controlling of biomass carbon stock of global grassland ecosystems from 1982 to 2006. Remote Sensing, 6(3): 1783-1802.

Xiao J, Zhuang Q, Law B E, et al. 2010. A continuous measure of gross primary production for the conterminous United States derived from MODIS and AmeriFlux data. Remote Sens Environ, 114(3): 576-591.

Xu X, Shi Z, Chen X, et al. 2016. Unchanged carbon balance driven by equivalent responses of production and respiration to climate change in a mixed-grass prairie. Global Change Biol, 22(5): 1857-1866.

Yang Y H, Fang J Y, Pan Y D, et al. 2009. Aboveground biomass in Tibetan grasslands. J Arid Environ, 73(1): 91-95.

Yu G R, Zhu X J, Fu Y L, et al. 2013. Spatial patterns and climate drivers of carbon fluxes in terrestrial ecosystems of China. Global Change Biol, 19(3): 798-810.

Yuan W, Luo Y, Richardson A D, et al. 2009. Latitudinal patterns of magnitude and interannual variability in net ecosystem exchange regulated by biological and environmental variables. Global Change Biol, 15(12): 2905-2920.

Zavaleta E S, Shaw M R, Chiariello N R, et al. 2003. Grassland responses to three years of elevated temperature, CO_2, precipitation, and N deposition. Ecol Monogr, 73(4): 585-604.

Zhang C, Lu D, Chen X, et al. 2016. The spatiotemporal patterns of vegetation coverage and biomass of the temperate deserts in Central Asia and their relationships with climate controls. Remote Sens Environ, 175: 271-281.

Zhang T, Yu G, Chen Z, et al. 2020. Patterns and controls of vegetation productivity and precipitation-use efficiency across Eurasian grasslands. Sci Total Environ, 2020, 741: 140204.

Zhu Z, Piao S, Myneni R B, et al. 2016. Greening of the Earth and its drivers. Nat Clim Change, 6(8): 791-795.

第 12 章

生态脆弱区资源环境承载力及其时空格局①

摘　要

　　生态脆弱区是生态系统物质和能量分配不均衡导致的容易受外界干扰，并且适应能力较差的地区。由于人类不合理利用和缺乏科学的管理机制，生态脆弱区严重超载过牧和乱砍滥伐等人类活动使得局部地区承载现状已超过生态系统可恢复的承载能力。本章在充分考虑中国独特的生态环境基础上，根据生态地理区划结果识别出了主要的生态脆弱区，包括青藏高原区、干旱半干旱区、林草交错带和农牧交错带。为了更好地了解生态脆弱区的资源环境承载力情况，本章系统梳理了资源环境承载力的研究进展，总结了目前相关研究存在的问题，提出了生态系统服务消耗占用的资源环境承载力评估方法，建立了适用于生态脆弱区的资源环境承载力评估体系，并对 1998～2018 年主要生态脆弱区草地生态系统的资源环境承载力进行了综合评估。研究表明超载过牧且需要禁止放牧的区域大多位于青藏高原的西北部、干旱半干旱区的大部分地区和农牧交错带西北部。本章不仅可以为应对气候变化和实现可持续发展提供理论依据，也能为政府有关部门及时了解地区发展过程中的问题进而合理规划地区发展提供支撑。

12.1　资源环境承载力研究数据与方法

　　本章从生态脆弱区生态环境问题出发，进行基于生态学原理的资源环境承载力研究，主要目标为尝试建立适用于生态脆弱区的资源环境承载力评估方法。首先基于资源环境承载力生态学基础，采用生态系统服务消耗占用法，以中国生态脆弱区为研究对象，得到生态脆弱区环境维持功能（包括水土保持和防风固沙功能）所需要的最小植被盖度，

---

① 本章作者：张雪梅，赵东升；本章审稿人：宜树华，方华军。

以及生态脆弱区自然更新所需的 ANPP。最后通过载畜量和 ANPP 的数量关系计算出生态脆弱区草地的载畜量，从而为生态脆弱区的生态保护提供数据支撑和科学指导。

12.1.1 研究数据

本节所使用的数据包括气象、地形、卫星遥感、土壤和雪深等数据类型。其中气象数据来源于中国气象局（http://data.cma.cn/）1998～2018 年的 186 个站点观测数据（图12.1），包括日均温、日降水量、日平均风速和日日照时数。土壤属性数据来源于世界土壤数据库（harmonized world soil database），主要包括 1km 分辨率的栅格数据，具体包括土壤黏粒含量、土壤粉粒含量、土壤砂粒含量、土壤碳酸钙含量和土壤有机碳含量。1km 分辨率的数字高程模型（digital elevation model，DME）数据来源于国家地球系统科学数据中心（http://www.geodata.cn）。雪深数据来源于中国西部环境与生态科学数据中心（http://westdc.westgis.ac.cn）（车涛等，2019；Che et al.，2008）。

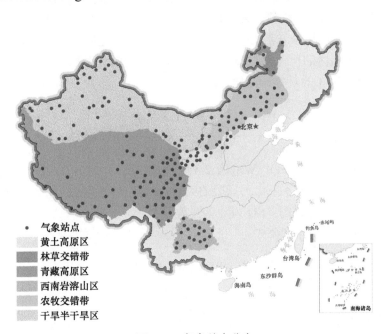

图 12.1　气象站点分布

12.1.2 防风固沙功能

生态脆弱区的防风固沙功能采用修正的风蚀方程（revised wind erosion equation，RWEQ）计算，它始于美国的农田风蚀监测，并通过风洞实验建立了经验模型，并且在世界各地应用广泛。中国学者按照中国的地形地貌对此模型进行改进之后，此模型适用于中国的土壤风蚀测量（巩国丽等，2014）。生态系统实行防风固沙功能所需要的最小植被盖度，是根据 RWEQ 方程得到生态脆弱区土壤风蚀量不超过允许土壤风蚀量的最

小植被盖度。其中 RWEQ 模型为

$$Q_{\max} = 109.8 \times \left(\mathrm{WF} \times \mathrm{EF} \times \mathrm{SCF} \times K' \times C \right) \tag{12.1}$$

式中，$Q_{\max}$ 为土壤侵蚀最大转移量；WF 为气候因子；EF 为土壤可蚀性因子；SCF 为土壤结皮因子；K' 为地表粗糙度因子；C 为植被覆盖因子。

通过反演 RWEQ 方程则可以计算出防风固沙功能所需要的最小植被覆盖因子：

$$C = \frac{Q_{\max}}{109.8 \times \mathrm{WF} \times \mathrm{EF} \times \mathrm{SCF} \times K'} \tag{12.2}$$

1. 气候因子（WF）的计算

气候因子包括风因子（wf）、土壤湿度因子（SW）和降雪覆盖因子（SD）。使用的数据包括气象站点数据和中国雪深栅格数据，其中气象数据（日平均温度、日平均风速、日平均降水量和日照时数）选取生态脆弱区的 314 个气象站点，用来计算风因子和土壤湿度因子。首先对站点数据进行处理，把缺测值大于 15% 的站点删除，其次把剩余的 NAN 值赋为该站点历年的均值，最后留下温度、风速、降水量和日照时数都符合条件的 186 个站点。在算出每个站点的风因子和土壤湿度因子之后，再通过克里金插值的方法得到整个生态脆弱区的值。降雪覆盖因子则直接由中国雪深数据计算而来。

RWEQ 中气候因子的具体计算如下：

$$\mathrm{WF} = \frac{\sum_{i=1}^{N} \mathrm{WS}_2 (\mathrm{WS}_2 - \mathrm{WS}_t)^2 \times N_d \rho}{N \times g} \times \mathrm{SW} \times \mathrm{SD} \tag{12.3}$$

式中，WF 为气候因子（kg/m）；WS_2 为 2m 处风速（m/s）；WS_t 为 2m 处临界风速，约为 5m/s；N 为风速的观测次数；N_d 为试验的天数；ρ 为空气密度（kg/m³）；g 等于 9.8m/s²；SW 为土壤湿度因子，无量纲；SD 为降雪覆盖因子。

1）风因子（wf）的计算公式为

$$\mathrm{wf} = \frac{\sum_{i=1}^{N} \mathrm{WS}_2 (\mathrm{WS}_2 - \mathrm{WS}_t)^2 \times N_d \rho}{N \times g} \tag{12.4}$$

其中，ρ 计算方法为

$$\rho = 348.0 \left(\frac{1.013 - 0.1183h + 0.0048h^2}{T} \right) \tag{12.5}$$

式中，h 为海拔（km）；T 为绝对温度（K）。

2）土壤湿度因子（SW）计算方法为

$$\mathrm{SW} = \frac{\mathrm{ET}_p - (R + I)\dfrac{R_d}{N_d}}{\mathrm{ET}_p} \tag{12.6}$$

式中，ET_p 为潜在蒸发量（mm）；R 为降水量（mm）；I 为灌溉量（mm）；R_d 为降水次数；N_d 为天数（d）。

潜在蒸发量（ET_p）采用 Samani 和 Pessaralkli（1985）方法，公式如下：

$$ET_p = 0.0612 \times \left(\frac{SR}{58.5} \right) \times (DT + 17.8) \tag{12.7}$$

式中，DT 为平均温度（℃）；SR 为太阳辐射总量（cal/cm^2）。

其中，太阳辐射 R_{so} [MJ/（m·d）] 采用 Ångström（1924）方法，具体计算如下：

$$R_{so} = \left(a + b \frac{n}{N} \right) R_a \tag{12.8}$$

$$R_a = \frac{24(60)}{\pi} G_{sc} d_r (\omega_s \sin\varphi \sin\delta + \cos\varphi \cos\delta \sin\omega_s) \tag{12.9}$$

$$N = \frac{24}{\pi} \omega_s \tag{12.10}$$

$$\omega_s = \arccos(-\tan\varphi \tan\delta) \tag{12.11}$$

$$\delta = 0.409 \sin(\frac{2\pi}{365} J - 1.39) \tag{12.12}$$

$$d_r = 1 + 0.033 \cos(\frac{2\pi}{365} J) \tag{12.13}$$

式中，R_a 为天文辐射 [MJ/（m^2·d）]；n 为实际日照时数（h）；N 为最大可能日照时数（h）；h 为海拔（m）；G_{sc}=0.0820 MJ/（m^2·min），为太阳常数；d_r 为日地相对距离；ω_s 为日落时角（rad）；φ（rad）为纬度；δ（rad）为太阳倾角；J 为儒略日；a 和 b 采用尹云鹤的修订系数（尹云鹤等，2010），a=0.198，b=0.787。

3）降雪覆盖因子（SD）

降雪覆盖因子是一定时间范围内降雪深度>25.4mm 的概率，计算如下：

$$SD = 1 - P(\text{snow cover} > 25.4\text{mm}) \tag{12.14}$$

2. 土壤可蚀性因子（EF）的计算

土壤可蚀性因子（EF）是由土壤本身的性质所决定的，土壤的团聚体越多，土壤的可蚀性越低（迟文峰等，2018）。本章采用改进过的土壤可蚀性方程来计算（Fryrear et al.，2000），具体公式如下：

$$EF = \frac{29.09 + 0.31Sa + 0.17Si + \dfrac{0.33Sa}{Cl} - 2.59OM - 0.95CaCO_3}{100} \tag{12.15}$$

式中，Sa 为土壤的砂粒含量，%；Si 为土壤的粉粒含量，%；Sa/Cl 为土壤的砂粒和黏粒含量之比；OM 为土壤的有机质含量，%；CaCO$_3$ 为土壤的碳酸钙含量，%。

3. 土壤结皮因子（SCF）的计算

土壤结皮因子（SCF）是通过土壤自身属性衡量土壤生成结皮的程度，一般土壤有机质和黏粒的含量越高，越容易形成结皮（江凌等，2015），从而可以减少风力对土壤侵蚀的影响。具体的计算方法（Hagen et al.，1992）如下：

$$SCF = \frac{1}{1 + 0.0066Cl^2 + 0.021OM^2}$$ （12.16）

式中，Cl 为土壤的黏粒含量；OM 为土壤的有机质含量。其中土壤有机质是由土壤有机碳转化而来的，具体计算为，OM=2.2OC。

4. 地表粗糙度因子 K' 的计算

地表粗糙度因子（K'）是衡量地形地貌对风力侵蚀过程影响变量，由 DEM 数据计算而来：

$$K' = e^{1.86K_r - 2.41K_r^{0.934} - 0.127C_{rr}}$$ （12.17）

式中，C_{rr} 为随机粗糙度因子（cm）；K_r 为土垄糙度（cm），具体计算公式为

$$K_r = 0.2 \times \frac{(\Delta H)^2}{L}$$ （12.18）

式中，L 为地势起伏参数；ΔH 为地势起伏的高程差（m）。

5. 植被覆盖因子（C）的计算

植被覆盖因子（C）和植被覆盖度 SC（%）关系的计算公式如下：

$$C = e^{-0.1151SC}$$ （12.19）

12.1.3 水土保持功能

生态系统维持水土保持功能采用修正通用土壤流失方程（RUSLE）来衡量，此方程是由美国农业部自然资源保护局（NRCS）通过多次实验建立的经验方程，适用于我国多种地形地貌的土壤侵蚀预测，并且预测结果与真实情况较为符合（Teng et al.，2018）。RUSLE 模型包含很多影响土壤侵蚀的因子，其中包括降水侵蚀力因子、土壤可蚀性因子、坡度坡长因子和水土保持措施因子。维持生态脆弱区草地生态系统的水土保持功能需要的最少植被盖度是由规定允许的土壤侵蚀量反演的结果。

RUSLE 基本结构为

$$A = R \cdot K \cdot LS \cdot C \cdot P$$ （12.20）

式中，A 为年均预测土壤侵蚀量 [t/（hm²·a）]；R 为降水侵蚀力 [MJ·mm /（hm²·h）]；K 为土壤可蚀性因子 [t·h·hm²/（MJ·hm²·mm）]；LS 为坡长与坡度因子，无量纲；C 为植被覆盖因子，无量纲；P 为水土保持措施因子，无量纲。

通过反演 RULSE 模型可以算出生态系统为了维持水土保持功能，至少需要的植被

所对应的植被覆盖因子：

$$C = \frac{A}{R \cdot K \cdot \text{LS} \cdot P} \tag{12.21}$$

1. 降水侵蚀力 R 的计算

RULSE 模型中的降水侵蚀力 R 是评价土壤侵蚀能力的重要因素之一，它通过计算降水造成的土壤流失和搬运指标获取得到（许月卿和邵晓梅，2006）。国内外学者对其进行了大量的研究和修正，通过对比各种算法性能和模型的可适用性（杨祎，2019），本节最终选取章文波等（2002）提出的降水侵蚀力的估算模型和参数，该方法具有广泛的应用，计算公式如下：

$$R_i = \alpha \sum_{j=1}^{k} (D_j)^{\beta} \tag{12.22}$$

$$\beta = 0.8363 + \frac{18.144}{P_{(d12)}} + \frac{24.455}{P_{(y12)}} \tag{12.23}$$

$$\alpha = 21.586 \beta^{-7.1891} \tag{12.24}$$

式中，R_i 为第 i 个半月的降水侵蚀力值 [MJ·mm / (hm²·h)]；α 和 β 为模型参数；k 为半个月的天数（d）；D_j 为半月内第 j 天的日侵蚀性降水量（mm），即大于 12mm；$P_{(d12)}$ 为每年的日平均侵蚀性降水量（mm）；$P_{(y12)}$ 为多年年平均侵蚀性降水量。

本节选取生态脆弱区 1998～2018 年 314 个气象站点，并将一年当中的缺测值大于 15% 的站点删除，最终选取了 186 个站点（图 12.1）。之后在 MATLAB 软件中计算得到研究区各站点的降水侵蚀力，并采用克里金空间插值的方法得到整个生态脆弱区的降水侵蚀力。

2. 土壤可蚀性因子（K）的计算

土壤的物质组成、颗粒大小、含水量和孔隙度等土壤属性是影响土壤侵蚀的重要因素。K 值选取 Williams（1990）的侵蚀生产力影响的计算方式，具体计算如下：

$$K_{\text{EPIC}} = \left\{ 0.2 + 0.3 \exp\left[-0.0256 \text{Sa}\left(1 - \frac{\text{Si}}{100}\right) \right] \right\} \times \left(\frac{\text{Si}}{\text{Cl} + \text{Si}} \right)^{0.3}$$
$$\times \left(1 - \frac{0.25 \text{OC}}{\text{OC} + \exp(3.72 - 2.95 \text{OC})} \right) \times \left(1 - \frac{0.7 \text{SN1}}{\text{SN1} + \exp(-5.51 + 22.9 \text{SN1})} \right) \tag{12.25}$$

$$K = 0.1317 \times K_{\text{EPIC}} \tag{12.26}$$

式中，K_{EPIC} 为 EPIC（erosion productivity impact calculator）模型中的土壤可蚀性因子，单位为美国制 t·h·acre/[（100 acre）·ft·MJ·in]；K 的国际通用单位为 t·h·hm²/(MJ·hm²·mm)；Sa 为 0.050～2.000mm 的土壤砂粒含量，%；Si 为 0.002～0.050mm 的粉粒含量，%；Cl 为小于 0.002mm 的黏粒含量，%；OC 为有机碳含量（%）；SN1=1−Sa/100。

3. 坡度因子（S）和坡长因子（L）的计算

RULSE 模型中的坡度坡长因子是由 DEM 数据计算而来的，其中坡度因子（S）的计算采用 McCool 等（1987）的公式（$\theta < 10°$）和 Liu 等（1994）的公式（$\theta > 10°$）。坡长因子（L）则选择刘宝元等（2010）的坡长指数。具体公式如下：

$$S = \begin{cases} 10.8\sin\theta + 0.03, & \theta < 5° \\ 16.8\sin\theta - 0.5, & 5° \leqslant \theta < 10° \\ 21.91\sin\theta - 0.96, & 10° \leqslant \theta < 28.81° \\ 9.5988, & \theta \geqslant 28.81° \end{cases} \tag{12.27}$$

$$L = (\lambda / 22.13)^{\alpha} \tag{12.28}$$

$$\alpha = \begin{cases} 0.2, & \theta < 0.5° \\ 0.3, & 0.5° \leqslant \theta < 1.5° \\ 0.4, & 1.5° \leqslant \theta < 3° \\ 0.5, & \theta \geqslant 3° \end{cases} \tag{12.29}$$

式中，θ 为坡度；α 为坡长指数。

4. 植被覆盖因子（C）的计算

RULSE 模型中植被覆盖因子的计算采用植被覆盖度因子（C）与植被覆盖度（SC）关系法（江忠善和王志强，1996），算法如下：

$$C = \begin{cases} 1, & \text{SC} = 0 \\ 0.6508 - 0.3436\lg\text{SC} \\ 0, & \text{SC} > 0.78 \end{cases} \tag{12.30}$$

5. 水土保持措施因子（P）的计算

水土保持措施能够改变土壤水土流失量，水土保持因子（P）是指在采取人工措施之后，水土流失量和自然条件下的比值，其主要方案有修建梯田等生态工程措施。P 为无量纲 0～1 的数，值越大表示采取的措施越少，值越小表明采取的人为措施越多。本节根据土地利用类型对不同的土壤水土流失量进行赋值（游松财和李文卿，1999），具体的赋值见表 12.1。

表 12.1 水土保持措施因子

土地利用类型	P
水田	0.01
旱地	0.4
林地	1
草地	1
水体	0
稀疏森林	0.8
人类建设用地	1

12.1.4　资源环境承载力的计算

　　生态脆弱区的资源环境承载力的计算采用生态系统服务消耗占用法，此方法是本节提出的一种计算资源环境承载力的新方法。其主要思路是，一个区域的生态系统通过利用资源和环境转换成的物质和能量首先用于保障系统中生物的自然更新（图 12.2 中的地核部分），其余物质和能量将用来维持生态系统的水土保持功能、防风固沙功能、自然更新功能、水源涵养功能等生态系统服务功能（图 12.2 中的地幔部分），最后剩余的部分则是人类可以安全应用的资源（图 12.2 中的地壳部分）。鉴于 ANPP 的综合性特征，以及牛羊啃食的一般为地上生物量，所以生态系统所生产的可供牛羊食用的物质和能量可以用 ANPP 表征。该计算方法可用生态脆弱区生态系统生产的 ANPP 总量（ANPP_T）减去维持植被自然生长且不发生明显退化的 ANPP（ANPP_BG），再减去生态系统维持各种服务所占用的 ANPP（ANPP_ES），剩余部分则为该区域人类可安全利用的 UANPP（图 12.2），计算公式如下：

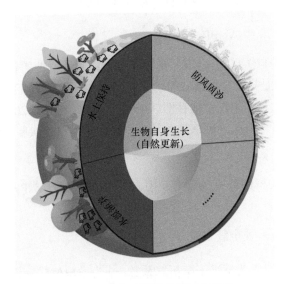

图 12.2　生态系统服务消耗占用法

$$\text{UANPP} = \text{ANPP} - \text{ANPP}_\text{BG} - \text{ANPP}_\text{ES} \tag{12.31}$$

$$\text{UANPP} = \text{ANPP} - (\text{ANPP}_\text{BG} + \text{ANPP}_\text{ES}) = \text{ANPP}_\text{T} - \text{ANPP}_\text{MF} \tag{12.32}$$

式中，生态系统主要维持的服务功能，采用维持水土保持（ANPP_SWC）和防风固沙（ANPP_WSF）服务所需要的最大值来表示。此方法主要考虑生态系统中各种服务是相互影响的，如草地生态系统在发挥水土保持功能的同时，也兼顾防风固沙功能和自然更新（ANPP_NR），所以当选取维持主要功能的最大值时，也可以保证生态系统其他功能的稳定性，计算模式如下：

$$\text{ANPP}_\text{MF} = \text{MAX}[\text{ANPP}_\text{SWC}, \text{ANPP}_\text{WSF}, \text{ANPP}_\text{NR}] \tag{12.33}$$

1. ANPP 的计算

生态脆弱区的 ANPP 是由 NDVI 数据转化计算而来的，NDVI 数据来源于资源环境科学与数据中心（http://www.resdc.cn/），分辨率为 1km。它是基于连续时间序列的 SPOT 卫星遥感数据，并采用最大合成法生成的年度植被指数数据集，可以有效地反映植被覆盖分布和变化的状况，可以较为准确地估算 ANPP。

2. 水土保持和防风固沙功能所占用的 ANPP 的计算

在一定的植被种类之下，植被覆盖度和 ANPP 之间存在显著的数量关系（Zhao et al.，2005）。本节首先采用维持水土保持和防风固沙功能所需要的最小植被覆盖度（SC）与 NDVI 的关系，算出其对应的 NDVI；再根据 NDVI 和 ANPP 的经验模型（Hu et al.，2018）计算出这两种生态系统服务功能所需要的 ANPP。具体计算如下：

$$\text{ANPP} = 18.87 \times e^{4.61\text{NDVI}} \left(R^2 = 0.79, P < 0.001 \right) \tag{12.34}$$

$$\text{SC} = 242.026\text{NDVI} - 9.416 \left(R^2 = 0.823, P < 0.01 \right) \tag{12.35}$$

3. 自然更新所占用的 ANPP 的计算

生态脆弱区草地的自然更新（NR）是指草地呈最大补偿性增长时的地上净初级生产力。其中的补偿性增长是指在轻度放牧时，牛羊对草地的轻度踩踏有助于土壤养分的释放和草地对养分的吸收，从而引发草地补偿性增长（Zhang et al.，2017）。草地自然更新所占用的 ANPP$_\text{NR}$ 的计算是通过分析总结大量的放牧和草地退化实验的结论来确定的。

4. 安全载畜量计算

生态脆弱区草地的资源环境承载力采用人类可利用的 UANPP 所对应的载畜量来表示，算法如下：

$$\text{安全载畜量} = \frac{\text{UANPP} \times \alpha \times \beta}{\gamma \times 365} \tag{12.36}$$

式中，α 为草地利用率；β 为标准干草折算系数；γ 为羊单位日食量，γ=1.8kg；安全载畜量［个羊单位/（hm^2·a）］可表示资源环境承载力。生态脆弱区的草地利用率为 0.5；标准干草折算系数为不同草地类型和不同品质的牧草折算成标准干草的比例，且不同草地类型的标准干草折算系数不同，根据生态脆弱区的不同草地类型，其系数具体如表 12.2 所示。

表 12.2　不同草地类型的干草折算系数

草地类型	标准干草折算系数
禾草温性草原和山地草甸	1.00
高寒草原	1.00
禾草低地草甸	0.95
杂草类高寒草地和荒漠草地	0.9
暖性草丛、灌草丛草地	0.85
禾草沼泽	0.85
杂草类草甸和杂草类沼泽	0.8

5. 研究技术路线

　　本节首先对生态承载力的生态学原理进行了充分的研究和总结，并建立了生态承载力的生态学理论框架，为之后的承载力计算奠定坚实的基础。其次，采用气象数据、遥感数据和植被类型等数据，在生态承载力的生态学基础理论的基础上，运用承载力弹性球概念模型和生态系统服务消耗占用法，对生态脆弱区的生态承载力进行计算。具体的计算包括三个模块，分别是水土保持模块、防风固沙模块和自然更新模块，计算出其最小的植被盖度，最后根据多少草能供给多少羊计算出中国生态脆弱区生态承载力，具体如图 12.3 所示。

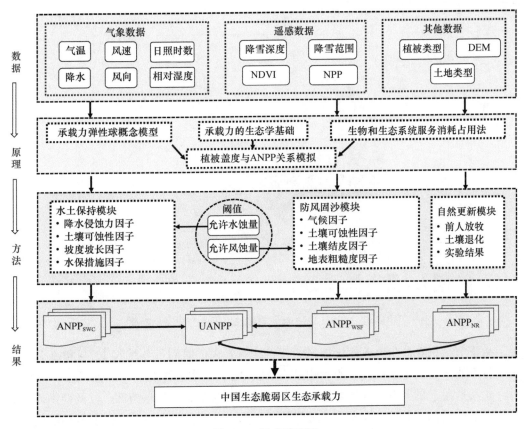

图 12.3　技术路线图

12.2　生态脆弱区草地生态系统防风固沙功能

　　本章利用气候数据、土壤数据和降雪数据等，依据 RWEQ 模型计算了 1998~2018 年生态脆弱区维持防风固沙功能所需要的最小植被盖度和地上净初级生产力，具体包括气候因子、土壤可蚀性因子、土壤结皮因子、地表粗糙度因子和植被覆盖因子，其中气候因子还包括风力侵蚀因子、土壤湿度因子和降雪覆盖因子。

12.2.1 生态脆弱区气候因子 WF 的时空分布

1. 风力侵蚀因子

利用 1998~2018 年生态脆弱区 168 个气象站点的气象数据，得到了风力侵蚀因子多年均值年尺度（图 12.4）和月尺度（图 12.5）的空间格局。整体来看，生态脆弱区受风力侵蚀影响程度呈北高南低的趋势，风因子最高值出现在干旱半干旱区的天山山地荒漠、准格尔盆地荒漠区的西部和阿尔泰山草地地区，大于 80 m³/s³。低值区则出现在青藏高原的南部，尤其是川西藏东高山深谷针叶林区、藏南高山谷地灌丛草原区和果洛那曲高原山地高寒草甸区，小于 30 m³/s³。

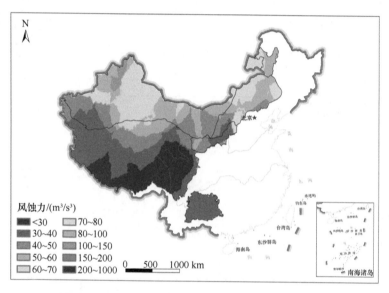

图 12.4 1998~2018 年风力侵蚀因子的空间变化规律

从季节上来看，生态脆弱区受风力侵蚀影响最大的时间是冬季的 12 月和 2 月，其次是春季的 3 月，夏季和秋季的影响最小（图 12.5）。生态脆弱区的最强风蚀作用在 12 月，尤其是在干旱半干旱区的西北部，青藏高原区的东北部和东南部，以及西南岩溶石漠化区的西南部，大于 200 m³/s³。最低的风蚀力在 7 月，生态脆弱区的所有地区的影响均低于 30 m³/s³。从风蚀力影响的强度和广度而言，风蚀力从冬季 11 月不断加强，在 12 月达到覆盖面积的最大值，直到 3 月达到强度较大的值，尤其在干旱半干旱区的东部以及农牧交错带的鄂尔多斯和内蒙古高原西部荒漠区、内蒙古高原东部草原区的西南部和西辽河平原草原区的东部，大于 300 m³/s³。从空间分布来看，生态脆弱区的西北部风蚀力作用比西南部要强且年内波动较大，波动值达到 170 m³/s³ 以上。青藏高原区的西南部和林草交错带所受到的风蚀作用最小，且年内波动较小，这与该区的植被覆盖较高且风速较低有关。

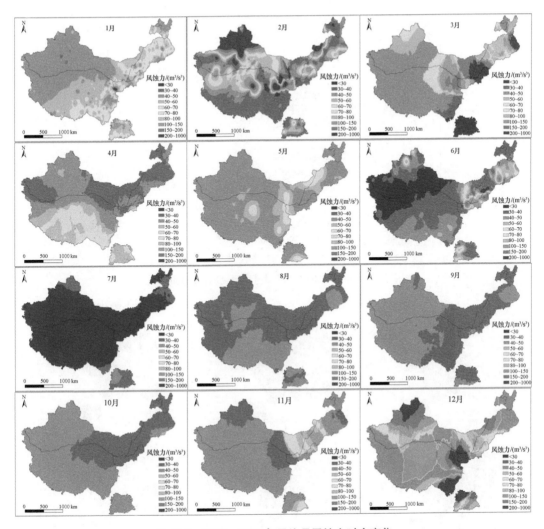

图 12.5 1998～2018 年平均月风蚀力时空变化

2. 土壤湿度因子

土壤湿度因子用来衡量土壤抵抗风力侵蚀的能力，值在 0～1，值越大，土壤越容易遭受侵蚀。1998～2018 年生态脆弱区平均土壤湿度因子较高，在 0.59～1，说明该区域较易受到风力的侵蚀（图 12.6）。该区域整体的空间趋势为北高南低，较高值出现在干旱半干旱区的塔里木盆地荒漠区和阿拉善与河西走廊荒漠区以及青藏高原的柴达木盆地荒漠区和昆仑山的西北部，大于 0.95，说明这些区域最易发生风力侵蚀，因为土壤湿度较小，土壤水分无法阻止风力侵蚀。

土壤湿度因子的时空分布差异也较大（图 12.7）。从时间上看，11 月和 12 月的土壤湿度因子较低，大部分地区均小于 0.55，说明在冬季土壤湿度因子对风力侵蚀的影响较小，尤其是青藏高原昆仑山北翼山地荒漠区、羌塘高原湖盆高寒草原区、塔里木盆地荒漠区和阿尔泰山草地区。而 2 月和 4 月的值较高，大多大于 0.95，说明在春季土壤湿

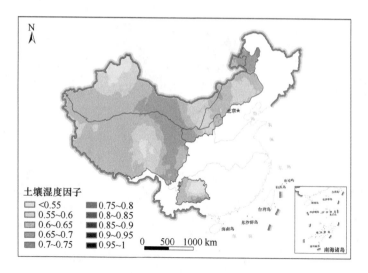

图 12.6　1998～2018 年平均土壤湿度因子空间分布

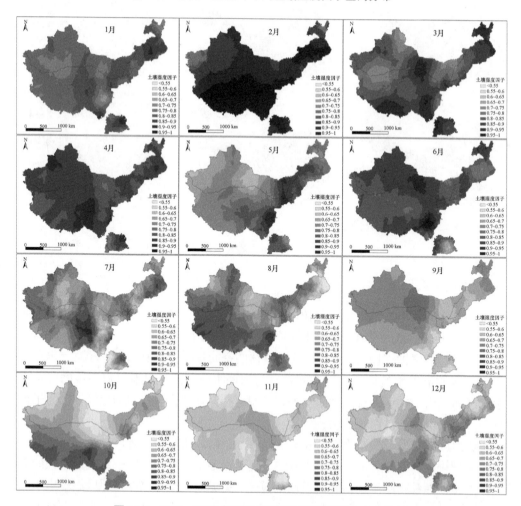

图 12.7　1998～2018 年平均月土壤湿度因子时空变化特征

度对风力侵蚀的影响要大于其他季节。从空间来看，生态脆弱区土壤湿度因子的整体空间波动都不是很大，尤其是林草交错带、黄土高原和农牧交错带。

3. 降雪覆盖因子

降雪覆盖因子是 1 减去雪深深度大于 25.4mm 的概率。其值越高表明降雪的保护作用越弱，越容易遭受风蚀；其值越接近 0，则降雪越多，能够对土壤提供很好的保护，从而防止土壤侵蚀的发生。生态脆弱区的降雪覆盖因子从 5～10 月基本上都是 1，说明这段时间内基本没有降雪超过 25.4mm 的情况。在 11～12 月和 1～4 月的高纬度和高海拔地区都存在较大范围和厚度的降雪，其降雪覆盖因子低于 0.2，也就是说降雪对土壤的保护作用比较强。尤其在阿尔泰山地草原区、准噶尔盆地荒漠区、天山山脉草原区、大兴安岭北段和中段以及川西藏东高山深谷针叶林区的西部，降雪覆盖因子大多小于 0.1（图 12.8）。

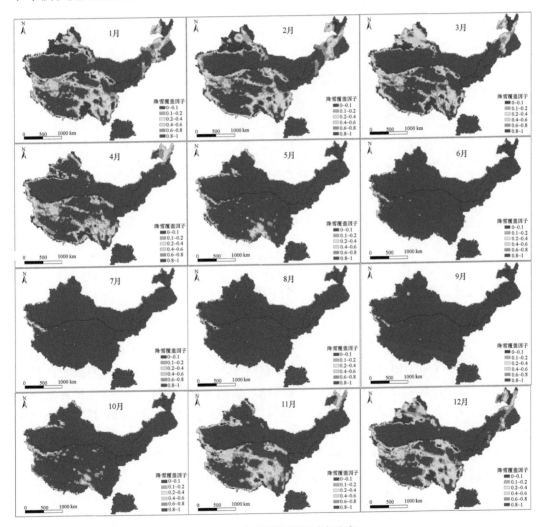

图 12.8　降雪覆盖因子时空分布

　　4. 气候因子（WF）

　　气候因子是风力侵蚀因子、土壤湿度因子和降雪覆盖因子相乘得到的风蚀综合因子，用来反映气候条件对土壤风力侵蚀的程度。1998～2018 年生态脆弱区气候因子的分布总体上处于北高南低趋势（图 12.9），高值区分布在干旱半干旱区、农牧交错带和黄土高原，低值区分布在青藏高原、西南岩溶石漠化区和林草交错带。最高值出现在阿尔泰山地草原区的北部、准噶尔盆地的西部，塔里木盆地荒漠区的中部和北部，以及内蒙古高原西部荒漠东部，气候因子大于 70 kg/m，有些地区甚至大于 100 kg/m。气候因子最小的大多分布在青藏高原，尤其是果洛那曲高原山地高寒草甸区和川西藏东高山深谷针叶林区，该值小于 20 kg/m，个别地区小于 10 kg/m。

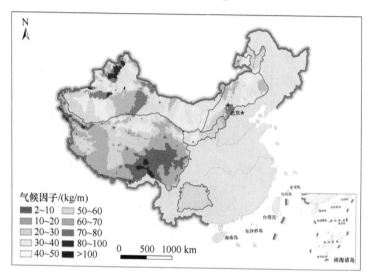

图 12.9　多年平均气候因子时空分布

12.2.2　生态脆弱区风蚀土壤因子分布规律

　　1. 土壤可蚀性因子分布规律

　　土壤可蚀性因子用来衡量土壤被风蚀的程度，由土壤本身的成分所决定，其大小为 0～1，值越接近 1 则代表越可能被风蚀，值越接近 0 则代表土壤越不容易被侵蚀（图 12.10）。最易受到风力侵蚀的地区为塔里木盆地荒漠区的中部、准噶尔盆地荒漠区的中部、阿拉善与河西走廊荒漠区的中南部、内蒙古高原东部草原的西南部和西辽河平原草原区的中部，土壤可蚀性因子达到了 0.6。较难侵蚀的土壤分布在西南岩溶石漠化区的东部和黄土高原中北部草原区，土壤可蚀性因子低于 0.3。

　　2. 土壤结皮因子分布规律

　　土壤结皮因子是通过土壤属性数据衡量土壤生成结皮的程度，与土壤本身的成分和

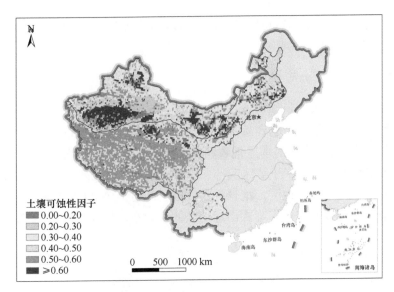

图 12.10　土壤可蚀性因子空间分布

性质有关，其数值在 0～1。值越大则表示越不容易形成结皮，越容易被风侵蚀，值越小则表示越容易形成结皮，从而对土壤形成保护作用（图 12.11）。生态脆弱区的土壤结皮因子整体上较高，主要分布在干旱半干旱区、青藏高原和农牧交错带。塔里木盆地荒漠区中部、柴达木盆地荒漠区西部、阿拉善与河西走廊荒漠区中部、内蒙古高原东部草原区的南部和北部少部分地区以及西辽河平原草原区的大部分地区的土壤结皮因子都较高，达到了 0.8 以上，表明这些地区结皮较少，土壤较易受到侵蚀。青藏高原的大部分地区的土壤结皮因子也比较高，大部分在 0.5～0.8。值得注意的是，生态脆弱区结皮因子的高值区的周围都是低值区，低于 0.3，并且这些区域的土壤可蚀性因子也低，说明

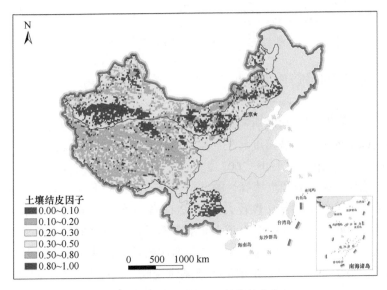

图 12.11　土壤结皮因子空间分布

土壤本身不易被风蚀。而土壤结皮因子较低的地区为西南岩溶石漠化区,大部分值为 0～0.1,表明其不易受到风力侵蚀。

3. 地表粗糙度因子分布规律

地表粗糙度因子用来衡量地形地貌对风力侵蚀过程的影响,数值为 0～1 的无量纲数。值越高则因为地势平坦而越容易发生风蚀,值越低则因为地势平坦或植被覆盖度较高而越不容易发生风蚀。生态脆弱区地表粗糙度因子大部分较高,对风蚀量的贡献较高,尤其是青藏高原内部、干旱半干旱区南部、农牧交错带、黄土高原、林草交错带的全部和西南岩溶石漠化区的东部地区,地表粗糙度因子高达 0.98 以上(图 12.12)。而天山山脉、阿尔泰山脉和青藏高原东南部山地地区的值较小,局部地区小于 0.5,不易发生风蚀。

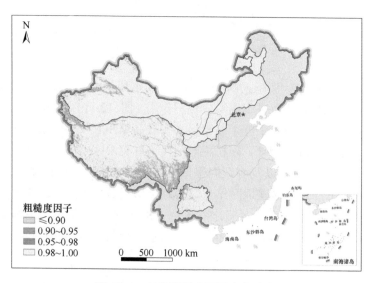

图 12.12 地表粗糙度因子空间分布

12.2.3 防风固沙功能所需最小植被盖度及 ANPP$_{SWF}$

生态系统实行防风固沙功能所需最小植被盖度指的是,生态脆弱区土壤风蚀量不超过允许土壤风蚀量的最小植被盖度。生态脆弱区的允许风蚀量为 200 t /(km²·a)[根据《土壤侵蚀分类分级标准(SL190—2007)》]。

受气候、地形、风蚀力和土壤属性的共同影响,生态脆弱区生态系统维持防风固沙功能的最小植被盖度的空间异质性较大(图 12.13)。高值区分布在塔里木盆地荒漠区的中部、阿拉善和河西走廊荒漠区的中部、鄂尔多斯及内蒙古高原西部荒漠草原区和西辽河平原草原区,为 60%～70%。低值区分布在西南岩溶石漠化区的东部和川西藏东高山深谷针叶林区,小于 40%,因为在这些区域风速较低,风蚀力较小(图 12.5),除此之外,降水较多,可维持较高的土壤湿度,从而起到对土壤的保护作用,所以这些地区防

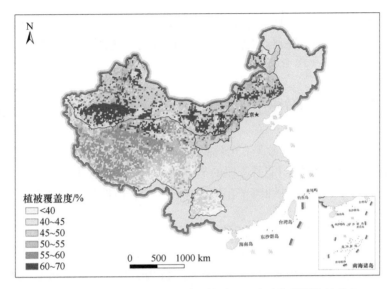

图 12.13　生态脆弱区生态系统维持防风固沙功能所需植被盖度

风固沙功能所需最小。

　　在综合作用之下，生态脆弱区草地所需要的 $ANPP_{WSF}$ 的分布模式具有空间异质性（图 12.14）。在青藏高原区，$ANPP_{WSF}$ 的分布为西北高东南低，尤其是塔里木盆地荒漠、青藏高原宽谷高寒草甸草原区、昆仑高山高原高寒荒漠区的东部和羌塘高原湖盆高寒荒漠区的大部分地区的 $ANPP_{WSF}$ 达到了 $70\ g/(m^2 \cdot a)$。干旱半干旱区的 $ANPP_{WSF}$ 的分布则呈现东部较高西部较低的趋势，其中较高值出现在阿拉善与河西走廊荒漠区的东南部，大于 $70\ g/(m^2 \cdot a)$。农牧交错带的 $ANPP_{WSF}$ 分布的高值区分布在内蒙古高原东部草原区

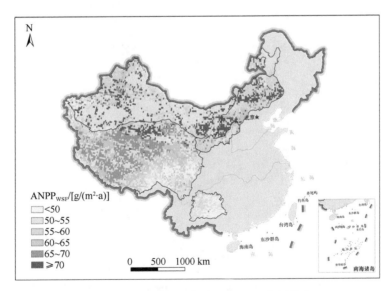

图 12.14　生态脆弱区草地 $ANPP_{WSF}$ 空间分布

的西南部。而林牧交错带、黄土高原和西南岩溶石漠化区的 ANPP$_{WSF}$ 较小，甚至低于 50 g/（m²·a），因为在这些地区风蚀力较小，自然环境比较优越，很难发生风蚀，所以值也比较小。

12.3　生态脆弱区草地生态系统水土保持功能

本章利用气候数据、土壤数据和降雪数据等，依据 RUSLE 模型计算了 1998～2018 年生态脆弱区维持水土保持功能所需要的最小植被盖度以及地上净初级生产力，其中包括降水侵蚀力因子、土壤可蚀性因子、坡度坡长因子和植被覆盖因子。

12.3.1　降水侵蚀力时空分布规律

生态脆弱区在 1998～2018 年的平均降水侵蚀力总体上呈现东南高、西北低的整体趋势（图 12.15），与降水量的分布格局类似。降水侵蚀力最严重的地区是西南岩溶石漠化区，大于 2000 MJ·mm/（hm²·h）。其次是川西藏东高山深谷针叶林区的东南部、黄土高原中北部草原区、内蒙古高原东部草原的西南部、大兴安岭中段和南段山地森林草原区以及西辽河平原草原区，在 1000～2000 MJ·mm/（hm²·h）。降水侵蚀力最小的地区为塔里木盆地荒漠区、准噶尔盆地荒漠区、阿拉善与河西走廊荒漠区的西北部、昆仑高山高原高寒荒漠区和柴达木盆地荒漠区，小于 100 MJ·mm/（hm²·h）。总体而言，大部分生态脆弱区降水侵蚀力小于 1000 MJ·mm/（hm²·h），降水量高于 400mm 的区域受降水侵蚀力作用较大，降水量低于 200mm 的区域受降水侵蚀力作用较小。

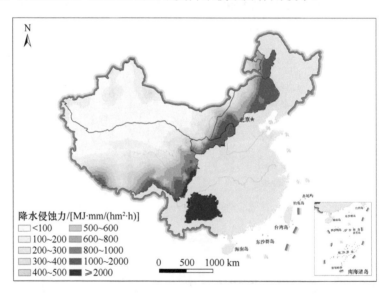

图 12.15　生态脆弱区多年（1998～2018 年）平均降水侵蚀力

生态脆弱区降水侵蚀力年内分布存在空间和时间上的差异（图 12.16）。从时间上来

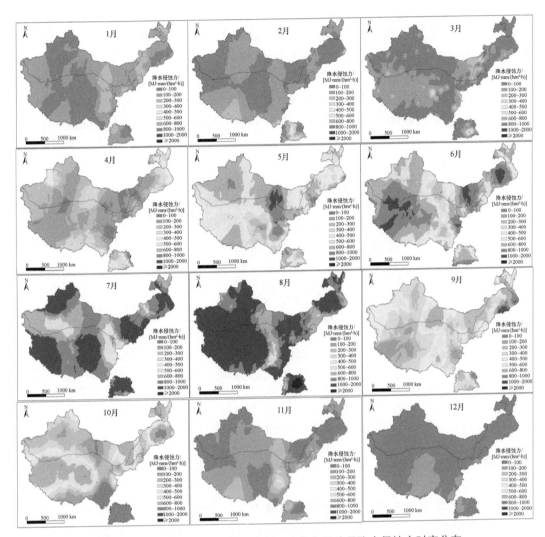

图 12.16　生态脆弱区多年（1998～2018 年）平均月降水侵蚀力时空分布

看，夏季的降水侵蚀力因子最高，尤其是 7 月和 8 月，大部分地区大于 1000 MJ·mm/（hm²·h），有的地区甚至大于 2000 MJ·mm/（hm²·h）；其次是秋季，春季和冬季的降水侵蚀力较小，与降水量的时间分布相一致。从空间上来看，降水侵蚀力较大的地区主要集中在西南岩溶石漠化区的东部，超过了 2000 MJ·mm/（hm²·h）；青藏高原的西部（包括羌塘高原湖盆高寒草甸区、柴达木盆地荒漠区、昆仑山北翼和阿里山荒漠区）；干旱半干旱区的西部、北部和东部（包括塔里木盆地荒漠区、准噶尔盆地荒漠区、阿尔泰山地草原区以及阿拉善与河西走廊荒漠区）；农牧交错带的西北部。降水侵蚀力较小的地区则集中在青藏高原的东部和黄土高原，小于 100 MJ·mm/（hm²·h）。

12.3.2　土壤可蚀性因子分布规律

RUSLE 模型的土壤可蚀性因子用来衡量土壤受降水量侵蚀的程度，单位为 t·h·hm²/

（MJ·hm²·mm）。土壤可蚀性因子是由土壤本身的成分、结构和性质决定的，且不易受到外界环境的影响。生态脆弱区的土壤可蚀性整体小于 0.05 t·h·hm²/（MJ·hm²·mm）（图 12.17），其中青藏高原的土壤可蚀性在 0.03～0.035 t·h·hm²/（MJ·hm²·mm）。土壤可蚀性较低的地区主要包括塔里木盆地荒漠区的内部、柴达木盆地荒漠区的内部、准噶尔盆地荒漠区的北部以及阿拉善与河西走廊荒漠区的中部，低于 0.02 t·h·hm²/（MJ·hm²·mm）。

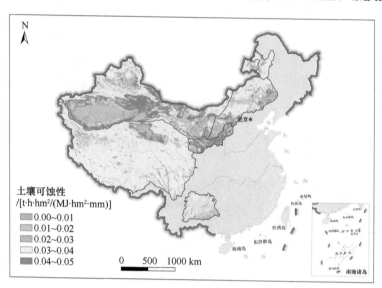

图 12.17　生态脆弱区土壤可蚀性空间分布

12.3.3　坡度坡长因子分布规律

RUSLE 模型中的坡度坡长因子是无量纲的常数，用于衡量在一定的气候和土壤条件下，某种地形与标准小区的土壤侵蚀量比值。值越大，则地形对土壤侵蚀的作用越大；值越小，则地形对土壤侵蚀的作用越小。生态脆弱区的坡度坡长因子分布大致与海拔分布一致，地势较为陡峭的地方，坡度坡长因子较高（图 12.18）。尤其是在昆仑山北翼山地荒漠区、天山山地荒漠和针叶林区、川西藏东高山深谷针叶林区和西南岩溶石漠化区的西北部，部分地区达到了 25 以上。总体来看生态脆弱区的坡度坡长因子都不是很高。

12.3.4　水土保持因子分布规律

水土保持因子是指在采取人工措施之后，水土流失量和自然条件下的比值，其主要方案有修建梯田等生态工程措施。生态脆弱区整体来看水土保持因子较高（图 12.19），大多大于 0.8，且有很多地区为 1，主要因为生态脆弱区大多是难以利用的高山和荒漠地貌等自然景观，土地利用程度低，水土保持因子高。水土保持因子较低的地区分布在黄土高原、内蒙古高原东部草原区的南部、西辽河平原区、准噶尔盆地荒漠区的西南部以及塔里木盆地的西北部，小于 0.4。这些地区的土地利用率较高，有较多的耕地和果园，所以水土保持因子较高。

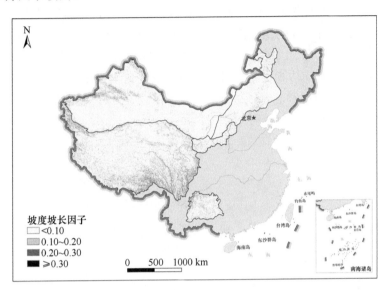

图 12.18　生态脆弱区坡度坡长因子空间分布

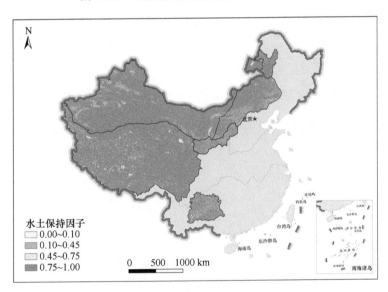

图 12.19　水土保持因子空间分布

12.3.5　水土保持功能所需最小植被盖度及 ANPP~SWC~

生态系统执行防风固沙功能所需要的最小植被盖度指的是，生态脆弱区土壤水蚀量不超过允许土壤水蚀量的最小植被盖度。生态脆弱区的允许土壤水蚀量为 500 t/（km²·a）［根据《土壤侵蚀分类分级标准（SL190—2007）》］。

受气候、地形、风蚀力和土壤属性的共同影响，生态脆弱区生态系统维持水土保持功能所需最小植被盖度的空间分布整体呈东南高西北低东南高的模式（图 12.20）。其中西南岩溶石漠化区、川西藏东高山深谷针叶林区和藏南高山谷地灌丛草原区，为维持生态系统水土保持功能所需要的植被盖度达到60%以上。果洛那曲高原山地高寒草甸区、黄土高原中北部草原区、天山山地荒漠区、大兴安岭南部草原区和华北平原人工植被区，为维持生态系统水土保持功能所需要的植被盖度也达到45%以上。西北干旱区、农牧交错带以及青藏高原的西部和北部，为维持生态系统水土保持功能所需要的植被盖度较小，大部分地区低于15%。

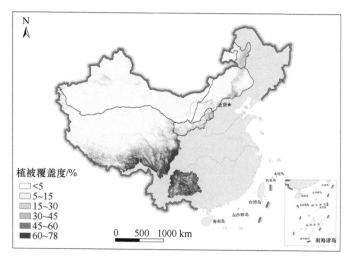

图 12.20　生态脆弱区生态系统维持水土保持功能所需最小植被盖度

生态脆弱区草地 ANPP$_{SWC}$ 的空间分布趋势为由东南向西北内陆递减，与降水空间格局相似（图 12.21）。西南岩溶石漠化区、川西藏东高山深谷针叶林区和藏南高山谷地

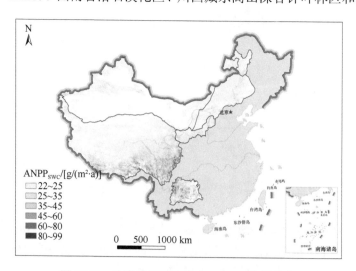

图 12.21　生态脆弱区草地 ANPP$_{SWC}$ 空间分布

灌丛草原区的 $ANPP_{SWC}$ 需达到 80 g/（m^2·a）以上。果洛那曲高原山地高寒草甸区、黄土高原中北部草原区、天山山地荒漠区、大兴安岭南部草原区和华北平原人工植被区的 $ANPP_{SWC}$ 需达到 65 g/（m^2·a）以上。西北干旱区、农牧交错带以及青藏高原的西部和北部的 $ANPP_{SWC}$ 只需达到一个较低的水平，即 25 g/（m^2·a），就可以维持生态系统的水土保持功能。

12.4　生态脆弱区草地合理承载力

本章采用生态系统服务消耗占用法，根据草地生态系统防风固沙功能和水土保持功能所需要的最小植被盖度，并利用生态脆弱区 1998～2018 年的地上净初级生产力，计算出生态脆弱区人类可利用的地上净初级生产力（UANPP）。最后根据《天然草地合理载畜量计算》计算出生态脆弱区的合理载畜量。

12.4.1　生态脆弱区地上净初级生产力

生态脆弱区 1998～2018 年的 ANPP 由 NDVI 数据转化计算而来，其中 NDVI 数据来源于资源环境科学与数据中心（http://www.resdc.cn/），分辨率为 1km。它是基于连续时间序列的 SPOT 卫星遥感数据，并采用最大合成法生成的年度植被指数数据集，可以有效反映植被覆盖分布和变化的状况。

生态脆弱区草地 ANPP 的平均水平在 98 g/（m^2·a），在气候、地形、土壤等因子的影响之下，其空间分布模式呈东南向西北递减的趋势（图 12.22）。果洛那曲高原山地高寒草甸区、天山山地荒漠、草原、针叶林区、华北山地落叶阔叶林区的 ANPP 最高，且都达到了 270 g/（m^2·a）。青藏高原的西北部、干旱半干旱区的大部分地区和农牧交错带

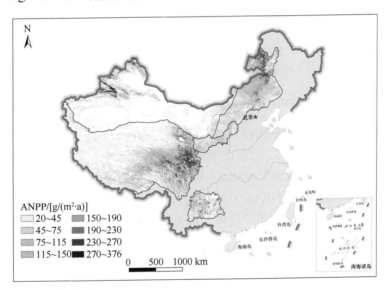

图 12.22　生态脆弱区草地多年平均（1998～2018 年）初级生产力

的西部 ANPP 较小，都低于 45 g/（m²·a），尤其是阿里山地荒漠区、羌塘高原湖盆高寒草原区、昆仑高山高原高寒荒漠区、柴达木盆地荒漠区和鄂尔多斯及内蒙古高原西部荒漠草原区。

12.4.2　生态脆弱区草地 ANPP$_{NR}$ 和 UANPP

1. 草地自然更新阈值 ANPP$_{NR}$

放牧是生态脆弱区草地退化的主要因素，并且可能会导致生态系统的灾难性转变。Noy（1975）开发的放牧模型解释了草地生态系统受放牧影响并发生稳态转变的全过程，当植被的消耗远远大于植被的生长速率时，生态系统则更倾向于转化为荒漠状态。放牧在一定条件下会促进生物的生长，但超过一定范围之后则会导致该区域草原的退化（Scheffer and Carpenter，2003）。草地的补偿性增长是生态系统的自适应过程（张虎等，2012），有很多学者对草地的补偿性增长机制和自我更新能力做了大量研究，研究表明轻度放牧或者中度放牧可以以不同程度促进生物量的增长（Pan et al.，2016）。

生态脆弱区草地的自然更新是指草地呈最大补偿性增长时的地上净初级生产力。其中的补偿性增长是指在轻度放牧时，牛羊对草地的轻度踩踏有助于土壤养分的释放和草地对养分的吸收，从而引发草地补偿性增长（Zhang et al.，2017）。草地自然更新所占用的 ANPP$_{NR}$ 的计算是通过分析总结大量的放牧和草地退化实验的结论来确定的。考虑到生态脆弱区的脆弱性，不同区域的自然更新系数见表 12.3。

表 12.3　生态脆弱区草地自然更新系数

生态脆弱区	自然更新系数	参考文献
青藏高原	0.6	（杨祎，2019）
干旱半干旱区	0.51	（游珍等，2005）
农牧交错带	0.51	（郭彩赟，2021）
林草交错带	0.5	（刘明星，2021）
黄土高原	0.44	（张琨等，2020）
西南岩溶石漠化区	0.40	（靖娟利和王永锋，2014）

相比于水土保持功能和防风固沙功能所需要的 ANPP，生态脆弱区自然更新所需要的 ANPP 处于较高的水平（图 12.23），在果洛那曲高原山地高寒草甸区、川西藏东高山深谷针叶林区、祁连青东高山盆地针叶林、天山山地荒漠区、西南岩溶石漠化区和大兴安岭北端西侧丘陵森林草原区的 ANPP$_{NR}$ 大于 ANPP$_{WSF}$ 和 ANPP$_{SWC}$。青藏高原的西北部、干旱半干旱区的南部和东部以及农牧交错带西南部的 ANPP$_{NR}$ 小于 ANPP$_{WSF}$ 和 ANPP$_{SWC}$。

2. 草地人类可利用的生产力（UANPP）

生态脆弱区草地 UANPP 分布具有较强的空间异质性（图 12.24），在青藏高原的东南部、西南岩溶石漠化区、林草交错带、黄土高原的南部、农牧交错带的西部以及干旱半干旱区的天山山地荒漠、草原、针叶林区 UANPP 值较高，大于 80 g/（m²·a），部分地区甚至超过了 300 g/（m²·a）。而在青藏高原的西北部、干旱半干旱区的大部分地区以及农牧交错带的西南部地区，UANPP 大多小于 0，表明这些地区受环境限制的影响较为严重，草地生态系统本身已经无法维持水土保持、防风固沙和自然更新功能。因此，这些地区已经处于超载状态，理论上不应该再在这些地区放牧以及对其不合理利用，需要采取围栏封育等生态工程措施对其进行生态保护，避免荒漠化加剧。

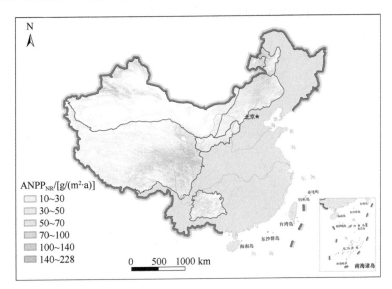

图 12.23 生态脆弱区草地 ANPP$_{NR}$ 空间分布

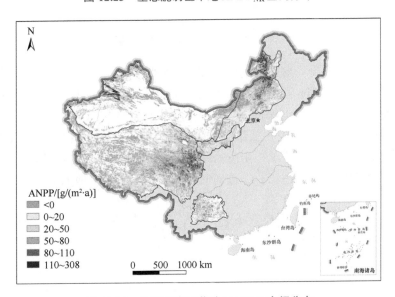

图 12.24 生态脆弱区草地 UANPP 空间分布

12.4.3 生态脆弱区的合理承载力

1998～2018 年生态脆弱区草地平均资源环境承载力的空间分布模式具有较大的空间异质性（图 12.25）。大兴安岭中段山地森林草原区、大兴安岭北段西侧丘陵森林草原区、大兴安岭南段草原区和天山山地针叶林区有较高的资源环境承载力，高达 1～2.5 个羊单位/hm²。果洛那曲高原山地高寒草甸区的东部资源环境承载力也达到了 0.8～1 个羊单位/hm²。这些地区的自然资源环境条件较好，维持草地生态系统水土保持和防风固沙功能所需要的 ANPP 较少，加之这些地区本身的 ANPP 就比较高，所以这些区域的资源环境承载力较高。

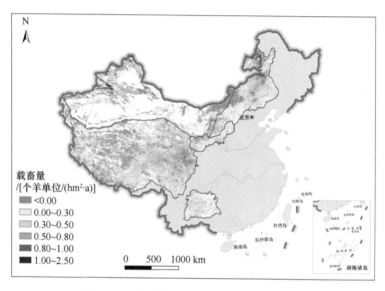

图 12.25　生态脆弱区草地合理载畜量分布

超载的地区大多位于青藏高原的西北部、干旱半干旱区的大部分地区和农牧交错带西北部，这些地区的自然资源环境条件较差，降水较少，土壤肥力较差，易受到风蚀和水蚀，所以维持生态系统水土保持和防风固沙功能所需要的 ANPP 较多（图 12.25）。人类在生态脆弱区的草原上主要从事放牧等经济活动，从而会影响生态系统的再生能力，尤其是超载地区已经无法承担生态系统水土保持、防风固沙和自然更新功能，所以要在这些区域采取围封等生态工程措施对其进行保护，避免草地的退化和荒漠化。

12.5　研究结论及展望

12.5.1　研究结论

本章充分考虑中国独特的生态地理环境，根据郑度院士的生态地理区划分了中国的生态脆弱区，包括青藏高原、干旱半干旱区、林草交错带和农牧交错带。为了更好地了解生态脆弱区的资源环境承载力情况，本节首先从认识论和发展的角度充分了解并梳理了资源环境承载力的研究进展，并对资源环境承载力的研究基础进行了系统的论述。其次建立了适用于生态脆弱区的资源环境承载力评估体系，创建了生态系统服务消耗占用法，并对生态脆弱区草地生态系统的资源环境承载力进行了 1998～2018 年的综合评估。最终得到了生态脆弱区在维持水土保持、防风固沙和自然更新功能方面所需要的最小植被盖度、地上净初级生产力以及载畜量。研究表明：

（1）生态脆弱区维持防风固沙生态系统服务功能所需要的最小地上净初级生产力（$ANPP_{WSF}$）呈西北高东南低的趋势，高值区分布在塔里木盆地荒漠区的中部、阿拉善和河西走廊荒漠区的中部、鄂尔多斯及内蒙古高原西部荒漠草原区和西辽河平原草原区，大于 70 g/（$m^2 \cdot a$）。低值区分布在西南岩溶石漠化区的东部和川西藏东高山深谷针叶林区，小于 50 g/（$m^2 \cdot a$）。

（2）生态脆弱区维持水土保持生态系统服务功能所需要的最小地上净初级生产力（$ANPP_{SWC}$）的空间分布趋势为由东南向西北内陆递减，与降水空间格局相似。西南岩溶石漠化区、川西藏东高山深谷针叶林区和藏南高山谷地灌丛草原区的 $ANPP_{SWC}$ 较高，大于 80 g/（$m^2 \cdot a$）。西北干旱区、农牧交错带以及青藏高原的西部和北部的 $ANPP_{SWC}$ 较低，小于 25 g/（$m^2 \cdot a$）。

（3）考虑到生态系统服务功能和自然更新功能，生态脆弱区草地人类可利用的 UANPP 分布具有空间异质性。在青藏高原区的东南部、西南岩溶石漠化区、林草交错带、黄土高原的南部、农牧交错带的西部和干旱半干旱区的天山山地荒漠、草原、针叶林区，UANPP 值较高，大于 80 g/（$m^2 \cdot a$），部分地区甚至超过了 300 g/（$m^2 \cdot a$）。而在青藏高原的西北部、干旱半干旱区的大部分地区以及农牧交错带的西南部，UANPP 多小于 0。

（4）根据中华人民共和国农业行业标准中《天然草地合理载畜量的计算》（NY/T 635—2015），1998～2018 年生态脆弱区草地平均资源环境承载力的空间分布模式具有较大的空间异质性。超载且需要禁止放牧的部分大多位于青藏高原的西北部，干旱半干旱区的大部分地区和农牧交错带西北部，而大兴安岭中段山地森林草原区、大兴安岭北段西侧丘陵森林草原区、大兴安岭南段草原区和天山山地针叶林区有较高的资源环境承载力，高达 1～2.5 个羊单位/hm^2。

12.5.2　存在问题及展望

生态脆弱区的恢复力较弱，对气候变化的响应较为敏感，所以建立基于生态学原理的资源环境承载力的评估体系十分重要，本章采用生态系统服务消耗占用法，以中国生态脆弱区为研究对象，得到生态脆弱区生态系统服务维持功能（包括水土保持和防风固沙功能）所需要的最小植被盖度、生态脆弱区自然更新功能所需的 ANPP 以及在保持自然生态系统环境维持（主要包括水土保持和防风固沙）和自然更新功能的条件下生态脆弱区的合理载畜量，为生态脆弱区生态保护提供数据支撑和科学指导。总体来看，生态系统服务消耗占用法在生态脆弱区的草地生态系统中得到了较好的实施，可较好地应用于生态脆弱区资源环境承载力的评估。然而，受研究数据和研究方法限制，本章还存在以下问题。

（1）生态脆弱区的气象站点分布不均匀，在风力侵蚀因子和降水侵蚀力因子的计算当中，模拟精度较差，未来研究可采用三明治插值的方法改善其精度。

（2）生态脆弱区面积较大，空间异质性较强，对所有的区域都采用相同的方式计算，还需要进一步考证。

（3）在计算防风固沙和水土保持中的植被覆盖因子时均采用了固定的参数，没有考虑时间动态（如季节）以及凋落物（枯枝落叶层）厚度和根系的影响，未来研究可通过设计野外实验进一步改进 RWEQ 和 RUSLE 模型。

（4）受数据限制，在由 ANPP 计算羊单位的时候没有考虑不同牧草类型的分布，若是优良牧草则可供养的羊的数量更多，若是毒杂草则可供养的羊的数量较少。未来研究在计算羊单位时可考虑不同草地的比例，从而可以更准确地计算承载力。

（5）未来研究可考虑采用 meta 分析等方法更好地确定自然更新的阈值，从而提高整体结果的准确性。

参 考 文 献

车涛, 李新, 戴礼云. 2019. 中国雪深长时间序列数据集(1978-2012)l, "Secondary.中国雪深长时间序列数据集(1978-2012)l.Place-Publishedl:"国家青藏高原科学数据中心 l.

迟文峰, 白文科, 刘正佳, 等. 2018. 基于 RWEQ 模型的内蒙古高原土壤风蚀研究. 生态环境学报, 27(6): 10.

巩国丽, 刘纪远, 邵全琴. 2014. 基于 RWEQ 的 20 世纪 90 年代以来内蒙古锡林郭勒盟土壤风蚀研究. 地理科学进展, 33(6): 825-834.

郭彩赟. 2021. 内蒙古干旱半干旱区草地生态承载力研究. 北京: 中国科学院大学.

江凌, 肖燚, 欧阳志云, 等. 2015. 基于 RWEQ 模型的青海省土壤风蚀模数估算. 水土保持研究, 22(1): 6.

江忠善, 王志强. 1996. 黄土丘陵区小流域土壤侵蚀空间变化定量研究. 水土保持学报, 2(1): 1-9.

靖娟利, 王永锋. 2014. 1998-2012 年中国西南岩溶区植被覆盖时空变化分析. 水土保持研究, (4): 5.

刘宝元, 毕小刚, 符素华. 2010. 北京市土壤流失方程. 北京: 科学出版社.

刘明星. 2021. 大兴安岭林草交错带土地覆盖及生态功能变化研究(1990-2018). 南京: 南京林业大学.

许月卿, 邵晓梅. 2006. 基于 GIS 和 RUSLE 的土壤侵蚀量计算—以贵州省猫跳河流域为例. 北京林业大学学报, (4): 67-71.

杨祎. 2019. 青藏高原高寒草地生态承载力研究. 石家庄: 河北师范大学.

尹云鹤, 吴绍洪, 戴尔阜. 2010. 1971～2008 年我国潜在蒸散时空演变的归因. 科学通报, (22): 9.

游松财, 李文卿. 1999. GIS 支持下的土壤侵蚀量估算—以江西省泰和县灌溪乡为例. 自然资源学报, (1): 63-69.

游珍, 李占斌, 袁琼, 等. 2005. 干旱区植被覆盖度的建设阈值分析. 水土保持研究, (3): 88-90.

张虎, 师尚礼, 王顺霞. 2012. 放牧强度对宁夏荒漠草原植物群落结构及草地生产力的影响. 干旱区资源与环境, 26(9): 73-76.

张琨, 吕一河, 傅伯杰, 等. 2020. 黄土高原植被覆盖变化对生态系统服务影响及其阈值. 地理学报, 75(5): 12.

章文波, 谢云, 刘宝元. 2002. 利用日雨量计算降雨侵蚀力的方法研究. 地理科学, (6): 705-711.

Ångström A. 1924. Solar and terrestrial radiation. Report to the international commission for solar research on actinometric investigations of sola and atmospheric radiation. Quarterly Journal of the Royal Meteorological Society, 50(210):121-126.

Che T, Li X, Jin R, et al. 2008. Snow depth derived from passive microwave remote-sensing data in China. Annals of Glaciology, 45: 145-154.

Fryrear D W, Bilbro J D, Saleh A, et al. 2000. RWEQ: Improved Wind Erosion Technology. Journal of Soil & Water Conservation, 55(2): 183-189.

Hagen L J, Skidmore E L, Saleh A. 1992. Wind Erosion: Prediction of Aggregate Abrasion Coefficients. Transactions of the ASAE, 35(6): 1847-1850.

Hu Z, Guo Q, Li S, et al. 2018. Shifts in the dynamics of productivity signal ecosystem state transitions at the biome-scale. Ecology Letters, 21(10): 1457-1466.

Liu B Y, Nearing M A, Risse L M. 1994. Slope Gradient Effects on Soil Loss for Steep Slopes. Transactions of the ASAE, 37(6): 1835-1840.

Mccool D K, Brown L C, Foster G R, et al. 1987. Revised Slope Steepness Factor for the Universal Soil Loss Equation. Transactions of the ASAE - American Society of Agricultural Engineers (USA), 30(5): 1387-1396.

Noy M I. 1975. Stability of Grazing Systems: An Application of Predator-Prey Graphs. Journal of Ecology, 63(2): 459-481.

Pan Q, Tian D, Naeem S, et al. 2016. Effects of functional diversity loss on ecosystem functions are influenced by compensation. Ecology, 97(9): 2293-2302.

Samani Z A, Pessarakli M. 1985. Estimating Potential Crop Evapotranspiration with Minimum Data in Arizona. American Society of Agricultural Engineers, 29(2): 522-524.

Scheffer M, Carpenter S R. 2003. Catastrophic regime shifts in ecosystems: linking theory to observation. Trends in Ecology & Evolution, 18(12): 648-656.

Teng H, Liang Z, Chen S, et al. 2018. Current and future assessments of soil erosion by water on the Tibetan Plateau based on RUSLE and CMIP5 climate models. ence of The Total Environment, 635: 673-686.

Williams J R. 1990. The Erosion-Productivity Impact Calculator (EPIC) Model: A Case History. Philosophical Transactions Biological Sciences, 329(1255): 421-428.

Zhang C, Dong Q, Chu H, et al. 2017. Grassland Community Composition Response to Grazing Intensity Under Different Grazing Regimes. Rangeland Ecology & Management, 71(2): 196-204.

Zhao M S, Heinsch F A, Nemani R R, et al. 2005. Improvements of the MODIS terrestrial gross and net primary production global data set. Remote Sensing of Environment, 95(2): 164-176.

第 13 章

生态脆弱区资源环境承载力限制性因素[①]

摘　要

　　生态系统的脆弱性是由于各类生态因子的类型、数量、质量在时间和空间上配置不均衡，具体表现为生态系统在人类活动干扰和外界气候变化环境胁迫作用下所表现出来的易变性以及生态系统所作出的可能性响应。不同的资源环境要素对生态脆弱区的资源环境承载力的影响不同，为了更加深入地了解其限制因素，更加合理保护生态脆弱区的生态系统、合理利用生态脆弱区的自然资源，使其生态安全屏障的功能得以持续。本章通过采用适用于空间异质性较强的地理探测器方法，对影响资源环境承载力的资源和环境要素进行因子探测和交互探测，分析各个因子对资源环境承载力的贡献率和双因子交互作用对资源环境承载力的限制作用。结果表明，各因子对载畜量的决定顺序是降水>日照时数>区域>风速>温度>雪深>高程>NDVI，其中日照时数和降水量为载畜量和各生态系统功能的主导因素，在30%~50%，其次是风速和区域的分布，影响力最低的是 NDVI 和高程，都没有超过 10%。六大生态脆弱区载畜量的平均水平由高到低分别是：林草交错带>西南岩溶石漠化区>黄土高原>农牧交错带>青藏高原>干旱半干旱区。总之，生态脆弱区资源环境承载力限制因子的量化研究能够为应对气候变化、完善系统结构功能和实现可持续发展提供理论依据，同时，能够使政府有关部门及时了解地区发展过程中的问题，调整经济开发等相关政策，为合理规划地区发展提供支撑。

13.1　研　究　方　法

13.1.1　生态承载力空间异质性的自然因子探测

　　地理探测器是探测空间分异性，以及揭示其背后驱动力的一组统计学方法。其核心

[①] 本章作者：张雪梅，赵东升；本章审稿人：方华军，宜树华。

思想基于这样的假设：如果某个自变量对某个因变量有重要影响，那么自变量和因变量的空间分布应该具有相似性（Wang et al.，2010；Wang and Hu，2012）。地理分异既可以用分类算法来表达，如环境遥感分类；也可以根据经验确定，如胡焕庸线。地理探测器擅长分析类型量，而对于顺序量、比值量或间隔量，只要进行适当的离散化（Cao et al.，2013），也可以利用地理探测器对其进行统计分析。因此，地理探测器既可以探测数值型数据，也可以探测定性数据，这正是地理探测器的一大优势。

　　空间分异性是地理现象的基本特点之一。地理探测器是探测和利用空间分异性的工具。其中的分异及因子探测：探测 Y 的空间分异性；以及探测某因子 X 多大程度上解释了属性 Y 的空间分异（图 13.1）。用 q 值度量（Wang et al.，2010），表达式为

$$q = 1 - \frac{\sum_{h=1}^{L} N_h \sigma_h^2}{N\sigma^2} = 1 - \frac{\text{SSW}}{\text{SST}} \tag{13.1}$$

$$\text{SSW} = \sum_{h=1}^{L} N_h \sigma_h^2, \text{SST} = N\sigma^2 \tag{13.2}$$

式中，$h=1$，$\cdots$，L，为变量 Y 或因子 X 的分层（strata），即分类或分区；N_h 和 N 分别为层 h 和全区的单元数；σ_h^2 和 σ^2 分别为层 h 和全区的 Y 值的方差；SSW 和 SST 分别为层内方差之和（within sum of squares）和全区总方差（total sum of squares）。q 的值域为[0，1]，值越大说明 Y 的空间分异性越明显；如果分层是由自变量 X 生成的，则 q 值越大表示自变量 X 对属性 Y 的解释力越强，反之则越弱。极端情况下，q 值为 1 表明因子 X 完全控制了 Y 的空间分布，q 值为 0 则表明因子 X 与 Y 没有任何关系，q 值表示 X 解释了 $100 \times q\%$ 的 Y（王劲峰和徐成东，2017）。

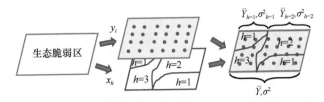

图 13.1　地理探测器原理

q 值的一个简单变换满足非中心 F 分布（Wang et al.，2016）：

$$F = \frac{N-L}{L-1} \frac{q}{1-q} \sim F(L-1, N-L; \lambda) \tag{13.3}$$

$$\lambda = \frac{1}{\sigma^2} \left[\sum_{h=1}^{L} \overline{Y_h^2} - \frac{1}{N} \left(\sum_{h=1}^{L} \sqrt{N_h} \overline{Y}_h \right)^2 \right] \tag{13.4}$$

式中，λ 为非中心参数；$\overline{Y}_h$ 为层 h 的均值。根据式（13.3），可以查表或者使用地理探测器软件来检验 q 值是否显著。

交互作用探测：识别不同风险因子 X_s 之间的交互作用，即评估因子 X_1 和 X_2 共同作用时是否会增加或减弱对因变量 Y 的解释力，或这些因子对 Y 的影响是相互独立的。评估的方法是首先分别计算两种因子 X_1 和 X_2 对 Y 的 q 值：$q（X_1）$ 和 $q（X_2）$，并且计算它们交互时的 q 值：$q（X_1 \cap X_2）$，并对 $q（X_1）$、$q（X_2）$ 与 $q（X_1 \cap X_2）$ 进行比较。两个因子之间的关系可分为以下几类（图 13.2）：

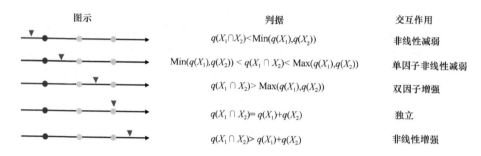

图示　　　　　　　　　　判据　　　　　　　　　　交互作用

$q(X_1 \cap X_2) < \mathrm{Min}(q(X_1), q(X_2))$　　非线性减弱

$\mathrm{Min}(q(X_1), q(X_2)) < q(X_1 \cap X_2) < \mathrm{Max}(q(X_1), q(X_2))$　　单因子非线性减弱

$q(X_1 \cap X_2) > \mathrm{Max}(q(X_1), q(X_2))$　　双因子增强

$q(X_1 \cap X_2) = q(X_1) + q(X_2)$　　独立

$q(X_1 \cap X_2) > q(X_1) + q(X_2)$　　非线性增强

● $\mathrm{Min}(q(X_1), q(X_2))$：在 $q(X_1), q(X_2)$ 两者间取最小值　　　● $q(X_1) + q(X_2)$：$q(X_1)$ 和 $q(X_2)$ 求和
● $\mathrm{Max}(q(X_1), q(X_2))$：在 $q(X_1), q(X_2)$ 两者间取最大值　　　▼ $q(X_1 \cap X_2)$：$q(X_1)$ 和 $q(X_2)$ 交互

图 13.2　两个自变量对因变量交互作用的类型（Wang et al.，2016）

13.1.2　生态脆弱区特点及研究方法

充分考虑气候、植被和土壤状况，将中国的生态脆弱区划分成干旱半干旱区、青藏高原、农牧交错带、林草交错带、黄土高原和西南岩溶石漠化区六大区（图 13.3）。整

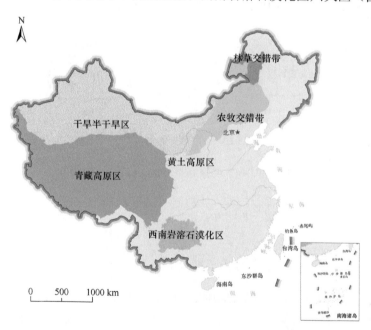

图 13.3　生态脆弱区

体来看，中国的生态脆弱区草地生态承载力空间异质性显著（Powers et al.，2020）。

其中干旱半干旱区的降水较少，整体低于 200mm，环境干旱，生态系统十分脆弱（Wright et al.，2020）。人类对生态系统的过度利用使得该区域的生态系统雪上加霜，如土地荒漠化不断加剧、湖泊不断干涸以及河岸林不断减少等。其中草地生态系统衰退和荒漠化的主要人为因素是过度放牧、乱砍滥伐以及地下水位下降。该区域的土壤盐含量较高，新垦地一般需要清洗才能耕种，如果灌溉不合理，则易出现土地次生盐渍化。沙尘暴是该区的主要气候灾害之一。

青藏高原以冻融作用为主，生态退化问题严重。在人类活动和气候变暖的双重作用之下，该区草地生态系统退化严重、荒漠化面积扩大、生产力下降以及冻融塌陷灾害增加，导致生物多样性的减少（Ordonez，2020）。除此之外，该区生态系统结构简单，物种较少，恢复力较差，一旦植被和土壤遭受破坏，整个生态系统都会受到不同程度的影响。尤其是土壤受到侵蚀之后，会恶化成裸岩，很难恢复到之前的状态。

农牧交错带的草地生态系统结构较为简单，生物多样性较低，且鼠害严重，生态系统一旦遭受外界的影响，则很难恢复到之前的状态。在人类不合理的利用和气候变化的影响之下，容易发生草地的退化、土地沙漠化和盐渍化以及生物多样性减少等情况（Kling et al.，2020）。再加上该区的降水量不均、不多、变率大且地势较为平坦，则更容易遭受风力的侵蚀，从而导致该区域的脆弱性较高。

林草交错带的主要生态问题是黑土受侵蚀的影响较大，水土流失严重，土壤有机质含量较低，使得森林发生了严重的退化。再加上人类乱砍滥伐，大兴安岭的林相恶化，河流流量下降，从而导致珍稀动植物减少，生态失衡严重（Veron et al.，2019）。

黄土高原的黄土发育良好，拥有独特的垂直节理，再加上该区域的降水量集中，植被覆盖度较低和人类不合理的利用，使得该区水土流失严重，形成了独特的千沟万壑的地貌（Gravuer et al.，2020）。该区地表支离破碎，遇到较大的降水，大量的泥沙会流入河道，造成河流水位抬高，提高洪水发生的概率。除此之外，该区的地下水水位较低，加重了干旱程度，并降低了植物的生产力和多样性。

西南岩溶石漠化区的主要生态问题是水土流失和石漠化。雨水冲蚀土壤之后，基岩会暴露，加之喀斯特地貌的成土过程十分缓慢，导致该区的植被覆盖下降严重（Viscarra et al.，2019）。坡度较高和降水集中度较高的地区受降水侵蚀的程度更高。加之历史上人类长期对该区的不合理的土地利用，如森林的乱砍滥伐和开垦不适宜耕种的土地，导致坡地上产生很多严重的沟蚀，水土流失，使植被覆盖度降低。

本节根据生态脆弱区的空间异质性特点，采用地理探测方法探析了 1998～2018 年生态脆弱区草地生态承载力在不同区域的主导因素，并对其两两交互作用进行分析（郭彩赟，2021）。成因探测研究将生态承载总量作为因变量，自变量则分为三级（表 13.1），其中第一级为维持水土保持功能所需要的 ANPP、维持防风固沙功能所需要的 ANPP 和维持自然更新功能所需要的 ANPP；第二级包括影响水土保持功能的降水侵蚀力因子（R）、土壤可蚀性因子（Kss）、坡度与坡长因子（LS）和水土保持措施因子（P），以及影响防风固沙功能的气候因子（WF）、土壤可蚀性因子（EF）、土壤结皮因子（SCF）

和土壤粗糙度因子（K）等；第三级则包括温度（T）、降水（Pre）、风速（WS）、雪深（SD）、日照时数（SUN）、NDVI、高程（ELE）和区域（Region）。

按照自然断点法将水土保持因子、自然更新因子、气候因子、土壤可蚀性因子（Kss）、土壤粗糙度因子、温度、降水、风速、雪深、日照时数、NDVI 和高程分为 9 类；把坡度坡长因子和水土保持因子分为 4 类；将防风固沙因子分为 13 类；将降水侵蚀力因子分为 10 类；将土壤可蚀性因子（Kss）分为 6 类（表 13.1）。

表 13.1 生态承载力自变量分级及分类

因变量	一级	二级	三级
生态承载力——载畜量（CC）	水土保持 9	降水侵蚀力因子（R）10 土壤可蚀性因子（Kss）6 坡度与坡长因子（LS）4 水土保持措施因子（P）4	温度（T）9 降水（Pre）9 风速（WS）9 雪深（SD）9 日照时数（SUN）9 NDVI 9 高程（ELE）9 区域（Region）6
	防风固沙 13	气候因子（WF）9 土壤可蚀性因子（EF）9 土壤结皮因子（SCF）9 土壤粗糙度因子（K）9	温度（T）9 降水（Pre）9 风速（WS）9 雪深（SD）9 日照时数（SUN）9 NDVI 9 高程（ELE）9 区域（Region）6
	自然更新 9	地上净初级生产力 放牧恢复因子	温度（T）9 降水（Pre）9 风速（WS）9 雪深（SD）9 日照时数（SUN）9 NDVI 9 高程（ELE）9 区域（Region）6

13.2 生态脆弱区单因子贡献率

13.2.1 六大生态脆弱区各生态系统功能贡献率

载畜量在六大生态脆弱区具有明显的空间分异性（图 13.4），其中最高均值出现在林草交错带，高达 0.933 个羊单位/hm²，其次是西南岩溶石漠化区，也高达 0.672 个羊单位/hm²。农牧交错带和黄土高原的载畜量较低，分别为 0.308 个羊单位/hm² 和 0.275

个羊单位/hm^2，而干旱半干旱区的载畜量则最低，为 0.043 个羊单位/hm^2，且大部分都处于超载的状态。六大生态脆弱区载畜量的平均水平由高到低分别是林草交错带>西南岩溶石漠化区>黄土高原>农牧交错带>青藏高原>干旱半干旱区。

维持防风固沙功能在六大生态脆弱区的空间分布没有很强的区域性，其中最高均值出现在黄土高原，高达 61.88 g/（m^2/a），最低值出现在林草交错带，仅为 48.8 g/（m^2/a），说明在此区域需要较少的地上净初级生产力就可以维持防风固沙的作用，这与该地区主要为森林生态系统有关。六大生态脆弱区载畜量的平均水平由高到低分别是黄土高原>青藏高原>西南岩溶石漠化区>农牧交错带>干旱半干旱区>林草交错带。

维持水土保持功能在六大生态脆弱区的空间分布具有很强的空间异质性，其中最高均值出现在西南岩溶石漠化区，高达 57.79 g/（m^2/a），最低值出现在干旱半干旱区，仅仅为 23.3 g/（m^2/a），说明在此区域需要较少的地上净初级生产力就可以维持防风固沙的作用，与降水量的分布相一致。六大生态脆弱区载畜量的平均水平由高到低分别是西南岩溶石漠化区>林草交错带>农牧交错带>青藏高原>黄土高原>干旱半干旱区（杨祎，2019）。

维持自然更新功能在六大生态脆弱区的空间分布也具有很强的空间异质性，其中最高均值出现在西南岩溶石漠化区，高达 85.56 g/（m^2/a），最低值出现在干旱半干旱区，仅为 36.57 g/（m^2/a），说明在此区域需要较少的地上净初级生产力就可以维持防风固沙的作用，与生产力的分布相一致。六大生态脆弱区维持自然更新功能平均水平由高到低分别是西南岩溶石漠化区>林草交错带>农牧交错带>青藏高原>黄土高原>干旱半干旱区（图 13.4）。

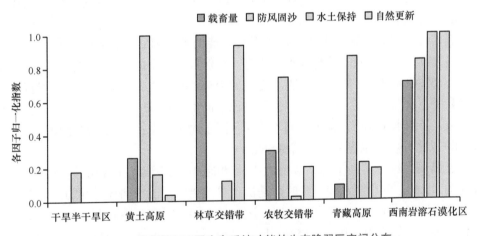

图 13.4　载畜量和不同生态系统功能的生态脆弱区空间分布

13.2.2　生态脆弱区各因子对载畜量的贡献率

通过因子探测分析，表明在生态脆弱区草地生态系统的生态承载力的主导因素及解释能力具有明显差异（图 13.5）。其中降水和日照时数是决定生态承载力空间异质性的主导因子，分别达到了 34.2% 和 32.8%，且不同生态脆弱区的载畜量差异较为显著，解释力达到 16.5%，也就是说不同生态脆弱区的承载力区域间的差异较大，从而导致载畜量的分布不均。各因子对载畜量的决定顺序是降水>日照时数>区域>风速>温度>雪深>高程>NDVI。

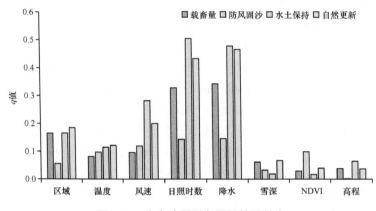

图 13.5　生态脆弱区各因子的贡献率

生态脆弱区的防风固沙功能的主导因素及解释能力的差异不是十分明显（图 13.5），其中各因子解释力大多位于 9%～15%，例如温度为 9.6%，风速为 11.9%，日照时数为 14.3%，降水为 14.5% 和 NDVI 为 9.9%。雪深和高程的 q 值较低，都小于 3.5%，可见这两个因素对生态脆弱区的风蚀影响不大。区域的解释能力为 5.6%，可见生态脆弱区的防风固沙能力的空间异质性较低。各因子对防风固沙功能的决定顺序是降水>日照时数>风速>温度>NDVI>区域>雪深>高程。

生态脆弱区维持草地生态系统水土保持功能的主导因素及解释能力具有显著的差异（图 13.5）。其中日照时数和降水是决定水土保持功能空间异质性的主导因子，分别达到了 50.5% 和 47.8%，其次是风速，达到了 28%。不同生态脆弱区的水土保持能力差异较为显著，解释力也达到 16.6%，也就是说不同生态脆弱区的水土保持能力区域间的差异较大，导致水土保持功能的分布不均。各因子对水土保持功能的决定顺序是日照时数>降水>风速>区域>温度>高程>雪深>NDVI。

生态脆弱区维持草地生态系统自然更新功能的主导因素及解释能力也具有明显的差异（图 13.5）。其中降水和日照时数是决定自然更新功能空间异质性的主导因子，分别达到了 46.5% 和 43.2%，其次是风速，达到了 20%。不同生态脆弱区的自然更新能力差异较为显著，解释力也达到 18.5%，也就是说不同生态脆弱区的自然更新能力区域间的差异较大，从而导致其空间分布不均。各因子对自然更新功能的决定顺序是降水>日照时数>风速>区域>温度>雪深>NDVI>高程。

总体来看，日照时数和降水为载畜量和各生态系统功能的主导因素，在 30%～50%，其次是风速和区域的分布，影响力最低的是雪深、NDVI 和高程，都没有超过 10%。

13.3　生态脆弱区双因子交互作用贡献率

13.3.1　一级影响因子交互作用的贡献率

生态承载力是多种因素共同作用的结果，不存在单一因素或是单一性质的因素影响生态承载力。地理探测器揭示了影响因子对生态承载力的影响是否差异显著。交互作用探测通过识别两类影响因子（自变量 X）之间的相互作用，分析其相互作用是否会增强或减弱对生态承载力（因变量 Y）的解释力，以及这些影响因子对生态承载力的影响是否相互独立。表 13.1 中给出了双因子交互作用探测结果，如果行因子与列因子有显著性差异，则标记为"Y"，否则标记为"N"。

对不同层级的影响因子交互探测结果进行分析研究发现，因子间主要是双因子相互增强和非线性增强（图 13.6）。在第一层级中，影响载畜量的主要因素为维持生态系统的自然更新能力，其 p 值高达 84.6%；水土保持功能的贡献率为 13.9%；而防风固沙功能则较弱，贡献率只有 8.6%，且都具有显著性。载畜量在生态脆弱区的空间异质性也较强，占比可达 14.2%（自然更新 ≫ 水土保持 > 防风固沙）。值得注意的是，防风固沙功能与区域的交互作用为非线性增强，可知不同区域的风蚀作用对载畜量的影响要高于单个因子的影响。

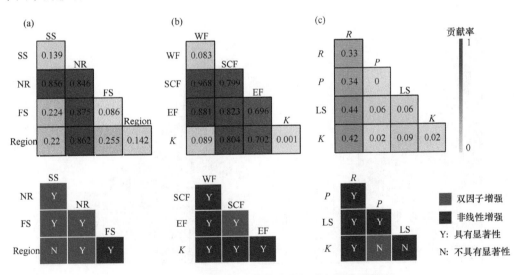

图 13.6　一级影响因子交互作用的贡献率及显著性

（a）载畜量；（b）防风固沙；（c）土壤保持；SS：水土保持功能；NR：自然更新功能；FS：防风固沙功能；余同

防风固沙功能的一级影响因素中，土壤的结皮因子和土壤可蚀性因子占主要作用，分别为 79.9% 和 69.6%。气候因子和土壤粗糙度因子的作用则较弱，分别为 8.3% 和 0.1%，但这两个因子和其他各因子两两交互都具有非线性增强的效果。其中土壤结皮因子和气候因子的交互作用高达 96.8%，土壤结皮因子与土壤可蚀性因子的交互作用也高达

82.3%，且都具有显著性。影响防风固沙功能的单因子影响因素由高到低分别是土壤结皮因子、土壤可蚀性因子、气候因子和土壤粗糙度因子（图 13.6）。

水土保持功能的一级影响因子的贡献率整体上看不是非常显著，其中降水侵蚀力因子为主要影响因子，占比可达 33%。坡度坡长因子、水土保持措施因子和土壤可蚀性因子对水土保持功能的影响较小，都在 6%以下。值得注意的是，降水侵蚀力因子和坡度坡长因子与其他各因子的两两交互作用都具有非线性增强的效果，其中降水侵蚀力因子和坡度坡长因子的交互作用达到 44%，且都具有显著性。影响防风固沙功能的单因子影响因素由高到低分别是降水侵蚀力因子、坡度坡长因子、土壤可蚀性因子和水土保持措施因子（图 13.6）。

13.3.2 二级影响因子交互作用的贡献率

对第二级影响因子的因子探测，发现影响载畜量的主要因素为降水侵蚀力因子，且只有 28.1%，其次是土壤结皮因子和土壤可蚀性因子，分别为 11.2%和 10.8%。区域的分异性也比较强，其影响因子达 14.1%，说明区域间的空间异质性对生态脆弱区的载畜量影响较大。剩余因子的影响力较低，大多低于 5%，且都具有显著性。影响生态脆弱区载畜量的单因子影响因素从高到低依次为降水侵蚀力因子、土壤结皮因子、土壤可蚀性因子、气候因子、土壤粗糙度因子、土壤可蚀性因子、水土保持措施因子和坡度与坡长因子（图 13.7）。

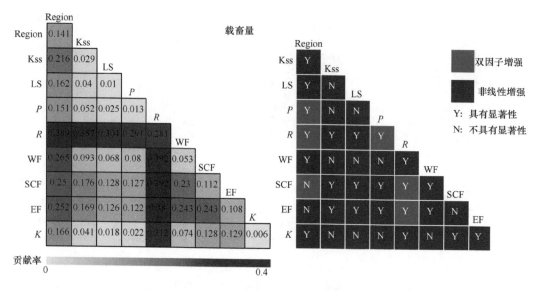

图 13.7　二级影响因子交互作用的贡献率及显著性

通过第二级影响因子对载畜量交互探测的结果分析，研究发现因子间主要是双因子相互增强和非线性增强。在第二层级当中，与降水侵蚀力因子相交互的各因子的值都比较高，但并不都具有显著性。其中降水侵蚀力因子与区域因子、气候因子和土壤可蚀性因子都为双因子增强的作用，其作用分别达到了 38.9%、39.2%和 38%，且都具有显著性，表明二者的交互作用影响大于任何一个单因子的影响。值得注意的是，降水侵蚀力因子与土壤粗糙度因子具有非线性增强的效果，达到了 31.2%（显著），也就是说，这两个因子具有较强的交互作用，且作用效果大于两个单个因子单独作用之和。区域和各大因子的交互作用也具有显著效果，尤其是区域因子与水土保持功能的土壤可蚀性因子、坡度坡长因子、防风固沙功能的气候因子和土壤粗糙度因子的交互作用都具有非线性增强的效果，并具有显著性，其值分别达到了 25.2%、16.2%、26.5%和 16.6%（图 13.7）。

13.3.3　三级影响因子交互作用的贡献率

对第三级影响因子进行探测，发现影响载畜量的主要因素为降水和日照时数，贡献率高达 34.2%和 32.8%，且都具有显著性，并且六大生态脆弱区的空间异质性也较强，贡献率高达 16%（显著），说明载畜量在各大生态脆弱区之间具有明显的区别。风速、温度、雪深、高程和 NDVI 对载畜量的影响较低，都低于 10%。影响生态脆弱区载畜量的单因子影响因素从高到低依次为降水、日照时数、Region、风速、温度、雪深、高程和 NDVI（图 13.8）。

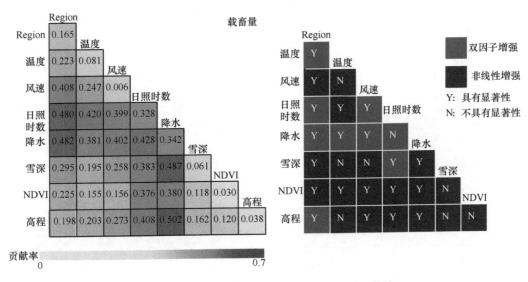

图 13.8　三级影响因子交互作用的贡献率及显著性

通过第三级影响因子对载畜量交互探测的结果分析，研究发现因子间主要是双因子相互增强和非线性增强（图 13.8）。其中与降水相交互的各因子的值都比较高，且大部分都具有显著性。其中降水与区域、温度和风速都为双因子增强的作用，其贡献率分别达到了 48.2%、38.1%和 40.2%，且都具有显著性，表明二者的交互作用影响大于任何一个单因子的影响。值得注意的是，降水与雪深、NDVI 和高程因子具有非线性增强的效果，其贡献率分别为 48.7%、38% 和 50.2%（显著），也就是说，这两个因子具有较强的交互作用，且作用效果大于两个单个因子单独作用之和。日照时数和各大因子的交互作用也具有显著效果，尤其是日照时数与温度、NDVI 和高程的交互作用都具有非线性增强的效果，并具有显著性，贡献率分别达到了 42%、37.6% 和 40.8%。日照时数与区域和风速的交互作用为双因子增强，贡献率分别为 48% 和 39.9%（显著）。

13.4　生态脆弱区三大生态系统功能基础影响因素交互分析

13.4.1　生态脆弱区防风固沙功能交互作用贡献率

通过对基础影响因子的探测，整体上看影响防风固沙功能的因子不是非常显著，其主要的影响因素为降水、日照时数和风速，贡献率为 14.5%、14.3% 和 11.9%，且都具有显著性，并且六大生态脆弱区的空间异质性也较弱，影响因子只有 5.6%（显著），说明载畜量在各大生态脆弱区之间区别不大。风速、温度、雪深、高程和 NDVI 对载畜量的影响较低，都低于 10%。影响生态脆弱区载畜量的单因子影响因素从高到低依次为降水、日照时数、风速、NDVI、温度、区域、雪深和高程（图 13.9）。

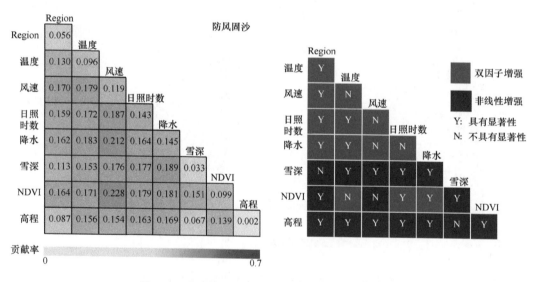

图 13.9　生态脆弱区防风固沙功能交互作用贡献率

通过基础影响因子对防风固沙能力交互探测的结果分析，发现因子间主要是双因子相互增强和非线性增强，整体的交互作用都不是很强且大部分都不具有显著性。高程和各大因子的交互作用具有较为显著的效果，尤其是高程与 Region、温度、风速、日照时数、降水和 NDVI 的交互作用都具有非线性增强的效果，并具有显著性，贡献率分别为8.7%、15.6%、15.4%、16.3%、16.9% 和 13.9%。其中与区域相交互的各因子大部分都具有显著性，Region 与温度、风速、日照时数和降水都为双因子增强的作用，其贡献率分别为 13%、17%、15.9%和 16.2%，且都具有显著性，表明二者的交互作用影响大于任何一个单因子的影响。值得注意的是，区域与 NDVI 和高程具有非线性增强的效果，贡献率分别为 16.4%和 8.7%（显著），也就是说，这两个因子具有较强的交互作用，且作用效果大于两个因子单独作用之和（图 13.9）。

13.4.2　生态脆弱区水土保持功能交互作用贡献率

通过对基础影响因子的探测，发现影响生态脆弱区水土保持功能的主要因素为日照时数和降水，贡献率高达 50.5%和 47.8%，且都具有显著性。其次是风速，贡献率达到 28.1%。六大生态脆弱区的空间异质性也较强，影响因子高达 16.6%（显著），说明载畜量在各大生态脆弱区之间具有明显的区别。雪深、高程和 NDVI 对水土保持功能的影响较低，都低于 7%。影响生态脆弱区载畜量的单因子影响因素从高到低依次为日照时数、降水、风速、Region、温度、高程、雪深和 NDVI（图 13.10）。

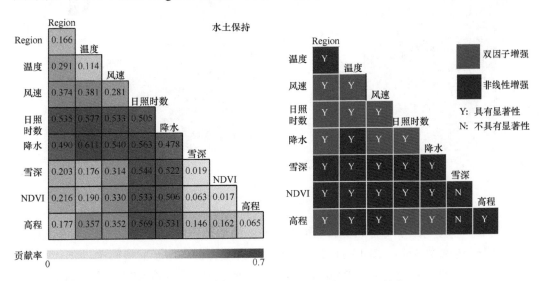

图 13.10　生态脆弱区水土保持功能交互作用贡献率

通过基础影响因子对水土保持能力交互探测的结果分析，发现因子间主要是双因子相互增强和非线性增强（图 13.10）。其中与日照时数相交互的各因子的值都比较高，且大部分都具有显著性。其中日照时数与 Region、温度、风速、降水和高程都为双因子增强的作用，其贡献率分别达到了 53.5%、57.7%、53.3%、56.3%和 56.9%，且都具有显著性，表明二者的交互作用影响大于任何一个单因子的影响。值得注意的是，日照时数与雪深和 NDVI 具有非线性增强的效果，其贡献率分别为 54.4%和 53.3%（显著），也就是说，这两个因子具有较强的交互作用，且作用效果大于两个因子单独作用之和。降水和各大因子的交互作用也具有显著效果，尤其是温度、NDVI 和雪深的交互作用都具有非线性增强的效果，并具有显著性，贡献率分别达到了 61.1%、50.6%和 52.2%。降水与

Region、风速和高程的交互作用为双因子增强,贡献率分别为49%、54%和53.1%(显著)。

13.4.3　生态脆弱区自然更新功能交互作用贡献率

通过对基础影响因子的探测,发现影响自然更新功能的主要因素为降水和日照时数,贡献率高达46.5%和43.2%,且都具有显著性。其次是风速,贡献率达到20%,并且六大生态脆弱区的空间异质性也较强,影响因子高达18.5%(显著),说明载畜量在各大生态脆弱区之间具有明显的区别。雪深、高程和NDVI对自然更新功能的影响较低,都低于7%。影响生态脆弱区自然更新功能的单因子影响因素从高到低依次为降水、日照时数、风速、Region、温度、雪深、NDVI和高程(图13.11)。

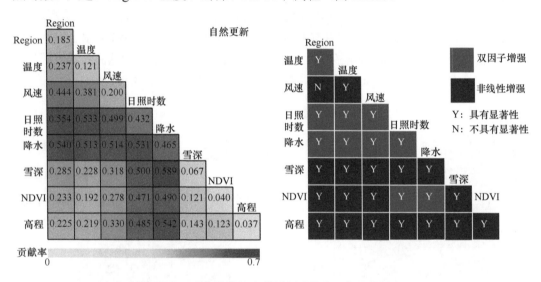

图13.11　生态脆弱区自然更新功能交互作用贡献率

通过基础影响因子对自然更新功能交互探测的结果分析,发现因子间主要是双因子相互增强和非线性增强(图13.11)。其中与降水相交互的各因子的值都比较高,且大部分都具有显著性。其中降水与Region、温度、风速、日照时数和NDVI都为双因子增强的作用,其贡献率分别达到了54.0%、51.3%、51.4%、53.1%和49.0%,且都具有显著性,表明二者的交互作用影响大于任何一个单因子的影响。值得注意的是,降水与雪深和高程因子具有非线性增强的效果,其贡献率分别为58.9%和54.2%(显著),也就是说,这两个因子具有较强的交互作用,且作用效果大于两个因子单独作用之和。日照时数和各大因子的交互作用也具有显著效果,尤其是日照时数与雪深和高程的交互作用都具有非线性增强的效果,并具有显著性,其值分别达到了50%和48.5%。日照时数与Region、温度、风速和NDVI的交互作用为双因子增强,贡献率分别为55.4%、53.3%、49.9%和47.1%(显著)。

参 考 文 献

郭彩赟. 2021. 内蒙古干旱半干旱区草地生态承载力研究. 北京: 中国科学院大学.

王劲峰, 徐成东. 2017. 地理探测器:原理与展望. 地理学报, 72(1): 116-134.

杨祎. 2019. 青藏高原高寒草地生态承载力研究. 石家庄: 河北师范大学.

Cao F, Ge Y, Wang J F. 2013. Optimal discretization for geographical detectors-based risk assessment. Mapping Sciences & Remote Sensing, 50(1): 713-92.

Gravuer K, Eskelinen A, Winbourne J B, et al. 2020. Vulnerability and resistance in the spatial heterogeneity of soil microbial communities under resource additions. Proc Natl Acad Sci USA, 117(13): 7263-7270.

Kling M M, Auer S L, Comer P J, et al. 2020. Multiple axes of ecological vulnerability to climate change. Glob Chang Biol, 26(5): 27913.

Ordonez A. 2020. Points of view matter when assessing biodiversity vulnerability to environmental changes. Glob Chang Biol, 26(5): 2734-2736.

Powers J S, Vargas G G, Brodribb T J, et al. 2020. A catastrophic tropical drought kills hydraulically vulnerable tree species. Glob Chang Biol, 26(5): 3122-3133.

Veron S, Mouchet M, Govaerts R, et al. 2019. Vulnerability to climate change of islands worldwide and its impact on the tree of life. Scientific Reports, 9(1): 14471.

Viscarra R R A, Lee J, Behrens T, et al. 2019. Continental-scale soil carbon composition and vulnerability modulated by regional environmental controls. Nature Geoscience, 12(7): 547-552.

Wang J F, Hu Y. 2012. Environmental health risk detection with GeogDetector. Environmental Modelling & Software, 33: 114-115.

Wang J F, Li X H, Christakos G, et al. 2010. Geographical Detectors-Based Health Risk Assessment and its Application in the Neural Tube Defects Study of the Heshun Region, China. International Journal of Geographical Information Science, 24(1-2): 107-127.

Wang J F, Zhang T L, Fu B J. 2016. A measure of spatial stratified heterogeneity. Ecological Indicators, 67: 250-256.

Wright A J, Mommer L, Barry K, et al. 2020. Stress gradients and biodiversity: monoculture vulnerability drives stronger biodiversity effects during drought years. Ecology, 2020: e03193.

第 14 章

生态脆弱区生态系统脆弱性及其时空格局①

摘　要

　　青藏高原、黄土高原、干旱半干旱区、喀斯特地区和农牧交错带是我国生态系统最脆弱的地区，科学评估其生态系统脆弱性是制定有效环境保护和管理措施的前提。本章基于第 5 章构建的针对各生态脆弱区的生态系统脆弱性评价指标体系，结合层次分析、空间主成分分析和地理探测器等方法评估了青藏高原、黄土高原、干旱半干旱区、喀斯特地区和农牧交错带生态系统脆弱性的时空变化特征及其驱动因子。结果表明：①青藏高原生态系统整体处于重度脆弱状态，呈现自东南向西北逐渐递增的空间格局；2000～2015 年脆弱性呈现有所增强的变化趋势。通过对遥感阈值诊断分析得到，降水量是森林、草原和荒漠生态系统演替和变换的重要推动力；温度主要影响低覆盖植被（荒漠、草地）与高覆盖植被（森林）的空间分布；此外，日照时数和风速也是影响生态系统脆弱性空间分布规律的重要因素。②黄土高原生态系统整体上处于中高脆弱性水平，呈现从东南到西北逐渐递增的空间格局；2000～2015 年脆弱性整体呈微弱降低的变化趋势；植被覆盖度和降水是脆弱性时空格局的主控因子。③干旱半干旱区生态系统整体处于重极度脆弱水平，自东向西呈现先递增再递减的空间格局；2000～2015 年，脆弱性呈显著下降趋势；气温、水分及地形起伏状况是脆弱性空间格局的主控因子。④喀斯特地区生态系统多为轻度脆弱区，少数重度和极度脆弱区集中分布在贵州北部地区；2000～2015 年，脆弱性呈现先增大后减小的变化趋势。⑤农牧交错带脆弱性分布较为均匀，呈现自东北向西南逐级递增的地带分布规律；2000～2015 年脆弱性变化大体呈降低的变化趋势。

---

① 本章作者：张海燕，张良侠，杨飞，樊江文，方华军，胡茂桂；本章审稿人：赵东升，宜树华。

14.1　青藏高原生态系统脆弱性时空分布格局

14.1.1　青藏高原生态系统脆弱性时空分布特征

青藏高原全区的生态脆弱性以重度脆弱为主，生态环境质量整体较差（图 14.1）。从空间格局来看，2000～2015 年青藏高原生态脆弱性在空间分布规律上具有较强的一致性，生态脆弱性自东南向西北呈现逐渐增大的变化趋势，表明青藏高原生态脆弱性的空间分布具有明显的地带性特征。其中，微度脆弱区集中分布在藏南季雨林和阔叶林区；轻度脆弱区则分布在青藏高原东部，包括青南高原宽谷高寒草甸草原区（HIC1）、果洛那曲高原东部草甸草原区（HIB1）、川西藏东高山深谷针叶林区（HIIA/B1）、云贵高原常绿落叶林、松林区（VAS）以及祁连青东高山盆地针叶林、草原区（HIIC1）；中度脆弱区主要集中于青藏高原东部和中部，包括果洛那曲高原山地高寒草甸区（HIB1）、柴达木盆地荒漠区（HIID1）、青南高原高寒宽谷高寒草甸草原区（HIC1）和川西藏东高山深谷针叶林区（HIIA/B1）；重度脆弱区分布面积最大，主要分布在高原西部和北部地区，包括阿里山地荒漠区（HIID3）、羌塘高原湖盆高寒荒漠区（HIC2）、昆仑高山高原荒漠区（HID1）大部分和藏南灌丛草原区（HIIC2）部分地区区域；极度脆弱区集中分布在昆仑高山高原高寒荒漠区（HID1），另有少量分布在藏南高山谷地和藏东高山谷地区。

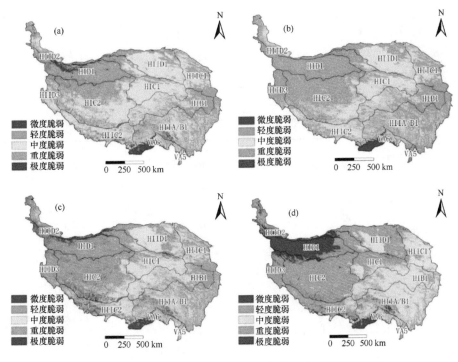

图 14.1　青藏高原 2000～2015 年生态脆弱性空间分布格局

（a）2000 年；（b）2005 年；（c）2010 年；（d）2015 年

　　从空间上看，青藏高原生态脆弱性整体呈现增强趋势。从时间上看，各生态地理分区的生态系统脆弱性（ecosystem vulnerability index，EVI）呈增强趋势均值（表14.1）。根据不同生态脆弱性等级的面积占比统计（图14.2）可得，2000～2015年青藏高原EVI均值分别为0.854、0.798、0.851、0.903，生态脆弱性呈先减小后增加趋势，表明青藏高原生态环境在逐渐恶化。进一步研究发现青藏高原重度脆弱面积分布最广，其面积占比分别为36.26%（2000年）、43.24%（2005年）、44.68%（2010年）、51.06%（2015年），呈迅速增加趋势，2000～2015年其面积约增加3687.78km²。其次是中度脆弱面积，占比为42.22%（2000年）、31.99%（2005年）、30.83%（2010年）、29.91%（2015年），其面积在不断缩小。轻度脆弱面积呈先增加后减小的变化趋势，2000～2005年轻度脆弱面积占比增加了5.82%，2005～2015年减少了17.73%，整体面积呈波动减小趋势。极度脆弱面积表现为先略有减少后大幅增加趋势，2000～2005极度脆弱面积占比从

表14.1　2000～2015年青藏高原生态地理分区的EVI均值

生态地理区名称	代码	2000年	2005年	2010年	2015年
果洛那曲高原山地高寒草甸区	HIB1	0.756	0.700	0.746	0.815
青南高原宽谷高寒草甸草原区	HIC1	0.858	0.830	0.853	0.933
羌塘高原湖盆高寒草原区	HIC2	0.949	0.926	0.966	1.016
昆仑高山高原高寒荒漠区	HID1	1.078	0.991	1.036	1.137
川西藏东高山深谷针叶林区	HIIA/B1	0.794	0.699	0.762	0.816
祁连青东高山盆地针叶林、草原区	HIIC1	0.755	0.699	0.734	0.840
藏南高山谷地灌丛草原区	HIIC2	0.920	0.862	0.930	0.976
柴达木盆地荒漠区	HIID1	0.871	0.883	0.894	0.951
云南高原常绿阔叶林、松林区	VA5	0.701	0.591	0.695	0.680
东喜马拉雅南翼山地季雨林、阔叶林区	VA6	0.610	0.491	0.602	0.605
阿里山地荒漠区	HIID3	0.962	0.966	0.993	1.031
昆仑山北翼山地荒漠区	HIID2	0.993	0.942	0.997	1.037
全区		0.854	0.798	0.851	0.903

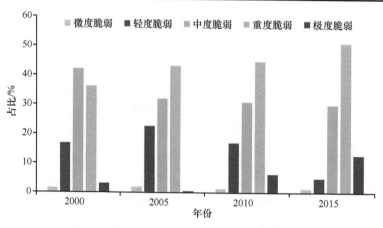

图14.2　2000～2015年青藏高原不同等级生态脆弱区面积百分比

3.13%减小到 0.24%，2005～2015 年增至 12.78%，其面积共增加了 3211.55 km²。微度脆弱面积在研究区内占比最小，且长期比较稳定，面积占比均小于 2%。2000～2015 年研究区重度脆弱面积和极度脆弱面积在增大，轻度脆弱面积和中度脆弱面积在减小，从时间上看，青藏高原生态脆弱性 2000～2005 年呈减弱趋势，2005～2015 年呈增强趋势。

14.1.2　青藏高原生态系统脆弱性变化趋势

由图 14.3 可知，青藏高原近 15 年来的生态脆弱性变化趋势的平均值仅为 0.021，表明青藏高原脆弱性总体变化趋势较小，脆弱性略有增强。青藏高原中部、西部和西北部地区脆弱性变化趋势多在 0～0.04，脆弱性增强不明显。局部地区变化显著，青藏高原东南部的川西藏东高山深谷针叶林区（HIIA/B1）和东喜马拉雅南翼山地季雨林、阔叶林区（VA6）脆弱性变化呈负增长趋势，表明该地区生态环境状况好转。主要原因在于高原气温升高，热量增加，降水量也略有增多，造成植物生长周期改变，加之退耕还林、退耕还草政策实施，植被覆盖度增加。柴达木盆地荒漠区（HIID1）和祁连青东高山盆地针叶林、草原区（HIIC1）脆弱性增强趋势较明显，表明该地区生态环境状况恶化较明显。产生该结果的原因是高原气候变暖，柴达木盆地等本底环境差的地区对气候的响应更明显，蒸发加剧、水资源减少、土壤盐渍化、荒漠化等环境问题更加突出，加上该地区人口密集，农牧业活动频繁，人类活动对生态环境的破坏作用增强（郭兵等，2018a）。

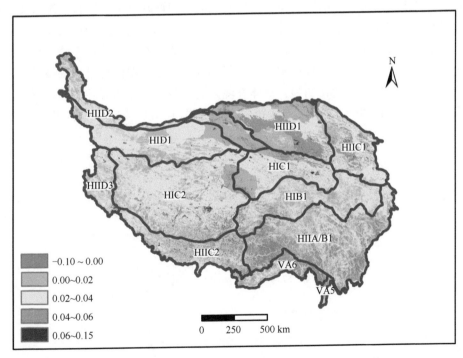

图 14.3　2000～2015 年青藏高原生态系统脆弱性变化趋势

14.1.3　青藏高原生态系统脆弱性阈值遥感诊断

1. 单一气候要素对典型生态系统脆弱性影响的分析

生态系统脆弱性是生态系统固有的性质之一，在未受到干扰时，生态系统趋于相对平衡和稳定状况，但气象因素干扰将会破坏生态系统自然状态下的平衡，一旦超出其承受范围，生态系统便会出现林草沙化或者是逆向演替现象（Jin and Meng，2011）。生态系统脆弱性是指生态系统易受或无法应对气象变化的干扰，可以理解为生态系统脆弱性与生态系统内部组分构成复杂性相关（杨飞等，2019）。生态系统内植被类型复杂，生产力越强、生态结构和功能越稳定，则抗干扰能力越强，应对气象变化扰动的能力越强，生态系统脆弱性越弱（于伯华和吕昌河，2011）。因此，利用第 5 章的生态系统与气候要素的逻辑回归模型，计算降水量、温度、日照时数和风速单一气象因子影响下典型生态系统中荒漠、草原和森林的存在概率和演替情况，进而对生态系统脆弱性进行预测和分析。

1）降水量影响

降水量影响下的生态系统脆弱性可表达为，在降水量影响下生态系统植被类型的存在概率。由降水量与生态系统类别的逻辑回归模型，计算荒漠、草原和森林三种生态系统的存在概率，进而预测生态系统脆弱性的分布规律，实现三种生态系统的脆弱性空间制图。对比研究区月均降水量分布图（图 14.4 和图 14.5），可以看出荒漠、草原和森林的脆弱性与降水量有关。降水量空间分布由西北向东南逐渐增加，生态系统植被类型表现为荒漠向森林生态系统的转变，即荒漠生态系统在降水量较低时有较高的存在概率，森林生态系统在降水量较高时有较高的存在概率，草地主要受中等水平降水量影响。降水量对三类生态系统影响的总体趋势为降水量增加，植被类型由荒漠向森林转变，转变过程中植被内部组成结构变化明显，具体表现为高覆盖度草地和森林的面积增加，生态系统内部高生态功能组分增加，生态系统生产力增强，研究区内整体生态服务功能增强，

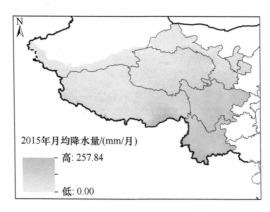

图 14.4　青藏高原地区 2015 年月均降水量分布图

抗干扰能力增强，生态系统脆弱性降低，即随着降水量增加，森林生态系统存在的概率越大，地区脆弱性越弱。

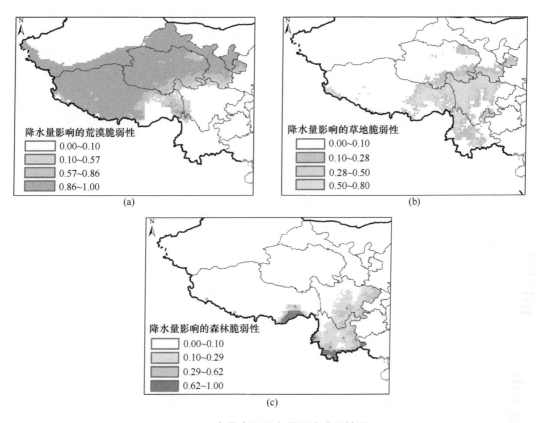

图 14.5　青藏高原降水量影响脆弱性图

本节将生态系统脆弱性与不同的气象因素联系起来，由图 14.4 和图 14.5 发现研究区生态系统脆弱性随降水的变化而变化，且呈现空间相关性。研究气象因素影响下生态系统脆弱性一个简单的应用是根据给定气象值判断当前生态系统的脆弱性，也就是说，如果给定较低的降水量值，可以推断该区域将更可能处于荒漠还是草原生态系统，生态系统结构简单，易受到干旱的影响，那么当前生态系统具有较高的脆弱性。由图 14.5（b）和（c）可以看出，降水量对草地的影响分为两方面：一是降水量减少，草地变成荒漠的可能性更大，脆弱性增加；二是降水量增加，草地更有可能向森林生态系统方向变化，脆弱性降低。因此，气候要素中，降水量是森林、草原和荒漠生态系统演替和变换的重要推动力。

2）温度影响

温度也是影响生态系统脆弱性的重要气象因素之一，植被生长需要适宜的温度。温度过高，地表水分蒸发速度快，植被生长缺乏充足的水分供应，不利于植被生长；温度过低会对植被光合作用产生负影响，增加荒漠化的可能，进而造成生态系统脆弱。因此，温度影响下的生态系统脆弱性表达为在温度影响下生态系统植被类型的存在概率。根据研究区内月均温度值计算荒漠、草原和森林三种生态系统的存在概率和空间分布，预测其生态系统脆弱性，实现三种生态系统的脆弱性空间制图（图 14.7）。由图 14.6 和图 14.7 可以看出荒漠、草原和森林的生态系统脆弱性与温度有关，但是植被的变化趋势和整体脆弱性对降水量的响应存在差异。研究区温度的空间分布规律为内部温度低，四周温度较高，荒漠和草地生态系统在温度较低的地方存在概率最高，森林生态系统在温度较高的地方存在概率较高，而荒漠和草地的空间分布规律与温度近似负相关，森林生态

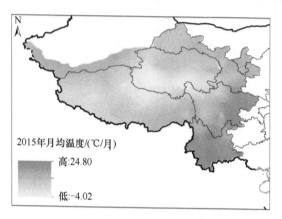

图 14.6　青藏高原地区 2015 年月均温度分布图

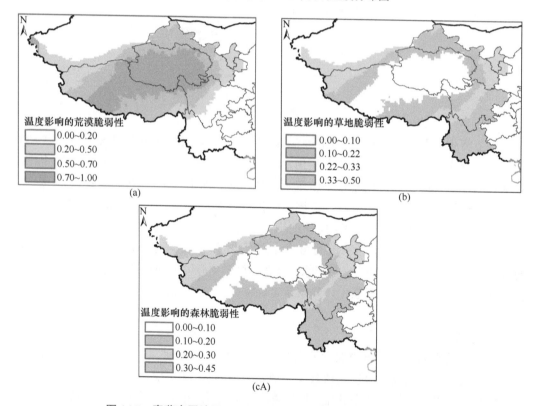

图 14.7　青藏高原地区不同生态系统受温度影响的脆弱性分布图

系统与温度分布接近正相关。因此温度主要影响低覆盖植被与高覆盖植被的分布，对荒漠和草地的影响不明显。当温度逐渐升高时，生态系统类别向森林生态系统转变，生态系统内部组成逐渐丰富，有林地面积增加，生态系统呈现逆向演替，生物多样性增加，区域生态系统服务功能增强，恢复力和抗干扰能力增强，脆弱性降低。因此，可以根据给定温度值判断当前生态系统的脆弱性情况，也就是说，如果给定较低值，可以推断该区域将更可能处于荒漠或草地生态系统，那么当前生态系统具有较高的脆弱性；若给出较高温度值，则判断出该区域森林生态系统的存在概率较高，脆弱性要好于荒漠或草地生态系统。可以确定研究区西北部的脆弱性大于东南部的脆弱性，决策者应重视对青藏高原西北部脆弱性的管理和评价。

　　3）日照时数影响

　　日照时数也是影响气候变化的主要因素之一，日照强烈造成地表蒸发量增大，使植被不能获得充足的水分，不利于植被生长；日照时间不足，不能为植被光合作用提供能量，影响光合作用进行。日照时数的变化影响研究区内的植被类型，直接影响生态系统的内部结构和功能组分，进而影响生态系统的脆弱性。因此，日照时数影响下的生态系统脆弱性表达为在日照时数影响下生态系统植被类型的存在概率。根据研究区内月均日照时数计算荒漠、草原和森林三种生态系统的存在概率和空间分布（图 14.8），预测其生态系统脆弱性，实现三种生态系统的脆弱性空间制图（图 14.9）。由图 14.8 可以看出研究区日照时数的空间分布特点为西北日照时间长，东南部日照时间较短。根据图 14.9 荒漠、草地和森林生态系统的脆弱性空间分布可以看出荒漠生态系统的分布与日照时间分布呈现正相关，森林生态系统脆弱性表现为负相关。荒漠、草地和林地生态系统脆弱性受日照时数的空间分布影响明显，可以根据给定的日照时数来推断当前地点的生态系统脆弱性，如果给定较高的日照时数，可以推断该区域将更可能处于荒漠生态系统，生态系统内生物多样性较低，生产力较弱，整体表现为脆弱性较高；反之，则更有可能处于森林生态系统，脆弱性较低。总体来说，日照时数影响的生态系统脆弱性的空间分布规律为西北脆弱性高，东南脆弱性低。

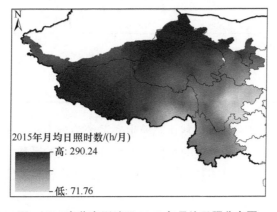

2015年月均日照时数/(h/月)
高: 290.24
低: 71.76

图 14.8　青藏高原地区 2015 年月均日照分布图

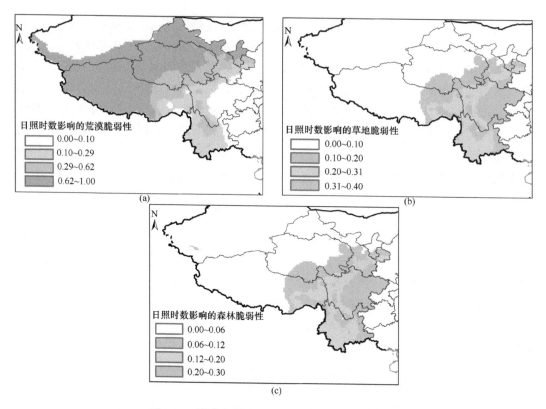

图 14.9　青藏高原地区日照时数影响的脆弱性图

2. 气象要素综合影响典型生态系统脆弱性

1）三类气象要素的逻辑回归模型计算与验证

根据多类结果逻辑回归模型计算生态系统与四种气象因素的逻辑回归方程（表 14.2）。当 Wald 检验显著性<0.05 时，表明逻辑回归方程的自变量系数具有统计意义。

表 14.2　四种气象因素的逻辑回归系数

植被类型	组别	β_0	β_1	β_2	β_3	β_4
荒漠	参照组	—	—	—	—	—
草地	实验组	5.028	4.799	−1.543	−5.511	−0.507
森林	实验组	3.942	9.018	0.704	−7.520	−1.994

三种气象要素的逻辑回归方程默认荒漠生态系统为参考组，表 14.2 中，β_0 为常数项，β_1 为降水量的系数，β_2 为温度的系数，β_3 为日照时数的系数，β_4 为风速的系数。因此，由研究区内每一个像元点的降水量、温度、日照时数和风速值可以计算出该像元的植被类型存在概率。

通过研究 2015 年研究区土地利用数据对表 14.2 的逻辑回归模型进行验证。在研究区内随机选取 200 个样本点，通过目视解译确定实际地类，统计逻辑回归方程预测植被类型（以计算概率最大的植被类型为最终植被类型），最终结果见表 14.3。三种生态系统植被类型的正确率最低为 84.62%，最高为 90.91%，考虑到研究区内植被生长过程不仅受到气候要素的影响，还会受到海拔、社会经济和人为活动的影响，因此整体精度满足后续分析要求。另外，由表 14.3 可以看出，荒漠与草地混淆程度较高，荒漠中有 8 个错分为草地；在草地预测结果中有 6 个错分为荒漠；森林预测结果较好。

表 14.3　逻辑回归模型验证结果

实际植被	预测生态系统植被类型			总计	正确率/%
	荒漠	草地	森林		
荒漠	55	8	2	65	84.62
草地	6	59	4	69	85.51
森林	2	4	60	66	90.91
总计	63	71	66	200	

2）三类气候要素综合影响下的典型生态系统脆弱性

根据资料调查发现，气候条件是影响植被生长和生态系统脆弱性的重要因素，不同气候区域的植被变化受不同的气象条件影响（刘振元等，2017）。由单一气象因子的影响分析发现，在四种气候要素中，降水量、日照时数和风速是森林、草原和荒漠生态系统演替和变换的重要推动力，温度主要影响低覆盖植被（荒漠、草地）与高覆盖植被（森林）的空间分布。为了进一步研究气候要素对典型生态系统脆弱性的综合影响，根据生态系统与四种气象因子的逻辑回归方程计算每个像元点的生态系统植被类型的存在概率，绘制空间分布图（图 14.10）。将荒漠、草原和森林的生态系统脆弱性表达为月均降水量、温度、日照时数和风速四种气象因子共同影响下的典型生态系统植被覆盖类型的存在概率，森林生态系统内树木覆盖率高，典型生态系统内高生态功能组分数量多，生物多样性复杂，生态系统生产力高，抵抗干扰能力强，脆弱性减弱。

图 14.10（a）显示了荒漠生态系统受气象因素综合影响的脆弱性空间分布，荒漠生态系统主要分布在西藏西部、新疆、青海西北部和甘肃西部，可以看出研究区西北部荒漠存在概率最高，生态系统结构最简单，抵抗干扰能力最差，研究区脆弱性最高；图 14.10（b）为草地生态系统的预测空间分布，主要分布在西藏中部和南部、青海省中部和南部、甘肃省东南部、四川西部和云南北部，脆弱性要略低于荒漠生态系统；图 14.10（c）为气象因素影响下的森林生态系统空间分布图，主要分布在四川东部、云南省南部和西藏东南部地区，生态系统脆弱性最低。因此，研究区脆弱性的空间分布特点为西北脆弱性较为严重，东南部较好，未来应注重西北部地区的生态环境建设和管理。

近些年来，全球气候变化明显，对生态系统和植被类型的影响十分显著。据气象资料分析，青藏高原及周边地区平均气温明显上升，趋势为 0.41℃/10a；降水量相对稳定，每年增幅较小；日照时数相对稳定；风速总体呈降低趋势。研究区中大部分区域属于干旱半干旱地区，降水量是植被生长的主要限制因素。文献研究表明，降水量增加 10%有

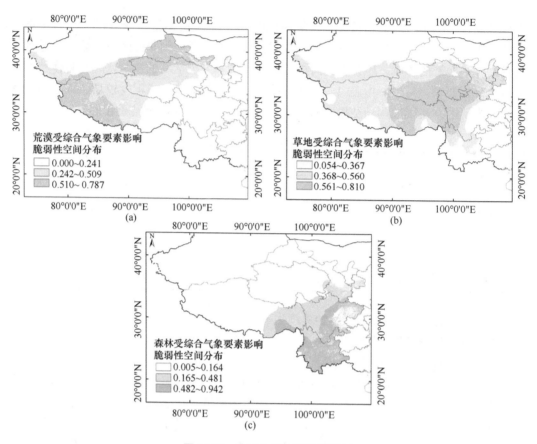

图 14.10 典型生态系统脆弱性图

利于植被生长和土地沙漠化逆转，戈壁和风蚀沙化将形成沙漠，草地和森林面积将扩大，生态系统内生物多样性增加，脆弱性降低；反之，若降水量降低 10%，水分较少，会导致沙漠化面积增大，生态系统功能遭到破坏，生态系统脆弱性增加。温度对青藏高原地区植被的影响比降水量复杂，若温度上升，尤其是高寒地区温度升高，则能够为植被生长提供能量，植被初级生产力随温度而增加，生态系统组成成分和功能结构稳定，生态系统脆弱性降低；若温度过高，会增加研究区地表蒸发量，如果降水量没有随之增加，则干旱会加重，影响植被正常生长，增加土地沙漠化的概率。类似地，日照时间增加会造成地表蒸发相应地增加，同时若降水量没有显著增加，草地和森林将会减少，荒漠化将会严重，这将导致严重的土壤侵蚀，生育力下降和初级生产力下降，生态系统功能遭到破坏，进而加重生态系统的脆弱性（Zhang et al.，2016b）。风速是造成土壤沙化和地表侵蚀的重要因素，风速降低会减弱土壤的风蚀作用并减少地表的蒸发作用，能够为植被生长提供足够的水分，有利于植被生长，稳定生态系统结构和功能，增加生态系统生物多样性，降低生态系统脆弱性。

3. 青藏高原荒漠–草地、草地–森林过渡脆弱区

青藏高原主要生态系统植被类型包括荒漠、草地和森林三种，近年来，受全球气候变暖的影响，森林和草地等植被生态系统发生退化，青藏高原沙漠面积明显增长。青藏高原海拔较高，受人为影响较少，因此气象因素的时空变化能够直接影响生态系统植被的生长周期和空间分布。青藏高原植被的生长规律大致为，荒漠主要分布在新疆、青海省西北部、甘肃省西部和西藏自治区中西部，草地主要分布在甘肃省东南部、青海省东南部和西藏的中东部，森林主要分布在甘肃南部、四川省、云南省和西藏自治区的东南角。因此，为了更为精确地研究草地和森林的退化脆弱区，结合气象因素影响下的植被存在概率提取草地向荒漠转化和森林向草地转化的过渡脆弱带。

利用气象因素计算的植被类型存在概率中，有一些像元的草地和荒漠存在概率介于 0.4～0.6 且十分接近，荒漠和草地存在概率无法准确判断，也就是说，受气候影响荒漠和草地两种植被类型均有可能存在，同理也有一些像元的草地和森林存在概率介于 0.4～0.6 且十分接近，也无法判断该像元的植被类型。因此本节根据气象要素综合影响提取荒漠–草地、草地–森林的过渡脆弱区，最终计算草地–森林、荒漠–草地的过渡脆弱区。结果如图 14.11 所示，其中荒漠–草地脆弱过渡带的划分依据为，土地利用数据中地类为草地，综合气象要素预测为荒漠，则该地区分为荒漠–草地脆弱过渡带；草地–森林脆弱过渡带的划分依据为，土地利用数据中地类为林地，综合气象要素预测为草地，则该地区分为草地–森林脆弱过渡带。荒漠–草地脆弱过渡带主要分布在新疆、西藏中西部、青海中北部以及宁夏西部；草地–森林脆弱过渡带主要分布在四川中部、甘肃最南部、云南北部和西藏东南角。

青藏高原的生态系统状况给政府、科学家和当地人民带来了巨大的挑战。生态环境中森林向草地、草地向荒漠退化的地区应该是保护和管理的重点。政府机构应重视青藏

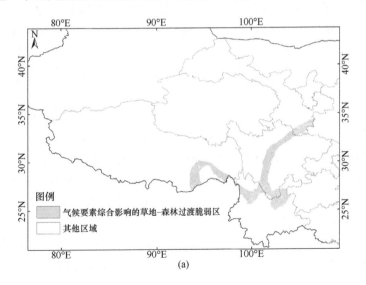

(a)

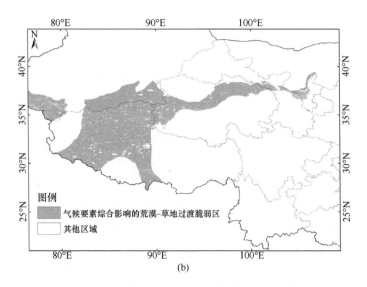

图 14.11 草地-森林过渡脆弱区（a）和荒漠-草地过渡脆弱区（b）

高原西北部的生态环境建设和保护，要根据当地情况制定适当的经济发展战略，尤其是对于受气候影响明显的过渡脆弱区，应采取人工保护措施，减少大雨、高温和强烈日照的干扰。此外，可在荒漠化地区种植树木或草带，以减少荒漠化的速度。

14.2　黄土高原生态系统脆弱性时空分布格局

14.2.1　黄土高原生态系统脆弱性空间分布及其变化特征

黄土高原生态系统的脆弱性整体较高，呈现中重度脆弱，在空间分布格局上生态系统脆弱性呈现出从东南到西北逐渐增强的变化趋势（图 14.12）。2000 年、2005 年和 2015 年，黄土高原脆弱性等级中度以上的面积占比均超过 50%，分别为 65.23%、75.66% 和 58.98%。微度脆弱区和轻度脆弱区主要分布在黄土高原的东南部地区，如渭河和黄河流域构成的河谷平原区以及太行山区。重度和极度脆弱区主要分布在黄土高原的西北区域，如鄂尔多斯高原北部。

2000～2015 年，黄土高原生态系统脆弱性整体呈现微弱下降趋势，区域平均 EVI 数值由 2000 年的 0.72 波动到 2015 年的 0.71。这表明，同 2000 年相比，2015 年黄土高原生态环境略有好转。不同等级脆弱性面积百分比柱状图显示，2000～2015 年，黄土高原微度、轻度和中度脆弱区面积占比缓慢增加（13.27% vs. 16.59%、21.50% vs. 24.43% 和 22.33% vs.25.54%），而重度和极度脆弱区面积占比有所下降（24.9% vs.17.57%与 18.00% vs. 15.87%）（图 14.13）。这表明，黄土高原脆弱性呈微弱下降趋势，主要体现为重度和极度脆弱区向微度、轻度和中度脆弱区转变。然而，2000～2015 年生态系统脆弱性波动剧烈：2005～2015 年生态系统脆弱性先急剧下降再剧烈上升，区域平均 EVI

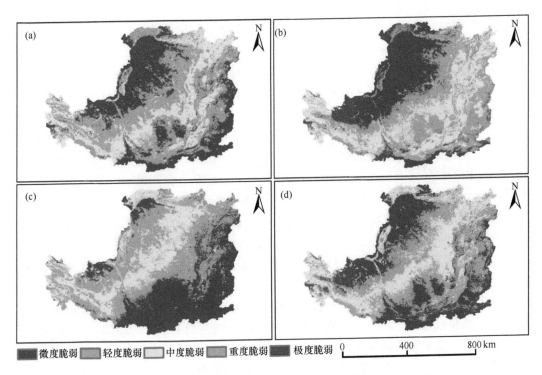

图例：■ 微度脆弱　■ 轻度脆弱　■ 中度脆弱　■ 重度脆弱　■ 极度脆弱

图 14.12　黄土高原 2000～2015 年生态系统脆弱性空间分布格局
（a）2000 年；（b）2005 年；（c）2010 年；（d）2015 年

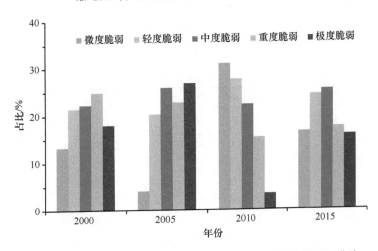

图 14.13　2000～2015 年黄土高原不同等级生态脆弱区面积百分比

由 2005 年的 0.76 下降到 2010 年的 0.65 而后上升到 2015 年的 0.71；2005～2010 年，生态系统脆弱性的下降主要体现在微度脆弱和轻度脆弱区域显著增加，面积百分比分别由 4.02% 和 20.32% 增加到 31.05% 和 27.73%；2010～2015 年，生态系统脆弱性的增加主要表现为中度、重度和极度脆弱区域的增加，面积百分比分别由 22.41%、15.36% 和 3.45% 增加到 25.54%、17.57% 和 15.87%（图 14.13）。

14.2.2 黄土高原生态系统脆弱性时空变化的驱动因子分析

本节采用地理探测器的因子探测和交互作用探测定量分析了黄土高原生态系统脆弱性时空变化的驱动因子（王劲峰和徐成东，2017）。地理探测器通过计算 q 统计值识别各单因子对生态脆弱性的影响及不同因子间交互作用的强弱、方向和性质。首先，选取生态系统脆弱性指数作为因变量，选取生态系统脆弱性的 13 个指标作为自变量因子（经标准化处理及乘以权重之后的数据），利用 Arcmap 软件创建 15 km×15 km 格网，提取因变量和各自变量因子数据。其次，利用自然断点法将各自变量因子分为 5 级，由数值量转变为类型量。最后，利用地理探测器计算 q 统计值。

地理探测器的因子探测结果反映了各评价指标对生态系统脆弱性的影响程度。整体上，黄土高原各指标对生态系统脆弱性的影响力较稳定，其中 q 值排名前三位的始终为年最大 NDVI、年降水量和湿润度指数，q 值的均值分别为 0.83、0.81 和 0.63（表 14.4），远高于其他指标的 q 值。这说明黄土高原生态系统脆弱性受植被覆盖度和气候干湿状况影响最大。黄土高原处于半湿润、半干旱和干旱区的过渡带，植被生长对水分条件更为敏感（李斌和张金屯，2003；郭敏杰等，2014；史晓亮和王馨爽，2018），因此年降水量高和湿润度指数较高的区域，植被覆盖度较高。植被条件好的区域，土壤侵蚀量会大大降低，生态系统脆弱性较低。例如，在黄土高原的东南部，降水量高，植被覆盖好（孟晗等，2019），该区生态系统脆弱性较低，属于微度和轻度脆弱等级分布区。然而，在黄土高原的西北部，年降水量较低，植被条件差，广泛分布着沙地，容易发生土壤侵蚀（王丹云等，2018；李宗善等，2019），生态系统脆弱性较高，属于重度和极度脆弱等级分布区。2000～2015 年，q 值在 4～6 位的为风蚀模数、水源涵养量、公路密度和坡度，

表 14.4　黄土高原生态系统脆弱性因子探测 q 统计值

因子	2000 年			2005 年			2010 年			2015 年			2000～2015 年	
	q	q 排序	P	q	q 排序	P	q	q 排序	P	q	q 排序	P	q 均值	q 均值排序
年最大 NDVI	0.84	1	0.00	0.86	1	0.00	0.76	2	0.00	0.87	1	0.00	0.83	1
风蚀模数	0.42	4	0.00	0.20	7	0.00	0.43	4	0.00	0.43	4	0.00	0.37	4
人均 GDP	0.21	9	0.00	0.12	10	0.00	0.17	10	0.00	0.23	7	0.00	0.18	8
大于 10℃积温	0.12	11	0.00	0.12	9	0.00	0.24	8	0.00	0.14	11	0.00	0.16	10
湿润度指数	0.66	3	0.00	0.69	3	0.00	0.52	3	0.00	0.66	3	0.00	0.63	3
人口密度	0.22	8	0.00	0.20	8	0.00	0.17	9	0.00	0.17	9	0.00	0.19	7
年降水量	0.83	2	0.00	0.81	2	0.00	0.81	1	0.00	0.79	2	0.00	0.81	2
公路密度	0.28	6	0.00	0.25	6	0.00	0.26	6	0.00	0.24	6	0.00	0.26	5
起伏度	0.14	10	0.00	0.12	11	0.00	0.25	7	0.00	0.16	10	0.00	0.17	9
香农多样性指数	0.08	13	0.00	0.06	13	0.00	0.02	12	0.00	0.01	13	1.00	0.04	12
坡度	0.25	7	0.00	0.34	5	0.00	0.14	11	0.00	0.21	8	0.00	0.23	6
水源涵养量	0.38	5	0.00	0.43	4	0.00	0.28	5	0.00	0.37	5	0.00	0.37	4
水蚀模数	0.11	12	0.00	0.08	12	0.00	0.02	13	0.32	0.12	12	0.00	0.08	11

其中风蚀模数和水源涵养量对生态系统脆弱性的影响大致相当，q 值均为 0.37，q 值排序并列第 4。这主要是因为该区域的主要生态环境问题为土壤侵蚀（Kou et al.，2016；陈佳等，2016；傅微等，2019），风蚀模数较高的区域，土壤侵蚀严重，生态系统脆弱性较高，而水源涵养量高的区域，土壤保持功能强，土壤流失量少，生态系统脆弱性低。作为社会发展的代表指标，路网密度对生态系统脆弱性的作用值得重视，其对 2000～2015 年生态系统脆弱性的平均解释力为 26%。

地理探测器的交互作用探测结果可用来评估两个因子共同作用时是否会增强对生态系统脆弱性的解释力。探测结果表明，2000～2015 年黄土高原所有指标交互作用值均大于单个因子的最大值，说明各指标对生态系统脆弱性的影响不是相互独立的，而是协同发生的（表 14.5～表 14.8）。该区域因子交互作用类型主要分为双因子增强和非线性增强 2 种情况。其中，年最大 NDVI 和年降水量交互作用对黄土高原生态系统脆弱性具有最强的解释力。2000 年、2005 年、2010 年和 2015 年，年最大 NDVI 和年降水量交互作用均排在第一位，其值分别为 0.93、0.93、0.91 和 0.95。此外，虽然单因子探测结果显示，大于 10℃积温、水蚀模数和香农多样性指数对黄土高原生态系统脆弱性的解释力较弱，2000～2015 年 q 值均值分别为 16%、8% 和 4%。但这几个因子在年最大 NDVI、年降水量和湿润度指数的相互协同作用下表现出较强的影响力，对生态系统脆弱性的解释力在 56%～92%。

基于地理探测器的因子探测结果显示，2000 年、2005 年、2010 年和 2015 年黄土高原生态系统脆弱性均主要受植被覆盖度、年降水量和湿润度指数控制（表 14.4），为了

表 14.5　黄土高原 2000 年生态系统脆弱性因子交互探测结果

因子	风蚀模数	人均GDP	大于10℃积温	湿润度指数	年最大NDVI	人口密度	年降水量	公路密度	起伏度	香农多样性指数	坡度	水源涵养量	水蚀模数
风蚀模数	0.42*												
人均GDP	0.47*	0.21*											
大于10℃积温	0.48*	0.36#	0.12*										
湿润度指数	0.70*	0.72*	0.78*	0.66*									
年最大NDVI	0.88*	0.86*	0.87*	0.88*	0.84*								
人口密度	0.50*	0.43*	0.29*	0.72*	0.85*	0.22*							
年降水量	0.85*	0.84*	0.84*	0.84*	0.93*	0.85*	0.83*						
公路密度	0.53*	0.46*	0.34*	0.73*	0.85*	0.34*	0.85*	0.28*					
起伏度	0.50*	0.41#	0.22*	0.82#	0.88*	0.28*	0.85*	0.35*	0.14*				
香农多样性指数	0.47*	0.32#	0.24#	0.71*	0.86*	0.33#	0.88*	0.36#	0.28#	0.08*			
坡度	0.46*	0.35*	0.47#	0.69*	0.87*	0.53#	0.84*	0.52*	0.54#	0.33*	0.25*		
水源涵养量	0.64*	0.50*	0.54#	0.74*	0.85*	0.61#	0.86*	0.56*	0.55*	0.39*	0.50*	0.38*	
水蚀模数	0.48*	0.32#	0.29#	0.72*	0.88*	0.34*	0.85*	0.36*	0.31*	0.18*	0.36#	0.46*	0.11*

*代表双因子增强交互作用，#代表非线性增强交互作用。

表 14.6　黄土高原 2005 年生态系统脆弱性因子交互探测结果

因子	风蚀模数	人均GDP	大于10℃积温	湿润度指数	年最大NDVI	人口密度	年降水量	公路密度	起伏度	香农多样性指数	坡度	水源涵养量	水蚀模数
风蚀模数	0.20*												
人均GDP	0.29*	0.12*											
大于10℃积温	0.32*	0.24*	0.12*										
湿润度指数	0.73*	0.71*	0.77*	0.69*									
年最大NDVI	0.87*	0.87*	0.88*	0.90*	0.86*								
人口密度	0.34*	0.27*	0.26*	0.72*	0.87*	0.20*							
年降水量	0.83*	0.83*	0.84*	0.83*	0.93*	0.84*	0.81*						
公路密度	0.35*	0.33*	0.31*	0.73*	0.86*	0.31*	0.84*	0.25*					
起伏度	0.32#	0.24#	0.16*	0.81*	0.88*	0.24#	0.86*	0.31*	0.12*				
香农多样性指数	0.26#	0.21#	0.21#	0.74*	0.87*	0.29#	0.86*	0.31#	0.23#	0.06*			
坡度	0.45*	0.43*	0.57#	0.71*	0.88*	0.60*	0.82*	0.57*	0.61#	0.39*	0.34*		
水源涵养量	0.55*	0.52*	0.60*	0.78*	0.87*	0.64*	0.86*	0.60*	0.60#	0.44*	0.55*	0.43*	
水蚀模数	0.25*	0.21#	0.26#	0.76*	0.88*	0.29#	0.84*	0.32#	0.24#	0.12*	0.45#	0.51#	0.08*

*代表双因子增强交互作用，#代表非线性增强交互作用。

表 14.7　黄土高原 2010 年生态系统脆弱性因子交互探测结果

因子	风蚀模数	人均GDP	大于10℃积温	湿润度指数	年最大NDVI	人口密度	年降水量	公路密度	起伏度	香农多样性指数	坡度	水源涵养量	水蚀模数
风蚀模数	0.43*												
人均GDP	0.48*	0.17*											
大于10℃积温	0.59*	0.39*	0.24*										
湿润度指数	0.58*	0.57*	0.72*	0.52*									
年最大NDVI	0.80*	0.77*	0.88*	0.79*	0.76*								
人口密度	0.52*	0.31*	0.28*	0.61*	0.81*	0.17*							
年降水量	0.83*	0.83*	0.86*	0.83*	0.91*	0.82*	0.81*						
公路密度	0.53*	0.38*	0.39*	0.63*	0.79*	0.30*	0.83*	0.26*					
起伏度	0.61*	0.44#	0.31*	0.77*	0.88*	0.28*	0.87*	0.40*	0.25*				
香农多样性指数	0.47#	0.23#	0.31#	0.56*	0.77*	0.23#	0.83*	0.32#	0.33#	0.02*			
坡度	0.45*	0.25*	0.52#	0.57*	0.78*	0.43#	0.82*	0.42#	0.59*	0.18#	0.14*		
水源涵养量	0.54*	0.39*	0.64#	0.57*	0.78*	0.55#	0.83*	0.51*	0.65#	0.31*	0.36*	0.28*	
水蚀模数	0.55#	0.25#	0.29#	0.66*	0.77*	0.19#	0.85#	0.30#	0.28*	0.04*	0.28#	0.30*	0.02*

*代表双因子增强交互作用，#代表非线性增强交互作用。

表 14.8　黄土高原 2015 年生态系统脆弱性因子交互探测结果

因子	风蚀模数	人均GDP	大于10℃积温	湿润度指数	年最大NDVI	人口密度	年降水量	公路密度	起伏度	香农多样性指数	坡度	水源涵养量	水蚀模数
风蚀模数	0.43*												
人均GDP	0.48*	0.23*											
大于10℃积温	0.51*	0.35*	0.14*										
湿润度指数	0.70*	0.70*	0.76*	0.66*									
年最大NDVI	0.89*	0.88*	0.92*	0.90*	0.87*								
人口密度	0.51*	0.33*	0.22*	0.71*	0.89*	0.17*							
年降水量	0.82*	0.83*	0.83*	0.81*	0.95*	0.82*	0.79*						
公路密度	0.51*	0.40*	0.31*	0.73*	0.88*	0.29*	0.83*	0.24*					
起伏度	0.55*	0.43#	0.23*	0.78*	0.88*	0.23*	0.83*	0.33*	0.16*				
香农多样性指数	0.46#	0.28#	0.17#	0.69#	0.88#	0.19#	0.82#	0.28#	0.20#	0.01*			
坡度	0.47*	0.34*	0.49#	0.66*	0.88*	0.47#	0.81*	0.46*	0.56*	0.26#	0.21*		
水源涵养量	0.63*	0.51*	0.60*	0.71*	0.88*	0.58#	0.83*	0.55*	0.61#	0.43#	0.46*	0.37*	
水蚀模数	0.49*	0.33*	0.34#	0.68*	0.88*	0.28*	0.82*	0.34*	0.35#	0.15#	0.30*	0.43*	0.12*

*代表双因子增强交互作用，#代表非线性增强交互作用。

探讨生态系统脆弱性动态变化空间格局的驱动因子，本节进一步分析了 2000～2005 年、2005～2010 年、2010～2015 年及 2000～2015 年黄土高原所有像元年降水量、年最大 NDVI 和湿润度指数变化值对 EVI 变化值的解释率（表 14.9）。结果显示，植被覆盖度的变化对生态系统脆弱性的变化解释率最高（46%～57%），其次为年降水量变化量（15%～24%），而湿润度指数变化量对生态系统脆弱性变化的解释率较小（1%～4%）。这表明，2000～2015 年黄土高原生态系统脆弱性的变化格局主要受植被覆盖度和年降水量控制。植被覆盖度和年降水量年际波动较大，导致 2005～2010 年及 2010～2015 年生态系统脆弱性变化的空间格局波动剧烈。2000～2015 年黄土高原大部分区域生态系统脆弱性程度的降低主要是因为植被恢复和降水量的增加（史晓亮和王馨爽，2018；孟晗等，2019）。一方面，黄土高原降水的上升趋势能有力地促进植被的恢复；另一方面，国家自 1999 年以来在研究区实施的退耕还林还草和封山育林等大规模植被建设政策也使

表 14.9　基于多元逐步线性回归方程的 2000～2005 年、2005～2010 年、2010～2015 年和 2000～2015 年黄土高原年降水量变化、NDVI 变化和湿润度指数变化对 EVI 变化的解释率

年份	NDVI	年降水量	湿润度指数	共同解释率
2000～2005	0.57[a]	0.24[a]	0.01[a]	0.82[a]
2005～2010	0.48[a]	0.15[a]	0.00[a]	0.62[a]
2010～2015	0.46[a]	0.22[a]	0.04[a]	0.72[a]
2000～2015	0.55[a]	0.21[a]	—	0.76[a]

a 代表在 0.01 置信水平上显著（样本数 N=623589）。

得植被覆盖度显著增加，生态环境得到改善（修丽娜等，2019）。植被状况的改善方面，能够通过改变地表反射率和下垫面粗糙度以达到减缓径流冲蚀、风力侵蚀和保持水土的作用（Carlson and Ripley，1997），从而降低生态系统的脆弱性。

14.3　干旱半干旱区生态系统脆弱性时空分布格局

14.3.1　干旱半干旱区生态系统脆弱性空间分布及其变化特征

干旱半干旱区的生态系统脆弱性整体较高，呈现重极度脆弱（图 14.14）。在空间分布格局上，干旱半干旱区的生态系统脆弱性自东向西呈现先递增后再递减的趋势。2000年、2005 年和 2010 年，干旱半干旱区重度脆弱和极度脆弱等级面积比均大于 50%，分别为 59.16%、69.69%和 69.21%。生态系统脆弱性在微度和轻度等级的区域主要分布在阿尔泰山、天山和祁连山等高大山脉地区。重度和极度脆弱区主要分布在沙地广泛分布区，如古尔班通古特沙漠、塔克拉玛干沙漠北部边缘和巴丹吉林沙漠附近。

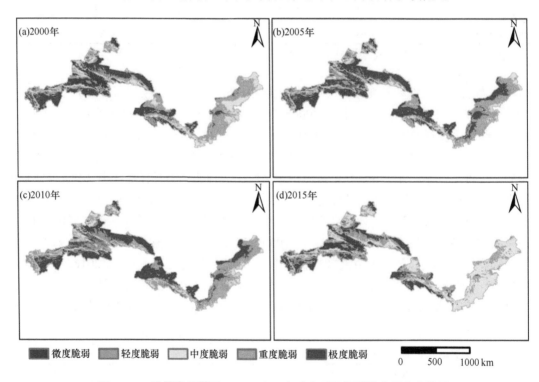

图 14.14　干旱半干旱区 2000～2015 年生态系统脆弱性空间分布格局

2000～2015 年干旱半干旱区生态系统脆弱性呈显著下降趋势，区域平均 EVI 数值由 2000 年的 0.92 降低到 2015 年的 0.87。这说明，同 2000 年相比，2015 年干旱半干旱区生态环境整体有所好转。该区域不同等级生态脆弱区面积百分比图表明，2000～2010年各等级生态脆弱区面积占比变化不大，而 2010～2015 年，中度脆弱区面积占比明显上升（12.81% vs. 36.63%），重度脆弱区和极度脆弱区面积占比明显下降（34.34% vs. 26.80%和 34.88% vs. 11.97%）（图 14.15）。这表明，干旱半干旱区生态系统脆弱性下降，主要体现为重度和极度脆弱区向中度脆弱区转变。

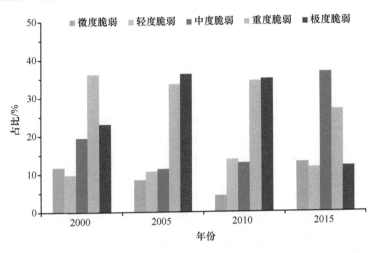

图 14.15　2000~2015 年干旱半干旱区不同等级生态脆弱区面积百分比

14.3.2　干旱半干旱区生态系统脆弱性时空变化的驱动因子分析

基于地理探测器的因子探测和交互作用探测，本节定量分析了干旱半干旱区生态系统脆弱性时空变化的驱动因子。首先，选取生态系统脆弱性指数作为因变量，选取生态系统脆弱性的 13 个指标作为自变量因子（经标准化处理及乘以权重之后的数据），利用 Arcmap 10.3 软件，创建 15 km×15 km 格网，提取因变量和各自变量因子数据。其次，利用自然断点法将各自变量因子分为 5 级，由数值量转变为类型量。最后，利用地理探测器分析各评价指标对干旱半干旱区生态系统脆弱性的影响。

因子探测结果反映了各评价指标对生态系统脆弱性的影响程度。结果表明，干旱半干旱区各指标对生态系统脆弱性的影响力较稳定，q 值排名在前五位的始终为大于 10℃ 积温、年降水量、湿润度指数、起伏度和坡度（表 14.10）。这五个指标 2000~2015 年的 q 值均值分别为 0.86、0.77、0.73、0.70、0.69，远高于其他指标的 q 值。这说明干旱半干旱区生态系统脆弱性主要受气温、水分及地形起伏状况影响。该研究结果同最近其他学者在西北干旱区的研究结果相一致（李路等，2021；张学渊等，2021）。阿尔泰山和天山区域受海洋暖湿气流及山地冰川融水的影响，气温适宜，降水量高，导致该区域植被覆盖度和生物多样性高，因此生态环境较好，生态系统脆弱性较低（郭兵等，2018b）。古尔班通古特沙漠、塔克拉玛干沙漠北部和巴丹吉林沙漠区域年降水量较少（<200mm），同时气温较高，蒸发强烈，地表被沙漠戈壁覆盖，导致该区域生态系统脆弱性较大（刘羽等，2011；苏俊礼等，2016）。

表 14.10　干旱半干旱区生态系统脆弱性因子探测 q 值统计

因子	2000 年			2005 年			2010 年			2015 年			2000～2015 年	
	q	q 排序	P	q	q 排序	P	q	q 排序	P	q	q 排序	P	q 均值	q 均值排序
年最大 NDVI	0.33	7	0.00	0.25	7	0.00	0.32	7	0.00	0.22	7	0.00	0.28	7
风蚀模数	0.11	9	0.00	0.09	9	0.00	0.16	9	0.00	0.09	9	0.00	0.11	9
人均 GDP	0.04	11	0.00	0.02	12	0.04	0.04	11	0.00	0.01	12	0.76	0.03	11
大于 10℃积温	0.88	1	0.00	0.88	1	0.00	0.81	1	0.00	0.87	1	0.00	0.86	1
湿润度指数	0.76	3	0.00	0.73	4	0.00	0.76	2	0.00	0.69	4	0.00	0.73	3
人口密度	0.01	12	0.99	0.02	11	0.90	0.01	13	1.00	0.01	11	1.00	0.01	12
年降水量	0.82	2	0.00	0.85	2	0.00	0.66	4	0.00	0.74	2	0.00	0.77	2
公路密度	0.01	13	0.17	0.01	13	0.51	0.02	12	0.00	0.00	13	0.74	0.01	12
起伏度	0.70	4	0.00	0.75	3	0.00	0.64	5	0.00	0.70	3	0.00	0.70	4
香农多样性指数	0.04	10	0.00	0.04	10	0.00	0.05	10	0.00	0.08	10	0.00	0.05	10
坡度	0.69	5	0.00	0.73	5	0.00	0.70	3	0.00	0.66	5	0.00	0.69	5
水源涵养量	0.23	8	0.00	0.22	8	0.00	0.26	8	0.00	0.20	8	0.00	0.22	8
水蚀模数	0.35	6	0.00	0.35	6	0.00	0.39	6	0.00	0.42	6	0.00	0.38	6

　　交互作用探测结果可用来评估两个因子共同作用时是否会增强对生态系统脆弱性的解释力。结果表明，2000～2015 年干旱半干旱区所有因子交互作用值均大于单个因子的最大值，说明各因子对生态系统脆弱性的影响是协同发生的（表 14.11～表 14.14）。同时，干旱半干旱区因子交互作用类型主要包括双因子增强和非线性增强 2 种情况。

表 14.11　干旱半干旱区 2000 年生态系统脆弱性因子交互探测结果

因子	风蚀模数	人均 GDP	大于 10℃积温	湿润度指数	年最大 NDVI	人口密度	年降水量	公路密度	起伏度	香农多样性指数	坡度	水源涵养量	水蚀模数
风蚀模数	0.11*												
人均 GDP	0.17#	0.04*											
大于 10℃积温	0.89*	0.89*	0.88*										
湿润度指数	0.77*	0.78*	0.93*	0.76*									
年最大 NDVI	0.36*	0.38#	0.96*	0.79*	0.33*								
人口密度	0.15#	0.09#	0.89*	0.77*	0.39#	0.01*							
年降水量	0.83*	0.85*	0.95*	0.85*	0.84*	0.84*	0.82*						
公路密度	0.14#	0.11#	0.91#	0.78#	0.38#	0.03#	0.85#	0.01*					
起伏度	0.72*	0.73*	0.88*	0.87*	0.90*	0.70*	0.92*	0.74#	0.70*				
香农多样性指数	0.14*	0.09#	0.90*	0.78*	0.37*	0.06#	0.83*	0.08#	0.72*	0.04*			
坡度	0.70*	0.73#	0.90*	0.85*	0.80*	0.70*	0.89*	0.71#	0.78*	0.72*	0.69*		
水源涵养量	0.28*	0.27#	0.91*	0.77*	0.40*	0.25#	0.83*	0.25#	0.80*	0.29#	0.74*	0.23*	
水蚀模数	0.40*	0.37*	0.88*	0.79*	0.67*	0.39#	0.84*	0.37#	0.70*	0.38*	0.70*	0.54*	0.35*

*代表双因子增强交互作用，#代表非线性增强交互作用。

表 14.12　干旱半干旱区 2005 年生态系统脆弱性因子交互探测结果

因子	风蚀模数	人均GDP	大于10℃积温	湿润度指数	年最大NDVI	人口密度	年降水量	公路密度	起伏度	香农多样性指数	坡度	水源涵养量	水蚀模数
风蚀模数	0.09*												
人均GDP	0.11#	0.02*											
大于10℃积温	0.91*	0.89*	0.88*										
湿润度指数	0.74*	0.76#	0.92*	0.73*									
年最大NDVI	0.27*	0.30#	0.95*	0.76*	0.25*								
人口密度	0.15*	0.05#	0.89*	0.76#	0.35*	0.02*							
年降水量	0.86*	0.86*	0.94*	0.87*	0.87*	0.86*	0.85*						
公路密度	0.14#	0.04#	0.91#	0.75#	0.32#	0.03#	0.88#	0.01*					
起伏度	0.77*	0.76*	0.89*	0.87*	0.90*	0.75*	0.91*	0.78#	0.75*				
香农多样性指数	0.13*	0.09#	0.90*	0.76*	0.30*	0.07*	0.87*	0.07#	0.76*	0.04*			
坡度	0.73*	0.74*	0.91*	0.86*	0.80*	0.74*	0.88*	0.74#	0.82*	0.75*	0.73*		
水源涵养量	0.26*	0.24#	0.91*	0.76*	0.35*	0.25*	0.86*	0.24*	0.83*	0.27#	0.76*	0.22*	
水蚀模数	0.40*	0.36#	0.88*	0.77*	0.61#	0.37#	0.86*	0.38*	0.75*	0.38*	0.73*	0.53*	0.35*

*代表双因子增强交互作用，#代表非线性增强交互作用。

表 14.13　干旱半干旱区 2010 年生态系统脆弱性因子交互探测结果

因子	风蚀模数	人均GDP	大于10℃积温	湿润度指数	年最大NDVI	人口密度	年降水量	公路密度	起伏度	香农多样性指数	坡度	水源涵养量	水蚀模数
风蚀模数	0.16*												
人均GDP	0.19*	0.04*											
大于10℃积温	0.89*	0.85*	0.81*										
湿润度指数	0.77*	0.77*	0.90*	0.76*									
年最大NDVI	0.36*	0.38#	0.93*	0.80*	0.32*								
人口密度	0.21#	0.07#	0.83#	0.77*	0.42#	0.01*							
年降水量	0.67*	0.71#	0.93*	0.79*	0.71*	0.68#	0.66*						
公路密度	0.18#	0.12#	0.87#	0.77*	0.37#	0.05#	0.70*	0.02*					
起伏度	0.73*	0.68#	0.82*	0.86*	0.87*	0.65#	0.89*	0.71*	0.64*				
香农多样性指数	0.20*	0.10#	0.84*	0.78*	0.36*	0.06*	0.69*	0.09*	0.67*	0.05*			
坡度	0.72*	0.71*	0.85*	0.86*	0.83*	0.71*	0.85*	0.72*	0.75*	0.73*	0.70*		
水源涵养量	0.35*	0.30*	0.86*	0.77*	0.43*	0.27*	0.68*	0.28#	0.78*	0.30#	0.75*	0.26*	
水蚀模数	0.45*	0.42*	0.83*	0.79*	0.68*	0.41#	0.73*	0.44#	0.66*	0.43*	0.70*	0.56*	0.39*

*代表双因子增强交互作用，#代表非线性增强交互作用。

2000 年、2005 年、2010 年和 2015 年，各因子交互作用排在第一位的均为大于 10℃积温和年最大 NDVI 的交互作用，其值分别为 0.96、0.95、0.93 和 0.93。香农多样性指数、人均 GDP、人口密度和公路密度单独对生态系统脆弱性影响极小（q 均值小于

0.05），但与气温、水分及地形状况因子交互作用后，对生态系统脆弱性的解释力在65%～92%。

表 14.14　干旱半干旱区 2015 年生态系统脆弱性因子交互探测结果

因子	风蚀模数	人均GDP	大于10℃积温	湿润度指数	年最大NDVI	人口密度	年降水量	公路密度	起伏度	香农多样性指数	坡度	水源涵养量	水蚀模数
风蚀模数	0.09*												
人均GDP	0.10#	0.01*											
大于10℃积温	0.89*	0.88#	0.87*										
湿润度指数	0.70*	0.71#	0.90*	0.69*									
年最大NDVI	0.25*	0.26#	0.93*	0.72*	0.22*								
人口密度	0.12#	0.03#	0.88*	0.69*	0.30#	0.01*							
年降水量	0.75*	0.78#	0.92*	0.78*	0.76*	0.76#	0.74*						
公路密度	0.11#	0.05#	0.90*	0.70#	0.27#	0.03#	0.78#	0.00*					
起伏度	0.73*	0.73#	0.87*	0.85*	0.86*	0.71*	0.90*	0.75#	0.70*				
香农多样性指数	0.16*	0.10#	0.92*	0.75*	0.28*	0.11#	0.79*	0.11#	0.76*	0.08*			
坡度	0.68*	0.69#	0.89*	0.80*	0.75*	0.67*	0.84*	0.68#	0.77*	0.73*	0.66*		
水源涵养量	0.25*	0.22#	0.89*	0.71*	0.34*	0.21#	0.75*	0.21#	0.78*	0.27*	0.70*	0.20*	
水蚀模数	0.46*	0.43*	0.87*	0.75*	0.62*	0.43*	0.80*	0.44#	0.71*	0.49*	0.67*	0.56*	0.42*

*代表双因子增强交互作用，#代表非线性增强交互作用。

基于地理探测器因子分析结果，本节进一步分析了 2000～2005 年、2005～2010 年、2010～2015 年及 2000～2015 年干旱半干旱区所有像元大于 10℃积温、年降水量、湿润度指数、NDVI、风蚀模数、香农多样性指数、水蚀模数和水源涵养量变化值对 EVI 变化值的解释率（表 14.15）。结果显示，不同时段生态系统脆弱性变化空间格局的主控因子不同且其解释力也存在较大差别。2000～2005 年及 2000～2015 年，生态系统脆弱性变化的主控因子均为植被覆盖度（年最大 NDVI），解释力分别为 45%和 22%。2005～2010 年及 2010～2015 年，年降水量的变化对生态系统脆弱性的解释力最高，分别为 60% 和 26%。这说明，2000～2015 年干旱半干旱区生态系统脆弱性的变化主要受植被覆盖

表 14.15　基于多元逐步线性回归方程的 2000～2005 年、2005～2010 年、2010～2015 年和 2000～2015 年干旱半干旱区各评价指标变化对 EVI 变化的解释率

年份	年最大NDVI	大于10℃积温	年降水量	湿润度指数	风蚀模数	香农多样性指数	水蚀模数	水源涵养量	共同解释率
2000～2005	0.45[a]	0.25[a]	0.2[a]	0.00[a]	0.01[a]	0.00[a]	0.00[a]	0.00[a]	0.91
2005～2010	0.17[a]	0.07[a]	0.60[a]	0.00[a]	0.00[a]	0.00[a]	0.00[a]	0.00[a]	0.85
2010～2015	0.07[a]	0.08[a]	0.26[a]	0.00[a]	0.03[a]	0.01[a]	0.01[a]	0.01[a]	0.46
2000～2015	0.22[a]	0.00[a]	0.1[a]	0.03[a]	0.01[a]	0.05[a]	0.00[a]	0.00[a]	0.41

a 代表在 0.01 置信水平上显著（样本数 N=1137951）。

度和年降水量变化的控制。研究时段内，该区域降水量呈现增加态势（李明等，2021），同时国家在该区域持续实施的一系列重大生态恢复工程（如退牧还草和京津风沙源综合治理工程）显著改善了植被状况，植被覆盖度增加（Tian et al.，2015；Zhang et al.，2016a），使得生态系统脆弱性出现总体改善的趋势（齐姗姗等，2017）。局部区域，如阿尔泰山及天山西部，生态系统脆弱性加剧，主要是因为人口的迅速增加及经济的快速发展对生态环境造成了破坏。

14.4　喀斯特地区生态系统脆弱性时空分布格局

14.4.1　喀斯特地区生态系统脆弱性空间分布及其变化特征

2000~2015 年西南喀斯特地区的生态系统脆弱性指数分别为 0.37、0.39、0.37 和 0.35，均属于轻中度脆弱（图 14.16 和图 14.17）。在空间分布格局上，不同等级生态脆弱区空间分布差异显著。其中，轻度脆弱区分布面积最广，15 年间其占总面积为 35.25%~37.17%，广泛分布于整个研究区，如分布于云南省中部和南部、湖北省西部、

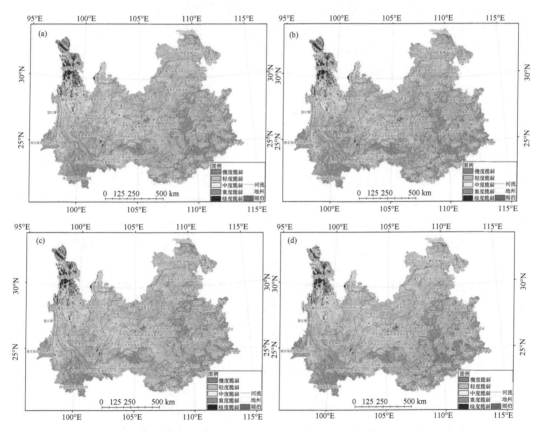

图 14.16　西南喀斯特山区 2000~2015 年生态系统脆弱性空间分布格局

（a）2000 年；（b）2005 年；（c）2010 年；（d）2015 年

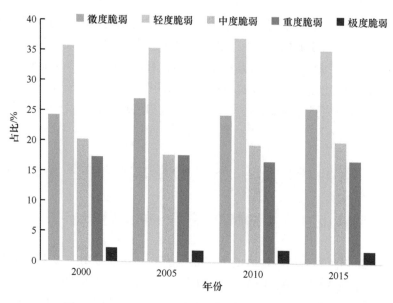

图 14.17　2000～2015 年西南喀斯特山区生态脆弱性

贵州–湖南交接地带等，主要原因在于该地区植被覆盖度高，生物多样性较高，生态恢复力较大，降水充沛，水资源丰富，生态敏感性和生态压力度较低（郭兵等，2017）。

　　其次为微度脆弱区，15 年间面积占比为 24.26%～27.05%，主要分布于潞西市、思茅市、景洪市、百色市北部、怀化市、梧州市、肇庆市，该地区水资源充沛，植被覆盖度高，地形起伏度低，水土流失强度较低，生态恢复力较高，而生态敏感性较低。

　　而重度和极度脆弱区则主要分布于康定县、毕节市中东部、六盘水–安顺市–兴义市交界地带、桂林市南部、娄底市中南部、邵阳市中东部、永州市北部等区域，其主要原因略有差异，其中康定县脆弱性较高，主要由于该地区海拔高，地形陡峻，气温低，降水少，植被盖度低，无霜期短，冻融侵蚀严重（罗旭玲等，2021），而贵州中部生态脆弱性较高主要由于该地区植被覆盖较低，生态恢复力较低，水土流失和石漠化严重，生态敏感性高（姚雄等，2016；Guo et al.，2020a；赵珂等，2004）。

　　2000～2015 年，喀斯特地区生态系统脆弱性总体有所下降，该区域不同等级脆弱性面积百分比图表明（图 14.17），2000～2015 年除重度脆弱性有所降低外，变化主要发生在 2005～2015 年，其他脆弱等级面积占比变化不大，微度脆弱区和中度脆弱区面积占比明显下降，有波动变化。这表明，西南喀斯特山区生态系统脆弱性下降，主要体现为重度脆弱区向中度脆弱区和微度脆弱区转变。

14.4.2　喀斯特地区生态系统脆弱性变化趋势

　　2000～2005 年［图 14.18 和图 14.19（a）］，西南山地喀斯特地区中度和重度脆弱性呈现下降趋势的地区共占研究区总面积的 14.22%，主要分布于以景洪市、普洱市、个旧市、玉溪市、潞西市等地级市为代表的西南部地区，以湘潭市、常德市、凯里

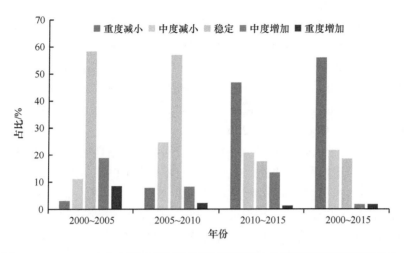

图 14.18　2000～2015 年西南喀斯特地区不同等级生态脆弱区变化面积百分比

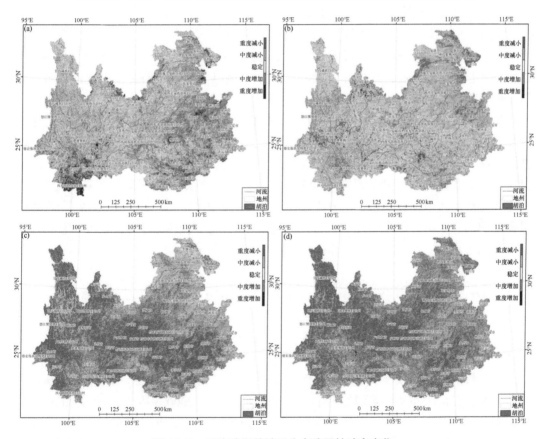

图 14.19　西南喀斯特地区生态脆弱性动态变化

（a）2000～2005 年；（b）2005～2010 年；（c）2010～2015 年；（d）2000～2015 年

市、怀化市、玉林市、防城港市、北海市等为代表的东部、东南部地区，以及以兴义市、曲靖市等为典型代表的中部地区。中度和重度脆弱性呈增加趋势的地区共占总面积的

27.42%，主要集中于该区的西北部，如康定市、香格里拉市、攀枝花市、怒江傈僳族自治州、雅安市、乐山市、西昌市等，以及中部地区，如昭通市、毕节市、六盘水市、遵义市西部、都匀市等。脆弱性稳定区主要分布于中部及北部地区，占研究区总面积的58.36%。形成以上生态系统脆弱性时空变化分布格局的原因主要是降水、自然灾害、土地利用类型分布状况的改变，植被覆盖率变化，人类活动等（李维杰和王健力，2019；Clement et al.，2020；Guo et al.，2020b）。

2005～2010 年［图 14.18 和图 14.19（b）］，西南山地喀斯特地区的生态脆弱性中度和重度减小区共占研究区总面积的 32.58%，主要分布于以都匀市、安顺市、河池市以及文山市为代表的中部地区和西部地区。重度和中度增加区共占总面积的 10.48%，主要分布于东北部地区和娄底市、衡阳市等，以及以普洱市思茅区、景洪市、香格里拉市等为代表的西部地区。研究区的中部和东部各县市为稳定区，且占总面积的 56.94%。上述空间变化格局主要受气温、降水、地质灾害、人类活动（社会经济发展程度、围湖造田、退耕还草、退耕还林）等的影响。

2010～2015 年［图 14.18 和图 14.19（c）］，该研究区生态脆弱性中度和重度减小区共占研究区总面积的 76.89%，重度和中度增加区分布面积较小，仅占总面积的 2.99%，零散分布于常德市、康定市等地，而脆弱性稳定区则主要分布于该区的东北部，如十堰市、襄樊市、益阳市、湘潭市等。

2000～2015 年［图 14.18 和图 14.19（d）］，西南山地喀斯特地区的生态脆弱性表现为先增加后减小的趋势。近 15 年，研究区大部分地区的生态环境质量均呈现一定程度的改善，而少数地区生态脆弱性则呈现出一定的加剧趋势，其中造成该地区生态脆弱性加剧的主要原因可能是极端天气事件、泥石流、表层土壤随雨水下渗、土壤石漠化和人类活动（如围湖造田、乱砍滥伐、过度伐木、毁林造田、放火烧山等），而植被覆盖度增加、政府实施生态保护工程（退耕还林/还草）等因素则使该地区生态环境状况得以改善。

14.5 农牧交错带生态系统脆弱性时空分布格局

14.5.1 农牧交错带生态系统脆弱性空间分布及其变化特征

通过综合评价法获得的生态脆弱性综合指数分布情况如图 14.20 所示。2000～2015年农牧交错带的生态系统脆弱性多年均值 0.819，其中，2000 年最高，为 1.001；2010年最低，为 0.723。在空间分布格局上，整个研究区内的资源环境脆弱综合指数分布差异明显，随着区域的不同特征而变化，过渡十分明显。不同等级的生态系统脆弱性面积分布较为均匀，约有 1/3 的区域属于轻度和微度脆弱区，主要分布在大兴安岭、阴山和太行山等山脉地区，主要包括呼伦贝尔的中东部地区、兴安盟的大部分地区、通辽市西北部分地区、赤峰市的西南部地区、河北北部、山西北部以及呼和浩特部分地区。该地区的特点是自然环境较好，林地较多，山区地带人为干扰活动较少（邓伟等，2016）。

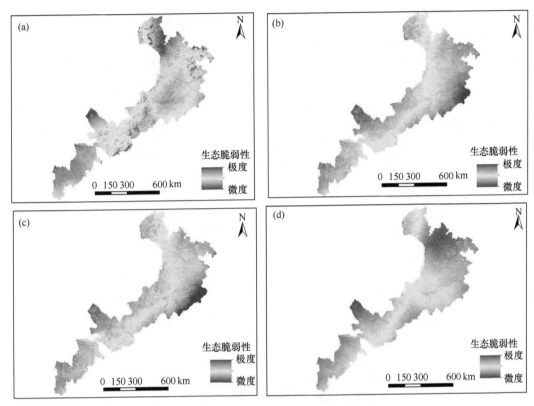

图 14.20　北方农牧交错带生态脆弱性综合指数分布

（a）2000 年；（b）2005 年；（c）2010 年；（d）2015 年

中度脆弱地区主要分布于山脉地区向高原或沙地的中间部分以及陕西的榆林地区、锡林郭勒盟东部部分地区等。该区域自然条件较差，很容易因为自然环境和人类活动的干扰演变成高度生态脆弱区，所以对该地区的生态环境管理应该加以重点保护（邹亚荣和张增祥，2002）。极度脆弱区和高度脆弱区主要分布在呼伦贝尔的西南部地区（即呼伦贝尔沙地的核心区域）、锡林郭勒大部分区域（即浑善达克沙地的核心区域）、阴山山脉以北地区、鄂尔多斯高原大部分地区以及科尔沁沙漠的核心地区通辽市。该区域自然条件恶劣，干旱程度严重，也是生态治理和生态保护的重点对象，生态治理难度较大。

14.5.2　农牧交错带生态系统脆弱性变化趋势

2000～2015 年，农牧交错带生态系统脆弱性整体呈现下降趋势，区域平均 EVI 数值由 2000 年的 1.001 波动减小到 2015 年的 0.8113。这表明，同 2000 年相比，2015 年农牧交错带生态环境逐步恶化。不同等级生态脆弱区面积百分比柱状图如图 14.21 所示，2000～2015 年农牧交错带重度和中度生态脆弱区减少的面积占比缓慢增加（3.08% vs. 6.77%，11.15% vs. 15.88%），而重度和中度生态脆弱区增加的面积占比有所下降（8.48% vs. 6.26%，18.91% vs. 13.48%），其中，中度生态脆弱区增加面积上升最大，为 5.43%，生态系统脆弱稳定区变化不明显。这表明，农牧交错带生态系统脆弱性呈下降趋势，主要体现在中度生态脆弱区面积增长较快。2000～2015 年生态系统脆弱性波动较为剧烈：2000～2015 年，生态系统脆弱性先急剧下降再缓慢上升，区域平均 EVI 由 2000 年的 1.001 下降到 2010 年的 0.7226 而后上升到 2015 年的 0.8113；2000～2005 年，生态系统脆弱性的急剧下降主要体现在中度生态脆弱区的面积显著增加，约为 18.91%；2010～2015 年，生态系统脆弱性缓慢上升，主要体现在中度生态脆弱区的面积显著减少。这说明在人类活动和经济快速发展的情况下，农牧交错带的环境承载力变得越来越强，生态脆弱性也越来越低，人类生态文明建设取得了良好的效果，我国的经济发展也得到了更好的发展平台。

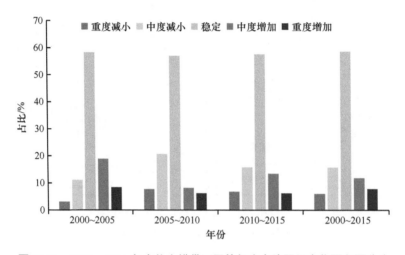

图 14.21　2000～2015 年农牧交错带不同等级生态脆弱区变化面积百分比

参 考 文 献

陈佳, 杨新军, 尹莎, 等. 2016. 基于 VSD 框架的半干旱地区社会-生态系统脆弱性演化与模拟. 地理学报, 71(7): 1172-1188.

邓伟, 袁兴中, 孙荣, 等. 2016. 基于遥感的北方农牧交错带生态脆弱性评价. 环境科学与技术, 39(11): 174-181.

傅微, 吕一河, 傅伯杰, 等. 2019. 陕北黄土高原典型人类活动影响下景观生态风险评价. 生态与农村环境学报, 35(3): 290-299.

郭兵, 姜琳, 罗巍, 等. 2017. 极端气候胁迫下西南喀斯特山区生态系统脆弱性遥感评价. 生态学报, 37(21): 7219-7231.

郭兵, 孔维华, 姜琳, 等. 2018a. 青藏高原高寒生态区生态系统脆弱性时空变化及驱动机制分析. 生态科学, 37(3): 96-106.

郭兵, 孔维华, 姜琳. 2018b. 西北干旱荒漠生态区脆弱性动态监测及驱动因子定量分析. 自然资源学报, 33(3): 412-424.

郭敏杰, 张亭亭, 张建军, 等. 2014. 1982-2006 年黄土高原地区植被覆盖度对气候变化的响应. 水土保持研究, 21(5),35-40.

李斌, 张金屯. 2003. 黄土高原地区植被与气候的关系. 生态学报, 23(1): 82-89.

李路, 孙桂丽, 陆海燕, 等. 2021. 喀什地区生态脆弱性时空变化及驱动力分析. 干旱区地理, 44(1): 277-288.

李明, 孙洪泉, 苏志诚. 2021. 中国西北气候干湿变化研究进展. 地理研究, 40(41): 1180-1194.

李维杰, 王建力. 2019. 太行山脉不同量级降雨侵蚀力时空变化特征. 自然资源学报, 34(4): 785-801.

李宗善, 杨磊, 王国梁, 等. 2019. 黄土高原水土流失治理现状、问题及对策. 生态学报, 39(20): 7398-7409.

刘羽, 王秀红, 张雪芹, 等. 2011. 巴丹吉林-腾格里沙漠间沙丘活化带发展过程及其驱动力分析. 干旱区研究, 28(6): 957-966.

刘振元, 张杰, 陈立. 2017. 青藏高原植被指数最新变化特征及其与气候因子的关系. 气候与环境研究, 22(3): 289-300.

罗旭玲, 王世杰, 白晓永, 等. 2021. 西南喀斯特地区石漠化时空演变过程分析. 生态学报, 41(2): 680-693.

孟晗, 黄远程, 史晓亮. 2019. 黄土高原地区2001-2015年植被覆盖变化及气候影响因子. 西北林学院学报, 34(1): 211-217.

齐姗姗, 巩杰, 钱彩云, 等. 2017. 基于 SRP 模型的甘肃省白龙江流域生态环境脆弱性评价. 水土保持通报, 37(1): 224-228.

史晓亮, 王馨爽. 2018. 黄土高原草地覆盖度时空变化及其对气候变化的响应. 水土保持研究, 25(4): 189-194.

苏俊礼, 汪结华, 李江萍, 等. 2016. 巴丹吉林和腾格里沙漠降水特征初步分析. 干旱气象, 34(2): 261-268.

王丹云, 吕世华, 韩博, 等. 2018. 黄土高原春季植被变化分布与变化特征及其对春旱的响应研究. 高原气象, 37(5): 1208-1219.

王劲峰, 徐成东. 2017. 地理探测器:原理与展望. 地理学报, 72(1): 116-134.

修丽娜, 颜长珍, 钱大文, 等. 2019. 生态工程背景下黄土高原植被变化时空特征及其驱动力. 水土保持通报, 39(4): 214-221,228+2.

杨飞, 马超, 方华军. 2019. 脆弱性研究进展:从理论研究到综合实践. 生态学报, 39(2): 441-453.

姚雄, 余坤勇, 刘健, 等. 2016. 南方水土流失严重区的生态脆弱性时空演变. 应用生态学报, 27(3): 735-745.

于伯华, 吕昌河. 2011. 青藏高原高寒区生态脆弱性评价. 地理研究, 30(12): 2289-2295.

张学渊, 魏伟, 周亮, 等. 2021. 西北干旱区生态脆弱性时空演变分析. 生态学报, 41(12): 4707-4719.

赵珂, 饶懿, 王丽丽, 等. 2004. 西南地区生态脆弱性评价研究--以云南,贵州为例. 地质灾害与环境保护, 15(2): 38-42.

邹亚荣, 张增祥. 2002. 中国农牧与风水蚀交错区的空间格局与生态恢复. 水土保持学报, 16(3): 132-134.

Carlson T N, Ripley D A. 1997. On the relation between NDVI, fractional vegetation cover, and leaf area index. Remote Sensing of Environment, 62: 241-252.

Clement B, Johan O, Jeremy B, et al. 2020. Assessing the ecological vulnerability of forest landscape to agricultural frontier expansion in the Central Highlands of Vietnam. Int J Appl Earth Obs Geoinformation, 84: 101958.

Guo B, Zang W Q, Luo W. 2020a. Spatial-temporal shits of ecological vulnerability of Karst Mountain ecosystem impacts of global change and anthropogenic interference. Science of Total Environment, 741: 1-10.

Guo B, Zang W Q, Yang F, et al. 2020b. Spatial and temporal change patterns of net primary productivity and its response to climate change in the Qinghai–Tibet Plateau of China from 2000 to 2015. J. Arid Land, 12(1): 1-17.

Jin Y, Meng J J. 2011. Assessment and forecast of ecological vulnerability: A review. Chinese Journal of Ecology, 30(11): 2646-2652.

Kou M, Jiao J, Yin Q, et al. 2016. Successional trajectory over 10 years of vegetation restoration of abandoned slope croplands in the hill-gully region of the Loess Plateau. Land Degradation & Development, 27: 919-932.

Tian H, Cao C, Chen W, et al. 2015. Response of Vegetation Activity Dynamic to Climatic Change and Ecological Restoration Programs in Inner Mongolia from 2000 to 2012. Ecological Engineering, 82(4): 276-289.

Zhang Y, Peng C, Li W, et al. 2016a. Multiple afforestation programs accelerate the greenness in the'Three North'region of China from 1982 to 2013. Ecological Indicators, 61: 404-412.

Zhang Y, Shen J, Feng D, et al. 2016b. Vulnerability assessment of atmospheric environment driven by human impacts. Science of the Total Environment, 571: 778-790.

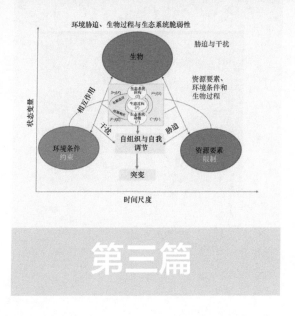

环境胁迫、生物过程与生态系统脆弱性

第三篇

生态脆弱区气候变化的
生态影响和风险及人为应对

地球系统、岩土水气，圈层互馈、因果关联。地球表层、水土气生，能物循环、协同演变。人地系统、资环社经，供需连环、和谐共兴。

局地全球、要素系统、人文自然、关联耦合。生物环境、时空匹配、动态适应、协同迁演。

气候环境变化乃自然之动力、人为之影响，双驱而然。生态系统演变乃生物组织之为，系统秩序之效，生态规则使然。

气候变化影响生态系统组分、结构、过程及功能，呈现为生态功效和服务之变化，带来资源、环境、生态、经济之风险。生物系统对环境变化的响应和适应，以及环境变化对生态系统能量流动、物质循环、种群动态的影响及生态效应，是评估全球气候变化影响和风险的核心问题，是定量认知气候变化对区域资源环境承载力影响的科学基础。

本篇综合论述全球变化对生态脆弱区资源环境系统的影响，重点分析对生态脆弱区生态系统的结构和功能、碳循环和能量平衡、资源利用及其关键过程的影响，致力认知生态脆弱区植被状态和环境变化敏感性、生态系统状态演变、全球变化风险及其应对技术途径。

第 15 章

全球变化对中国及生态脆弱区资源环境系统的影响[①]

摘　要

　　本章系统分析了中国生态脆弱区平均气候、极端天气气候事件、生态系统结构和功能的历史变化基本特征。研究结果可归纳如下。首先，就 1982~2017 年平均气候变化而言，各生态脆弱区均呈现出变暖、空气变干、风速减弱的趋势；生态脆弱区的降水在 1997 年前无明显变化趋势，而 1997 年后北方脆弱区降水多增加，南方脆弱区多减少；除 1997 年前的干旱半干旱脆弱区和 1997 年后的青藏高原脆弱区外，到达各生态脆弱区地表的太阳辐射均增高。其次，就 1980~2014 年极端天气气候事件变化而言，所有生态脆弱区极端暖（冷）事件相关指标上升（下降），高温热浪增多；除北方农牧林草区以外，其他区强降水增多增强；西南岩溶山地石漠化脆弱区干旱显著增多，其他生态脆弱区干旱频次变化小。最后，就生态系统结构和功能变化而言，1982~2017 年除南方农牧脆弱区外，其余生态脆弱区 LAI 变化均显著增加；相对于 2001 年，2017 年北方生态脆弱区草地多减少，森林或农田面积多增加，青藏高原脆弱区植被分布变化与之相反；西南岩溶山地石漠化脆弱区草地和农田减少，森林增多；南方农牧脆弱区草地和森林减少；所有生态脆弱区的灌木面积变化小；中国 20 世纪植物碳储量呈从东南向西北减少的特征，在 80 年代以前下降，此后上升，主要驱动因子是土地利用和土地覆盖度变化；中国过去 12000 年火灾历史变化呈现出 7000 年前下降，此后上升的变化特征，此变化特征主要受湿度的影响，但近 2000 年来人类活动也对其有重要影响；中国水稻、小麦、玉米、大豆产量分布有很高的地域差异，1970~2019 年产量均呈显著上升趋势。

---

① 本章作者：李芳，孙康慧，徐鑫，宋翔，曾晓东，尹德震，周艳清，胡岳；本章审稿人：李玉强，王永莉。

15.1　引　　言

生态脆弱区也称生态交错区（ecotone），是指两种及以上不同类型生态系统的交界过渡区域，其生态系统具有环境异质性高、抗干扰能力弱、对气候变化敏感的特征。我国是世界上生态脆弱区分布面积最大（占国土面积一半以上）、脆弱生态类型最多、生态脆弱性表现最明显的国家之一（中华人民共和国环境保护部，2008）。系统分析我国生态脆弱区气候和生态变化基本特征，对于我国生态保护与社会经济发展具有重要的指导意义（孙康慧等，2019）。

近几十年以来，全球和中国升温明显，降水区域变化显著，极端天气气候事件频发（IPCC，2022）。气候系统的变化和人类活动也导致陆面生态系统的巨大变化，如地球变绿、极端火灾事件和生态灾害事件增加等（Zhu et al.，2016；IPCC，2019；朴世龙等，2019）。过去关于中国气候历史变化的研究主要针对全国范围或某一区域（如单个脆弱区），且不同研究对同一脆弱区的定义范围多不相同（黄蕊等，2013；杜华明等，2015；姚俊强等，2015；焦洋等，2016；李林等，2018；Wang et al.，2018；梁晶晶等，2019）。而对于中国陆地生态系统结构和功能变化的研究主要是全国范围、中国某一区域或局限于近几十年的分析（Piao et al.，2015；Fang et al.，2018）。

本章针对中国 6 个典型生态脆弱区，基于气象和生态观测数据，综合分析典型生态脆弱区的平均气候（气温、降水、风速、相对湿度、辐射）、极端天气气候事件（极端冷暖事件、极端干湿事件、高温热浪、干旱）、生态系统结构和功能（叶面积指数、植被分布、植物碳储量、火灾、作物产量）的历史变化。

15.2　中国生态脆弱区平均气候变化的基本特征

基于全国格点化气象观测数据集 CN05.1 和 CRU 到达地表的太阳辐射通量数据，分析了 1982～2017 年中国生态脆弱区平均气候变化的基本特征。

15.2.1　气温

1982～2017 年，中国生态脆弱区年平均气温全部呈上升趋势，升温幅度存在区域差异 [图 15.1（a）]。黄土高原脆弱区大部、干旱半干旱脆弱区东部和青藏高原脆弱区北部年平均气温上升较大，干旱半干旱脆弱区东北部升温最大，最大升温可达 6℃/100a 以上；北方农牧林草区东部升温最小，最小升温不足 0.5℃/100a。中国生态脆弱区近 97% 格点升温在 2℃/100a 以上，10% 的格点升温大于 5℃/100a [图 15.1（b）]。另外，各生态脆弱区的温度增长趋势均显著，全区平均气温增幅为 3.8℃/100a（表 15.1）。

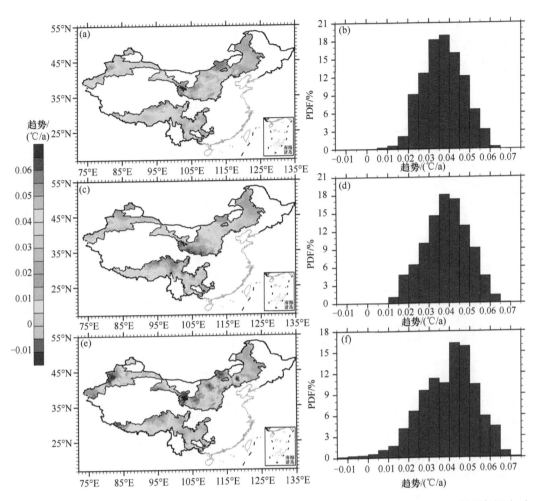

图 15.1　1982～2017 年中国生态脆弱区年平均的日平均气温（a）、日最高气温（c）和日最低气温（e）
的变化趋势（单位：℃/年）与（b）、（d）和（f）趋势分别对应的频率直方图

PDF 为概率密度函数

表 15.1　1982～2017 年中国生态脆弱区平均气象要素变化趋势

区域	日平均气温/（℃/100a）	日最高气温/（℃/100a）	日最低气温/（℃/100a）	降水/（%/a）	相对湿度/（%/a）
全脆弱区	3.8***	3.9***	4.1***	1.2	−5.8***
北方农牧林草区	2.9***	2.8***	3.0***	−1.0	−5.7***
黄土高原脆弱区	4.6***	4.6***	4.8***	2.6	−4.7**
干旱半干旱脆弱区	4.0***	3.6***	4.8***	3.4*	−4.5**
青藏高原脆弱区	4.0***	4.4***	4.4***	−1.2	−3.4
南方农牧脆弱区	3.6***	4.7***	3.0***	−0.1	−4.2***
西南岩溶山地石漠化脆弱区	3.0***	3.6***	3.1***	1.0	−5.1***

*、**、***表示显著水平分别为 0.05、0.01 和 0.001。

由图 15.2 可知,所有生态脆弱区在 1982～2017 年日平均气温均呈显著增温趋势。北方生态脆弱区(北方农牧林草区、黄土高原脆弱区、干旱半干旱脆弱区)1984～2000年升温幅度大,而南方生态脆弱区 2000 年后升温幅度大。

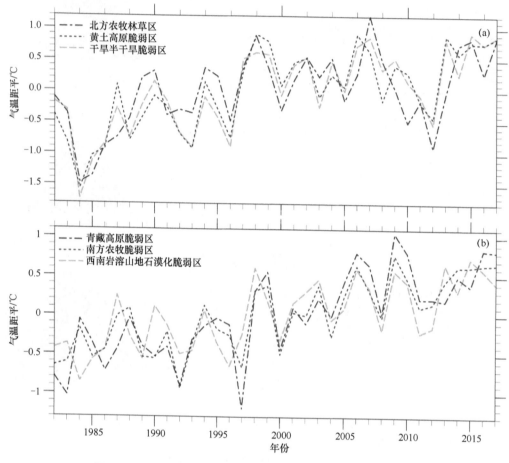

图 15.2　北方(a)和南方(b)各生态脆弱区气温距平时间变化

中国生态脆弱区各区域日最高气温和日最低气温在 1982～2017 年均显著升高(表15.1)。日最高气温和日最低气温趋势的空间分布与日平均气温相似(图 15.1)。日最低气温增幅在 4.0℃/100a 以上的格点比率为 52%,高于日平均和最高气温 [图 15.1(b)、(d)、(f)]。中国生态脆弱区日最高气温和日最低气温的时间变化特征与日平均气温相似,不再赘述。

15.2.2　降水

1982～2017 年中国生态脆弱区年降水的变化趋势存在区域差异(图 15.3)。干旱半干旱脆弱区和黄土高原脆弱区大部分地区、青藏高原脆弱区和南方农牧脆弱区北缘、西南岩溶山地石漠化脆弱区外缘降水呈增长趋势，其余生态脆弱区降水减少。降水增加和减少的格点比率大致相当。

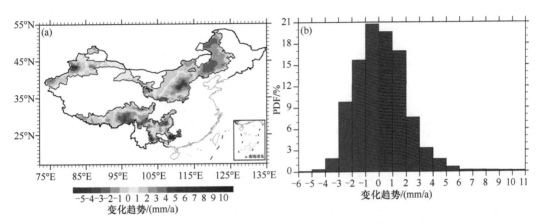

图 15.3　1982~2017 年中国生态脆弱区年降水的变化趋势（a）与变化趋势对应的频率直方图（b）

　　1982~2017 年整个时段只有干旱半干旱脆弱区降水变化趋势显著（表 15.1），干旱半干旱脆弱区降水显著升高趋势主要体现在冬季，夏季降水变化趋势不明显（表 15.2）。从中国生态脆弱区各区域降水时间变化来看，2000 年后，北方各生态脆弱区年降水量增加，而南方各生态脆弱区年降水量减少（图 15.4）。

表 15.2　1982~2017 年中国生态脆弱区区域降水距平百分率变化趋势（单位：%/a）

区域	春	夏	秋	冬
全脆弱区	0.0	0.0	−0.1	0.2
北方农牧林草区	0.8	−0.4	0.0	1.2**
黄土高原脆弱区	0.1	0.0	1.3*	1.1
干旱半干旱脆弱区	0.2	0.0	0.4	1.3**
青藏高原脆弱区	0.3	0.0	−0.2	−0.3
南方农牧脆弱区	0.3	0.0	−0.3	−0.3
西南岩溶山地石漠化脆弱区	−0.1	−0.2	−0.3	−0.2

*和**表示显著水平分别为 0.05 和 0.01。

15.2.3　相对湿度

　　1982~2017 年生态脆弱区相对湿度基本上呈下降趋势［图 15.5（a）］。88%以上的格点相对湿度呈下降趋势，60%以上的格点下降趋势在 10%/100a 以上［图 15.5（b）］。由表 15.1 可知，除青藏高原脆弱区外，各区相对湿度的减少趋势均显著。

　　从时间变化来看（图 15.6），2000 年前青藏高原脆弱区和南方农牧脆弱区相对湿度显著上升，其余生态脆弱区变化趋势不明显；2000 年后，除西南岩溶山地石漠化脆弱区外，其余生态脆弱区相对湿度均显著下降。

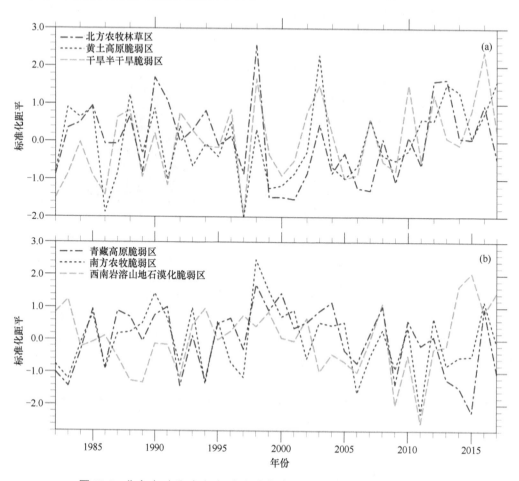

图 15.4 北方（a）和南方（b）各生态脆弱区降水标准化距平时间变化

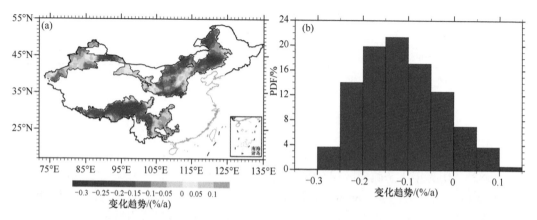

图 15.5 1982～2017 年中国生态脆弱区年平均相对湿度的变化趋势（a）与变化趋势对应的频率直方图（b）

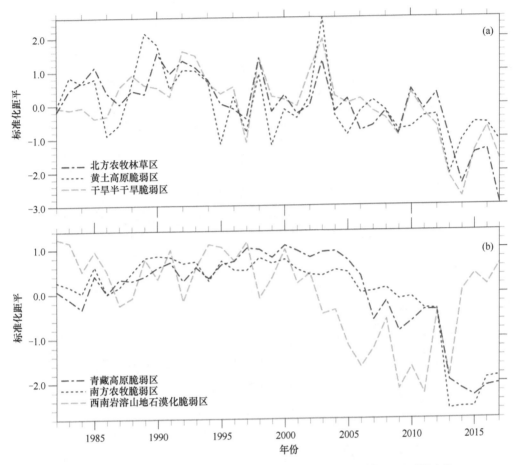

图 15.6　北方（a）和南方（b）各生态脆弱区相对湿度标准化距平时间变化

15.2.4　风速

中国生态脆弱区风速基本呈减小趋势（图 15.7）。各生态脆弱区各季和年平均风速的减小趋势均显著。就季节而言，春季生态脆弱区风速距平的减小趋势最大。在各生态脆弱区中，北方农牧林草区和青藏高原脆弱区的风速减幅较大。

15.2.5　地面太阳短波辐射

1982~2017 年，1997 年前，南方农牧脆弱区和北方农牧林草区的地面太阳短波辐射呈上升趋势，而干旱半干旱脆弱区太阳辐射显著减弱（图 15.8）；此后，除青藏高原脆弱区外，各生态脆弱区到达地面的太阳辐射均呈上升趋势。

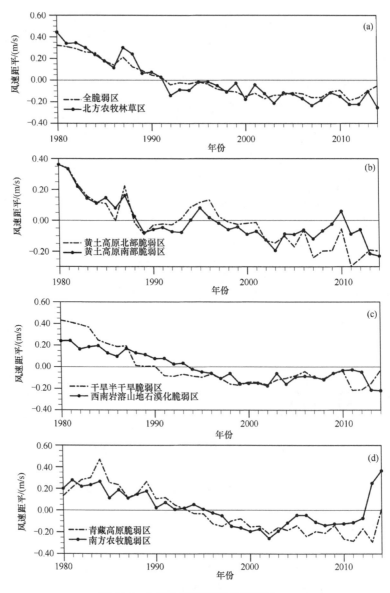

图 15.7 年平均风速距平时间序列

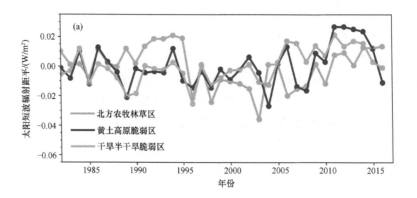

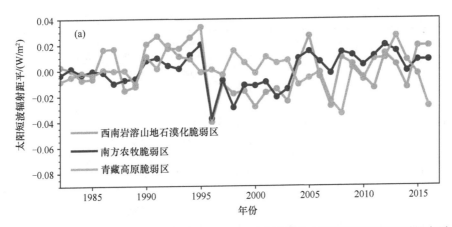

图 15.8　北方（a）和南方（b）各生态脆弱区到达地面的太阳短波辐射距平时间序列

15.3　中国生态脆弱区极端天气气候事件
变化的基本特征

　　基于全国 840 个气象台站温度降水数据，采用气候变化检测和指数专家组（ETCCDI）（Beniston et al.，2007）推荐使用的反映极端天气气候事件指标分析了 1980～2014 年中国生态脆弱区极端冷暖事件和极端干湿事件历史变化特征。此外，利用中国 CN05.1 格点化观测数据集中的日最高气温观测资料和全球逐月标准化降水蒸发指数格点数据，分析了中国典型生态脆弱区 1980～2014 年发生的高温热浪和干旱的时空变化特征。根据中国气象局的定义，将日最高气温≥35℃视为一个高温日，将连续 3 天及以上的高温视为一次热浪事件。干旱指数采用 Vicente 等（2010）提出的标准化降水蒸发指数（SPEI）。庄少伟等（2013）的研究表明，在不同时间尺度的 SPEI 中，12 个月尺度的 SPEI 对我国不同等级降水区域的适用性最好，因此采用数据集中的 12 个月尺度的 SPEI 进行分析。

15.3.1　极端温度

　　表 15.3 给出了与温度相关的 16 个指标的长期趋势变化情况。可以看出，中国生态脆弱区极端暖事件相关指标（暖夜日数、暖昼日数、热夜日数、夏季日数、暖持续时间）均呈现上升趋势，而极端冷事件相关指标（冷夜日数、冷昼日数、霜冻日数、冰封日数、冷持续时间）均呈现下降趋势，日最高或最低气温极值多呈现上升趋势。此外，日较差多减少、生长季多延长，而且极端暖事件相关指标趋势变化幅度普遍高于极端冷事件相关指标。

表 15.3　反映极端天气气候事件的 16 个温度相关指标 1980～2014 年变化趋势

极端温度指数	北方农牧林草区	干旱半干旱脆弱区	黄土高原脆弱区	林草交错脆弱区	南方农牧脆弱区	青藏高原脆弱区	西南岩溶山地石漠化脆弱区
暖夜日数（TN90p）	3.16*	5.68*	5.14*	3.09*	4.82*	6.48*	3.41*
暖昼日数（TX90p）	2.57*	3.63*	3.28*	2.57*	5.07*	4.02*	2.79*
夏季日数（SU25）	6.89*	4.81*	5.59*	6.83*	10.33*	0.08	4.96*
热夜日数（TR20）	0.83	0.12	1.34*	0.61	N/A	N/A	5.94*
异常暖昼持续指数（WSDI）	1.59	4.38*	2.52	1.87*	3.38*	5.81*	2.9*
冷夜日数（TN10p）	−3.3*	−4.2*	−3.66*	−2.42*	−3.4*	−5.31*	−2.31*
冷昼日数（TX10p）	−1.95*	−2.39*	−2.01*	−1.88*	−3.32*	−3.92*	−1.71*
霜冻日数（FD0）	−3.58*	−4.29*	−5.38*	−2.71*	−5.67*	−5.13*	−0.82
冰封日数（ID0）	−1.06	−3.2	−1.62	−0.74	N/A	−1.57*	N/A
异常冷昼持续指数（CSDI）	−3.12*	−4.84*	−1.29	−0.8	−0.6	−1.35	−0.62
月最低温极小值（TNn）	0.01	−0.07	0.14	0.22	0.44*	0.77*	0.26
月最高温极小值（TXn）	−0.02	−0.44	−0.09	−0.04	0.53*	0.62*	0.09
月最低温极大值（TNx）	0.53*	0.41*	0 54*	0.45*	0.31*	0.42*	0.28*
月最高温极大值（TXx）	0.33	0.48	0.43*	0.51*	0.37*	0.25	0.39*
生长期（GSL）	4.37*	5.87*	6.76*	2.96	9.68*	5.74*	−1.02
日较差（DTR）	−0.08	−0.12*	−0.1	−0.03	0.15*	−0.07	0.03

*代表通过 0.05 的信度检验。

　　气温相关指标的长期变化方向（上升或下降趋势）多呈现出较高的空间一致性（图 15.9～图 15.11）。空间一致性比较差的四个指标是月最低温和月最高温的极小值，以及生长期和日较差。月最低温和月最高温的极小值在北方生态脆弱区的部分格点上为下降趋势［图 15.11（c）和（d）］。生长期和日较差在西南岩溶山地石漠化脆弱区呈现与其他脆弱区相反的趋势［图 15.11（e）和（f）］。

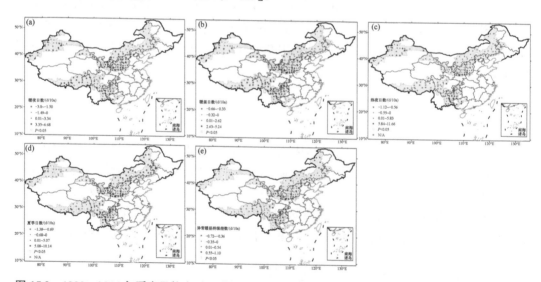

图 15.9　1980～2014 年暖夜日数（a）、暖昼日数（b）、热夜日数（c）、夏季日数（d）、异常暖昼持续指数（e）的变化趋势

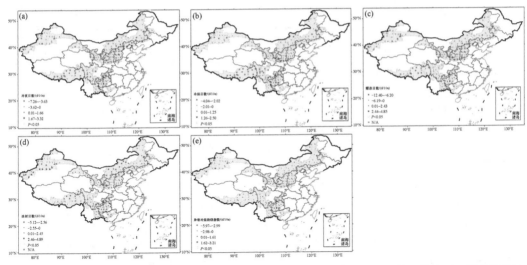

图 15.10　1980～2014 年冷夜日数（a）、冷昼日数（b）、霜冻日数（c）、冰封日数（d）、异常冷昼持续指数（e）的变化趋势

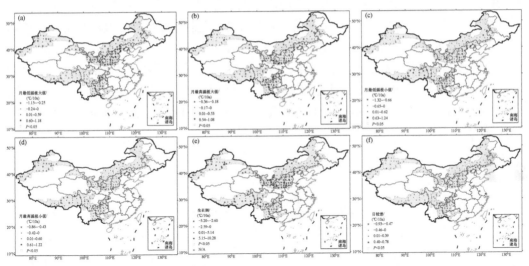

图 15.11　1980～2014 年月最低温极大值（a）、月最高温极大值（b）、月最低温极小值（c）、月最高温极小值（d）、生长期（e）、日较差（f）的变化趋势

15.3.2　极端降水

与极端温度相反，极端降水指标的空间差异大（表 15.4）。中国生态脆弱区强降水事件发生频率和强度多呈上升趋势。此外，干事件持续时间和湿事件持续时间多呈下降趋势。

15.3.3　高温热浪和干旱

中国生态脆弱区年高温日数整体呈增加趋势，其气候平均和趋势的空间分布形态具

表 15.4　反映极端天气气候事件的 11 个降水相关指标 1980～2014 年变化趋势

极端降水指数	北方农牧林草区	干旱半干旱脆弱区	黄土高原脆弱区	林草交错脆弱区	南方农牧脆弱区	青藏高原脆弱区	西南岩溶山地石漠化脆弱区
强降水总量（R95pTOT）	−5.89	2.01	2.28	−4.26	5.25	0.25	17.51*
特强降水总量（R99pTOT）	1.58	1.33	−0.07	0.18	−0.53	−1.49	19.12*
湿日降水总量（PRCPTOT）	1.52	6.84	6.79	−2.27	−7.63	10.9	−25.43
降水强度（SDII）	−0.04	0.02	0.01	−0.02	0	0	−0.02
1 日最大降水量（Rx1day）	−0.34	0.21	−0.33	−0.19	0.33	0.1	2.12*
5 日最大降水（Rx5day）	−0.62	0.49	0.25	0.85	−0.26	−0.6	2.59
中雨日数（R10mm）	−0.45	0.01	0.2	−0.32	0.22	−0.07	−0.99
大雨日数（R20mm）	−0.01	N/A	−0.04	0.02	0.01	0.04	0.63*
>25mm 降水日数（R25mm）	−0.01	N/A	0.08	0.06	0.04	N/A	0.36
湿期事件期持续时（CWD）	−1.58	−0.22	0.41	−1.52	−2.49	−1.51	−1.87
干事件期持续时间（CDD）	−5.32	−13.73*	−1.49	−3.68	8.43*	3.27	−1.24

*代表通过 0.05 的信度检验。

有较好的一致性，其中北方生态脆弱区的高温天气分布更广泛（图 15.12）。北方生态脆弱区变化特征在 20 世纪 90 年代中期前后发生突变，之前区域平均年高温日数少且年际变化也小，之后高温日数及年际变化迅速增大 [图 15.13（b）～（d）]。南方生态脆弱区多位于高海拔地区，高温天气只发生在西南岩溶山地石漠化脆弱区东部和青藏高原脆弱区南端等海拔较低的地区，但这些地区高温日数增加速率较北方生态脆弱区快（图 15.12）。值得注意的是，基本不发生高温天气的南方农牧脆弱区近些年也出现了高温现象 [图 15.13（f）]。

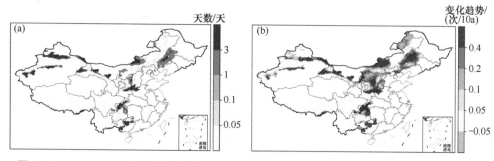

图 15.12　1980～2014 年中国生态脆弱区年高温日数气候态（a）及变化趋势（b）空间分布
中斜线区域表示通过显著性检验（P<0.05）

热浪的时空变化与高温日数相似。北方生态脆弱区热浪天气的分布同样更加广泛（图 15.14），其变化特征在 20 世纪 90 年代中期前后同样发生突变，且该突变比高温日数更加明显，突变之后热浪天气开始愈加频繁（图 15.15）。南方生态脆弱区的热浪事件同样只在海拔相对较低的地区发生，其增加速率同样较快，尤其是西南岩溶山地石漠化脆弱区（图 15.14）。在热浪事件愈加频发下，南方农牧脆弱区也在 2014 年首次有热浪事件发生 [图 15.15（f）]。

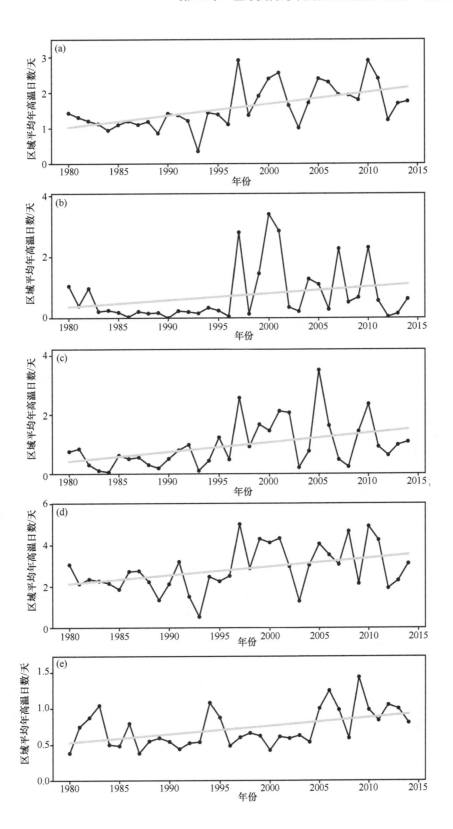

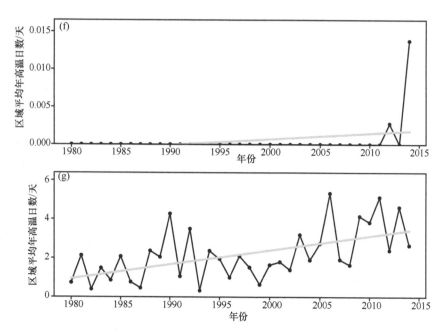

图 15.13　区域平均年高温日数的时间变化

（a）全脆弱区[**]；（b）北方农牧林草区；（c）黄土高原脆弱区[*]；（d）干旱半干旱脆弱区[*]；（e）青藏高原脆弱区[**]；（f）南方农牧脆弱区[*]；（g）西南岩溶山地石漠化脆弱区[**]

[*]、[**]分别表示通过 0.05、0.01 显著性检验

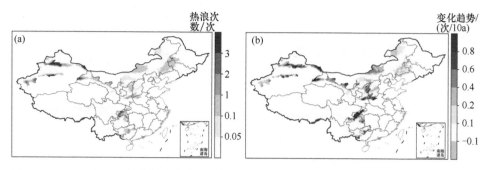

图 15.14　1980～2014 年中国生态脆弱区年热浪次数气候态（a）及变化趋势（b）空间分布

中斜线区域表示通过显著性检验（$P<0.05$）

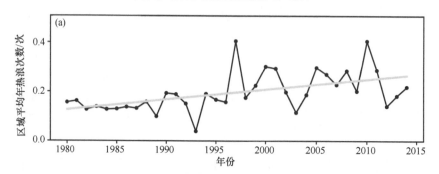

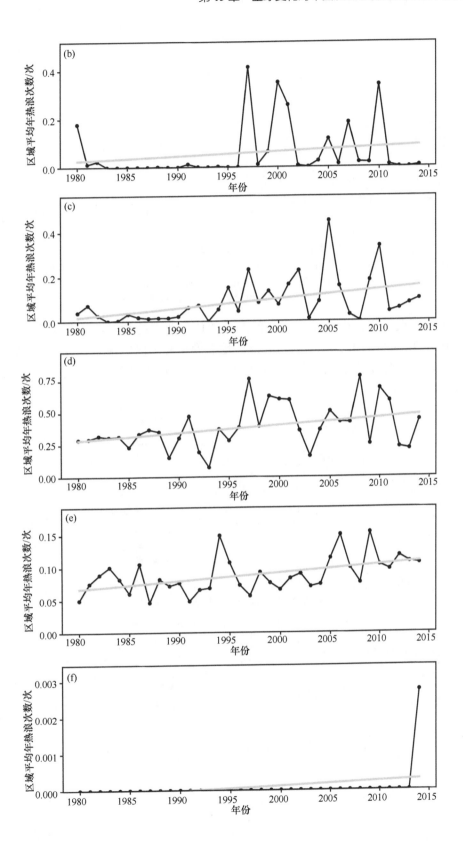

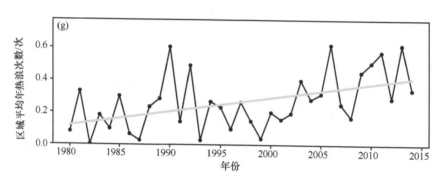

图 15.15　区域平均年热浪次数的时间变化

（a）全脆弱区**；（b）北方农牧林草区；（c）黄土高原脆弱区**；（d）干旱半干旱脆弱区*；（e）青藏高原脆弱区**；（f）南方农牧脆弱区；（g）西南岩溶山地石漠化脆弱区**

*、**分别表示通过 0.05、0.01 显著性检验

　　就干湿程度而言，中国生态脆弱区东部整体呈变干趋势，而西部多为变湿趋势（图 15.16）。区域平均来看，除西南岩溶山地石漠化脆弱区区域平均的干旱发生月数呈现显著增加趋势以外，其他区域的干湿和干旱发生月数的变化趋势小且不显著（图 15.17）。

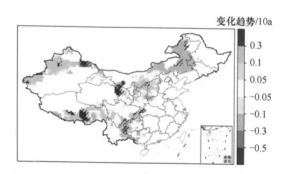

图 15.16　1980～2014 年中国生态脆弱区年平均 SPEI 的变化趋势空间分布

图中斜线区域表示通过显著性检验（$P<0.05$）

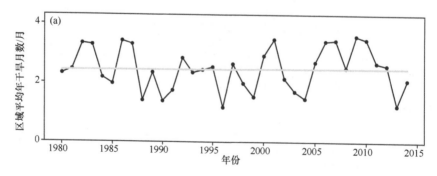

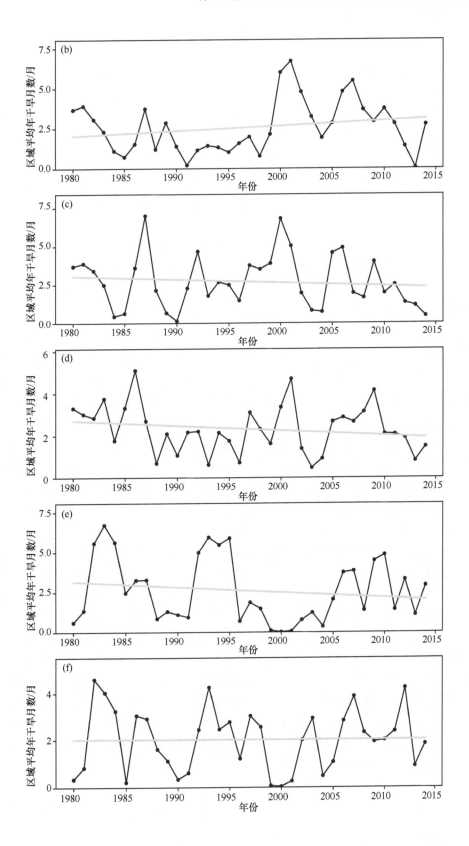

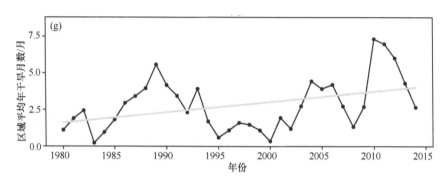

图 15.17　区域平均年干旱月数（中等干旱及极端干旱）的时间变化

（a）全脆弱区；（b）北方农牧林草区；（c）黄土高原脆弱区；（d）干旱半干旱脆弱区；（e）青藏高原脆弱区；（f）南方农牧脆弱区；（g）西南岩溶山地石漠化脆弱区*

15.3.4　极端天气气候事件变化的可能原因

平均气候的变化会导致其所对应的极端气候的概率发生非线性变化（程炳岩等，2013）。孙康慧等（2019）的研究表明，自 20 世纪 80 年代以来中国生态脆弱区的日平均气温和日最高、最低气温几乎都呈上升趋势。可见，中国生态脆弱区极端暖事件和高温热浪的增多以及极端冷事件减少可能在一定程度上是由气温升高导致的。而我国北方生态脆弱区的干湿变化与孙康慧等（2019）分析的年均降水变化的空间分布基本一致，说明尽管 SPEI 指数考虑了蒸散发，但北方生态脆弱区的整体干湿变化可能主要由降水变化决定。对于西南岩溶山地石漠化脆弱区干旱显著增加，温度升高可能是其主要原因，而降水减少等也在一定程度上加重了干旱（韩兰英等，2014）。

除了与局地平均气候的变化有关外，极端天气气候事件的变化可能还与大气环流、海表面温度（SST）变化及人类活动有关。例如，西南地区的高温热浪变化与异常高压的形成和维持有关（黄小梅等，2020），北方生态脆弱区东部的干旱化趋势与自 20 世纪 70 年代中后期起东亚季风的减弱有关（黄荣辉等，2008），20 世纪 90 年代中期北方生态脆弱区高温热浪的突变与大气环流在 1997 年前后发生的巨大转变有关（李娟等，2012）。Wang 等（2017）发现热带西太平洋暖 SST 通过激发向北传播到东亚的 Rossby 波增加中国北方地区（包括北方生态脆弱区）热浪发生的风险；而南方生态脆弱区东部、黄土高原脆弱区和干旱半干旱脆弱区西部的干旱变化受 ENSO 等的调制（苏明峰和王会军，2006；王东等，2014；孙艺杰等，2019）。此外，人类活动（如温室气体排放、土地利用等）对我国的极端天气气候事件的影响正在日益加强（Chen and Sun，2017；Omer et al.，2020）。

15.4　中国生态脆弱区生态系统变化的基本特征

15.4.1　叶面积指数（LAI）

中国生态脆弱区的年平均 LAI 呈从东南到西北逐渐减少的分布特征。1982~2017 年，除南方农牧区南部和北方农牧林草区北部外，中国脆弱区的 LAI 均呈增加趋势（图 15.18）。除南方农牧脆弱区外，其余生态脆弱区区域平均 LAI 变化趋势均显著（表 15.5）。

从时间变化来看，黄土高原和干旱半干旱区 LAI 是稳步上升的，而南方农牧脆弱区在 1989~2000 年增长最快（图 15.19）。

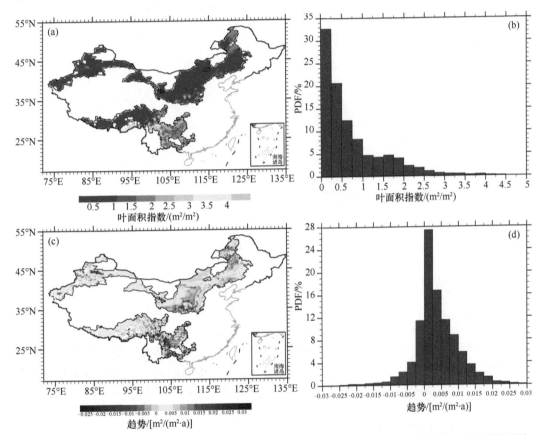

图 15.18　1982~2017 年生态脆弱区年平均 LAI 的多年均值（a）与趋势（c）及分别对应的频率直方图 [（b）和（d）]

表 15.5　1982~2017 年中国生态脆弱区区域平均 LAI 的变化趋势 [单位：m²/（m²·100a）]

项目	全脆弱区	北方农牧林草区	黄土高原脆弱区	干旱半干旱脆弱区	青藏高原脆弱区	南方农牧脆弱区	西南岩溶山地石漠化脆弱区
趋势	0.4***	0.2**	0.7***	0.3***	0.2***	0	0.9***

、*分别表示显著性水平为 0.01 和 0.001。

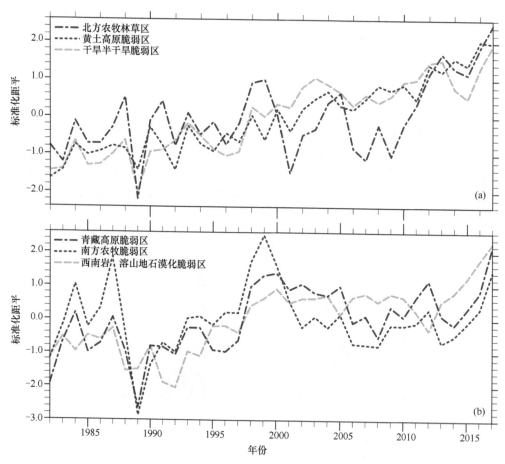

图 15.19 北方（a）和南方（b）年叶面积指数标准化距平

15.4.2 植被分布

分析了基于 MODIS 卫星观测的 2017 年相对于 2001 年中国生态脆弱区植被分布变化。结果表明，北方生态脆弱区草地多减少，而相对应地，森林或农田多增多；西南岩溶山地石漠化脆弱区草地和农田减少，森林增多；南方农牧脆弱区草地和森林减少；青藏高原脆弱区为森林和农田减少，而草地增多；生态脆弱区灌木分布变化小（图 15.20）。

15.4.3 中国植物碳储量变化及驱动因子分析

基于 FireMIP 的数值试验的 6 个多模式模拟，分析了中国陆地植物碳储量的时空变化及其对气候变化和人类活动的响应。首先，基于收集整理的中国 3757 个植物碳储量清查数据，采用机器学习的方法，在留一法的框架下订正多模式模拟结果。从图 15.21 可以看出，该模式输出后处理（MOS）方法可以明显提高模式模拟技巧。订正后的模拟结果可合理模拟中国植物碳储量全国总量（表 15.6）和空间变化（图 15.22）。

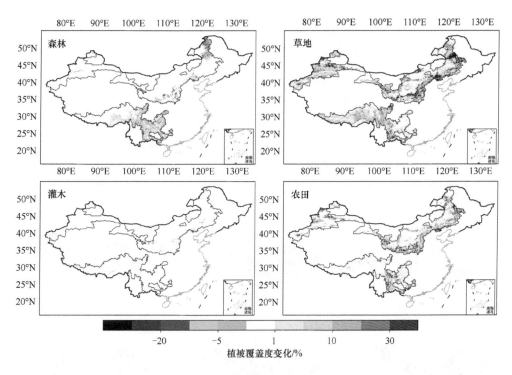

图 15.20　基于 MODIS 卫星观测的 2017 年相对于 2001 年中国生态脆弱区植被覆盖度变化

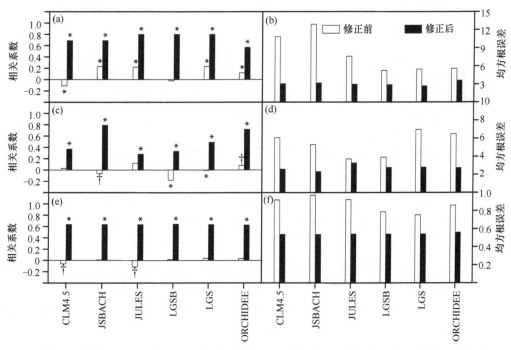

图 15.21　订正前和订正后模拟的植物碳储量和 3757 个观测数据间的相关系数和均方根误差

（a）和（b）为常绿树；（c）和（d）为落叶树；（e）和（f）为草

＊代表通过 0.001 显著性检验；†代表通过 0.1 显著性检验

表 15.6　订正前后模式模拟的中国全国植物碳储量

方法	年份	订正前	订正后	参考文献
CLM4.5	2001~2010	26.96±0.63	13.23±0.31	—
JSBACH	2001~2010	30.88±0.25	15.47±0.13	—
JULES	2001~2010	15.56±0.12	12.13±0.10	—
LGSB	2001~2010	14.65±0.18	11.72±0.15	—
LGS	2001~2010	25.90±0.28	11.73±0.13	—
ORCHIDEE	2001~2010	17.14±0.09	10.57±0.05	—
MMEM	2001~2010	21.85±0.11	12.48±0.06	—
文献分析	2004~2014	14.6±3.24		Xu 等（2018）
清查	2001~2010	13.09		Fang 等（2018）

注：MMEM 为多模式集合平均。

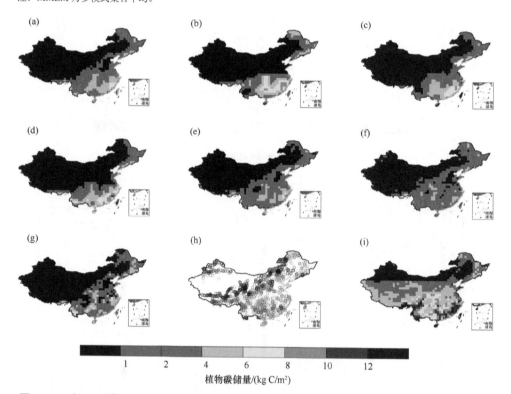

图 15.22　订正后模式模拟 [（a）~（g）] 与观测（h）和再分析（i）植物碳储量的空间分布
（a）多模式集合平均；（b）CLM4.5；（c）JSBACH；（d）JULES；（e）LGSB；（f）LGS；（g）ORCHIDEE；（h）观测；
（i）CARVALHAIS ET AL2014

　　基于订正后的模拟结果进一步分析中国植物碳储量在 20 世纪的长期变化趋势及驱动因子。结果表明，中国 20 世纪植物碳储量以下降趋势为主 [图 15.23（a）]；主要驱动因子是土地利用和土地覆盖度变化 [图 15.23（c）]；CO_2 施肥效应增加全国植物碳储量总量 [图 15.23（b）]；气候变化的影响较小 [图 15.23（d）]。

　　1980~2000 年模式模拟的植物碳储量变化趋势 [图 15.23（a）] 与已有研究存在差异。Fang 等（2001）和 Fang 等（2007）基于中国森林普查数据估算了中国植物碳储量的变化，指出中国植物碳储量在 1980~2000 年是显著增加的。出现模拟与已有研究的

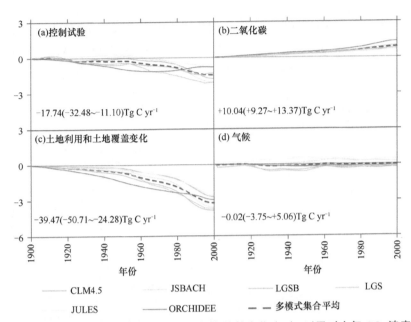

图 15.23　多模式模拟的中国植物碳储量 20 世纪长期趋势变化（a），以及对大气 CO₂ 浓度（b）、土地利用和土地覆盖变化（c）、气候变化（d）的响应

差异的根本原因是，作为模式驱动数据或模式模拟的森林覆盖率变化存在问题，未能反映出观测到的 1980～2000 年中国森林覆盖率显著增加的趋势，作为 CMIP6/IPCC AR6 的土地利用驱动数据 LUH2_v2h 也同样存在这个问题（图 15.24）。这将导致国际上考虑土地利用影响的所有地球系统模式均高估中国碳排放量。

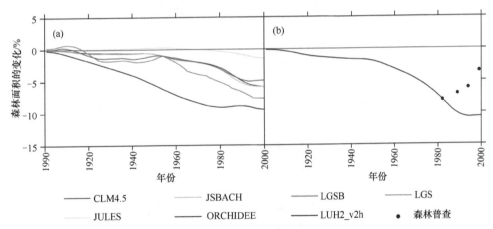

图 15.24　模式模拟（a）、CMIP6/IPCC AR6 土地利用驱动数据 LUH2_v2h、全国森林普查（b）的中国森林面积百分率变化

15.4.4　中国古火重建、历史变化及驱动因子分析

收集整理了中国 107 站的炭屑记录，建立了中国首个古火数据集（图 15.25）。基于

该数据集分析了中国过去 12000 年火灾历史变化。中国火灾在 7000 年前呈下降趋势，此后上升 [图 15.26（a）]。中国火灾历史变化有其独特性，有别于欧洲、北半球热带外和全球所呈现的 7000 年前增加，近 2000 年下降或持平的变化特征。

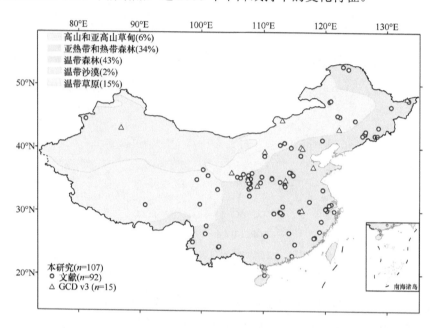

图 15.25　收集整理的 107 个炭屑记录空间分布

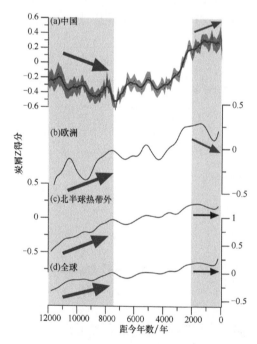

图 15.26　重建的中国过去 12000 年火灾历史变化（a），以及欧洲（b）、北半球热带外（c）、全球（d）火灾历史变化

进一步分析了中国火灾历史变化的驱动因子。中国火灾历史变化趋势主要受湿度的影响，但近 2000 年来人类活动也对其有重要影响（图 15.27）。

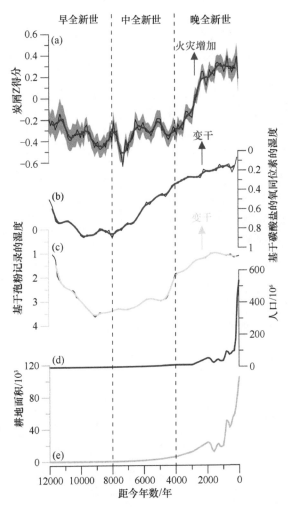

图 15.27　中国过去 12000 年火灾（a）、基于碳酸盐的氧同位素的湿度（b）、基于孢粉记录的湿度（c）、人口数（d）、耕地面积（e）的变化

15.4.5　中国作物产量

中国不同作物类型的产量分布有很高的地域差异（图 15.28）。水稻的主要产区为长江流域、华南、东北；小麦主要产区在长江以北，其中华北小麦产量最高；玉米主要产区在东北和华北；而大豆主要产区在东北，尤其是黑龙江。

1970～2019 年全国水稻、小麦、玉米、大豆产量呈显著上升趋势（图 15.29 和图 15.30）。其中，水稻、小麦、大豆增产主要是单位面积产量提高造成的，而播种面积在下降。单位面积产量上升除了与农业机械现代化相关外，可能还与农业管理增强有关（如施肥量和灌溉量提高）。单位面积产量和播种面积的提高均对全国玉米的总产量提高有正贡献。

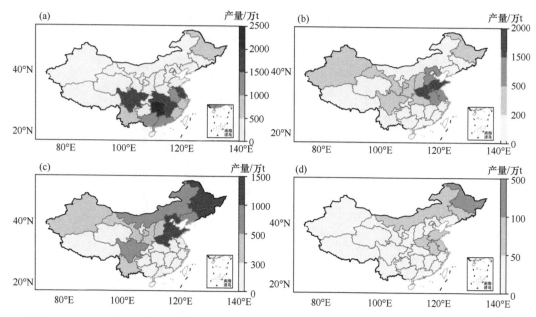

图 15.28 1970～2019 年平均中国水稻（a）、小麦（b）、玉米（c）、大豆（d）年产量空间分布

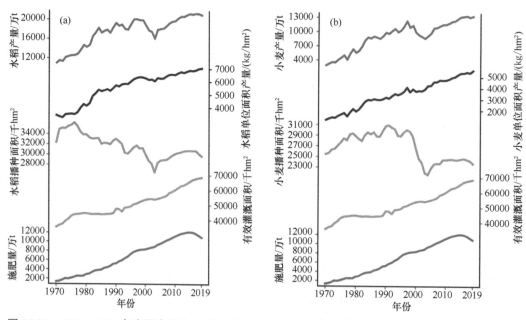

图 15.29 1970～2019 年中国水稻（a）和小麦（b）产量、单位面积产量、播种面积、有效灌溉面积、施肥量变化

从空间分布上看，水稻增产区主要在长江流域和东北，小麦增产区主要在华北和新疆，玉米增产区主要在东北和华北，大豆增产区主要在东北（图 15.31）。

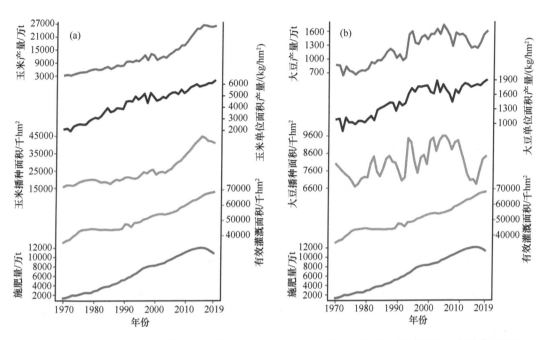

图 15.30　1970～2019 年中国玉米（a）和大豆（b）产量、单位面积产量、播种面积、有效灌溉面积、
施肥量变化

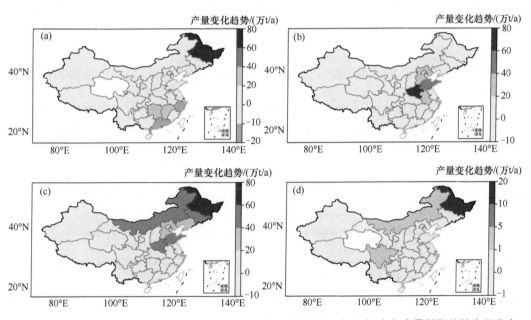

图 15.31　1970～2019 年中国水稻（a）、小麦（b）、玉米（c）、大豆（d）年产量长期趋势空间分布

参 考 文 献

程炳岩, 丁裕国, 郑春雨, 等. 2013. 极端气候对平均气候变化的非线性响应及其敏感性试验. 气候与
环境研究, 18(1): 135-144.

杜华明, 延军平, 王鹏涛. 2015. 北方农牧交错带干旱灾害及其对暖干气候的响应. 干旱区资源与环境, 29(1): 124-128.

韩兰英, 张强, 姚玉壁, 等. 2014. 近 60 年中国西南地区干旱灾害规律与成因. 地理学报, 69(5): 632-639.

黄荣辉, 顾雷, 陈际龙, 等. 2008. 东亚季风系统的时空变化及其对我国气候异常影响的最近研究进展. 大气科学, 32(4): 691-719.

黄蕊, 徐利岗, 刘俊民. 2013. 中国西北干旱区气温时空变化特征. 生态学报, 33(13): 4078-4089.

黄小梅, 仕仁睿, 刘思佳, 等. 2020. 西南地区夏季高温热浪时空分布特征及其成因. 高原山地气象研究, 40(3): 59-65.

焦洋, 游庆龙, 林厚博, 等. 2016. 1979—2012 年青藏高原地区地面气温时空分布特征. 干旱区研究, 33(2): 283-291.

李娟, 董文杰, 严中伟. 2012. 中国东部 1960—2008 年夏季极端温度与极端降水的变化及其环流背景. 科学通报, 57(8): 641-646.

李林, 李红梅, 申红艳, 等. 2018. 青藏高原气候变化的若干事实及其年际振荡的成因探讨. 冰川冻土, 40(6): 1079-1089.

梁晶晶, 张勃, 马彬, 等. 2019. 基于日值 SPEI 的青藏高原干旱演变特征. 冰川冻土, 40(6): 1100-1109.

朴世龙, 张新平, 陈安平, 等. 2019. 极端气候事件对陆地生态系统碳循环的影响. 中国科学:地球科学, 49(9): 1321-1334.

苏明峰, 王会军. 2006. 中国气候干湿变率与 ENSO 的关系及其稳定性. 中国科学: D 辑, 36(10): 951-958.

孙康慧, 曾晓东, 李芳. 2019. 1980—2014 年中国生态脆弱区气候变化特征分析. 气候与环境研究, 24(4): 455-468.

孙艺杰, 刘宪锋, 任志远, 等. 2019. 1960—2016 年黄土高原多尺度干旱特征及影响因素. 地理研究, 38(7): 1820-1832.

王东, 张勃, 安美玲, 等. 2014. 基于 SPEI 的西南地区近 53a 干旱时空特征分析. 自然资源学报, 29(6): 1003-1016.

姚俊强, 杨青, 刘志辉, 等. 2015. 中国西北干旱区降水时空分布特征. 生态学报, 35(17): 5846-5855.

中华人民共和国环境保护部. 2008. 全国生态脆弱区保护规划纲要. http://www.gov.cn/gzdt/att/att/site1/20081009/00123f37b41e0a57e2e601.pdf［2021-2-21］.

庄少伟, 左洪超, 任鹏程, 等. 2013. 标准化降水蒸发指数在中国区域的应用. 气候与环境研究, 18(5): 617-625.

Beniston M, Stephenson D B, Christensen O B, et al. 2007. Future extreme events in European climate: an exploration of regional climate model projections. Climatic Change, 81(1): 71-95.

Chen H, Sun J. 2017. Anthropogenic warming has caused hot droughts more frequently in China. Journal of Hydrology, 544: 306-318.

Fang J, Chen A, Peng C, et al. 2001. Changes in forest biomass carbon storage in China between 1949 and 1998. Science, 292(5525): 2320-2322.

Fang J, Guo Z, Piao S, et al. 2007. Terrestrial vegetation carbon sinks in China, 1981—2000. Science in China Series D: Earth Sciences, 50(9): 1341-1350.

Fang J, Yu G, Liu L, et al. 2018. Climate change, human impacts, and carbon sequestration in China. Proceedings of the National Academy of Sciences, 115(16): 4015-4020.

IPCC. 2019. 2019: Climate Change and Land: an IPCC special report on climate change, desertification, land degradation, sustainable land management, food security, and greenhouse gas fluxes in terrestrial ecosystems. Cambridge, United Kingdom and New York, NY, USA: Cambridge University Press: 864.

IPCC. 2022. IPCC Sixth Assessment Report (AR6): Climate Change 2021: The Physical Science Basis. Contribution of Working Group I to the Sixth Assessment Report of the Intergovernmental Panel on

Climate Change. Cambridge, United Kingdom and New York, NY, USA: Cambridge University Press: 1765.

Omer A, Ma Z, Zheng Z, et al. 2020. Natural and anthropogenic influences on the recent droughts in Yellow River Basin, China. Science of the Total Environment, 704: 135428.

Piao S, Yin G, Tan J, et al. 2015. Detection and attribution of vegetation greening trend in China over the last 30 years. Global Change Biology, 21(4): 1601-1609.

Vicente S S M, Beguería S, López-Moreno J I. 2010. A multiscalar drought index sensitive to global warming: the standardized precipitation evapotranspiration index. Journal of climate, 23(7): 1696-1718.

Wang L, Wang W J, Wu Z, et al. 2018. Spatial and temporal variations of summer hot days and heat waves and their relationships with large-scale atmospheric circulations across Northeast China. International Journal of Climatology, 38(15): 5633-5645.

Wang P, Tang J, Sun X, et al. 2017. Heat waves in China: Definitions, leading patterns, and connections to large-scale atmospheric circulation and SSTs. Journal of Geophysical Research: Atmospheres, 122(20): 10679-10699.

Xu L, Yu G, He N, et al. 2018. Carbon storage in China's terrestrial ecosystems: A synthesis. Scientific reports, 8(1): 1-13.

Zhu Z, Piao S, Myneni R B, et al. 2016. Greening of the Earth and its drivers. Nature climate change, 6(8): 791-795.

第 16 章

全球变化对生态脆弱区
生态系统结构和功能的影响[①]

摘　要

　　我国生态脆弱区大多位于生态过渡区和植被交错区，处于农牧、林牧、农林等复合交错带。生态脆弱区环境与生物因子均处于相变的临界状态，对全球气候变化反应灵敏，生态问题突出。此外，生态脆弱区生态系统结构稳定性较差，系统自我修复能力较弱，自然恢复的时间较长。随着全球变化的加剧，生态脆弱区生态系统结构和功能可能受到严重的影响，这可能会造成一系列生态后果，进一步恶化人地关系。因此，更准确地预测全球变化对生态脆弱区生态系统结构和功能的影响对提出更具有针对性的生态脆弱区保护和管理政策、实现人与自然的和谐发展具有重要的意义。本章论述了基于全球变化联网控制实验研究发现的全球变化主要驱动因子（养分沉降、降水和温度）及它们的交互作用对我国生态脆弱区生态系统结构和功能的影响规律，以期为预测全球变化对生态脆弱区生态系统结构和功能的影响，指导生态脆弱区保护和管理政策的制定提供科学理论支撑。

16.1　养分沉降对生态脆弱区生态系统结构和功能的影响

　　氮、磷、钾是影响植物自身生长和繁殖的必需营养元素。近年来，随着化石燃料燃烧的大量增加以及农业化肥的过度使用等，大气养分沉降急剧升高（Gruber and Galloway，2008）。例如，到 2000 年，全球大多数区域的氮沉降量超过了 3 g N/(m^2·a)，到 2005 年，部分区域大气氮沉降已达到 10 g N/(m^2·a)（Kanakidou et al.，2016）。养分沉降造成的富营养化使陆地生态系统中的养分限制得到缓解，养分的变化会影响植物和土壤微生物的生长和繁殖，引起植物和微生物群落组成和结构的变化。这些变化会进一

[①] 本章作者：庾强，王常慧，朱军涛，田大栓，徐兴良，刁华杰，杨恬；本章审稿人：陈世苹，陈智。

步影响生态系统碳氮循环，进而影响生态系统功能及稳定性。因此养分沉降的持续增加必然会对生态脆弱区生态系统结构和功能产生重大影响（Bragazza et al.，2006；Xu and Wan，2008）。本节通过氮、磷、钾及其交互添加的统一联网实验处理（见第 3 章 3.2）深入研究养分沉降对生态脆弱区生态系统结构和功能的影响，明确生态脆弱区对富营养化的响应机理，对应对全球变化和保护生态脆弱区具有重要理论价值。

16.1.1　养分沉降对生态系统生产力的影响

植物生物量是衡量草原生态系统生产力的重要指标。大量研究证明，大气氮沉降的增加能够提高草原生态系统的地上生物量（Stevens et al.，2015），直到超过植物的需求，导致"氮饱和"。然而，氮添加实验的结果易受土壤、气候等因子的影响，单纯比较生物量的增加量并不能很好地量化植物的这种非线性响应，因此，"氮饱和"阈值尚存在争论。另外，由于地下部分的不可见性以及研究方法的局限性，有关氮沉降对地下生物量影响的研究较少。草原生态系统的生物量 33%～86%都分配在地下（Zhang et al.，2019），地下生物量是研究其生产力的重要指标，且地下生物量是土壤有机碳库最主要的输入源，在草原生态系统碳循环中起关键作用。在草原生态系统中，根冠比（地下生物量/地上生物量）可以反映植物对资源的分配情况，对草地生产具有十分重要的意义。根冠比是估算草原地下生物量的重要参数，提供精准的根冠比数据有利于中国草原碳储量的估算。然而，植物地下部分研究的滞后也使得对植物根冠比的研究较少。因此，研究氮添加对草原植物地上地下生物量及根冠比的影响十分必要。在内蒙古典型草原进行了 7 年的氮添加实验，设置 6 个氮添加水平，分别是 N0（0）、N1（5.6g N/m^2）、N2（11.2g N/m^2）、N3（22.4g N/m^2）、N4（39.2g N/m^2）、N5（56g N/m^2），测定植物地上和不同土层（0～10cm、10～30cm、30～50cm 和 50～100cm）地下生物量并计算根冠比，研究不同氮添加水平对植物地上、地下生物量和根冠比的影响。测量了氮添加实验中植物群落地上及地下生物量，并计算了以下指标，分析氮添加对生态系统地上、地下生物量及根冠比的影响。

$$根冠比=地下生物量/地上生物量（ANPP）$$
$$氮响应效率 NRE=100\%×（ANPP_{处理}-ANPP_{对照}）/ANPP_{对照}/氮添加量$$
$$\Delta NRE=（NRE_2-NRE_1）/（Nrate_2-Nrate_1）$$

式中，NRE_2 和 $Nrate_2$ 表示较高水平的氮响应效率和氮添加量；NRE_1 和 $Nrate_1$ 表示较低水平的氮响应效率和氮添加量。

本节的研究结果表明，氮添加显著增加了内蒙古典型草原生态系统的地上生物量，且地上生物量的增加存在饱和现象（图 16.1）。值得注意的是，本节氮添加使地上生物量增加了 37%～117%。NRE（氮响应效率，单位氮添加量的效应）和 ΔNRE 随氮添加量的变化表明植物地上生物量响应氮添加的非线性拐点（"氮饱和"阈值）位于 22.4 g/(m^2·a) N 左右（图 16.2）。"氮饱和"阈值与 Bai 等（2010）发现的 10.5 g/(m^2·a) N 存在较大不同，这可能与本节生物量收获当年高的降水量有关。相比于 Bai 等（2010）生物量收获当年的降水量 319 mm，本节生物量收获当年的降水量较为丰沛（514mm），这在半干旱草原生态系统会增加植物的氮需求，从而导致"氮饱和"阈值的提高（Liang et al.，2015）。其次，采用的氮肥类型、添加频次以及生态系统背景条件（如物种组成、土壤氮含量、退化程度等）的差异也有可能造成阈值的不同（Xu et al.，2019）。总之，本节结果表明氮添加增加了草原植物地上生物量，且在较高的添加量下出现了"氮饱和"的现象。

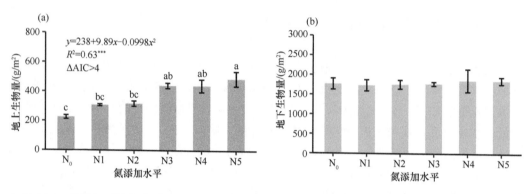

图 16.1　氮添加对地上（a）及地下（b）（0～100 cm）生物量的影响［引自景明慧等（2020）］

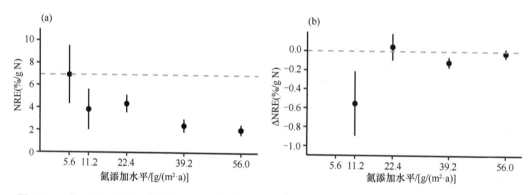

图 16.2　地上部分 NRE（a）和 ΔNRE（b）在不同氮添加水平下的变化［引自景明慧等（2020）］

　　氮添加对地下生物量没有显著影响（图 16.1）。这与 Xu 等（2017）研究发现的氮添加会降低植物总地下生物量的结果存在差异。这可能与群落的优势物种不同有关。本节实验地的优势物种为禾草（羊草），而 Xu 等（2017）实验地的优势物种为杂类草（冰草和猪毛蒿）。Bai 等（2015）的研究表明氮添加会降低杂类草的地下生物量，而增加禾草的地下生物量，但还是导致了总地下生物量的降低。因此，禾草占据的优势地位可能会导致总地下生物量对氮添加不敏感。本节氮添加对 4 个土层的地下生物量及其占总地下生物量的比重均没有显著影响，这与过去的一些研究并不相同（Xu et al.，2017）。有研究表明，地下生物量在垂直水平上对氮添加表现出的差异性响应可能与群落的优势物种有关。在浅根植物羊草为优势种的群落中，氮添加能够刺激较浅土层（0～10cm 和 10～20 cm）根系的生长，对较深土层（20～30cm）根系无显著影响（Bai et al.，2008）；而在深根植物杂类草居多的群落中，氮添加则对较浅土层（0～10cm）根系无显著影响，抑制较深土层（10～40cm）根系的生长（Xu et al.，2017）。而本节羊草占优势的植物群落表层根系生物量不因氮添加发生显著的变化可能与生物量更多地分配到地上有关（Bai et al.，2008）。

氮添加显著降低了内蒙古典型草原植物群落的根冠比（图 16.3）。这主要是由于氮添加增加了植物地上生物量，但对地下生物量没有显著影响。根冠比反映了植物对资源的分配状况，其比值的降低表明了在氮添加条件下植物将更多资源分配给地上部分。功能平衡模型预测，在光照限制条件下，植物将保留更多的光合产物在茎部以支撑植物获取更多的光资源，而减少根部的碳分配；当植物生长受到水分限制时，碳分配将转向根部，以提高植物的水分吸收能力（Vico et al.，2016）。本节水分是内蒙古典型草原的主要限制因子，植物将更多资源分配给地下部分，提高根系从土壤中吸收水分和营养元素的能力；添加氮元素提高了土壤氮可利用性，使得植物不需要投资更多生物量到根系来吸收氮，因此可以投资更多氮到地上部分以增加植物对光的吸收促进植物生长，进而导致根冠比降低。

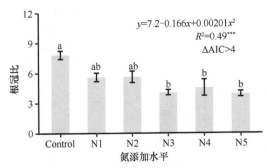

图 16.3 氮添加对根冠比的影响［引自景明慧等（2020）］
误差棒表示标准误（SE）；不同小写字母表示所有处理在 $P<0.05$ 水平差异显著，下同

16.1.2 养分沉降对生态系统群落结构的影响

1. 不同类型高寒草地群落结构与生产力对施氮的响应及其敏感性

大气氮沉降增加被认为是目前重要的环境问题，会引起生物多样性的丧失和生态系统稳定性的降低。但作为草地改良的管理措施，养分添加被广泛应用于退化草地的恢复。但由于不同类型草地所处气候与群落组成的差异，对氮输入的响应可能不同。本节以藏北高原高寒草甸与高寒草甸草原为研究对象探讨氮输入对不同类型高寒草地的影响，其中高寒草甸是位于西藏羌塘高原东部以高山嵩草（*Kobresia pygmaea*）为优势种的草原，高寒草甸草原是西藏羌塘高原向西过渡到以紫花针茅（*Stipa purpurea*）和线形嵩草（*Carex clavispica*）为优势种的草原。高山嵩草作为地带性植被，是成熟稳定的高寒植被群落的优势物种；而高寒草甸草原地处高寒草甸向典型高寒草原的过渡地带，植物种类兼具草甸和草原的特征，因此两者对外源氮输入的响应可能不同。设定长期氮添加梯度试验［对照，25kg N/(hm²·m²·a)、50kg N/(hm²·m²·a)、100kg N/(hm²·m²·a)、200kg

N/(hm²·m²·a)] 来探讨氮输入对生物多样性与生产力的影响，并估算不同类型高寒草地的"氮饱和"阈值。

外源氮输入对高寒草甸物种丰富度的影响存在年际间差异：2016 年随着施氮量的提高，物种丰富度逐渐增加，2017 年呈现逐渐降低的趋势，且施氮对高寒草甸物种多样性指数均无显著影响（图 16.4）。高寒草甸作为成熟稳定的高寒生态系统类型，对施氮的响应较慢。高寒草甸的优势物种为高山嵩草，属于寒中生密丛型多年生草本植物，须根系相当发达，与其他植物根系交织在一起形成草毡层，对外源氮输入增加的响应不敏感。

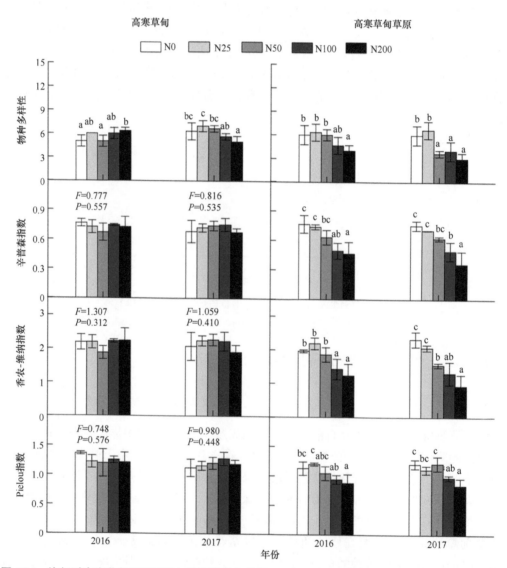

图 16.4　施氮对高寒草甸和高寒草甸草原物种多样性、辛普森指数、香农-维纳指数和 Pielou 多样性指数的影响［引自宗宁和石培礼（2020）］

N0、N25、N50、N100 和 N200 分别代表对照、25kg N/(hm²·a)、50kg N/(hm²·a)、100kg N/(hm²·a)、200kg N/(hm²·a)；误差棒代表标准差；相同年份的不同小写字母代表不同施氮梯度有显著差异（$P < 0.05$），未标出的代表差异不显著（$P > 0.05$），下同

高寒草甸草原呈现不同的规律，随着施氮量的提高，物种丰富度和多样性均呈现逐渐降低的趋势（图 16.4）。一般来讲，氮肥作为速效养分，极易在短时间内被喜氮植物吸收利用，使其生物量快速增加。施肥提高了植物之间地下部分对养分资源的竞争和地上部分对光的竞争，进而降低了物种多样性。同时，施氮导致的土壤理化性质的改变也是引起物种多样性降低甚至丧失的重要原因。

对于外源氮输入增加，高寒草地中不同植物功能群的响应存在差异。随着施氮量的增加，高寒草甸禾草植物虽然表现出先增加后降低的趋势，但其在群落中的比例随着氮输入年份的增长逐渐增加，而莎草植物比例随着施氮时间的增长呈现逐渐降低的趋势（图16.5）。高寒草甸草原中莎草植物所占比例较低，随着施氮量的增加，莎草植物表现出先增加后降低的趋势，所以高剂量施氮不利于莎草植物生长。与之相反的是，禾草比例随着施氮时间的延长，沿施氮梯度的增加逐渐升高。杂草植物比例随着施氮时间的延长，沿施氮梯度的增加逐渐降低（图 16.5）。禾草是高寒草甸草原的优势功能群，长期氮输入使得禾草植物在群落中的优势度进一步提高。禾草对氮输入反应敏感，氮肥作为速效养分，极易在短时间内被对氮素需求强烈的禾草植物吸收利用，从而使其生物量增加。同时，由于禾草植物高度比较高，处于植物群落的上层，不会受到光资源的限制，故其生长受到施肥处理的显著促进。因此，长期氮输入会改变高寒草地的群落结构，使得禾草植物在群落中优势度逐渐增加。这虽然会增加可食性牧草所占的比例，但单一功能群植物的提高会造成生物多样性的丧失和群落稳定性的降低，不利于高寒草地对气候异常等外界干扰的抵抗。

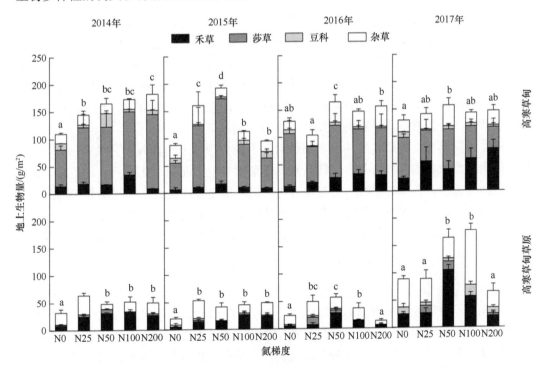

图 16.5　施氮对高寒草甸和高寒草甸草原群落及不同功能群地上生物量的影响

[引自宗宁和石培礼（2020）]

随着施氮量提高，高寒草甸地上生物量呈现逐渐增加趋势，随着施肥时间的延长，地上生物量呈现先增加后降低的趋势；随着施氮量提高，高寒草甸草原地上生物量均呈现先增加后降低的趋势（图 16.6）。这与已有的多数研究结论一致，即生态系统生产对氮输入增加存在饱和现象，即低氮输入会提高草地生产，而过量氮输入不仅不会持续增加草地生产，还可能会引起生产力降低。利用禾草地上生物量的反应估算的高寒草甸和高寒草甸草原的"氮饱和"阈值分别是 109.5kg N/(hm²·a)、125.8kg N/(hm²·a)，高寒草甸草原对施氮的敏感性低于高寒草甸（图 16.6）。

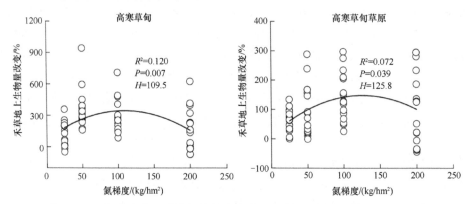

图 16.6　不同高寒草地对施氮的敏感性分析［引自宗宁和石培礼（2020）］

H代表拟合抛物线顶点对应的氮梯度

一般来讲，天然草地的植被生产力通常受水分和养分的共同限制。降水较少的干旱地区（如高寒草甸草原区）群落生产的主要限制因子是水分，低的水分可利用性导致添加的养分不能变成植被易于吸收利用的形态。降水较多的地区（如高寒草甸区）水分不是群落生产的主要限制因子，而养分多寡变成主要限制因素，故对外源养分输入更加敏感。高寒草甸草原地处高寒草甸向典型高寒草原的过渡地带，植物种类兼具高寒草甸和草原的特征，植物群落结构对外源氮输入响应更加显著。

确定不同类型高寒草地氮的饱和阈值对于不同类型草地的管理十分重要。受气候变化和人类过度放牧的共同影响，西藏高原高寒草地呈现大面积退化趋势。对于退化草地的恢复改良来说，合理、平衡地施肥对退化草地的恢复与改良具有积极的作用，如果施肥量高于"氮饱和"阈值，不仅不会改善草地质量，反而会引起群落功能降低、土壤酸化等一系列环境问题，故施肥量的选择应该在不同类型高寒草地的"氮饱和"阈值内。

2. 氮添加对草原物种优势度及化学计量内稳性的影响

化学计量内稳性是指环境或者土壤中的养分组成发生变化而生物体维持相应的元素含量相对不变的能力（Yu et al., 2015，2010）。Yu 等（2015）提出的化学计量内稳性假说将化学计量内稳性与生态系统结构和功能稳定性联系在一起，化学计量内稳性成为预测植物物种优势度和物种对短期全球变化的反应的关键性状。内稳性越高的物种，物种优势度越高，稳定性也越强。然而，长期氮添加会改变土壤养分条件，物种的化学计量内稳性可能也会发生转变进而改变物种的养分利用策略。如果物种内稳性发生改变，物种对于养分沉降的响应可能也会发生变化。然而，目前还缺乏相关的研究确定物种内稳性是否会随着长期氮添加而改变。研究团队在内蒙古草原通过一个长期氮添加实验和沙培实验分别监测了物种优势度及物种内稳性随着长期氮添加的变化，研究物种内稳性的变化对物种优势度的响应的影响。物种的内稳性指数（H）：

$$y = cx^{1/H}$$

式中，y 为植物叶片氮浓度；x 为土壤氮浓度；c 为常数。

物种内稳性的结果显示，长期氮添加显著降低了羊草和灰绿藜的内稳性（图 16.7）。然而，之前的研究发现，两年的氮添加不会改变物种内稳性（Yu et al.，2011），这表明物种内稳性可能只会随着土壤中高浓度氮的长期累积而改变。物种内稳性的变化也可以解释为什么从对照或短期氮添加计算的 H 值不能预测长期氮添加的物种优势度（Yu et al.，2015）。物种内稳性和物种优势度在对照和长期氮添加中均呈正相关关系，表明内稳性假说在长期营养富集的生态系统中仍然有效。因此，在解释物种优势度响应模式随

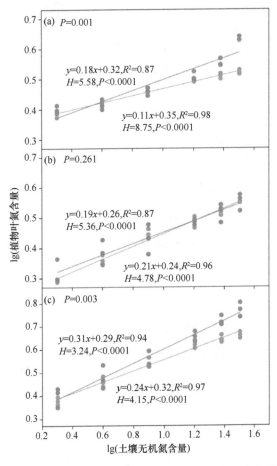

图 16.7　长期氮添加对羊草（a）、糙隐子草（b）、灰绿藜（c）物种内稳性的影响
［引自 Yang 等（2021）］

蓝色线条：对照，橙色线条：长期氮添加，$P < 0.05$ 代表长期氮添加显著改变了物种内稳性

氮添加持续时间的变化时，应考虑物种 H 值对长期氮添加的响应。

　　物种优势度对短期和长期氮添加的响应差异可以很好地通过羊草和灰绿藜的 H 值的变化来解释。羊草是一种多年生根茎 C3 型禾草，内稳性高，在氮限制草原中占优势。短期氮添加后，高 H 值物种的优势度大大降低，这种优势度的减少可能是由于高 H 值羊草保守的养分利用策略。然而，经过长期的氮添加，羊草的 H 值显著降低，这表明资源利用策略从保守转变为不那么保守。在长期氮添加后，H 值的变化导致羊草优势度增加。相比之下，糙隐子草是一种低 H 值的 C4 型丛生草，短期氮添加后促进了物种生长。然而，随着其他物种的 H 值降低，尽管糙隐子草的 H 值没有变化，但它成为长期氮添加后群落中的相对高 H 值物种，这解释了糙隐子草的优势度会随着长期氮添加而降低的原因（图 16.8）。

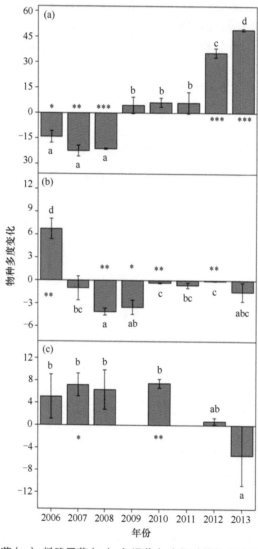

图 16.8　长期氮添加对羊草（a）、糙隐子草（b）、灰绿藜（c）物种优势度的影响［引自 Yang 等（2021）］
星号代表当年氮添加对物种优势度的影响显著：* 为 $P<0.05$，** 为 $P<0.01$，*** 为 $P<0.001$；不同字母代表不同年份间存在显著差异（$P<0.05$），下同

对于一年生草本灰绿藜而言，短期氮添加提高了低 H 值的灰绿藜的物种优势度。长期氮添加后，灰绿藜的 H 值显著降低，但灰绿藜的优势度并不像羊草一样提高，反而降低了。先前的研究表明，氮添加导致的锰离子毒害极大地抑制了杂类草的生长（Tian and Niu，2015），这可能是即使 H 值随着长期氮添加降低了，灰绿藜的生长仍然受到抑制的原因。然而，没有直接证据表明锰离子毒害或其他可能的机制会抑制灰绿藜的生长（Fang et al.，2012；Burson et al.，2018），因此需要进一步研究以确定潜在机制（Anderson et al.，2021）。

总之，研究发现植物物种优势度对短期和长期氮添加存在相反的响应，首次发现两个物种的 H 值随着长期氮添加而降低，这表明某些物种对养分富集的潜在适应机制。更重要的是，有证据表明，物种优势度对短期和长期氮添加的响应方向的逆转是由化学计量内稳性介导的，表明内稳性应该是调节植物物种对富营养化反应的关键性状。

16.1.3　养分沉降对生态系统碳循环的影响

1. 氮沉降对土壤呼吸的影响

土壤是陆地生态系统最大的碳库（1500Gt），土壤呼吸（soil respiration，SR）是土壤向大气释放 CO_2 的过程，它主要来源于根系主导的自养呼吸和微生物驱动的异养呼吸。土壤呼吸是大气与陆地生态系统之间的第二大碳通量，其微小变化可能导致生态系统"碳源"与"碳汇"之间转化，进而调控大气 CO_2 浓度，尤其是在属于生态脆弱区的草地生态系统。"土壤呼吸及其组分对氮沉降如何响应"是碳循环及气候变化领域的重要科学问题之一。

已有研究表明，不同的生态系统土壤呼吸对氮沉降的响应不同主要有两方面的原因，一方面是降水条件的差异可能会改变土壤呼吸对氮添加的敏感性（Li et al.，2018）。在中国北方农牧交错带盐碱化草地（右玉站）进行了两年（2018～2019 年）的野外观测实验，研究了在不同降水水平下氮添加对土壤总呼吸（SR_{TOT}）、自养呼吸（SR_A）以及异养呼吸的影响（SR_H）（图 16.9）。研究发现氮添加只在第二年显著增加了 SR_A，而对 SR_{TOT} 没有显著的影响。在增加降水的条件下，氮添加在第一年和第二年都通过显著增加 SR_A 而显著增加了 SR_{TOT}。相反，在减少降水的条件下，两年的氮添加对土壤呼吸及其组分的影响都不显著。总的来说，氮添加对土壤呼吸的效应随着降水量的增加而增加。

另一方面，不同的生态系统土壤呼吸对氮沉降的响应不同还可能与氮添加量及氮的形态有关（Peng et al.，2017）：在氮限制情况下，低水平氮添加促进土壤呼吸；而在氮充足情况下，低水平氮添加不影响土壤呼吸，而高水平氮添加显著降低土壤呼吸。研究不同形态氮［NH_4NO_3、$(NH_4)_2SO_4$、NH_4HCO_3］添加对 SR 的影响，结果表明，SR 显示出双峰模式和显著的年际差异，受空气或土壤温度和降水的调节。施氮对 SR 的影响显著，施氮对 SR 的影响因年而异，与季节降水有关。添加 NH_4NO_3、$(NH_4)_2SO_4$ 和 NH_4HCO_3 后，三年（2017～2019 年）的平均 SR 分别增加了 19.9%、13.0% 和 16.6%（图 16.10）。三年内，NH_4NO_3 添加对 SR 的最大影响归因于最高的 ANPP、BNPP 和土壤 NO_3^- 浓度。土壤呼吸（碳损失）显著增加，而植物生产力（碳输入）在 NH_4HCO_3 添加

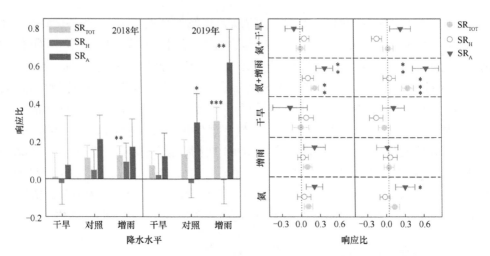

图 16.9　土壤呼吸及其组分对氮添加和降水变化的响应［引自 Diao 等（2022）］

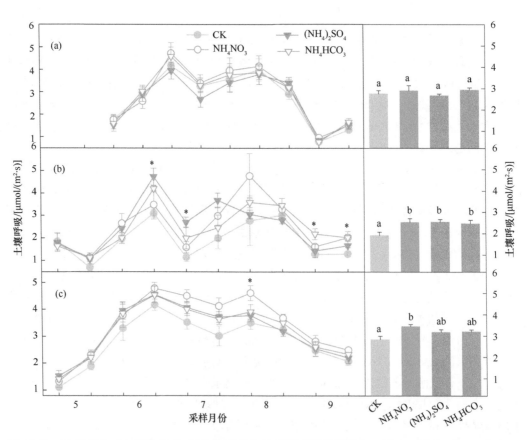

图 16.10　2017 年（a）、2018 年（b）和 2019 年（c）不同处理［对照（CK）、NH₄NO₃、（NH₄）₂SO₄、NH₄HCO₃］土壤呼吸的季节变化及其平均值［引自 Diao 等（2022）］

*表示处理间差异显著（$P<0.05$）；条形图中不同字母表示处理间差异显著（$P<0.05$）

下没有显著变化，表明碳固存减少。此外，BNPP 是影响该盐碱草原 SR 的主要直接因素，土壤盐渍化（如土壤基阳离子和 pH 值）通过土壤微生物间接影响 SR（图 16.11）。值得注意的是，NH_4NO_3 添加高估了 SR 对 N 添加的响应，应考虑不同的 N 化合物，特别是在盐碱草地中。

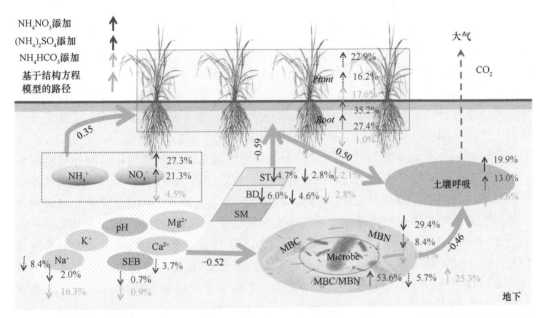

图 16.11　影响土壤呼吸对不同氮素化合物［NH_4NO_3、$(NH_4)_2SO_4$、NH_4HCO_3］添加的响应的主要因素概念图［引自 Diao 等（2022）］

实线箭头表示显著影响（$P < 0.05$）。向上的箭头表示积极影响，向下的箭头表示负面影响。箭头越粗表示因子之间的相关性越强，箭头上的数值表示根据结构方程模型的标准化系数

地上净初级生产力（ANPP，g/m^2），地下净初级生产力（BNPP，g/m^2），土壤温度（ST，℃），土壤水分（SM，%），土壤容重（BD，g/cm^3），微生物生物量碳（MBC，mg/kg）和微生物生物量氮（MBN，mg/kg），可交换碱阳离子的总和（SEB，mg/kg）

2. 氮沉降对生态系统碳通量的影响

生态系统碳通量主要包括生态系统呼吸（ecosystem respiration，ER）、生态系统总初级生产力（gross ecosystem photosynthesis，GEP）、生态系统净碳交换（net ecosystem CO_2 exchange，NEE）。生态系统碳交换不同组分对氮添加的响应决定了陆地生态系统碳的通量，直接或间接影响全球气候变化。生态系统呼吸包括土壤的呼吸和地上植物的呼吸，是陆地生态系统中碳释放的过程，调控着大气 CO_2 的浓度，直接或间接影响着全球气候变化。全球范围内的研究表明氮添加对生态系统呼吸的影响在不同类型的生态系统之间存在较大的差异。研究结论的差异大部分是可以被生物量的变化来解释的。一般来说，氮添加会促进地上植物的生长，从而促进地上部分植物呼吸。而前文提到，氮添加对土壤呼吸的影响是存在很大不一致性的，因此地上生物量的变化以及地下过程土壤呼吸的变化同时调控着生态系统呼吸对氮添加的响应。GEP 是指在群落水平植物对 CO_2 的总吸

收量。它不仅受植物生物量的影响，还受植被自身的影响，如个体水平的光合能力。光照强度、植物对光的获取能力、叶片氮水平及叶片的比叶面积等都会影响植物个体光合能力进而影响群落水平的光合。因此相对于生态系统呼吸，生态系统光合会更易受到外界资源环境要素改变的影响。NEE 能够反映生态系统的碳源和碳汇以及指示碳的存储能力。净碳的交换依赖 GEP（碳吸收）和 ER（碳释放）之间的差异。

氮添加对生态系统碳通量的影响主要存在两个方面的不确定性：一方面是生态系统光合和呼吸由于来源差异往往具有不一致或者不成比例的响应，进而使得 NEE 的响应的大小及方向存在不确定性。另一方面，生态系统碳通量对氮添加的响应受生物和非生物因素的影响，如生物量的变化、群落组成的变化、土壤水分的变化、土壤呼吸的变化、极端降水事件造成的厌氧环境等。因此研究氮添加对生态系统碳通量影响的关键驱动因子对于更深入地探讨氮沉降对土壤碳通量的影响机制具有重要的意义。

研究团队在中国北方农牧交错带半干旱草地生态系统进行了两年的野外观测实验（2018～2019 年），研究生态系统碳交换各组分对氮添加的响应，并结合降水格局的改变探讨碳通量（NEE、GEP 和 ER）对氮添加的响应及其与降水的关系。研究结果表明：①单独的氮添加和降水变化对生态系统碳交换各组分（NEE、GEP 和 ER）的影响不显著 [图 16.12（b）]。②在增雨情况下，氮添加显著促进生态系统光合以及生态系统净 CO_2 交换。减少降水不改变氮添加对碳通量的影响 [图 16.12（b）]。③氮添加对生态系统光合以及生态系统净 CO_2 交换的影响随着降水的增加而增加 [图 16.12（a）]。④植物自身功能性状的改变（叶氮、叶面积）有利于自身的光合以及生态系统净 CO_2 交换。⑤由于在氮添加和加水处理下具有较高的水分利用效率以及氮利用效率，因此生态系统水分利用效率和氮利用效率调控着生态系统净 CO_2 交换（图 16.13）。

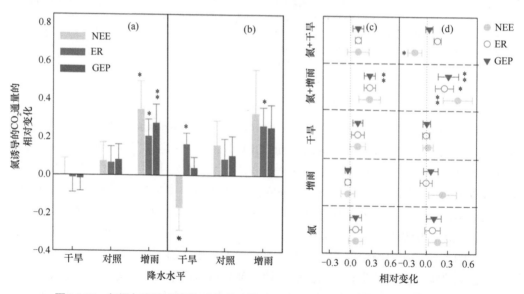

图 16.12　氮添加和降水变化对生态系统 CO_2 通量的影响 [引自 Diao 等（2022）]

（a）和（c）为 2018 年；（b）和（d）为 2019 年

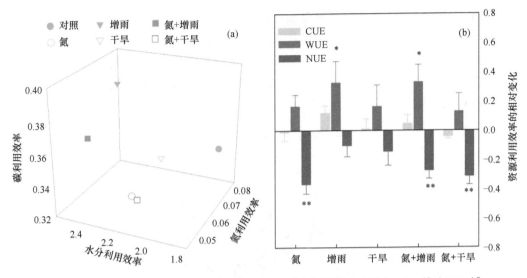

图 16.13 氮添加和降水变化对资源利用效率相对变化的影响［引自 Diao 等（2022）］

3. 氮磷共同限制青藏高原高寒草甸生态系统碳吸收

随着人类活动加剧，青藏高原高寒草地面临外来资源输入的威胁，而外源资源输入，如氮磷钾（NPK）及其交互作用如何影响高寒草地生态系统碳循环尚不明确。研究团队在藏北高寒草甸进行了连续 3 年 NPK 元素交互的添加试验，通过测定群落盖度和生态系统碳交换等数据，旨在阐明资源添加对高寒草甸生态系统碳交换过程的影响。

单独添加氮、磷、钾对生态系统 NEE、ER、GEP 均无显著影响（图 16.14），这一研究结果与多数元素添加的结果不一致。元素添加改变生态系统碳交换的可能机制主要有以下 3 个方面：①元素添加可以减弱土壤的营养限制，刺激植被生长和光合作用，提高 NEE，植被生长通过地上/地下分配又增加了土壤碳的输入（Wan et al.，2009），提高 ER，因此提高总 GEP。②元素添加可能有利于某一类群植物的生长，而限制另一类群植物生长，改变了植物群落结构和物种组成，从而影响生态系统碳交换，例如 N 添加显著增加了禾本科生物量，但可能通过光竞争等因素降低下层杂草类的生物量（Xia et al.，2009）。③元素添加，尤其是 N 添加可能导致土壤酸化和锰铁铝离子毒害，一方面影响微生物活性以及碱基阳离子组成，降低异养呼吸等，另一方面导致植物和微生物多样性丧失，从而改变生态系统碳交换。

本节结果表明，单独一种元素添加没有改变生态系统碳通量组分，可能的原因是在我们的半干旱高寒草甸区，生态系统除了受 N 的限制，还可能受水分和 P 的限制。单独加 NPK 对各植物功能群的盖度及群落总盖度均没有显著影响，NK 和 PK 添加也没有改变群落总盖度，而 NP 和 NPK 组合添加提高了莎草科盖度和群落总盖度（图 16.15），表明 N 和 P 均是高寒草甸的限制要素。因此，单独 N 添加下高寒草甸生态系统碳通量缺乏响应，可以归因于 P 的限制。这一结果与内蒙古温带草原的研究结果不一致（Xia et al.，2009），氮添加显著增加了建群种禾本科的生物量，从而提高了生态系统 GEP（图 16.15）。而本节高寒草甸建群种为莎草科，在元素添加下莎草科盖度没有发生显著变化，因此不同植物种类对元素添加的响应差异也可能导致生态系统碳通量的差异。ER 包括植物的自养呼吸和地下部分的异养呼吸，同时受到土壤温湿度、微生物活性及呼吸底物等复杂过程的影响。本节单独元素添加没有改变 ER，可能是多种因素和过程共同作用的结果。

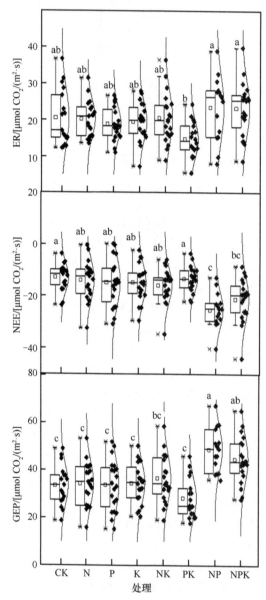

图 16.14　氮、磷、钾添加对 NEE、GEP 及 ER 的影响［引自李文宇等（2021）］

CK：对照；N：氮添加；P：磷添加；K：钾添加；NK：氮钾添加；PK：磷钾添加；NP：氮磷添加；NPK：氮磷钾添加

不同小写字母表示处理间差异显著（$P<0.05$）

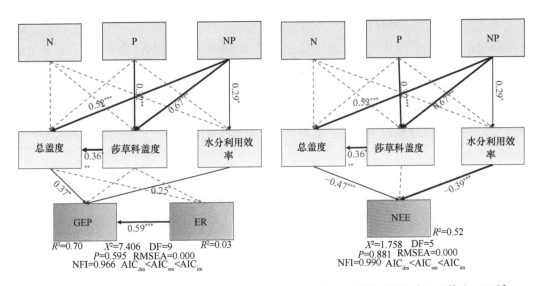

图 16.15　NEE、GEP、ER 的直接和间接影响因素的结构方程模型［引自李文宇等（2021）］

众所周知，环境变化多要素对生态系统可能产生加和、拮抗或协同的影响。有研究表明，NPK 组合添加对地上生产力的影响也可能产生不同的结果。例如，NK 和 PK 添加对内蒙古温带草地地上生物量无显著影响，而 NP 同时配施显著提高植物地上部分的生物量（Niu et al.，2010）。与上述研究结果一致，N 或 P 单独添加没有改变优势种的盖度和群落总盖度，而 NP 组合添加显著提高了优势种和群落总盖度。同样地，生态系统碳通量组分 NEE 和 GEP 对单独添加 N 和 P 没有响应，而 NP 添加提高了生态系统 NEE 和 GEP。因此，这些结果表明，高寒草甸系统可能受到多种资源要素的共同限制，改变其中一种限制元素不会影响该生态系统的属性，例如优势种盖度和群落盖度，因此也没有改变生态系统碳通量组分 NEE 和 GEP。NP 组合添加下 GEP 提高主要归因于优势种莎草科盖度的增加和 WUE 的提高，即优势种盖度和 WUE 的改变影响 NEE 的变化，进而影响 GEP。本节结果与内蒙古温带草地的研究结果一致（Tian and Niu，2015），主要通过促进优势植物生长，进而提高群落的生产力。本节还发现，NK 和 PK 组合添加对植物群落总盖度和生态系统碳通量组分均没有显著影响，单独 K 添加同样没有改变上述指标，表明钾可能不是高寒草甸主要的限制元素。这与前人的研究结果一致，即高寒草甸 N、P 不足或缺乏，而 K 元素较为丰富。

16.1.4　养分沉降对土壤氮循环的影响

土壤中不同形态氮的含量主要由土壤氮矿化、硝化作用、反硝化作用和微生物的固持作用等过程所决定，同时也导致了氮的去向不同（卢蒙，2009）。氮沉降引起的土壤无机氮含量增加改变了土壤中相对封闭的氮循环过程。另外，氮沉降会引起土壤环境和微生物的变化，这些影响都会进一步影响氮转化的过程（Niu et al.，2016）。研究氮转化的相关过程如何响应氮沉降对理解土壤氮的动态至关重要。对于养分贫瘠的盐渍化草地生态系统，大气氮沉降如何影响土壤氮循环过程是一个目前尚未解决的问题。在位于华北地区山西省右玉县境内的盐渍化草地建立了一个模拟氮沉降的试验平台，设置 8 个氮添加水平，分别为 0g/(m²·a)、1g/(m²·a)、2g/(m²·a)、4g/(m²·a)、8g/(m²·a)、16g/(m²·a)、24g/(m²·a)、32g/(m²·a)（N0、N1、N2、N4、N8、N16、N24、N32），生长季 5～9 月，每月月初以喷施的方式等量添加 NH_4NO_3。2017 年 5 月到 2019 年 10 月，采用顶盖 PVC 管法每月进行一次净氮矿化速率的测定，同时计算净氮矿化速率对不同水平氮添加的敏感性。

土壤中的无机氮以铵态氮和硝态氮形式存在，是植物生长利用的主要养分来源。草地土壤无机氮含量的高低是由无机氮的输入（如氮添加）、氮的转化及植物吸收和利用共同决定的（Zhang et al.，2012；Liu et al.，2015）。研究发现随着施氮水平的升高，土壤中铵态氮、硝态氮和无机氮累积量不断增加（图 16.16）。一方面是由于无机氮的输入，

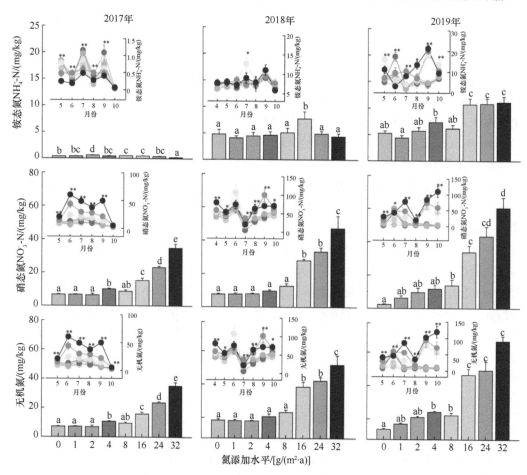

图 16.16　2017～2019 年华北盐渍化草地不同氮添加水平铵态氮、硝态氮和无机态氮含量变化

[引自徐小惠等（2021）]

不同小写字母表示差异显著（$P<0.05$）；*表示施肥和对照的差异性在 0.05 水平上显著，**表示施肥和对照的差异性在 0.01 水平上显著；小图中不同颜色对应柱状图的不同氮添加水平

另一方面无机氮添加促进了土壤的净矿化和净硝化作用。已有研究发现，不同水平氮添加对土壤总氮库没有显著响应（Liu et al.，2013），但是土壤净氮矿化速率随着施氮浓度的增加而显著上升（罗亲普等，2016）；另有研究发现土壤净氮矿化对不同施氮水平存在响应阈值（Chen et al.，2019），即在氮添加增加到一定浓度后，土壤净氮矿化速率不再继续增加。可能的原因是长期施氮降低土壤 pH，高氮添加使 pH 降低得更快，pH 降低导致胞外酶代谢速率和分解速率降低；随着土壤中矿质氮含量的增加，微生物不需要再通过分解有机质获取氮（所谓的掘氮理论），因此微生物分泌的胞外酶减少，而氮矿化速率也相应降低。

随着施氮浓度的增加，土壤净矿化速率增加，没有发现阈值（图 16.17），可能的原因，一是增加的氮降低土壤 C∶N，为土壤微生物提供了更加合适的土壤基质，适宜的温度和水分会提高微生物种群数量和活动，促进了土壤中氮的释放；二是该研究区域属于盐渍化草地，即使添加氮，养分也会由于降水偏多而比较容易流失，所以高浓度氮添加促进了土壤净氮矿化速率和植物对土壤有效氮的吸收，从土壤氮的角度阐明了该研究区域生产力受氮限制。土壤 pH 影响土壤净氮矿化速率，有研究表明高 pH 会提高土壤基质的有效性，净氮矿化速率会随着 pH 的增加而增加。同时有研究表明，土壤氮矿化速率的变化取决于土壤微环境和物种覆盖的小尺度变化，这些变化可以影响微生物活动和调节土壤氮矿化（Eviner et al.，2006）。

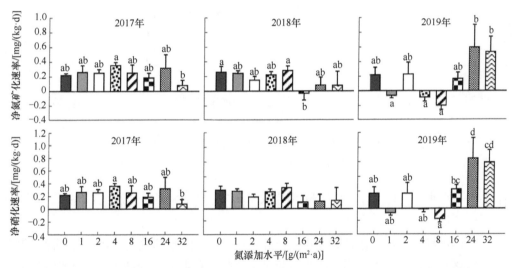

图 16.17　华北盐渍化草地不同氮添加水平土壤净氮矿化速率和净硝化速率［引自徐小惠等（2021）］

不同小写字母表示差异显著（$P < 0.05$）

不同水平氮添加处理下，净氮矿化速率存在年际差异且季节动态不同。2019 年净氮矿化速率显著高于 2017 年和 2018 年，可能是由于氮添加的累积效应（图 16.17）。温度和降水的差异导致不同月份之间氮的转化速率对氮添加的响应不同，2019 年 7 月高氮添加（N16、N24、N32）处理下的土壤净氮矿化速率显著高于低氮添加处理。降水的激发效应使得土壤微生物生长繁殖加快，这导致低氮添加处理下，微生物用外源氮满足自身需求，表现为氮固持；而在高氮添加处理下，微生物由于自身获得足够无机氮，代谢增强，释放到土壤中的无机氮含量也增加。

土壤净氮矿化速率对低水平氮添加的敏感性高于高水平氮添加的敏感性，而 2019 年的净氮矿化速率敏感性较 2017 年和 2018 年对低水平氮添加的敏感性更高（图 16.18）。这可能是由于随着施氮时间的延长，长期高水平氮添加使得养分过于充足导致微生物逐渐适应高水平氮添加的环境，从而耐受性增强，敏感性减小；而长期低氮添加对微生物的影响更大，低水平氮添加后，土壤环境达到微生物生长最适宜环境，微生物活性更高，所以低氮添加时净氮矿化敏感性更高。此外，土壤净氮矿化速率对氮添加的敏感性在年际之间也存在显著差异，2018 年对低氮添加敏感性低是由于该研究地区缺养分、缺水，处于水分胁迫状态，而 2018 年降水量高，解除了干旱限制，所以微生物对低氮添加的抗性恢复，对低氮添加的敏感性降低，因此 2018 年净氮矿化对低氮添加的敏感性较 2017 年和 2019 年低。所以施肥量过低不利于提高土壤的净氮矿化速率，而施肥量过高会使土壤的敏感性减小，导致耐受性增强。由此，盐渍化草地短期中等程度的氮添加会提高土壤氮的可利用性和生产力。盐渍化草地土壤无机氮含量较低，对氮添加的缓冲性比较弱，外源氮输入对盐渍化草地土壤净氮矿化速率的敏感性需要进一步深入研究。

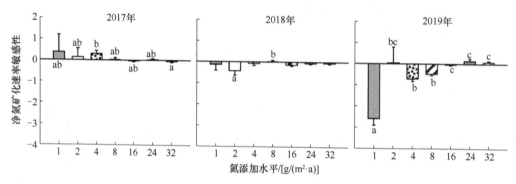

图 16.18　华北盐渍化草地不同氮添加水平土壤净氮矿化速率的敏感性 [引自徐小惠等（2021）]

不同小写字母表示差异显著（$P < 0.05$）

16.2　降水变化对生态脆弱区生态系统结构和功能的影响

人类活动导致全球气候显著变化，极端干旱、极端降水等极端气候事件频发。极端气候的显著特征是其对生态系统的影响超过了个体和种群的适应能力，严重影响了物种组成和功能。大气循环模型预测，未来极端降水事件发生的频次和强度会持续增大（Ummenhofer and Meehl，2017；Luo et al.，2022）。在过去的几十年里，人们已经开展了关于极端降水对生态系统功能和过程影响的研究，发现降水变化能够显著改变生态系统功能和过程。然而，关于生态系统在极端降水事件后的响应机制尚不明确。我国农牧交错带及青藏高原是重要的畜牧业生产基地和生态屏障，且处于未来极端气候增多趋势明显的敏感区域。因此，研究我国生态脆弱区对极端降水事件的响应能够更好地应对气候变化对我国草原生态系统造成的影响，为预防气候变化对我国草原畜牧业及生态环境的危害提供理论依据。本节利用极端干旱与全球变化联网实验平台，结合多年的降水调查数据，研究了降水变化对我国生态脆弱区群落结构、物种组成、稳定性和多样性、地上/地下生产力、土壤碳和氮循环的影响，综合评估了降水变化对我国生态脆弱区生态系统资源环境承载力的影响。

16.2.1　极端干旱对生态系统生产力和稳定性的影响

1. 草原生态系统 ANPP 对极端干旱的响应

人类活动加剧导致的全球降水格局的变化引起了极端干旱事件的频发（IPCC，2021），这可能会深刻影响着草原生态系统的功能和结构。以往的研究表明，极端干旱会显著降低草原生态系统的 ANPP（Xu et al.，2021）。然而，以往的研究大多都是在单点，研究时间很短且只涉及了单个极端干旱模式对 ANPP 的影响。但是，极端干旱对 ANPP 的影响可能会在不同的草原生态系统，随着极端干旱持续时间的增加，以及在不同的极端干旱模式下有很大的差异（Carroll et al.，2021）。随着极端干旱事件在全球发生的频次、强度及持续时间的增加，在区域或全球尺度上探究极端干旱对草原生态系统净初级生产力的影响在不同生态系统的差异，随着极端干旱持续时间增加的变化，以及不同极端干旱模式影响下的差异十分重要。联网控制实验设立了对照（CON）及两种不同的极端干旱处理 [连续 4 年减少生长季（5~8 月）66% 的降水量（CHR）以及持续 4 年减少生长季两个月（6~7 月）100% 的降水量（INT），详情见第 3 章 3.5]，通过为期 4 年的极端干旱处理及群落、禾草、杂类草、优势物种和非优势物种的 ANPP 的测定，探究了极端干旱对草原生态系统群落及重要植物组分 ANPP 的影响及其在不同生态系统的差异，随着极端干旱持续时间增加的变化，以及不同极端干旱模式影响下的差异。

极端干旱对群落 ANPP 的影响在不同的草原生态系统有很大差异。在我们研究的 6 个地点，除了乌拉特以外，极端干旱对群落 ANPP 的负面影响在其余 5 个地点表现为，随地点干旱程度的增加呈增加趋势（图 16.19）。一个整合全球 64 个不同地点的 meta 分析也表明，草原生态系统的群落 ANPP 对极端干旱的抵抗力与年均降水量呈正相关关系（Stuart et al.，2018）。与湿润的草原生态系统相比，干旱的草原生态系统受水分的限制更大（Huxman et al.，2004）。因此，对极端干旱的响应也更为敏感。然而，结果也有一个特殊情况，即在最为干旱的乌拉特样地，群落 ANPP 在极端干旱处理下的降低程度低于相对湿润的希拉穆仁站点（图 16.19）。这可能是由于植物在长期缺水的环境中生活，会形成更耐受干旱的策略，从而降低群落 ANPP 对极端干旱的敏感性。乌拉特群落 ANPP 对极端干旱的抵抗力随处理时间的增加而变化很小，这也印证了该地区植物群落具有更耐受干旱的策略。不过植物对干旱的适应能力可能是有限的。因此，乌拉特的群落 ANPP 对极端干旱的负面响应高于其余 4 个比希拉穆仁更为湿润的地点（图 16.19）。综上所述，群落 ANPP 对极端干旱的负面响应在干旱的草原生态系统高于湿润的草原生态系统是更为普适性的规律。

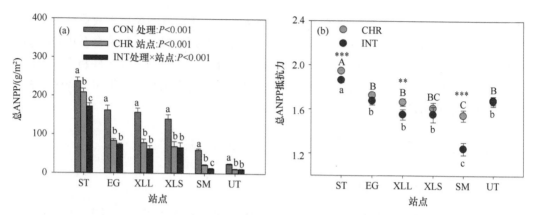

图 16.19 极端干旱对不同地点群落 ANPP 的影响（a）及群落 ANPP 的抵抗力在不同地点的差异（b）

图中的数值为平均值±标准误，（a）中不同的小写字母表示同一地点不同处理下有显著差异（$P < 0.05$），（b）中不同的大写字母表示群落 ANPP 对 CHR 的抵抗力在不同地点间有显著差异（$P < 0.05$）。不同的小写字母表示群落 ANPP 对 INT 的抵抗力在不同地点间有显著差异（$P < 0.05$）。抵抗力在不同处理间的差异表示为，***为 $P < 0.001$；**为 $P < 0.01$。实验站点：呼伦贝尔草原（ST），额尔古纳森林草原过渡带（EG），锡林郭勒草原羊草样地（XLL）和大针茅样地（XLS），希拉穆仁草原（SM）和乌拉特荒漠草原（UT），下同

极端干旱降低了群落 ANPP，且群落 ANPP 的负面响应随着极端干旱持续时间的增加呈积累效应（图 16.20）。短期的研究结果也表明，极端干旱的持续时间会降低植物群落的抵抗力（Batbaatar et al.，2022）。土壤水分的变化及群落物种组成的变化可以解释极端干旱对群落 ANPP 的负面效应随极端干旱持续时间的增加呈积累效应的结果。土壤水分会随着极端干旱持续时间的增加而持续降低，导致植物群落的水分胁迫增加，进而引起群落 ANPP 的持续降低。群落对极端干旱的响应同时受到物种组成的影响。如果群落中耐旱物种占据的比例很高，整个群落对极端干旱的抵抗力就会很高（Liu et al.，2018）。群落 ANPP 的降低幅度就可能不会随着极端干旱持续时间的增加而降低。但是，

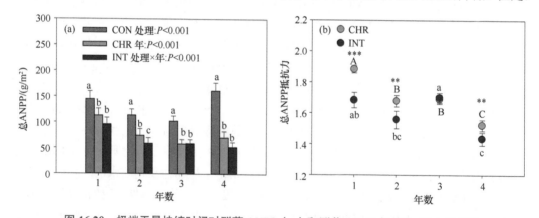

图 16.20 极端干旱持续时间对群落 ANPP（a）和群落 ANPP 抵抗力（b）的影响

图中的数值为平均值±标准误，（a）中不同的小写字母表示同一处理时间不同处理下有显著差异（$P < 0.05$）。（b）中不同的大写字母表示群落 ANPP 对 CHR 的抵抗力在不同年份间有显著差异（$P < 0.05$）。不同的小写字母表示群落 ANPP 对 INT 的抵抗力在不同年份间有显著差异（$P < 0.05$）。抵抗力在不同处理间的差异表示为，***为 $P < 0.001$，**为 $P < 0.01$

在研究的 6 个草原生态系统中，杂类草占据了接近一半的比例（43%）。已有研究表明，杂类草对极端干旱的抵抗力较低（Xu et al.，2021）。因此，极端干旱对杂类草 ANPP 的负面影响随干旱持续时间的增加而增加，导致了整个群落 ANPP 的积累效应。

结果表明不同的极端干旱模式对群落 ANPP 的影响具有差异（图 16.21）。两种极端干旱均降低了群落的 ANPP，但是群落 ANPP 在 INT 处理下的降低量高于 CHR［图 16.21（a）］，且群落 ANPP 对 INT 的抵抗力低于 CHR［图 16.21（b）］。在美国设立的联网控制实验也发现了相同的结果（Carroll et al.，2021）。尽管这两种极端干旱模式减少的年均降水量是相当的（CHR 和 INT 均降低了年均降水量的 50% 左右），但是它们对降水分布的影响有很大的差异。例如，干旱来临和结束的时间及降水事件的数量。降水分布的改变会对植物群落造成很大的影响。Carroll 等（2021）的研究中指出，INT 处理下植物 ANPP 的降低量高于 CHR，浅层与深层的 ANPP 比值表现为在 INT 处理下高于 CHR。说明与 CHR 相比，INT 对 ANPP 更大的负面影响主要来自深层根系的降低。与禾草相比，杂类草更依赖深层的土壤水分来应对干旱。因此，INT 对杂类草的影响可能更大。研究结果也表明，杂类草的 ANPP 在 INT 处理下的降低量更高，而禾草的 ANPP 对 CHR 和 INT 的响应无显著差异。综上所述，群落 ANPP 对 INT 处理的负面响应高于 CHR 的结果（图 16.21），这可能是由杂类草对 INT 处理更敏感造成的。

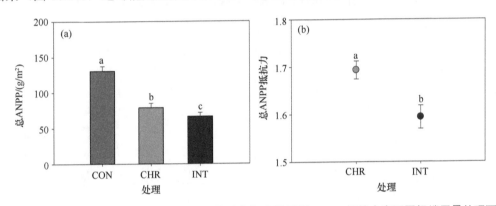

图 16.21　不同极端干旱处理对群落 ANPP 的影响（a）及群落 ANPP 抵抗力在不同极端干旱处理下的差异（b）

图中的数值为平均值±标准误，不同的小写字母表示不同处理下有显著差异（$P < 0.05$）

2. 草原生态系统地下生物量对极端干旱的响应

生产力对干旱的敏感性是全球变化研究中重要的科学问题，关于这个问题有两个科学假设，一种认为湿润的生态系统更敏感，因为干旱的生态系统已经适应了干旱的环境，另一种认为干旱的生态系统更敏感，因为湿润的生态系统水分较多，减少的降水对生态系统的影响没有干旱系统大。然而关于这个问题还没有一致的答案，而且现有的研究都是针对地上生产力的，地下生产力的敏感性问题鲜有报道。

关于不同土层根系生物量和 BNPP 的研究表明，在区域尺度上极端干旱的效应在不同土层的作用相反，且干旱站点与湿润站点的趋势相反（图 16.22 和图 16.23）。这主要是因为在干旱站点，与对照相比，极端干旱处理后深层土壤水分含量下降的幅度（平均下降25.2%）远远超过了表层（平均下降18.3%），使得根系难以下扎，进而引起底层根系生物量下降（−5.0%）而表层增加（76.6%）。在湿润站点，极端干旱降低了表层土壤含水量，植物根系会通过向下延伸吸收土壤深层的水分来维持正常的生长，进而导致底层根系生物量的增加（56.7%）和表层根系生物量的降低（−28.9%）。该研究发现土壤表层BNPP与土壤深层BNPP对极端干旱的响应相反，强调了不同层次根系分配以及植物水分利用策略的变化机制在应对全球气候变化中的重要性。

16.2.2 极端干旱对生态系统物种多样性的影响

1. 极端干旱对草原群落物种丰富度、多样性与均匀度的影响

物种丰富度、多样性和均匀度在不同的地点对极端干旱的响应有很大差异，但其响应的规律与群落ANPP对极端干旱的响应规律不同（图16.24），并且大多数地点物种丰富度、多样性和均匀度对极端干旱的抵抗力与群落ANPP的抵抗力不相关（图16.24）。一项对现有控制实验的集成分析表明，群落生产力对极端干旱的抵抗力与植物多样性的正相关关系并不是存在于所有的地点（Isbell et al., 2015）。群落ANPP对极端干旱的响

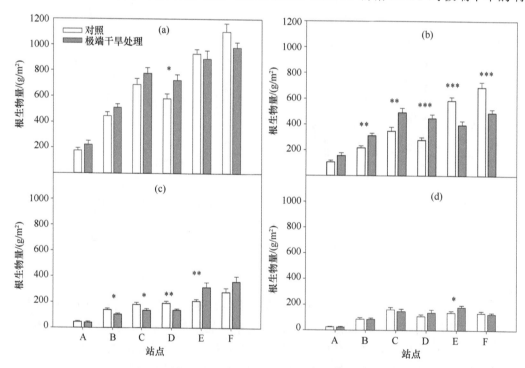

图16.22 极端干旱对不同土层根系生物量的影响

A表示乌拉特样地，B表示召河样地，C表示锡林浩特针茅样地，D表示锡林浩特羊草样地，E表示黑山头样地，F表示谢尔塔拉样地

（a）0～40cm；（b）0～10cm；（c）10～20cm；（d）20～40cm

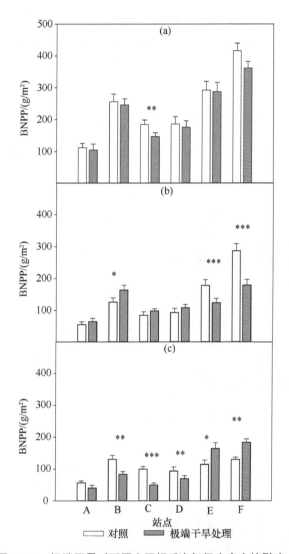

图 16.23　极端干旱对不同土层根系净初级生产力的影响

A 表示乌拉特样地，B 表示召河样地，C 表示锡林浩特针茅样地，D 表示锡林浩特羊草样地，E 表示黑山头样地，F 表示谢尔塔拉样地

（a）0～10cm；（b）10～20cm；（c）20～40cm

应在干旱的草原生态系统的高敏感性不仅受植物多样性的调控（Ma et al.，2020；Xu et al.，2021）。重要植物组分和植物功能性状的高敏感性，以及环境因子的高限制性也是干旱草原生态系统对极端干旱的响应更为敏感的驱动因素（Stuart et al.，2018）。

　　综合 6 个地点的结果表明，极端干旱降低了物种丰富度和多样性，并且极端干旱对物种多样性的负面影响随着干旱持续时间增加而增加，这与群落 ANPP 对极端干旱的响应规律一致（图 16.25）。此外，物种丰富度对极端干旱的抵抗力与群落 ANPP 的抵抗力呈显著正相关。Isbell 等（2015）的结果也表明，物种的丰富度与群落生产力对极端干旱的抵抗力呈正相关。前期的研究结果表明，物种的异步性与物种的丰富度呈正相关，而物种的异步性影响极端干旱背景下群落 ANPP 时间稳定性的高低（Muraina et al.，2021）。因此，多年极端干旱导致的物种丧失的持续增加引起的物种异步性的持续降低，可能是造成群落 ANPP 的降低量随极端干旱持续时间的增加而增加的原因之一。

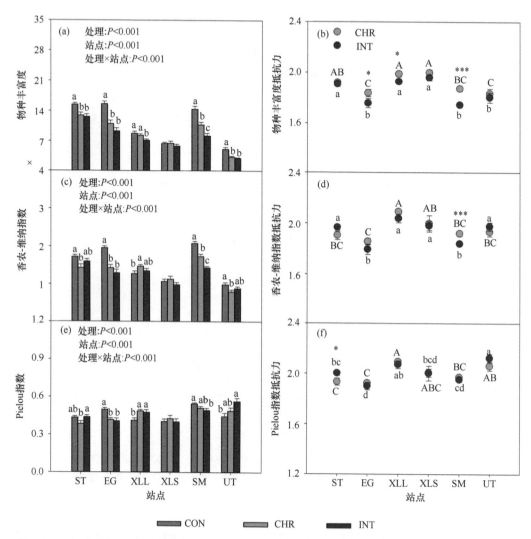

图16.24 极端干旱对不同地点物种丰富度、多样性和均匀度的影响及其抵抗力在不同地点的差异

（a）、（c）、（e）中不同的小写字母表示同一地点不同处理下有显著差异（$P < 0.05$），（b）、（d）、（f）中不同的大写字母表示对 CHR 的抵抗力在不同地点间有显著差异（$P < 0.05$）。不同的小写字母表示对 INT 的抵抗力在不同地点间有显著差异（$P < 0.05$）。抵抗力在不同处理间的差异：***为 $P < 0.001$，*为 $P < 0.05$

物种丰富度在 INT 处理下的降低量高于 CHR，且其对于 INT 的抵抗力也低于 CHR［图 16.26（a）］。前期的研究表明，降水量大小不变而降水分布的改变也会对植物群落的生产力造成很大的影响（Fischer and Knutti，2016；Fowler et al.，2021），并且短时间的完全干旱对植物群落的生产力会造成更大的负面影响（Carroll et al.，

2021）。本节物种丰富度在 INT 处理下降低更多的结果也说明，短时间的完全干旱不仅会导致群落生产力的降低，也会引起群落中物种丧失的增多。另外，物种丰富度对两种极端干旱的抵抗力均与群落 ANPP 的抵抗力呈显著正相关。因此，与 CHR 相比，INT 处理下物种丰富度更高的降低量可能导致了群落 ANPP 在 INT 处理下更高的降低量。

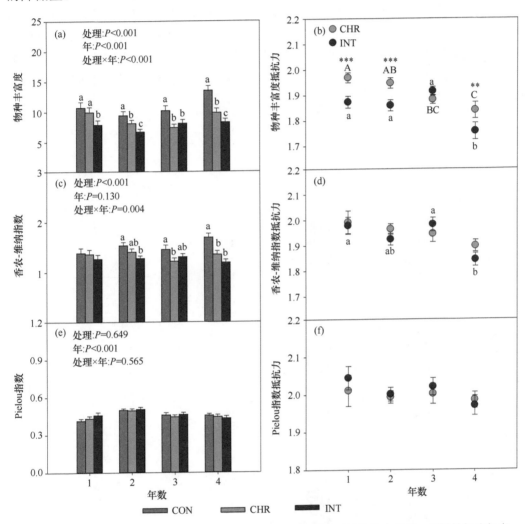

图 16.25 极端干旱持续时间对物种丰富度、多样性与均匀度以及物种丰富度、多样性与均匀度抵抗力的影响

（a）、（c）、（e）中不同的小写字母表示同一地点不同处理下有显著差异（P<0.05），（b）、（d）、（f）中不同的大写字母表示对 CHR 的抵抗力在不同地点间有显著差异（P<0.05）。不同的小写字母表示对 INT 的抵抗力在不同地点间有显著差异（P<0.05）。抵抗力在不同处理间的差异：***为 P<0.001；**为 P<0.01

2. 降水变化对草原群落物种多样性-稳定性关系的影响

生物多样性可以通过增强物种对气候变化响应的异步性来维持生产力的稳定性。极端干旱对植物群落的多样性和生产力均有显著的负面影响。然而，极端干旱对群落生产力和多样性的影响是否会改变物种多样性–群落生产力时间稳定性间的关系还尚不明确。基于以上问题，在内蒙古 6 个干旱程度不同的草原，通过四年的降水控制实验，研究了极端干旱对物种多样性与群落时间稳定性关系的影响及其潜在的影响机制。发现物种的异步性能够提高群落生产力的时间稳定性，而物种多样性对群落生产力的时间稳定性没有作用（图 16.27 和图 16.28）。干旱降低了最湿润和相对干旱地点的物种异步性与群落生产力时间稳定性间的关系（图 16.27）。其原因是干旱降低了群落生产力时间的变异性且增加了物种的异步性。因此，物种多样性与群落生产力稳定性间的关系可能会随着植被类型的变化而产生变化。而不会受到物种多样性影响的物种异步性可以抵御短期极端干旱对群落生产力稳定性的影响。

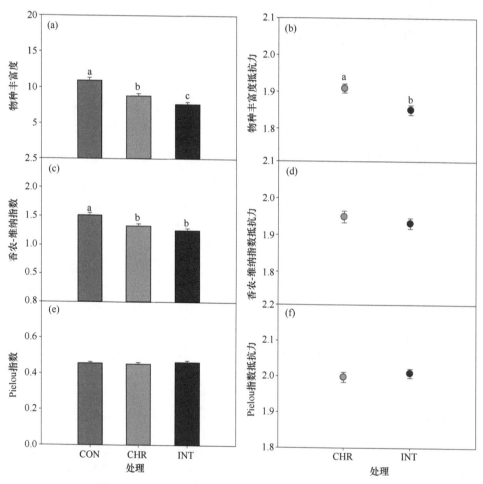

图 16.26　不同极端干旱处理对物种丰富度、多样性与均匀度的影响及其抵抗力在不同极端干旱处理下的差异

图中的数值为四年平均值±标准误，不同的小写字母表示不同处理下有显著差异（$P < 0.05$）。抵抗力为处理下的数值除以对照下的数值乘以 100 后再进行对数转换

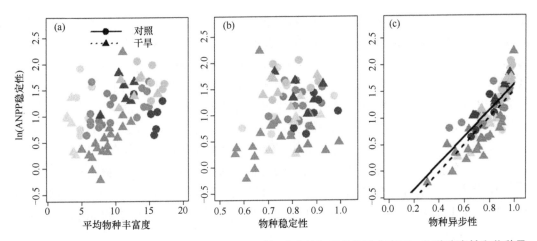

图 16.27　极端干旱对中国北方六大草原 **ANPP** 时间稳定性与平均物种丰富度、物种稳定性和物种异步性关系的影响［引自 Muraina 等（2020）］

每种颜色代表一个站点，每个站点每个处理重复 $n=6$。稳定性在分析之前进行了自然对数转换

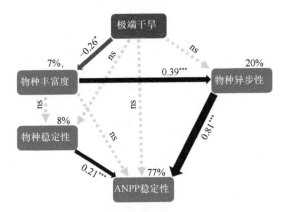

图 16.28　结构方程模型显示了极端干旱影响中国北方 6 个草原的 **ANPP** 时间稳定性的路径（引自 **Muraina et al.，2020**）

箭头旁边的数值为显著路径的标准化路径系数（$P<0.05$）。箭头宽度与路径强度成正比；黑色和红色箭头分别代表正和负影响；ns 和灰色虚线箭头表示非显著路径（$P>0.05$）。路径系数上的星号表示 $*P<0.05$、$***P<0.001$

16.2.3　降水变化对草原植物功能性状的影响

1. 植物群落对降水变化的响应受植物功能性状及土壤肥力的调控

极端干旱降低了大部分草地的 ANPP，但在以 C3 为主的草地上，ANPP 的减少幅度不同。由于这种生态系统对干旱响应的差异机制尚未得到很好的解决，在两个干旱程度不同的 C3 草原上试验，施加了一个 4 年的极端干旱（2015～2018 年）。这些地点的年降水量和优势草种（羊草）相似，但年温度和可利用水量不同。

基于 Lavorel 和 Garnier（2002）提出的响应–效应性状框架（response-effect trait framework），要准确地预测生态系统功能对气候变化的响应，需要找到能够可靠地指

示植物群落响应气候变化的性状（即响应性状），然后通过量化响应性状与生态系统功能相关性状（即"效应性状"）之间的关系来实现。半干旱草原的水资源受限，因此与水分利用效率相关的功能性状［即低的比叶面积（SLA）和高的叶干物质含量（LDMC）］将缓解干旱对 ANPP 的负面影响。然而，研究发现包含两个站点信息的解释 ANPP 变化的结构方程模型指示与叶片碳经济和植物生长能力相关的功能性状［叶片碳含量（LCC）］具有更高的解释能力，而非与水分利用效率相关的性状。此外，土壤含水量都通过降低群落水平的植物高度对 ANPP 产生负面影响，这与预期的一致。进一步分析发现群落水平植物高度的降低主要是由于干旱使得群落内不同物种的生长受到限制（种内的个体高度变异度解释了 70%的植物高度变异），而选择较矮小但可能具有较高耐旱性的物种的过程（即物种更替）只解释了约 30%的变异性（图 16.29）。

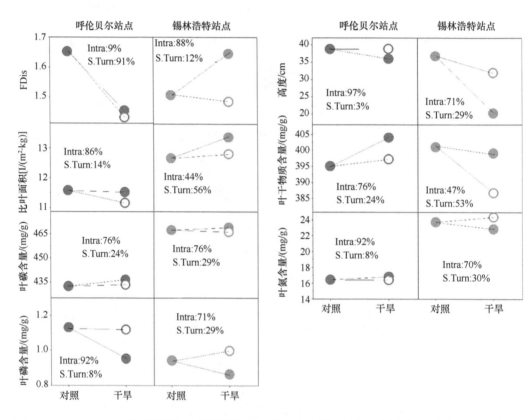

图 16.29 2015～2018 年呼伦贝尔和锡林郭勒试验地干旱对功能性状的群落加权平均值和功能分散度的影响［引自 Luo 等（2021）］

FDis: 所有六个性状的功能离散度；Intra: 种内变异对功能指标响应的贡献度；S.Turn: 物种更替对功能指标响应的贡献度

在更湿润的呼伦贝尔站点，由单独的结构方程模型分析发现，除了土壤水分的影响，土壤 C∶N 显示出对 ANPP 较强的直接影响（图 16.30）。土壤水分通过改变土壤养分而间接影响 ANPP 的强度较弱。这种土壤养分效应仅在较湿润的呼伦贝尔地区出现，可能是由土壤水分有效性对养分矿化速率和植物养分吸收速率的共同作用所致。

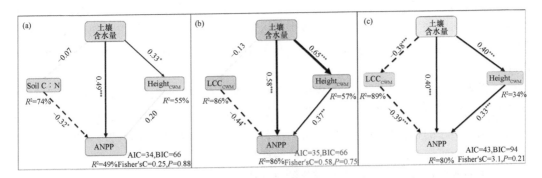

图 16.30　草原植物群落生产力对干旱事件的响应规律及调控因素 [引自 Luo 等（2021）]
（a）呼伦贝尔站；（b）锡林浩特站；（c）全部使用了呼伦贝尔站和锡林浩特站的数据

在这两个草原评估了干旱对 ANPP 的影响，发现土壤养分和与叶片碳经济和植物生长能力相关的植物功能性状主要解释了干旱的效应以及其在两个草原间的差异。但不同草原生态系统存在广泛的差异，因此，还需要进行包括更多地点的干旱试验来验证土壤养分和植物功能性状在指示生产力响应干旱中的作用。此外，我们的分析没有包括根系性状，这些性状对理解植物对干旱的响应也至关重要。未来的研究也应该更多地考虑根系性状。

总之，我国温带草原长期处于水分缺乏的自然条件下，植物在长期的进化过程中形成了适应干旱生境的逆境属性，致使植物群落性状均值成了调控草原初级生产力应对干旱环境的主要驱动因素。该研究表明在草地资源的管理和利用过程中要重视物种的功能属性及土壤养分在维持草地群落功能及稳定性过程中的重要作用，证明了温带草原植物群落性状的种内和种间互补性的重要意义，有助于解释草原植物群落性状变化规律及其与群落生产力的关系，完善草本植物的生长及功能生态适应机制。

2. 植物功能性状及多样性对降水变化的响应取决于植物群落类型

降水是干旱半干旱区植物群落组成和结构的主要决定因素。当前荒漠和草原群落中植物功能多样性如何响应及适应降水变化的经验证据及相关预测的研究较为缺乏。本节研究了自然降水梯度下和实验控制降水梯度下的降水变化如何影响荒漠灌丛和草原草本群落功能多样性的不同组成部分，并深入分析了种间和种内变异在影响不同功能多样性对降水变化响应中的贡献作用。

利用群落加权平均值（CWM）、单性状功能变异度、多性状功能丰富度和功能离散度（FDvar）对各小区的功能多样性进行量化。CWM 代表群落水平性状值，由群落中最丰富的物种性状值主导（Valencia et al.，2015）。将各性状值乘以其在群落中的相对生物量，计算各性状的生物量。FDvar 可以反映植物群落中各物种丰度加权的单性状值的变化（Conti and Díaz，2013）。功能丰富度（FRic）衡量的是综合考虑所有性状后，群落在性状空间中填充的体积，计算为群落中最小和最大功能值的差值（Zuo et al.，2021；Spasojevic et al.，2016）。功能离散度（FDis）是衡量多性状离散度的多维指标，它反映了群落各性状空间中各物种与中心的平均距离，并以相对生物量加权（Griffin et al.，2019）。为了避免尺度效应，使用 6 个性状的对数转换值来计算 FRic 和 FDis（Casanoves et al. 2011）。

结果表明，灌木和草本物种更替和种内变异效应的不同贡献导致群落水平性状对降水变化的响应差异较大（图 16.31）。草地群落性状的变化可能是源于自然梯度和实验梯度的变化所引起的物种更替和种内变异。在自然梯度上，物种更替和种内变异是灌木群落各性状功能离散对降水变化的响应。这些结果与其他实证研究一致，即物种更替和物种内性状的变化在群落性状对降水变化的响应中起着重要的中介作用。已有研究表明，

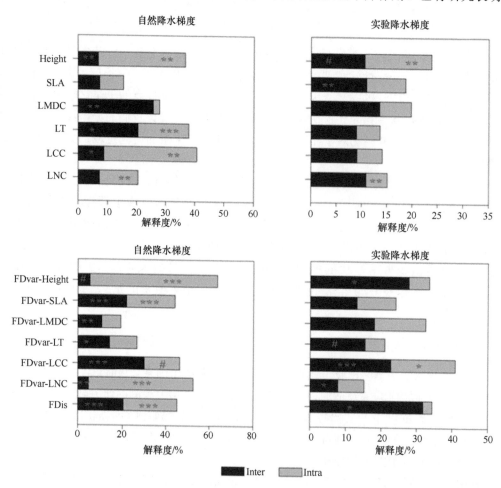

图 16.31　种间变异（Inter）和种内变异（Intra）对草本群落植物功能性状和灌木群落单性状的功能差异（FDvar）及多性状功能离散度（FDis）对降水变化响应的解释度［引自 Zuo 等（2021）］
Height，植物高度；SLA，比叶面积；LMDC，叶干物质含量；LT，叶厚度；LCC，叶片碳含量；LNC，叶片氮含量

降水变化决定的土壤水分有效性可诱导物种更替和种内性状的变化（Luo et al.，2018），从而促进了群落水平性状对降水变化的响应、性状的分化或分散。

相比种内变异，物种更替变异对灌丛性状功能分化和功能分散对降水变化的响应贡献更大（图 16.31），支持了物种更替变化在群落性状对环境梯度响应中的关键作用（Zuo et al.，2020）。这可能是因为灌木和草本对降水变化的竞争是草地向灌丛过渡的驱动因素，从而导致物种更替的变化。更重要的是，实验中的极端干旱可能会超过相对耐胁迫物种的耐受阈值，也会导致重要的性状随物种更替而变化。

总而言之，植物群落功能性状及多样性对自然与实验梯度降水变化的响应存在较好的相似性或者一致性，但灌丛和草本群落功能多样性与降水变化的关系及其影响机制有所不同。草本群落能够通过功能性状（CWM）的改变来适应降水变化，而灌丛群落则通过单性状和多性状变异性或者幅度的改变（FDvar 和 FDis）来适应降水变化，体现了荒漠灌丛和草原草本群落对降水变化适应策略的重要差异。此外，种间和种内的变异有助于解释草本群落性状在自然和实验降水梯度下以及灌丛群落性状变异性在自然降水梯度下的响应，而灌丛群落在实验降水梯度下的响应主要是由种间变异引起的。

16.2.4　降水变化对微生物群落的影响

1. 草原丛枝菌根真菌群落对极端干旱的响应

作为全球气候变化的重要体现，极端气候事件发生的频率和强度不断增加，严重威胁着全球和区域生态系统的稳定。长期以来极端气候事件的不可预测性和稀有性限制了我们对其生态效应的研究，且已有的研究多关注地上植被生态系统，很少关注地下土壤生态系统。丛枝菌根（AM）真菌是一类重要的植物共生微生物，广泛分布于陆地生态系统中，可以与绝大多数陆地植物形成菌根共生体，是影响植物群落动态和生态系统稳定的关键微生物类群。然而，在自然生态系统中，我们对 AM 真菌群落如何响应极端气候事件还知之甚少。

本节依托内蒙古草原极端干旱实验平台，综合考虑地上植被和土壤环境因素，研究了 AM 真菌群落对极端干旱的响应规律及其与植物群落之间的关系。研究发现，AM 真菌的丰富度和群落组成对极端干旱非常敏感，且其对 INT 的敏感性高于对 CHR 的敏感性。AM 真菌群落响应（即物种丰富度的下降和群落组成的变化）可由土壤水分、植物丰富度和地上生产力共同解释（图 16.32）。

本节还深入探讨了 AM 真菌群落对极端干旱的响应与植物群落之间的关系，并基于相关分析和结构方程模型验证提出植物群落的逆境适应策略可能介导了 AM 真菌群落对极端干旱的响应（图 16.33）。本节揭示了 AM 真菌群落对极端干旱事件的响应模式和规律，为理解气候变化下土壤微生物群落的响应和构建机制，以及地上植被与土壤微生物之间的耦联关系提供了科学依据。

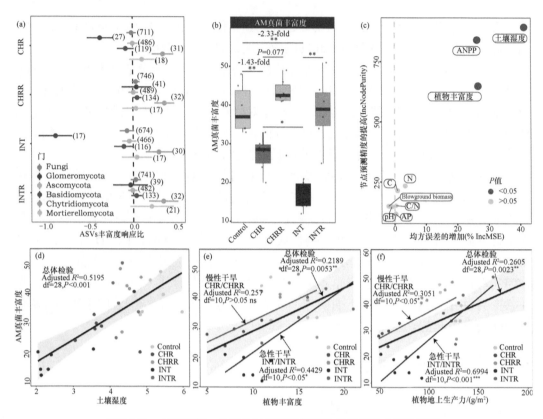

图 16.32　AM 真菌 α 多样性对极端干旱的响应及其潜在驱动因素

［引自 Fu 等（2021）］

（a）利用 ASVs（扩增子序列变异）丰富度对主要真菌门的标准化反应。点和误差线代表平均响应率和 95% 置信区间。在每个点旁边标注平均真菌丰富度。（b）AM 真菌 ASV 丰富度的响应。箱线图上的黑点代表原始数据；采用 wilcoxonsign-rank 检验（*0.01≤P<0.05；**P<0.01）进行差异显著性检验。（c）随机森林分析显示生物因子和非生物因子在预测 AM 真菌 ASV 丰富度对极端干旱的响应方面的相对贡献（指数越重要，数值越大）。非生物变量：土壤水分（2017）、土壤 C 和 N 含量、C/N、pH、有效磷（AP）含量；生物变量：ANPP、地下生物量和植物丰富度。（d）土壤水分与 AM 真菌丰富度响应的关系。（e）AM 真菌 ASV 丰富度与植物丰富度的响应关系。（f）AM 真菌 ASV 丰富度与 ANPP 的响应关系。所有用 olsmodel 拟合的线性回归和周围的灰色阴影区域代表 95% 置信区间；ns 为没有显著影响。Control 为对照；CHR 为长期的干旱；CHRR 为长期干旱之后恢复；INT 为强烈干旱；INTR 为强烈干旱之后恢复

2. 草原根际和非根际土壤真菌对极端干旱的响应差异

真菌群落栖息在植物根际和非根际土壤中，由于非生物环境和植物过滤的差异而形成分化。因此，这两个群体对气候变化的反应也可能不同。然而，人们对这种差异知之甚少，尤其在频率和强度不断增加的极端气候背景下。在长期田间试验的基础上，模拟了温带草地 20 年一遇的两种类型的极端干旱（慢性和剧烈），研究了土壤和根际真菌群落与植物群落对极端干旱的响应。

根际和非根际土壤中真菌群落的响应差异（图 16.34～图 16.36）可能与两种不同真菌类群的生态位不同有关。非根际土壤真菌与土壤环境（例如土壤有机碳）的相互作用更为密切和直接，而根际真菌往往更受植物和植物环境的影响。根际真菌丰富度、物种

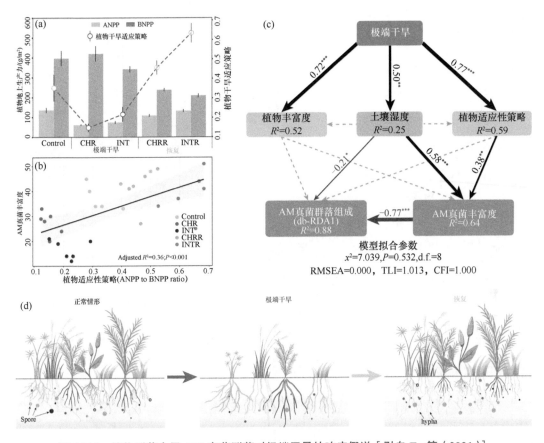

图 16.33　植物群落介导 AM 真菌群落对极端干旱的响应假说 [引自 Fu 等（2021）]

（a）植物 ANPP、BNPP 和植物对极端干旱的适应策略。利用 ANPP：BNPP（比值）定量分析了植物对干旱的适应策略。空心点和误差线代表平均响应率和 95% 置信区间；柱子上误差条代表每个处理计算的标准误差。（b）植物适应策略与 AM 真菌 ASVs（扩增子序列变体）丰富度的响应关系。线性回归采用 OLS 模型拟合，周围的灰色阴影区域代表 95% 置信区间。（c）利用拟合结构方程模型（SEM）确定极端干旱影响土壤 AM 真菌群落的直接和间接途径。* 为 $0.01 \leqslant P < 0.05$；** 为 $0.001 \leqslant P < 0.01$；*** 为 $P < 0.001$。（d）植物与 AM 真菌的协同群落响应示意图。简言之，极端干旱降低了植物的光合作用，但分配给植物根系的碳相对较多。这种植物适应策略降低了植物对 AM 真菌的碳供应，对 AM 真菌群落产生了负面影响。在恢复过程中，植物向地上部分配了更多的碳，增加了植物的光合作用，从而支持 AM 真菌群落的恢复和发展。Control，对照；CHR，长期的干旱；CHRR，长期干旱之后恢复；INT，强烈干旱；INTR，强烈干旱之后恢复。下同

组成和网络对极端干旱的敏感性可以由植物群落（尤其是植物生产力）的干旱敏感性来解释（图 16.37）。相比之下，非根际土壤真菌群落的丰富度、物种组成和网络相对稳定（图 16.34～图 16.36），这与早期研究表明的非根际土壤真菌群落对气候扰动具有抗性一致（de Vries et al.，2020；Ibekwe et al.，2010）。虽然，总的非根际土壤真菌群落相对稳定，但潜在的土壤共生真菌对极端干旱表现出较高的敏感性。这些结果表明与根系关联的真菌群（包括根际真菌和土壤共生真菌）都对极端干旱表现出较高的敏感性。本节干旱类型对真菌丰富度没有明显的差异性影响，这说明干旱类型对真菌群落的影响可能有限。

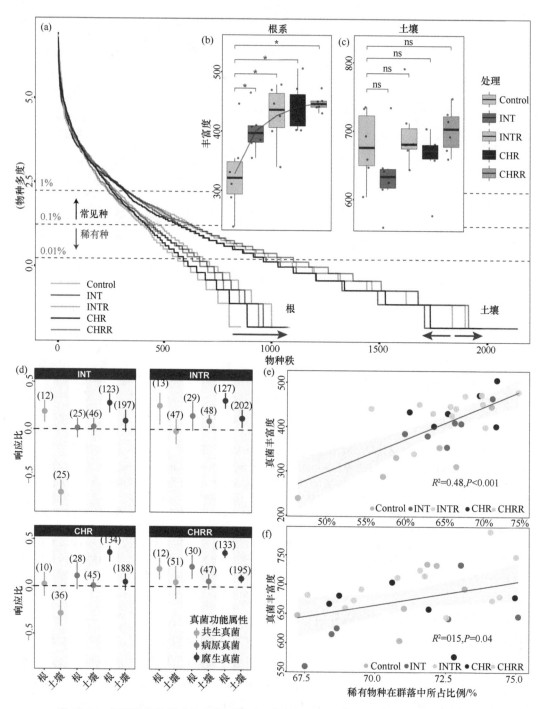

图 16.34　根际和非根际土壤真菌对极端干旱的 α 多样性响应［引自 Fu 等（2022）］

（a）物种（ASVs）排序–丰度曲线。稀有种定义为各群落物种相对丰度小于 0.1%。（b）根际真菌丰富度响应。（c）非根际土壤真菌丰富度响应。箱线图周围的黑点代表原始数据。（d）各干旱处理下真菌的响应率。利用 ASV 丰富度计算响应率，带误差线的点代表 95% 置信区间的平均响应率，并给出各处理的平均 ASV 丰富度。各群落稀有物种比例与根（e）和非根（f）际土壤真菌丰富度的回归关系

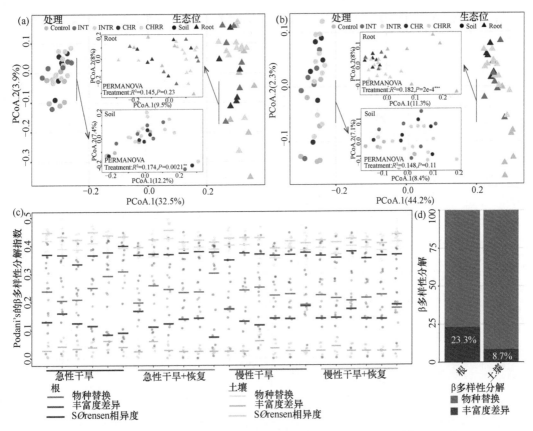

图 16.35　真菌多样性对干旱的响应［引自 Fu 等（2022）］

（a）根际和（b）非根际土壤真菌群落的主坐标分析（PCoA）。（c）受干旱影响的群落相对于对照群落的真菌 β 多样性分区。干旱处理的每个群落分别与对照组的 6 个重复群落进行比较，因此每个干旱重复由 6 个数据点组成，每个短横线代表每个数据组的平均值。深（蓝色、红色和紫色）和浅（浅蓝色、浅红色和浅紫色）分别代表根际和非根际土壤群落。（d）物种更替和丰富度差异对根际和非根际土壤群落总 β 多样性的贡献

与非根际土壤真菌群落相比，根际真菌群落受植物的影响更大，并且由于植物相关的诸多限制，根际真菌的丰富度大大低于非根际土壤真菌［图 16.34（b）和（c）］。在极端干旱处理和极端干旱停止后恢复处理下，根际真菌丰富度增加可能基于以下三个原因：①植物免疫和防御反应降低；②根际真菌定植增强；③某些特定真菌群的适合度（或竞争力）提高。干旱可能通过水分限制影响植物的生长防御权衡（Hou et al.，2021），这可能会降低植物对非根际土壤真菌的防御反应，从而使得更多的真菌物种定植植物根系。此外，干旱可能会改变植物向地下的碳分配策略。例如，在山地草原，干旱将更多的碳分配给根系存储（Hasibeder et al.，2015）。这可能解释了干旱条件下根系中潜在腐生真菌的积极反应［图 16.34（d）］。植物也可以通过保险效应主动招募真菌物种（Jousset et al.，2017）。这可能解释了潜在的根系共生真菌在干旱条件下，特别是在恢复过程中的积极反应［图 16.34（d）］。恢复过程中，发现土壤内的潜在腐生真菌提高了适合度，这可能有助于这一群体在根系中的恢复。然而，本节根系的生长没有受到极端干旱的影响，且潜在腐生真菌的相对丰度在根系中保持稳定，因此根际真菌丰富度的积极响应很

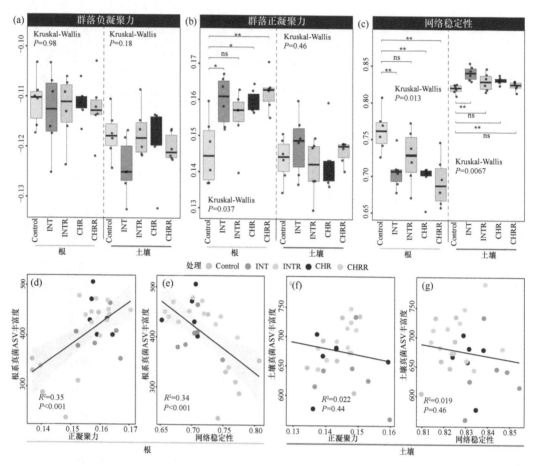

图 16.36　真菌群落凝聚力及其与物种丰富度的关系［引自 Fu 等（2022）］

（a）根际和非根际土壤真菌对极端干旱的消极和（b）积极的群落凝聚力响应。（c）真菌网络稳定性对极端干旱的响应。网络稳定性以|负聚力|/正聚力计算。（d）正内聚力和（e）网络稳定性与根际真菌丰富度的关系。（f）正聚力和（g）网络稳定性与非根际土壤真菌丰富度的关系。显著性采用 Wilcoxon 秩和检验，用星号表示（*为 $P<0.05$；**为 $P<0.01$；***为 $P<0.001$）

可能是由根碳分配引起的。综上所述，这些结果表明，根系功能在根际真菌群落响应气候变化中发挥重要作用，但其生态机制仍不清楚。

　　本节通过长期的野外极端干旱模拟试验揭示了温带草地根际真菌和非根际土壤真菌群落的响应模式及其主要的驱动因子。本节得出了 4 个关键结论：①根际真菌群落在丰富度和物种组成方面对极端干旱敏感。干旱结束后，干旱对根际真菌群落也表现出遗留效应。根际真菌群落对干旱的敏感性主要是由稀有的共生和腐生真菌的积极响应驱动的，而群落中丰富的物种保持稳定。尽管非根际土壤真菌的总体丰富度保持稳定，但物种丰富度组成和功能类群（共生真菌和致病真菌）对干旱的响应显著。②根际真菌丰富度的响应主要与植物生产力（ANPP 和 BNPP）相关，与土壤水分和植物丰富度无关，而非根际土壤真菌丰富度与土壤水分和植物丰富度相关。③极端干旱显著增加了根际真菌群落的同步性，降低了根际真菌网络的稳定性。此外，发现根际真菌的同步性和网络稳定性与根际真菌的丰富度显著相关，解释了 30% 以上的根际真菌丰富度变异。

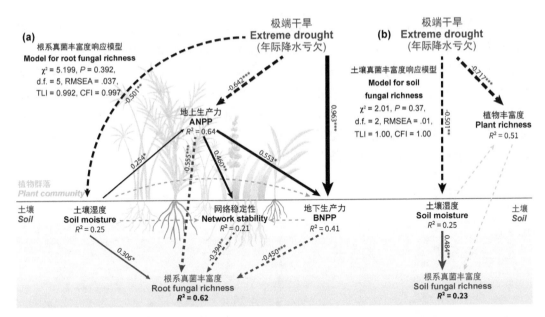

图 16.37　极端干旱对根际和非根际土壤真菌丰富度的直接和间接影响［引自 Fu 等（2022）］

利用拟合的扫描电镜（SEM），旨在识别土壤水分、植物群落特征和真菌网络稳定性决定极端干旱条件下（a）根系和（b）土壤真菌丰富度的直接和间接途径。实线和虚线分别表示正相关和负相关。灰色虚线表示影响不显著。通过标准化回归系数对路径宽度进行加权。各路径显著性水平以星号表示（*P＜0.05，** P＜0.01，*** P＜0.001）。R^2 为模型解释的方差。通过卡方检验（P＞0.05）、近似指数均方根误差（RMSEA＜0.06）、塔克–刘易斯指数（TLI≥0.90）和比较拟合指数（CFI≥0.95）表明模型的拟合性

④基于 SEM 分析，根际真菌多样性的响应可以由土壤水分、植物生产力（ANPP 和 BNPP）和真菌网络稳定性共同解释，而非根际土壤真菌多样性只由土壤水分解释。这种不同的结果表明，植物群落在根际真菌群落对干旱的响应起调节作用，而在非根际土壤真菌群落对干旱的响应则没有作用。

3. 降水变化对半干旱草原土壤真菌和细菌群落稳定性的影响

土壤中细菌和真菌的稳定性在维持土壤生态系统功能方面起着重要作用，环境条件的改变直接影响细菌和真菌的组成与结构。已有研究表明，土壤真菌群落稳定性对降水变化响应的敏感性比细菌低，但其内在机制还不清楚。在内蒙古典型草原建立 3 年的增减降水实验平台，设置 5 个降水梯度，包括分别减少 30%（D30）和 60%（D60）的降水量、增加 30%（I30）和 60%（I60）的降水量以及对照，比较控制不同的降水水平对土壤细菌和真菌多样性的影响，包括 α 多样性、β 多样性和细菌/真菌群落组成的变化。

从三种土壤微生物 α 多样性指数的变化可以看出，真菌对降水扰动的敏感性低于细菌（图 16.38）。在 D60 和 I60 处理下，细菌丰富度下降而均匀度增加。严重缺水（D60）使得细菌代谢受到抑制。而在较高的土壤水分条件下（I60），细菌可能由于渗透环境的变化而死亡。丰富度的降低和均匀度的升高也表明，要么是稀有类群的相对丰度增加了，要么是优势类群的相对丰度降低了，或者两者兼有。Chao 指数对稀有类群丰度的变化

敏感，本节发现在降水发生变化时，Chao 指数响应最为强烈（图 16.38），这可能说明降水变化对稀有类群相对丰度的影响强于对优势类群相对丰度的影响。稀有类群的存在对于维持微生物群落结构和生态系统功能的稳定至关重要。因此，有必要更深入地探索该生态系统中的稀有类群和丰富类群对降水变化的响应。但与细菌相比，真菌的丰富度和均匀度更趋同，尤其是在 2017 年。这意味着真菌 α 多样性对降水变化的敏感性不如细菌，即真菌比细菌更能抵抗环境变化，这可能是由于真菌具有细胞壁和更强的休眠能力，其更可能在极端的土壤水分条件下生存。

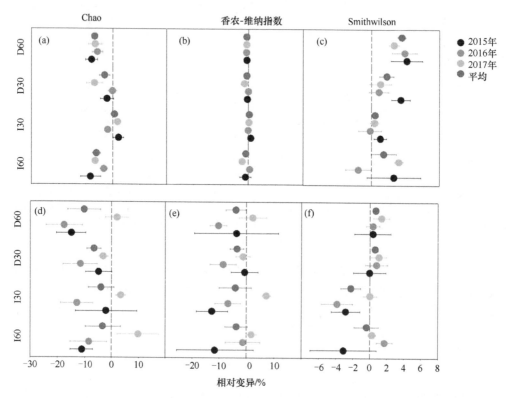

图 16.38　不同降水梯度下，土壤微生物 α 多样性 3 年的变化及其平均值［引自 Wang 等（2020）］

（a）～（c）细菌；（d）～（f）真菌

垂直虚线表示相对变化为零

D60 代表减雨 60%；D30 代表减雨 30%；I30 代表增雨 30%；I60 代表增雨 60%

真菌比细菌具有更高的组成变异。这主要表现为降水变化导致了更高的真菌组成更替（图 16.39 和图 16.40）。与 30%降水改变处理（I30 和 D30）相比，在 60%降水改变处理（I60 和 D60）下，真菌群落具有更多的特殊 OTUs 和属群（图 16.40）。真菌的组成更替率在降水梯度上大于细菌（图 16.40）。此外，真菌的 α 多样性和特殊属群/常见属群的变异系数在时间和空间尺度上都大于细菌。真菌的组成更替对降水变化的响应程度更大，以及更强降水梯度效应，表明真菌 β 多样性比细菌更容易受到降水变化的影响。真菌 β 多样性的动态变化可能与植物群落的变化相关。由于真菌与植物关联密切，降水变化所驱动的植物群落变化可能间接地增加了真菌植物群落组成的时空变异。本书不同的降水处理差异地影响了植物组成，这进一步可能引起依赖不同植物物种的真菌发生更替，驱动真菌群落 β 多样性的变化。此外，真菌群落由于较大的组成更替可能具有较高的潜在恢复力。

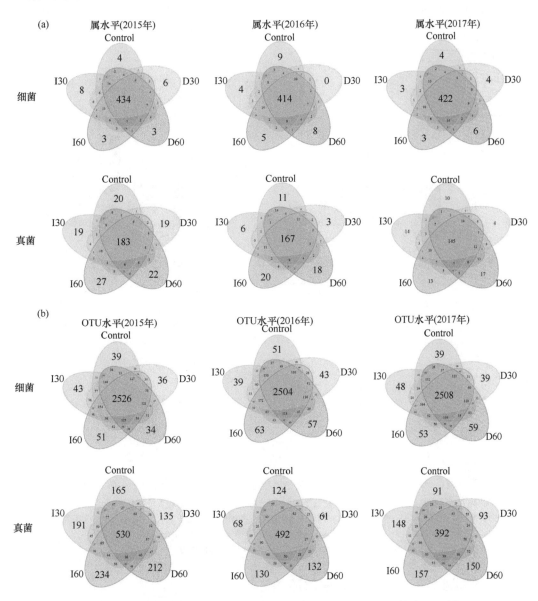

图 16.39　细菌和真菌在属和 OTU 水平的 Venn 图 [引自 Wang 等（2020）]
（a）属水平；（b）OTU 水平
每个区域的数字代表每个处理特有或共享的属或 OTUs

本节开发了一个概念模型来反映不同降水条件下土壤细菌和真菌的稳定性特征，其中模型山谷的深度表示微生物抵抗力（resistance），谷的宽度代表生态恢复力（ecological resilience）。概念模型中两种相反的情景表示细菌和真菌对降水变化不同的响应模式（图

16.41）：真菌群落对水分胁迫响应不敏感，可以用宽谷中的一个球来表示，球虽然在较大范围内往复摆动，但仍接近稳定状态；而细菌群落对水分响应敏感，即稳定性低，可以表示为一个球在较窄的谷里远离平衡态的位置摆动。本节结果对于量化半干旱草原真菌群落和细菌群落稳定性及其对全球气候变化的响应具有重要意义。

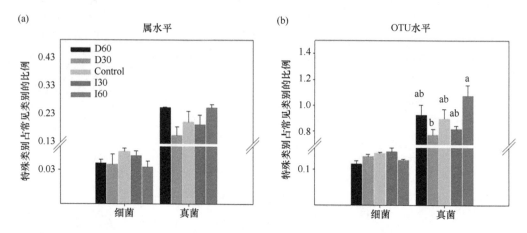

图 16.40　属（a）和 OTU（b）水平的特殊种群：普通种群比率［引自 Wang 等（2020）］

不同字母表示差异显著，$P = 0.05$

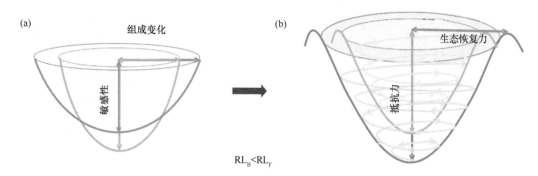

图 16.41　估计的概念模型（a）以及估计模型的扩展（b）［引自 Wang 等（2020）］

稳定性量化为谷的大小或循环的振幅和频率（轨迹线）。谷深代表阻力（RS），谷宽代表生态恢复力（RL）。当扰动发生时，球会在这个山谷中循环移动，直到扰动的强度超过系统所能承受的阈值。蓝色的山谷代表细菌，橙色的山谷代表真菌。（b）结果真菌群落比细菌更稳定，具有较高的抵抗力和恢复力

RL_B = 细菌的恢复力；RL_F = 真菌的恢复力

16.2.5　降水变化对土壤碳氮循环的影响

土壤净氮矿化作用是植物及微生物获取氮素的重要方式，其速率大小表征了有机氮经微生物作用转化为无机氮的能力。在受水分限制的干旱半干旱地区，降水量的改变可通过影响土壤微环境及微生物活性从而间接造成净氮矿化速率（R_{min}）的差异，但 R_{min} 对不同梯度降水的响应及其敏感性（SR_{min}）变化尚不清晰。因此，在内蒙古自治区半干旱典型草地上研究了 R_{min} 及其组分净铵化速率（R_{amm}）、净硝化速率（R_{nit}）对 100 mm

（该地多年降水最小值）、150 mm、200 mm、275 mm（该地多年降水平均值）、300 mm、350 mm、400 mm、450 mm、500 mm（该地多年降水最大值）共计 9 个降水梯度的响应，并计算了相应的响应敏感性。结果表明，降水量改变并未显著影响 R_{min} 和 SR_{min}。微生物生物量对降水变化的响应稳定性是维持 R_{min} 和 SR_{min} 对降水改变未发生显著响应的关键因素，因此，短期降水变化不会对半干旱草原土壤净氮矿化作用造成极大的影响。

总铵化（GA）作用和总硝化（GN）作用是陆地生态系统氮素可利用性的决定性过程。在干旱半干旱草地生态系统中，降水变化如何影响原位 GA 和 GN 及其季节变化仍然不清楚。通过对内蒙古典型草原控制降水实验平台两年（2014～2015 年）GA 和 GN速率的连续观测，发现 GA 和 GN 速率存在显著的季节性变化，在 8 月最高，10 月显著低于其他月份（图 16.42 和图 16.43）。控制 GA 和 GN 的主要因子随季节变化而存在差异：在生长季，GA 速率极大地受到土壤含水量的限制，而在非生长季，温度是 GA 的主要限制因子。在整个观测阶段，GN 速率本身受到 GA 速率的显著影响，原因是 GN的反应底物来自 GA 过程释放的铵态氮。在生长季，GA 和 GN 在降水增加 60%条件下提高了近 4 倍，而降水减少 30%对 GA 和 GN 的影响并不显著。出乎意料的是，降水减少 60%处理在整个观测阶段显著抑制了 GA 和 GN，这表明持续的极端干旱可能使表层土的 N 转化终止，表层土 N 素的供应受阻迫使植物获取更深土层的 N 素养分。该研究为降水变化条件下土壤 GA 和 GN 的季节变化提供了机理性的见解。

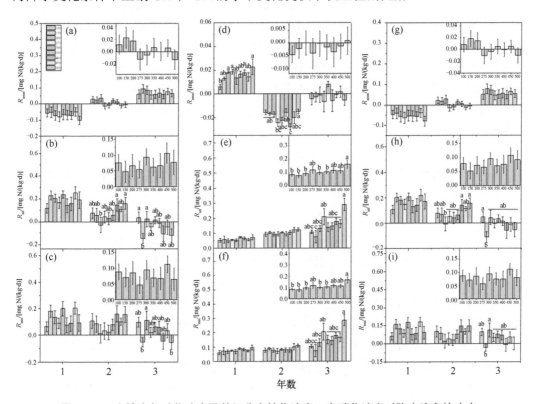

图 16.42　土壤净氮矿化速率及其组分净铵化速率、净硝化速率对降水改变的响应

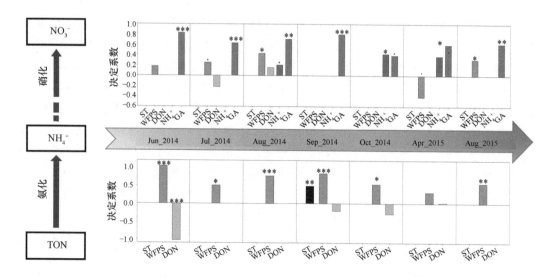

图 16.43　单采样日 GA 和 GN 的影响因素［引自 Wang 等（2021）］

. 为 $P < 0.1$，* 为 $P < 0.05$，** 为 $P < 0.01$，*** 为 $P < 0.001$

ST：土壤温度；WFPS：充满水的孔隙空间；DON：溶解有机氮

目前已有不少的研究通过控制实验探究了降水变化对草地温室气体氧化亚氮（N_2O）排放的影响，由于年际间降水量的不确定性，导致已有的研究结果并不一致。在内蒙古典型草原运用完全遮挡自然降水的遮雨棚来严格控制降水量（100～500 mm），进一步探究 N_2O 排放对极端干旱与极端降水的响应模式。结果表明，极端降水使内蒙古典型草原 N_2O 通量增加 25%，极端干旱使内蒙古典型草原 N_2O 通量减少 23%；内蒙古典型草原 N_2O 通量对极端降水事件的响应呈对称性且主要受生长季降水量的影响。在排除自然降水的干扰下，为预测内蒙古典型草原生态系统 N_2O 通量对极端降水事件的响应提供理论依据。

16.3　增温对高寒脆弱区生态系统结构和功能的影响

全球气候变化一直是世界各国关注的焦点。IPCC 第五次报告（IPCC，2013）指出，近几十年来，全球经历了显著的增温；1983～2012 年是北半球过去 800 年甚至 1400 年最暖的 30 年时期，全球地表平均温度上升 0.85℃，预计到 21 世纪末全球大气温度将升高 1.5～4.8℃。在中国，1980 年以来气温也呈现显著上升（Liu et al.，2004），生态脆弱区具有显著的温度变化。具体表现为，北方农牧脆弱区的温度变化趋势与全球基本同步，1987 年以后增温，1998 年以来增温停滞；黄土高原年均温度显著上升；西北干旱区温度在 20 世纪 60 年代至 80 年代末期偏低，自 90 年代开始上升；1979～2012 年青藏高原地区增温程度明显高于同纬度其他地区。其中，青藏高原是对气候变化最敏感的地区之一，因为其生态过程受到低温的强烈限制，能对气候变暖做出迅速响应。青藏高原平均海拔超过 4000m，被称为世界"第三极"。在过去的 50 年里，青藏高原年均温平均每十年升高 0.4℃，几乎是全球平均变化速率的 2 倍，并且据预测这种变化趋势会持续到 21 世纪末（Dong et al.，2012；Piao et al.，2010）。气候变化是陆地生态系统演变的主要驱动力。生态脆弱区的生物与环境因子均处在临界状态，导致其具有抗干扰能力弱、对环境变化敏感、时空波动性强等特点。本节将重点关注增温对青藏高原高寒脆弱区生态系统结构和功能的影响。

16.3.1　增温对高寒草地生态系统生产力的影响

气候变化存在多面性，高寒草地对氮输入的影响依赖于其他因子的变化，目前关于增温处理下高寒生态系统对施氮的影响仍缺乏研究。增温不仅会提高环境温度，还会通过改变其他环境因子而对生态系统产生间接影响。对高寒湿润草地的研究发现，增温同时增加地上与地下生物量，但对地下生物量的促进作用更大（Li et al.，2011）。我们前期的研究发现，增温导致群落盖度降低，增温处理下土壤含水量的降低是群落盖度降低的主要原因（宗宁等，2016）。同时，增温对群落生产的影响受年际间降水格局的调控，在干旱年份增温对植物生产无影响，而在湿润年份增温与氮添加均导致地上生产力加倍（Hutchison and Henry，2010）。目前有关增温处理下氮输入对高寒生态系统生产及分配影响的研究较少。本节在青藏高原高寒草甸区通过开顶箱增温装置造成小环境暖干化，即显著提高地表空气温度 1.6 ℃，提高表层土壤温度 1.4 ℃模拟增温处理，包含 2 种增温方式：不增温（NW）和全年增温（YW）。考虑到当前和 21 世纪中叶的氮沉降量，并兼顾氮添加对生态系统生产和土壤微生物的影响（Zong et al.，2016b），施氮处理设为 5 个梯度：不施氮（CK）、10kg N/(hm^2·a)（N$_{10}$）、20kg N/(hm^2·a)（N$_{20}$）、40kg N/(hm^2·a)（N$_{40}$）和 80kg N/(hm^2·a)（N$_{80}$），分别是目前氮沉降量的 1、2、4、8 倍。每处理 5 个重复，共有 75 个试验小区。本节通过设置增温和氮添加处理研究长期增温与氮输入对高寒草甸群落生产及其分配的影响。

植物生产力及其分配是陆地生态系统模型中的重要参数，其分配过程受环境因子，如水分、养分、温度等的影响（Sigee et al.，2007；Hale et al.，2005）。一般认为，温度升高会增加植物向叶片的分配比例，降低根冠比；但当植物处于极端高温或低温情况下，植物的生长尤其是地上部受到抑制，导致根冠比增加。本研究发现，增温显著降低群落地上生物量，提高根冠比（图 16.44），这与植物受到胁迫后的趋势一致，与增温导致的土壤含水量下降有关。因为植物受干旱胁迫时，光合产物会更多地分配到根系以促进根系吸水。由此可见，与增温对植物的直接效应相比，增温导致土壤干化的间接效应更大。在年际尺度上，增温对生态系统过程的影响受到土壤水分状况的调控（Niu et al.，2008）。Hutchison 和 Henry（2010）研究发现，增温对植物生产的影响与降水的年际变化密切相关：在干旱年份，增温对植物生产力无显著影响；而在湿润年份，增温导致地上生产力加倍。这进一步证实了水分状况对增温响应的调控作用。此外，有研究发现，温度升高后土壤养分的供应能力提高，导致植物根冠比降低，但这种情况也只发生在水分不是限制因子的生态系统中（Andrews et al.，2001；Vogel et al.，2008）。本研究表明，干旱的地区增温并未增加土壤养分可利用性，而是降低了土壤氮含量。因此植物将更多的生物量分配到地下，用于吸收更多的养分资源。在施氮处理下，增温并未显著降低地上生物量。增温处理下土壤含水量的降低会抑制土壤氮的转化速率和可利用性，而氮素添加对植物生产的促进作用在一定程度上补偿了这种抑制作用，同时抵消了增温对植物生产力的负效应（Harpole et al.，2007）。

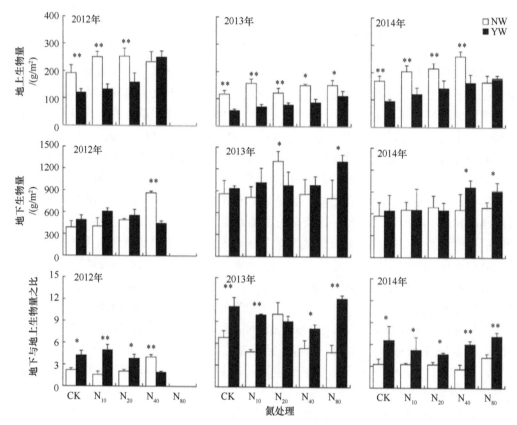

图 16.44 增温与施氮对高寒草甸植物地上、地下生物量及其分配比例的影响 [引自宗宁等（2018）]

NW：不增温；YW：全年增温。

*为 $P<0.05$；**为 $P<0.01$。下同

本研究发现，不同增温处理下植物生产对施氮梯度的响应不同。随着施氮梯度的增加，不增温处理植物生产的变化率呈单峰曲线，全年增温处理下呈线性增加趋势（图 16.45）。有研究表明，增温对生态系统生产除了具有直接作用外，还会通过影响土壤氮循环过程产生间接影响。本研究中，虽然不同增温处理下土壤无机氮含量在年际间变异较大，但 3 年结果均显示增温显著降低土壤无机氮含量，这表明增温会导致土壤中氮素的流失。这是由于在植物不活跃的季节进行增温，氮素不会被植物吸收利用，而是通过离子淋溶或气体形式从生态系统中流失。同时，非生长季增温会增加土壤冻融的次数，这会加剧土壤中氮素的损失。早春季节，植物处于生理萌动期，土壤无机氮库和微生物氮库均呈现显著降低的趋势。植物返青期是整个

高寒草甸生态系统碳、氮循环过程的关键期，生物和环境因子间发生着剧烈的能量流动和物质交换，植物生长对有效养分的需求量大，也是高寒草甸植物对外界环境变化响应最为敏感的时期。前期研究发现，早春季节施加氮肥会显著提高整个生长季植物净初级生产，因此增温导致的早春季节土壤氮含量的降低将对生长季植物生长发育产生重要影响。

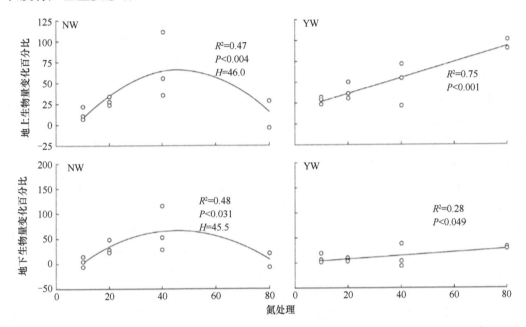

图 16.45　不同增温处理下各施氮水平地上、地下生物量变化率 ［引自宗宁等（2018）］

H 代表拟合抛物线顶点对应的氮梯度

16.3.2　增温对高寒草地生态系统群落结构的影响

在过去的 20 年中，物种系统发育与功能性状受到越来越多的关注，有助于更好地理解驱动群落构建的生态和进化过程。最近，开始从植物系统发育和功能的角度来研究生态群落对全球变化的响应。气候变暖一方面可能会提高土壤养分的矿化速率，从而增加土壤养分的利用率。在营养有限的环境（例如许多陆地生态系统）中，这种环境压力的缓解可能使许多具有各种特征的物种共存，从而减少功能的聚类，并且在性状具有保守性的情况下，也会降低系统发育聚类。另一方面，气候变暖往往会减少土壤水的可利用性，尤其是在干旱和半干旱地区。严重的缺水情况，再加上变暖直接引起的生理压力，可能只能使有限数量的具有相似性状的物种（即那些耐受较高温度和较低水分利用率的物种）得以生存。结果导致提高的环境过滤水平可能导致系统发育/功能聚类。这些对立机制的相对重要性将决定气候变暖如何影响群落系统发育/功能结构。本节在青藏高原高寒草原进行为期 6 年的增温实验，旨在了解不同程度的变暖如何影响植物的系统发育和功能群落结构，并明晰相关潜在机制。

本节使用开顶式生长箱（OTC）进行增温处理，共包括对照、低水平增温和高水平增温三种处理方式。每种处理设置 3 个重复，共 9 块样地，每个样地之间有 2.5m 的间隔。通过改变 OTC 的高度来控制增温的幅度，同时也保持每个 OTC 开口尺寸的一致。2013～2018 年在生物量达到顶峰时进行群落调查。调查 0.5cm×0.5cm 的样方中的物种组成，以及每个物种的盖度、高度、株丛数等。同时调查与资源获取和竞争相关的植物性状：比叶面积和植株高度。

利用已经建立好的维管植物系统发育树（Qian and Jin，2016；Zanne et al.，2014）构建包含本研究中所有物种的系统发育树。利用净关联指数（NRI）评价群落系统发育/功能的结构。使用 β NRI 评价定植/灭亡物种与本地现存种系统发育和功能的相似性。识别物种定植/灭亡的系统发育信号通过 D 统计（Fritz and Purvis，2010）。评价植物功能性状的系统发育信号用 K 统计（Blomberg et al.，2003）。利用重复测量的混合效应模型检验增温、年际以及 2 个交互对物种丰富度、NRI 和功能净关联指数（functional-NRI）的影响。其中净亲缘度指数（NRI）是群落系统发育离散度的衡量标准（Qian et al.，2013；Kooyman et al.，2011），定义为观察到的群落与零群落之间平均两两距离的差异（Vamosi et al.，2009；Swenson et al.，2012）。零群落是通过在整个系统发育过程中更换物种身份产生的，从而随机化了物种之间的系统发育关系，共 999 次迭代。NRI 值可以为正、负、且与 0 相差不大，分别表示系统发育的聚类性、分散性和随机性。在功能群落结构方面，首先根据功能性状、株高和比叶面积计算各物种对之间的 Gower 距离。然后，基于函数特征距离，采用与计算 NRI 相同的方法计算 functional-NRI。

通过 6 年的实验发现，在高增温水平物种丰富度呈现连续降低水平，但是在对照和低增温水平没有（图 16.46）。在实验后期高增温水平的 NRI 和 functional-NRI 显著增加，表明系统发育/功能结构过度分散；但是与 0 没有显著差异表明系统发育/功能结构趋于随机分布（图 16.46）。结构方程模型（SEM）显示高增温水平通过影响土壤含水量分别对物种丰富度和 NRI/functional-NRI 产生消极和积极的影响，而物种丰富度与 NRI 或 functional-NRI 无显著相关关系，NRI 和 functional-NRI 有显著的正相关关系（图 16.47）。

在对照和高增温群落定植的物种大多数来自委陵菜属的非禾本科植物，在低增温水平和高增温水平消失的物种是禾本科的禾草和薹草属的非禾本科植物。丢失物种和本地种之间的 βNRI 在对照或 LW 处理中均不为零（图 16.48）（$P > 0.05$）。但是，发现在 HW 处理中，丢失物种 βNRI 显著小于 0（$P < 0.05$），表明该处理中的丢失物种与本地种的亲缘关系比预期的随机性远得多（图 16.48）。在所有处理中，定居物种与本地种之间的 βNRI 与 0 没有显著差异（$P > 0.05$）。

本节发现，在所有处理中，初始群落盖度和植物高度可以很好地预测物种丢失，初始盖度更低和更高的物种丢失风险也越高（图 16.49）。在低增温和高增温水平，比叶面积同样影响物种丢失，具有更小的比叶面积的物种更容易丢失（图 16.49）。比叶面积同样也可以预测物种定植，在高增温水平，比叶面积越大的物种越容易定植（图 16.49）。

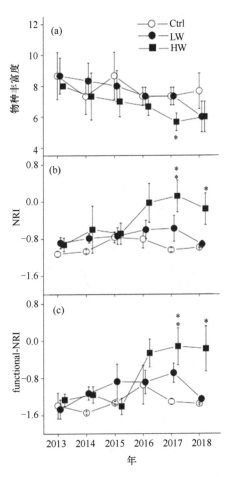

图 16.46　多种增温水平对物种丰富度、净关联指数和功能净关联指数的影响［引自 Zhu 等（2020）］

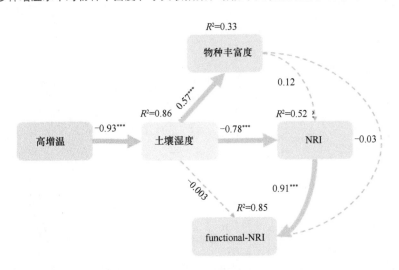

图 16.47　结构方程模型显示物种多样性与高增温的关系［引自 Zhu 等（2020）］

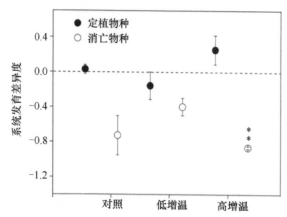

图 16.48　局域尺度的定植物种和消亡物种与留栖种（resident species）的系统发育差异
［引自 Zhu 等（2020）］

实心圆为定植物种，空心圆为局部丢失物种
**表示基于单样本 t 检验显著不同于零的值
误差线代表标准误差

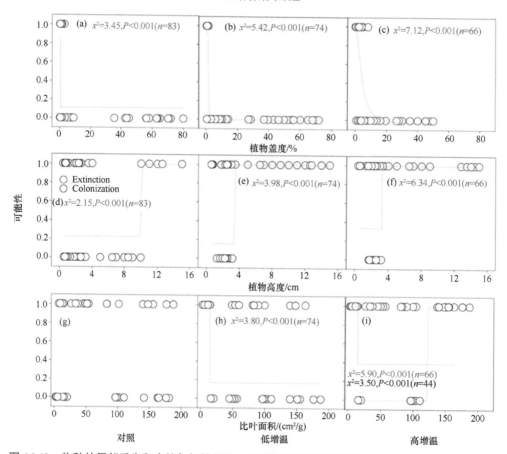

图 16.49　物种的局部丢失和定植与初始盖度、株高和叶面积指数的关系［引自 Zhu 等（2020）］

当物种没有在小区中定植（黑色圆圈）或消失（红色圆圈）时，它们被赋值为 0；否则，物种被赋值为 1
（a）～（c）初始盖度；（d）～（f）株高；（g）～（i）SLA

这些结果都表明增温可以通过改变植物性状影响物种丢失和定植，进而改变群落组成和功能多样性，特别是在高增温条件下，这种调控作用表现得更加明显，导致具有较高植株高度的物种丢失和具有较大 SLA 的物种定居的可能性增加。

总而言之，本研究通过为期 6 年的多水平增温实验研究了青藏高原高寒草原植物群落的物种、系统发育和功能水平对气候变暖的响应。虽然低水平增温处理不会改变物种丰富度或系统发育/功能结构，但高水平增温却大大降低了物种丰富度。高水平增温会更加强烈地减少土壤水分，并导致更强的环境过滤，从而改变物种组成和群落结构。在植物功能性状水平上，高水平增温通过改变如株高和 SLA 等性状的影响来促进物种更新。最终，高水平增温通过过滤掉功能上不同且与本地物种距离较远的物种，将系统发育/功能性群落结构从过度分散变为随机分布。

16.3.3　增温对生态系统碳氮循环的影响

1. 增温对高寒草甸 ER 的影响

ER 作为生态系统最大的碳通量途径之一，其微小的波动都会引起大气中 CO_2 浓度的显著变化。本节利用开顶箱（OTCs）式装置在藏北高原高寒草甸生态系统设置不同增温梯度实验，模拟未来增温 2℃（T1）和增温 4℃（T2）情景，探究增温对 ER 的影响（图 16.50）。

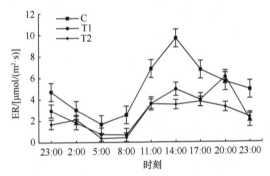

图 16.50　生态系统呼吸（ER，均值±1 标准差）的日动态变化［引自李军祥等（2016）］

C：对照；T1：增温 2℃；T2：增温 4℃

光照、温度、降水是影响生态系统碳交换的主要环境因子，而温度和光照主要由海拔和纬度决定，其在年际间变化不大，而降水却是在季节间与年际间变化最大的环境因子，因此，降水成了影响各种生态系统生理生态过程的最普遍因素。本节结果表明在生长季前期，模拟未来增温 2℃或 4℃均抑制了生态系统呼吸（图 16.51），而土壤水分是影响生长季前期 ER 最主要的环境因子，土壤水分越高，生态系统碳排放量越大（图 16.52）；然而，在生长季后期，模拟未来增温 2℃抑制了生态系统呼吸，而模拟未来增温 4℃对生态系统呼吸无影响（图 16.51），其中土壤温度是影响生长季后期 ER 最主要的环境因子，土壤温度越低，生态系统碳排放量越大（图 16.52）。与此同时，土壤水分与生长季后期 ER 呈显著的正相关关系，土壤水分越高，生态系统碳排放量越大（图 16.52）。在青藏高原高寒草甸生态系统中土壤水分含量是限制植被生长及生态系统生产力的主要因素之一，增温加速了土壤水分的丢失，从而加剧了高寒草甸生态系统的干旱胁迫。因此，增温加速了土壤水分的流失可能抑制了植被的异氧呼吸，进而抑制了 ER。

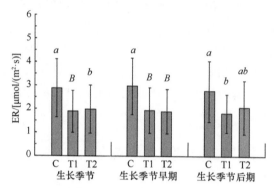

图 16.51 不同增温试验 ER 速率的均值和标准差［引自李军祥等（2016）］

C：对照；T1：增温 2℃；T2：增温 4℃

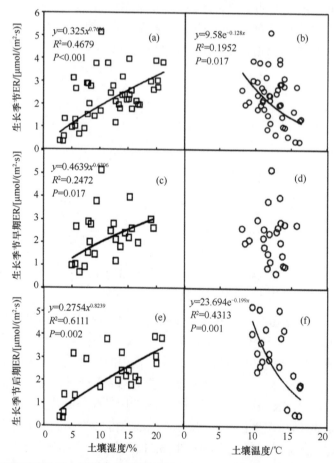

图 16.52 线性回归分析土壤湿度和土壤温度与 ER 之间的关系［引自李军祥等（2016）］

在干旱、湿润条件下生态系统呼吸对增温的响应是不同的，这说明增温的影响受水分条件的限制（Xia et al.，2009）。而增温对生态系统呼吸的影响主要是取决于对土壤水分有效性的调节（Niu et al.，2008）。本节土壤温度和土壤水分是控制生态系统呼吸的两个主要环境因子，在生长季前期，降水少导致土壤水分的有效性偏低，而增温进一步加速土壤水分的流失，进而加剧了生长季前期的干旱胁迫，这时土壤水分的有效性表现为影响生长季前期 ER 最主要的环境因子。生长季前期土壤水分的有效性偏低，干旱胁迫严重，可能限制了土壤微生物活动，影响植物的生长，导致生态系统呼吸对增温的敏感性降低，从而减少生态系统碳排放量；也有可能是增温加速了土壤水分的流失从而抑制了植被的异氧呼吸，进而抑制生态系统呼吸。

2. 增温对高寒草甸土壤供氮潜力的影响

过去几十年青藏高原呈现显著的增温趋势，冬季增温幅度显著高于生长季的季节非对称特征。气候变暖会对生态系统氮素循环产生重要影响，但关于全年增温与冬季增温对高寒生态系统氮循环的不同影响仍缺乏研究。在青藏高原高寒草甸区开展模拟增温试验，该试验设置 3 种处理（不增温、冬季增温与全年增温），研究季节非对称增温对高寒草甸生态系统氮循环的影响。

生长季初期，增温显著降低土壤无机氮含量，而在生长季中后期增温无显著影响（图 16.53），这与已有一些研究结果不一致。一般来讲，在水分不受限的情况下增温会促进土壤氮矿化速率，在生长季节会提高土壤氮的可利用性满足植物生长发育的需求。整合分析发现，增温提高了 52.2%的土壤净矿化速率和 32.2%的净硝化速率，与森林生态系统相比，草原和灌丛对增温的响应更弱，主要是由于增温导致的土壤含水量的降低部分抵消了增温的影响（Bai et al.，2013）。利用控制实验，Auyeung 等（2013）通过增温与干旱对土壤氮素周转温度敏感性研究发现，水分状况调控增温与干旱对氮矿化

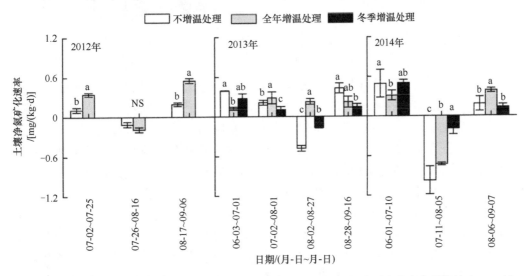

图 16.53　不同增温处理对 2012～2014 年土壤净氮矿化速率的影响［引自宗宁和石培礼（2019）］

速率温度敏感性的影响。由于位于半湿润区向半干旱区的过渡地带，土壤水分是限制高寒嵩草草甸生态系统生产与土壤养分动态的重要环境因子，而土壤水分主要受自然降水的调控。由土壤含水量与氮矿化速率的相关关系看出，当低于最适含水量时，随着含水量增加，氮矿化速率逐渐提高（图 16.54）。在生长季初期降水较少的季节，增温导致含水量降低，故土壤供氮能力较低；而随着降水量增加，土壤含水量逐渐增加，温度升高会促进氮矿化速率，从而补偿了生长季初期土壤无机氮含量的降低。

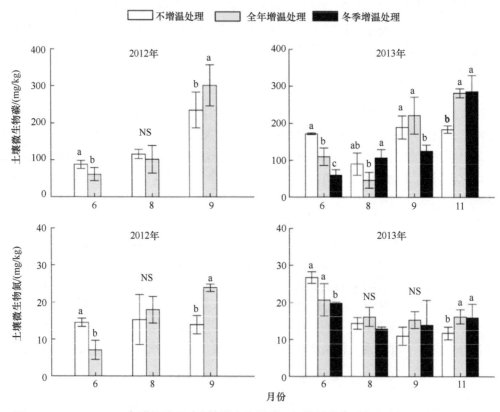

图 16.54　2012～2013 年增温处理对土壤微生物量碳、氮的影响［引自宗宁和石培礼（2019）］

　　土壤微生物碳、氮表现出生长季较低，而生长季末期和非生长季高的特征（图 16.54），这与已有的在高寒生态系统的研究呈现一致的规律。已有研究发现，在养分受限的高寒生态系统中，为减少对有效养分的竞争，植物与土壤微生物对氮素的利用表现出季节分化的特征（Bardgett et al.，2005）。植物主要在生长季节吸收氮素供给生长发育，而土壤微生物的氮固持主要发生在寒冷时期（晚秋、冬季等），此时土壤微生物将大量的氮素储存在体内。冬春转换时期嗜冷微生物的死亡、底物可利用性的降低、冻融交替的破坏作用以及渗透压的变化会导致氮素从微生物体内被释放出来，供植物返青和生长季利用。在自然条件下，冬春转换时期的养分脉冲式释放是高寒生态系统在年际上最大的养分输入过程。同时研究也发现，寒冷季节土壤微生物量与生长季初期无机氮含量呈显著负相关关系（图 16.55），而冬季增温导致土壤微生物碳、氮显著高于对照处理（图 16.55），这就解释了生长季初期增温处理中土壤无机氮含量低于对照处理。

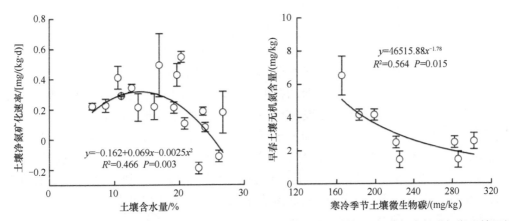

$$y=-0.162+0.069x-0.0025x^2$$
$$R^2=0.466 \quad P=0.003$$

$$y=46515.88x^{-1.78}$$
$$R^2=0.564 \quad P=0.015$$

图 16.55　土壤含水量对土壤净氮矿化速率的影响，以及寒冷季节土壤微生物碳与生长季初期土壤无机氮含量的关系［引自宗宁和石培礼（2019）］

总而言之，经历冬季增温后的生长季前期，增温处理中土壤无机氮含量显著降低，在植物不活跃的非生长季进行增温，氮素不仅不会被植物吸收利用，而且可能会通过离子淋溶或气体形式从生态系统中损失，冬季增温导致的土壤养分含量变化会影响随后生长季植物群落的生产力、结构组成与碳氮循环等过程，对生态系统过程产生深远的影响。在生长季节，土壤氮的周转速率受土壤水分的调控，14%土壤含水量是土壤氮周转速率的阈值。在降水较少的季节，全年增温引起的土壤含水量的降低会限制土壤氮周转。由此推断，未来气候变化情景下降水格局的改变会对土壤供氮潜力产生重要影响，进而影响植物群落的生产力、结构组成与碳氮循环等其他生态过程。

16.4　全球变化多因子交互作用对生态脆弱区生态系统结构和功能的影响

近年来，以气候变暖、CO_2 浓度升高、氮沉降增加和降水格局变化等为特征的全球变化对碳循环产生了显著影响，因此"生态系统碳循环对全球变化的响应和反馈"已成为学术界高度关注的问题。然而，联合国政府间气候变化专门委员会采用的陆地模型对碳循环的预测不仅在数值上存在很大的变异，甚至在方向上也不确定（Friedlingstein et al.，2014）。因而"如何提升陆地生态系统碳循环响应全球变化的预测能力及揭示其背后机理"已成为科学界所面临的最大挑战之一。但是，区域乃至全球尺度科学界忽略了一个基本事实：全球变化背景下，众多全球变化因子同时发生且共同作用于生态系统，多因子之间可能存在复杂的交互作用。而目前全球变化对碳循环影响的研究大多为单因子，关于长期多因子研究还较少，这极大地限制了区域及全球尺度上碳循环对全球变化响应的准确评估与预测。本节拟充分利用青藏高原高寒草甸多因子控制实验（红原站点），结合全球整合分析两种研究手段，系统阐明全球变化多因子（温度、水分、氮、磷和钾）之间交互作用对生态系统碳平衡的影响格局及背后机理。

16.4.1　多因子交互作用对高寒草甸净初级生产力及分配的影响

草原净初级生产力同时受到多种全球变化因子的影响。氮添加会促进地上和地下生长，但是地上部分的生物量增加幅度大于地下，因此往往会减小根冠比。磷作为一种必需元素在大多数地区限制作用不强，磷添加时冠部生长很少受到影响，但被发现通常会促进根部生长。植物受水分胁迫时，光合产物会更多地分配到根系来促进根系吸水。根据 Liebig 最低因子定律，只有当一个资源增加到限制点以上时，另一资源才会成为限制性因素。但是，植物生物量分配是多种因子共同作用的结果，不仅仅受单一的因素影响，因此在群落或生态系统水平上初级生产力对全球变化因子响应的研究就显得愈发重要。

基于红原高寒草甸 2019 年与 2020 年两年的研究结果显示，总体来看（表 16.1），氮添加和干旱处理分别对 NPP 具有显著负效应、正效应，而磷添加的主效应不显著，氮磷添加和氮添加、干旱处理的交互效应对 NPP 有显著影响。从具体年份来看（图 16.56），2019 年氮添加、干旱同时处理以及氮磷添加、干旱同时处理均使 NPP 相较于对照显著增加，2020 年氮磷添加、干旱同时处理使 NPP 显著增加。以上说明氮和水分是该实验站点 NPP 的控制因素，氮添加和干旱处理分别显著降低与增加 NPP，并且两者间的交互效应对 NPP 也有显著影响。

表 16.1　养分沉降、干旱及其交互作用对生态系统 NPP、ANPP、BNPP 和 BNPP/ANPP 影响的重复测量方差分析

处理方式	NPP	ANPP	BNPP	BNPP/ANPP
N	30.79***	41.21***	15.15**	7.65*
P	4.29	0.3	7.22*	14.84**
D	34.9***	15.06**	74.48***	114.89***
N+P	9.18**	0.35	11.18**	3.67
N+D	19.36***	0.24	29.40***	5.95*
N+P+D	0.11	2.19	0.05	4.26
Y	11.92**	26.59***	30.16***	76.91***
Y+N	7.88*	7.48*	5.30*	3.88
Y+P	1.08	0.06	1.55	4.38*
Y+D	7.75*	1.39	7.63*	16.02**
Y+N+P	0.02	0.55	0.16	0.98
Y+N+D	0.61	0.3	1.09	0.85
Y+N+P+D	1.36	0.39	1.24	0.15

*表示在 $P < 0.05$ 水平上差异显著；**表示在 $P < 0.01$ 水平上差异显著；***表示在 $P < 0.001$ 水平上差异显著。

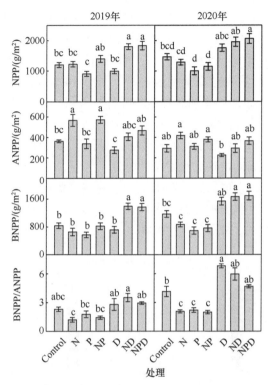

图 16.56　NPP 及其组分对养分沉降、干旱及其交互作用的响应

不同小写字母表示不同处理间的差异显著，$P<0.05$；Control 表示对照，N 表示氮处理，P 表示磷处理，D 表示干旱处理

　　总体来看（表 16.1），氮添加和干旱处理分别对 ANPP 具有显著正效应、负效应，而磷添加的主效应也不显著，各因子间的交互效应对 ANPP 没有显著影响。从具体年份来看（图 16.56），2019 年氮添加和氮磷同时添加使 ANPP 相较于对照显著增加，2020 各因子单独处理及组合处理对 ANPP 的影响均不显著。以上结果说明了氮素对地上生产力存在明显正效应，与目前大多数研究结果相一致。

　　氮磷添加对 BNPP 有显著负效应（表 16.1），而干旱处理对 BNPP 表现为显著正效应，且各因子间的交互效应对 BNPP 也有显著影响。2019 年与 2020 年（图 16.56），氮添加、干旱同时处理以及氮磷添加、干旱同时处理均使 BNPP 相较于对照显著增加。以上说明了氮磷和水分均是该实验站点 BNPP 的影响因素，氮磷添加显著降低 BNPP，而干旱处理显著增加 BNPP。

16.4.2　多因子交互作用对高寒草甸植物叶片氮磷含量及其计量关系的影响

　　土壤氮磷养分输入会缓解植物养分限制，促进植物生长，同时也会增加植物体内养分含量，从而改变元素之间的化学计量平衡。氮和磷是植物生长的重要营养元素，在植物能量代谢和新陈代谢等生理过程中起着重要的调节作用。干旱会显著降低土壤水分，而土壤含水量通过影响参与土壤氮磷元素循环转化的酶活性、植物凋落物的分解速率和养分矿化来改变土壤中氮和磷的有效性，进而影响植物对土壤养分的吸收。研究植物生长和养分性状对养分富集和土壤水分变化的响应，有利于了解植物对外界环境变化的适应策略和生理过程机理。但是，目前同时考虑土壤氮、磷有效性和水分变化对植物生长和养分的影响的研究还很少，特别是对于高寒草原植物的研究更少。

结果显示，氮添加显著提高垂穗披碱草、发草和草玉梅的叶片氮含量和 N∶P（图 16.57）。类似地，磷添加均增加 3 种植物叶片磷含量，但降低叶片 N∶P。干旱显著促进垂穗披碱草和发草的叶片氮含量，而对草玉梅叶片氮含量不影响。此外，干旱对 3 种植物的叶片磷含量和 N∶P 都没有处理效应。与氮添加类似，氮磷同时添加、氮与干旱同时处理都显著增加垂穗披碱草和发草的叶片氮含量，而对草玉梅没有影响。对处理间交互作用进一步分析，发现氮添加和干旱对垂穗披碱草和发草的叶片氮含量及 N∶P 有正的交互效应，但是对草玉梅没有影响（表 16.2）。氮添加和磷添加对 3 种植物叶片氮含量，磷含量及 N∶P 值均没有交互影响。

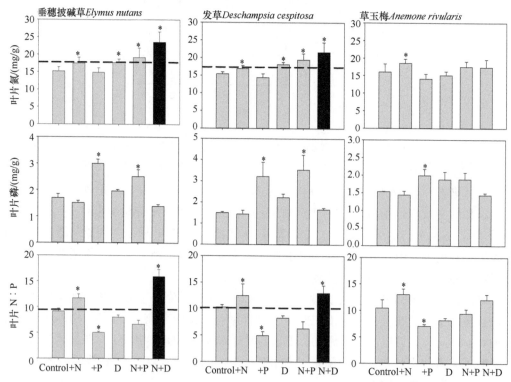

图 16.57　三种植物叶片氮、磷含量及比例对养分沉降、干旱及其交互作用的响应

*表示处理与对照相比差异显著（$P < 0.05$），黑色柱子表示交互作用显著，虚线表示与交互项比较的 2 个处理的平均值

表 16.2　养分沉降，干旱及其交互作用对叶片氮含量、磷含量及比例影响的三因素方差分析

物种	指标	df	+N	+P	D	N+P	N+D
	氮	1	17.8538***	1.1666	9.7932**	1.5117	4.1987*
垂穗披碱草	磷	1	3.55	93.2368***	0.2795	0.1529	1.1173
	N∶P	1	31.7139***	85.3263***	3.1127	3.8299	9.1211**

续表

物种	指标	df	+N	+P	D	N+P	N+D
发草	氮	1	17.2137***	0.0372	12.4432**	0.9902	5.6895*
	磷	1	0.293	26.9049***	0.2732	0.1076	1.845
	N∶P	1	5.5721*	69.7355***	0.0019	0.2459	6.5504*
草玉梅	氮	1	4.5845*	2.2861	1.7476	0.0996	0.1068
	磷	1	2.9956	9.5813**	0.2688	0.0539	3.304
	N∶P	1	15.5805***	24.5996***	4.3041	0.1403	1.6952

*表示在 $P < 0.05$ 水平上差异显著；**表示在 $P < 0.01$ 水平上差异显著；***表示在 $P < 0.001$ 水平上差异显著。

16.4.3　多因子交互作用对高寒草甸碳通量的影响

基于红原高寒草甸 2018 年与 2019 年两年的结果显示，不同处理及处理间的交互作用对 2018 年碳通量没有显著影响。2019 年生态系统碳通量主要受氮添加（+N）和干旱（D）处理的影响，表现为氮添加显著增加生态系统 NEE、ER、GEP，干旱处理则降低碳通量（表 16.3）。磷添加（+P）对碳通量的影响不显著。与氮添加类似，氮磷同时添加促进生态系统碳通量及其主要组分（图 16.58）。此外，没有发现氮添加、磷添加、干旱处理之间的交互作用（图 16.58）。以上结果说明该生态系统碳通量主要受土壤有效氮和土壤水分的调控，如氮添加增加了土壤有效氮，缓解了氮素对植物生长的限制，促进植物生长，进而提高生态系统碳通量。而干旱处理则导致土壤含水量降低，抑制植物生长，降低生态系统碳通量。磷元素可能不是该生态系统碳通量的主要限制元素。

表 16.3　养分沉降、干旱及其交互作用对生态系统 NEE、ER 和 GEP 影响的三因素方差分析

年份	指标	df	+N	+P	D	N+P	N+D	N+P+D
2018	NEE	1	1.9266	0.6807	0.0363	2.3144	1.4064	0.0013
	ER	1	1.0022	1.2835	1.5373	0.3534	0.044	0.0079
	GEP	1	1.9016	1.2504	0.6448	1.519	0.3443	0.0007
2019	NEE	1	5.8865*	0.087	8.264*	0.4039	0.051	0.8216
	ER	1	11.2242**	0.2471	6.6777*	0.6535	0.448	0.2192
	GEP	1	10.2798**	0.1912	9.4025**	0.6452	0.0485	0.1017

*表示在 $P < 0.05$ 水平上差异显著；**表示在 $P < 0.01$ 水平上差异显著；***表示在 $P < 0.001$ 水平上差异显著。

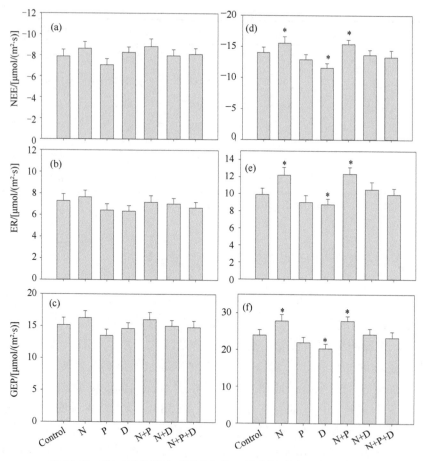

图16.58 NEE及其组分对养分沉降、干旱及其交互作用的响应

*表示处理与对照差异显著（$P<0.05$）。（a）～（c）为2018年；（d）～（f）为2019年

16.4.4 多因子交互作用对陆地生态系统碳通量的影响

生态系统碳交换对多种全球变化因子交互作用的响应存在很大的不确定性，这将增加预测未来气候变化的不确定性。本节通过对全球81篇文献的整合分析，试图阐明生态系统对多因子交互作用的响应。研究发现，氮添加和eCO_2增加NEP，干旱降低NEP，但其他因子的影响不显著。在两因子交互作用中，NEP对交互作用的响应更多地表现为加和效应（图16.59）。但GEP和ER更多地表现为协同效应。交互效应还依赖于实验年限和处理量级的变化。随着实验年限的增加，氮添加和eCO_2表现为拮抗效应。其他的交互作用，包括氮添加和增加降水，以及氮添加和eCO_2均表现为协同效应出现在高处理水平（图16.59）。该整合分析研究首次解析了全球变化多因子交互作用对陆地生态系统净碳平衡的全球格局及控制因素的影响，为准确预测陆地碳收支提供重要的理论支持。

结合全球整合分析与高寒草甸控制实验系统阐明了陆地生产力对全球变化多因子

交互作用的响应格局及调控因素。全球尺度上，相比于 NEP，GEP 和 ER 对多因子之间的交互作用更敏感，并且随着实验年限的增加，氮添加和 eCO$_2$ 表现为拮抗效应。其他的交互作用，包括氮添加和增雨、氮添加和 eCO$_2$ 均表现为协同效应，但是主要发在高处理水平。该整合分析首次揭示全球变化多因子交互作用对陆地生态系统净碳平衡的全球格局及控制因素。进一步结合站点控制实验，初步发现多种养分沉降与干旱交互作用对高寒草甸碳通量、地上初级生产力、地下初级生产力及叶片化学计量产生显著影响，将为后续研究提供机理性认识。

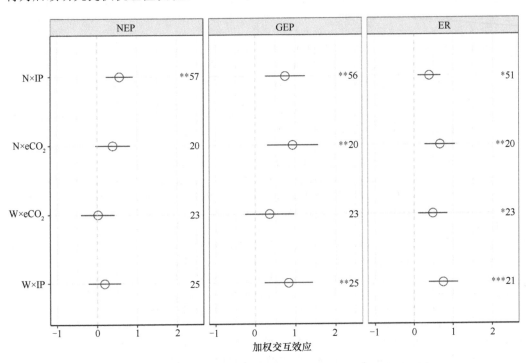

图 16.59　全球变化多因子交互作用对陆地生态系统碳通量的影响

N 为氮添加，eCO$_2$ 为增加二氧化碳，W 为增温，IP 为增雨

参 考 文 献

景明慧, 贾晓彤, 张运龙, 等. 2020. 长期氮添加对内蒙古典型草原植物地上、地下生物量及根冠比的影响. 生态学杂志, 39(10): 3185-3193.

李军祥, 曾辉, 朱军涛, 等. 2016. 藏北高原高寒草甸生态系统呼吸对增温的响应. 生态环境学报, 25(10): 1612-1620.

李文宇,张扬建,沈若楠, 等. 2021. 氮磷共限制青藏高原高寒草甸生态系统碳吸收. 应用生态学报. https://doi.org/10.13287/j.1001-9332.202201.004 [2021-12-31] .

卢蒙. 2009. 氮输入对生态系统碳、氮循环的影响:整合分析. 上海: 复旦大学.

罗亲普, 龚吉蕊, 徐沙, 等. 2016. 氮磷添加对内蒙古温带典型草原净氮矿化的影响. 植物生态学报, 40: 480-492.

徐小惠, 刁华杰, 覃楚仪, 等. 2021. 华北盐渍化草地土壤净氮矿化速率对不同水平氮添加的响应. 植物生态学报, 45: 85-95.

宗宁, 段呈, 耿守保, 等. 2018. 增温施氮对高寒草甸生产力及生物量分配的影响. 应用生态学报, 29(1): 59-67.

宗宁, 石培礼. 2019.模拟增温对西藏高原高寒草甸土壤供氮潜力的影响. 生态学报, 39(12): 4356-4365.

宗宁, 石培礼. 2020. 不同类型高寒草地群落结构与生产对施氮的响应及其敏感性. 生态学报. 40(12): 4000-4010.

Anderson S C, Elsen P R, Hughes B B, et al. 2021. Trends in ecology and conservation over eight decades. Front Ecol Environ 19: 274-282.

Andrews M, Raven J A, Sprent J I. 2001. Environmental effects on dry matter partitioning between shoot and root of crop plants: Relations with growth and shoot protein concentration. Annals of Applied Biology, 138: 57-68.

Auyeung D S N, Suseela V, Dukes J S. 2013. Warming and drought reduce temperature sensitivity of nitrogen transformations. Global Change Biology. 19(2) : 662-676.

Bai E, Li S L, Xu W H, et al. 2013. A meta-analysis of experimental warming effects on terrestrial nitrogen pools and dynamics. New Phytologist, 199(2): 441-451.

Bai W M, Guo D L, Tian Q Y, et al. 2015. Differential responses of grasses and forbs led to marked reduction in belowground productivity in temperate steppe following chronic N deposition. Journal of Ecology, 103: 1570-1579.

Bai W M, Wang Z W, Chen Q S, et al. 2008. Spatial and temporal effects of nitrogen addition on root life span of *Leymus chinensis* in a typical steppe of Inner Mongolia. Functional Ecology, 22: 583-591.

Bai Y F, Wu J G, Clark C M, et al. 2010. Tradeoffs and thresholds in the effects of nitrogen addition on biodiversity and ecosystem functioning: evidence from inner Mongolia Grasslands. Global Change Biology, 16: 358-372.

Bardgett R D, Bowman W D, Kaufmann R, et al. 2005. A temporal approach to linking aboveground and belowground ecology. Trends in Ecology & Evolution, 20(11): 634-641.

Batbaatar A, Carlyle C N, Bork E W, et al. 2022. Multi-year drought alters plant species composition more than productivity across northern temperate grasslands. Journal of Ecology, 110(1): 197-209.

Blomberg S P, Garland T, Ives A R. 2003. Testing for phylogenetic signal in comparative data: Behavioral traits are more labile. Evolution, 57: 717-745.

Bragazza L, Freeman C, Jones T, et al. 2006. Atmospheric Nitrogen Deposition Promotes Carbon Loss from Peat Bogs. Proceedings of the National Academy of Sciences of the United States of America, 103(51): 19386-19389.

Burson A, Stomp M, Greenwell E, et al. 2018. Competition for nutrients and light: testing advances in resource competition with a natural phytoplankton community. Ecology, 99:1108-1118.

Carroll C J W, Slette I J, Griffin N R J, et al. 2021. Is a drought a drought in grasslands? Productivity responses to different types of drought. Oecologia. 197(4): 1017-1026.

Casanoves F, Pla L, Di Rienzo J A, et al. 2011. FDiversity: a software package fo r the integrated analysis of functional diversity. Methods in Ecology and Evolution, 2: 233-237.

Chen D, Xing W, Lan Z, et al. 2019. Direct and indirect effects of nitrogen enrichment on soil organisms and carbon and nitrogen mineralization in a semi-arid grassland. Functional Ecology, 33: 175-187.

Conti G, Díaz S. 2013. Plant functional diversity and carbon storage – an empirical test in semi -arid forest ecosystems. Journal of Ecology, 101: 18-28.

de la Riva E G, Perez R I M, Tosto A, et al. 2016. Disentangling the relative importance of species occurrence, abundance and intraspecific variability in co mmunity assembly: a trait-based approach at the whole-plant level in Mediterranean forests. Oikos, 125: 354-363.

de Vries Franciska T, Griffiths R I, Knight C G, et al. 2020. Harnessing rhizosphere microbiomes for drought-resilient crop production. Science, 368(6488): 270-274.

Diao H, Chen X, Wang G, et al. 2022. The response of soil respiration to different N compounds addition in a saline-alkaline grassland of Northern China. Journal of Plant Ecology, 15(5): 897-910.

Dong M, Jiang Y, Zheng C, et al. 2012. Trends in the thermal growing season throughout the Tibetan Plateau during 1960–2009. Agricultural and Forest Meteorology, 166-167: 201-206.

Eviner V T, Chapin F S, Vaughn C E. 2006. Seasonal variations in plant species effects on soil N and P dynamics. Ecology, 87: 974-986.

Fang Y, Xun F, Bai W M, et al. 2012. Long-term nitrogen addition leads to loss of species richness due to litter accumulation and soil acidification in a temperate steppe. PLoS One 7: e47369.

Fischer E M, Knutti R. 2016.Observed heavy precipitation increase confirms theory and early models. Nature Climate Change, 6(11): 986-991.

Fowler H J, et al. 2021. Anthropogenic intensification of short-duration rainfall extremes. Nature Reviews Earth & Environment, 2(2): 107-122.

Friedlingstein P, Meinshausen M, Arora V K, et al. 2014. Uncertainties in CMIP5 Climate Projections due to Carbon Cycle Feedbacks. J.Climate, 27: 511-526.

Fritz S A, Purvis A. 2010. Selectivity in mammalian extinction risk and threat types: A new measure of phylogenetic signal strength in binary traits. Conservation Biology, 24: 1042-1051.

Fu W, Chen B, Jansa J, et al. 2022. Contrasting community responses of root and soil dwellingfungi to extreme drought in a temperate grassland. Soil Biology and Biochemistry, 169: 108670.

Fu W, Chen B D, Rillig M C, et al. 2021. Community response of arbuscular mycorrhizal fungi to extreme drought in a cold-temperate grassland. New Phytologist, 234(6): 2003-2017.

Griffin N R J, Blumenthal D M, Collins S L, et al. 2019. Sh ifts in plant functional co mposition following long-term drought in grasslands. Journal of Ecology, 107: 2133-2148.

Gruber N, Galloway J N. 2008. An earth-system perspective of the global nitrogen cycle. Nature, 451: 293-296.

Hale B K,Herms D A,Hansen R C, et al. 2005. Effects of drought stress and nutrient availability on dry matter allocation, phenolic glycosides, and rapid induced resistance of poplar to two lymantriid defoliators. Journal of Chemical Ecology, 31: 2601-2620.

Harpole W S, Potts D L, Suding K N. 2007. Ecosystem responses to water and nitrogen amendment in a California grassland. Global Change Biology, 13: 2341-2348.

Harrison S, Damschen E, Fernandez G B, et al. 2015. Plant communities on infertile soils are less sensitive to climate change. Annals of Botany, 116: 1017-1022.

Hasibeder R, Fuchslueger L, Richter A, et al. 2015. Summer drought alters carbon allocation to roots and root respiration in mountain grassland. New Phytologist, 205: 1117-1127.

Hou S J, Thiergart T, Vannier N, et al. 2021. A microbiota-root-shoot circuit favours Arabidopsis growth over defence under suboptimal light. Nature Plants. 7: 1078-1092.

Hutchison J S, Henry H A L. 2010. Additive effects of warming and increased nitrogen deposition in a temperate old field: Plant productivity and the importance of winter. Ecosystems, 13: 661-672.

Huxman T E, Smith M D, Fay P A, et al. 2004. Convergence across biomes to a common rain-use efficiency. Nature, 429(6992): 651-654.

Ibekwe A M, Poss J A, Grattan S R, et al.2010. Bacterial diversity in cucumber (Cucumis sativus) rhizosphere in response to salinity, soil pH, and boron. Soil Biology and Biochemistry, 42(4): 567-575.

IPCC. 2013. Climate Change 2013: The physical science basis. Contribution of working group I to the fifth Assessment report of the intergovernmental panel on climate change. Cambridge: Cambridge University Press.

IPCC. 2021. Climate Change 2021: The physical science basis. Contribution of working group I to the sixth assessment report of the intergovernmental panel on climate change. Cambridge University Press.

Isbell F, Craven D, Connolly J, et al. 2015. Biodiversity increases the resistance of ecosystem productivity to climate extremes. Nature. 526(7574): 574-577.

Jousset A, Bienhold C, Chatzinotas A, et al. 2017. Where less may be more: how the rare biosphere pulls ecosystems strings. The ISME Journal, 11: 853-862.

Kanakidou M, Myriokefalitakis S, Daskalakis N, et al. 2016. Past, present, and future atmospheric nitrogen deposition. Journal of the Atmospheric Sciences, 73(5): 2039-2047.

Kliber A, Eckert C G. 2004. Sequential decline in allocation among flowers within Inflorescences: Proximate mechanism and adaptive significance. Ecology, 85: 1675-1687.

Kooyman R, Rossetto M, Cornwell W, et al. 2011.Phylogenetic tests of community assembly across regional to continental scales in tropical and subtropical rain forests. Global Ecology and Biogeography, 20 (5): 707-716.

Lavorel S, Garnier E. 2002. Predicting changes in community composition and ecosystem functioning from plant traits: revisiting the Holy Grail. Functional Ecology, 16: 545-556.

Li N,Wang G,Yang Y,et al. 2011. Plant production,and carbon and nitrogen source pools,are strongly intensified by experimental warming in alpine ecosystems in the Qinghai-Tibet Plateau. Soil Biology and Biochemistry, 43: 942-953.

Li X D, Guo D, Zhang C P, et al. 2018. Contribution of root respiration to total soil respiration in a semi-arid grassland on the Loess Plateau, China. Science of the total enviroment, 627: 1209-1217.

Liang W, Yang Y T, Fan D M, et al. 2015. Analysis of spatial and temporal patterns of net primary production and their climate controls in China from 1982 to 2010. Agricultural and Forest Meteorology, 204: 22-36.

Liu B H, Xu M, Henderson M, et al. 2004. Taking China's temperature: Daily range, warming trends, and regional variations, 1955-2000. J. Climate, 17(22): 4453-4462.

Liu H, Mi Z, Lin L, et al. 2018. Shifting plant species composition in response to climate change stabilizes grassland primary production. Proceedings of the National Academy of Sciences of the United States of America. 115(16): 4051-4056.

Liu X R, Ren J Q, Li S G, et al. 2015. Effects of simulated nitrogen deposition on soil net nitrogen mineralization in the meadow steppe of Inner Mongolia, China. PLoS ONE, 10: e0134039.

Liu Y W, Xu R, Xu X L, et al. 2013. Plant and soil responses of an alpine steppe on the Tibetan Plateau to multi-level nitrogen addition. Plant and Soil, 373: 515-529.

Luo N, Guo Y, Chou J M,et al. 2022. Added value of CMIP6 models over CMIP5 models in simulating the climatological precipitation extremes in China, 42(2): 1148-1164.

Luo W T, Zuo X A, Ma W, et al. 2018. Differential responses of canopy nutrients to experimental drought along a natural aridity gradient. Ecology, 99: 2230-2239.

Luo W, Griffin N R J, Ma W, et al. 2021. Plant traits and soil fertility mediate productivity losses under extreme drought in C3 grasslands. Ecology 102(10): e03465.

Ma W, Liang X S, Wang Z W, et al. 2020. Resistance of steppe communities to extreme drought in northeast China. Plant and Soil, 473(7): 1-14.

Muraina T O, Xu C, Yu Q, et al. 2021. Species asynchrony stabilises productivity under extreme drought across Northern China grasslands. Journal of Ecology, 109(4): 1665-1675.

Niu S L, Classen A T, Dukes J S, et al. 2016. Global patterns and substrate-based mechanisms of the terrestrial nitrogen cycle. Ecology Letters, 19(6): 697-709.

Niu S, Wu M, Han Y, et al. 2008. Water-mediated responses of ecosystem carbon fluxes to climatic change in a temperate steppe. New Phytologist, 177(1): 209-219.

Niu S, Wu M, Han Y, et al. 2010. Nitrogen effects on net ecosystem carbon exchange in a temperate steppe. Global Change Biology, 16: 144-155.

Peng Y F, Li F, Zhou G Y, et al. 2017. Nonlinear response of soil respiration to increasing nitrogen additions in a Tibetan alpine steppe. Environ Res Lett, 12: 24018.

Piao S, Ciais P, Huang Y, et al. 2010. The impacts of climate change on water resources and agriculture in China. Nature, 467: 43-51.

Qian H, Jin Y. 2016. An updated megaphylogeny of plants, a tool for generating plant phylogenies and an analysis of phylogenetic community structure. Journal of Plant Ecology, 9: 233-239.

Qian H, Zhang Y J, Zhang J, et al. 2013. Latitudinal gradients in phylogenetic relatedness of angiosperm trees in North America. Global Ecology and Biogeography, 22 (11): 1183-1191.

Sigee D C, Bahram F, Estrada B, et al. 2007. The influence of phosphorus availability on carbon allocation and P quota in Scenedesmus subspicatus: A synchrotron-based FTIR analysis. Phycologia, 46: 583-592.

Slette I J, Post A K, Awad M, et al. 2019. How ecologists define drought, and why we should do better. Global Change Biology, 25(10): 3193-3200.

Spasojevic M J, Bahlai C A, Bradley B A, et al. 2016. Scaling up the diversity–resilience relationship with trait databases and remote sensing data: The recovery of productivity after wildfire. Global Change Biology, 22(4): 1421-1432.

Stevens C J, Lind E M, Hautier Y, et al. 2015. Anthropogenic nitrogen deposition predicts local grassland primary production worldwide. Ecology, 96: 1459-1465.

Stuart H E, De Boeck H J, Lemoine N P, et al. 2018. Mean annual precipitation predicts primary production resistance and resilience to extreme drought. Science of the Total Environment, 636: 360-366.

Swenson N G, Erickson D L, Mi X C, et al. 2012. Phylogenetic and functional alpha and beta diversity in temperate and tropical tree communities. Ecology, 93(8): S112-S125.

Tian D, Niu S L. 2015. A global analysis of soil acidification caused by nitrogen addition. Environmental Research Letters, 10: 1714-1721.

Tian Q Y, Liu N, Bai W M, et al. 2016. A novel soil manganese mechanism drives plant species loss with increased nitrogen deposition in a temperate steppe. Ecology, 97: 65-74.

Ummenhofer C C, Meehl G A.2017. Extreme weather and climate events with ecological relevance: A review. Philosophical Transactions of the Royal Society of London, Series B: Biological Sciences, 372(1723): 20160135.

Valencia E, Maestre F T, Le Bagousse-Pinguet Y, et al. 2015. Functional diversity enhances the resistance of ecosystem multifunctionality to aridity in Mediterranean drylands. New Phytologist, 206: 660-671.

Vamosi S M, Heard S B, Vamosi J C, et al. 2009.Emerging patterns in the comparative analysis of phylogenetic community structure. Molecular Ecology, 18 (4): 572-592.

Vico G, Manzoni S, Nkurunziza L, et al. 2016. Trade-offs between seed output and life span: A quantitative comparison of traits between annual and perennial congeneric species. New Phytologist, 209: 104-114.

Vogel J G, Bond-Lamberty B P, Schuur E A G, et al. 2008. Carbon allocation in boreal black spruce forests across regions varying in soil temperature and precipitation. Global Change Biology, 14: 1503-1516.

Wan S, Xia J, Liu W, et al. 2009. Photosynthetic over-compensation under nocturnal warming enhances grassland carbon sequestration. Ecology, 90: 2700-2710.

Wang N, Li L, Dannenmann M, et al. 2021. Seasonality of gross ammonification and nitrification altered by precipitation in a semi-arid grassland of Northern China. Soil Biology and Biochemistry, 154: 108146.

Wang N, Li L, Zhang B, et al. 2020. Population turnover promotes fungal stability in a semi-arid grassland under precipitation shifts. J Plant Ecol, 13: 499-509.

Xia J, Niu S, Wan S. 2009. Response of ecosystem carbon exchange to warming and nitrogen addition during two hydrologically contrasting growing seasons in a temperate steppe. Global Change Biology, 15: 1544-1556.

Xu C, Ke Y, Zhou W, et al. 2021. Resistance and resilience of a semi-arid grassland to multi-year extreme drought. Ecological Indicators, 131: 108139.

Xu W, Wan S. 2008. Water- and plant-mediated responses of soil respiration to topography, fire, and nitrogen fertilization in a semiarid grassland in northern China. Soil Biology and Biochemistry, 40(3): 679-687.

Xu X N, Yan L M, Xia J Y. 2019. A threefold difference in plant growth response to nitrogen addition between the laboratory and field experiments. Ecosphere, 10: e02572.

Xu Z W, Ren H Y, Li M H, et al. 2017. Experimentally increased water and nitrogen affect root production and vertical allocation of an old-field grassland. Plant and Soil, 412: 369-380.

Yang T, Long M, Smith M D, et al. 2021. Changes in species abundances with short-term and longterm nitrogen addition are mediated by stoichiometric homeostasis. Plant Soil, 469: 39-48.

Yu Q, Chen Q S, Elser J J, et al. 2010. Linking stoichiometric homoeostasis with ecosystem structure, functioning and stability: homoeostasis underpins ecosystem properties. Ecol Lett, 13: 1390-1399.

Yu Q, Elser J J, He N P, et al. 2011. Stoichiometric homeostasis of vascular plants in the Inner Mongolia grassland. Oecologia, 166: 1-10.

Yu Q, Wilcox K, Pierre K L, et al. 2015. Stoichiometric homeostasis predicts plant species dominance, temporal stability, and responses to global change. Ecology, 96: 82328-82335.

Zanne A E, Tank D C, Cornwell W K, et al. 2014. Three keys to the radiation of angiosperms into freezing environments. Nature, 514: 394.

Zhang B W, Cadotte M W, Chen S P, et al. 2019. Plants alter their vertical root distribution rather than biomass allocation in response to changing precipitation. Ecology, 100: e02828.

Zhang X, Wang Q, Gilliam F S, et al. 2012. Effect of nitrogen fertilization on net nitrogen mineralization in a grassland soil, northern China. Grass and Forage Science, 67: 219-230.

Zhu J, Zhang Y, Wang W. 2016. Interactions between warming and soil moisture increase overlap in reproductive phenology among species in an alpine meadow. Biol. Lett, 12: 20150749.

Zhu J, Zhang Y, Yang X, et al. 2020. Warming alters plant phylogenetic and functional community structure. Journal of Ecology, 108: 2406-2415.

Zong N, Chai X, Shi P L, et al. 2016a. Responses of plant community structure and species composition to warming and N additionin an alpine meadow, northern Tibetan Plateau, China. Chinese Journal of Applied Ecology, 27(12): 3739-3748 .

Zong N, Shi P, Song M, et al. 2016b. Nitrogen critical loads for an alpine meadow ecosystem on the Tibetan Plateau. Environmental Management, 57: 531-542.

Zuo X A, Zhao S L, Cheng H, et al. 2021. Functional diversity response to geographic and experimental precipitation gradients varies with plant community type. Functional Ecology, 35 (9): 2119-2132.

Zuo X, Cheng H, Zhao S, et al. 2020. Observational and experimental evidence for the effect of altered precipitation on desert and steppe communities. Global Ecology and Conservation, 21, e00864.

第 17 章
生态脆弱区碳循环关键过程与资源利用效率的时空格局及调控机制[①]

摘　要

　　草原是我国干旱和高寒脆弱区最主要的自然生态系统类型，对气候变化极为敏感。由于草原生产力和碳循环过程巨大的年际波动，目前关于我国草原碳汇功能的评估存在极大争议。本节基于建立在干旱脆弱区（内蒙古高原）和高寒脆弱区（青藏高原）的涡度相关通量观测网络，集成分析了多站点长期碳通量数据，对比了不同草原类型碳循环关键过程（GPP、ER 和 NEP）和资源利用效率（RUE）、水分利用效率（WUE）、光利用效率（LUE）和碳利用效率（CUE）的时空变化，明晰了影响草原碳通量和资源利用效率的主要环境和植被因子及其作用途径。结果表明，在内蒙古温性草原，除沙地和荒漠草原外，其他草地类型均表现为碳汇，平均碳汇强度为 28 ± 63 g C/(m$^2 \cdot$a)。不同站点和年际间碳汇通量均呈现出巨大波动，变化范围为 $-167 \sim 165$ g C/(m$^2 \cdot$a)。在青藏高原，高寒草地年均碳汇强度为 $-107.29 \sim 91.21$ g C/(m$^2 \cdot$a)，东部湿润高寒草甸和灌丛草甸碳汇强度较大，西部高寒草原表现为弱碳汇或碳源。气候和植被因子共同调控生态系统碳通量和资源利用效率的季节和年际变异。以上结果为我国干旱和高寒脆弱区碳汇功能评估以及资源承载力应对全球变化理论发展提供了重要的数据基础和机理解释。

17.1　干旱脆弱区碳通量时空格局及其调控机制

　　干旱区覆盖了全球陆地面积的 41%，对水分变化非常敏感（Moran et al.，2014）。该区域降水年际波动较大，导致碳通量年际变异大（Knapp et al.，2015），并成为全球陆地碳汇年际变异的主要来源（Ahlstrom et al.，2015；Poulter et al.，2014）。全球气候变化的

---

① 本章作者：陈世苹，游翠海，郭群，张法伟，彭思远，胡中民，李英年；本章审稿人：庾强，胡中民；本章数据提供者：陈世苹，高艳红，邵长亮，唐亚坤，牛亚毅，李玉强，李英年，张涛，付刚，田大栓，李俞哲，何永涛。

预测研究表明，干旱区的气候呈现持续性暖干化趋势（Zhang et al.，2020），且其面积在不断增加（Huang et al.，2017，2016）。同时，未来持续的暖干化可能会引起干旱区生态系统结构和功能的剧烈变化（Berdugo et al.，2020）。草原是典型的干旱半干旱生态系统，也是占地面积最大的陆地生态系统类型（Scurlock and Hall，1998）。目前草原生态系统碳汇功能存在巨大争议，应用不同方法得出的碳源汇大小和方向均不一致。因此，准确评估草原生态系统的碳汇功能及其对气候变化的响应和反馈对全球碳循环研究具有重要意义。

生态系统净碳通量（NEP）是评估生态系统碳固持能力即碳汇功能的重要指标，是生态系统光合（GPP）和呼吸（ER）之间平衡的结果，三者组成了生态系统碳通量的不同组分。GPP 和 ER 对环境变化的响应共同决定 NEP 的变化（Niu et al.，2017）。降水是干旱半干旱生态系统最主要的限制因子（Knapp and Smith，2001；Bai et al.，2004；Merbold et al.，2009）。由于降水等气候条件的波动，干旱半干旱草原 NEP 表现出剧烈的年际变异，并且成为全球碳汇年际变异的主要贡献者（Ahlstrom et al.，2015；Poulter et al.，2014）。降水同时影响 GPP 和 ER，并最终决定 NEP 的变化（Zhang et al.，2017）。在水分亏缺条件下，植物通过降低气孔导度调控碳吸收和蒸腾失水过程，导致生态系统 GPP 降低（Yang et al.，2011；Lambers and Oliveira，2019）。降水也会影响土壤温度和呼吸之间的关系，降水量减少会降低土壤呼吸对温度的敏感性，导致土壤呼吸降低，进而降低 ER（Wang et al.，2014）。已有研究表明，干旱同时降低生态系统 GPP 和 ER，但对 GPP 的抑制作用更强，使生态系统由碳汇转变为碳源（Bowling et al.，2010；Aires et al.，2008；Hao et al.，2007）。

本节基于我国北方干旱生态脆弱区不同草原类型 10 个站点 89 个站年的通量观测数据集，通过整合分析生态系统碳通量及其组分的季节和年际变异，探究环境和生物因子对碳通量影响的调控机理，量化资源环境要素与生态系统碳水通量的关系，明晰制约生态系统生产力的关键限制因子。通量观测站点涵盖多个生态系统类型，包括荒漠（沙坡头站）、沙地（奈曼站）、荒漠草原（四子王旗站）、典型草原（锡林浩特、多伦、西乌旗站）、草甸草原（呼伦贝尔、额尔古纳、特泥河站）和暖温性草原（安塞站）。

17.1.1　干旱生态脆弱区生态系统碳通量的季节变异及其调控因子

长期监测表明我国北方干旱生态脆弱区草原生态系统呈现明显的季节动态特征（图 17.1）。GPP 和 ER 呈现出明显的单峰变化趋势，而 NEP 没有明显的峰值。生态系统在非生长季表现为碳源，在生长季表现为波动性较大的碳汇。沿水分梯度从西向东，草原生态系统最大日 GPP 逐渐增加 [图 17.1（d）]。荒漠灌丛、荒漠草原、沙地草原、典型草原、草甸草原和暖温性草原的最大日 GPP 分别为 1.3～2.7g C/(m²·d)、3.7g C/(m²·d)、5.8～6.5g C/(m²·d)、4.9～7.6g C/(m²·d)、7.4～11.0g C/(m²·d) 和 8.5～12.1g C/(m²·d)。不同草原类型 ER 的季节峰值变化规律与 GPP 一致。最大日 GPP 和 ER 随降水梯度的这一变化规律与全球北方温带生态系统和中国陆地生态系统的研究结果一致（Fu et al.，2017；Han et al.，2020）。

NEP 的变化规律与 GPP 和 ER 不同 [图 17.1（c）]。沿水分梯度，荒漠草原、典型草原、草甸草原和暖温性草原的最大日 NEP 逐渐增加，但荒漠灌丛的最大日 NEP 高于荒漠草原，沙地草原的最大日 NEP 高于典型草原。荒漠草原、典型草原、草甸草原和暖温性草原的最大日 NEP 分别为 1.2g C/(m²·d)、1.1～1.7g C/(m²·d)、1.7～3.7g C/(m²·d) 和 4～7g C/(m²·d)。荒漠灌丛和沙地草原的最大日 NEP 分别为 0.6～1.5g C/(m²·d) 和 2～2.3g C/(m²·d)。

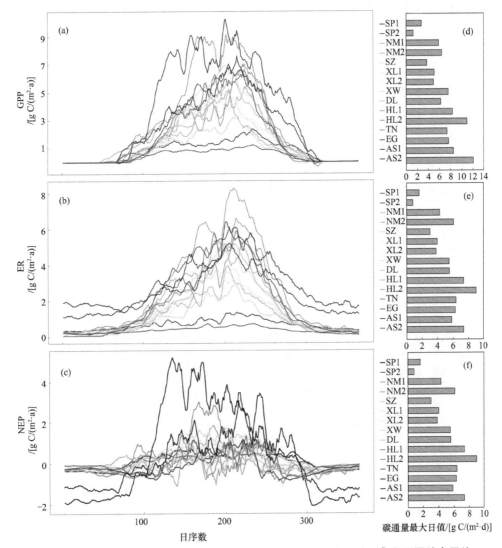

图 17.1 干旱生态脆弱区各站点碳通量季节变异特征 [（a）～（c）] 和不同站点平均
最大日碳通量的变化 [（d）～（f）]

SP1：沙坡头人工植被；SP2：沙坡头天然植被；NM1：奈曼草地；NM2：奈曼沙地灌丛；SZ：四子王旗；XL1：锡林浩特打草样地；XL2：锡林浩特围封样地；XW：西乌旗；DL：多伦；HL1：呼伦贝尔割草样地；HL2：呼伦贝尔围封样地；TN：特泥河；EG：额尔古纳；AS1：安塞草地；AS2：安塞灌木

利用层次分割方法量化了不同月份各因子对碳通量季节变异的贡献度，对比了不同生长阶段碳通量影响因子的差异（图 17.2）。生长季前期（4 月），环境因子对 GPP、ER

和 NEP 的作用最高。随着植被的生长，生物因子的相对贡献度增大，环境因子的贡献度减小［图 17.2（d）和（e）］。GPP 和 ER 对环境和生物因子的响应模式一致。光合有效辐射（PAR）、气温（TA）和饱和水汽压差（VPD）等环境因子在生长季前期对 GPP 和 ER 的作用较大，在生长季高峰期和生长季后期作用变小；而土壤含水量（SWC）对 GPP 和 ER 的贡献在生长高峰期和后期较大，在生长季前期相对较小。LAI 对生长季各个时期的 GPP 和 ER 都有重要作用，特别是在生长季前期作用更大，而 P_{max} 在生长季高峰期和后期作用更大［图 17.2（a）和（b）］。与 GPP 和 ER 的影响机制不同，SWC 对

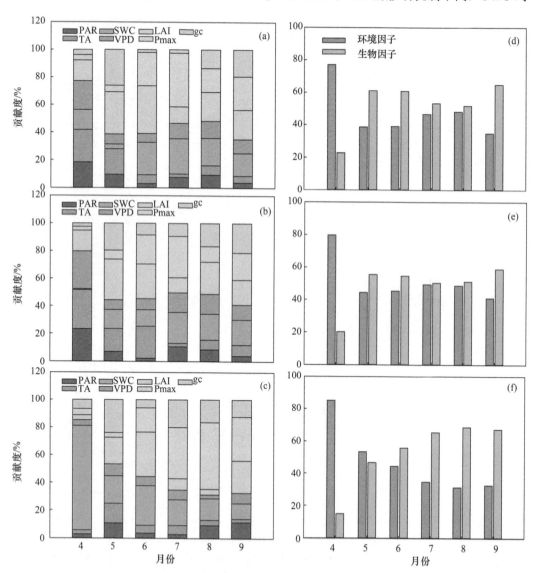

图 17.2　不同月份内蒙古草原生物因子和环境因子对 GPP［（a）和（d）］、ER［（b）和（e）］和 NEP［（c）和（f）］季节变异的贡献度

生长季前期 NEP 的影响最大，在生长季高峰期和后期的影响逐渐减小。LAI 在生长季前期对 NEP 作用更大，而 P_{max} 在生长季高峰期和后期的作用更大 [图 17.2（c）]。综上所述，环境因子在生长季前期对碳通量季节变异的作用大于生物因子，而在生长季中后期，随着植物的生长，生物因子发挥越来越重要的作用（Zhao et al.，2019）。

17.1.2　干旱生态脆弱区生态系统碳通量的年际变异及其调控因子

沿着水分梯度自西向东，不同类型生态系统的 GPP 逐渐增加 [图 17.3（a）]。荒

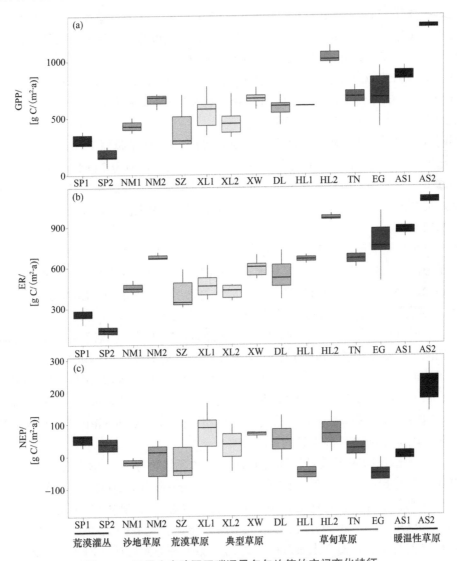

图 17.3　干旱生态脆弱区碳通量多年均值的空间变化特征

SP1：沙坡头人工植被；SP2：沙坡头天然植被；NM1：奈曼草地；NM2：奈曼沙地灌丛；SZ：四子王旗；XL1：锡林浩特打草样地；XL2：锡林浩特围封样地；XW：西乌旗；DL：多伦；HL1：呼伦贝尔打草样地；HL2：呼伦贝尔围封样地；TN：特泥河；EG：额尔古纳；AS1：安塞草地；AS2：安塞灌木

漠灌丛、沙地草原、荒漠草原、典型草原、草甸草原、暖温性草原的 GPP 分别为 234±66g C/(m²·a)、430±111g C/(m²·a)、394g C/(m²·a)、569±68g C/(m²·a)、754±166g C/(m²·a) 和 1085±216 g C/(m²·a)。不同类型 ER 的变化规律与 GPP 一致 [图 17.3（b）]。荒漠灌丛、沙地草原、荒漠草原、典型草原、草甸草原、暖温性草原的 ER 分别为 194±56g C/(m²·a)、452±114g C/(m²·a)、407g C/(m²·a)、511±57g C/(m²·a)、764±126g C/(m²·a) 和 980±111g C/(m²·a)。随水分有效性增加，不同站点 GPP 和 ER 在空间上呈现增加的趋势，这与北美干旱区及中国黑河流域干旱区的研究结果一致（Biederman et al.，2017；Wang et al.，2019）。

NEP 的变化与 GPP 和 ER 表现不同 [图 17.3（c）]。暖温性草原、典型草原、荒漠灌丛表现为碳汇，沙地草原、荒漠草原和草甸草原均表现为弱碳源。不同草原类型 NEP 依次为 105±105g C/(m²·a)（暖温性草原）> 58±19g C/(m²·a)（典型草原）> 40±9g C/(m²·a)（荒漠灌丛）> −9±57g C/(m²·a)（草甸草原）> −12±69g C/(m²·a)（荒漠草原）> −25±3g C/(m²·a)（沙地草地）。生态系统 NEP 取决于 GPP 和 ER 两者平衡的结果，受到碳利用效率的限制，生产力高并不一定导致碳固持量高。

不同草原利用方式对碳汇功能有显著影响（图 17.3）。典型草原中，与围封样地（XL2）相比，打草样地（XL1）生态系统碳汇量提高了 1.5 倍，分别为 31±45g C/(m²·a) 和 79±57g C/(m²·a)。这是由于打草显著降低 GPP，但对 ER 没有显著影响。已有研究表明打草可以通过提高土壤温度、改变植物群落结构增加生态系统碳汇（Wan et al.，2002；Shao et al.，2012）。

相关分析结果表明，碳通量的年际变异与环境因子和生物因子显著相关（图 17.4）。环境因子中，降水量（PPT）、土壤含水量（SWC）与 GPP、ER 和 NEP 呈显著正相关关系。VPD、TA、PAR 与碳通量呈显著负相关关系。生物因子中，LAI、最大光合速率（P_{max}）和冠层导度（gc）与碳通量呈显著正相关关系。

进一步通过层次分割方法量化各因子对碳通量年际变异的相对贡献。结果表明，环境和生物因子共同解释了 GPP、ER 和 NEP 年际变异的 89%、58% 和 33%（图 17.5）。生物因子的调控作用大于环境因子，生物因子对 GPP、ER 和 NEP 解释度的贡献分别为 65%、70%、66%，环境因子的贡献分别为 35%、30%、34%。环境因子中，SWC 和 VPD 对 GPP、ER 和 NEP 年际变异的贡献最大；生物因子中，LAI 对 GPP 和 ER 年际变异的贡献最高，P_{max} 对 NEP 年际变异的贡献最高。

水分有效性是影响碳通量年际变异最重要的环境因子。土壤水分可被植物直接吸收利用，是连接降水和生产力的关键环节（Knapp et al.，2008）。土壤水分的增加提高植物的光合生理活性，促进植被生长，提高生态系统 GPP（Wilcox et al.，2017；Lambers and Oliveira，2019）。同时，土壤水分增加会刺激微生物生长，提高土壤可溶性有机物的有效性，提高土壤呼吸，进而增加生态系统呼吸（Zhang et al.，2019）。VPD 指示大气干旱程度，高 VPD 导致植物关闭气孔以减少水分损失，进而降低 GPP（Novick et al.，2016）。

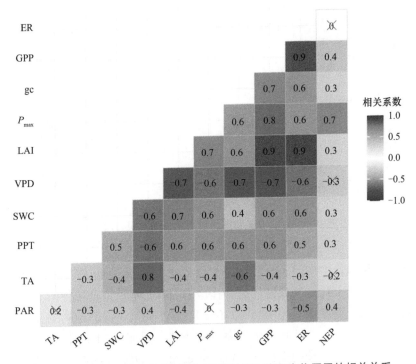

图 17.4 干旱生态脆弱区碳通量年际变异与环境和生物因子的相关关系

×代表 $P>0.1$

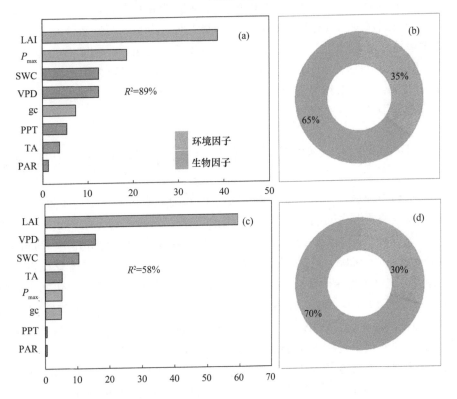

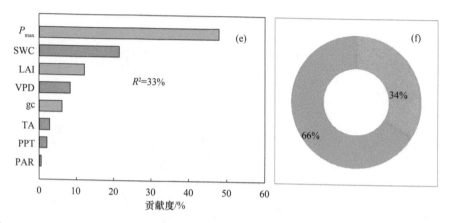

图 17.5　层次分割方法中环境因子和生物因子对干旱生态脆弱区碳通量年际变异的相对贡献
(a) 和 (b)：GPP；(c) 和 (d)：ER；(e) 和 (f)：NEP

与环境因子相比，生物因子，特别是 LAI 和 P_{max} 对碳通量年际变异的解释度更高。LAI 决定植物吸收光和其他资源进行光合作用的面积，是模拟全球生产力变化不可缺少的植物性状相关的重要参数 (Hu et al., 2018)。LAI 的增大提高植物的光合面积，促进生态系统 GPP。植物的自养呼吸是生态系统呼吸的重要部分，LAI 在一定程度上反映生态系统植被冠层和植被生长的变化 (Flanagan et al., 2002)，因此 LAI 增大提高生态系统呼吸 (Nagler et al., 2005)。P_{max} 表示生态系统水平最大光合速率，通常是生态系统碳汇能力的指示因子。gc 与 GPP、ER 和 NEP 的年际变异有显著正相关关系 (图 17.4)。冠层导度表征冠层尺度的气孔导度，受到水分胁迫时，为减少蒸腾水分流失，植物会降低气孔导度以适应环境变化，从而导致光合速率降低 (Lambers and Oliveira, 2019)。在叶片水平，气孔调节耦合碳水通量过程的研究已十分广泛，但缺乏生态系统水平的研究 (Chen et al., 2009)。本节结果强调了生态系统水平光合生理过程 (P_{max}、gc 等) 在调控碳通量年际变异中的重要作用。

17.2　干旱脆弱区资源利用效率时空格局及其调控机制

生态系统利用降水、光照等资源条件固定 CO_2 的效率称为资源利用效率 (RUE)，即碳固定与获取的资源之间的比值。资源利用效率作为陆地生态系统中生产和资源供应之间的一个关键环节，已被广泛用于生态系统对气候变化响应的研究中 (Han et al., 2021；Wang et al., 2020a)。作为模型关键控制因子和参数，RUE 在全球碳循环模拟中发挥重要的作用 (Garbulsky et al., 2010)。生态系统资源利用效率主要包括水分利用效率 (water use efficiency, WUE)、光利用效率 (light use efficiency, LUE) 和碳利用效率 (carbon use efficiency, CUE) 等。WUE 是生态系统光合与蒸散耗水量的比值，体现了碳水通量之间的耦合过程 (Liu et al., 2019)。LUE 表征植被利用吸收的光合有效辐射 (APAR) 从大气中固定碳的能力 (高德新等，2021；Wang and Zhou, 2012)。以 LUE 为基础构建的光能利用效率模型已成为预测全球和区域尺度植被生产力的重要模型

（Fisher et al.，2014）。CUE 是 NEP 和 GPP 之间的比值，反映了植被同化大气 CO_2 并保存在生态系统碳库中的能力（朱万泽，2013）。CUE 通常被作为生态系统碳固持能力的重要指标，能够将生态系统 GPP 和 NEP 的预测联系起来（Zanotelli et al.，2013）。生态系统生产力受多种资源供给的共同影响，资源利用效率将与多资源利用相关的碳水循环过程耦合在一起。因此，同时研究多种 RUE 的时空变化特征及其相互作用，对区域和全球碳汇功能的预测有重要意义。

17.2.1　内蒙古草原资源利用效率的空间变化规律

内蒙古不同草原类型站点间的 RUE 存在显著差异（图 17.6）。其中，WUE 和 LUE 均表现为从荒漠草原到草甸草原逐渐升高的趋势，而 CUE 表现为荒漠草原和草甸草原低、典型草原高的变化特征。

就 WUE 而言，荒漠草原四子王旗站(SZ)WUE 的 6 年均值为 0.96 ± 0.14 g C/kg H_2O，变化范围为 $0.85 \sim 1.26$ g C/kg H_2O [图 17.6（a）]。典型草原中，西乌旗站（XW）、锡林浩特站（XL）和多伦站（DL）的 WUE 多年均值分别为 1.60 ± 0.13g C/kg H_2O、1.07 ± 0.20g C/kg H_2O 和 1.25 ± 0.16 g C/kg H_2O，变化范围分别为 $1.41 \sim 1.77$g C/kg H_2O、$0.66 \sim 1.34$g C/kg H_2O 和 $0.95 \sim 1.47$ g C/kg H_2O。草甸草原特泥河站（TN）WUE 最高，均值为 1.72 ± 0.09 g C/kg H_2O。已有研究表明我国草原 WUE 的变化范围为 $0.36 \sim 2.19$ g C/kg H_2O（Bai et al.，2020；Zhao et al.，2020；Luo et al.，2015；Zhang et al.，2015a），本节草原 WUE 均在此范围内。

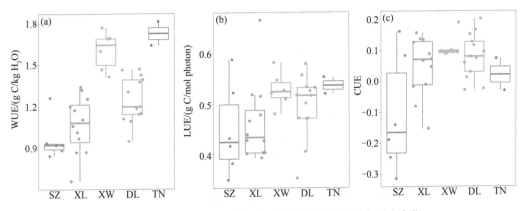

图 17.6　内蒙古不同草原类型各站点的资源利用效率时空变化

SZ：四子王旗；XL：锡林浩特；XW：西乌旗；DL：多伦；TN：特泥河
WUE=GPP/ET，ET 为生态系统蒸散发；LUE=GPP/APAR；CUE= NEP/GPP

沿水分梯度草原 LUE 逐渐升高。荒漠草原四子王旗站（SZ）LUE 的 6 年均值为 0.45 ± 0.08 g C/mol photon，变化范围为 $0.35 \sim 0.58$ g C/mol photon [图 17.6（b）]。典型草原中，西乌旗站（XW）、锡林浩特站（XL）和多伦站（DL）LUE 多年均值分别为 0.53 ± 0.03 g C/mol photon、0.46 ± 0.07 g C/mol photon 和 0.49 ± 0.06 g C/mol photon，变化范围分别为 $0.48 \sim 0.58$ g

C/mol photon、0.39～0.67 g C/mol photon 和 0.35～0.58 g C/mol photon。草甸草原特泥河站 LUE 为 0.54±0.02 g C/mol photon。全球研究也表明，随水分有效性增加，LUE 逐渐增大（Tang et al.，2020）。

典型草原的 CUE 最高，其次为草甸草原和荒漠草原 [图 17.6（c）]。典型草原西乌旗、锡林浩特和多伦的 CUE 多年均值分别为 0.11±0.04、0.05±0.09 和 0.08±0.07，变化范围分别为 0.09～0.19、0.15～0.16 和–0.03～0.20。草甸草原特泥河站 CUE 的两年均值为 0.02±0.05。荒漠草原四子王旗站 CUE 的 6 年均值为–0.11±0.17，变化范围为–0.31～0.16。本节内蒙古草原 CUE 在中国草原 CUE 的变化范围内，其变化范围为–0.44～0.22（Chen et al.，2018），但显著低于森林和湿地生态系统（Chen and Yu，2019；Chen et al.，2018）。

内蒙古草原资源利用效率之间有较好的相关关系 [图 17.7（a）～（c）]。LUE 与 WUE 呈显著正相关关系（R^2=0.05，$P<0.05$）。WUE 与 CUE 呈非线性饱和相关关系（R^2=0.18，$P<0.01$）。LUE 和 CUE 呈直线相关关系（R^2=0.25，$P<0.001$）。WUE 和 CUE 有显著正相关关系，这与中国森林生态系统长期研究结果一致（Liu et al.，2019）。LUE 和 WUE 均与 CUE 之间有显著的正相关关系，说明 WUE 和 LUE 较高时，生态系统有更强的固碳能力。

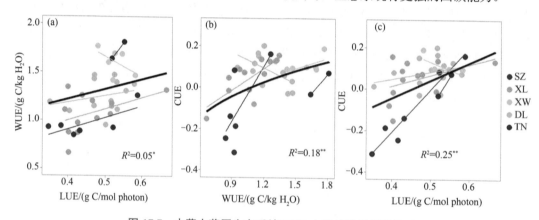

图 17.7 内蒙古草原生态系统 RUE 之间的线性相关关系

17.2.2 内蒙古草原资源利用效率时空变化的影响因子

为了明晰调控草原资源利用效率时空变化的主要因素，本节分析了各研究站点的气候、植被和土壤指标。由于土壤和植被因子数量较多，首先采用聚类分析方法（PCA）对土壤及植被相关因子进行降维分析。其中土壤因子包括土壤养分特征（Soil$_{nut}$）、土壤结构特征（Soil$_{stru}$）和土壤水分特征（Soil$_{water}$），植被因子包括植物生理特征（Plant$_{phy}$）和生物量分配特征（Biomass$_{dis}$）。

皮尔逊相关分析结果表明，环境、植被和土壤因子均对资源利用效率时空变异特征有显著影响（图 17.8）。环境因子中，生长季降水量（PPT）与 WUE、LUE 和 CUE 有显著正相关关系。生长季积温（TA$_a$）与 CUE 和 LUE 呈显著负相关关系，但与 WUE

无显著相关关系。PAR 与 WUE、LUE 和 CUE 均无显著相关关系。土壤相关因子中，$Soil_{nut}$ 与 WUE 之间呈现显著正相关关系，但 $Soil_{stru}$ 及 $Soil_{water}$ 与资源利用效率没有显著相关关系。植被相关因子，包括 LAI、$Plant_{phy}$ 和 $Biomass_{dis}$，均与资源利用效率呈现显著正相关关系。

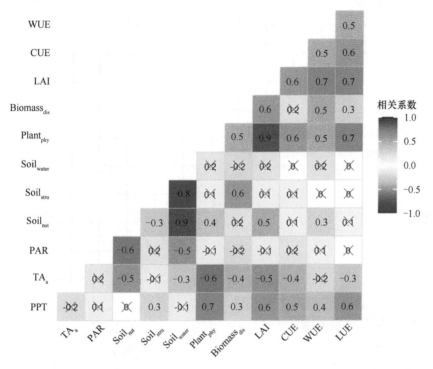

图 17.8　内蒙古草原资源利用效率（WUE、LUE、CUE）与环境、植被和土壤因子的相关关系

×代表 *P*>0.1，下同

采用层次分割方法进一步量化了各因子对资源利用效率时空变异的贡献（图 17.9）。植被因子对资源利用效率的影响最大，其次是环境因子和土壤因子。植被因子中，LAI 对 WUE 和 CUE 的时空变化的贡献最高 [图 17.9（a）和（c）]，$Plant_{phy}$ 对 LUE 的时空变化贡献最高 [图 17.9（b）]。环境因子中，PAR 和 PPT 对 WUE 的影响最大，PPT 对 LUE 的影响最大，积温（TA_a）和 PPT 对 CUE 的影响最大。

为了明晰环境和植被因子的影响途径，本节进一步筛选了与资源利用效率时空变异具有显著性关系的环境、植被和土壤指标，并构建 SEM 检验各因子对资源利用效率的影响途径及作用强度（图 17.10）。结果表明，环境、植被和土壤指标可以共同解释 WUE、LUE 和 CUE 季节和年际变异的 57%、62% 和 57%。在环境因子中，PPT 对 WUE、LUE 和 CUE 影响的总效应最大，分别为 0.46、0.54 和 0.41。但 PPT 并不是直接对资源利用效率产生影响，而是主要通过影响植被结构和生理特征的间接影响对 WUE、LUE 和 CUE 产生作用。TA_a 对 WUE、LUE 和 CUE 影响的总效应分别为–0.16、–0.18、–0.28。TA_a

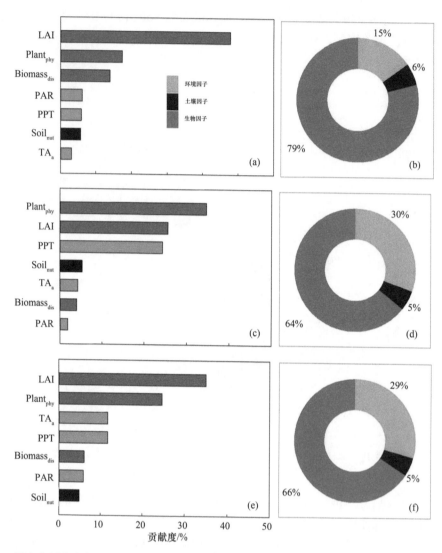

图 17.9　层次分割方法中环境因子、植被和土壤相关因子对 WUE [（a）和（b）]、LUE [（c）和（d）]
和 CUE [（e）和（f）] 变化的贡献

通过影响 $Soil_{nut}$（r_∂=−0.45）和 $Plant_{phy}$（r_∂=−0.28）间接对 WUE、LUE 和 CUE 产生影响，且 TA_a 对 CUE 有直接负作用（r_∂=−0.31）。PAR 对 WUE、CUE 和 LUE 的总效应分别为 0.02、0.04 和−0.18。PAR 通过对 $Soil_{nut}$（r_∂=−0.55）和 $Plant_{phy}$（r_∂=−0.12）的间接作用对 WUE、LUE 和 CUE 产生影响，同时 PAR 对 WUE（r_∂=0.21）和 LUE（r_∂=−0.20）有直接影响。$Soil_{nut}$ 通过影响 $Biomass_{dis}$（r_∂=0.23）、$Plant_{phy}$（r_∂=0.19）和 LAI（r_∂=0.46）间接调控资源利用效率的变化，同时通过直接作用影响 LUE（r_∂=−0.39）和 CUE（r_∂=−0.39）。$Biomass_{dis}$、$Plant_{phy}$ 和 LAI 通过直接作用对资源利用效率产生影响。WUE 受到 $Biomass_{dis}$（r_∂=0.19）和 LAI（r_∂=0.66）的直接调控作用。LUE 受到 $Plant_{phy}$（r_∂=0.86）

的直接调控作用。CUE 受到 Biomass$_{dis}$（r_∂=–0.31）和 LAI（r_∂=0.85）的直接调控作用。

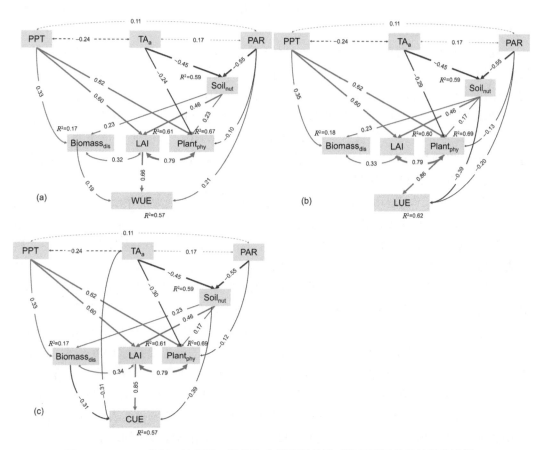

图 17.10　SEM 分析环境因子、植被和土壤相关性质对资源利用效率的影响途径

（a）WUE，x^2=14.76，P=0.12，d.f.=9，n=39；（b）LUE，x^2=8.42，P=0.39，d.f.=8，n=39；（c）CUE，x^2=7.30，P=0.50，d.f.=8，n=39。蓝色和棕色箭头表示显著（P<0.1）的正作用和负作用。标准化路径系数（$r\partial$）显示在路径上。箭头宽度表示关系的强度。R^2 值表示该变量在 SEM 模型中被解释部分。PPT：生长季降水量；TA$_a$：积温；PAR：光合有效辐射；Soil$_{nut}$：土壤养分特征；Plant$_{phy}$：植物生理特征，LAI：叶面积指数

　　以上不同分析方法的结果均表明，内蒙古草原资源利用效率受到环境、土壤和植被因子共同调控，其中植被因子的作用最大，其次为土壤因子和环境因子。环境因子和土壤因子通过影响植被因子调控资源利用效率的时空变化。

　　内蒙古草原资源利用效率受到环境因子的限制，同时这些环境因子（光照、温度和降水）也反映了资源供给条件的变化。本节中，与温度和光照相比，PPT 是影响资源利用效率作用最大的环境因子。随着 PPT 增加，WUE 显著提高。这主要是由于 PPT 对 GPP 的促进作用大于对蒸散发的促进作用。全球及中国陆地生态系统的研究结果也已经表明，降水量是影响资源利用效率最重要的因子（Chen et al.，2018；Garbulsky et al.，2010）。随着光资源的增加，LUE 减少，这是由于 PAR 对 APAR 的促进作用大于对 GPP

的促进作用。全球结果研究结果也表明，随着光资源供给的增加，LUE 降低（Tang et al.，2020）。温度升高对 CUE 有负作用，这是由于温度升高对 GPP 的抑制作用小于对 NEP 的抑制作用。中国北方草原研究结果也表明，增温通过影响大气和土壤水分条件降低 CUE（Chen et al.，2021）。

SEM 模型分析表明，土壤养分一方面直接影响资源利用效率，同时也通过间接调控植被因子调节内蒙古草原资源利用效率。本节中，土壤养分对 CUE 有直接的负作用，这与中国区研究结果一致（Chen and Yu，2019）。这可能是由于土壤养分中有机碳含量及土壤微生物碳氮的增加会有效促进生态系统呼吸（周萍等，2009）。土壤养分通过对植被因子的促进作用提高 WUE。其他研究也表明，土壤养分中土壤氮的增加会促进植被生长，提高生态系统碳固定和生态系统 WUE（Hasi et al.，2021；Gong et al.，2011）。

LAI、Plant$_{phy}$ 和 Biomass$_{dis}$ 均会显著影响草原资源利用效率的季节和年际变化。相对而言，LAI 对草原 WUE 和 CUE 时空变化的贡献最大。东亚区域的研究结果中，LAI 是影响 WUE 变化最重要的因子（Zhang et al.，2014）。LAI 高的植被群落有更大的固碳潜力，即 CUE 更高（Saliendra et al.，2018）。LAI 是生态系统的植被结构特征，LAI 升高增加植被对光照、CO_2 等资源的吸收利用，增加碳固定的面积，提高资源利用效率（Hu et al.，2018；Goldstein et al.，2000）。本节中，Plant$_{phy}$ 代表植被光量子利用效率（α）、P_{max} 和 gc 的变化，与草原资源利用效率间均呈显著正相关关系，对 LUE 变化的贡献最大。已有研究表明，森林生态系统 P_{max} 是指示 LUE 变化的最主要指标（Xu et al.，2020）。而冠层导度可以表征生态系统水平植被气孔导度的变化，通常可以通过调节蒸腾失水和 CO_2 固定过程，耦合碳水交换过程，影响生态系统 WUE（Lambers and Oliveira，2019）。本节中，Biomass$_{dis}$ 对内蒙古草原 WUE 有直接正效应。Biomass$_{dis}$ 代表植物根冠比及深层植物根系所占比例。因此，在水分限制的生态系统，植物根冠比的增加有利于缓解水分限制，促进 GPP，提高植物的 WUE。

17.3　高寒脆弱区碳通量时空格局及其调控机制

青藏高原被誉为"地球第三极"，储存了 50.43 Pg 土壤有机碳，对全球气候变化的响应与反馈十分迅速（Wang et al.，2020b）。青藏高原高寒草地年均 NEE 在 $-284\sim$ 31g C/(m²·a)，东北部和东部的湿润高寒草甸和灌丛草甸碳汇较大，而西部高寒草原表现为弱碳汇或碳源（Kato et al.，2004；He et al.，2019a；Li et al.，2021b；Wang et al.，2021b）。高寒湿地的源汇功能与湿地类型密切相关，沼泽草甸表现为碳汇，泥炭湿地则为碳源（Zhu et al.，2020；Song et al.，2021）。青藏高原高寒草地的碳汇强度估算差异较大，在 $17.0\sim130$ Tg C（Ding et al.，2017；He et al.，2019a；Wei et al.，2019）。生态系统 NEP 是 GPP 和 ER 的综合结果，涉及许多生物和非生物过程（Ma et al.，2010；Treat et al.，2018；Humphrey et al.，2021），因此，碳通量不同组分的限制因素可能会有一些差异。高寒草地 ER 通常受到 GPP 的限制（Fu et al.，2009；Yu et al.，2013），因此，NEP 最大值具有收敛性，但 NEP 的限制因素会因 GPP 和 ER 的限制因素差异而有所不同（Peichl et al.，2013；Wang et al.，2019）。研究表明，热量条件（空气/土壤温度）、生长季有效积温（Li et al.，2016）、生长季长度（Ueyama et al.，2013；Xiao et al.，2013）、水资源可用性（Kurc and Small，2007；Fu et al.，2009；Quan et al.，2019）和生态系统属性（Ma et al.，2010；Huang et al.，2019；Baldocchi et al.，2021）在一定程度上均能显著影响碳通量的时空格局，但相对贡献尚不清楚。年 GPP、ER 和 NEP 在空间尺度上表现出经向格局和海拔格局，即随着经度增加而降低，随海拔升高而线性减少（Wang et al.，2021b）。NEP 的空间格局与表层土壤水分或大气水汽状况正相关，即高寒草地碳交换的空间格局可能表现为水分敏感而并非传统认为的温度限制（Li et al.，2021a）。由于高寒草地的碳过程对外界扰动具有很强的敏感性，其年际特征波动显著（Körner，2003；Li et al.，2021a）。生物和非生物因子，以及植物进化适应策略及生理可塑性的差异，都可以显著影响碳通量的时空动态（Ma et al.，2010；Xiao et al.，2013；Wang et al.，2019）。因此，需要甄别生物、环境因子对碳通量及其不同组分的相对贡献和作用方式（He et al.，2019b；Baldocchi et al.，2021），为高寒草地源汇功能评估及预测提供科学支撑。

沿气候和植被梯度，本节集成了 5 个站点 63 站年的数据，分析碳通量的时空格局及其影响因素。所选站点包含海北高寒矮嵩草草甸（海北草甸 HBCD）、海北高寒金露梅灌丛草甸（海北灌丛 HBGC）、海北高寒藏嵩草沼泽草甸（海北湿地 HBSD）、海晏西北针茅草甸草原（海晏草甸草原 HYCDCY）和当雄高寒紫花针茅草原（当雄高寒草原 DXCY）。海北湿地、海北草甸、海北灌丛和海晏草甸草原位于青藏高原东北部，而当雄草原位于高原腹地。研究站点的年均气温从海北草甸的–1.7℃到当雄草原的 1.3℃，年均降水量从海晏草甸草原的 398.2 mm 到海北草甸的 570.0 mm，形成了一个自然的水热空间梯度，为研究高寒草地碳循环的地理格局提供了"天然的实验室"。5 个站点的植被、土壤和通量数据概况等信息详见表 17.1。基于该数据分析区域尺度上生态系统碳通量季节和年际变异特征，探究碳通量变化与环境及生物因子的关系，明晰碳通量年际变异主控因子等。

表 17.1　研究站点的基本信息

站点	海北草甸（HBCD）	海北灌丛（HBGC）	海北湿地（HBSD）	海晏草甸草原（HYCDCY）	当雄高寒草原（DXCY）
草地类型	海北高寒矮嵩草草甸	海北高寒金露梅灌丛草甸	海北高寒藏嵩草沼泽草甸	海晏西北针茅草甸草原	当雄高寒紫花针茅草原
地理位置	37°36′N，101°18′E	37°40′N，101°20′E	37°36′N，101°19′	36°59′N，100°50′E	30°25′N，91°05′E
海拔/m	3200	3400	3200	3140	4333
年均气温/℃	–1.7	–1.3	–0.8	0.8	1.3
年均降水/mm	570.0	461.0	433.7	398.2	476.8
土壤类型	黏壤土	粉质黏壤土	粉质黏壤土	沙壤土	沙壤土
0～10 cm 土壤有机碳含量/(g/kg)	47.7	41.7	172.2	18.2	16.7
0～10 cm 土壤全氮含量/(g/kg)	5.2	4.2	1.2	3.3	1.1

续表

站点	海北草甸（HBCD）	海北灌丛（HBGC）	海北湿地（HBSD）	海晏草甸草原（HYCDCY）	当雄高寒草原（DXCY）
最大叶面积指数（m²/m²）	4.0	2.5	3.9	2.5	1.9
地上生物量/(g/m²)	339.6	278.3	339.4	214.2	150.9
0～10cm 地下生物量/(g/m²)	1276.1	1467.6	4205.5	2821.1	1492.7
植被群落优势种	*Kobresia humilis*; *Stipa Aliena*; *Gentiana Straminea*	*Potentilla fruticosa*; *K. Humilis*; *Festuca ovina*	*Carex pamirensis*; *K.Tibetica*; *C. trofusca*; *Blysmus sinocompressus*	*Stipa sareptana*; *S. purpurea*; *K. humilis*	*K. pygmaea*; *S. Capillacea*; *Carexmontis everestii*
冠层平均高度/cm	30～60	10～30	25～50	30～50	<10
群落相对盖度/%	90～95	85～90	90～95	85～95	60～80
放牧管理	均为冬季牧场（轻度放牧）				
数据范围（年份）	2014～2018	2003～2013	2004～2018	2009～2016	2004～2010

长期监测表明青藏高原高寒脆弱区草原生态系统碳通量呈现明显的季节动态特征（图 17.11）。GPP、ER 和 NEP 均呈现出明显的单峰变化趋势。生态系统在非生长季表现

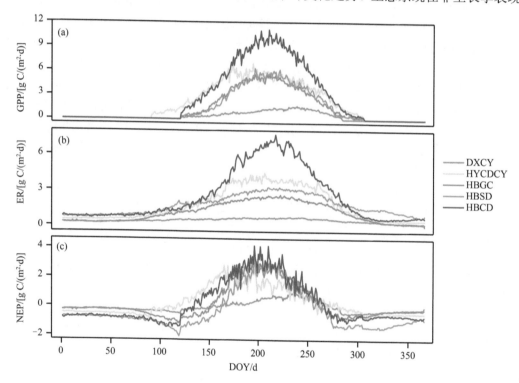

图 17.11　高寒生态脆弱区各站点碳通量季节变异特征

DXCY 当雄高寒草原；HYCDCY 海晏草甸草原；HBGC 海北灌丛；HBSD 海北湿地；HBCD 海北草甸

为碳源,在生长季表现为碳汇。随着植物的生长,生态系统光合和呼吸在生长季中期达到最大值,生态系统净碳通量也在生长季中期达到峰值。非生长季生态系统维持微弱的呼吸。高寒脆弱区不同植被类型的生态系统季节变化特征有明显的差异,当雄草原碳通量季节变化较小,最大日 GPP 为 1.68 g C/(m²·d),最大日呼吸为 0.75 g C/(m²·d),最大日净固碳量为 0.96 g C/(m²·d)。海北草甸最大日光合和呼吸均最高,最大日 GPP 为 11.11 g C/(m²·d),最大日呼吸为 7.67 g C/(m²·d),最大日净固碳量为 4.15 g C/(m²·d)。海晏草甸草原、海北灌丛和海北湿地碳通量季节变化类似,最大日 GPP 分别为 6.90 g C/(m²·d)、5.70 g C/(m²·d)和 6.27 g C/(m²·d),最大日呼吸分别为 4.45 g C/(m²·d)、2.60 g C/(m²·d)和 3.26 g C/(m²·d),最大日净固碳量为 2.84 g C/(m²·d)、3.21 g C/(m²·d)和 3.40 g C/(m²·d)。

海北草甸、海晏草甸草原、海北湿地、海北灌丛和当雄高寒草原的年均 GPP 依次降低,分别为 975.33±61.80g C/(m²·a)、738.81±114.00g C/(m²·a)、521.61±83.95 g C/(m²·a)、500.72±48.99g C/(m²·a)和 140.46±30.29g C/(m²·a)。其年均 ER 分别为 908.02±40.43g C/(m²·a)、637.46±46.45g C/(m²·a)、635.86±73.66g C/(m²·a)、409.51±30.91g C/(m²·a)和 160.75±18.24g C/(m²·a)。因此,5 个站点年均生态系统 NEP 分别为 67.32±39.76g C/(m²·a)、101.36±81.13g C/(m²·a)、–107.29±57.15g C/(m²·a)、91.21±38.52g C/(m²·a)和–20.29±41.89g C/(m²·a)(图 17.12)。综上,海北草甸、海晏草甸草原和海北灌丛 GPP 高于 ER,是碳汇。海北湿地和当雄高寒草原 GPP 低于 ER,是碳源,其中当雄高寒草原部分年份表现为碳汇,所以总体碳源较小。由于高寒植物形体普遍比较矮小,根据生物代谢理论,GPP 和 ER 具有较强的关联性(Chapin et al.,2011;Peichl et al.,2013),导致高寒草地碳汇功能具有一定的收敛性(约为 70g C/(m²·a))。植被盖度及生产力较低,导致 GPP 较小,当雄高寒草原表现为碳源(Shi et al.,2006;Fu et al.,2009)。相对于其他高寒草地,海北高寒湿地土壤有机碳含量较高,导致异养呼吸及 ER 较强,整体表现为碳源(Zhu et al.,2020b),这与青藏高原部分高寒湿地表现为碳汇的结论不同(Wang et al.,2019,2021a),主要由于相比于其他高寒湿地,海北湿地的 GPP 较低,而 ER 却基本相同。因此,未来估算区域碳收支时需要充分考虑草地类型(Treat et al.,2018;He et al.,2019a)。

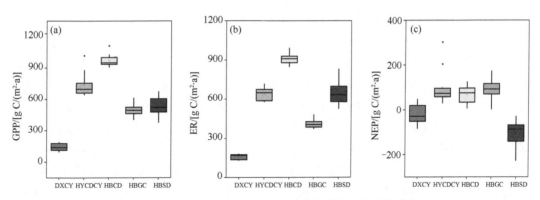

图 17.12　高寒生态脆弱区碳通量多年均值的空间变化特征

DXCY:当雄高寒草原;HYCDCY:海晏草甸草原;HBGC:海北灌丛;HBSD:海北湿地;HBCD:海北草甸

　　高寒生态脆弱区碳通量主要受 SWC、PAR、VPD 等因子的调控。高寒脆弱区生态系统 NEP 主要受 SWC、PAR、VPD 和 TA 的影响。NEP 与 PAR（$R = -0.62$，$P < 0.05$）、TA（$R = -0.68$，$P < 0.05$）和 VPD（$R = -0.66$，$P < 0.05$）显著负相关（图 17.13），随三者的增加而降低，即随着辐射增加，温度升高和空气干旱的增加，生态系统碳吸收降低。NEP 与土壤水分（$R = 0.74$，$P < 0.05$）显著正相关，随土壤水分的增加 NEP 增加，即固碳量增加。

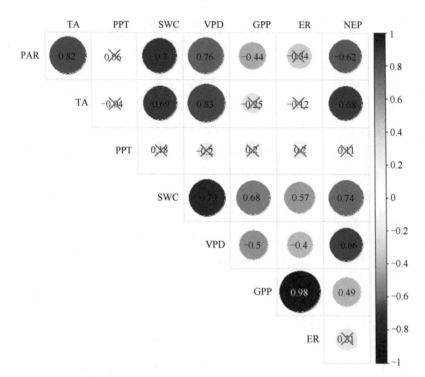

图 17.13　高寒生态脆弱区碳通量年际变异与环境和生物因子的相关关系

　　水分条件是调控高寒脆弱生态系统 GPP 和 ER 变化的主要因子。水分条件中 SWC 和 VPD 影响较大，而降水量影响较小。这可能与高寒脆弱区水分来源较多，除降水外，还有冰川融雪、地下水补给、冻融等水分来源，因此能直接反映水分供应能力的 SWC 和反映空气干旱的 VPD 影响较大，而降水影响较小。GPP（$R = 0.68$，$P < 0.05$）和 ER（$R = 0.57$，$P < 0.05$）均随土壤水分的增加而显著增加，即土壤水分高的站点，其光合能力和呼吸能力均较高。除土壤水分条件外，大气水分条件，即大气 VPD 也对生态系统碳通量起到调控作用。随着 VPD 的增大，即大气干燥度逐渐增加，生态系统光合（$R = -0.5$，$P < 0.05$）和呼吸（$R = -0.4$，$P < 0.05$）显著降低（图 17.13）。GPP 还受到 PAR 的影响，随 PAR 的增加，GPP（$R = -0.44$，$P < 0.05$）显著降低，即 PAR 越高的区域，GPP 越低，这是由于 PAR 增加可能导致水分的亏缺。高寒脆弱区的那曲高寒草甸生态系统的研究也发现，当发生土壤干旱（SWC < 0.11 m^3/m^3）或大气干旱（VPD > 0.61 kPa）时，生态系统 GPP 受到明显抑制。该站点土壤干旱发生概率最高，为 20.4%，大气干旱发生概率为 2.4%，复合干旱（SWC < 0.11 m^3/m^3 且 VPD > 0.61 kPa）发生概率为 8.7%。复合干旱对 GPP 的抑制作用最强，使 GPP 降低 1.47 g C/(m^2·d)，大气干旱使 GPP 降低 1.10 g C/(m^2·d)，土壤干旱使 GPP 降低幅度最小，为 0.69 g C/(m^2·d)。然而，土壤干旱的发生频率较高，持续时间较长，显著降低了高寒草甸 GPP 的年总量（Xu et al.，2021）。

综上，高寒脆弱区 NEP 虽然受温度和辐射等热量指标的影响，但同时考虑 GPP 和 ER 时，水分是不可忽视的甚至是影响碳通量更大的环境因子，这与温度限制高寒地区碳交换的传统观点不同（Kato et al.，2006；Fu et al.，2009；Ueyama et al.，2013）。这可能由于站点尺度的热量状况相对稳定，基本能满足生长季中植被光合和生长需要（Körner，2003；Zhang et al.，2018）。全球尺度的研究也发现植被群落光合的最适温度与生长季气温基本吻合（Huang et al.，2019）。高寒地区低温限制一般发生在非生长季，其滞后效应对生长季植被及微生物的代谢活动的限制较弱（Körner，2003）。同时，高寒区碳循环过程对温度的响应具有水分依赖性（Zhang et al.，2018；Quan et al.，2019），且碳通量对水分的敏感性大于对温度的敏感性，意味着水分的作用较强（He et al.，2019a；Yu et al.，2020）。需要注意的是，本节中的温度和水分均为全年均值，而高寒脆弱区的红原高寒草甸的研究结果表明，增温 3℃后生态系统从一个净的温室气体汇转变为源，且增温引起的温室气体源汇关系的转变主要由非生长季 CO_2 释放增加所致（Wang et al.，2021a）。这些发现强调了非生长季温度的作用和温室气体通量对年通量估算的重要性，对于改进地球系统模式、预测生态系统温室气体通量对全球变暖的响应具有重要意义。

除环境因子外，生物因子对高寒草地生态系统的影响显著，甚至有时大于环境因子。本节中 5 个站点数据的研究表明，高寒脆弱区草地碳收支的季节变异主要受增强植被指数（EVI）影响（Li et al.，2021a），与其他高寒区相关研究结论一致（Hu et al.，2008；Fu et al.，2009；Ueyama et al.，2013）。进一步的分析表明，EVI 主要受 VPD 和草地类型的综合调控（Li et al.，2021a）。由于研究区高寒草地绝大部分物种为 C3 植物，其表观群落光合差异相对较小（Peichl et al.，2013），且高寒植物光合能力的环境可塑性较强（Körner，2003），导致群落 GPP 和植被群落参与光合作用的组织数量密切相关（Fu et al.，2009；Li et al.，2016，2019），而 EVI 则反映了植物组织数量。GPP 通过影响参与呼吸底物的数量和质量改变自养呼吸，进而间接作用于 ER（Körner，2003；Fu et al.，2009；Yu et al.，2013），也导致了 ER 和 EVI 的密切相关。值得注意的是，EVI 对 ER 的影响小于 GPP，表明生态系统异养呼吸具有一定的独立性。同在高寒脆弱区的那曲高寒草甸生态系统碳通量年际变异也受环境因子和生物因子的共同调控，并且生物因子主导碳通量的年际变异（Xu et al.，2022）。环境因子中，只有土壤水分对碳通量年际变异的贡献相对较大，并在环境因子和生物因子的相互作用中发挥着调节作用，再次证明了水分条件对高寒生态系统碳平衡的重要性（Zhang et al.，2018；Xu et al.，2022）。

17.4　高寒脆弱区资源利用效率时空格局及其调控机制

气候变化不仅可以直接影响青藏高原高寒草原生态系统的生产力及其碳固持能力，而且可以通过影响高寒脆弱区资源利用效率间接影响生态系统碳循环过程（付刚和沈振西，2015；Fu et al.，2016）。青藏高原具有辐射强、年平均气温低、昼夜温差大、雨热同期以及降水集中的独特气候特征，因此，研究环境要素如何影青藏高原高寒脆弱区资源利用效率成为理解未来气候变化影响青藏高原碳源汇格局的重要环节。由于资源利用效率是碳固定和资源供应的比值，以往资源利用效率的主要影响因素仍存在着争议和不确定性，尤其是不同区域的结果存在一些差异，如青藏高原高寒草原的 WUE 随着气温的升高而增加，而高寒草甸的水分利用效率与气温无显著关系（付刚等，2010；米兆荣等，2015）；再如，适度的干旱胁迫可以提高青藏高原高寒植物的 WUE（Wu et al.，2013；米兆荣等，2015），而其他的一些研究则表明高寒草甸生态系统 WUE 随着降水量的增加而增加（闫巍等，2006；付刚等，2010）。因此，有必要基于区域多站点数据，通过分析资源利用效率的时空格局进而分析其影响因素。

从多年均值来看，高寒脆弱区不同草原类型站点间的资源利用效率无显著的空间变化规律（图 17.14）。海北草甸、海晏草甸草原、海北灌丛、海北湿地和当雄高寒草原的 WUE 和 LUE 依次降低，WUE 分别为 $1.69\pm0.11g$ C/kg H_2O、$1.21\pm0.10g$ C/kg H_2O、$0.99\pm0.16g$ C/kg H_2O、$0.74\pm0.14g$ C/kg H_2O 和 0.27 ± 0.04 g C/kg H_2O，LUE 分别为 $0.09\pm0.01g$ C/mol photon、$0.07\pm0.01g$ C/mol photon、$0.05\pm0.01g$ C/mol photon、$0.06\pm0.01g$ C/mol photon 和 0.01 ± 0.002 g C/mol photon。已有研究表明中国草原 WUE 的变化范围为 $0.36\sim2.19$ g C/kg H_2O（Bai et al.，2020；Zhao et al.，2020；Luo et al.，2015；Zhang et al.，2015b）。本节中草原 WUE，除当雄草原外，其他均在此范围内。海北草甸、海晏草甸草原、海北灌丛、海北湿地和当雄高寒草原的 CUE 分别为 $0.07\pm0.04g$ C/mol photon、$0.13\pm0.07g$ C/mol photon、$0.18\pm0.07g$ C/mol photon、$-0.22\pm0.15g$ C/mol photon 和 $-0.21\pm0.36g$ C/mol photon。本节高寒脆弱区 CUE 在中国草原 CUE 的变化范围内，其变化范围为 $-0.44\sim0.22$（Chen et al.，2018）。

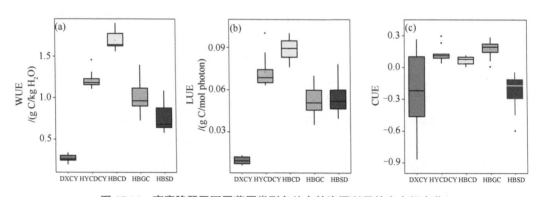

图 17.14　高寒脆弱区不同草原类型各站点的资源利用效率空间变化

　　高寒脆弱区生态系统资源利用效率之间有较好的相关关系（图 17.15）。LUE 与 WUE 呈显著的线性正相关关系（$R^2=0.79$，$P<0.05$），不同站点之间也基本保持同样的正相关关系，但海北草甸和海北灌丛相关性不显著（$P>0.05$）。LUE 与 CUE 同样呈显著的线性正相关关系（$R^2=0.14$，$P<0.05$），其中当雄高寒草原 CUE 随 LUE 的变化速率最快，而海北草甸和海北灌丛相关性不显著（$P>0.05$）。WUE 和 CUE 呈现显著的非线性饱和相关关系（$R^2=0.34$，$P<0.05$），其中当雄高寒草原 CUE 随 WUE 的变化速率最快，而海北灌丛相关不显著（$P>0.05$）。LUE 和 WUE 均与 CUE 之间有显著的正相关关系，说明 WUE 和 LUE 较高时，生态系统有更强的固碳能力。

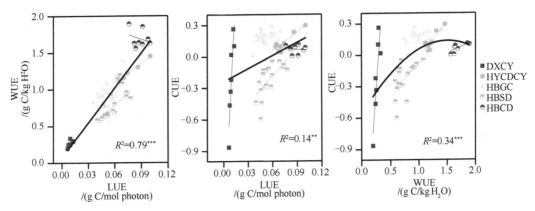

图 17.15　高寒脆弱区草原生态系统资源利用效率之间的线性相关关系

　　皮尔逊相关分析结果表明（图 17.16），CUE 主要由 NEP 的变化决定（$R^2=0.74$，$P<0.01$），GPP 无显著影响（$P>0.05$）。环境因子方面，CUE 与 TA（$R=-0.69$，$P<0.05$）和 PAR（$R=-0.7$，$P<0.01$）显著负相关，而与 SWC（$R=0.76$，$P<0.01$）显著正相关。高寒脆弱区 LUE 受 GPP 影响较大，随着 GPP 的增加显著升高（$R^2=0.82$，$P<0.01$）。环境因子中，LUE 与 TA（$R=-0.38$，$P<0.05$）和 PAR（$R=-0.65$，$P<0.01$）显著负相关，而与土壤水分（$R=0.73$，$P<0.01$）显著正相关。高寒脆弱区 LUE 受到水分条件和热量条件变化的调控，温度和感热通量的变化反映生态系统热量资源的变化，生态系统接收的热量越高，LUE 越低。热量越高，通常表示生态系统越容易干旱，因此生态系统 LUE 会随着温度的升高而降低。土壤水是植物可直接吸收利用的水分，SWC 的增加促进生态系统的 LUE，但与 PPT 无显著相关关系（$P>0.05$）。高寒脆弱区 WUE 主要由 ET 决定，随 ET 的增加而显著降低（$R^2=0.25$，$P<0.01$），GPP 影响较小，但仍随 GPP 的增加显著增加（$R^2=0.08$，$P<0.03$）。环境因子中，WUE 随 TA（$R=-0.35$，$P<0.05$）和 PAR（$R=-0.54$，$P<0.05$）的增加显著降低，而随 SWC 的增加显著升高（$R=0.7$，$P<0.01$），但与生长季降水量无显著相关关系（$P>0.05$）。

　　综上，高寒脆弱区资源利用效率受水热的共同调控，其中热量（温度和辐射）的增加降低资源利用效率，而水分条件的改善增加资源利用效率。这与高寒脆弱区温度和辐射的增加显著降低 GPP 或 NEP，而水分增加显著增加生产力的结果有关。

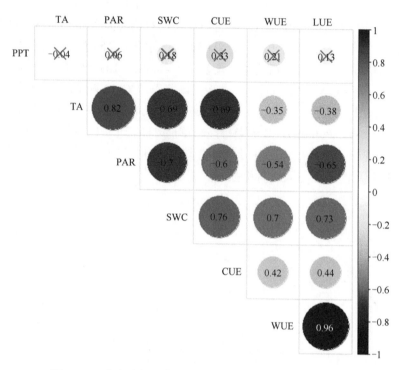

图 17.16　高寒脆弱区资源利用效率与环境因子的相关关系

×代表 $P>0.1$

参 考 文 献

付刚, 沈振西. 2015. 藏北高原不同海拔高度高寒草甸蒸散与环境温湿度的关系. 中国草地学报, 37: 67-73.

付刚, 沈振西, 张宪洲, 等. 2010. 基于 MODIS 影像的藏北高寒草甸的蒸散模拟. 草业学报, 19: 103-112.

高德新, 王帅, 李琰, 等. 2021. 植被光能利用率: 模型及其不确定性. 生态学报, 41: 5507-5516.

米兆荣, 陈立同, 张振华, 等. 2015. 基于年降水、生长季降水和生长季蒸散的高寒草地水分利用效率. 植物生态学报, 39: 649-660.

闫巍, 张宪洲, 石培礼, 等. 2006. 青藏高原高寒草甸生态系统 CO_2 通量及其水分利用效率特征. 自然资源学报, 21: 756-767.

周萍, 刘国彬, 薛萐. 2009. 草地生态系统土壤呼吸及其影响因素研究进展. 草业学报, 18: 184-193.

朱万泽. 2013. 森林碳利用效率研究进展. 植物生态学报, 37: 1043-1058.

Ahlstrom A, Raupach M R, Schurgers G, et al. 2015. The dominant role of semi-arid ecosystems in the trend and variability of the land CO_2 sink. Science, 348: 895-899.

Aires L M I, Pio C A, Pereira J S. 2008. Carbon dioxide exchange above a Mediterranean C3/C4 grassland during two climatologically contrasting years. Global Change Biology, 14: 539-555.

Bai Y F, Han X G, Wu J G, et al. 2004. Ecosystem stability and compensatory effects in the Inner Mongolia grassland. Nature, 431: 181-184.

Bai Y F, Zha T S, Bourque C P A, et al. 2020. Variation in ecosystem water use efficiency along a southwest-to-northeast aridity gradient in China. Ecological Indicators, 110: 105932.

Baldocchi D, Ma S, Verfaillie J. 2021. On the inter-and intra-annual variability of ecosystem evapotranspiration and water use efficiency of an oak savanna and annual grassland subjected to booms and busts in rainfall. Global Change Biology, 27: 359-375.

Berdugo M, Delgado-Baquerizo M, Soliveres S, et al. 2020. Global ecosystem thresholds driven by aridity. Science, 367: 787-790.

Biederman J A, Scott R L, Bell T W, et al. 2017. CO_2 exchange and evapotranspiration across dryland ecosystems of southwestern North America. Global Change Biology, 23: 4204-4221.

Bowling D R, Bethers-Marchetti S, Lunch C K, et al. 2010. Carbon, water, and energy fluxes in a semiarid cold desert grassland during and following multiyear drought. Journal of Geophysical Research-Biogeosciences, 115: G04026.

Chapin III F S, Matson P A, Vitousek P M. 2011. Principles of terrestrial ecosystem ecology. Second Edition, New York, USA: Springer-Verlag.

Chen B Z, Zhang H F, Wang T, et al. 2021. An atmospheric perspective on the carbon budgets of terrestrial ecosystems in China: progress and challenges. Science Bulletin, 66: 1713-1718.

Chen S P, Chen J Q, Lin G H, et al. 2009. Energy balance and partition in Inner Mongolia steppe ecosystems with different land use types. Agricultural and Forest Meteorology, 149: 1800-1809.

Chen Z, Yu G R, Wang Q F. 2018. Ecosystem carbon use efficiency in China: variation and influence factors. Ecological Indicators, 90: 316-323.

Chen Z, Yu G R. 2019. Spatial variations and controls of carbon use efficiency in China's terrestrial ecosystems. Scientific Reports, 9: 19516.

Ding J, Chen L, Ji C, et al. 2017. Decadal soil carbon accumulation across Tibetan permafrost regions. Nature Geoscience, 10: 420-424.

Fisher J B, Huntzinger D N, Schwalm C R, et al. 2014. Modeling the terrestrial biosphere. Annual Review of Environment and Resources, 17: 541-557.

Fu G, Li S W, Sun W, et al. 2016. Relationships between vegetation carbon use efficiency and climatic factors on the Tibetan Plateau. Canadian Journal of Remote Sensing, 42: 16-26.

Fu Y, Zheng Z, Yu G R, et al. 2009. Environmental influences on carbon dioxide fluxes over three grassland ecosystems in China. Biogeosciences, 6: 2879-2893.

Fu Z, Stoy P C, Luo Y Q, et al. 2017. Climate controls over the net carbon uptake period and amplitude of net ecosystem production in temperate and boreal ecosystems. Agricultural and Forest Meteorology, 243: 9-18.

Garbulsky M F, Penuelas J, Papale D, et al. 2010. Patterns and controls of the variability of radiation use efficiency and primary productivity across terrestrial ecosystems. Global Ecology and Biogeography, 19: 253-267.

Goldstein A H, Hultman N E, Fracheboud J M, et al. 2000. Effects of climate variability on the carbon dioxide, water, and sensible heat fluxes above a ponderosa pine plantation in the Sierra Nevada (CA). Agricultural and Forest Meteorology, 101: 113-129.

Gong X Y, Chen Q, Lin S, et al. 2011. Tradeoffs between nitrogen- and water-use efficiency in dominant species of the semiarid steppe of Inner Mongolia. Plant and Soil, 340: 227-238.

Han J J, Chen J Q, Wan S Q, et al. 2021. Asymmetric responses of resource use efficiency to previous-year precipitation in a semi-arid grassland. Functional Ecology, 35: 807-814.

Han L, Wang Q F, Chen Z, et al. 2020. Spatial patterns and climate controls of seasonal variations in carbon fluxes in China's terrestrial ecosystems. Global and Planetary Change, 189: 103175.

Hao Y B, Wang Y F, Huang X Z, et al. 2007. Seasonal and interannual variation in water vapor and energy exchange over a typical steppe in Inner Mongolia, China. Agricultural and Forest Meteorology, 146: 57-69.

Hasi M, Zhang X Y, Niu G X, et al. 2021. Soil moisture, temperature and nitrogen availability interactively regulate carbon exchange in a meadow steppe ecosystem. Agricultural and Forest Meteorology, 304: 108389.

He H, Wang S., Zhan L, et al. 2019a. Altered trends in carbon uptake in China's terrestrial ecosystems under the enhanced summer monsoon and warming hiatus. National Science Review, 6: 505-514.

He N, Liu C, Piao S, et al. 2019b. Ecosystem traits linking functional traits to macroecology. Trends in Ecology & Evolution, 34: 200-210.

Hu Z M, Shi H, Cheng K L, et al. 2018. Joint structural and physiological control on the interannual variation in productivity in a temperate grassland: a data-model comparison. Global Change Biology, 24: 2965-2979.

Hu Z, Yu G, Fu Y, et al. 2008. Effects of vegetation control on ecosystem water use efficiency within and among four grassland ecosystems in China. Global Change Biology, 14: 1609-1619.

Huang J P, Li Y, Fu C, et al. 2017. Dryland climate change: recent progress and challenges. Reviews of Geophysics, 55: 719-778.

Huang J P, Yu H, Guan X, et al. 2016. Accelerated dryland expansion under climate change. Nature Climate Change, 6: 166-171.

Huang M, Piao S, Ciais P, et al. 2019. Air temperature optima of vegetation productivity across global biomes. Nature Ecology & Evolution, 3: 772-779.

Humphrey V, Berg A, Ciais P, et al.2021. Soil moisture-atmosphere feedback dominates land carbon uptake variability. Nature, 592: 65-69.

Kato T, Tang Y, Gu S, et al. 2004. Carbon dioxide exchange between the atmosphere and an alpine meadow ecosystem on the Qinghai-Tibetan Plateau, China. Agricultural and Forest Meteorology, 124: 121-134.

Kato T, Tang Y, Gu S, et al. 2006. Temperature and biomass influences on interannual changes in CO_2 exchange in an alpine meadow on the Qinghai-Tibetan Plateau. Global Change Biology, 12: 1285-1298.

Knapp A K, Beier C, Briske D D, et al. 2008. Consequences of more extreme precipitation regimes for terrestrial ecosystems. Bioscience, 58: 811-821.

Knapp A K, Hoover D L, Wilcox K R, et al. 2015. Characterizing differences in precipitation regimes of extreme wet and dry years: implications for climate change experiments. Global Change Biology, 21: 2624-2633.

Knapp A K, Smith M D. 2001. Variation among biomes in temporal dynamics of aboveground primary production. Science, 291: 481-484.

Körner C. 2003. Alpine plant life: Functional plant ecology of high mountain ecosystems. Second eds. Berlin Heidelberg: Springer-Verlag.

Kurc S A, Small E E. 2007. Soil moisture variations and ecosystem-scale fluxes of water and carbon in semiarid grassland and shrubland. Water Resources Research, 43: W06416.

Lambers H, Oliveira R S. 2019. Photosynthesis, respiration, and long-distance transport: Photosynthesis. Plant Physiological Ecology. New York: Springer International Publishing.

Li H, Wang C, Zhang F, et al. 2021a. Atmospheric water vapor and soil moisture jointly determine the spatiotemporal variations of CO_2 fluxes and evapotranspiration across the Qinghai-Tibetan Plateau grasslands. Science of The Total Environment, 791: 148379.

Li H, Zhang F, Li Y, et al. 2016. Seasonal and inter-annual variations in CO_2 fluxes over 10 years in an alpine shrubland on the Qinghai-Tibetan Plateau, China. Agricultural and Forest Meteorology, 228-229: 95-103.

Li H, Zhang F, Zhu J, et al. 2021b. Precipitation rather than evapotranspiration determines the warm-season water supply in an alpine shrub and an alpine meadow. Agricultural and Forest Meteorology, 300: 108318.

Li H, Zhu J, Zhang F, et al. 2019. Growth stage-dependent variability in water vapor and CO_2 exchanges over a humid alpine shrubland on the northeastern Qinghai-Tibetan Plateau. Agricultural and Forest Meteorology, 268: 55-62.

Liu P, Zha T S , Jia X, et al. 2019. Different effects of spring and summer droughts on ecosystem carbon and water exchanges in a semiarid shrubland ecosystem in Northwest China. Ecosystems, 22: 1869-1885.

Luo C Y, Zhu X X, Wang S P, et al. 2015. Ecosystem carbon exchange under different land use on the Qinghai-Tibetan plateau. Photosynthetica, 53: 527-536.

Ma S, Baldocchi D D, Mambelli S, et al. 2010. Are temporal variations of leaf traits responsible for seasonal and inter - annual variability in ecosystem CO_2 exchange? Functional Ecology, 25: 258-270.

Merbold L, Ardo J, Arneth A, et al. 2009. Precipitation as driver of carbon fluxes in 11 African ecosystems. Biogeosciences, 6: 1027-1041.

Moran M S, Ponce-Campos G E, Huete A, et al. 2014. Functional response of U.S. grasslands to the early 21st-century drought. Ecology, 95: 2121-2133.

Nagler P L, Cleverly J, Glenn E, et al. 2005. Predicting riparian evapotranspiration from MODIS vegetation indices and meteorological data. Remote Sensing of Environment, 94: 17-30.

Niu S L, Fu Z, Luo Y Q, et al. 2017. Interannual variability of ecosystem carbon exchange: from observation to prediction. Global Ecology and Biogeography, 26: 1225-1237.

Novick K A, Ficklin D L, Stoy P C, et al. 2016. The increasing importance of atmospheric demand for ecosystem water and carbon fluxes. Nature Climate Change, 6: 1023-1027.

McFadden J P, Eugster W, Chapin III F S. 2003. A regional study of the controls on water vapor and CO_2 exchange in arctic tundra. Ecology, 84: 2762-2776.

Peichl M, Sonnentag O, Wohlfahrt G, et al. 2013. Convergence of potential net ecosystem production among contrasting C3 grasslands. Ecology Letters, 16: 502-512.

Poulter B, Frank D, Ciais P, et al. 2014. Contribution of semi-arid ecosystems to interannual variability of the global carbon cycle. Nature, 509: 600-603.

Quan Q, Tian D, Luo Y, et al. 2019. Water scaling of ecosystem carbon cycle feedback to climate warming. Science Advances, 5: eaav1131.

Saliendra N Z, Liebig M A, Kronberg S L. 2018. Carbon use efficiency of hayed alfalfa and grass pastures in a semiarid environment. Ecosphere, 9: e02147.

Scurlock J M O, Hall D O. 1998. The global carbon sink: a grassland perspective. Global Change Biology, 4: 229-233.

Shao C, Chen J, Li L, et al. 2012. Ecosystem responses to mowing manipulations in an arid Inner Mongolia steppe: An energy perspective. Journal of Arid Environments, 82: 1-10.

Shi P, Sun X, Xu L, et al. 2006. Net ecosystem CO_2 exchange and controlling factors in a steppe-*Kobresia* meadow on the Tibetan Plateau. Science in China Series D: Earth Sciences, 49: 207-218.

Song C, Luo F, Zhang L, et al. 2021. Nongrowing season CO_2 emissions determine the distinct carbon budgets of two alpine wetlands on the Northeastern Qinghai-Tibet Plateau. Atmosphere, 12: 1695.

Tang S, Wang X, He M, et al. 2020. Global patterns and climate controls of terrestrial ecosystem light use efficiency. Journal of Geophysical Research-Biogeosciences, 125: e2020JG005908.

Treat C C, Marushchak M E, Voigt C, et al. 2018. Tundra landscape heterogeneity, not interannual variability, controls the decadal regional carbon balance in the Western Russian Arctic. Global Change Biology, 24: 5188-5204.

Ueyama M, Iwata H, Harazono Y, et al. 2013. Growing season and spatial variations of carbon fluxes of Arctic and boreal ecosystems in Alaska (USA). Ecological Applications, 23: 1798-1816.

Wan S, Luo Y, Wallace L L. 2002. Changes in microclimate induced by experimental warming and clipping in tallgrass prairie. Global Change Biology, 8: 754-768.

Wang H B, Li X, Xiao J F, et al. 2019. Carbon fluxes across alpine, oasis, and desert ecosystems in northwestern China: The importance of water availability. Science of the Total Environment, 697: 133978.

Wang J, Zhang Q, Song J, et al. 2020a. Nighttime warming enhances ecosystem carbon-use efficiency in a temperate steppe. Functional Ecology, 34: 1721-1730.

Wang J, Quan Q, Chen W, et al. 2021a. Increased CO_2 emissions surpass reductions of non-CO_2 emissions more under higher experimental warming in an alpine meadow. Science of The Total Environment, 769:

144559.

Wang T, Yang D, Yang Y, et al. 2020b. Permafrost thawing puts the frozen carbon at risk over the Tibetan Plateau. Science Advances, 6: eaaz3513.

Wang Y, Hao Y, Cui X Y, et al. 2014. Responses of soil respiration and its components to drought stress. Journal of Soils and Sediments, 14: 99-109.

Wang Y, Xiao J, Ma Y, et al. 2021b. Carbon fluxes and environmental controls across different alpine grassland types on the Tibetan Plateau. Agricultural and Forest Meteorology, 311: 108694.

Wang Y, Zhou G S. 2012. Light use efficiency over two temperate steppes in Inner Mongolia, China. PLoS ONE, 7: e43614.

Wei D, Zhao H, Huang L, et al. 2019. Feedbacks of alpine wetlands on the Tibetan Plateau to the atmosphere. Wetlands, 40: 787-797.

Wilcox K R, Shi Z, Gherardi L A, et al. 2017. Asymmetric responses of primary productivity to precipitation extremes: a synthesis of grassland precipitation manipulation experiments. Global Change Biology, 23: 4376-4385.

Wu J, Zhang X, Shen Z, et al. 2013. Grazing-exclusion effects on aboveground biomass and water-use efficiency of alpine grasslands on the northern Tibetan Plateau. Rangeland Ecology & Management, 66: 454-461.

Xiao J, Sun G, Chen J. 2013. Carbon fluxes, evapotranspiration, and water use efficiency of terrestrial ecosystems in China. Agricultural and Forest Meteorology, 182-183: 76-90.

Xu H, Xiao J F, Zhang Z Q, et al. 2020. Canopy photosynthetic capacity drives contrasting age dynamics of resource use efficiencies between mature temperate evergreen and deciduous forests. Global Change Biology, 26: 6156-6167.

Xu M, Sun Y, Zhang T, et al. 2022. Biotic effects dominate the inter-annual variability in ecosystem carbon exchange in a Tibetan alpine meadow. Journal of Plant Ecology, 15(5): 882-896.

Xu M, Zhang T, Zhang Y, et al. 2021. Drought limits alpine meadow productivity in northern Tibet. Agricultural and Forest Meteorology, 303:108371

Yang F L, Zhou G S, Hunt J E, et al. 2011. Biophysical regulation of net ecosystem carbon dioxide exchange over a temperate desert steppe in Inner Mongolia, China. Agriculture Ecosystems and Environment, 142: 318-328.

Yu G R, Zhu X J, Fu Y L, et al. 2013. Spatial patterns and climate drivers of carbon fluxes in terrestrial ecosystems of China. Global Change Biology, 19: 798-810.

Yu L, Wang H, Wang Y, et al. 2020. Temporal variation in soil respiration and its sensitivity to temperature along a hydrological gradient in an alpine wetland of the Tibetan Plateau. Agricultural and Forest Meteorology, 282-283: 107854.

Zanotelli D, Montagnani L, Manca G, et al. 2013. Net primary productivity, allocation pattern and carbon use efficiency in an apple orchard assessed by integrating eddy covariance, biometric and continuous soil chamber measurements. Biogeosciences, 10: 3089-3108.

Zhang B W, Li W J, Chen S P, et al. 2019. Changing precipitation exerts greater influence on soil heterotrophic than autotrophic respiration in a semiarid steppe. Agricultural and Forest Meteorology, 271: 413-421.

Zhang B W, Tan X R, Wang S S, et al. 2017. Asymmetric sensitivity of ecosystem carbon and water processes in response to precipitation change in a semi-arid steppe. Functional Ecology, 31: 1301-1311.

Zhang F M, Ju W M, Shen S H, et al. 2014. How recent climate change influences water use efficiency in east Asia. Theoretical and Applied Climatology, 116: 359-370.

Zhang L, Tian J, He H L, et al. 2015a. Evaluation of water use efficiency derived from MODIS products against eddy variance measurements in China. Remote Sensing, 7: 11183-11201.

Zhang L, Xiao J F, Zheng Y, et al. 2020. Increased carbon uptake and water use efficiency in global semi-arid ecosystems. Environmental Research Letters, 15: 034022.

Zhang T, Zhang Y, Xu M, et al. 2018. Water availability is more important than temperature in driving the carbon fluxes of an alpine meadow on the Tibetan Plateau. Agricultural and Forest Meteorology, 256-257: 22-31.

Zhang X Z, Shen Z X, Fu G. 2015b. A meta-analysis of the effects of experimental warming on soil carbon and nitrogen dynamics on the Tibetan Plateau. Applied Soil Ecology, 87: 32-38.

Zhao A Z, Zhang A B, Cao S, et al. 2020. Spatiotemporal patterns of water use efficiency in China and responses to multi-scale drought. Theoretical and Applied Climatology, 140: 559-570.

Zhao H, Jia G, Wang H, et al. 2019. Seasonal and interannual variations in carbon fluxes in East Asia semi-arid grasslands. Science of the Total Environment, 668: 1128-1138.

Zhu J, Zhang F, Li H, et al.2020. Seasonal and interannual variations of CO_2 fluxes over 10 years in an alpine wetland on the Qinghai‐Tibetan Plateau. Journal of Geophysical Research: Biogeosciences, 125: e2020JG006011.

第 18 章

全球变化对生态脆弱区生态系统能量平衡与水通量关键过程的影响①

摘　要

　　在全球变化背景下，生态脆弱区生态系统的结构和功能正在发生变化，全面了解大气–植被–土壤间物质和能量交换过程有助于对生态系统变化关键过程的理解，并为预测其对全球变化的响应提供依据。本章基于长期通量观测数据，结合遥感和模型模拟方法，集成分析了干旱脆弱区（内蒙古高原和黄土高原）和高寒脆弱区（青藏高原）生态系统能量平衡与分配、蒸散发及其组分的时空格局变化，明晰了影响生态脆弱区生态系统能量平衡与水通量关键过程时空变异的主要因子。结果表明，干旱脆弱区通量观测网络各站点均呈现出较高的能量闭合度，显著高于国际通量网和中国通量网站点的平均能量闭合状况。随着干燥度指数的升高，感热通量（H）逐渐升高，而潜热通量（LE）和生态系统蒸散发均呈现逐渐下降的趋势。气候和植被共同调控生态系统能量分配和蒸散发的季节年际变异与空间变化。此外，基于 3 个国际主流蒸散发拆分模型，本节发现全球陆地生态系统蒸腾/蒸散发比例（T/ET）大小约为 0.6，叶面积指数是 T/ET 空间和季节变化的主要控制因子。利用拆分效果表现最好的 SWH 模型对比了近 30 年黄土高原生态系统 T/ET 和水分利用效率的变化，发现 1985～2015 年黄土高原生态系统 T/ET 和 WUE 呈现增加趋势，且变化速率在 2000 年后明显提高，进一步研究表明造林工程导致的植被叶面积指数升高是变化速率转变的主要原因。综上所述，本章发现除气候，特别是降水变化外，植物结构和生理过程在能量分配与蒸散发及组分时空动态中起重要作用，而在未来气候变暖背景下，植被在生态脆弱区能量交换与水循环中的作用将进一步加强。

---

① 本章作者：陈世苹，王彦兵，胡中民，曹若臣，郭群，张法伟，李英年；本章审稿人：胡中民，庾强；本章数据提供者：陈世苹，高艳红，邵长亮，唐亚坤，牛亚毅，李玉强，李英年，张涛，付刚，田大栓，李俞哲，何永涛。

18.1　干旱生态脆弱区生态系统能量平衡闭合状况

地表与大气间的碳、水和能量交换对于水文、气候及生态过程至关重要（McGloin et al., 2018）。在全球变化背景下，陆地生态系统的结构和功能正在发生变化，全面了解地–气间物质和能量交换过程有助于对生态系统变化过程的理解，并为预测其对全球变化的响应提供依据（Teng et al., 2021）。能量平衡与能量分配作为两个重要的地表能量交换过程而备受研究者的重视。当前，涡度相关技术作为一种标准方法被广泛地应用在陆地生态系统和大气之间碳、水及能量交换的研究中（Baldocchi, 2019）。如何评价涡度相关观测数据的可信度成为研究者关注的重要问题。能量平衡闭合（energy balance closure，EBC）常被用来评估涡度相关观测数据质量的重要指标（Liu et al., 2019）。根据热力学第一定律，EC 观测的湍流能量（感热通量 H 与潜热通量 LE 之和）累积和理论上应该等于可利用能量（净辐射 R_n 与土壤热通量 G_0 之差）的累积和。然而全球大部分涡度观测站点一直以来都存在能量不闭合问题，即湍流能量低于可利用能量的现象（Cui and Chui, 2019；Leuning et al., 2012；Foken, 2008；Li et al., 2006；Wilson et al., 2002b）。目前已有研究表明造成涡度相关观测的能量不闭合的原因主要可划分为两类：对可利用能量的高估和对湍流能量的低估。导致可利用能量被高估的可能原因是 R_n 测量的高估以及土壤、空气、植被等能量储存项的低估（Foken, 2008）。而导致湍流能量被低估的可能原因包括：复杂或异质性地表平流的忽略（Oncley et al., 2007）；仪器本身的原因和采样时间导致高、低频湍流能量的损失（Leuning et al., 2012；Foken, 2008）等。因此，明确能量不闭合的原因并提高能量闭合度一直是涡度相关通量观测数据质量控制的关键问题。

能量平衡过程是驱动地–气间物质循环的根本动力。根据热力学第一定律，地表能量平衡过程如图 18.1 所示。

通常称 R_n–G_0 为可利用能量，H+LE 为湍流能量。一般对于草地等低矮植被，生物体和冠层空气中的热储量 S_{above} 极小，在能量平衡分析中经常被忽略（Wilson et al., 2002b）。研究表明在能量平衡闭合分析中，使用日尺度数据能够减小能量储存项的影响（Leuning et al., 2012），因此本节所有分析均使用日尺度数据。本节采用两种常见的评价能量闭合状况的方法：一般最小二乘法线性回归（ordinary least squares，OLS）和能量平衡比率（EBR）（McGloin et al., 2018）。OLS 方法通过可利用能量（R_n–G_0）做自变量与湍流能量通量（H+LE）之间的回归斜率来评价能量闭合。EBR 是指在一定的观测期间内，由涡度相关仪器直接观测的湍流能量与可利用能量的比值，即

$$EBR = \frac{\sum\left(LE + H\right)}{\sum\left(R_n - G_0\right)}$$

OLS 方法通常采用半小时或日尺度能量通量数据进行能量闭合评估，而 EBR 方法通常能呈现一个较长时间（季节或年）尺度上能量平衡闭合的总体状况，避免了能量通量在天和季节尺度上的交换特征对能量闭合的影响。两种方法的结果对能量闭合程度的评价相似，即 OLS 斜率或 EBR 值越接近 1，涡度观测系统的能量闭合程度越高。

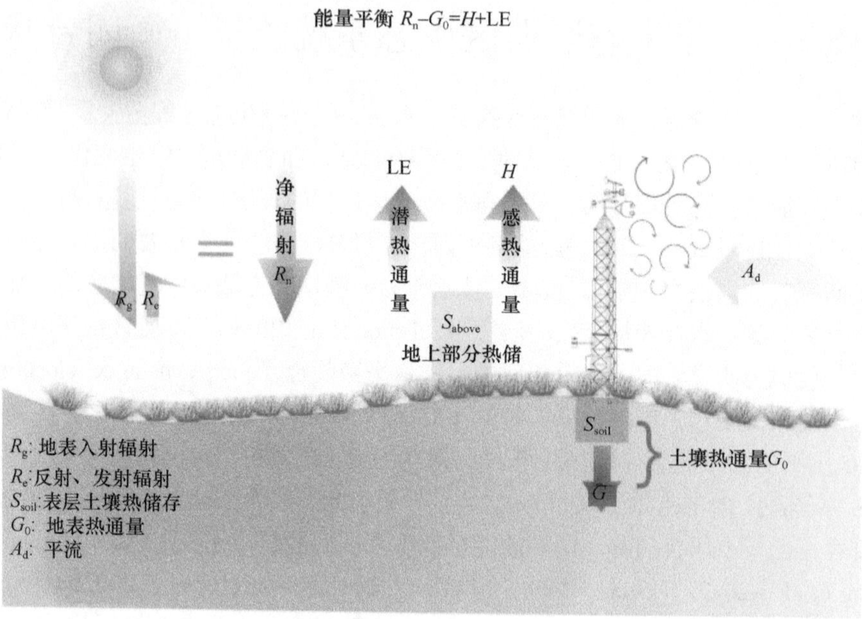

能量平衡 $R_n - G_0 = H + LE$

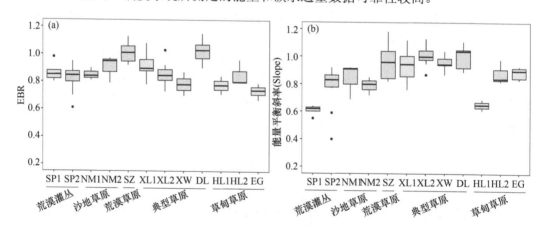

R_g: 地表入射辐射
R_e: 反射、发射辐射
S_{soil}: 表层土壤热储存
G_0: 地表热通量
A_d: 平流

图 18.1　地表能量平衡示意图 [改自 Sun 等（2018）]

　　较高的能量平衡闭合是涡度相关通量观测数据质量可靠的重要保证。如图 18.2 所示，干旱脆弱区所有站点 EBR 年均值为 0.89±0.11，OLS 斜率年均值为 0.96±0.04。已有的研究表明 ChinaFLUX 的平均 EBR 为 0.83，变化范围为 0.58～1.00（Li et al.，2006），而 FLUXNET 各站点 EBR 均值为 0.84，变化范围为 0.34～1.69（Cui and Chui，2019；Wilson et al.，2002b）。与 FLUXNET 和 ChinaFLUX 站点相比，本节各站点的长期能量闭合度更高，说明我国北方干旱半干旱区草地生态系统涡度相关观测系统的能量平衡闭合情况普遍较好，涡度系统所测定的能量和碳水通量数据可靠性较高。

图 18.2　干旱区各站点能量闭合情况

SP1、SP2、NM1、NM2、SZ、XL1、XL2、XW、DL、HL1、HL2 和 EG 分别代表沙坡头人工植被、沙坡头天然植被、奈曼草地、奈曼沙地灌丛、四子王旗、锡林浩特打草、锡林浩特围封、西乌旗、多伦、呼伦贝尔打草、呼伦贝尔围封和额尔古纳（本章所纳入分析的站点全部如此，下同，不再赘述）。图中橙色表示围封站点，浅绿色表示割草或放牧利用站点

　　能量闭合度随环境条件在季节和年际间发生显著波动。如图 18.3 所示，基于内蒙古不同草原类型多个站点的研究发现，我国北方干旱区各站点 EBR 均存在明显的季节变异，生长季基本都在 1 附近并且相对稳定，非生长季低于 1 并且变化较大。这种变化主要受气温、反照率、VPD 和 SWC 的影响，其中较低的气温和较高的反照率是导致非生长季 EBR 较低的主要原因。因为冬季极低的气温导致植物生长停止，生态系统碳水交换强度极弱，地–气间能量交换主要通过物理过程完成，此时经常出现明显能量不闭合现象。冬季极低的温度也不利于涡度系统对通量特别是湍流通量进行准确测量，此时的潜热通量极低，接近零，而感热通量呈极高的负值，导致此时整个系统能量闭合度下降甚至出现负值（如 EG 站点 1 月、2 月和 12 月 EBR 为负值）。非生长季地表覆雪会显著增大地表反照率，使得进入生态系统的可利用能量显著减少。同时冬季霜和雪的发生会降低仪器镜面的光透过率，严重影响通量和辐射观测镜头的准确观测（Blonquist et al.，2009；Michel et al.，2008），降低非生长季通量数据的有效性，导致能量闭合度显著降低。此外，在冬季未考虑融解、冻结、升华等一些特定的气象条件下伴随的能量传递过程对能量分配的影响，也是降低能量平衡闭合度的一个原因（Li et al.，2006）。在生长季，随着温度升高，大气 VPD 增大，有利于驱动蒸散发和水汽传输（Zhang et al.，2007）。随着降水增多和土壤水分条件的改善，植被生长使得生态系统的可利用能量更多地分配给 LE（Yue et al.，2019）。而 LE 增大通常有助于生态系统能量闭合度的提高（Cui and Chui，2019）。

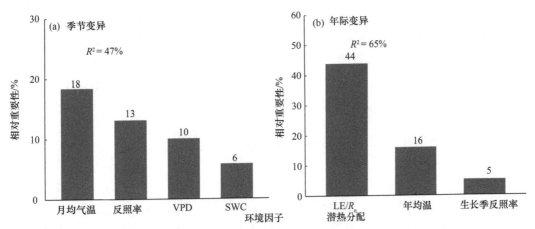

图 18.3　干旱脆弱区草原能量闭合比率（EBR）季节变异（a）和年际变异（b）主要
影响因子的重要性排序［引自王彦兵等（2021）］

图中数字表示各因子解释度大小

　　干旱区不同站点 EBR 存在显著年际变异，主要受潜热分配（潜热通量/净辐射比值，LE/R_n）、年均温和生长季反照率显著影响，其中 LE/R_n 的年际波动对 EBR 年际变异起主要的调控作用，可解释 EBR 年际变异的 44%。Cui 和 Chui（2019）通过对 FLUXNET 包括 9 种植被覆盖类型和 5 种不同气候类型的 156 个站点的能量闭合研究发现，在季节尺度上潜热分配增大也有助于能量闭合。

18.2　干旱生态脆弱区生态系统能量分配时空格局及其调控机制

LE 和 H 是生态系统 R_n 能量分配的两个主要去向，其季节及年际变异同时受到环境因子和生物因子的共同调控（Minseok and Sungsik，2021）。在全球尺度的能量分配中，LE 解释了地表湍流能量（LE+H）的 80%，LE 发生的过程也是地表水通过 ET 返回大气的重要水循环过程（Chapin et al.，2011）。同时，蒸散发的过程与植被光合作用以水易碳的碳同化过程密切相关，因此能量分配与碳水循环过程紧密耦合在一起（Minseok and Sungsik，2021；Chapin et al.，2011）。H 主要与地表–大气间能量通过机械湍流和热对流的交换过程有关（Chapin et al.，2011）。一般来说，在受能量限制的生态系统，如热带雨林，R_n 更多分配给 LE，并主要受 VPD 和太阳辐射的调控（Restrepo et al.，2021）。相反，在受水分限制的干旱半干旱生态系统，如草地生态系统，R_n 同时分配给 LE 和 H 并且能量分配主要受 SWC 的调控（Yang et al.，2019；Wang et al.，2018；Wilske et al.，2010）。此外，越来越多的研究发现，植被生长如叶面积指数（LAI）通过改变地表粗糙度影响湍流交换，并对区域及全球能量通量产生强烈影响（Chen et al.，2020；Forzieri et al.，2020；Duveiller et al.，2018；Launiainen et al.，2016）。

干旱区指季节性或全年受水分限制的区域，约占全球陆地面积的 42%（Lian et al.，2021）。在全球变化背景下，这些区域正在经历降水减少、干旱加剧和荒漠化的威胁（Trepekli et al.，2016；Ma et al.，2015）。灌丛、草地和荒漠作为干旱半干旱区主要生态系统类型，对全球变化高度敏感。然而，关于该区域气候变化，尤其是降水变化及植被生长在季节及年际尺度如何影响能量通量及分配尚不清楚，因此很有必要进行干旱半干旱地区生态系统能量交换过程的研究。

18.2.1　干旱生态脆弱区生态系统能量通量时空格局

干旱区草原生态系统的能量通量表现出强烈的季节变化（图 18.4）。受太阳高度角和地表反照率影响，R_n 的季节变化呈现出单峰曲线 [图 18.4（a）]，最大日值出现在生长季旺季 7～8 月。其中，荒漠灌丛和沙地草地生态系统（SP1，SP2，NM1，NM2）R_n 最大日值为 13.49 ± 0.66 MJ/(m²·d)，低于荒漠草原（SZ）R_n 最高日值 14.44 ± 0.92 MJ/(m²·d)，典型草原（XL1，XL2，XW，DL）和草甸草原（HL1，HL2，EG）R_n 较其他草原类型高，最大日值分别为 14.66 ± 0.36 MJ/(m²·d) 和 15.31 ± 0.22 MJ/(m²·d)。冬季北半球太阳高度角降低，辐射强度减弱，同时积雪覆被显著增大了地表反照率，导致大量辐射被反射回大气，因此非生长季 R_n 显著降低，通常接近 0 或为负值。G_0 也表现为生长季高而非生长季显著降低的季节变化趋势 [图 18.4（b）]。与 R_n 和植被盖度有关，G_0 峰值通常出现在春季，并且峰值大小及出现时间从干旱到湿润系统相应减小并推迟，如荒漠灌丛和沙地草地生态系统 G_0 最高日值为 1.72 ± 0.15 MJ/(m²·d)（DOY 118），典型草原 G_0 最高日值为 1.45 ± 0.28 MJ/(m²·d)（DOY 143）。通常，生长季 G_0 为正值，表现为土壤热吸收，而在非生长季 G_0 为负值，表现为土壤热释放。

H 和 LE 的季节变化表现出此消彼长的变化趋势，通常在非生长季以 H 为主 [图 18.4（c）]，生长季以 LE 为主 [图 18.4（d）]。H 一般在生长季早期达到峰值，尤其在相对湿润的草甸草原，H 此时随 R_n 的快速升高迅速增加并达到峰值。随干旱程度的降低，H 季节峰值出现时间提前，具体表现为，荒漠灌丛和沙地草地 H 峰值出现在 DOY 150 [6.65 ± 0.22 MJ/(m²·d)]，荒漠草原相比于荒漠灌丛和沙地草地时间提前近一个月 [DOY 133，9.07 ± 0.91 MJ/(m²·d)]，典型草原和草甸草原分别为 DOY 149[6.75 ± 0.48 MJ/(m²·d)] 和 DOY 126 [7.68 ± 0.96 MJ/(m²·d)]。而随着生长季雨季来临和植被生长，LE 逐渐增加并且超过 H，成为 R_n 的主要消耗者。LE 一般在生长季中期达到峰值，荒漠灌丛和沙地草地、荒漠草原、典型草原和草甸草原 LE 最大日值分别为 5.35 ± 1.09 MJ/(m²·d)（DOY 208），8.81 ± 1.93 MJ/(m²·d)（DOY 211），8.21 ± 0.53 MJ/(m²·d)（DOY 209）和 7.59 ± 0.85 MJ/(m²·d)（DOY 209）。

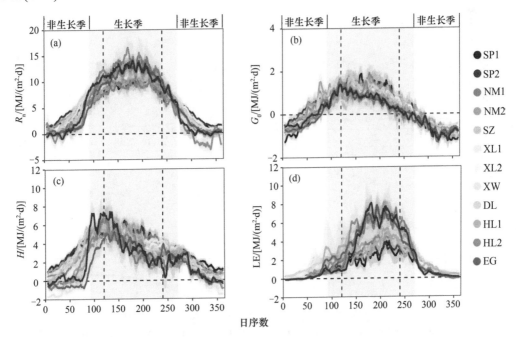

图 18.4　干旱生态脆弱区生态系统能量通量的季节变化

图中折线的阴影部分表示各站点多年均值的标准误差，站点颜色从红色至蓝色表示站点干燥度指数依次降低。绿色阴影部分表示生长季，并用虚线将生长季分为三个阶段：生长季前期、中期和后期

通过长期连续观测发现干旱生态脆弱区不同生态系统能量通量的年际波动相对稳定（图 18.5）。按荒漠灌丛、沙地草地、荒漠草原、典型草原、草甸草原，平均生长季（4～9 月）R_n 依次增大，分别为 1698.83 ± 30.21 MJ/m²、1778.31 ± 43.63 MJ/m²、1900.43 ± 19.18 MJ/m² 和 1930.52 ± 29.63 MJ/m²。在几个观测时间较长的站点，R_n 的年际变化表

现出一个明显增加的趋势，而 G_0 表现出下降的趋势，这与近年来该地区气候变化，尤其是降水量的增加有关（Di et al.，2021）。同时该区域近年来围封管理措施对植被的明显恢复导致地表反照率下降也显著影响了 R_n 的逐年增加（Mu et al.，2013）。LE 和 H 表现出明显的年际波动，与季节变化相似，也呈现出此消彼长的年际变化趋势。如图 18.5 所示，在干旱生态脆弱区不同生态系统各站点 LE 相比于 H 表现出更大的年际波动。在荒漠灌丛和沙地草地生态系统，如 SP2 站，H 是年内 R_n 的主要分量，平均生长季 LE 和 H 分别为 474.14 ± 83.74 MJ/m^2 和 888.55 ± 43.81 MJ/m^2，但 LE 的波动性（$349.58 \sim 623.20$ MJ/m^2）明显高于 H（$796.19 \sim 954.07$ MJ/m^2）。不同于该区域其他生态系统，草甸草原如 EG 站，LE 超过 H 并成为 R_n 的主要分配途径，平均生长季 LE 和 H 分别为 848.61 ± 118.09 MJ/m^2 和 634.30 ± 126.96 MJ/m^2，其变化范围分别为 $747.06 \sim 1058.87$ MJ/m^2 和 $349.46 \sim 740.03$ MJ/m^2。

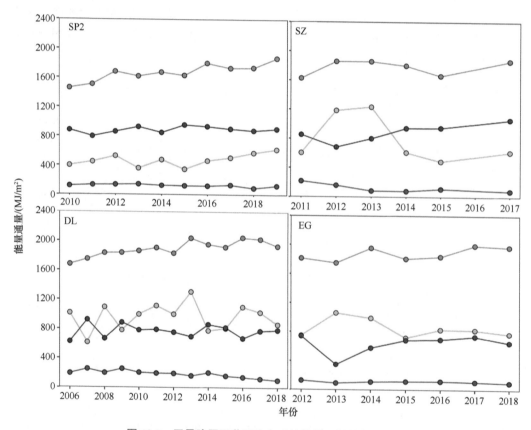

图 18.5　干旱脆弱区草原生态系统能量通量的年际变化

图中所有能量通量均为生长季 4～9 月的累积和。SP2 为沙坡头荒漠灌丛站、SZ 为四子王荒漠草原站、DL 为多伦典型草原站、EG 为额尔古纳草甸草原站

　　干旱生态脆弱区不同草原类型和通量站点的能量通量表现出显著差别（图 18.6）。具体来说，R_n 表现出荒漠灌丛、沙地草地、荒漠草原、典型草原、草甸草原逐渐增加的趋势，变化范围从沙坡头沙地的 1589.62 ± 75.07 MJ/m^2 到特泥河草甸草原的 $2105.45 \pm$

86.36 MJ/m²。LE 与 R_n 表现出相似的空间变化趋势，但 LE 通量在典型草原区最高，依次为草甸草原区、荒漠草原、荒漠灌丛、沙地草地，平均值依次为 903.18 ± 30.12 MJ/m²、818.70 ± 34.45 MJ/m²、790.12 ± 134.22 MJ/m² 和 497.26 ± 23.83 MJ/m²。H 的空间变化格局与 LE 呈现相反的趋势，即随着干旱程度降低，从荒漠灌丛到草甸草原 H 显著下降。G_0 无明显的空间分布格局。

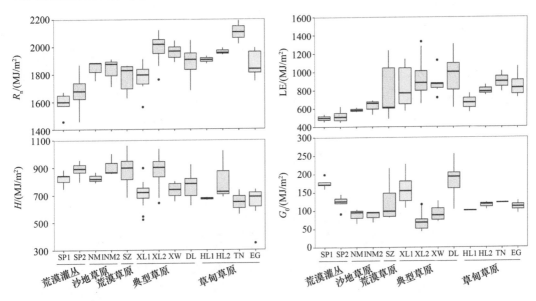

图 18.6　干旱生态脆弱区不同草原类型生态系统能量通量多年均值的空间变化

图中橙色表示围封站点，浅绿色表示割草或放牧利用站点

除环境条件外，土地利用方式显著影响能量通量大小。在干旱生态脆弱区不同生态系统，围封站点比割草或放牧利用的站点都表现出更高的 R_n、LE 和 H，但受植被盖度对地表遮阴的影响，G_0 则表现出相反的变化趋势，即土地利用强度高的站点 G_0 更高。如位于典型草原区的锡林浩特割草站 XL1 多年平均 R_n 为 1781.60 ± 86.65 MJ/m²，显著低于围封站 XL2 的 R_n 均值 1994.64 ± 96.71 MJ/m²；但 G_0 正好相反，XL1 的 G_0 年均值 157.74 ± 35.34 MJ/m² 是 XL2 的 G_0 年均值 69.66 ± 23.33 MJ/m² 的两倍以上。Chapin 等（2011）认为由于立枯和凋落物的累积，长期围封的草地相比于利用草地会表现出更高的反照率，因此长期围封草地净辐射 R_n 更低。

18.2.2　干旱生态脆弱区生态系统能量通量时空格局调控因子

与全球其他干旱区研究结果一致，我国北方干旱生态脆弱区 G_0、LE 和 H 能量通量大小同时受辐射、环境因子和植被条件的显著影响（Chen et al.，2022；Minseok and Sungsik，2021；Majozi et al.，2017；Krishnan et al.，2012）。图 18.7 相关分析结果显示，我国北方干旱生态脆弱区不同生态系统 R_n 的时空变化主要和地表反照率显著相关，与入射短波辐射无显著关系，说明主要是地表反射辐射而非入射辐射主要决定 R_n

的时空变化。G_0 的时空格局同时受 R_n 和 SWC 显著影响，并且 R_n 和 SWC 对 G_0 的影响一致：随着生长季开始净辐射和土壤水分增大后，进入土壤的热通量反而减小，主要是生长季水热条件改善促进了植被生长，对地面会有显著的遮阴作用（Yang et al.，1999）。干旱区不同生态系统 LE 随 R_n 的增大显著增大，但 R_n 对 H 并没有显著的影响，说明干旱区生态系统能量输入对 LE 影响更大（Majozi et al.，2017）。与气候暖干化相关的参数，如 AI、Ta、VPD 都与 LE 显著负相关，而与 H 显著正相关。相反，与生态系统水分相关的参数，如 PPT 和 SWC 都与 LE 显著正相关，与 H 显著负相关，说明干旱区生态系统越干燥，水分限制越严重，H 越大而 LE 越小，并且这种能量分配变化可能会对该区域气候暖干化进一步产生正反馈作用，进而加剧干旱脆弱区气候的暖干化（Chapin et al.，2011）。LAI 和 gc 的增大能显著增加 LE，但同时抑制 H 增大，这与之前的研究结果一致（Chen et al.，2022；Yue et al.，2019）。

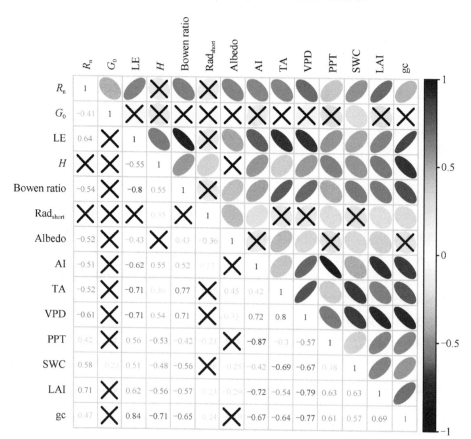

图 18.7　干旱脆弱区各站点能量通量及分配与环境和植被因子之间的关系

图中蓝色和红色分别表示正、负相关关系，数字为相关系数 r 值（$P<0.05$），不显著的相关关系用 x 表示（$P>0.05$）
Bowen ratio 为波文比；Albedo 为反照率

层级分割结果表明，环境与植被因子分别解释了干旱脆弱区草原生态系统 LE 和 H 时空变异的 84% 和 63%（图 18.8）。与 H 相比，LE 受生物物理过程的影响更加强烈（Minseok and Sungsik，2021）。在所有生物和非生物因子中，gc 对 LE 和 H 通量的调控作用最强，尤其是对 LE，这是因为在水分受限的北方干旱半干旱区，通过气孔调控生态系统水分散失是该区域植被生活及生长的重要策略（Jia et al.，2016；Li et al.，2006）。gc 作为生态系统碳水耦合过程的重要生理指标，对 LE 和 H 两个主要的能量通量表现出极强的调控作用（Jia et al.，2016；Chapin et al.，2011）。一方面，与 gc 变化密切相关的蒸散发过程与 LE 通量的大小密切相关，同时蒸散发显著降低了冠层表面和大气之间的温差，从而导致 H 减小，此外，植被结构参数 LAI 也对生态系统能量分配产生影响，一方面是 LAI 增大伴随着生长季辐射 R_n 增加和水分条件（PPT 和 SWC）的改善，同时 VPD 增大增加了大气水分需求，因此显著增大了 LE；另一方面，LAI 大导致冠层粗糙度增加，促进了地–气间湍流发生，显著提高了地表的辐射能量以湍流形式离开冠层进入大气，因而降低了冠层表面温度，导致 LE 显著增大而 H 显著减小（Chapin et al.，2011）。总的来说，环境因子和植被条件共同调控干旱脆弱区不同生态系统的 LE 和 H 通量，并且相比于植被因子，环境因子对 LE 和 H 的解释度更高，这种规律在 LE 调控上更加明显。

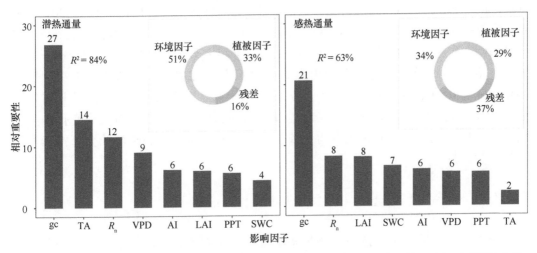

图 18.8　干旱脆弱区草原生态系统潜热（LE）和感热（H）通量时空变化调控因子相对重要性分析
图中数字代表该因子对能量通量时空变化的解释度

18.3　干旱生态脆弱区生态系统水通量关键过程时空格局及其调控机制

水分是干旱半干旱生态系统结构和功能的主要限制因子，而降水通常是其水分的主要来源。在全球变化背景下，我国北方干旱区生态系统降水量稳定或略有增加趋势，但降水格局会发生巨大的变化，特别是极端降水事件显著增多（Knapp et al.，2015）。蒸散发 ET 是冠层表面拦截的降水和土壤水分以地表蒸发和植物蒸腾的形式返回到大气中的过程。植被蒸腾作用发生的同时是植物以水易碳的重要固碳过程，同时 ET 过程也是生态系统能量潜热分配的重要过程，因此 ET 是生态系统碳水循环和能量交换耦合过程的关键环节。进入生态系统的降水主要以 ET 的形式返回大气，ET 作为生态系统水循环中的重要组分，约占全球陆地降水的 60%～70%，而在旱区这一比例可达 90% 以上（Bao et al.，2021）。潜在蒸散发（potential evapotranspiration，PET）常用来表征大气水分需求，可采用 Penman-Monteith 方程进行计算（Greve et al.，2019；Monteith，1965）。在生态系统水平衡研究中，常用 ET 和 PPT 的比值（ET/PPT）表示生态系统水平衡状况（Mu et al.，2022）。此外，ET/PET 也常用来表示研究站点或区域的气候干燥程度，即干燥度指数（aridity index，AI）（Lian et al.，2021）。

为准确评估我国北方干旱区水分收支情况，清晰地认识和理解水循环的重要组分，包括 ET、PPT 和 ET 与 PPT 之间的平衡状况非常重要。PPT 和 PET 与区域气候有关，而 ET 不仅受气候变化影响，也受生态系统生理过程调控（Bao et al.，2021）。已有研究发现，ET 的季节和年际变异同时受环境和生物因子共同调控，其中环境因子和生物因子的相对重要性和生态系统类型有关（Lei et al.，2018；Zha et al.，2010），例如在灌溉的农田生态系统，ET 的季节动态主要受冠层结构、LAI 和植物功能型等生物因子调控（Lei et al.，2018；Liu et al.，2017），但在干旱半干旱区灌丛（Villarreal et al.，2016）和草地生态系统（Ryu et al.，2008；Kurc and Small，2004），降水和土壤含水量等环境因子是 ET 的季节动态的主要调控因子。我国北方干旱生态脆弱区在干旱区气候暖干化背景下，人为活动导致不同土地利用方式会对生态系统和区域水循环产生深刻影响（Minseok and Sungsik，2021）。因此对该区域水平衡状况及水平衡重要组分长时间连续观测及其调控因子的研究，不仅对于理解和预测生态系统功能对气候变化和人类活动的响应至关重要，同时也可为荒漠化防治、水资源管理和经济社会可持续发展提供科学依据。

18.3.1 干旱生态脆弱区生态系统水通量时空格局

理解水平衡的季节动态对预测生态系统水文生态过程响应气候变化至关重要。本节中的 10 个通量观测站点包括温性荒漠灌丛、沙地草地、荒漠草原、典型草原、草甸草原、暖温性草原等草原类型，AI 从温性荒漠灌丛的 5.98 过渡到暖温性草原的 1.71，代表了我国北方干旱生态脆弱区的不同草原生态系统类型。如图 18.9 所示，我国干旱生态脆弱区不同生态系统都呈现出 PET>ET 的季节动态，说明该区域生态系统水分状况处于长期亏缺状态。与 ET 的差异表现出非生长季较小，在生长季持续增大并在生长季末期达到最大，之后保持稳定。例如，荒漠灌丛的 SP1 2 月底 PET 和 ET 累积和分别为 67.33 mm 和 7.80 mm，之后水分亏缺程度不断加剧，到 8 月底 PET 和 ET 累积和分别为 869.81mm 和 155.49 mm。不同草原类型和不同站点 PET 与 ET 季节变化，特别是 PET 与 ET 之间的差异变化较大。随着 AI 降低，PET 与 ET 之间的差异逐渐变小。此外，不同草原类型水平衡差异较大，其中温性荒漠灌丛和沙地草地水平衡状况较好，ET 与 PPT 基本相等，年累积和分别为 228.18±14.84 mm 和

197.13±2.40 mm，279.74±0.02 mm 和 298.18±16.64 mm；而荒漠草原和典型草原水平衡较差，ET 均高于 PPT，年累积和分别为 398.16 mm 和 324.33 mm，437.66±19.29 mm 和 301.63±31.89 mm，说明该区域生态系统可能存在除降水之外的其他水分获取途径（如地下水、露水、霜和雾等）。

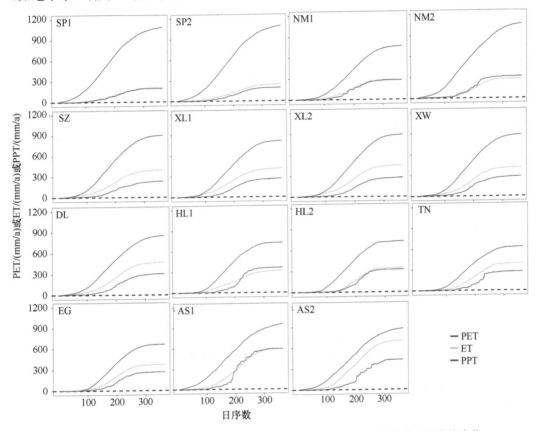

图 18.9　干旱生态脆弱区不同站点草原生态系统水平衡主要组分的季节累计值变化

长期连续观测结果发现，我国北方干旱生态脆弱区生态系统水平衡重要组分 PET、ET 和 PPT 都表现出显著的年际波动。如图 18.10 所示，位于温性荒漠灌丛的 SP2 站 PET 年最大值为 1137.83 mm，远大于 ET 最大年值 306.92 mm，但 ET 与 PPT 差异较小，多年均值分别为 243.02±12.05 mm 和 194.73±14.69 mm。位于荒漠草原的 SZ 站、DL 站和 EG 站，PET 与 ET、ET 与 PPT 的差异都明显减小，且 PET 的最大年值一般出现在降水较少的干旱年份。如 SZ 站最大年 PET 为 1037.17 mm，发生在 2017 年，伴随着较少的年降水量 203mm（为多年 PPT 均值的 84%），DL 站 2007 年较干旱（年降水量 224.50 mm，为多年 PPT 均值的 71%），PET 高达 820.09 mm，高出 ET 年值两倍之多。然而，EG 站 PET 与 ET，ET 与 PPT 之间的差异都明显减小，如 2013 年 PET 为 574.42 mm，接近降水量 482.11 mm 和 ET 年值 457.32mm，表明在相对湿润的站点水平衡状况明显提高。

如图 18.11 所示，高温干旱导致温性荒漠灌丛具有最高的 PET，多年均值为1093.45±13.55mm，而随着降水量的增加和干旱程度下降，PET 呈现逐渐下降的趋势。与 PET 不同，从温性荒漠灌丛到草甸草原，随着干旱程度的降低，ET 显著升高，在典型草原 ET 最大，均值为 441.62±13.14 mm。相对于温性草原区，暖温性草原生态系统ET 和 PPT 显著提高，因此本节所有站点中 AS1 和 AS2 具有最高的 ET 和 PPT。作为表征生态系统水分供给状况的指标，ET/PET 从温性荒漠灌丛到暖温性草原逐渐增加，表明生态系统干旱程度降低，水分供给平衡转好。水平衡状况 ET/PPT 在不同生态系统间存在显著差异，总体来说我国北方干旱生态脆弱区 ET/PPT 的空间格局呈中间高两头低的"W"形分布，说明水平衡同时受气候条件和植被类型的共同作用，具体表现为 ET/PPT在荒漠草原和典型草原区较高，在温性荒漠灌丛与沙地草地、草甸草原和暖温性草原区较低。此外，不同生态系统类型中围封站点 ET 均高于放牧或割草站点，因此不同的草原利用方式会显著影响草原生态系统水平衡。

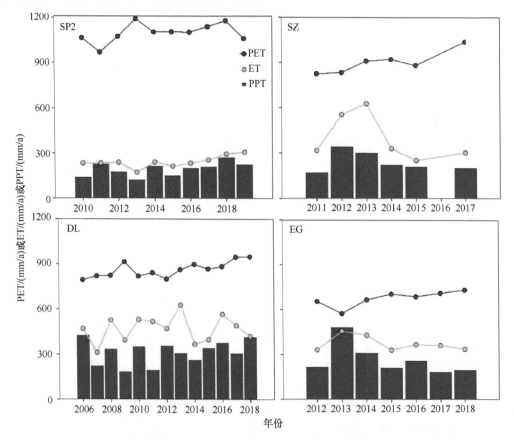

图 18.10　干旱生态脆弱区不同站点草原生态系统水通量主要过程的年际变化

ET 为生态系统年累积蒸散发、PPT 为年降水量（包括生长季降水量和冬季降雪量）、

PET 为生态系统年累积潜在蒸散发

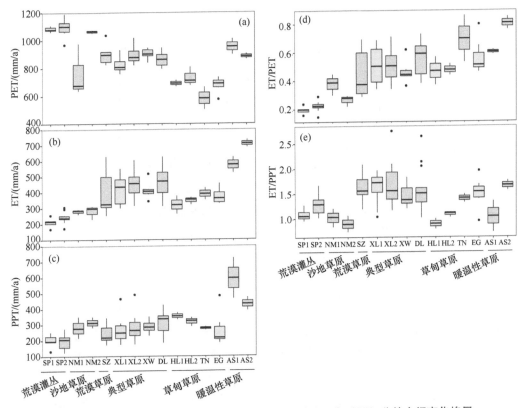

图 18.11　干旱生态脆弱区不同站点草原生态系统水平衡重要组分的空间变化格局

图中橙色表示围封站点，浅绿色表示割草或放牧利用站点

18.3.2　干旱生态脆弱区生态系统水通量时空格局调控因子

如图 18.12 所示，我国北方干旱生态脆弱区不同生态系统 ET、ET/PET 和 ET/PPT 的时空格局与气候和植被状况显著相关，其中 ET 和 ET/PET 均与 AI、TA 和大气 VPD 表现出显著负相关关系，与 R_n、水分指标（PPT 和 SWC）和植被参数（LAI 和 gc）表现出显著正相关关系。结合图 18.13 层级分割结果，可以发现草原生态系统 ET 最主要的限制因子是 gc，其可以解释 ET 时空变异的 27%。这与 Jia 等（2016）、Krishnan 等（2012）和 Li 等（2006）关于干旱生态脆弱区 ET 的研究结果一致，即在水分限制的干旱生态系统，植被通过气孔关闭防止水分过多散失是 ET 调控的主要途径。本节中，植被结构，如 LAI 对 ET 解释度相对较低（仅为 6%），说明在低矮植被系统植被叶面积的增加对 ET 的贡献相对有限。在环境因子中，TA 解释度最高，其次为 R_n 和 VPD，而水分相关因子 PPT 和 SWC 解释度最低。这表明在水分限制的干旱区，但蒸散发的变化受边界层大气温度和湿度调控作用更强。这与单个站点的研究结果不同，如 Yue 等（2019）、Krishnan 等（2012）和 Zha 等（2010）基于单站点研究发现降水或 SWC 是 ET 的主要限制因子，但在考虑多站点 ET 时空变化时，大气温湿度的重要性值得关注。

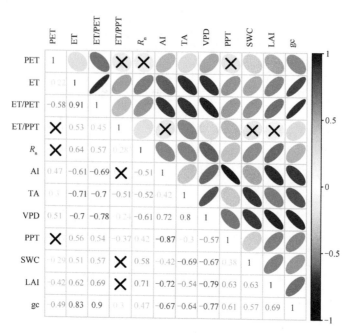

图 18.12　干旱生态脆弱区不同站点草原生态系统水平衡主要组分与环境和植被因子之间的相关关系
图中蓝色和红色分别表示正、负相关关系，不显著的用×标记（$P > 0.05$）

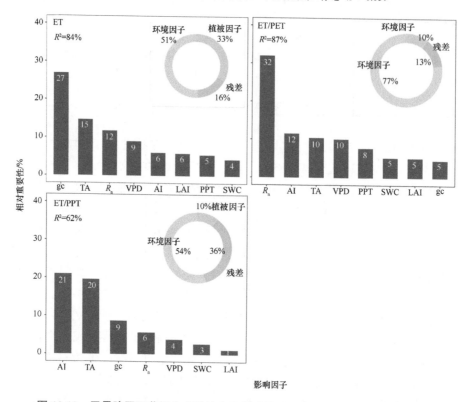

图 18.13　干旱脆弱区草原生态系统水平衡重要组分影响因子相对重要性分析
所有指标均使用生长季天数据（*表示 $P < 0.05$）

总体上，环境和植被因子对 ET 时空格局的总解释度为 84%，其中环境和植被分别解释了 51% 和 33%。此外，环境因子主导了干旱生态脆弱区气候的干燥度（ET/PET）和水平衡（ET/PPT）的时空格局，解释度分别为 77% 和 54%，这一规律在 Liu 等（2017）基于全球不同生态系统类型的研究结果中也得到了证实。

18.4　高寒生态脆弱区生态系统水通量关键过程时空格局及其调控机制

青藏高原面积约 260 万 km²，被誉为"亚洲水塔"，是中国重要的生态安全屏障，其水分交换关系到亚洲乃至全球气候系统的变化趋势（傅伯杰等，2021）。高寒草地约占高原陆地面积的 60%，但草地类型及区域环境具有较高的异质性（Ding et al.，2018；Huang et al.，2019），导致高寒草地水分交换的时空格局及环境调控存在很大的不确定性（Li et al.，2019），极大地限制了人们对区域气候模式及物质循环的科学认知水平（He et al.，2019；Humphrey et al.，2021）。

ET 是植被–土壤下垫面向大气界面输送的水汽总通量，是陆地生态系统与大气之间水分交换和能量平衡的关键纽带（Chapin et al.，2011）。青藏高原年均 ET 约 1.23 万亿 t，占降水输入的 50%（Han et al.，2021）。高寒草地 ET 变异的主要生态调控因子包括辐射有效能（Humphreys et al.，2006；Knowles et al.，2012；Zhang et al.，2018）、饱和水汽压差（McFadden et al.，2003；Hammerle et al.，2008；Liljedahl et al.，2011）和地表水分的有效性（Gu et al.，2008；Zhu et al.，2014）及植被特征（Hu et al.，2009；Zhu et al.，2013），但其相对贡献尚不明晰。研究高寒草地生态系统水分交换的时空格局对于预测未来气候变化背景下青藏高原水分收支的演变是十分必要的。

本节以高寒藏嵩草沼泽草甸（高寒湿地：HBSD）、高寒矮嵩草草甸（高寒草甸：HBCD）、高寒金露梅灌丛草甸（高寒灌丛：HBGC）、高寒西北针茅草甸草原（草甸草原：HYCDCY）和高寒紫花针茅草原（高寒草原：DXCY）的长期潜热通量观测数据为基础，结合主要生态环境因子，以研究高寒脆弱区水通量的时空格局和环境调控，为高寒草地水源涵养等生态功能的评估提供数据支撑和理论依据。

季节尺度上，高寒草地 ET 和降水均呈现出单峰型季节特征（图 18.14）。除了高寒湿地的平均日最大值（4.2 mm/d）出现在 6 月中旬外，高寒草甸、草甸草原、高寒灌丛和高寒草原 ET 的日最大值都出现在 7 月底，分别为 3.4 mm/d、3.1 mm/d、3.0 mm/d 和 2.5 mm/d。降水在生长季能够满足 ET 的需求，生态系统水分盈余出现在 8 月底。年际尺度上，高寒湿地、草甸草原、高寒草甸、高寒草原和高寒灌丛的年均 ET 依次降低，分别为 722.8 ± 80.0 mm/a、589.2 ± 25.1 mm/a、577.7 ± 21.7 mm/a、523.3 ± 61.1 mm/a 和 511.0 ± 69.9 mm/a（图 18.15），年降水量均小于 ET，分别为 423.3 ± 90.3 mm、439.5 ± 45.9 mm、497.2 ± 75.4 mm、441.7 ± 141.7 mm 和 453.7 ± 65.4 mm，表明高寒生态脆弱区草地生态系统水分收支（PPT 与 ET 之差）表现为亏缺状态。高寒草地 ET 都没有显著

（$P > 0.07$）的年际变化趋势，各站点 ET 的年际变异主要受控于生长季 ET 的年际变异（$R^2 > 0.40$），和非生长季 ET 的关系较小。

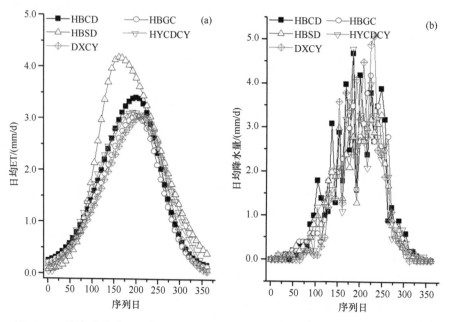

图 18.14　高寒生态脆弱区蒸散发及降水量的日均季节动态 [改自 Li 等（2021b）]

　　高寒生态脆弱区生长季月 ET 与主要生态因子的增强回归树模型的平均总方差和平均 10 倍交叉验证的残差方差分别为 817.6 和 95.5（$R^2 = 0.86$），表明模型具有较高的可信度。增强回归树模型表明 ET 的季节变异主要受 R_n 影响，与草地类型关系较小，即高寒草地的生长季水分耗散表现为能量限制型，水分限制较弱（图 18.16）。一方面由于研究区气候为高原大陆性气候，水热同步 [图 18.14（b）]，一定程度上保障了下垫面水分的供给（Zhang et al.，2018）。同时，除了高寒湿地外，尽管高寒草甸（0.22 m^3/m^3）、高寒灌丛（0.21 m^3/m^3）、草甸草原（0.17 m^3/m^3）和高寒草原（0.10 m^3/m^3）的 0～10 cm 土层土壤含水量差别较大，但最大日净辐射较为接近（约 160 W/m^2），导致最大 ET 差异较小 [图 18.14（a）]，也表明土壤水分对 ET 的限制较弱。另一方面，研究发现植物蒸腾停止的临界条件之一是根际土壤水分下降到 0.1 m^3/m^3（Körner，2003；Kurc and Small，2007），而研究区植被生长季的土壤含水量几乎没有降低至此水平。但值得注意的是，冠层阻抗（r_s）是土壤水汽传输阻抗和植被气孔阻抗的综合集成（Wilson et al.，2002a；Chapin et al.，2011），还与生态系统能量转换与分配策略密切相关（Liljedahl et al.，2011），因此对 ET 季节变异的影响也相对较大，暗示土壤–植被系统对 ET 的综合效应不能忽视（Li et al.，2021）。

　　年际尺度上，回归分析表明 ET 的空间变异与气温无显著关系（$P > 0.19$），主要受 r_s 影响 [图 18.17（a）]。进一步的分析表明，r_s 的空间变异取决于 0～10 cm 土壤 SWC [图 18.17（b）]。因此，土壤水分状况是高寒生态脆弱区水分交换空间变异的主要环境

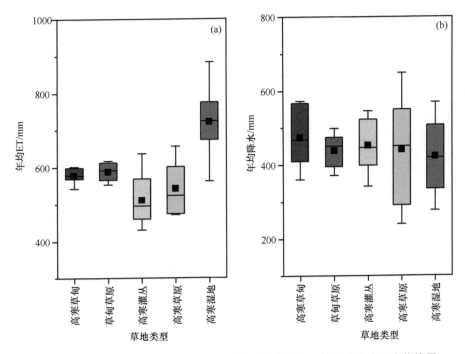

图 18.15 高寒生态脆弱区草地生态系统年均蒸散发与年均降水的空间变化格局

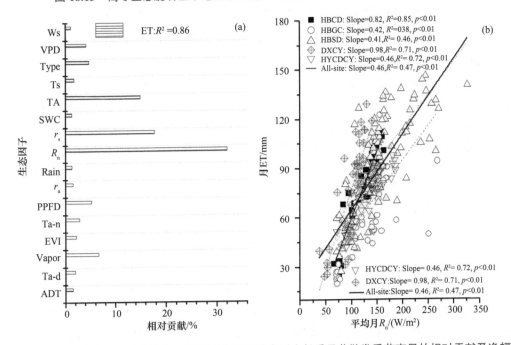

图 18.16 主要生态因子对高寒生态脆弱区主要草地类型生长季月蒸散发季节变异的相对贡献及净辐射与蒸散发的关系 ［改自 Li 等（2021b）］

Ws：风速；VPD：饱和水汽压差；Type：草地类型；Ts：10 cm 土壤温度；TA：气温；SWC：10 cm 土壤含水量（高寒湿地为 1）；r_s：冠层阻抗；R_n：净辐射；Rain：降水；r_a：空气阻抗；PPFD：光量子通量密度；Ta-n：夜间气温；EVI：增强植被指数；Vapor：大气水汽压；Ta-d：日间气温；ADT：气温日较差

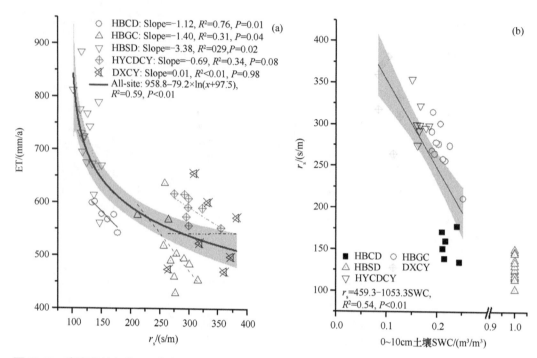

图 18.17 高寒草地年均 ET 与年均 r_s 及 r_s 与年均 0 ~ 10 cm 土壤 SWC 的关系［改自 Li 等（2021a）］
阴影区为拟合曲线的 95% 的置信区间（由于观测技术限制，高寒湿地 SWC 缺测，被设置为 1.0）

调控因子。这与传统观点认为高寒地区水分交换表现为温度限制是不同的（Ueyama et al.，2013）。高寒地区低温限制一般发生在非生长季，而生长季的热量状况能够满足植被及微生物正常的代谢活动（Körner，2003）。另外，相对湿润的环境可以缓解生态系统水分交换的低温限制（McFadden et al.，2003；Humphrey et al.，2021）。值得说明的是，即使在相对干旱的高寒草原，ET 和降水之间也没有显著的相关性，表明降水不是高寒草地生态系统水分的唯一来源，不适宜表征系统水分的可利用性（Zhang et al.，2018；Li et al.，2021b；Wang et al.，2021）。

18.5 黄土高原生态系统蒸散发与水分
利用效率时空格局分析

黄土高原是中国西北部典型的干旱半干旱地区，也是世界上环境退化研究的热点区域，水资源短缺是限制该区生态系统生产力及经济发展的最大因素。黄土高原地区是生态脆弱区和敏感区（Feng et al.，2016）。从历史上看，密集的农耕实践以及建设房屋导致了黄土高原地区严重的生态退化，自 1999 年，中国政府投入大量资金在黄土高原实施"退耕还林"工程，这是世界上最大的生态恢复工程之一，其旨在通过将陡坡上的耕地转换为森林和草地来改善生态环境。大量研究发现"退耕还林"工程的实施显著提高了黄土高原地区的植被覆盖。同时，20 世纪 90 年代末，中国黄土高原地区气候逐渐呈现暖湿化的趋势（Fu et al., 2017）。植被变化以及气候变化会显著影响陆地生态系统的生产力状况以及水分利用格局。因此，揭示中国黄土高原气候变化和造林活动如何影响该地区的生态系统 WUE，是预测未来黄土高原地区碳、水循环变化趋势的关键问题。

基于 SWH 模型模拟结果发现，1985～2015 年黄土高原地区生态系统 WUE、GPP 和 ET 总体呈现增加趋势，且变化速率都在 2000 年前后发生明显转变（图 18.18）。2000～2015 年生态系统 WUE 多年平均值（1.40 g C/kg H_2O）大于 1985～1999 年生态系统 WUE 多年平均值（1.35 g C/kg H_2O）。1985～1999 年黄土高原地区生态系统 WUE [Slope = 0.005 g C/(kg H_2O·a)，$P = 0.92$]、GPP [Slope = 0.67 g C/(m^2·a)，$P = 0.96$] 和 ET [Slope = 0.63 kg H_2O/(m^2·a)，$P = 0.66$] 都呈现统计上不显著的增加趋势。相反，2000～2015 年黄土高原地区生态系统 WUE 以 0.011 g C/(kg H_2O·a) 的速率显著增加（$P < 0.05$），GPP 和 ET 也都呈现显著增加趋势，且 GPP [Slope = 9.97 g C/(m^2·a)，$P < 0.05$] 增加速率明显大于 ET [Slope = 3.99 kg H_2O/(m^2·a)，$P < 0.05$]。进一步发现，2000～2015 年黄土高原地区生态系统 WUE 比 1985～1999 年增加的区域主要分布在黄土高原植被恢复集中分布的中部地区，这与黄土高原地区主要造林区范围一致，这些地方在 2000 年后 WUE 增加值最高可达到 1.124 g C/kg H_2O。

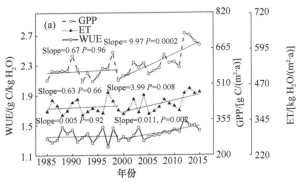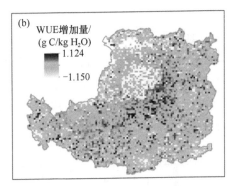

图 18.18　1985～1999 年和 2000～2015 年中国黄土高原生态系统 WUE、GPP 和 ET 的年际变化（a）；1985～1999 年和 2000～2015 年中国黄土高原生态系统 WUE 平均值的差值，其中正值代表 2000～2015 年生态系统 WUE 平均值较前一时期增加，负值则代表下降（b）

如图 18.19 所示，1985～1999 年黄土高原地区蒸腾利用效率（GPP/T）呈下降趋势 [Slope = 0.014 g C/(kg H_2O·a)，$P = 0.19$]，而蒸腾比（T/ET）呈增加趋势（Slope = 0.0028/a，$P < 0.05$），这说明该阶段相对平稳变化的生态系统 WUE 是由下降的 GPP/T 和增加的 T/ET 之间的"权衡"导致的。正如空间变化所示，GPP/T 变化趋势整体与生态系统 WUE 一样都呈较大的空间异质性，而 T/ET 变化趋势的空间格局在黄土高原南部和北部区域与 WUE 的变化趋势一致，这进一步表明 1985～1999 年黄土高原 GPP/T 和 T/ET 之间的"权衡"共同影响了生态系统 WUE 的时空变化。然而，在 2000～2015 年，黄土高原地区 GPP/T 变化趋势相对稳定 [Slope = 0.002 g C/(kg H_2O·a)，$P = 0.60$]，T/ET 呈现显著增加趋势 [Slope = 0.0037/a，$P < 0.05$]，且增加速率明显大于前一时期，这表明该阶段显著增加的生态系统 WUE 是由显著增加的 T/ET 导致的。进一步观察 T/ET 和 WUE 的空间变化图（图 18.19），

可以发现 T/ET 与 WUE 变化趋势的空间格局具有高度一致性，其在黄土高原中部（即主要造林区）都呈现较大的增加趋势，由此可以推断在 2000～2015 年，黄土高原地区生态系统 WUE 的变化趋势由 T/ET 的变化趋势主导。

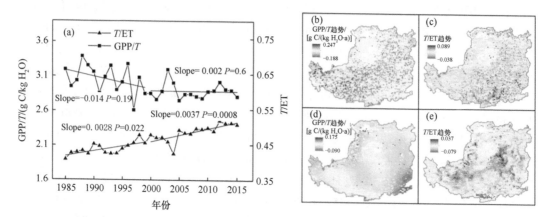

图 18.19　黄土高原 GPP/T 和 T/ET 分别在 1985～1999 年和 2000～2015 年的年际变化趋势（a），以及空间变化趋势 [（b）~（e）]

（b）、（c）为 1985～1999 年，（d）、（e）为 2000～2015 年

1985～1999 年黄土高原的 VPD 在大部分地区都呈现增加趋势（即 1/VPD 呈下降趋势），而 2000～2015 年黄土高原的 VPD 则保持相对平稳的变化趋势（图 18.20）。因此，GPP/T 与 VPD 呈现了一致的时间动态，即 GPP/T 在 1985～1999 年呈下降趋势，而在 2000～2015 年保持相对稳定。进一步发现，黄土高原地区每年平均 GPP/T 和 1/VPD 呈现了显著的正相关关系，表明 VPD 是影响 GPP/T 的关键因子。

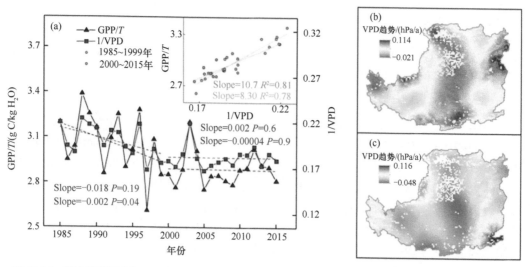

图 18.20　黄土高原地区 GPP/T 和 VPD 在年际变化上的关系，以及在 1985～1999 年和 2000～2015 年的空间变化趋势

（b）为 1985～1999 年；（c）为 2000～2015 年

1985～1999 年黄土高原 LAI 呈现轻微的增加趋势［Slope = 0.004 m²/(m²·a)，P=0.479］，但 2000～2015 年黄土高原 LAI 呈现显著增加趋势［Slope = 0.0217m²/(m²·a)，P=0.0001］（图 18.21）。显然，LAI 的时间动态与 T/ET 的时间动态一致，尤其是在 2000～2015 年两者年际波动近似。进一步的相关分析表明，与 1985～1999 年（r^2 = 0.15）相比，2000～2015 年 LAI 与 T/ET 之间的正相关性更强（r^2 = 0.36）。从空间上来看，2000～2015 年黄土高原地区的 LAI 趋势变化和 T/ET 趋势变化的空间格局更相似（图 18.21），如两者都在重点造林区呈现较大的增加趋势。这些揭示了 LAI 是影响 T/ET 时间动态的重要因子，特别是在 2000 年后黄土高原 T/ET 呈现了显著且较大的增加速率，这也是该时期生态系统 WUE 增加的重要原因。

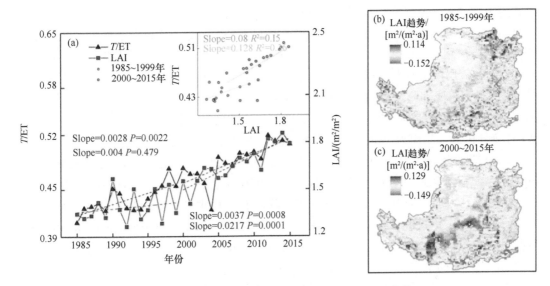

图 18.21 黄土高原地区 T/ET 和 LAI 时空变化趋势

（b）1985～1999 年；（c）2000～2015 年

1985～1999 年黄土高原 WUE 无明显变化趋势（图 18.18），GPP 和 ET 也呈现相似的变化规律。通过将 WUE 拆分成 GPP/T 和 T/ET，可以发现 2000 年前相对稳定的生态系统 WUE 是 GPP/T 代表的植被生理变化和 T/ET 代表的物理过程之间权衡的结果。然而，黄土高原地区的植被覆盖度（或 LAI）在未来可能达到饱和阈值，或因为深层土壤水的缺乏而呈下降趋势（Jian et al.，2015；Wang et al.，2019），这意味着 LAI 对 T/ET 以及生态系统 WUE 的正作用将减弱。另外，随着全球气候变暖加剧，黄土高原地区 VPD 在未来几年可能会持续增加，VPD 对 GPP/T 的负影响将不断增强，因此黄土高原生态系统 WUE 在未来可能会下降。自 2000 年"退耕还林"工程实施到现在，黄土高原地区植被覆盖面积大幅度增加，很多地区人工林生长已经达到饱和，在未来 LAI 增加速率会越来越低并逐渐接近顶峰，甚至会由于土壤水分缺乏而下降（Jian et al.，2015），LAI 对 T/ET 的控制作用会越来越小。因此未来黄土高原地区生态系统 WUE 可能主要受气候变化而不是人类活动的影响（即主要影响 GPP/T 过程而不是 T/ET

过程）。在全球变暖的背景下，未来黄土高原地区温度和 VPD 可能会呈现升高趋势，从而降低 GPP/T，因此未来黄土高原地区生态系统 WUE 可能会呈现降低趋势。

18.6　全球陆地生态系统水通量组分拆分及其时空格局分析

生态系统 WUE 定义为植被 GPP 与 ET 的比值，是深入理解陆地生态系统碳、水耦合关系的关键指标，揭示生态系统 WUE 的时空变异特征及机制有助于预测未来气候变化对生态系统碳、水过程的影响（Hu et al.，2008）。生态系统 WUE 既包括植被光合和蒸腾的生物过程，又包括土壤蒸发等物理过程，两者对环境变化的响应存在明显差异，使得环境因子与生态系统碳、水循环间的反馈机制非常复杂。当前关于生态系统 WUE 的变异机制仍然缺乏机理上的认识，主要原因之一是对水通量在植被蒸腾（T）、土壤蒸发（E_s）和冠层截留蒸发（E_c）中如何分配认识不足（Hu et al.，2008）。植被蒸腾（T）是 ET 的最大组成部分（占 40%～90%）（Jasechko et al.，2013），代表与生态系统生产力密切相关的生物过程，准确认识 T/ET 的时空变化特征，将有助于深入理解生态系统 WUE 变异机制，从而为预测未来生态系统碳、水循环的变化提供理论依据。

本节基于全球 FLUXNET2015 碳水通量观测数据集（http: //FLUXNET.fluxdata. org/），从具有 8 天时间分辨率的 MODIS 产品中获取了各个通量观测站对应的 NDVI、EVI 和 LAI 数据，采用了三种复杂度依次降低的 ET 拆分模型：SWH（Shuttleworth-Wallace-Hu）模型（Hu et al.，2017）、PT-JPL（Priestley-Taylor Jet Propulsion Laboratory）模型（Fisher et al.，2008）和 uWUE（Underlying Water Use Efficiency）方法（Zhou et al.，2016），估算不同生态系统和气候带 T/ET 的大小。

本节确定了以下四个标准来进行数据筛选和质量控制：①原始数据具有完整的属性记录，包括 ET、GPP、TA、PPT、VPD、净辐射、光和有效辐射、风速和相对湿度。②只利用 GPP、ET、VPD 和净辐射都大于零的日数据。③通量观测站点需保证每年有 75% 以上的可利用日数据。④模拟的 ET 具有较高精度，即 SWH 和 PT-JPL 模型估算 ET 与观测 ET 间的相关系数 r 应大于 0.75。经过数据筛选和剔除后，共保留了 95 个通量站点的观测数据，这些通量观测站主要分布在热带（12 个站点）、亚热带（10 个站点）、地中海气候带（14 个站点）、温带（17 个站点）、大陆性气候带（28 个站点）、极地和高山地区气候带（3 个站点）以及干旱气候带（11 个站点）。

如图 18.22 所示，SWH 模型和 uWUE 方法模拟的不同气候带的 T/ET 均值较为相似（约为 0.60），而 PT-JPL 模型模拟结果相对较低（约为 0.50）。SWH 模型模拟的 T/ET 最小值出现在干旱气候带，而 PT-JPL 模型和 uWUE 方法模拟都发现 T/ET 最小值出现在极地和高寒气候带。整体上可以发现，在干旱地区以及高纬度地区，T/ET 相对较小。此外，SWH 和 PT-JPL 模型模拟的相同气候带内 T/ET 在站点间变异性明显大于 uWUE 方法的模拟结果，表明 SWH 和 PT-JPL 模型能够更好地表示 T/ET 在站点间的空间变化。

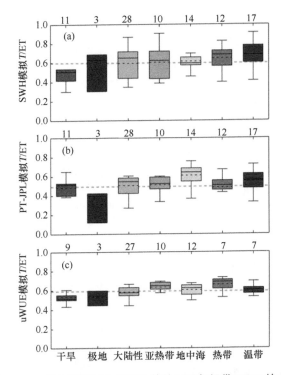

图 18.22　三种蒸散拆分模型估算的不同气候带 T/ET 的大小

（a）SWH 模型；（b）PT-JPL 模型；（c）uWUE 模型

图中数字表示该气候带的通量观测站点数量，虚线为所有气候带的 T/ET 平均值

SWH 模型模拟结果发现，LAI 与 T/ET 季节变化最相关（图 18.23）。此外，TA 和 VPD 与 T/ET 季节变化的相关性也较强，而 PPT 对 T/ET 季节变化影响最小。特别地，在不同气候带，LAI 对 T/ET 季节变化的控制作用大小也不同，在温带、亚热带、大陆性气候带以及极地高寒气候带，LAI 对 T/ET 季节变化有较强的控制作用（$r^2>0.59$），其次为地中海气候带（$r^2 = 0.46$）。相反，在热带和干旱气候带，LAI 对 T/ET 季节变化的控制作用最弱（$r^2<0.25$）。PT-JPL 和 uWUE 模型展现了相似的结果，即三个模型均表明，在干旱气候带，T/ET 主要受 VPD 与 T/ET 的影响，而在温带、亚热带、大陆性气候带以及极地高寒气候带 LAI 对 T/ET 季节变化有很强的控制作用。这可能因为干旱气候带的年降水量极少，生态系统极度缺水，植被覆盖较低，因此，一方面，该地区土壤蒸发占总蒸散发的比例相对较大，与其他气候相比，由 LAI 变化导致的植被蒸腾的变化对总蒸散发变化的贡献会更小，导致 LAI 和 T/ET 在季节变化上的关系较弱；另一方面，每次的降水事件也是控制蒸散拆分的重要因子（Guo et al.，2015），例如，小的降水事件仅能使雨水到达土壤表层，因此贡献更多土壤水分蒸发；相反，大的降水事件（如大于 10 mm）才能使水分运移到深层土壤从而促进 T/ET。

SWH、PT-JPL 和 uWUE 模型或方法均表明 LAI 对 T/ET 空间变化起主导作用（$P<0.01$），即与其他因子相比，各个站点 T/ET 与 LAI 的相关性最大（图 18.24）。然而，不同模型模拟的 T/ET 与 LAI 的相关性大小仍存在差异，相关性由大到小依次为 SWH

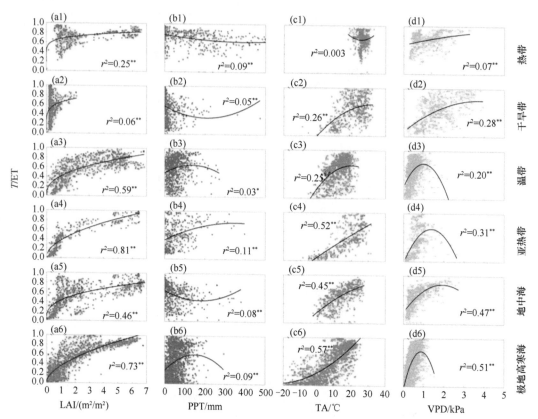

图 18.23　不同气候带下 SWH 模型估算的每月 T/ET 与各环境因子的季节变化关系

图中黑色线代表拟合线，r^2 为决定系数，**代表 0.01 的显著性水平，*代表 0.05 的显著性水平

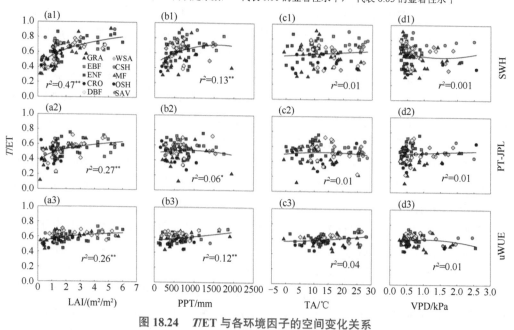

图 18.24　T/ET 与各环境因子的空间变化关系

图中黑色曲线为拟合线，r^2 为决定系数，**代表 0.01 的显著性水平，*代表 0.05 的显著性水平

模型（r^2=0.47）、PT-JPL 模型（r^2=0.27）、uWUE 方法（r^2=0.26）。此外，由 SWH 和 PT-JPL 模型模拟结果发现当 PPT 小于 1000 mm 时，PPT 对 T/ET 存在正效应，而当 PPT 大于 1000 mm 时，PPT 对 T/ET 呈现负效应，但是该拟合关系没有被 uWUE 方法模拟结果捕捉到。在空间变化上，TA 和 VPD 与 T/ET 呈现不显著的关系。

参 考 文 献

傅伯杰, 欧阳志云, 施鹏, 等. 2021. 青藏高原生态安全屏障状况与保护对策. 中国科学院院刊, 36: 1298-1306.

Baldocchi D D. 2019. How eddy covariance flux measurements have contributed to our understanding of Global Change Biology? Global Change Biology, 26: 242-260.

Bao Y Z, Duan L M, Liu T X, et al. 2021. Simulation of evapotranspiration and its components for the mobile dune using an improved dual-source model in semi-arid regions. Journal of Hydrology, 592: 125796.

Blonquist J M, Tanner B D, Bugbee B. 2009. Evaluation of measurement accuracy and comparison of two new and three traditional net radiometers. Agricultural and Forest Meteorology, 149: 1709-1721.

Chapin III F S, Matson P A, Vitousek P M. 2011. Principles of Terrestrial Ecosystem Ecology (Second Edition). New York, USA: Springer.

Chen C, Li D, Li Y, et al. 2020. Biophysical impacts of Earth greening largely controlled by aerodynamic resistance. Science Advances, 6: eabb1981.

Chen J Y, Dong G, Chen J Q, et al. 2022. Energy balance and partitioning over grasslands on the Mongolian Plateau. Ecological Indicators, 135: 108560.

Cui W H, Chui T F M. 2019. Temporal and spatial variations of energy balance closure across FLUXNET research sites. Agricultural and Forest Meteorology, 271: 12-21.

Di K, Hu Z M, Wang M, et al. 2021. Recent greening of grasslands in northern China driven by increasing precipitation. Journal of Plant Ecology, 14: 843-853.

Ding J, Yang T, Zhao Y, et al. 2018. Increasingly Important Role of Atmospheric Aridity on Tibetan Alpine Grasslands. Geophysical Research Letters, 45: 2852-2859.

Duveiller G, Hooker J, Cescatti A. 2018. The mark of vegetation change on Earth's surface energy balance. Nature Communications, 9: 679.

Feng X, Fu B, Piao S, et al. 2016. Revegetation in China's Loess Plateau is approaching sustainable water resource limits. Nature Climate Change, 6: 1019-1022.

Fisher J B, Tu K P, Baldocchi D D. 2008. Global estimates of the land-atmosphere water flux based on monthly AVHRR and ISLSCP-II data, validated at 16 FLUXNET sites. Remote Sensing of Environment, 112: 901-919.

Foken T. 2008. The energy balance closure problem: An overview. Ecological Applications, 18: 1351-1367.

Forzieri G, Miralles D G, Ciais P, et al. 2020. Increased control of vegetation on global terrestrial energy fluxes. Nature Climate Change, 10: 356-362.

Fu B, Wang S, Liu Y, et al. 2017. Hydrogeomorphic ecosystem responses to natural and anthropogenic changes in the Loess Plateau of China. Annual Review of Earth and Planetary Sciences, 45: 223-243.

Greve P, Roderick M L, Ukkola A M, et al. 2019. The aridity Index under global warming. Environmental Research Letters, 14: 124006.

Gu S, Tang Y, Cui X, et al. 2008. Characterizing evapotranspiration over a meadow ecosystem on the Qinghai-Tibetan Plateau. Journal of Geophysical Research-Atmospheres, 113: D08118

Guo Q, Hu Z, Li S, et al. 2015. Contrasting responses of gross primary productivity to precipitation events in a water-limited and a temperature-limited grassland ecosystem. Agricultural and Forest Meteorology, 214-215: 169-177.

Hammerle A, Haslwanter A, Tappeiner U, et al. 2008. Leaf area controls on energy partitioning of a temperate mountain grassland. Biogeosciences, 5: 421-431.

Han C, Ma Y, Wang B, et al. 2021. Long-term variations in actual evapotranspiration over the Tibetan Plateau. Earth System Science Data, 13: 3513-3524.

He H, Wang S, Zhang L, et al. 2019. Altered trends in carbon uptake in China's terrestrial ecosystems under the enhanced summer monsoon and warming hiatus. National Science Review, 6: 505-514.

Hu Z, Wu G, Zhang L, et al. 2017. Modeling and partitioning of regional evapotranspiration using a satellite-driven water-carbon coupling model. Remote Sensing, 9: 54.

Hu Z, Yu G, Fu Y, et al. 2008. Effects of vegetation control on ecosystem water use efficiency within and among four grassland ecosystems in China. Global Change Biology, 14: 1609-1619.

Hu Z, Yu G, Zhou Y, et al. 2009. Partitioning of evapotranspiration and its controls in four grassland ecosystems: Application of a two-source model. Agricultural and Forest Meteorology, 149: 1410-1420.

Huang M, Piao S, Ciais P, et al. 2019. Air temperature optima of vegetation productivity across global biomes. Nature Ecology & Evolution, 3: 772-779.

Humphrey V, Berg A, Ciais P, et al. 2021. Soil moisture-atmosphere feedback dominates land carbon uptake variability. Nature, 592: 65-69.

Humphreys E R, Lafleur P M, Flanagan L B, et al. 2006. Summer carbon dioxide and water vapor fluxes across a range of northern peatlands. Journal of Geophysical Research-Biogeosciences, 111: G04011.

Jasechko S, Sharp Z D, Gibson J J, et al. 2013. Terrestrial water fluxes dominated by transpiration. Nature, 496: 347-350.

Jian S, Zhao C, Fang S, et al. 2015. Effects of different vegetation restoration on soil water storage and water balance in the Chinese Loess Plateau. Agricultural and Forest Meteorology, 206: 85-96.

Jia X, Zha T S, Gong J N, et al. 2016. Energy partitioning over a semi-arid shrubland in northern China. Hydrological Processes, 30: 972-985.

Knapp A K, Hoover D L, Wilcox K R, et al. 2015. Characterizing differences in precipitation regimes of extreme wet and dry years: implications for climate change experiments. Global Change Biology, 21: 2624-2633.

Knowles J F, Blanken P D, Williams M W, et al. 2012. Energy and surface moisture seasonally limit evaporation and sublimation from snow-free alpine tundra. Agricultural and Forest Meteorology, 157: 106-115.

Körner C. 2003. Alpine plant life: Functional plant ecology of high mountain ecosystems, Second edition. Berlin Heidelberg: Springer-Verlag.

Krishnan P, Meyers T P, Scott R L, et al. 2012. Energy exchange and evapotranspiration over two temperate semi-arid grasslands in North America. Agricultural and Forest Meteorology, 153: 31-44.

Kurc S A, Small E E. 2004. Dynamics of evapotranspiration in semiarid grassland and shrubland ecosystems during the summer monsoon season, central New Mexico. Water Resources Research, 40: W09305.

Kurc S A, Small E E. 2007. Soil moisture variations and ecosystem-scale fluxes of water and carbon in semiarid grassland and shrubland. Water Resources Research, 43: W06416.

Launiainen S, Katul G G, Kolari P, et al. 2016. Do the energy fluxes and surface conductance of boreal coniferous forests in Europe scale with leaf area? Global Change Biology, 22: 4096-4113.

Lei H M, Gong T T, Zhang Y C, et al. 2018. Biological factors dominate the interannual variability of evapotranspiration in an irrigated cropland in the North China Plain. Agricultural and Forest Meteorology, 250-251: 262-276.

Leuning R, van Gorsel E, Massman W J, et al. 2012. Reflections on the surface energy imbalance problem. Agricultural and Forest Meteorology, 156: 65-74.

Li H, Wang C, Zhang F, et al. 2021a. Atmospheric water vapor and soil moisture jointly determine the spatiotemporal variations of CO_2 fluxes and evapotranspiration across the Qinghai-Tibetan Plateau grasslands. Science of The Total Environment, 791: 148379.

Li H, Zhang F, Zhu J, et al. 2021b. Precipitation rather than evapotranspiration determines the warm-season water supply in an alpine shrub and an alpine meadow. Agricultural and Forest Meteorology, 300: 108318.

Li H, Zhu J, Zhang F, et al. 2019. Growth stage-dependent variability in water vapor and CO_2 exchanges over a humid alpine shrubland on the northeastern Qinghai-Tibetan Plateau. Agricultural and Forest Meteorology, 268: 55-62.

Li S G, Eugster W, Asanuma J, et al. 2006. Energy partitioning and its biophysical controls above a grazing steppe in central Mongolia. Agricultural and Forest Meteorology, 137: 89-106.

Lian X, Piao S L, Chen A P, et al. 2021. Multifaceted characteristics of dryland aridity changes in a warming world. Nature Reviews Earth & Environment, 2: 232-250.

Liljedahl A K, Hinzman L D, Harazono Y, et al. 2011. Nonlinear controls on evapotranspiration in arctic coastal wetlands. Biogeosciences, 8: 3375-3389.

Liu B, Cui Y L, Luo Y F, et al. 2019. Energy partitioning and evapotranspiration over a rotated paddy field in Southern China. Agricultural and Forest Meteorology, 276-277: 107626.

Liu C W, Sun G S, McNulty S G, et al. 2017. Environmental controls on seasonal ecosystem evapotranspiration/potential evapotranspiration ratio as determined by the global eddy flux measurements. Hydrology and Earth System Sciences., 21: 311-322.

Ma Y F, Liu S M, Zhang F, et al. 2015. Estimations of regional surface energy fluxes over heterogeneous oasis-desert surfaces in the middle reaches of the Heihe River during HiWATER-MUSOEXE. IEEE Geoscience and Remote Sensing Letters, 12: 671-675.

Majozi N P, Mannaerts C M, Ramoelo A, et al. 2017. Analysing surface energy balance closure and partitioning over a semi-arid savanna FLUXNET site in Skukuza, Kruger National Park, South Africa. Hydrology and Earth System Sciences, 21: 3401-3415.

McFadden J P, Eugster W, Chapin F S. 2003. A regional study of the controls on water vapor and CO_2 exchange in arctic tundra. Ecology, 84: 2762-2776.

McGloin R, Sigut L, Havrankova K, et al. 2018. Energy balance closure at a variety of ecosystems in Central Europe with contrasting topographies. Agricultural and Forest Meteorology, 248: 418-431.

Michel D, Philipona R, Ruckstuhl C, et al. 2008. Performance and uncertainty of CNR1 net radiometers during a one-year field comparison. Journal of Atmospheric and Oceanic Technology, 25: 442-451.

Minseok K, Sungsik C H O. 2021. Progress in water and energy flux studies in Asia: A review focused on eddy covariance measurements. Journal of Agricultural Meteorology, 77: 2-23.

Monteith J L. 1965. Evaporation and Environment. In: The state and movement of water in living organism. Cambridge: Cambridge University Press, 205-234.

Mu S J, Zhou S X, Chen Y Z, et al. 2013. Assessing the impact of restoration-induced land conversion and management alternatives on net primary productivity in Inner Mongolian grassland, China. Global and Planetary Change, 108: 29-41.

Mu Y M, Yuan Y, Jia X, et al. 2022. Hydrological losses and soil moisture carryover affected the relationship between evapotranspiration and rainfall in a temperate semiarid shrubland. Agricultural and Forest Meteorology, 315: 108831.

Oncley S P, Foken T, Vogt R, et al. 2007. The Energy Balance Experiment EBEX-2000. Part I: overview and energy balance. Boundary-Layer Meteorology, 123: 1-28.

Restrepo C N, Albert L P, Longo M, et al. 2021. Understanding water and energy fluxes in the Amazonia: Lessons from an observation-model intercomparison. Global Change Biology, 27: 1802-1819.

Ryu Y, Baldocchi D D, Ma S, et al. 2008. Interannual variability of evapotranspiration and energy exchange over an annual grassland in California. Journal of Geophysical Research-Atmosphere, 113: D09104.

Teng D X, He X M, Qin L, et al. 2021. Energy balance closure in the Tugai forest in Ebinur Lake basin, northwest China. Forests, 12: 243.

Trepekli A, Loupa G, Rapsomanikis S. 2016. Seasonal evapotranspiration, energy fluxes and turbulence variance characteristics of a Mediterranean coastal grassland. Agricultural and Forest Meteorology, 226:

13-27.

Ueyama M, Iwata H, Harazono Y, et al. 2013. Growing season and spatial variations of carbon fluxes of Arctic and boreal ecosystems in Alaska (USA). Ecological Applications, 23: 1798-1816.

Villarreal S, Vargas R, Yepez E A, et al. 2016. Contrasting precipitation seasonality influences evapotranspiration dynamics in water-limited shrublands. Journal of Geophysical Research-Biogeosciences, 121: 494-508.

Wang H, Li X, Xiao J, et al. 2021. Evapotranspiration components and water use efficiency from desert to alpine ecosystems in drylands. Agricultural and Forest Meteorology, 298-299: 108283.

Wang L, Liu H Z, Shao Y P, et al. 2018. Water and CO_2 fluxes over semiarid alpine steppe and humid alpine meadow ecosystems on the Tibetan Plateau. Theoretical and Applied Climatology, 131: 547-556.

Wang Y, Magliulo V, Yan W, et al. 2019. Assessing land surface drying and wetting trends with a normalized soil water index on the Loess Plateau in 2001–2016. Science of the Total Environment, 676: 120-130.

Wilske B, Kwon H, Wei L, et al. 2010. Evapotranspiration (ET) and regulating mechanisms in two semiarid Artemisia-dominated shrub steppes at opposite sides of the globe. Journal of Arid Environments, 74: 1461-1470.

Wilson K B, Baldocchi D D, Aubinet M, et al. 2002a. Energy partitioning between latent and sensible heat flux during the warm season at FLUXNET sites. Water Resources Research, 38: 1294.

Wilson K B, Goldstein A, Falge E, et al. 2002b. Energy balance closure at FLUXNET sites. Agricultural and Forest Meteorology, 113: 223-243.

Yang J, Wang Y, Huang J H, et al. 2019. First-principles calculations on Ni/W interfaces in Steel/Ni/W hot isostatic pressure diffusion bonding layer. Applied Surface Science, 475: 906-916.

Yang Z L, Dai Y, Dickinson R E, et al. 1999. Sensitivity of ground heat flux to vegetation cover fraction and leaf area index. Journal of Geophysical Research-Atmosphere, 104: 19505-19514.

Yue P, Zhang Q, Zhang L, et al. 2019. Long-term variations in energy partitioning and evapotranspiration in a semiarid grassland in the Loess Plateau of China. Agricultural and Forest Meteorology, 278: 107671.

Zha T S, Barr A G, van der Kamp G, et al. 2010. Interannual variation of evapotranspiration from forest and grassland ecosystems in western Canada in relation to drought. Agricultural and Forest Meteorology, 150: 1476-1484.

Zhang F, Li H, Wang W, et al. 2018. Net radiation rather than moisture supply governs the seasonal variations of evapotranspiration over an alpine meadow on the northeastern Qinghai-Tibetan Plateau. Ecohydrology, 11: e1925.

Zhang W L, Chen S P, Chen J, et al. 2007. Biophysical regulations of carbon fluxes of a steppe and a cultivated cropland in semiarid Inner Mongolia. Agricultural and Forest Meteorology, 146: 216-229.

Zhou S, Yu B, Zhang Y, et al. 2016. Partitioning evapotranspiration based on the concept of underlying water use efficiency. Water Resource Research, 52: 1160-1175.

Zhu G, Lu L, Su Y, et al. 2014. Energy flux partitioning and evapotranspiration in a sub-alpine spruce forest ecosystem. Hydrological Processes, 28: 5093-5104.

Zhu G, Su Y, Li X, et al. 2013. Estimating actual evapotranspiration from an alpine grassland on Qinghai-Tibetan Plateau using a two-source model and parameter uncertainty analysis by Bayesian approach. Journal of Hydrology, 476: 42-51.

第 19 章

全球变化背景下中国生态
脆弱区植被状态和敏感性的变化①

摘　要

　　植被分布格局与气候密切相关。本章首先基于卫星遥感数据、地面站点观测和再分析数据，通过建立多元线性回归模型，分析了 1982～2015 年我国及生态脆弱区生长季 NDVI 对温度、降水、太阳辐射等变化的敏感性及时空演变特征，表明温度是全国绝大部分地区 NDVI 升高的主导因子；就全国面积平均而言，我国植被对温度（$r=0.65$）和降水（$r=0.41$）的敏感性均呈现下降趋势，但对太阳辐射的敏感性随年份无明显变化规律。评估了第六次国际耦合模式比较计划（CMIP6）的 18 个耦合模式对中国区域生长季温度、降水、LAI 以及 LAI 对气候变化敏感性的模拟性能，并预估了三种不同未来情景（SSPs）下的植被变化及其不确定性，发现未来三种情景下中国的温度、降水、LAI、植被总初级生产力和植被生物量都呈现增加趋势，植被对温度敏感性的高值区面积有所增加，但核心区仍在青藏高原南部和东北东部地区；而植被对降水的敏感性则普遍增加。就全国或生态脆弱区面积平均而言，植被对温度的敏感性在 SSP1-2.6 和 SSP2-4.5 情景下均呈下降趋势，且生态脆弱区的下降幅度大于全国平均值，在 SSP5-8.5 情景下两者显著上升，但生态脆弱区的上升幅度小于全国平均值；各情景下植被对降水的敏感性均表现出增加趋势，但生态脆弱区植被对降水的敏感性增长幅度始终大于全国平均值。

19.1　引　　言

　　近几十年来，全球气候发生了快速变化。IPCC 气候变化与土地特别报告（SRCCL）基于 AR5 第一工作组评估结果和最新的 4 套全球地表温度数据库指出，与 1850～1900

---

① 本章作者：曾晓东，宋翔，李芳，王丹云，高小斐，邵璞；本章审稿人：赵东升，王永莉。

年相比，2006～2015 年全球陆地气温上升了 1.53 ℃，几乎是全球海陆平均温度增幅（0.87 ℃）的两倍（Jia et al.，2019）；同时，区域降水的时空异质性增强，极端火灾发生的风险也随之增加（IPCC，2007）。

陆地生态系统是陆地表面的重要组成部分，不仅对全球水和能量循环起着至关重要的作用，更为人类的生存和发展提供了必需的生活环境和物质保障。因此，陆地生态系统对气候变化如何响应一直是生态学和全球变化研究的热点问题，而生态系统脆弱性则是其中的关键问题之一。

早在 20 世纪 60～70 年代，Gabor 和 Griffith（1979）最早提出了脆弱性概念，将其描述为"人类遭受有害物质威胁的可能性以及人们应对紧急情况的能力"。随后，Timmerman（1981）将脆弱性概念推广到自然系统，即"自然系统受到来自外界的不利影响后的受损程度"。随着人们对脆弱性认识的不断提升，2007 年 IPCC 第四次评估报告明确指出，生态系统脆弱性是系统易受气候变化造成的不良后果影响或者无法应对其不良影响的程度，包括暴露度、敏感性和系统自身的适应性（IPCC，2007）；而 IPCC 第五次评估报告则将脆弱性的概念进一步扩展和完善，将生态系统的压力源从气候变化拓展到其他潜在的不利影响，如火灾、物种入侵、水污染等（IPCC，2014）。但上述研究只给出了生态系统脆弱性评价的概念框架，尚缺乏量化脆弱性的明确方法和公式。

由于量化生态系统脆弱性的复杂性以及植被对气候变化敏感性的重要性，人们先后利用多种方法开展了对植被敏感性的量化研究。综合指数法是目前最常用的方法，即对生态系统功能指标、结构指标、地形地势、水热气候条件和土地利用状况等变量进行加权平均得到描述系统敏感性（脆弱性）的综合指标。不同的研究选取的评价指标、权重系数或统计方法有所不同，存在很大的人为因素，且一些指标没有区域或全球尺度上的观测数据，因此该方法不适合应用于大尺度的研究。另一些研究则主要使用统计量刻画植被对气候的响应（Gonzalez et al.，2010；Watson et al.，2013；Anjos and de Toledo，2018；Li et al.，2018），如植被与气候要素的相关分析（Ichii et al.，2001；Wang et al.，2001）、自回归滞后模型（Ji and Peters，2004；De Keersmaecker et al.，2015；Seddon et al.，2016）、多元回归模型等（Yang et al.，1997；Gao et al.，2012）。

中国位于东亚季风区，幅员辽阔，地形复杂，自然条件多样，气候环境异常复杂（张艳武等，2016），因而自然植被种类众多（武吉华等，2009）。同时中国也是世界上生态脆弱区分布面积最大、类型最多、表现最明显的国家之一[①]，生态脆弱区约占全国面积的 55%（刘军会等，2015），而气候变化是影响生态系统脆弱性的主要原因之一（Dow，1992；Romieu et al.，2010；Pacifici et al.，2015）。因此，研究中国地区的生态系统脆弱性至关重要。

目前，关于气候变化对全国植被脆弱性的研究较少。已有结果表明，整体而言，我国自然生态系统气候脆弱性的总体特征是南低北高、东低西高，而气候变化将加剧我国生态系统脆弱性（於琍等，2008；Xu et al.，2016），其中热带和西北干旱半

---

① 中华人民共和国环境保护部. 2008. 全国生态脆弱区保护规划纲要。

干旱地区则表现出高脆弱性（Xu et al.，2016）。赵志平等（2010）利用观测数据研究了我国农田、林地、草地对气候湿润程度的敏感性，表明 1981～2008 年中国陆地表层湿润程度总体呈现出下降趋势，植被茂盛程度下降，43.7%的陆地生态系统脆弱性增加，其中草地生态系统脆弱性增加的面积最大，其次是农田，林地生态系统脆弱性受影响的面积最小。

现有的大部分工作主要集中在区域尺度生态系统脆弱性主导因子的研究上。例如，东北地区植被脆弱性的主导因子是干旱（Zheng et al.，2015）；北方农牧交错带生态环境脆弱性的主导因子为地表植被盖度/生物量、土体构型、降水频次和降水量、干旱多风侵蚀强烈以及不合理的人为活动干扰破坏等（罗承平和薛纪瑜，1995）；呼伦贝尔草原生态环境脆弱性从东北向西南逐渐变差的趋势与水热等气候因素以及资源开发利用状况的变化趋势有较强的相关性（刘东霞和卢新石，2008）；黄河流域脆弱性空间变化主要受到人口快速增长、耕种、植被退化等因素影响（Wang et al.，2008）；而长江流域下游区域生态系统受降水影响的脆弱性空间分布差异较大，干旱使原本不脆弱的生态系统脆弱性增加，从而导致整个区域生态系统脆弱性显著增加（於琍，2014）。

除利用综合指数法研究中国地区生态系统脆弱性的工作外，侯英雨等（2007）基于遥感经验模型研究了 1982～2000 年我国主要植被类型 NPP 的变化及其主导因子。研究表明，我国植被 NPP 在 1982～2000 年基本呈上升趋势，其中落叶针叶林增长幅度最大，草地增长幅度最小；年际波动最大的植被类型是常绿阔叶林，最小的是草地；降水对植被 NPP 季节性变化的驱动作用高于温度；气候因子（降水、温度）对北方植被 NPP 季节性变化的驱动作用高于南方，而对 NPP 年际变化的驱动作用随季节及纬度不同而不同。

但基于遥感数据或地球系统模式数据进行中国植被敏感性分析的研究相对较少。本节（王丹云，2021）将利用卫星观测数据建立多元线性回归模型，并通过 CMIP6 提供的地球系统模式模拟结果，探讨过去和未来不同情景下中国生态脆弱区植被对气候变化的敏感性。

19.2　中国生态脆弱区植被-气候分布格局及年际变化特征

19.2.1　模型的建立及验证

由于全球约 3/4 的陆地植被易受气候变化影响（Eigenbrod et al.，2015），其中，约 21%的生态系统的主控因子是降水，而 36%的生态系统则主要受温度影响（Yang et al.，2019）。因此，首先利用 1982～2015 年的全球气象和植被观测数据建立多元线性回归模型，分析植被对主要气候因子的空间敏感性格局。本节使用的格点化气象数据包括英国东安格利亚大学气候研究组（Climatic Research Unit，CRU）发布的 CRU-TS4.01 数据集的气温和降水逐月数据，以及美国国家环境预报中心数据集 CRU-NCEP 的全球辐射数据，植被数据则采用美国国家大气与海洋局（NOAA）发布的归一化植被指数 NDVI3g 数据集。分析的空间分辨率为 0.5°×0.5°，在全球陆地植被格点（即 NDVI 年最大值>0.2），分别计算逐年生长季的平均温度（T）、月降水量（P）、辐射（R）和 NDVI，则回归模型为

$$\text{NDVI}(t) = \beta_0 + \beta_T T(t) + \beta_P P(t) + \beta_R R(t) \tag{19.1}$$

式中，t 为时间（年）；β_T、β_P、β_R 分别为对温度、降水、辐射的偏回归系数；β_0 为常数。回归过程中使用了交叉验证框架（Leave One Out Cross-Validation）（Wilks，1995）来防止过拟合。

首先，计算 1982～2015 年 NDVI 模拟值与观测值之间时间序列的相关系数及其概率密度函数，对模型的拟合效果进行评估。如图 19.1 所示，高相关性（$r > 0.5$）格点约占 32%，主要位于非洲南部、澳大利亚北部、撒哈拉、北美大平原、中国中部、寒带森林和苔原区；中相关性以上（$r > 0.3$）的格点占比达 75%。这表明式（19.1）能够

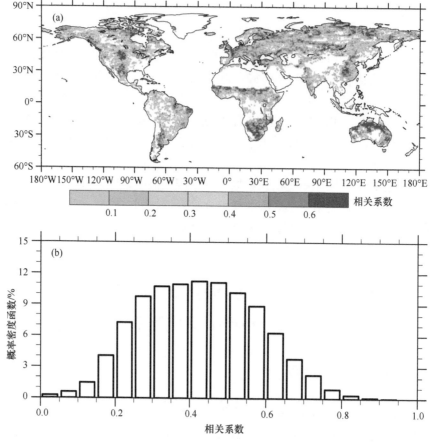

图 19.1　1982～2015 年 NDVI 观测和模拟的相关系数全球分布（$P<0.1$）（a）；NDVI 观测和模拟相关系数的概率密度函数（b）

较好地再现全球 NDVI 分布和时间序列的变化，可以合理地反映植被对气候因子（温度、降水和辐射）的敏感性。

19.2.2　近 30 年中国生态脆弱区植被状况对气候变化的响应

20 世纪 50 年代至 21 世纪初期，中国平均气温升高 1.1℃，增温速率约为 0.22℃/10a，高于同时期的全球平均增温速率，特别是在 80 年代中期以后升温显著（任国玉等，2005）。其中北方升温幅度大于南方，而青藏高原则大于同纬度亚热带地区（赵东升等，2020）。近 60 年来我国降水量有整体增加趋势（11.7mm/10a），其中西北干旱半干旱地区和东南地区增加趋势最为显著，但存在明显的区域分布和年代际变化差异。整体上，我国气候变化呈现出暖湿化的主要特征（赵东升等，2020）。1960～1990 年中国地表太阳辐射呈下降趋势，从 1990 年左右开始逐渐增加，同时年日照时数长期变化特征也与之相似，与全球先"变暗"后"变亮"的特征相一致（任国玉等，2005；齐月等，2014）。

20 世纪 80 年代以后，我国大部分地区植被呈现变绿趋势（Piao et al.，2003；王艳召等，2020），每年固碳量为 0.18～0.26Pg。1982～1999 年全国范围内 NDVI 在月尺度和季节尺度上都有明显的增长，表明我国在全球碳循环中发挥着积极作用（Piao et al.，2015）。1982～2015 年，中国区域平均生长季 NDVI 也呈波动增加，平均增长趋势为 $0.86×10^{-3}$/a，1982～1990 年以及 2000～2015 年全国 NDVI 整体增加快于 1991～1999 年。NDVI 变化趋势的空间异质性较大，其中呈增加或减少趋势的区域分别约占 72.7% 和 27.3%（金凯等，2020）。我国北方生长季 NDVI 主要呈波动上升趋势，增加显著的区域包括新疆北部天山和塔里木盆地边缘、甘肃祁连山和陇南地区、黄土高原及河套平原等，但东北地区呈现为 NDVI 显著减少（何航等，2020）。

采用式（19.1）分析中国地区 NDVI 对气象因子的敏感性，其中温度和降水数据改用中国气象局国家气象信息中心的 CN05.1 格点化观测数据集（吴佳和高学杰，2013）。图 19.2 表明，全国大部分地区 $β_T$ 均通过显著性检验，整体以正值为主，主要分布在 $0～0.5×10^{-1}$/℃ 范围，其中华中地区可达 $0.6×10^{-1}$/℃ 以上；而负值区较少，主要出现在大兴安岭地区、天山南北两侧以及青藏高原中南部。对于 $β_P$，通过显著性检验的地区以正值为主，其中华北北部、内蒙古中部、四川盆地、西藏南部河谷、天山山脉、阿尔泰山山脉以及横断山脉等地区的 $β_P$ 普遍较大，通常在 $(0.2～0.5)×10^{-3}$/mm；通过显著性检验的负值地区相对较少，主要分布在黑龙江北部地区（约 $-0.4×10^{-3}$/mm），另有零星分布在青藏高原、中部以及华南等地区。对于 $β_R$，通过显著性检验且为正值的区域，主要分布在黑龙江北部及东部、青藏高原北部及中部、广东西部、江苏东部以及山西陕西内蒙古交界处，范围通常在 $(0.3～0.5)×10^{-2}$ m²/W；而显著性检验的负值区域主要分布在准噶尔盆地、松嫩平原以及黔桂交界地区，范围通常在 $(-0.4～-0.2)×10^{-2}$ m²/W。总体而言，相较于 $β_T$ 和 $β_P$，$β_R$ 通过敏感性的地区最为分散。

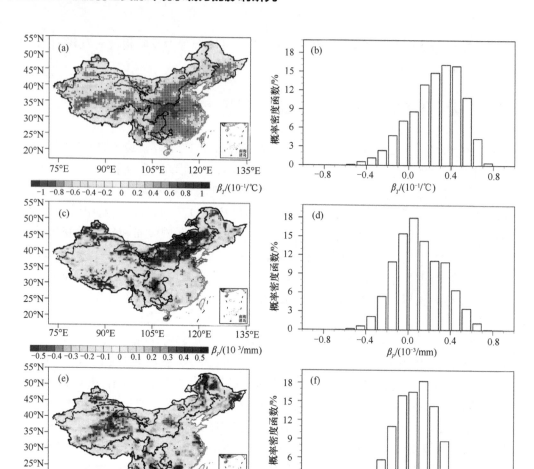

图 19.2 1982~2015 年中国植被对温度（a）、降水（c）、辐射（e）敏感性的空间分布（黑点代表通过显著性检验）；（b）（d）（f）为对应的概率密度函数分布

为了比较 NDVI 对不同气候因子的敏感性，分别对 T、P、R 进行归一化处理，得到无量纲化的 β_T、β_P 和 β_R，从而得到各个格点 NDVI 的主导气候因子（图 19.3）。总体而言，温度是全国绝大部分地区 NDVI 升高的主导因子，降水主导区域主要为阴山山脉以东的内蒙古高原、天山山脉北部及东部地区，而辐射主导的区域仅有大兴安岭北部、两广沿海以及塔里木盆地东南地区。

进一步计算 10 年滑动窗口内（1982~2015 年共计 24 个值）NDVI 对气候因子的敏感性，探讨敏感性的年际变化及趋势。全国平均而言，β_T（$r = 0.65$）和 β_P（$r = 0.41$）均呈下降趋势，但 β_R 随年份无明显变化规律（$r = 0.08$）（图 19.4）。在空间上，大部分地区 β_T 呈下降趋势，仅新疆中北部、西藏西部、云贵高原以及松嫩平原呈升高趋势；而 β_P 和 β_R 的升降趋势面积则基本相当（图 19.5），其中 β_P 呈升高趋势的地区主要出现在大兴安岭南部、西北地区、华中地区、西藏中南部以及两广沿海等，其余地区主要呈下降趋势，尤其是中国东部以及黑龙江北部；而 β_R 升降趋势发生的区域基本与 β_P 相反，最大值主要出现在云贵高原西侧以及西藏东南侧等地区。

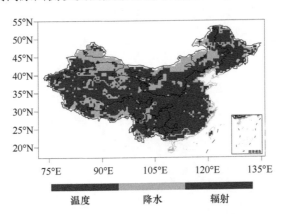

图 19.3　控制植被生长的主要气候因子格局分布

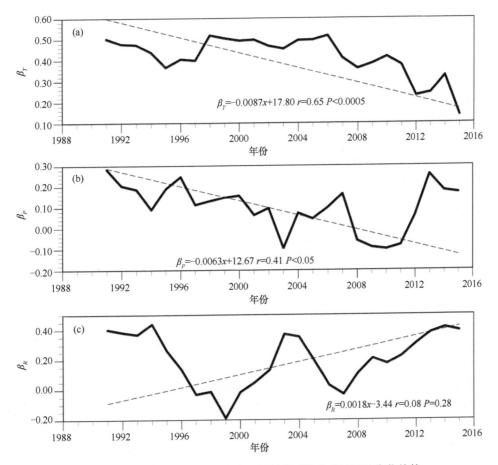

图 19.4　中国植被对温度、降水、辐射敏感性的区域平均变化趋势

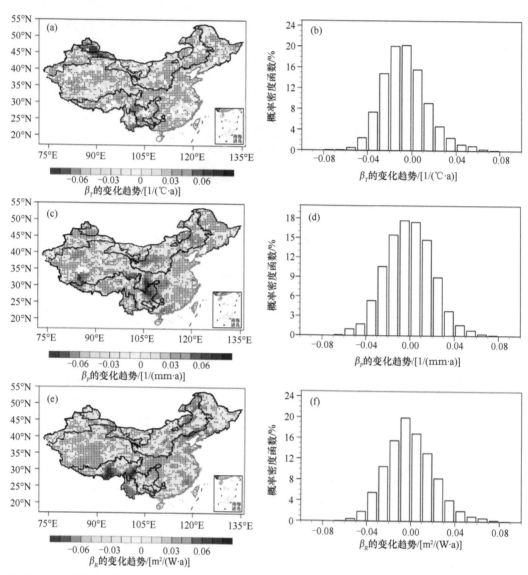

图 19.5　中国植被对温度（a）、降水（c）、辐射敏感性（e）变化趋势（10 年滑动平均）的空间分布；
（b）（d）（f）为对应的概率密度函数分布

19.3　全球变化对中国生态脆弱区演变影响的模拟分析

地球系统模式（Earth System Models，ESMs）是模拟地球系统各圈层物理、化学、生物过程及其相互作用的复杂模式系统，是目前开展全球变化研究最重要的理论与模拟工具（曾庆存和林朝晖，2010）。为了对各国发展的全球耦合气候系统模拟（后发展为地球系统模式）的性能进行比较，世界气候研究计划（WCRP）发起组织了国际耦合模式比较计划（Coupled Model Intercomparison Project，CMIP），至今已发起了 6 次 CMIPs，极大地推动了模式发展，增进了对地球气候系统的科学理解（周天军等，2019）。2015 年第六次国际耦合模式比较计划（CMIP6）开始实施，涉及的试验于 2018 年陆续展开，到 2020 年参与该计划的模式已完成绝大部分试验并发布了模式结果（https://esgf-node.llnl. gov/projects/cmip6/）。CMIP6 是该计划实施 20 多年来参与的模式数量最多、设计的数值试验最丰富、所提供的模拟数据最庞大的一次比较计划（周天军等，2019）。

CMIP6 试验包括历史试验、情景模式比较计划等多组试验。其中历史试验（Historical）是参与 CMIP6 的每个模式组必须完成的核心模拟试验之一，是指在工业革命前参照试验（piControl）的某个时间点启动，利用外强迫（如土地利用、温室气体排放和浓度等）的观测数据驱动模式，进行 1850 年以来的历史模拟。该试验主要用来评估模式对气候变化（气候变率、百年尺度趋势等）的模拟能力（Eyring et al.，2016）。

情景模式比较计划（ScenarioMIP）是 CMIP6 最重要的子计划之一，即基于不同的共享社会经济路径（SSP）和辐射强迫组合形成未来不同情景，研究气候系统及人类社会的变化。SSP 是基于不同能源结构所产生的人为排放以及土地利用的可能变化而设计的，主要包括 SSP1、SSP2、SSP3、SSP4 和 SSP5，分别表示可持续、中度、局部、不均衡和常规发展 5 种路径（张丽霞等，2019；van Vuuren et al.，2012）。

本章将利用 CMIP6 模式数据，研究当前气候条件下中国植被对气候变化的敏感性特征，并预测未来气候变化可能对植被造成的影响。首先，下载 18 个模式（表 19.1）的历史（Historical）数据，包括 LAI、温度和降水三个要素的月数据，然后根据评估结果选取若干 ESMs，并下载其 ScenarioMIP 试验结果进行植被敏感性的预估。为方便起见，模式结果均以 r1i1p1 为例。对于未来情景试验，选用 SSP1-2.6、SSP2-4.5 和 SSP5-8.5 三种情景（表 19.2）。2.6、4.5 和 8.5 表征在各个路径下到 2100 年达到的辐射强迫量（温室气体、

表 19.1　本书所用的 18 个 CMIP6 模式介绍

模式名	模式开发机构	水平分辨率
ACCESS-ESM1-5	CSIRO（澳大利亚）	145×192
BCC-CSM2-MR	BCC（中国）	160×320
CanESM5	CCCMA（加拿大）	64×128
CanESM5-CanOE	CCCMA（加拿大）	64×128
CESM2-WACCM	NCAR（美国）	192×288
CMCC-CM2-SR5	CMCC（意大利）	192×288
EC-Earth3-Veg	EC-Earth-Consortium（欧洲）	256×512
FIO-ESM-2-0	FIO（中国）	192×288
INM-CM4-8	INM（俄罗斯）	120×180
INM-CM5-0	INM（俄罗斯）	120×180
IPSL-CM6A-LR	IPSL（法国）	143×144
MIROC-ES2L	MIROC（日本）	64×128
MPI-ESM1-2-HR	MPI（德国）	192×384
MPI-ESM1-2-LR	MPI（德国）	96×192
NorESM2-LM	NCC（挪威）	96×144
NorESM2-MM	NCC（挪威）	96×144
TaiESM1	AS-RCEC（中国台湾）	192×288
UKESM1-0-LL	MOHC（英国）	144×192

表 19.2　本书所用到的未来情景介绍

情景名称	共享社会经济路径	辐射强迫路径	情景特点
SSP1-2.6	SSP1 可持续发展	2100 年辐射强迫稳定在约 2.6W/m² (低)	可支持把全球平均增暖控制在较工业化前水平 2℃ 以内的目标研究 (更新后的 RCP2.6)
SSP2-4.5	SSP2 中度发展	2100 年辐射强迫稳定在约 4.5W/m² (中)	土地利用和气溶胶路径处于中等水平 (更新后的 RCP4.5)
SSP5-8.5	SSP5 化石燃料驱动的发展	2100 年辐射强迫稳定在约 8.5W/m² (高)	唯一可使 2100 年人为辐射强迫达到 8.5 W/m² 的共享社会经济路径 (更新后的 RCP8.5)

气溶胶和臭氧等)。其中,SSP1-2.6 代表多模式集合平均温度可能在 2100 年显著低于 2℃ (RCP2.6 是低浓度排放路径),可以支持关于 2℃ 温升目标的研究,因此受到广泛关注 (O'Neil et al.,2016);SSP2-4.5 代表中等社会脆弱性与中等辐射强迫的组合 (RCP4.5 是中等浓度排放路径情景);SSP5-8.5 则代表高浓度排放路径情景的共享社会经济路径。

19.3.1　历史模拟评估

1. 温度

中国 1982~2014 年生长季多年平均温度及变化趋势空间分布如图 19.6 所示:①我

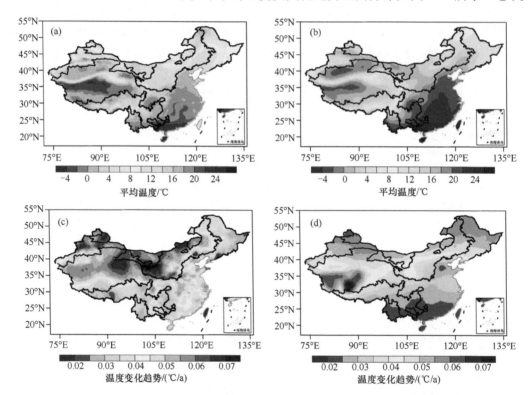

图 19.6　1982~2014 年生长季多年平均温度和变化趋势

(a) 和 (c) 为观测,(b) 和 (d) 为多模式平均国生长季温度高值区域位于华南和华东地区，低值区位于青藏高原和东北地区。多模式平均（multimodel ensemble mean，MME）的平均温度与观测气候态的空间分布特征基本一致，其相关系数达到 0.95，但模式存在系统性高估，尤其在北方脆弱区和南方脆弱区（西南溶岩山地石漠化区）显著偏高。②从变化趋势的空间分布来看，1982～2014年中国都表现出升温的趋势，北方脆弱区以及青藏高原北部升温最为明显，模式表明大部分地区也呈现增温趋势，高值区位于青藏高原东北部地区，全国整体增温趋势比观测数据偏小，但在东北地区存在明显高估。

　　图 19.7（a）给出了观测及模式模拟的我国生长季多年平均温度及变化趋势。结果表明，所有模式均高估了生长季温度（模式值：9.9～14.0℃；观测值：9.4℃）；与观测的温度变化趋势（0.0159℃/a）相比，5 个模式（CESM2-WACCM、ACCESS-ESM1-5、UKESM1- 0-LL、CanESM5-CanOE 和 CanESM5）高估了温度变化趋势（0.0167～0.0232℃/a），其他 13 个模式则低估了温度变化趋势（0.0101～0.0158℃/a）。IPSL-CM6A-LR 无论是对温度平均值还是对变化趋势的模拟效果都最好［图 19.7（a）］。图 19.7（b）是各模式与观测数据之间的空间相关系数和均方根误差，所有模式与观测的空间相关系数都大于 0.82，且除 CanESM5、CanESM5-CanOE 和 MIROC-ES2L 之外的模式相关系数均在 0.90 以上；模式与观测之间的均方根误差 RMSE 在 4.0～7.0，其中 BCC-CSM2-MR和 EC- Earth3-Veg 最小。

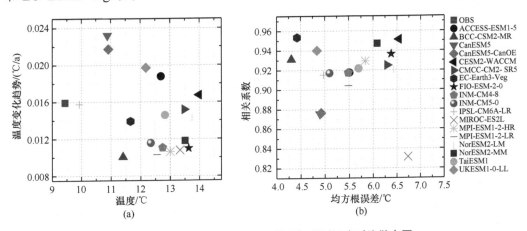

图 19.7　1982～2014 年生长季模式与观测温度对比散点图

（a）温度平均值和趋势；（b）模式与观测降水之间的均方根误差和空间相关性

2. 降水

　　观测与模式降水的多年平均及变化趋势空间分布如图 19.8 所示：①我国生长季降水从东南向西北呈明显递减趋势，高值区域位于华南和华东南部地区，低值区在西北地区。MME 在南方脆弱区模拟偏大，其他区域分布特征与观测基本一致。②1982～2014 年中国典型脆弱区的大部分区域都出现生长季降水减少的趋势，特别是在北方农牧林草区，降水减少最为明显。模式模拟的降水趋势变化较观测相对偏小，但在青藏高原脆弱区偏大。

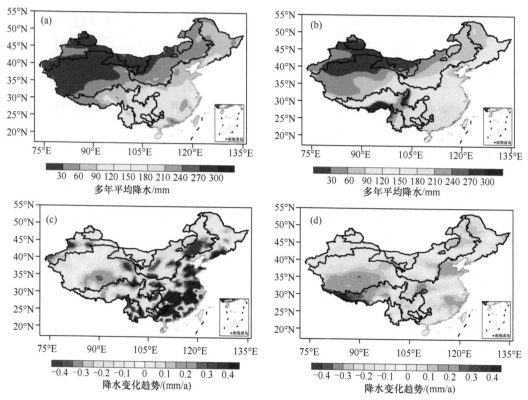

图 19.8　1982~2014 年生长季多年平均降水和降水变化趋势

(a) 和 (c) 为观测，(b) 和 (d) 为多模式平均

　　整体而言，所有模式均高估了生长季降水（模式值：78~118mm；观测值：63mm），BCC-CSM2-MR、EC-Earth3-Veg、MPI-ESM1-2-HR 和 IPSL-CM6A-LR 对降水均值模拟较好，偏高 15~17mm；与观测的降水变化趋势（0.0093mm/a）相比，6 个模式（CESM2-WACCM、ACCESS-ESM1-5、UKESM1-0-LL、CanESM5-CanOE、CanESM5 和 MIROC-ES2L）呈下降趋势（-0.0556~-0.0099mm/a），其他 12 个模式则呈上升趋势（0.0102~0.0766mm/a），其中 MPI-ESM1-2-HR 和 NorESM2-MM 对降水变化趋势的模拟效果最好［图 19.9（a）］。图 19.9（b）是各模式与观测数据之间的空间相关系数和均方根误差，除了 CMCC-CM2-SR5、TaiESM1 和 UKESM1-0-LL 以外，其他模式与观测的空间相关系数均在 0.6 以上；EC-Earth3-Veg、IPSL-CM6A-LR 和 BCC-CSM2-MR 的均方根误差最小（RMSE<50mm）。

3. LAI

　　图 19.10 显示了观测与模式集合平均的生长季多年平均 LAI 和变化趋势的空间分布特征。多模式平均可以很好地再现 LAI 从东南向西北递减的分布特征，与观测的空间相关系数为 0.81，但对典型脆弱区存在高估现象。观测显示，除东北零星地区、北方农牧林草区北部 LAI 呈现退化趋势外，全国绝大部分地区均为显著增长趋势。MME 能模拟出全国 LAI 普遍增长趋势，但对增长幅度的模拟存在显著偏差。

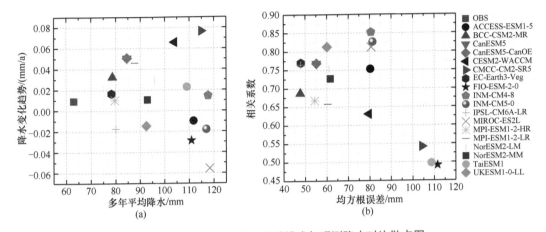

图 19.9　1982～2014 年生长季模式与观测降水对比散点图

（a）降水平均值和趋势；（b）模式与观测降水量之间的均方根误差和空间相关性

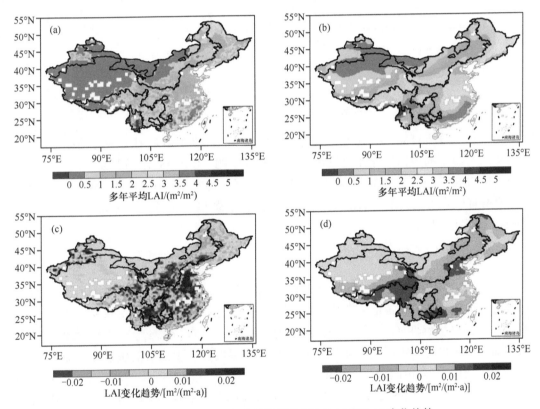

图 19.10　1982～2014 年生长季多年平均 LAI 和 LAI 变化趋势

（a）和（c）为观测，（b）和（d）为多模式平均

　　在全部 18 个模式中，14 个模式对生长季 LAI 均值的模拟偏高（模式值：1.056～3.139 m^2/m^2；观测值：1.134 m^2/m^2），CanESM5-CanOE 和 CanESM5 模拟最好；与观测的 LAI 变化趋势 [0.0015$m^2/(m^2 \cdot a)$] 相比，8 个模式（CMCC-CM2-SR5、CESM2-WACCM、NorESM2-MM、NorESM2-LM、TaiESM1、EC-Earth3-Veg、MIROC-ES2L 和 BCC-CM2-

MR）高估了变化趋势 [0.0018～0.0057 m²/(m²·a)]，其他 10 个模式则为低估 [0.0002～0.0014 m²/(m²·a)]；总体而言，CanESM5、CanESM5-CanOE 和 IPSL-CM6A-LR 对生长季 LAI 平均值和变化趋势的模拟最好 [图 19.11（a）]。此外，除了 CESM2-WACCM、NorESM2-LM 和 NorESM2-MM，其余模式（15 个）与观测资料之间的空间相关系数均在 0.6 以上；多数模式（11 个）的均方根误差小于 1 [图 19.11（b）]。

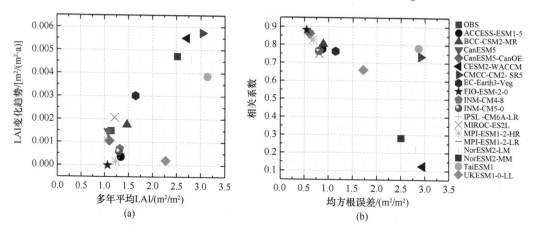

图 19.11　1982～2014 年生长季模式与观测 LAI 对比散点图
（a）LAI 平均值和趋势；（b）模式与观测 LAI 之间的均方根误差和空间相关性

　　通过以上分析可知，CMIP6 模式对中国生长季气候及 LAI 特征有较好的模拟能力。所有模式对温度的模拟均存在暖偏差，18 个模式中的 13 个模式高估温度变化趋势，其中 IPSL-CM6A-LR 模式结果与观测数据最为一致。模式大致可以表现出降水的空间分布，但所有模式的生长季降水都高于观测数据。大多数模式对多年平均 LAI 和变化趋势的模拟都存在高估。

　　4. 植被对气候变化敏感性

　　评估了 CMIP6 模式对气候和植被因子的模拟效果之后，进一步对中国生长季植被对气候变化敏感性的模拟能力（幅度和符号）进行评估。图 19.12 是观测及 CMIP6 模式的 LAI 对温度敏感性（β_T）的空间分布。观测结果与 NDVI 敏感性（19.2）类似，除了东北部分地区以外，中国绝大多数地区的 LAI 对温度都表现出正的敏感性（即 LAI 和温度同向变化），高值区位于我国中东部地区。不同模式的模拟结果差异较大，其中 5 个模式（CanESM5、CanESM5-CanOE、IPSL-CM6A-LR、MPI-ESM1-2-LR 和 MPI-ESM1-2-HR）模拟的 β_T 与观测的空间相关系数相对较高。MME 在华北、华东和西南南部为弱的负敏感，与观测相反，而在西部则较观测偏大。

　　图 19.13 是观测及 CMIP6 模式 LAI 对降水敏感性（β_P）的分布格局。观测的高值区集中于华北及黄土高原东南部；模式模拟结果整体偏大，特别是在中国北方地区；MME 的模拟结果可以较好地模拟出华北和黄土高原东南部的正值区以及中国南部的零星负值区，而对其他区域的负值区未能模拟出来；根据模拟和观测 β_P 的空间相关系数，

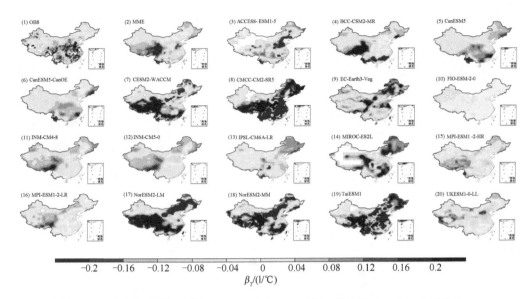

图 19.12　中国生长季观测及 CMIP6 模式 LAI 对温度敏感性（β_T）的空间分布

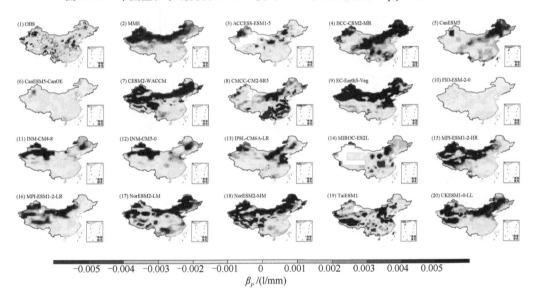

图 19.13　中国生长季观测及 CMIP6 模式 LAI 对降水敏感性（β_P）的空间分布

CanESM5-CanOE、INM-CM4-8、INM-CM5-0 和 MPI-ESM1-2-LR 的模拟效果较好。

下文评估模式对植被敏感性正负符号的模拟能力。如图 19.14 所示，其中紫色和绿色分别代表观测的敏感性为正值和负值，数值则代表与观测敏感性一致的模式个数。基于观测所得的中国区域 β_T 在绝大多数地区（全国格点数的 72%）为正值，因此模式对正值的模拟一致性要明显优于负值。在 β_T 正值区，约 78% 的格点上超过一半的模式可以模拟出正值；而在负值区，几乎所有格点都只有不到一半的模式能够模拟出负值。模拟敏感性符号一致性最强的区域位于我国西北地区东部［图 19.14（a）和（b）］。

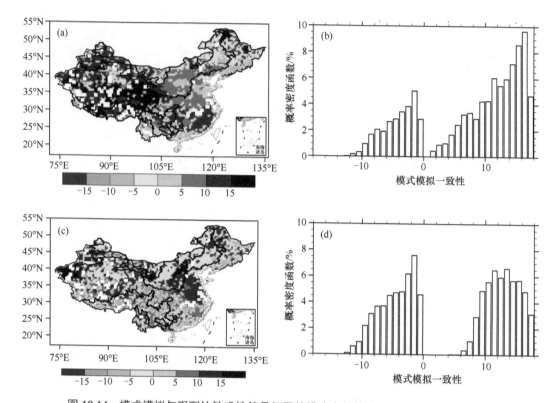

图 19.14　模式模拟与观测的敏感性符号相同的模式个数的空间分布及概率密度函数
（a）和（b）LAI 对温度的敏感性；（c）和（d）LAI 对降水的敏感性
（a）和（c）中紫色和绿色分别代表观测的敏感性为正值和负值，数值则代表与观测敏感性一致的模式个数

　　基于观测的中国区域 β_P 为正值的格点数大约占 53%，负值占 47%。与 β_T 类似，模式的一致性在正值区高于负值区：在 β_P 正值区，大约有 91% 的格点上至少有九个模式都可以模拟出正值；而在负值区，几乎所有格点都只有一半以下的模式能够模拟出负值，正负符号模拟一致性较好的区域位于华北南部及华中北部地区 [图 19.14（c）和（d）]。

　　综上，模式关于 LAI 对温度、降水敏感性符号的模拟能力均表现出对正值区的模拟优于对负值区的模拟。

　　由于模式对气候模拟也存在偏差，因此在气候空间评估模式对植被敏感性的模拟效果更为合理。为方便起见，下文对生长季气候态月平均降水取以 10 为底的对数（$\lg P_c$）。图 19.15 是观测及各模式 β_T 在气候态温度和降水的空间分布。每个模式的气候态范围都有所不同，整体而言，模式的范围大于观测。植被敏感性在气候空间的分布也存在较大差别，观测的高值区为温度在 10～18℃、降水在 35～160mm 的区域，仅 CanESM5、IPSL-CM6A-LR 和 MIROC-ES2L 的模拟结果可以重现此高值区。

　　图 19.16 是观测和各模式 β_P 的气候空间分布。观测结果显示正负敏感性分布较为零散，模式结果与观测结果存在较大差异，但各个模式结果的正负值区域则更加集中。

　　综上，模式模拟植被敏感性对于气候态空间的具体依赖关系普遍存在较大偏差，模拟效果有待提高。

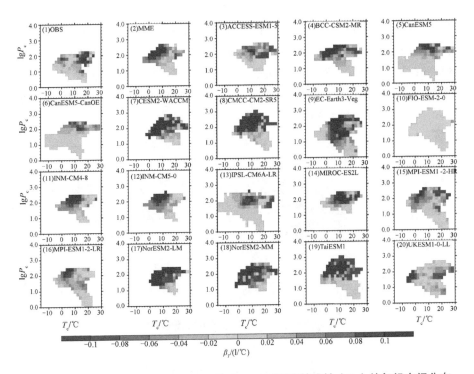

图 19.15　中国生长季观测及 CMIP6 模式 LAI 对温度敏感性（β_T）的气候空间分布

选取 T_c 和 $\lg P_c$ 间隔分别是 0.5℃和 0.05

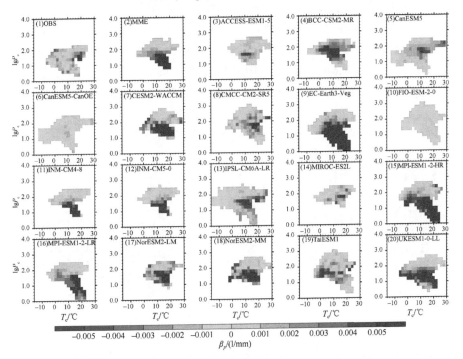

图 19.16　中国生长季观测及 CMIP6 模式 LAI 对降水敏感性（β_P）的气候空间分布

选取 T_c 和 $\lg P_c$ 间隔分别是 0.5℃和 0.05

　　图19.17是气候空间中模式模拟的LAI对温度敏感性符号与观测的一致性。敏感性为正号且一致性的模式个数超过一半的区域主要分布于两个气候区间（–3<T_c<5℃、20<P_c<80mm；7<T_c<15℃、8<P_c<50mm），但多数模式没能模拟出这两个气候区间之间出现的负值区域。此外，模式和观测LAI对降水敏感性符号一致性较好的区间主要在10<T_c<25℃、30<P_c<210mm的区域。

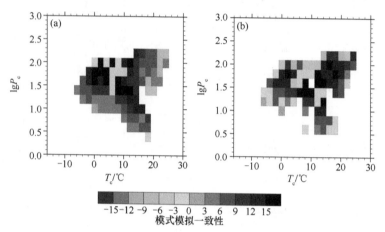

图19.17　气候空间中与观测的敏感性符号相同的模式个数分布
紫色和绿色分别代表观测的敏感性为正值和负值，数值则代表与观测敏感性一致的模式个数

　　图19.18是观测与不同模式对于中国及典型脆弱区植被敏感性平均值的对比图。基于观测得到的中国区域及脆弱区β_T均为正值，其中脆弱区β_T更强（中国：0.042，脆弱区：0.049）。除了5个模式（ACCESS-ESM1-5、FIO-ESM-2-0、NorESM2-MM、TaiESM1和UKESM1-0-LL）以外，其余13个模式及MME均能模拟出中国区域及脆弱区β_T为正值，8个模式脆弱区敏感性大于中国区域，其中INM-CM4-8和INM-CM5-0的结果与观测结果最为接近。

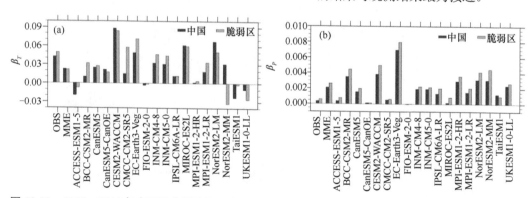

图19.18　1982～2014年中国及典型脆弱区生长季观测及CMIP6模式的LAI对温度（a）、降水（b）的敏感性面积平均值

　　对于β_P，基于观测得到的中国区域及脆弱区β_P均为正值，脆弱区β_P更强（中国：0.0003，脆弱区：0.0006）。除FIO-ESM-2-0外，其余模式以及MME均能模拟出以上特点，其中ACCESS-ESM1-5、CanESM5-CanOE、CMCC-CM2-SR5和MIROC-ES2L的结

果与观测之间的差异最小。

通过相对均方根误差分析法将 18 个 CMIP6 模式关于八个变量的综合模拟能力进行排名,如图 19.19 所示。EC-Earth3-Veg、BCC-CSM2-MR 和 UKESM1-0-LL 对平均温度的模拟效果最好;NorESM2-LM、TaiESM1 和 NorESM2-MM 对温度变化趋势模拟相对较好;IPSL-CM6A-LR、EC-Earth3-Veg 和 BCC-CSM2-MR 对平均降水模拟性能最好;MPI-ESM1-2-HR、EC-Earth3-Veg 和 MPI-ESM1-2-LR 对降水变化趋势模拟较好;FIO-ESM-2-0、CanESM5 和 CanESM5-CanOE 对 LAI 的模拟效果最佳;CanESM5-CanOE、MPI-ESM1-2-LR 和 IPSL-CM6A-LR 对 LAI 变化趋势模拟最好;而关于植被对气候变化的敏感性,FIO-ESM2-0、MPI-ESM1-2-LR、INM-CM4-8 对植被对温度敏感性的模拟效果较好,CanESM5-CanOE、FIO-ESM-2-0、ACCESS-ESM1-5 则在植被对降水敏感性方面模拟性能较好。综合比较之后,最终选取 CanESM5-CanOE、INM-CM5-0、IPSL-CM6A-LR 和 MPI-ESM1-2-LR 四个模式进行未来预估。

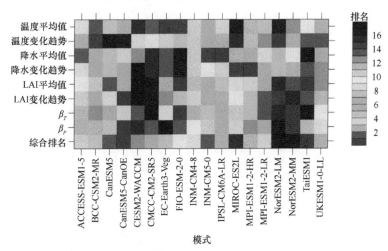

图 19.19　1982~2014 年中国生长季各模式对各变量模拟能力的排名

19.3.2　未来情景预估

本节利用对历史时期模拟性能较好的 4 个耦合模式 CanESM5-CanOE、INM-CM5-0、IPSL-CM6A-LR 和 MPI-ESM1-2-LR 来预估 SSP1-2.6、SSP2-4.5 和 SSP5-8.5 未来情景下(O'Neil et al., 2016)温度、降水、LAI 以及 LAI 对气候变化敏感性的分布特征。取 1982~2014 年作为当前气候时段,2071~2100 年作为未来气候时段,计算模式在两个阶段各变量之间的差值,来探讨未来植被敏感性变化的特征。

1. 未来气候及植被变化特征

图 19.20 是 1982~2100 年中国气候与植被的变化趋势。整体而言,未来三种情景下中国的温度、降水和 LAI 都呈现增加趋势。①从温度长期变化趋势来看,1982~2014 年模式集合平均与观测结果一致,均呈上升趋势,到 21 世纪末最后 30 年,SSP1-2.6、

SSP2-4.5 和 SSP5-8.5 情景下,模式集合平均相对于历史参考期生长季升温幅度分别达到 1.67℃［0.39～2.40℃］、2.82℃［1.84～3.44℃］和 5.16℃［4.17～6.84℃］。②1982～2014 年模式平均得到的降水年际变化幅度略小于观测。从模式集合平均来看,未来 SSP1-2.6 和 SSP2-4.5 的变化趋势较为一致,即在大约 2060 年前呈上升趋势,随后趋于稳定,仅 表现为年际波动;而 SSP5-8.5 情景下则表现出持续甚至加速上升趋势,但模式之间差异 较大。2071～2100 年,三种情景下模式集合降水变化幅度分别为 7.9mm［-6.6～28.4mm］、 8.8mm［-5.6～31.1mm］、18.9mm［1.9～39.9mm］。③1982～2014 年观测和模式集合结 果均表明生长季 LAI 增大。2015～2050 年未来三种情景下 LAI 的增长趋势基本一致; 但 2050～2100 年三种情景之间逐渐出现差异:SSP1-2.6 情景 LAI 趋于稳定,2080 年之 后有略微下降趋势;SSP2-4.5 和 SSP5-8.5 则表现出持续增加的趋势。21 世纪最后 30 年 LAI 均值相对于 1982～2014 年的增长幅度分别为 0.18m²/m²［0.07～0.30 m²/m²］、 0.25m²/m²［0.08～0.39 m²/m²］、0.41m²/m²［0.21～0.78 m²/m²］。

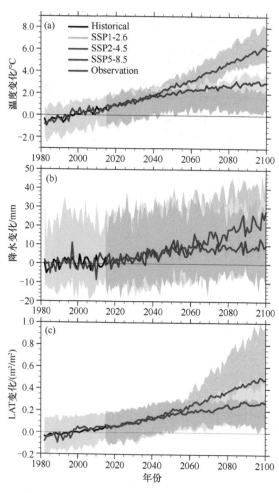

图 19.20　1982～2100 年中国生长季温度、降水、LAI 相对于 1982～2014 年平均值的变化

实线为模式平均变化值,阴影为模式间的标准差,紫色线为 1982～2014 年观测值

2. 未来不同情景下植被敏感性的变化特征

图 19.21 和图 19.22 分别是历史及三种典型情景下四个模式及其集合平均的 LAI 对温度敏感性（β_T）、未来与历史差异的空间分布和概率分布图。MME 显示：①历史时期，β_T 均值为 0.021，在黄土高原、华东北部以及西南南部呈负值，正高值区位于青藏高原南部［图 19.21（a0）］。②未来情景下，β_T 高值区面积有所增加，但核心区仍在青藏高原南部和东北东部；SSP1-2.6 和 SSP2-4.5 在黄土高原、华东北部、西南南部和华南南部呈负值［图 19.21（a1）和（a2）］，而 SSP5-8.5 下几乎所有区域都为对温度正敏感［图 19.21（a3）］，最大值可达 0.049。③与历史时期相比，SSP1-2.6 和 SSP2-4.5 的 β_T 负值区强度增强，正值 β_T 在西北地区减弱、在中东部和东北地区增强，SSP5-8.5 的 β_T 除了在西北北部地区正敏感性减弱，其余大部分区域都明显增大（$\Delta\beta_T=0.028$）［图 19.22（a1）～（a4）］。

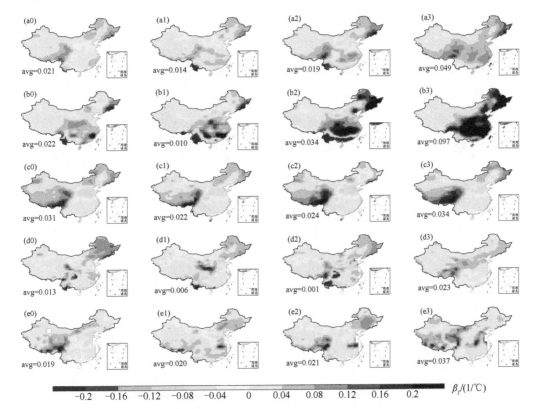

图 19.21　2071～2100 年生长季 MME［（a0）～（a3）］、CanESM5-CanOE［（b0）～（b3）］、INM-CM5-0［（c0）～（c3）］、IPSL-CM6A-LR［（d0）～（d3）］、MPI-ESM1-2-LR［（e0）～（e3）］在历史阶段（第一列）、SSP1-2.6（第二列）、SSP2-4.5（第三列）和 SSP5-8.5（第四列）情景下 LAI 对温度的敏感性（β_T）

单个模式来看，①历史时期，CanESM-CanOE 模拟的 β_T 正高值区位于我国中东部和东北东南部地区，负高值区在西南地区南部；INM-CM5-0 和 MPI-ESM1-2-LR 正高值区在青藏高原脆弱区，负值区出现在黄土高原南部以及华北地区；IPSL-CM6A-LR 正高值区在东北，负高值区在南方脆弱区东部 [图 19.21（b0）～（b3）和（e0）]。②在不同未来情景下，CanESM-CanOE 在 SSP1-2.6 和 SSP2-4.5 下 β_T 空间分布较一致（西南南部、华南南部和黄土高原北部均为负值），而在 SSP5-8.5 下 β_T 全国几乎全为正值，且强度最大 [图 19.21（b1）～（b3）]；INM-CM5-0 在三种情景下空间分布相似，β_T 正高值区在青藏高原脆弱区 [图 19.21（c1）～（c3）]；IPSL-CM6A-LR 和 MPI-ESM1-2-LR 在 SSP1-2.6 和 SSP2-4.5 下 β_T 格局分布一致，而在 SSP5-8.5 的黄土高原和华东北部变为正敏感 [图 19.21（d1）～（d3）和（e1）～（e3）]。③与历史时期相比，各个模式 $\Delta\beta_T$ 在空间分布和强度上均存在较大差异；CanESM-CanOE 差异最明显，特别表现在 SSP5-8.5 下的中国中东部地区 [图 19.22（b1）～（b4）]；MPI-ESM1-2-LR 在中东部也表现出增强趋势 [图 19.22（e1）～（e4）]；INM-CM5-0 和 IPSL-CM6A-LR 则在中东部表现出正敏感性减弱的现象 [图 19.22（c1）～（c4）和（d1）～（d4）]。

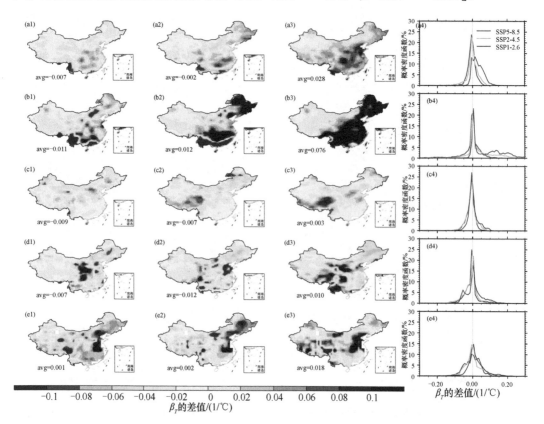

图 19.22　2071～2100 年生长季 MME[（a1）～（a3）]、CanESM5-CanOE[（b1）～（b3）]、INM-CM5-0 [（c1）～（c3）]、IPSL-CM6A-LR [（d1）～（d3）]、MPI-ESM1-2-LR [（e1）～（e3）] 在 SSP1-2.6（第一列）、SSP2-4.5（第二列）和 SSP5-8.5（第三列）情景下与参考时段的植被对温度敏感性（β_T）的差异，（a4）、（b4）、（c4）、（d4）不同模式对应三种情景的概率密度分布（第四列）（参考期：1982～2014 年）

图 19.23 和图 19.24 分别是历史及三种典型情景下四个模式及其集合平均的 LAI 对降水敏感性（β_P）、未来与历史差异的空间分布和概率分布图。MME 显示：①历史时期，β_P 均值为 0.0012，在中国东南部、南方脆弱区东部等地区出现 β_P 负值，β_P 的正高值区位于北方脆弱区中西部［图 19.23（a0）］。②未来情景下，除个别区域外，LAI 在全国范围内普遍呈现对降水的正敏感；且 β_P 随 SSP1-2.6、SSP2-4.5 和 SSP5-8.5 依次增大（0.0018～0.0022）［图 19.23（a1）～（a3）］。③与历史时期相比，三种未来情景下有零星区域 β_P 减小，大多数地区均增大（$\Delta\beta_P=0.0005～0.0010$）［图 19.23（a1）～（a4）］。

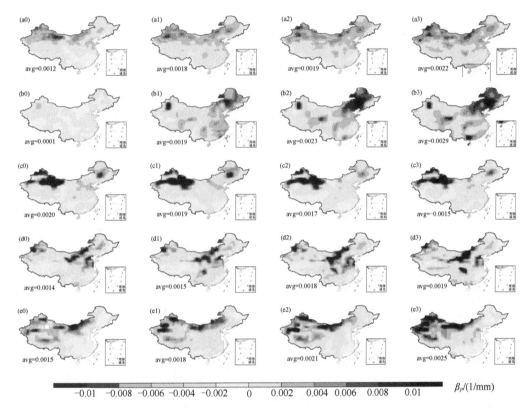

图 19.23　2071～2100 年生长季 MME［（a0）～（a3）］、CanESM5-CanOE［（b0）～（b3）］、INM-CM5-0［（c0）～（c3）］、IPSL-CM6A-LR［（d0）～（d3）］、MPI-ESM1-2-LR［（e0）～（e3）］在历史阶段（第一列）、SSP1-2.6（第二列）、SSP2-4.5（第三列）和 SSP5-8.5（第四列）情景下 LAI 对降水的敏感性

单个模式来看，①历史时期，CanESM-CanOE 模拟的 β_P 在北方脆弱区表现出负值；其余三个模式均在北方脆弱区表现出正 β_P，但强度有所不同［图 19.23（b0）、（c0）和（d0）］。②在未来不同情景下，CanESM-CanOE 在三种情景下高值区均在东北地区［图 19.23（b1）～（b3）］；INM-CM5-0 在三种情景下空间分布相似，正高值区在北方脆弱区西部，而南方脆弱区西部则为负［图 19.23（c1）～（c3）］；IPSL-CM6A-LR 的未来格局一致，高值区位于黄土高原脆弱区，而 SSP5-8.5 下的黄土高原和华东北部变为正敏

感［图 19.23（d1）～（d3）］；MPI-ESM1-2-LR 在 SSP1-2.6 情景下中东部为正值，而在另外两种情景下，中东部为负值，但高值区均在西北地区［图 19.23（e1）～（e3）］。③与历史时期相比，各个模式 $\Delta\beta_P$ 在空间分布和强度上均存在较大差异；CanESM-CanOE 未来敏感性增强最多［图 19.24（b1）～（b4）］；MPI-ESM1-2-LR 在大部分区域表现出减弱趋势［图 19.24（c1）～（c4）］；INM-CM5-0 的增强区域较集中，基本位于中部地区［图 19.24（d1）～（d4）］；IPSL-CM6A-LR 则在中东部表现出正敏感性，在西北地区增强，在黄土高原地区减弱［图 19.24（e1）～（e4）］。

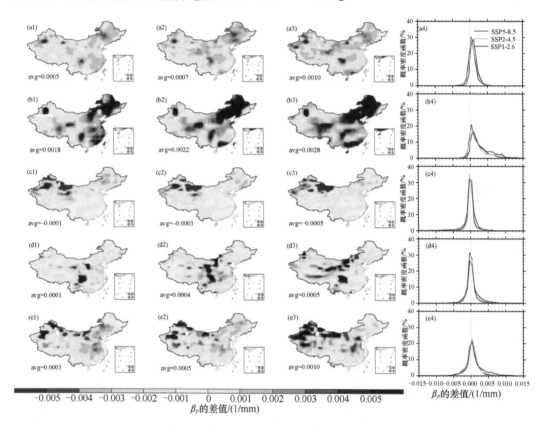

图 19.24　2071～2100 年生长季 MME[（a1）～（a3）]、CanESM5-CanOE[（b1）～（b3）]、INM-CM5-0 [（c1）～（c3）]、IPSL-CM6A-LR [（d1）～（d3）]、MPI-ESM1-2-LR [（e1）～（e3）] 在 SSP1-2.6（第一列）、SSP2-4.5（第二列）和 SSP5-8.5（第三列）情景下与参考时段的植被对降水敏感性的差异，（a4）、（b4）、（c4）、（d4）不同模式对应三种情景的概率密度分布（第四列）（参考期：1982～2014 年）

　　图 19.25 给出了历史及未来情景下中国及典型脆弱区敏感性、未来与历史敏感性差异的平均值。结果显示：①脆弱区的 β_T 在 SSP1-2.6 和 SSP2-4.5 情景下也有类似下降趋势，且下降幅度大于全国平均值；在 SSP5-8.5 情景下显著上升，但上升幅度小于全国平均值。②脆弱区的 β_P 在未来三种情景下逐步上升，并且增长幅度始终大于全国平均值。

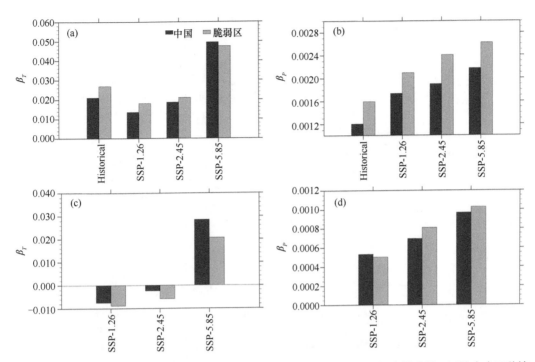

图 19.25 中国及典型脆弱区历史及未来情景下 LAI 对温度（a）、降水（b）敏感性，以及未来三种情景与 LAI 对温度（c）、LAI 对降水（d）敏感性历史时期的差异

19.3.3　不同未来变化情景下 1.5℃和 2℃增温对中国植被总初级生产力和生物量的影响

　　由于全球增温可能导致人类生存环境恶化，《巴黎协定》将"与工业革命之前相比，控制全球增温在 2℃以内，并努力实现 1.5℃以内"作为主要目标之一。在实现此目标的过程中，作为陆面的重要组成部分，植被对增温的响应显得尤为重要。因此，本节主要利用 CMIP6 不同情景下的输出结果，研究 1.5℃和 2℃增温框架下，中国植被总初级生产力和生物量的变化趋势。

　　选取 CMIP6 中 16 种地球系统模式（见图 19.26 的图注）在未来情景下对植被总初级生产力和生物量的模拟结果。模式预测结果显示，SSP1-2.6 和 SSP5-8.5 情景下，全球平均温度将继续上升。与 1850～1900 年多年平均的全球平均温度相比，两种情景下的全球平均温度分别在 2026 年和 2025 年达到 1.5℃增温，在 2051 年和 2037 年达到 2 ℃增温。因此，参考 Jiang 等（2016）的做法，分别以各时间节点前后 10 年间（即 2016～2035 年、2015～2034 年、2041～2060 年、2027～2046 年）的植被变量平均值考察不同情景下 1.5℃、2 ℃增温对中国植被生物量的影响。在此，选取 1995～2014 年作为参考时段（图 19.26）。

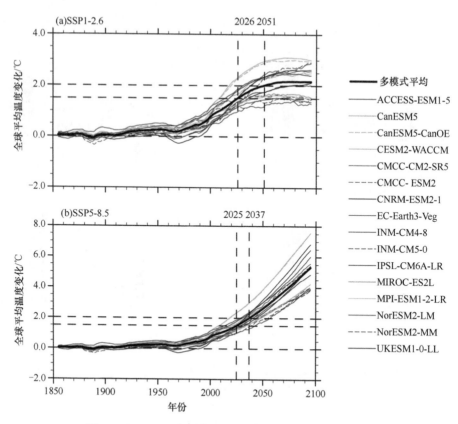

图 19.26　1850~2100 年不同情景下全球平均温度的变化

MME 为多模式平均

　　就 21 世纪整体而言，与 1995 年相比，SSP1-2.6 和 SSP5-8.5 情景下中国植被 GPP 和总生物量（C_{veg}）均呈上升趋势。对于 GPP 而言，SSP1-2.6 情景下 GPP 缓慢上升，至 2059 年达到最大值，随后略有下降，并逐渐趋于平稳，21 世纪末其增量大约为 1.88 Pg C/a，而在全球 1.5℃和 2℃增温时，GPP 的增量分别为 1.14 Pg C/a 和 1.93 Pg C/a；SSP5-8.5 情景下的 GPP 迅速增长，至 2100 年达到最大值，其增量大约为 5.87 Pg C/a，同时，在全球 1.5℃和 2℃增温时，GPP 的增量分别为 1.14 Pg C/a 和 1.81 Pg C/a。植被总生物量 C_{veg} 的走势与 GPP 类似，在 SSP1-2.6 情景下，全球 1.5℃和 2℃增温分别导致植被生物量增长 3.24 Pg C 和 8.10 Pg C，SSP5-8.5 情景下分别为 2.51 Pg C 和 4.20 Pg C，而在 2100 年两情景的植被生物量增量分别为 11.28 Pg C 和 17.63 Pg C（图 19.27）。

　　与 1995~2014 年相比，不同情景下 1.5℃增温对中国植被总初级生产力的影响在空间上具有相似性。在 SSP1-2.6 和 SSP5-8.5 情景下，1.5℃增温导致全国范围的 GPP 明显增加，其中华北和华南地区为 GPP 增量的高值区；与 1.5℃增温相比，2℃增温进一步提高了植被 GPP 的增长幅度，但核心区基本不变（图 19.28）。全球增温情景下，植被生物量的增长核心区与 GPP 相似，此处略去。

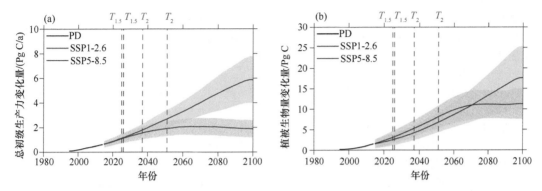

图 19.27　1995～2100 年不同情景下全国平均植被总初级生产力（a）和植被生物量（b）的变化

其中，$T_{1.5}$ 和 T_2 分别表示全球 1.5℃和 2℃增温的时间点，PD 表示 1995～2014 年

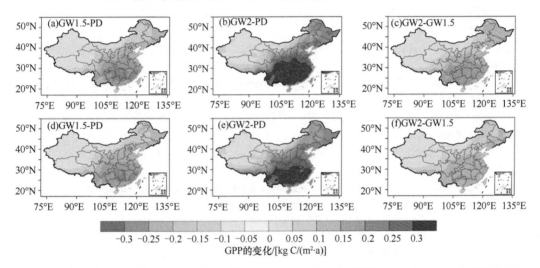

图 19.28　不同情景下（第一行 SSP1-2.6，第二行 SSP5-8.5），全球增温 1.5℃和 2 ℃对中国植被总初
级生产力 GPP 的影响，以及增温 1.5℃和 2 ℃对 GPP 影响的差异

参 考 文 献

何航, 张勃, 侯启, 等. 2020. 1982–2015 年中国北方归一化植被指数(NDVI)变化特征及对气候变化的响
　　应. 生态与农村环境学报, 36(1): 70-80.

侯英雨, 柳钦火, 延昊, 等. 2007. 我国陆地植被净初级生产力变化规律及其对气候的响应. 应用生态
　　学报, 18(7): 1546-1553.

金凯, 王飞, 韩剑桥, 等. 2020. 1982–2015 年中国气候变化和人类活动对植被 NDVI 变化的影响. 地理
　　学报, 75(5): 961-974.

刘东霞, 卢欣石. 2008. 呼伦贝尔草原生态环境脆弱性评价. 中国农业大学学报, 13(5): 48-54.

刘军会, 邹长新, 高吉喜, 等. 2015. 中国生态环境脆弱区范围界定. 生物多样性, 23(6): 725-732.

罗承平, 薛纪瑜. 1995. 中国北方农牧交错带生态环境脆弱性及其成因分析. 干旱区资源与环境, 9(1):
　　1-7.

齐月, 房世波, 周文佐. 2014. 近 50 年来中国地面太阳辐射变化及其空间分布. 生态学报, 34(24):
　　7444-7453.

任国玉, 郭军, 徐铭志, 等. 2005. 近 50 年中国地面气候变化基本特征. 气象学报, 6: 942-956.

王丹云. 2021. 植被对气候变化敏感性的特征研究. 北京: 中国科学院大学.

王艳召, 王泽根, 王继燕, 等. 2020. 近 20 年中国不同季节植被变化及其对气候的瞬时与滞后响应. 地理与地理信息科学, 36(4): 6.

吴佳, 高学杰. 2013. 一套格点化的中国区域逐日观测资料及与其它资料的对比. 地球物理学报, 56(4): 1102-1111.

武吉华, 张绅, 江源, 等. 2009. 植物地理学. 北京: 高等教育出版社.

於琍, 曹明奎, 陶波, 等. 2008. 基于潜在植被的中国陆地生态系统对气候变化的脆弱性定量评价. 植物生态学报, 32(3): 521-530.

於琍. 2014. 干旱对生态系统脆弱性的影响研究—以长江中下游地区为例. 长江流域资源与环境, 23(7): 1021-1028.

曾庆存, 林朝晖. 2010. 地球系统动力学模式和模拟研究的进展. 地球科学进展, 25(1): 1-6.

张丽霞, 陈晓龙, 辛晓歌. 2019. CMIP6 情景模式比较计划(ScenarioMIP)概况与评述. 气候变化研究进展, 15(5): 519-525.

张艳武, 张莉, 徐影. 2016. CMIP5 模式对中国地区气温模拟能力评估与预估. 气候变化研究进展, 12(1): 10-19.

赵东升, 高璇, 吴绍洪, 等. 2020. 基于自然分区的 1960–2018 年中国气候变化特征. 地球科学进展, 35(7): 750-760.

赵志平, 刘纪远, 邵全, 等. 2010. 近 30 年来中国气候湿润程度变化的空间差异及其对生态系统脆弱性的影响. 自然资源学报, 25(12): 2091-2100.

周天军, 邹立维, 陈晓龙. 2019. 第六次国际耦合模式比较计划(CMIP6)评述. 气候变化研究进展, 15(5): 445-456.

Anjos L J S, de Toledo P M. 2018. Measuring resilience and assessing vulnerability of terrestrial ecosystems to climate change in South America. Plos One, 13(3), e0194654, 1-15.

Babst F, Bouriaud O, Poulter B, et al. 2019. Twentieth century redistribution in climatic drivers of global tree growth. Science Advances, 5(1): eaat4313, 1-9.

De Keersmaecker W, Lhermitte S, Tits L. et al. 2015. A model quantifying global vegetation resistance and resilience to short-term climate anomalies and their relationship with vegetation cover. Global Ecology and Biogeography, 24(5): 539-548.

Dow K. 1992. Exploring differences in our common future: The meaning of vulnerability to global environmental change. Geoforum, 23: 417-436.

Eigenbrod F, Gonzalez P, Dash J. et al. 2015. Vulnerability of ecosystems to climate change moderated by habitat intactness. Global Change Biology, 21(1): 275-286.

Eyring V, Bony S, Meehl G A. et al. 2016. Overview of the coupled model intercomparison project phase 6 (CMIP6) experimental design and organization. Geoscientific Model Development, 9(5): 1937-1958.

Gabor T, Griffith T K. 1979. The assessment of community vulnerability to acute hazardous materials incidents. Journal of Hazardous Materials, 3(4): 323-333.

Gao Y, Huang J, Li S. et al. 2012. Spatial pattern of non-stationarity and scale-dependent relationships between NDVI and climatic factors-A case study in Qinghai-Tibet Plateau, China. Ecological Indicator, 20: 170-176.

Gonzalez P, Neilson R P, Lenihan J M. et al. 2010. Global patterns in the vulnerability of ecosystems to vegetation shifts due to climate change. Global Ecology and Biogeography, 19: 755-768.

Ichii K, Matsui Y, Yamaguchi Y. 2001. Comparison of global net primary production trends obtained from satellite-based normalized difference vegetation index and carbon cycle model. Global Biogeochemical Cycles, 15(2): 351-363.

IPCC. 2007. IPCC Fourth Assessment Report (AR4): Climate Change 2007: Impacts, Adaptation and Vulnerability. Contribution of Working Group II to the Fourth Assessment Report of the Intergovernmental Panel on Climate Change. Cambridge, UK: Cambridge University Press.

IPCC. 2014. IPCC Fifth Assessment Report (AR5): Climate Change 2014: Impacts, Adaptation, and Vulnerability. Part A: Global and Sectoral Aspects. Contribution of Working Group II to the Fifth Assessment Report of the Intergovernmental Panel on Climate Change. Cambridge, UK: Cambridge University Press.

Jia G S, Shevliakova E, Artaxo P, et al. 2019. Land-climate interactions. IPCC special report on climate change and land. https://www.ipcc.ch/site/assets/uploads/sites/4/2019/11/05_Chapter-2.pdf ［2022-2-21］.

Jiang D B, Sui Y, Lang X M. 2016. Timing and associated climate change of a 2°C global warming. International Journal of Climatology, 36: 4512-4522.

Ji L, Peters A J. 2004. A spatial regression procedure for evaluating the relationship between AVHRR–NDVI and climate in the northern Great Plains. International Journal of Remote Sensing, 25: 297-311.

Li D, Wu S, Liu L, et al. 2018. Vulnerability of the global terrestrial ecosystems to climate change. Global Change Biology, 24(9): 1-12.

Los S O, Collatz G J, Bounoua L, et al. 2001. Global interannual variations in sea surface temperature and land surface vegetation, air temperature, and precipitation. Journal of Climate, 14(7): 1535-1549.

O'Neill B C, Tebaldi C, van Vuuren D P, et al. 2016. The Scenario Model Intercomparison Project (ScenarioMIP) for CMIP6. Geoscientific Model Development, 9(9): 3461-3482.

Pacifici M, Foden W B, Visconti P, et al. 2015. Assessing species vulnerability to climate change. Natural Climate Change, 5: 215-225.

Pei H, Fang S, Lin L, et al. 2015. Methods and applications for ecological vulnerability evaluation in a hyper-arid oasis: a case study of the Turpan Oasis, China. Environmental Earth Sciences, 74: 1449-1461.

Piao S L, Fang J Y, Zhou L M, et al. 2003. Interannual variations of monthly and seasonal normalized difference vegetation index (NDVI) in China from 1982 to 1999. Journal of Geophysical Research-Atmosphere, 108(D14): 4401.

Piao S L, Yin G D, Tan J G, et al. 2015. Detection and attribution of vegetation greening trend in China over the last 30 years. Global Change Biology, 21(4): 1601-1609.

Romieu E, Welle T, Schneiderbauer S, et al. 2010. Vulnerability assessment within climate change and natural hazard contexts: revealing gaps and synergies through coastal applications. Sustainability Science, 5(2): 159-170.

Seddon A W R, Macias-Fauria M, Long P R, et al. 2016. Sensitivity of global terrestrial ecosystems to climate variability. Nature, 531: 229-232.

Timmerman P. 1981. Vulnerability, resilience and the collapse of society: a review of models and possible climatic applications. Toronto, Canada: Institute for Environmental Studies, University of Toronto.

van Vuuren D P, Riahi K, Moss R, et al. 2012. A proposal for a new scenario framework to support research and assessment in different climate research communities. Global Environmental Change, 22(1): 21-35.

Wang S Y, Liu J S, Yang C J. 2008. Eco-Environmental Vulnerability Evaluation in the Yellow River Basin China. Pedosphere, 18: 171-182.

Wang J, Price K, Rich P. 2001. Spatial patterns of NDVI in response to precipitation and temperature in the central Great Plains. International Journal of Remote Sensing, 22(18): 3827-3844.

Watson J E M, Iwamura T, Butt N. 2013. Mapping vulnerability and conservation adaptation strategies under climate change. Natural Climate Change, 3: 989-994.

Wilks D S. 1995 Statistical methods in the atmosphere sciences: An introduction (Academic Press) 467pp.

Xu Y, Shen Z H, Ying L X, et al. 2016. The exposure, sensitivity and vulnerability of natural vegetation in

China to climate thermal variability (1901–2013): An indicator-based approach. Ecological Indicator, 63: 258-272.

Yang W, Yang L, Merchant J W. 1997. An assessment of AVHRR/NDVI-ecoclimatological relations in Nebraska, USA. International Journal of Remote Sensing, 18(10): 2161-2180.

Yang Y J, Wang S J, Bai X Y, et al. 2019. Factors affecting long-term trends in global NDVI. Remote sensing, 10(5): 372.

Zheng H, Shen G, He X, et al. 2015. Spatial assessment of vegetation vulnerability to accumulated drought in Northeast China. Regional Environmental Change, 15: 1639-1650.

第 20 章

全球变化对生态脆弱区
生态系统状态演变影响的模拟分析[①]

摘　要

本章介绍了全球变化背景下生态脆弱区生态系统状态演变的理论数值分析研究。基于能够描述生态脆弱区生态系统的理论动力学模型，利用非线性稳定性分析方法探讨了代表全球变化的扰动对生态脆弱区均一和非均一植被稳定性的影响及其状态变化的物理机制。对于生态脆弱区的均一植被和具有相同强度的扰动振幅，由条件非线性最优初始扰动（CNOP-I）代表的人类活动等的扰动能够导致均一的植被发生突变，转变为荒漠状态，而线性奇异向量（LSV）类型的扰动不能导致其发生突变，进一步的数值结果表明土壤水与植被间的非线性相互作用在植被和荒漠状态转变中起着重要的作用。对于生态脆弱区非均一植被（迷宫状斑图和缺口状斑图），由条件非线性最优参数扰动（CNOP-P）代表的气候变化和植被生长等物理过程的变化能够导致非均一植被的空间模态发生变化，进一步的数值结果表明代表生态脆弱区植被蒸腾的非线性变化是非均一植被发生空间模态变化的重要原因。

20.1　引　言

生态脆弱区分布着多种类型且共存的生态系统（如草原、灌木和荒漠等），由于其对环境条件和人类活动等全球变化的响应极为敏感（Charney，1975；Fu and An，2002；Sankey et al.，2012；Huang et al.，2017；于贵瑞等，2017；Dakos，2018；Chaparro and de Roos，2020），因此经常发生生态脆弱区生态系统转折和突变的现象（Ni，2004；Okin et al.，2009；Sun et al.，2017；Dakos et al.，2019；赵东升和张雪梅，2021；张添佑等，2022）。生态脆弱区生态系统的转折和突变不仅影响全球和区域气候变化、碳、氮、水

---

① 本章作者：孙国栋，曾晓东，崔明，张艳芳；本章审稿人：曾晓东，方华军。

和能量循环等, 而且还影响动物的生物多样性、土壤生产力等 (Eklundh and Olsson, 2003; Lu and Ji, 2006; Notaro et al., 2006; Piao et al., 2007; Clements and Ozgul, 2018)。 因此, 研究生态脆弱区生态系统的转折和突变对了解全球变化和加强生态脆弱区保护具有重要的意义。

数值分析方法是定性和定量研究生态脆弱区生态系统转折和突变的途径之一。利用数值分析方法研究生态脆弱区生态系统转折和突变现象的基础是能够描述生态脆弱区生态系统的理论动力学模型。Zeng 和 Zeng (1996) 以生草量和土壤湿度为研究对象建立了两变量草原动力学模型, 在此基础上, Zeng 等 (2004) 引入了枯草量, 建立了大气-水-土壤相互作用的三变量草原生态系统模型, 并用于研究中国北方内蒙古区域的草原分布, 进而揭示出同一气候条件下草原和荒漠平衡态共存的现象, 与观测较为吻合 (Zeng et al., 2004, 2005)。由于植被对土壤层水分垂直分布变化的响应具有差异性, 因此, Zeng 等 (2006) 进一步提出了五变量草原生态系统模型, 探讨草原生态系统对不同垂直层水分含量变化的响应。上述这些理论动力学模型探讨了均一生态系统的变化。然而, 在生态脆弱区, 常常分布着具有小尺度空间结构变化特征的非均匀生态系统, 如在草原-荒漠过渡带观测到的植被斑块等 (Sherratt and Lord, 2007; Sherratt, 2016)。为了研究生态脆弱区生态系统的时空分布特征, 一些学者基于观测数据建立了能够描述非均一且具有空间分布特征的生态动力学模型。这些模型不仅能够考虑均一生态系统的变化特征, 也能考虑非均一生态系统的变化特征, 例如点状斑图、迷宫状斑图和缺口状斑图等 (Klausmeier, 1999; von Hardenberg et al., 2001)。

利用数值分析方法研究生态脆弱区生态系统的转折和突变现象的另一个基础是稳定性分析方法。生态脆弱区生态系统转折和突变被认为是两个状态之间的转换 (Mauchamp et al., 1994; 冯剑丰等, 2009; 骆亦其和夏建阳, 2020; 徐驰等, 2020)。气候变化和人类活动等扰动是不同类型生态系统状态之间变化的影响因素 (von Hardenberg et al., 2001; Mitchell and Csillag, 2001; Sun and Mu, 2009, 2011)。已有学者利用稳定性分析方法分析了由不同类型的扰动代表的气候变化和人类活动对生态脆弱区生态系统状态转换的影响。例如, Zeng 等 (2004) 用 Lyapunov 方法 (线性方法) 发现了草原和荒漠的平衡状态及其稳定性。然而, 刻画生态脆弱区生态系统的模型是非线性模型, 利用线性方法探索平衡态的稳定性是不合适的, 可能高估生态脆弱区生态系统的稳定性。为了克服传统方法的局限性, 探讨生态脆弱区生态系统的稳定性的恰当方法是运用非线性稳定性分析方法 (如条件非线性最优扰动方法——CNOP 方法, Mu et al., 2003) 探讨了由非线性扰动代表的气候变化和人类活动等对草原和荒漠平衡态转折和突变影响的非线性特征 (Mu and Wang, 2007; Sun and Mu, 2009, 2011; Sun and Xie, 2017)。除此之外, 已有的研究主要关注单一植被且具有均一分布特征的生态系统的稳定性, 很少探讨生态脆弱区多生态系统及具有非均一分布特征生态系统的稳定性。本章将介绍利用不同方法 (包括线性方法和非线性方法) 探讨全球变化背景下生态脆弱区均一和非均一生态系统状态演变的理论数值分析及物理机制。

20.2　全球变化背景下生态脆弱区均一生态系统的状态演变分析

20.2.1　全球变化背景下生态脆弱区均一生态系统状态演变的非线性特征

本节以 Klausmeier（1999）提出的生态动力学理论模型为例，介绍全球变化背景下生态脆弱区均一生态系统状态演变的理论数值分析。该模型描述生态脆弱区植物和土壤水相互作用：

$$\begin{cases} \dfrac{\partial W}{\partial T} = A - LW - RWN^2 \\[2mm] \dfrac{\partial N}{\partial T} = JRWN^2 - MN \end{cases} \tag{20.1}$$

式中，W 和 N 分别代表 X 和 Y 方向的二维区域中的水和植物生物量。式（20.1）第一个公式右端项 A 是降水速率，L 是蒸发速率，非线性项 RWN^2 表示植物吸收水分的速率（即蒸腾）。式（20.1）第二个公式右端第一项是植物生物量的增长率（正比于蒸腾项），第二项 MN 为生物量的凋萎，而 R、J 和 M 均为系数。对于不同的生态系统（树木和草原），每个变量的特征值是不同的（Klausmeier，1999）。尽管每个变量的特征值是不同的，但是模型进行无量纲并简化后的方程是一样的：

$$\begin{cases} \dfrac{\partial w}{\partial t} = a - w - wn^2 \\[2mm] \dfrac{\partial n}{\partial t} = wn^2 - mn \end{cases} \tag{20.2}$$

该模型在不同的物理参数条件下存在不同的稳定解。分析表明，无量纲后的参数 a 在 0.077～0.23 和 m 为 0.045 时，模型能够描述树木和荒漠共存的状态。而当 a 在 0.94～2.81 和 m 为 0.45 时，模型刻画草原和荒漠共存的状态。方程各个变量的特征值、无量纲化方程以及不同参数条件下对应的生态系统详见 Klausmeier（1999）。

下文将分别利用 Lyapunov 方法、线性奇异向量（LSV）方法（Lorenz，1965）和条件非线性最优扰动（CNOP-I）方法（Mu et al.，2003）研究四种生态系统的稳定特性及演变。为了方便读者，下文首先介绍 CNOP-I 方法。对于如下的常微分方程或偏微分方程：

$$\begin{cases} \dfrac{\partial U}{\partial t} = F(U, P) \quad U \in R^n, t \in [0, T] \\[2mm] U\big|_{t=0} = U_0 \end{cases} \tag{20.3}$$

式中，F 为非线性算子；P 为模型参数；U_0 为状态变量的初始值；记常微分方程或偏微分方程的解为如下表达式：$U(\tau) = M_\tau(U_0)$，M_τ 表示方程从初始时间 0 到 τ 的传播算子。令 $U(T; U_0)$ 和 $U(T; U_0) + u(T; u_0)$ 为以 U_0 和 $U_0 + u_0$ 为初值的微分方程式（20.3）的解，其中 $u(T;u_0)$ 描述了由初始误差引起的状态变量的变化。$U(T;U_0)$ 和 $u(T;u_0)$ 满足以下条件：

$$\begin{cases} U(T;U_0) = M_T(U_0) \\ U(T;U_0) + u(T;u_0) = M_T(U_0 + u_0) \end{cases} \qquad (20.4)$$

对于选择的范数 $\| \ \|$，当且仅当

$$J(u_\delta) = \max_{u_0 \in \delta} J(u_0) \qquad (20.5)$$

这里

$$J(u_0) = \| M_T(U_0 + u_0) - M_T(U_0) \| \qquad (20.6)$$

式中，U_0 为参考状态；u_0 为初始条件的误差，满足约束条件 $u_0 \in \delta$。因此，CNOP-I 代表在一定约束范围条件下，目标函数值达到最大的一类初始扰动。为了获得式（20.5）的最大值，通常采用传统的优化算法计算得到，例如序列二次规划（SQP）算法（Barclay et al.，1998）。其中，目标函数关于状态变量的梯度可以通过定义法计算得到。

表 20.1 给出了利用传统的 Lyapunov 线性方法得到的不同物理参数条件下模型的平衡状态及线性稳定性分析。当 $a = 1.2$ 时，系统存在三种平衡状态，一种是线性稳定的草原平衡态，另一种是线性稳定的荒漠平衡态，最后一个是线性不稳定的草原平衡态。与之类似，当 $a = 0.2$ 时，对应为树木或荒漠的三种平衡状态（图 20.1）。

表 20.1　不同平衡态的线性稳定性分析［引自 Sun 和 Zeng（2018）］

类型	平衡态	特征值	稳定性
草原（$a=1.2$）	草原（$w=0.997$, $n=2.21$）	-0.344, -5.093	线性稳定
	草原（$w=0.203$, $n=0.451$）	0.330, -1.084	线性不稳定
	荒漠（$w=1.2$, $n=0$）	-1.000, -0.450	线性稳定
树木（$a=0.2$）	树木（$w=0.189$, $n=4.207$）	-0.040, -18.613	线性稳定
	树木（$w=0.011$, $n=0.238$）	0.040, -1.052	线性不稳定
	荒漠（$w=0.2$, $n=0$）	-1.000, -0.045	线性稳定

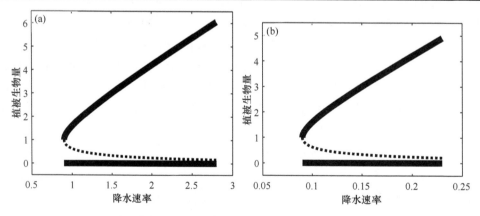

图 20.1　均一生态系统的平衡状态及其稳定性［引自 Sun 和 Zeng（2018）］

实线代表线性稳定的平衡状态，虚线代表线性不稳定的平衡状态。横坐标为降水速率（a），纵坐标为植被生物量（n）

（a）草原；（b）树木

进一步采用 CNOP-I 方法和 LSV 方法分析了上述四个平衡态的非线性稳定性（表 20.2）。当 a = 1.2 和代表扰动振幅的约束值 δ=1.0 时，CNOP-I 型初始扰动（w'=−0.489，n'=−0.872）使得生物量和土壤湿度发生了变化，这种变化代表人类活动等，例如放牧和灌溉等。CNOP-I 型的初始扰动使得草原平衡态转变为荒漠平衡态〔图 20.2（a）、（b）和图 20.3〕。但是，对于相同的约束值 δ= 1.0，由 LSV 类型的初始扰动（w'=−0.741，n'=−0.671）代表的人类活动不能使得草原平衡态转化为荒漠平衡态。荒漠平衡态作为参考状态有相似的数值结果。以上分析结果表明，线性稳定的草原（荒漠）平衡态在非线性框架下是非线性不稳定的（Sun and Zeng，2018）。线性框架下高估了全球变化背景下的草原（荒漠）平衡态的稳定性。

表 20.2　不同草原和树木平衡状态下的 CNOP-I 和 LSV 初始扰动〔引自 Sun 和 Zeng（2018）〕

类型	参考态	δ	CNOP-I	LSV
草原（a=1.2）	草原（w=0.997，n=2.21）	1.0	（w'=−0.489，n'=−0.872）	（w'=−0.741，n'=−0.671）
	荒漠（w=1.2，n=0）	0.53	（w'=0.332，n'=0.413）	（w'=0.365，n'=0.384）
树（a=0.2）	树林（w=0.189，n=4.207）	1.0	（w'=−0.001380，n'=−0.9399）	（w'=−0.0002412，n'=−0.9999）
	荒漠（w=0.2，n=0）	0.24	（w'=0.0125，n'=0.2397）	（w'=0.0721，n'=0.2290）

此外，当 a = 0.2 时，全球变化背景下树木和荒漠平衡态演变的非线性特征如图 20.2 和图 20.3 所示。结果表明，由 CNOP-I 型的初始扰动（w'= 0.0125，n'= 0.2397）代表的

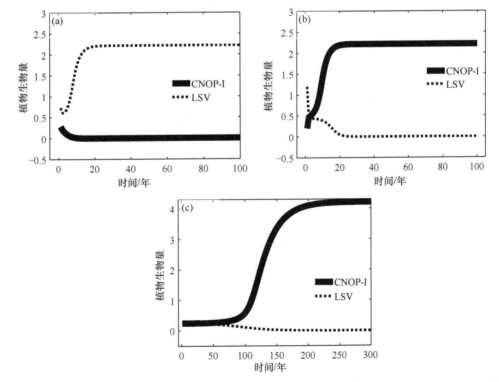

图 20.2　CNOP 和 LSV 叠加在平衡态上的植被生物量的非线性演变〔引自 Sun 和 Zeng（2018）〕
（a）草原（a=1.2）；（b）荒漠（a=1.2）；（c）荒漠（a= 0.2）

人类活动等扰动使得荒漠平衡态将转变为树木平衡态。但是，由 LSV 型的初始扰动（$w' = 0.0721$，$n' = 0.2290$）代表的人类活动使得荒漠保持了平衡状态。进一步的数值结果还表明，以树木作为参考状态的状态演变时间（约 200 年）比以草原作为参考状态的状态演变时间（约 20 年）更长。在理论动力学模型中，植物和土壤湿度的三项变化率大于树木的变化率。草原植物生物量的损失（m）大于树木，这暗示了树木生态系统比草原生态系统更稳定。

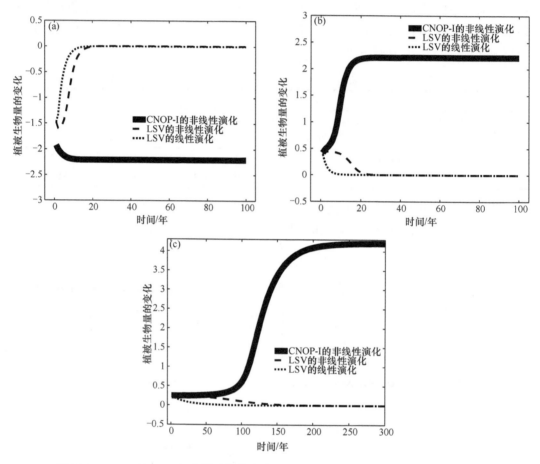

图 20.3　CNOP 和 LSV 两类扰动的非线性和线性演变［引自 Sun 和 Zeng（2018）］
（a）草原（$a = 1.2$）；（b）荒漠（$a = 1.2$）；（c）荒漠（$a = 0.2$）

20.2.2　生态脆弱区均一生态系统状态演变的物理机制

为了分析 CNOP-I 和 LSV 两种类型的初始扰动引起的四种生态系统状态演变差异的动力学机制，首先给出了关于初始扰动的非线性模型［式（20.7）］：

$$\begin{cases} \dfrac{\partial w'}{\partial t} = -w' - (\overline{w} + w')(\overline{n} + n')^2 + \overline{w}\,\overline{n}^2 \\ \dfrac{\partial n'}{\partial t} = (\overline{w} + w')(\overline{n} + n')^2 - \overline{w}\,\overline{n}^2 - mn' \end{cases} \quad (20.7)$$

在式（20.7）中保留关于扰动 w' 和 n' 的一阶项后得到线性模型 [式 20.8]：

$$\begin{cases} \dfrac{\partial w'}{\partial t} = -w' - w'\overline{n}^2 - 2nwn' \\ \dfrac{\partial n'}{\partial t} = w'\overline{n}^2 + 2\overline{wn}n' - mn' \end{cases} \quad (20.8)$$

式中，$\overline{w}$ 和 $\overline{n}$ 为土壤湿度和植被的参考态；w' 和 n' 为土壤湿度和植被的扰动。$(\overline{w} + w')(\overline{n} + n')^2 - \overline{w}\,\overline{n}^2$ 代表关于植被吸收土壤水分的非线性项。$w'\overline{n}^2 + 2\overline{wn}n'$ 是关于扰动的非线性项的线性化。结果表明，CNOP-I 和 LSV 两种类型初始扰动的非线性变化，类似于 CNOP-I 和 LSV 两种类型初始扰动叠加在参照状态上的演变（图 20.3）。进一步的数值结果表明 LSV 的非线性演变和线性演变之间的变化特征相似。

为了探讨关于 CNOP-I 和 LSV 两种类型初始扰动对不同生态系统状态演变影响差异的动力学机制，分析了式（20.7）和式（20.8）右端项的变化（图 20.4）。对于草原平衡态，发现由 CNOP-I 引起的干旱和半干旱地区土壤湿度与植被之间非线性相互作用项 $(\overline{w} + w')(\overline{n} + n')^2 - \overline{w}\,\overline{n}^2$ 的变化程度（0.98）大于线性项（蒸发和植被生物量损失）的变化程度（0.91）（图 20.4），因此 CNOP-I 类型的初始扰动使得草原生态系统转变为荒漠生态系统。尽管 LSV 类型的初始扰动使得干旱和半干旱地区土壤湿度与植被之间线性相互作用 $w'\overline{n}^2 + 2\overline{wn}n'$ 项的变化程度（2.06）也大于线性项 w'（0.15）和 mn'（0.87）的变化程度，但是随着时间的演变，土壤湿度与植被之间的线性相互作用 $w'\overline{n}^2 + 2\overline{wn}n'$ 迅速衰减至 0.15，低于蒸发作用（0.21）和植物生物量损失（0.90）的作用（图 20.4）。其次，CNOP-I 类型的初始扰动导致土壤湿度减少，而剩余的水则无法为植物提供水分，因此草原生态系统演变为荒漠生态系统。然而，LSV 类型的初始扰动，土壤湿度与植被之间的线性变化对于生态系统的影响很小，尽管也会导致土壤水分流失，但是剩余的水分可以维持植物的生长，使得草原生态系统可以维持。因此，用线性动力学模型和 LSV 类型的初始扰动可能无法反映草原生态系统状态演变的非线性特征，而 CNOP-I 类型的初始扰动和非线性动力学模型能够刻画全球变化条件下生态脆弱区草原生态系统状态演变的非线性特征。

当荒漠状态为参考状态（$a=0.12$）时，在起始阶段，CNOP-I 类型的扰动引起的非线性项 $(\overline{w} + w')(\overline{n} + n')^2 - \overline{w}\,\overline{n}^2$ 的变化程度（0.26）小于线性项 w'（0.33）的变化程度 [图 20.4（c）]。然而，随着时间的增长，植被与土壤湿度的非线性效应增强，其变化程度（0.26）大于线性蒸发项（0.04）和植物生物量损失（0.21）[图 20.4（c）]，最终演变为草原生态系统。对于 LSV 而言，植被与土壤湿度之间相互作用的线性项的变化程度始终低于蒸发和植物生物量损失的线性项的变化程度 [图 20.4（d）]，因此始终维持为荒漠生态系统。

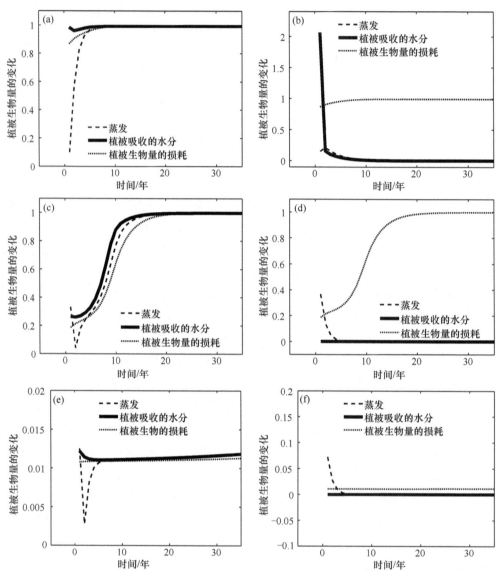

图 20.4 CNOP-I 和 LSV 导致的非线性方程右端项的绝对变化[引自 Sun 和 Zeng（2018）]
(a)、(c) 和（e）：CNOP；(b)、(d) 和（f）：LSV
（a）和（b）：草原（a=1.2）；（c）和（d）：荒漠（a=1.2）；（e）和（f）：荒漠（a = 0.2）

　　对于 a = 0.2 荒漠为参照状态时，在初始阶段，CNOP-I 类型的初始扰动使得土壤湿度和植被之间相互作用非线性项（0.012）和两个线性项（0.012 和 0.011）的影响相同。随着时间的变化，非线性项（0.011）的变化程度大于两个线性项（0.003 和 0.010）的变化程度 [图 20.4（e）]，因此转变为树木生态系统。对于 LSV 型的初始扰动，土壤湿度和植被之间相互作用的线性项的变化程度总是小于其引起的蒸发和植物生物量损失的线性项的变化程度 [图 20.4（f）]，因此始终维持为荒漠生态系统。对于上述两个在不同物理参数条件下的荒漠平衡态，非线性项的作用导致足够的水分用于植物生长，荒漠平衡态最终转换为草地和树木平衡态。但是，线性项的影响导致植物生长所需的水分不足，最终保持了荒漠生态系统。

以树木（$a = 0.2$）作为参照状态时，研究发现 CNOP-I（$w'=-0.001380$，$n'=-0.9399$）和 LSV（$w'=-0.0002412$，$n'=-0.9999$）两种类型的扰动及其对树木生态系统演变的影响是类似的。因此，由 CNOP-I 和 LSV 两种类型的初始扰动引起的树木生态系统的演变是等效的。线性稳定的树木生态系统平衡态也是非线性稳定的。事实上，该模型也可考虑对流项 $\left(v\dfrac{\partial w}{\partial x}\right)$ 和扩散项 $\left[\left(\dfrac{\partial^2}{\partial x}+\dfrac{\partial^2}{\partial y}\right)n\right]$（Klausmeier，1999；Sherratt and Lord，2007；Sherratt，2016），用于探讨具有空间变化特征的植物稳定性，在这里不做讨论。毫无疑问，ET 是干旱和半干旱地区平衡状态之间转折和突变的重要指示因素（Kurc and Small，2004；Huang et al.，2017）。蒸发导致土壤层中水分减少，其结果将导致植物水分的供应不足。因此，很容易发生从草原到荒漠的过渡。与蒸发的影响相比，植被与土壤湿度之间的非线性相互作用也非常重要，并且这种效果将直接导致生态脆弱区生态系统的转折和突变。

20.3　全球变化背景下的生态脆弱区非均一生态系统状态演变的分析

20.3.1　全球变化背景下生态脆弱区非均一生态系统状态演变的影响

在生态脆弱区水资源有限的区域，常常分布着具有空间结构特征的非均一生态系统（例如迷宫状斑图等）（Baudena and Rietkerk，2013）。为了研究非均一生态系统在全球变化背景下的状态演变的理论数值分析，本节将利用 von Harderberg 等（2001）建立的两变量动力学模型。动力学模型如下：

$$
\begin{cases}
\dfrac{\partial n}{\partial t} = \dfrac{\gamma w}{1+\sigma w}n - n^2 - \mu n + \nabla^2 n \\[2mm]
\dfrac{\partial w}{\partial t} = p - (1-\rho n)w - w^2 n + \delta\nabla^2(w-\beta n) - \nu\dfrac{\partial(w-\alpha n)}{\partial x}
\end{cases}
\tag{20.9}
$$

方程组中状态变量为无量纲化的形式。其中，n 为植物生物量；w 为土壤水含量；$\dfrac{\gamma w}{1+\sigma w}n$ 和 $-\mu n$ 分别为植物生物量的增加和消耗；$-n^2$ 为由竞争等导致的自抑制；p 为降水，$-(1-\rho n)w$ 为蒸发；$-w^2 n$ 为植被对土壤水分的吸收（主要指植被的蒸腾作用）；空间的水平作用项 $\nabla^2 n$ 为植物的扩散（包括克隆、生殖与种子传播等）；$\delta\nabla^2(w-\beta n)$ 为植被根系对土壤水分吸收导致周围水分向植物下的土壤汇聚。式中，ρ、β、α 描述了土壤湿度和植被间的正反馈作用，主要表现为土壤中的水越多，植物生长得越快；植物密度越大，土壤中可以利用的水也就越多。v 代表下坡径流的流速，本节将不讨论在有坡度时的非均一生态系统的变化，因此 $v=0$。

为了研究全球变化对生态脆弱区非均一生态系统状态演变的影响，本节利用 CNOP-P 方法（Mu et al.，2010）进行分析。为了读者方便，首先介绍 CNOP-P 方法。假设式（20.3）中的参数 P 存在参数扰动 p'，那么模型的解可写为如下形式

$$U(T) = M_T(P)(U_0), \quad U(T) + u_p(T) = M_T(P + p')(U_0) \quad (20.10)$$

式中，$u_p(T)$ 度量了由参数扰动 p' 导致的状态变量在 T 时刻偏离参考态的大小。

定义如下非线性最优化问题：

$$J(p^*) = \max_{p' \in C_\sigma} J(p') \quad (20.11)$$

式中，$p' \in C_\sigma$ 表示参数扰动的约束范围，并且

$$J(p') = \left\| M_T(P + p')(U_0) - M_T(P)(U_0) \right\| \quad (20.12)$$

对于给定的范数，式（20.11）中最优化问题的解 p^* 就是 CNOP-P，表示在一定参数扰动约束条件下，在 T 时刻使得目标函数 J 最大的一类参数扰动。本节在一定的约束条件下，CNOP-P 是使得生态脆弱区生态系统平衡态最不稳定的一类参数扰动。

本节选取理论动力学模型式（20.9）中的 7 个物理参数，记为 $P_0 = (\gamma, \sigma, \mu, \rho, \delta, \beta, p)$，其物理意义参见表 20.3。7 个物理参数的扰动代表气候条件（降水）的不确定性以及植被生长、衰亡等物理过程不确定性的全球变化。在此理论动力学模型中，不同的物理参数能够刻画生态脆弱区具有不同空间分布特征的非均一生态系统（张艳芳，2020），本节只介绍全球变化条件下的迷宫状斑图和缺口状斑图生态系统状态演变的数学分析。

表 20.3　模型中的参数及其物理意义

符号	默认值	物理意义
n	N/A	生物量
w	N/A	土壤水
γ	1.6	植物的生长率参数
σ	1.6	植物的生长率参数
μ	0.2	由植被死亡与放牧导致的消耗率
ρ	1.5	遮荫效应参数
δ	100	水的扩散速率
β	0.3	水扩散反馈强度
p	0.28	降水，1 代表 800mm

当以迷宫状斑图为参照状态时，参数选取为 $P_0 = (1.6，1.6，0.2，1.5，100.0，0.3，0.28)$，参数扰动的约束大小为 5%，优化时间 $T=1$ 时，分别进行了对单个参数（7 个参数分别优化，共优化 7 次）以及多个参数（7 个参数同时优化）的优化试验。数值结果表明多参数优化得到的 CNOP-P 与单参数优化得到的 CNOP-P 的联合模态是有区别的（张艳芳，2020）。因此，能够代表气候条件（降水）的不确定性以及植被生长、衰亡等不确定性的全球变化的两种不同类型的参数扰动对迷宫状斑图的影响也是有差异的

（图 20.5）。在不同的积分时刻，由两类参数扰动导致的迷宫状斑图的结构未发生本质的变化，但是迷宫状斑图中的植物生物量的变化是具有差别的。由多参数优化得到的 CNOP-P 导致的迷宫状斑图中植物生物量大于由单参数优化得到的 CNOP-P 的联合模态所导致的植物生物量，这暗含着由多参数优化得到的 CNOP-P 导致的迷宫状斑图的半径变大。进一步也分析了研究区域由两类参数扰动导致的总生物量随时间的演变（图 20.6），

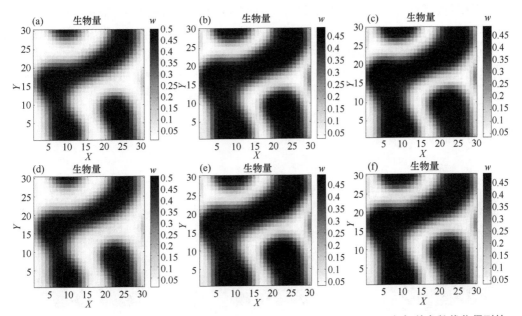

图 20.5　以迷宫状斑图为基态，由多参数优化得到的 CNOP-P（G-CNOP）与单参数优化得到的 CNOP-P 的联合模态（GSC-CNOP）对其在不同积分时间下的空间分布［引自张艳芳（2020）］

第一（二）行表示叠加 G-CNOP（GSC-CNOP）

（a）和（d）为 10 年；（b）和（e）为 50 年；（c）和（f）为 100 年

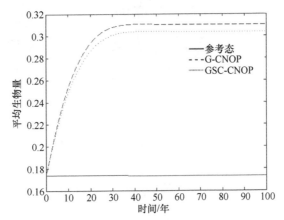

图 20.6　以迷宫状斑图为基态，由多参数优化得到的 CNOP-P（G-CNOP）与单参数优化得到的 CNOP-P 的联合模态（GSC-CNOP）导致的生物量随时间的变化［引自张艳芳（2020）］

第一（二）行表示叠加 G-CNOP（GSC-CNOP）

这一结果与其空间变化特征是吻合的，即由多参数优化得到的 CNOP-P 导致的迷宫状斑图中植物生物量大于由单参数优化得到的 CNOP-P 的联合模态所导致的植物生物量。

当参数为 $P_0=(1.6，1.6，0.2，1.5，100.0，0.3，0.4)$ 时，动力学模型式（20.9）能够描述生态脆弱区缺口状斑图。以缺口状斑图为参照状态，参数的不确定性约束半径为5%，优化时间 $T=1$ 年时，单参数优化得到的 CNOP-Ps 联合的模态与多参数优化得到的CNOP-P 是有差异的，其区别在于有些物理参数的符号相反。当在 P_0 上叠加上述两类参数扰动时，缺口状斑图的结构未发生显著变化。但是，由多参数优化得到的 CNOP-P 导致的迷宫状斑图中植物生物量大于由单参数优化得到的 CNOP-P 的联合模态所导致的植物生物量，这暗含着由多参数优化得到的 CNOP-P 导致的缺口状斑图中草量较少的区域减少（图 20.7）。这一数值结果也与由两类参数误差导致的缺口状斑图研究区域总生物量随时间的演变的结果类似（图 20.8）。

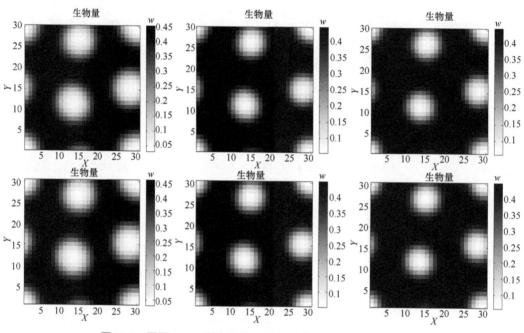

图 20.7 同图 20.5，基态为缺口状斑图［引自张艳芳（2020）］

20.3.2 具有不同结构生态系统状态演变的物理机制

通过上文可以看出两类参数扰动都使得迷宫状斑图和缺口状斑图的生物量发生了变化，本节分析迷宫状斑图和缺口状斑图生物量变化的物理机制。计算由两类参数扰动导致的动力学模型式（20.9）右端项的变化。植被生长项、饱和项、损失项（指死亡和放牧等）、植被的扩散项、蒸发项、蒸腾项以及植被根的水分吸收的变化如图 20.9 所示。数值结果表明不管是迷宫状斑图和缺口状斑图，两类参数扰动引起生物

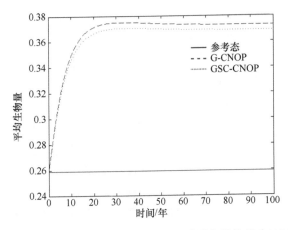

图 20.8　同图 20.6，基态为缺口状斑图［引自张艳芳（2020）］

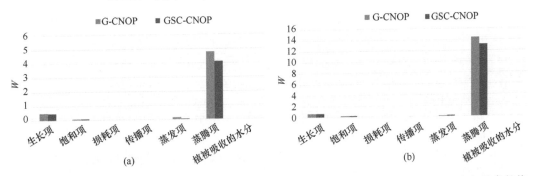

图 20.9　以迷宫状斑图和缺口状斑图为基态，由多参数优化得到的 CNOP-P（G-CNOP）与单参数优化得到的 CNOP-P 的联合模态（GSC-CNOP）导致的式（20.9）右端项的变化（引自张艳芳，2020）
（a）迷宫状斑图；（b）缺口状斑图

量变化的原因是生长项、蒸发项和蒸腾项三个因素的变化。在这三个因素中，蒸腾项的变化是生物量变化的主要贡献者。蒸腾项中植被与土壤水的非线性相互作用是迷宫状斑图和缺口状斑图生物量发生变化的重要因素。同时，对于迷宫状斑图和缺口状斑图，由多参数优化得到的 CNOP-P 导致的生长项、蒸发项和蒸腾项的变化大于由单参数优化得到的 CNOP-P 的联合模态所导致的生长项、蒸发项和蒸腾项的变化。这暗含着物理参数的非线性相互作用是迷宫状斑图和缺口状斑图的生物量发生变化的重要原因。

20.4　总　　结

本章利用三种方法（Lyapunov 方法、LSV 方法和 CNOP-I 方法）探讨了均一植被（包括草原和树木）和荒漠生态系统的稳定性及其非线性特征。研究发现，当初始扰动振幅变大时，线性稳定的草原和荒漠平衡态是非线性不稳定的。通过计算非线性项的变化，表明与蒸发和植物生物量损失的线性项相比，水与植物之间的非线性相互作用在植被和荒漠的稳定性中起重要的作用。CNOP-I 方法能够体现这种非线性特征,但是 Lyapunov 方法和 LSV 方法不能。不仅如此,利用 CNOP-P 方法计算了单参数优化的 CNOP-Ps 的联合模态与多参数同时优化得到的 CNOP-P,再从植被的空间分布、生物量的空间平均值随时间的变化以及模式右端各项的变化量三方面分析了两种方式得到的参数扰动对非均一生态系统(迷宫状斑图和缺口状斑图)稳定性的影响。结果表明,单参数优化得到的 CNOP-Ps 的联合模态与多参数同时优化得到的 CNOP-P 是不一样的,且多参数同时优化的参数误差对迷宫状斑图和缺口状斑图的变化影响更大。这种影响表现在全局参数扰动使得迷宫状斑图以及缺口状斑图的半径会变大,而局部参数扰动会使得草原生态系统草量减少。物理机制分析结果表明模式中体现生物量与土壤水之间的非线性相互作用的蒸腾项是导致迷宫状斑图和缺口状斑图生物量变化的主要因素。

参 考 文 献

冯剑丰, 王洪礼, 朱琳. 2009. 生态系统多稳态研究进展. 生态环境学报, 18(4): 1553-1559.

骆亦其, 夏建阳. 2020. 陆地碳循环的动态非平衡假说. 生物多样性, 28(11): 1405-1416.

徐驰, 王海军, 刘权兴, 等. 2020. 生态系统的多稳态与突变. 生物多样性, 28(11): 1417-1430.

于贵瑞, 徐兴良, 王秋凤, 等. 2017. 全球变化对生态脆弱区资源环境承载力的影响研究. 中国基础科学, 19(6): 19-23.

张添佑, 陈智, 温仲明, 等. 2022. 陆地生态系统临界转换理论及其生态学机制研究进展. 应用生态学报, 33(3): 613-622.

赵东升, 张雪梅. 2021. 生态系统多稳态研究进展. 生态学报, 41(16): 6314-6328.

张艳芳. 2020. 干旱半干旱区域植被的非线性稳定性分析. 北京: 北京工业大学.

Barclay A, Gill P E, Rosen J B. 1998. SQP methods and their application to numerical optimal control, Variational Calculus, Optimal Control and Applications, Schmidt W. H., Heier K., Bittner L., and Bulirsch R., Eds, Birkhauser, Basel, 207-222.

Baudena M, Rietkerk M. 2013. Complexity and coexistence in a simple spatial model for arid savanna ecosystems. Theoretical Ecology, 6(2): 131-141.

Chaparro P P C, de Roos A M. 2020. Ecological changes with minor effect initiate evolution to delayed regime shifts. Nature Ecology & Evolution, 4: 412-418.

Charney J G. 1975. Dynamics of deserts and drought in the Sahel, Q. J. R. Meteorol. Soc., 101: 192-202.

Clements C F, Ozgul A. 2018. Indicators of transitions in biological systems. Ecology Letters, 21: 905-919.

Dakos V. 2018. Identifying best-indicator species for abrupt transitions in multispecies communities. Ecological Indicators, 94: 494-502.

Dakos V, Matthews B, Hendry A P, et al. 2019. Ecosystem tipping points in an evolving world. Nature Ecology & Evolution, 3: 355-362.

Eklundh L, Olsson L. 2003. Vegetation index trends for the African Sahel 1982–1999, Geophys. Res. Lett., 30(8): 1430.

Fu C, An Z. 2002. Study of aridization in northern China-A global change issue facing directly the demand of nation. Earth Science Frontiers, 9(2): 271-275.

Huang J, Li Y, Fu C, et al. 2017. Dryland climate change: Recent progress and challenges, Rev. Geophys., 55: 719-778.

Klausmeier C A. 1999. Regular and irregular patterns in semiarid vegetation. Science, 284: 1826-1828.

Kurc S A, Small E E. 2004. Dynamics of evapotranspiration in semiarid grassland and shrubland ecosystems during the summer monsoon season, central New Mexico, Water Resour. Res., 40, W09305, doi:10.1029/2004WR003068.

Lorenz E N. 1965. A study of the predictability of a 28-variable atmospheric model. Tellus, 17: 321-333.

Lu J, Ji J. 2006. A simulation and mechanism analysis of long-term variations at land surface over arid/semi-arid area in north China. J. Geophys. Res., 111: D09306.

Mauchamp A, Rambal S, Lepart J. 1994. Simulating the dynamics of a vegetation mosaic: a spatialized functional model. Ecological Modelling, 71(1-3): 107-130.

Mitchell S W, Csillag F. 2001. Assessing the stability and uncertainty of predicted vegetation growth under climatic variability: northern mixed grass prairie. Ecological Modelling, 139(2-3): 101-121.

Mu M, Duan W S, Wang B. 2003. Conditional nonlinear optimal perturbation and its applications. Nonlinear Processes in Geophysics, 10: 493-501.

Mu M, Duan W S, Wang Q, et al. 2010. An extension of conditional nonlinear optimal perturbation approach and its applications. Nonlinear Processes in Geophysics, 17: 211-220.

Mu M, Wang B. 2007. Nonlinear instability and sensitivity of a theoretical grassland ecosystem to finite-amplitude perturbations. Nonlin. Processes Geophys., 14: 409-423.

Ni J. 2004. Estimating grassland net primary productivity from field biomass measurements in temperate northern China. Plant Ecology, 174(2): 217-234.

Notaro M, Liu Z, Williams J W. 2006. Observed Vegetation-Climate Feedbacks in the United States. J. Climate, 19: 763-786.

Okin G S, D'Odorico P, Archer S R. 2009. Impact of feedbacks on Chihuahuan desert grasslands: Transience and metastability. J. Geophys. Res., 114: G01004.

Piao S L, Fang J Y, Zhou L, et al. 2007. Changes in biomass carbon stocks in China's grasslands between 1982 and 1999. Global Biogeochemical Cycles, 21(2): B2002-1-B2002-10-0.

Sankey J B, Ravi S, Wallace C S A, et al. 2012. Quantifying soil surface change in degraded drylands: Shrub encroachment and effects of fire and vegetation removal in a desert grassland. Journal of Geophysical Research-Biogeosciences, 117: G02025.

Sherratt J A. 2016. When does colonisation of a semi-arid hillslope generate vegetation patterns? Journal of Mathematical Biology, 73(1): 199-226.

Sherratt J A, Lord G J. 2007. Nonlinear dynamics and pattern bifurcations in a model for vegetation stripes in semi-arid environments, Theor. Popul. Biol., 71(1): 1-11.

Sun G D, Mu M. 2009. Nonlinear feature of the abrupt transitions between multiple equilibria states of an ecosystem model. Advances in Atmospheric Sciences, 26(2): 293-304.

Sun G D, Mu M. 2011. Nonlinearly combined impacts of initial perturbation from human activities and parameter perturbation from climate change on the grassland ecosystem, Nonlin. Processes Geophys., 18: 883-893.

Sun G D, Peng F, Mu M. 2017. Variations in soil moisture over the 'Huang-Huai-Hai Plain' in China due to temperature change using the CNOP-P method and outputs from CMIP5. Science China Earth Sciences, 60(10): 1838-1853.

Sun G D, Xie D D. 2017. A study of parameter uncertainties causing uncertainties in modeling a grassland ecosystem using the conditional nonlinear optimal perturbation method. Science China Earth Sciences, 60(9): 1674-1684.

Sun G D, Zeng X. 2018. Role of nonlinear interaction between water and plant in stability analysis of nonspatial plants, Nonlin. Processes Geophys. Discuss. ［preprint］, https://doi.org/10.5194/npg-2018-36 ［2022-3-21］.

von Hardenberg J, Meron E, Shachak M, et al. 2001. Diversity of vegetation patterns and desertification. Physical Review Letters, 87(19): 198101.

Zeng Q C, Zeng X D. 1996. An analytical dynamic model of grass field ecosystem with two varibles.

Ecological Modelling, 85: 187-196.

Zeng X D, Shen S S P, Zeng X B, et al. 2004. Multiple equilibrium states and the abrupt transitions in a dynamical system of soil water interacting with vegetation. Geophys. Res. Lett.,31: 5501.

Zeng X D, Wang A H, Zeng Q C, et al. 2006. Intermediately complex models for the hydrological interactions in the atmosphere-vegetation-soil system. Adv. Atmos. Sci., 23(1): 127-140.

Zeng X D, Zeng X B, Shen S S P, et al. 2005. Vegetation-soil water interaction within a dynamical ecosystem model of grassland in semi-arid areas. Tellus, 57B: 189-202.

第 21 章

中国生态脆弱区全球变化风险及其应对技术途径和主要措施①

摘　要

全球变化是地球科学、环境科学、生态学和社会科学等交叉学科关注的焦点与前沿领域，经多年发展，其内涵从单一的气候变化发展为以气候变化为核心，以全球大气成分变化、植被变化、养分平衡变化、生物多样性以及人口和社会经济变化等为主要特征的综合概念。然而，生态脆弱区占国土面积的比例较大，具有较强异质性、脆弱性，且对全球变化十分敏感，生态脆弱区正面临全球变化带来的严重威胁和退化风险，如生态系统服务功能下降、生物多样性减少、灾害频发等。在此背景下，本章重点对中国典型生态脆弱区的全球变化风险源识别、全球变化的影响、现有风险应对途径及其效益、全球变化应对面临的问题等进行了总结，并提出未来全球变化应对策略建议。全球变化风险主要源自人为风险源，并受到人类活动的强烈驱动作用。全球变化加剧了生态系统的脆弱性和敏感性，若不加以控制，其影响可能在未来得到加强。减缓和适应是应对全球变化的主要途径，可使生态脆弱区生态环境得到有效改善。但生态脆弱区在应对全球变化上，范围大、任务重，面临理论体系不完善、管理机制体制不健全、生产需求与生态保护治理不协调等诸多问题。今后应加强在基础研究、减排增汇、自然–社会–经济系统耦合、制度体制创新等方面的研究，以提高生态脆弱区全球变化应对和适应能力。

21.1　前　言

全球变化（global change）作为一个科学术语和一门交叉学科，是随着全球环境问题（大气污染、温室气体排放和气候变暖、臭氧层破坏、土地退化、水资源匮乏和水体

---

① 本章作者：于贵瑞，李玉强，陈云，王旭洋；本章审稿人：赵东升，方华军。

污染、海洋环境恶化、森林锐减、物种濒危、垃圾成灾、人口增加过快等）的出现和人类对其认识程度的不断深化而被提出并发展起来的，其内涵是指由自然和人为因素引起的、影响由位于地球表面的大气–陆地–海洋等子系统组成的地球系统功能的全球尺度变化（张兰生等，2017；朱诚等，2017）。气候变化是全球变化的核心，人类活动是全球变化的主要诱因。气候变化已经以全球变暖、高温、干旱、火灾、洪水、资源稀缺和物种丧失以及其他影响的形式迅速显现。政府间气候变化专门委员会（2021）的最新报告显示，21 世纪前 20 年（2001～2020 年）和最近 10 年（2011～2020 年）的全球地面气温分别比 1850～1900 年高 0.99℃和 1.09℃，除非迅速、大规模地减少温室气体排放，否则未来几十年内将升温限制在接近 1.5℃甚至 2℃的目标将无法实现。极端气候创纪录的可能性越来越大，一个鲜明的例子就是 2021 年 6 月席卷北美西部的破坏性热浪，是北美有记录以来"最极端的夏季热浪"，比平均温度高约 20 ℃（Fischer et al.，2021）。人类与气候变化直接相关的 44 项健康影响指标呈现逐渐恶化的趋势（Romanello et al.，2021），与高温相关的死亡事件中 37%可归因于人为气候变化（Vicedo et al.，2021）。森林砍伐和气候变化已经使亚马孙流域的大片地区从吸收二氧化碳的"碳汇"转变为排放二氧化碳的"碳源"（Gatti et al.，2021）。自工业革命以来，受人为噪声增加以及气候变化影响，海洋声音景观正在迅速变化、变得愈发嘈杂，海洋生物的生理特性和行为习惯随之改变（Duarte et al.，2021）。人类活动引起的气候变化会引起地球水文循环发生重大改变，进一步影响社会经济（经济增长率会随着阴雨天数和极端降水天数增加而下降）（Kotz et al.，2022）。毋庸置疑，以气候变化为核心的全球变化正影响着地球系统的方方面面。世界经济论坛发布的《2022 年全球风险报告》指出，气候行动不力、极端天气、生物多样性丧失、自然资源危机以及人为环境破坏被认为是未来 10 年对世界最严重的 5 个长期威胁，也是对人类和地球最具有潜在破坏性的 5 个威胁，特别是极端天气和气候行动不力是短期、中期和长期面临的最大风险（WEF，2022）。国际社会已经深刻认识到应对全球变化是当前全球面临的严峻挑战，采取积极措施应对全球变化已成为各国的共同意愿和紧迫需求。

生态脆弱区以资源环境系统稳定性差、抗干扰能力弱为主要特征，因此生态脆弱区是全球变化的敏感区。我国生态脆弱区分布广泛、类型多样、表现突出（孙康慧等，2019）。现有资料表明，中度以上生态脆弱区占我国国土面积的 55%（中华人民共和国国务院，2011）。由于气候变化叠加过牧、过垦、水资源过度开发利用、植被破坏等人类活动，我国生态脆弱区广泛发生着荒漠化、水土流失、生物多样性减少和自然灾害频发等生态问题，致使全球变化风险加剧，对粮食安全、水资源安全、生态安全、环境安全、能源安全、重大工程安全、经济安全等领域均产生严重威胁，制约了区域社会、经济和生态的可持续发展。基于此，围绕"全球变化及应对"重点专项项目"全球变化对生态脆弱区资源环境承载力的影响研究"的科学问题与任务目标（于贵瑞等，2017），针对我国六个典型生态脆弱区——林草交错带、农牧交错带、干旱半干旱区（荒漠绿洲交错区）、黄土高原、青藏高原和西南岩溶石漠化区，通过对全球变化风险构成及影响的认识，凝练全球变化风险的应对途径及策略，为区域资源环境合理利用、保护及社会经济可持续发展战略措施的制定提供科学依据。

21.2　生态脆弱区全球变化风险来源

地球系统原本是由太阳能和地球内能驱动的，而人类正在成为驱动全球变化的营力之一，因此全球变化被界定为由自然和人为因素引起的、影响地球系统功能的全球尺度的变化（张兰生等，2017）。气候变化是全球变化最重要的表现之一，但全球变化不仅仅是气候变化，其内涵比气候变化更丰富。目前被普遍关注的全球变化问题主要包括：以全球变暖和降水变化为代表的全球气候变化（温度、降水和大气成分等）、影响地球化学循环和生物圈生产力的气候（CO_2浓度增加、臭氧层破坏、大气气溶胶增加、太阳辐射平衡改变等）、植被（土地利用和土地覆被、植被结构和组成）和养分平衡因素（氮沉降、酸雨和土壤酸化等）、生物多样性及其影响因素（物种灭绝、生物入侵等）（李文华，2013）。显而易见，全球变化既包括自然驱动的变化，也包括人类活动引起的变化，人类活动在规模和影响上已与某些巨大的自然营力相当，且许多在加速变化，地球系统运行的过程和状态具有被人类改变的潜在可能，在自然变化之上，已能够清楚地识别出人类活动所导致的地球的陆地表面、海洋、海岸带、大气的变化，以及生物多样性、水循环和生物地球化学循环的变化，地球系统正在以前所未有的方式变化着（张兰生等，2017）。基于上述理论，生态脆弱区全球变化风险来源可分为自然风险源和人为风险源两大类。

21.2.1　自然风险源

对于自然风险源，首先是太阳辐射、地球轨道及构造运动等的变化。太阳辐射是地球最基本的能量来源，太阳活动本身与地球环境密切相关，并且在地球接收太阳辐射的同时，地球偏心率、黄赤交角和岁差等的周期性变化导致太阳辐射变化，进而引起全球环境变化。而板块漂移、构造抬升对地球系统具有不可逆的作用，又如火山活动向大气释放火山灰和火山气体等物质，可能改变区域局部气候。其次，全球气候系统本身是不稳定的，存在周期性变化，且其变化具有突变性（张强等，2005）。气候变化是人类面临的一种巨大资源环境风险。气候变化风险构成包括"致险因子、承灾体"两个维度和"可能性、脆弱性、暴露度"三个方面（丁永建等，2021）。气候变化致险因子——自然气候与人为气候的变化，决定风险发生的可能性。气候变化风险源主要包括渐变和突变两个方面。前者是指平均气候状况，即气温、降水等气候变化以"缓慢"为主要特征，其影响需要较长的时间尺度才能显现，因此往往低估其潜在的影响和产生的长期后果。后者是指极端天气气候事件，以"罕见、强烈、严重"为主要特征（Beniston et al.，2007）。多数的气候系统风险属于渐进性风险，气候变化影响经历一个量变到质变（风险爆发）的过程。然而，极端天气气候事件对地球系统的影响通常巨大且后果严重，尤其极端降雨是可以最清楚看到的气候变化所带来的最显著影响所在，而且几乎在世界各地都在加剧（Kotz et al.，2022）。承灾体是指遭受负面影响的社会经济和资源环境，脆弱性和暴露度是其两个属性。脆弱性是承灾体受到自然灾害时自身应对、抵御和恢复能力的特性；暴露度是承灾体受到外部扰动的程度，是决定风险的必要不充分条件，暴露度大不一定脆弱性高（丁永建等，2021）。

中国是全球气候变化的敏感区和影响显著区，升温速率明显高于同期全球平均水平。最新发布的《中国气候变化蓝皮书（2021）》表明，1951～2020 年地表年平均气温升温速率为 0.26℃/10a；1961～2020 年平均年降水量呈增加趋势（5.1mm/10a），但降水变化区域间差异明显，东北中北部、江淮至江南大部、青藏高原中北部、西北中部和西部年降水量呈明显的增加趋势，而东北南部、华北东南部、黄淮大部、西南地区东部和南部、西北地区东南部年降水量呈减少趋势；高温、强降水等极端事件增多增强，中国气候风险水平趋于上升，一个最为值得关注的极端事件是 2021 年 7 月 20 日河南特大暴雨，郑州小时降雨量为 201.9mm，创下历史极值（中国气象局气候变化中心，2021）。以全球变暖为特征的全球变化将导致大气与海洋环流、陆–海、陆–气与海–气相互作用变化，进而造成各种自然灾害。2021 年，我国以洪涝、风雹、干旱、台风、地震、地质灾害、低温冷冻和雪灾为主的自然灾害，共造成 1.07 亿人次受灾因灾死亡失踪 867 人，紧急转移安置 573.8 万人次；房屋倒塌 16.2 万间，不同程度损坏 198.1 万间；农作物受灾面积 11739 千 hm^2；直接经济损失 3340.2 亿元（人民网，2022）。

对于生态脆弱区而言，除承受上述复杂多变天气和极端气候事件所产生的风险之外，其他一些特殊的自然环境条件也是影响这些区域环境变化重要的自然风险源，如我国西南地区，是（高山）山地丘陵区，又有位于断裂带的横断山脉，地质构造极不稳定，容易引发洪涝、滑坡、泥石流和地震等自然灾害。喀斯特地区碳酸盐岩广泛分布，土壤发育缓慢，在充沛的水热条件及人类活动作用下，极易发生石漠化（王慧芳等，2018）。位于我国北方及西北地区的生态脆弱区，普遍植被覆盖度低、土壤贫瘠、土质疏松，且干旱缺水，风沙活动强烈，极易发生风蚀、水蚀，导致荒漠化。而在青藏高原生态脆弱区，高寒气候使生态系统十分脆弱，除风蚀、水蚀外，还易发生冻蚀（中华人民共和国环境保护部，2008）。这些风险源可能导致区域环境变化，反之环境变化可能又会加强这些风险源的作用。但是这些自然风险源对环境变化的作用较小，不足以引起近百年来生态脆弱区环境的大幅变化。因为生态系统具有自我调控机制，该机制可以使其在变化环境中维持自身稳定。

21.2.2　人为风险源

狭义理解的全球变化主要是指人类活动造成的人类生存环境的恶化，因此与自然风险源相比，人为风险源对全球环境变化的作用更强烈。在地球的历史上，气候在不断地变化，但这种变化的速度一般比较缓慢，自然界有充分的时间去适应这种变化。然而，人类活动影响加剧造成的人类生存环境的恶化正以前所未有的速度进行（张兰生等，2017）。在《联合国气候变化框架公约》中，将气候变化定义为"经过相当一段时间的观察，在自然气候变化之外由人类活动直接或间接地改变全球大气组成所导致的气候改变"，即将由人类活动改变大气组成的"气候变化"与归因于自然原因的"气候变化"区分开来（朱诚等，2017），进一步强调了人类活动对气候系统影响的重要性。IPCC（2013）报告指出，人类对气候系统的影响是明确的，大气中温室气体浓度增加、正辐射强迫、观测到的变暖以及对当前气候系统的科学认识均清楚地表明这一点，人为影响是造成观测到的 20 世纪中叶以来气候变暖的主要原因。

人类活动主要通过四种方式影响气候与生态环境（朱诚等，2017）。第一种，也是最重要的方式，即通过增加大气中的 CO_2、CH_4、N_2O 和含氟气体等温室气体浓度，增强大气的温室效应。第二种方式是通过影响大气气溶胶浓度，即人类活动造成的硫酸盐气溶胶、大气尘埃等大气颗粒物增加，遮挡太阳辐射而改变地气系统的辐射收支进而影响地球气候。人类活动影响地球气候的第三种方式是通过土地利用/土地覆盖变化所产生的气候效应。森林砍伐、草原开垦、农田占用极大地改变了地球气候系统的下垫面特征，使地面反照率增加，更多的入射太阳辐射返回外空，对地面产生冷却效应。地面特征的变化还将改变陆气之间的物质和能量交换，以一种更为复杂的方式影响气候。第四种方式是人口迁移和城镇化发展。近几十年，世界和中国的人口迁移流动都经历了快速增加，并在未来数十年有可能继续保持快速增长。人口迁移流动对局地、区域和全球气候的影响机制成为新的关注点。人类的生产生活等产生大量的热量，影响近地表的大气温度。除了局地的城市气候，人口迁移流动能够通过改变人为热释放、陆地表面状况、温室气体与气溶胶的排放等进而对区域和全球气候产生重要影响。城镇化发展和全球气候变化的关系非常复杂。在全球气候变化背景下，城市直接或间接地影响温室气体的汇和源，城镇化发展进程同时也深受全球气候变化的影响。

人类活动对气候系统的影响一直是 IPCC 历次评估报告的核心内容。从第一次评估报告到第六次评估报告，随着科学界对气候系统变化认识的不断加深，人类活动对气候系统影响程度的评估信度也逐渐提高。最新发布的第六次评估报告指出（IPCC，2021），由于全球气温持续升高，人为信号的检测从第五次评估报告的 1951 年提早到了 1850 年，明确指出自工业革命以来的气候变化主要是由人类活动造成的，与工业化前（1850~1900 年）相比，人类活动产生的温室气体排放造成了大约 1.1℃ 的升温。与此同时，20世纪中期以来北半球中高纬陆地降水增加，1979 年以来南半球夏季降水在高纬度地区增加、在中纬度地区减少，以及湿润的热带和干燥的亚热带之间纬向平均降水差异的增加都可能与人类活动有关。此外，导致全球和大多数大陆极端冷事件和极端暖事件变化的主要原因很可能是人类活动引起的温室气体强迫，近几十年全球陆地强降水加剧也可能是受人类活动的影响。相较于之前的评估报告，第六次评估报告进一步明晰了人类活动对气候系统的影响，这种影响可以在气候系统的多个圈层中检测到。

大规模、高强度的人类活动及其所导致的全球环境变化已经并且正在深刻地改变着全球的生态系统，许多生态系统的变化为粮食安全和经济发展带来了巨大的好处，但却使生态系统和人类的未来付出了越来越大的代价。千年生态系统评估报告称，约 60% 的生态系统服务正在退化或不可持续地利用（Srinivasan et al.，2008）。来自全球 632 个地

点湖泊沉积物的 ^{14}C 和花粉证据显示，早在 4000 年前，由于森林砍伐，地球表面的很大一部分已经出现了人为的水土流失，人类活动的作用力在工业革命开始之前，就在全球范围内引起土壤和沉积物的横向转移（Jenny et al., 2019）。21 世纪人口和经济的持续增长、全球环境快速变化将持续给生态系统形成压力，因此，认识和管理高强度人类活动和全球环境快速变化双重驱动下的生态系统变化，实现生态–经济–社会系统的协调和持续发展，是 21 世纪人类社会面临的共同挑战（于贵瑞，2009）。

我国生态脆弱区的人为风险首先是源于人口快速增长。据现有人口普查资料，我国典型生态脆弱区主要涉及的 12 个省（自治区）（包括河北、山西、陕西、内蒙古、四川、贵州、云南、西藏、新疆、青海、甘肃、宁夏）的常住人口由 1953 年的 1.73 亿人增加到 2020 年的 4.14 亿人，增加了约 1.4 倍，巨大的人口压力迫使这些地区过度开发利用资源。例如有研究指出，在我国北方土地荒漠化的成因中，占比由高到低分别为过度樵采（32.7%）、过度放牧（30.1%）、过度开垦（26.9%）、水资源利用不当（9.6%）和不重视环境保护的工矿交通建设（0.7%），环境脆弱性叠加不合理的人类经营活动是导致荒漠化的根本原因（朱震达，1997）。其次是经济活动风险源，主要体现在排放增加（温室气体、大气酸性物质、污染物排放量增加）。此外，人口快速增长和快速城镇化也对自然资源造成巨大压力，一方面人口快速增长和城市扩张对土地资源的需求增加，另一方面经济增长依赖于自然资源要素投入，资源环境容量过载将增加生态系统退化的风险。然而有研究表明，尽管在中国城市化扩张初期，即 2002~2010 年，城市化导致了 -0.02 Pg C（1 Pg C$=10^{15}$ g C）的地上碳损失，但 2002~2019 年，城市绿化增加了 0.03 Pg C，弥补了这些损失。此外，在距离农村居民点（2~4 km）的中间距离处，地上碳储量的增幅最大，反映了自然资源压力的降低。2002~2019 年，农村地区人口减少（1400 万人/a）与陆地碳汇增加（0.28±0.05 Pg C/a）同步，而且观察到耕地面积略有下降（4%）。但需要注意的是，树木覆盖生长饱和度限制森林的碳固存能力，在此情况下，只有减少化石能源消费的 CO_2 排放才能促进实现碳中和的目标（Zhang et al., 2022）。最后是技术进步带来的风险源，如现代技术进步会加强人类活动对生态环境、社会经济活动的干预，增加了生态脆弱地区环境破坏的风险；合成技术的进步则会增加生态系统纳污的风险。

21.3　全球变化对生态脆弱区的影响

21.3.1　农牧交错带

农牧交错带是我国北方荒漠和南方地区之间重要的生态屏障（Wang et al., 2019）。在全球变化背景下，农牧交错带气候呈"暖干化"变化，即气温显著升高，而降水量显著减少（Qin et al., 2019；Wang et al., 2018；韩晓敏和延军平，2015；杜华明等，2015）。以 20 世纪 80 年代末期为重要转折点，区域干旱灾害发生频率和程度明显增加，科尔沁沙地至毛乌素沙地东部干旱较严重（韩晓敏和延军平，2015；杜华明等，2015）。

气温、降水和蒸散发等条件是植被生长的重要影响因素，气温上升和降水减少导致农牧交错带土地退化，植被生产力下降（杜金燊和于德永，2018；刘军会和高吉喜，2008）。研究表明，在全球变化背景下，1989~2000 年农牧交错带单位面积植被 NPP 下降了 35 g C/(m²·a)（刘军会和高吉喜，2009），气温上升将导致玉米产量下降（Han et al.，2021）。全球变化还引起农牧交错带土壤碳库储量减少（Wang et al.，2020），一是通过影响植被生长、凋落物输入影响土壤碳输入来源，二是气候变暖加速土壤有机碳分解（杨红飞等，2012）。研究表明，20 世纪 80 年代至 2018 年农牧交错带表层（0~30 cm）土壤有机碳储量由于土地利用/覆盖变化减少了 27.74 g C/(m²·a)（Wang et al.，2020）。农牧交错带土地利用由草地向耕地和建设用地转化的过程中，生态系统服务价值大幅减少，在 20 世纪 90 年代尤为突出（Yang et al.，2020）。此外，气候变化可能导致农牧交错带范围扩张（李秋月和潘学标，2012），而持续的气候变化将加剧农牧交错带的脆弱性（周一敏等，2017）。

21.3.2　林草交错带

自 20 世纪 60 年代以来，林草交错带气温呈升高趋势，而降水量则减少，气候呈"暖干化"变化，气温升高加速水分蒸发，而降水量减少，降水补给能力减弱，区域干旱程度加深，可利用水分减少限制了植物生长，导致草原区和森林草原区 NPP 呈减少趋势（刘明阳，2013；陈艳梅等，2012），也有研究认为，增温使生长季延长，有利于北部森林区 NPP 的增加（陈艳梅等，2012）。总体上，"暖干化"使草原区发生干旱尤其严重干旱的频率显著增高（张钦等，2019），而在森林区发生旱涝的频率增加，并有向极端干旱和极端降水发展的趋势（边玉明等，2018）。人口增加、城镇化发展、放牧等人为因素和气候变化导致草地不断退化（张志莉，2020），煤矿开采破坏含水层、耕地扩张灌溉增加等导致区域湖泊显著萎缩（耿晓庆等，2021），农业旅游开发也对生境造成不同程度的破坏（汪洪旭，2015）。由于人类活动加强，林草交错带景观异质性提高，景观破碎化趋势明显（刘立成等，2008）。

21.3.3　黄土高原

黄土高原是我国土壤侵蚀、水土流失最严重的地区之一，也是黄河泥沙的主要来源地。20 世纪 60 年代以来，黄土高原气温显著上升（每 10 年升温 0.4~0.6 ℃），升高速率由东南向西北增加；降水量则有所下降，特别是降水量较大的东南部下降幅度较大（Tang et al.，2018；Sun et al.，2015）。也有研究表明，该区域在 20 世纪 90 年代以前，降水量显著减少，而从 90 年代中后期开始降水量略有增加（Ding et al.，2020；刘吉峰等，2011）。但现有证据表明气候变化将导致该区域极端气候风险上升：①旱情将更加严重，在西北部和东南部连续干旱日数呈上升趋势（Tang et al.，2018）；②发生大面积极端降水事件的风险较高，特别是东南部出现高频、高强度极端降水的可能性增加（Miao et al.，2016）。"暖干化"和极端气候风险增加将加剧黄土高原风沙活动、土地沙化和黄土沟壑区水土流失以及降低作物气候生产力（王春娟和何可杰，2016；赵昆昆等，2011）。并且，对于该区雨养旱作农业而言，气候变化使 0～200 cm 土壤含水量显著减少，土壤干旱加重，使适宜农作物生长的时间缩短，作物气候产量呈下降趋势（张强等，2008）。气温升高使春小麦、玉米生长加快，全生育期缩短，加之降水减少，特别是生长季干旱程度加深，对区域小麦生产造成不利影响（姚玉璧等，2013；2011）。但也有研究认为，气候变化有利于该区域玉米产量的形成，因为绝大多数年份降水量能满足玉米生长，且热量资源增加（车向军等，2020）。气温上升和降水量减少还可能导致黄河流域水资源减少（刘吉峰等，2011）、径流量下降（邓文平等，2011）。但越来越多的证据表明径流量变化受土地利用/覆盖变化的影响大于气候变化，如坡耕地向梯田的变化、耕地向草地和林地的变化（Chen et al.，2020；郑培龙等，2015）。不可否认，退耕还林、还草等土地恢复措施在黄土高原的成功实施显著提高了植被覆盖水平并改善了水土流失状况（Chen et al.，2020；Yang and Lu，2018；信忠保等，2007）。

21.3.4 青藏高原

自 20 世纪 60 年代以来，青藏高原气温和降水量都呈增加趋势，增加速率分别为 0.37 ℃/10a 和 6.95 mm/10a，提高了植被净初级生产力并促进了土地沙漠化逆转（陈舒婷等，2020；李庆等，2018）。同时，降水量增加使当前河流径流量呈增长趋势（蓝永超等，2013）。但气候变暖加速了冰川退缩和冻土消融。据报道，从 20 世纪 70 年代至 21 世纪初，全国冰川面积减少了 18%，而青藏高原冰川面积以每年 0.04%～0.76%的速度萎缩（王宁练等，2019），并在 2000 年以后退缩速度加快（Ke et al.，2017），升温使冰川储量大幅降低（李治国，2012）。气候变暖还使多年冻土活动层厚度增加，冻土面积减少（Zhao et al.，2019；徐晓明等，2017），尤其是青藏高原冬季变暖加剧了多年冻土的退化（Zhang et al.，2019）。Luo 等（2019）研究表明 1986～2015 年北麓河流域多年冻土面积减少了 26%。尽管降水量增加以及冰川、冻土消融在短期内将增加河川径流量和湖泊蓄水量（王宁练等，2019；蓝永超等，2013），在一定程度上有利于水资源利用和植被恢复，但这种变化是不可持续的。多年冻土消融将影响区域水文过程，使地下水位下降、径流改变、地面沉降，并对区域基础设施产生不利影响（程国栋等，2019；赵林等，2019）。有研究指出当前冰川融水径流已经或即将达到峰值（王宁练等，2019），冰川、冻土持续萎缩可能会降低未来径流的补给能力。加之未来极端气候事件发生概率增加（李红梅和李林，2015），这些都将加剧青藏高原生态系统的脆弱性。然而，增温增湿有利于牧草产量增加和提高幼畜成活率，但增加了牲畜致病的可能性（王彦星等，2015；韩国军等，2011）。也有研究指出，在青藏高原东北缘，气温呈"暖干化"趋势，使牧草产量和品质下降，劣草、杂草、毒草比例增加，导致草场承载力下降；而增温延长生长季，有利于作物生长，但病虫害也随之增加（张秀云等，2007）。人口增长则可能引起农业种植结构的变化，如在西藏的研究表明人口快速增长使农业种植结构从重粮食作物向重经济作物转变，但粮食播种面积和人均总农作物播种面积不断下降（刘合满和曹丽花，2013）。此外，随着气候变暖和冻土融化愈演愈烈，有关青藏高原土壤和水体排放强效温室气体 N_2O 的研究受到关注，最近的一项研究指出青藏高原冻土区江河湖泊是出乎意料的 N_2O 弱源（Zhang et al.，2022）。

21.3.5　干旱半干旱区

干旱半干旱区是典型的荒漠绿洲交错区，降水稀少，自然条件较恶劣，绿洲人口又相对集中，植被覆盖度低、草地退化、水资源短缺和次生盐渍化等问题突出。在内蒙古西部、甘肃西北部、新疆大部分区域等干旱半干旱区广泛观察到了"暖湿化"气候变化（Qin et al.，2019；施雅风等，2003，2002），如南疆气温每 10 年升高约 0.074℃，1986～2000 年降水量比 1957～1985 年多 27.1%，而在东疆气温和降水量增加速率分别为 0.33℃/10a 和 9.02%/10a（陈亚宁等，2009）。然而，在西北地区，特别是天山北部、塔里木河流域、河西走廊等地区，水资源利用的脆弱性和风险程度较高（Xia et al.，2017）。"暖湿化"在短期内将丰富区域水资源，如降水和冰川融水增加使湖泊面积扩张、径流量增加（Wu et al.，2020；陈亚宁等，2009）。但如前所述，这种水资源的增加是不可持续的，气候变化还将加剧冰川洪水、泥石流等灾害（沈永平等，2013）和极端气候事件（杨莲梅，2003）。气温升高可能限制植被生长，但降水增加则有利于提高植被覆盖度，且北疆地区对降水的敏感性高于南疆地区（Yu et al.，2020；Luo et al.，2019）。同时，北疆也是人口增加、土地利用/覆盖变化、温室气体排放和畜牧业发展等人类活动更强烈的地区（Wu et al.，2010）。由于人口增加、城镇化发展等人类活动加剧，这些地区耕地和建设用地急剧增加，而林地、草地、水域等面积大幅减少，使生态系统服务价值明显下降（Wang et al.，2017）。在农业生产上，相比于雨养旱作农业区，绿洲灌溉农业区由于人工灌溉，仅表层 0～20cm 土壤含水量下降，但深层含水量变化不明显，灌溉促进作物的气候生产力（张强等，2008）。气候变暖还使我国西北地区春播作物播种期提前，生长季延长，但全生育期缩短；冬播作物播种期延后，生育期缩短，且变暖使部分病虫害增加，但总体而言气候变暖促进灌溉农业区作物气候产量提高（张强等，2008）。然而，耕地质量和数量减少、灌溉压力增加使绿洲农户生计活动由单一的传统型农户向多样性发展，但农户对环境变化的适应效果较差（吴孔森等，2016）。此外，自 20 世纪 50年代以来，人为因素对干旱绿洲与荒漠交错区以及内陆河流域的影响最为深刻，主要表现在绿洲与荒漠交错区植被分布范围变窄和自然植被普遍退化。塔里木河、黑河、石羊河和疏勒河四大内陆河流域在以水资源开发利用为核心的高强度人类经济、社会活动的作用下，中下游地区的植被退化和植被带萎缩明显。21 世纪以后，由于国家对水资源管理与调控的加强及生态保护与修复工程的实施，该区域植被退化与水资源无序利用的趋势有所遏制（丁永建等，2021）。

21.3.6　西南岩溶石漠化区

由于西南岩溶石漠化区复杂的自然环境，其环境变化也相对复杂。张勇荣等（2014）报道了 1999～2010 年贵州西部六盘水市气候呈"冷干化"趋势。Lian 等（2020）认为 1950～2006 年贵州贵阳、毕节、威宁的降水量显著减少，气温在贵阳呈降低趋势，在威宁、毕节呈升高趋势，但气温变化均不显著，而云南昆明气温和降水量均显著升高和增加。Xu 等（2018）在贵州南部典型岩溶区流域的研究则发现 1968～2013 年气温略有升高，但不显著，而年降水量则显著下降。与此同时，区域植被变化也存在区域差异，但总体上区域植被覆盖呈趋好发展（许玉凤等，2020；张勇荣等，2014；蒙吉军和王钧，2007）。在区域水文循环方面，受气候变化和人类活动的干扰，流域年径流量呈波动下降趋势（Xu et al.，2018）。但就整个西南岩溶石漠化区而言，温度总体呈升高趋势，降水量变化则存在差异。气候变化引起水文循环改变可能导致该区域严重的旱涝灾害，如广西西部、贵州南部、云南东部等岩溶地区旱情将加剧（Lian et al.，2015；Liu et al.，2015；姚玉璧等，2015）；广西大部分地区降水将更加集中，发生洪涝、泥石流的可能性也将增大（覃卫坚等，2010）。降水特别是集中强降水的增加将加剧水土流失和石漠化过程（苏维词，2002）。此外，人为土地利用变化导致土地质量下降，如开垦导致土壤有机碳和总氮储量下降（仝金辉等，2018），耕地和城市建设用地面积增加使生态系统服务价值减少（唐启琳等，2019）。在西南喀斯特地区，气候变暖和降水变化使水稻、玉米、小麦等农作物苗期病虫害加重（孙华等，2015）。气候变暖改善了云贵高原高海拔地区的热量资源，特别是冬季，作物种植结构也发生改变，一年多熟制地区面积增加，并向北和高海拔地区扩张（程建刚等，2010）。而干旱加剧又可能增加区域经济损失风险，特别是对花卉、蔬菜、烟草等经济作物的影响，气候变化、物种灭绝等甚至会影响旅游大省云南省部分地区的旅游业（李俊梅和李娟，2013）。

除此之外，还有一些全球或区域尺度的变化对整个生态脆弱区产生影响，如气候变化加上大规模人口迁移引起了人们对于公共卫生健康的担忧，因为可能促进传染病的发生、传播（吴晓旭等，2013），而环境变化也可能使更多的人口暴露在如通过蚊虫传播的疾病中（Ryan et al.，2019）。气候变暖使寒冷地区供暖能耗减少，温暖地区制冷能耗增加，且增加量大于减少量，在控制碳排放应对全球变暖背景下促使生态脆弱区进行能源、产业结构调整（冉圣宏等，2001）。总体上，生态脆弱区环境变化趋势存在一定的差异，环境变化对区域生态、社会、经济的影响也因区域特点而不同，但对区域极端气候事件与灾害频率增加、水循环与水资源利用、土地肥力、植被生产力、碳与养分循环、荒漠化过程以及社会–经济活动等产生深刻影响。

21.4　生态脆弱区全球变化风险应对研究及途径

以全球变暖为主要特征的全球变化对自然生态系统和人类社会存在着巨大的影响，

如果应对不力，将会危及人类可持续发展。积极应对全球变化是实现可持续发展的内在要求和保障，可持续发展则是应对全球变化、降低全球变化风险的战略选择和动力。20世纪中叶后的全球变化源于科学技术进步和经济发展，因而人类要解决全球变化问题，必须立足于发展，关键在于科学技术的进步（徐冠华等，2013）。对全球变化如何影响生态系统与社会经济的认识随科技的发展而不断变化。例如，通常认为湿润温暖的地区往往经济较为发达，而干旱半干旱区的经济发展程度常常不容乐观，但最近的一项研究却得出"貌似相反"的结论——更多的降水天数或极端的每日降水却会损害经济，气候变化代价"可能比之前想象的大"（Kotz et al.，2022）。这势必会给气候变化风险应对策略的制定带来新的挑战。因此，生态脆弱区的全球变化风险应对，一方面要参考国际化的经验持续加强科学研究，另一方面要针对区域特定资源环境要素条件，寻求与应对全球变化目标、可持续发展目标相适应的具体途径。

21.4.1　全球变化风险驱动力研究

揭示全球变化风险的驱动机制对于采取针对性应对措施具有重要意义。大量研究结果表明气候变化和人类活动强烈干扰是造成生态脆弱区全球变化风险的主要驱动力（Lian et al.，2020；许玉凤等，2020；杜金燊和于德永，2018）。在高海拔和高纬度地区，升温使植被生长季延长和光合作用加强，促进植被生长（Guo et al.，2020；许玉凤等，2020；陈艳梅等，2012；蒙吉军和王钧，2007），而干旱半干旱区甚至半湿润地区对水分变化更加敏感，降水量的变化使植物可利用水资源发生改变，进而影响植被生长（杜金燊和于德永，2018；陈艳梅等，2012；信忠保等，2007）。降水还显著影响河流径流量，Lian 等（2020）研究表明岩溶区径流量与降水量呈现较高相关性，Wu 等（2017）认为降水对径流变化的贡献率稳定在 50%～60%。在人为因素方面，在青藏高原，土壤侵蚀与牲畜数量和放牧强度存在显著关系，而与气候因子相关性较小（Li et al.，2019）。在农牧交错带，过度放牧、复垦、荒漠化是该区域土壤有机碳储量减少的主要原因，尽管退耕还林、退牧还草等生态恢复工程的实施促进了土壤有机碳积累，但其增加量仍不足以补偿因土地退化而造成的损失（Wang et al.，2020）。随时间推移，人为因素的驱动作用越来越强烈。在黄土高原，极端降水是黄土高原产沙的主要驱动因子，并在耕作活动作用下得到加强。随着退耕还林的实施，植被恢复减少了产沙量，土地利用/覆盖变化逐渐成为产沙量减少的主要原因，其贡献率达 92%（Zhang et al.，2020）。Gao 等（2020）认为 1961～2015 年黄土高原泾河流域气候因子对径流变化影响的贡献率由 85.70%下降到 42.43%，而人为因素贡献率由 14.3%上升到 57.57%。在西南岩溶石漠化区，碳酸盐岩岩性、地质构造、地形地貌、水热条件、土壤性质、植被覆盖等是西南岩溶石漠化区发生石漠化的自然诱因，但清代初、中期以来，人为因素转变为西南岩溶石漠化区变化的主要驱动力，人口快速增长，农业人口多，但区域土地少、土地地力低，过度开垦、樵采、放牧，土地超负荷开发利用，加速了水土流失和土地石漠化（李森等，2007）。

21.4.2　全球变化情景模拟

为了有效预判未来全球变化趋势并制定长期应对策略，开展了大量基于不同情景模式的全球变化模拟研究。①全球变化可能使未来冰川冻土面积持续下降。在 RCP2.6、RCP4.5、RCP8.5（代表性浓度路径情景）全球增温 2℃ 情景下，相比于 19 世纪 90 年代，到 21 世纪末青藏高原气温将分别升高 2.99℃、3.22℃、3.28℃，其中柴达木盆地、那曲北部、山南、灵芝等地升温幅度较大（李红梅和李林，2015）。Zhao 和 Wu（2019）预测在 RCP4.5、RCP6.0 和 RCP8.5 情景下，到 21 世纪末，青藏高原多年冻土活动层厚度平均增量将大于 30 cm。在全球升温 1.5℃（相当于 RCP2.6 情景下的升温）时，亚洲高山冰川储量将减少 36%，而在 RCP4.5、RCP6.0 和 RCP8.5 情景下，冰川储量将分别减少 49%、51%、64%（Kraaijenbrink et al.，2017）。而对于我国冰川而言，在 2030 年、2070 年和 2100 年气温分别上升 0.4～1.2 ℃、1.2～2.7 ℃和 2.1～4.0℃ 情景下，我国冰川面积将分别减少 12%、28%和 45%（施雅风和刘时银，2000），持续增温甚至可能导致部分冰川在 2050 年以前就消失（Liu et al.，2020）。②全球变化可能导致更加严重的干旱。在 RCP8.5 情景下，到 2030 年增温 1.5℃，西北、青藏高原、东北等地极端干旱事件发生风险将增加 1.04～1.22 倍（李东欢等，2017）。到 21 世纪末，在 RCP4.5 和 RCP8.5 情景下黄土高原最高气温将分别显著升高 1.8～2.7℃、2.7～3.6℃，尽管降水也增加，但干旱趋势明显，特别是在黄土高原西南部和中南部可能经历更加频繁的干旱和长期高温（Sun et al.，2019）。但也有少数在未来全球变化下生态环境趋好发展的报道：在 RCP4.5 情景下，河西走廊内陆河流、天山北部河塔里木河上游水资源脆弱性和风险性呈下降趋势（Xia et al.，2017）。③全球变化可能加剧水土流失。对西南岩溶石漠化区的模拟结果表明，到 21 世纪末，贵州省的径流模数和输沙模数是增加的，特别是在人口快速增长和经济发展缓慢情况下径流模数变化更加剧烈，可能增加区域水土流失风险和水资源优化利用的压力（熊亚兰和张科利，2011a，2011b）。④全球变化可能进一步威胁粮食安全。Han 等（2021）对农牧交错带玉米产量的模拟研究发现，在考虑和不考虑 CO_2 的影响下，到 21 世纪末，在 RCP4.5 情景下玉米产量将分别下降 10.3%和 11.7%，在 RCP8.5 情景下将分别下降 21.2%和 22.1%，且气温每升高 1℃，玉米产量分别减少 10.8%和 11.27%。

21.4.3　风险应对途径

适应与减缓是应对全球变化的两大主要途径。减缓是一种人为干扰，是针对影响气候变化的长期因素，通过减少能源消耗或者减少大气中温室气体排放、气溶胶等的浓度来应对气候变化；适应是在自然或人类系统中，针对气候变化产生的即期风险，尤其是面对气候变化产生的无法避免的突发性灾害，通过提高人类和自然系统的适应能力来应对气候变化，是为应对实际或预期的气候变化或它们的影响所做的一种调整（丁永建等，2021）。减缓技术措施的经济成本较高，适应技术的应用和推广成本相对较低，见效更快。适应气候变化技术措施可分为趋利适应（以充分利用气候变化带来的有利因素和机遇为主要目标）和避害适应（以规避和减轻气候变化不利影响为主要目标）两个方面。适应气候变化技术需求包括：高效节水农业技术，农业育种技术，农业生物技术，新型肥料与农作物病虫害防治技术，林业与草原病虫害防治技术，速生丰产林与高效薪炭林技术，工业与生活废水处理技术，工业水资源节约与循环利用技术，居民生活节水技术，高效防洪技术，湿地、红树林、珊瑚礁等生态系统恢复和重建技术，洪水、干旱、海平面上升、农业灾害等观测与预警技术等（姜克隽和陈迎，2021）。根据适应机制，还可以将其分为主动适应技术与被动适应技术。主动适应技术是指人类针对气候变化及其带来的影响，主动采取措施应对气候变化，包括目前绝大多数已知的适应技术，适应概念本身就包含"调整人类行为"；被动适应技术是指针对人类未能预测到也未能预先做出反应并采取有效措施的气候变化及其影响，只能在其发生时被动地根据具体情况采取应对措施，如部分针对突发事件的适应技术与措施（李阔等，2016）。适应和减缓的关系，一方面，二者之间可以在不同程度上相互促进、在不同层面上相互转化，另一方面是二者有时也会相互制约、相互阻碍，而且相对于减缓而言，适应具有更高的现实性、紧迫性和局地性。因此，包括灾害风险管理在内的适应和减缓需要统筹考虑诸多自然和经济社会因素，并选取协同的策略和行动。发达国家依托于雄厚的经济、科技、政策支撑，侧重实施以减缓为主、适应为辅的应对策略；发展中国家由于经济、科技的落后，且更容易受到气候变化的影响，倾向于采取以适应为主、减缓为辅的行动策略（丁永建等，2021）。

全球变暖是全球变化的突出标志，因此国际社会将寻求积极有效的"减少温室气体排放或增加温室气体汇的措施和途径"，将其放在应对全球变化风险研究的首要位置，并且认为基于自然的解决方案（nature-based solution，NbS），即"通过保护、可持续管理和修复自然或人工生态系统，从而有效和适应性地应对社会挑战、并为人类福祉和生物多样性带来益处的行动"是应对全球变化风险的良方（EU，2015）。以充分利用生态系统所能提供的供给（食物、纤维、洁净水、燃料、医药、生物化学物质、基因资源等）、调节（调节气候、空气质量调节、涵养水源、净化水质、水土保持等）、支持（养分循环、土壤形成、初级生产、固碳释氧、提供生境等）和文化服务（精神与宗教价值、娱乐与生态旅游、美学价值、教育功能、社会功能、文化多样性等）功能，来应对目前人类社会面临的一系列重大威胁，同时带来多种经济、环境和社会效益，如降低基础设施成本、创造就业、促进经济绿色增长、提升人类健康和福祉等（Griscom et al.，2017）。未来由于气候变化与植物二氧化碳吸收增加的放大效应，基于植被的解决方案（造林、再造林和森林恢复）的升温缓解潜力绝对值增加，到 2100 年，在高排放情景下，植被的绿化可能会将全球变暖幅度减轻 0.71±0.40 ℃，其中 83% 的影响（0.59±0.41 ℃）是由预计的植被密度增加导致碳固存增加所驱动的，而剩余的降温（0.12±0.05 ℃）是由生物物理的陆地–大气相互作用驱动的，主要包括积雪覆盖减少所引起的辐射增温的减少，以及由蒸散发增加引起的非辐射降温的增强（Alkama et al.，2022）。减排增汇是遏制全球气候变化的根本途径，然而由于气候系统的巨大惯性，即使人类能够实现将温室气体排放降低到工业革命前的水平，全球气候变暖仍将持续二三百年，因此人类必须采取措施以最大限度地去适应气候变化，最大限度地减轻气候变化对生态系统和经济社会的不利影响，保障人类社会在气候变化条件下的可持续发展（姜克隽和陈迎，2021）。

以生态文明思想为指导，基于"减缓"和"适应"以应对全球变化风险的两个方面，在过去几十年里，中国相继实施了三北防护林体系工程、退耕还林、退牧还草、京津风沙源防治工程、岩溶地区石漠化综合治理工程等一系列重大生态建设工程。而在生态脆弱区，也针对性地提出和应用了一系列生态恢复与环境变化应对的技术和模式，使生态脆弱区生态环境得到有效改善。这些技术途径主要包括：①西南岩溶石漠化区：水源涵养林建设、生态经济型立体种植模式、小流域综合治理、退耕还林–封山育林自然植被恢复等；②青藏高原：人工草地建植、以草定畜、消灭鼠害、防除杂草、围栏封育的退化草地治理，"黑土滩"草地综合整治等；③黄土高原：工程防线治理模式、生态经济带模式、水土保持型生态农业治理模式等小流域综合开发治理，工程–生物–农耕水土流失治理技术措施，水土流失治理区划等；④干旱半干旱区：天然林草地封育、禁牧休牧、发展沙产业、绿洲农业节水技术开发与应用、抗逆品种培育以及发展林果经济、阻沙固沙带与封沙育林育草带防护模式、盐碱地改良技术等；⑤农牧交错带：围栏封育–轮休模式、人工草地建设、破碎化草地集中连片恢复、丘陵生态综合治理与合理退耕模式等；⑥林草交错带：人工草地培育与打草场合理利用，天然林保护，矿区植被恢复、地质灾害和废弃物综合治理等。

据估计，退耕还林还草使黄土高原部分流域在1981～2015年输沙量减少了50%以上，径流量减少了13.8%（Yang and Lu，2018），土壤侵蚀模数2010年比1990年下降了84.3%（Yan et al.，2018），水土保持面积增加、土地恢复，使黄土高原径流量每年约减少0.46 mm（Chen et al.，2020）。在农牧交错带，土壤有机碳储量增加也主要源于林地和草地的恢复（Wang et al.，2020）。在喀斯特地区，林草面积增加使径流量更加稳定，水土流失面积减少（Xu et al.，2018）。退耕还林还草、自然保护区建设等对区域植被恢复作用明显（张继等，2019；Yang et al.，2014）。同时，生态脆弱区生态系统稳定性差、抗干扰能力弱、易退化，对环境变化甚为敏感，在气候变化和人类活动等作用下，生态脆弱区生态环境的脆弱性和敏感性加剧，可能对生态建设工程实施效果产生一定的影响。但总体而言，生态恢复措施的实施对促进植被生产力、防风固沙、水土保持和固碳释氧等生态功能具有积极作用。国家也将继续在青藏高原生态屏障、黄土高原生态区、长江重点生态区、东北森林带、北方防沙带等重点生态区域布局重要生态系统保护和修复重大工程（国家发展和改革委员会和自然资源部，2020），将促进生态脆弱区生态恢复和增强生态系统服务功能，为可持续社会经济发展构筑基本保障。

习近平总书记多次强调"生态兴则文明兴，生态衰则文明衰"。加强生态文明建设应对全球变化，已经成为国家发展中的重要战略选择，从中央到地方正在不断推进，所取得的显著成效也引起了国际社会的广泛关注和赞扬。2020年6月国家发展和改革委员会和自然资源部联合印发的《全国重要生态系统保护和修复重大工程总体规划（2021—2035年）》中明确指出，我国生态环境质量呈现稳中向好趋势，各类自然生态系统恶化趋势基本得到遏制，稳定性逐步增强，重点生态工程区生态质量持续改善，国家重点生态功能区生态服务功能稳步提升，国家生态安全屏障骨架基本构筑。然而，我国自然生态系统总体仍较为脆弱，"生态系统质量功能问题突出、生态保护压力依然较大、生态保护和修复系统性不足、水资源保障面临挑战、多元化投入机制尚未建立、科技支撑能力不强"是当前生态保护和修复工作面临的主要问题。生态脆弱区资源环境以林草植被覆盖率相对较低、水资源匮乏、土壤瘠薄、次生盐渍化严重等为主要特征。在自然因素与人为因素综合影响下，这些区域当前的生态保护和修复形势依然严峻，主要表现在，森林、草原功能退化，河湖、湿地面积减少，水资源供需矛盾加剧，风沙危害及水土流失严重，生物多样性受损，矿产资源开采造成的环境污染和生态破坏问题突出。此外，受全球变化的影响，生态脆弱区已取得的生态保护和修复成效并不稳定。例如，1990～2015 年三北防护林固碳量已逐步趋于饱和，年固碳量呈下降趋势，人为活动导致林地转化为建设用地或农地，林地面积减少是主要原因，而树种选择不当、结构单一、密度不合理及受气候变化胁迫导致的死亡也是原因之一（朱教君等，2016）。伴随着资源环境要素变化和人类活动强度增加所引发的日益复杂的生态问题，生态保护和修复研究的对象从二元关系链（生物与环境）转向三元关系环（生物–环境–人）和多维关系网（环境–经济–政治–文化–社会）。因此，亟须加强科技支撑作用，以遵循区域生态地理的地带/非地带性规律为准则，以突破"人工植被稳定维持关键技术""草地生态与生产功能协同提升关键技术""沙漠化土地近自然恢复关键技术""矿山生态绿色修复关键技术""资源环境承载力稳态维持关键技术"等为重点方向，推进区域山水林田湖草沙一体化生态保护和修复，夯实国家生态安全屏障建设基础，全面促进生态脆弱区在"减缓"和"适应"两个层面的全球变化风险应对。

21.5　生态脆弱区应对全球变化措施

中国是世界上生态脆弱区面积分布最广、脆弱生态系统类型最多的国家之一，生态脆弱区占中国国土面积一半以上，覆盖了中国 60%以上的贫困区，是脱贫攻坚的关键区域。同时，这些区域具有突出的生态安全屏障功能，承担着青藏高原生态屏障、黄河重点生态区、川滇生态屏障、北方防沙带等重要生态系统保护任务。脆弱生态系统资源环境承载力弱且局部超载，对自然灾害的缓冲能力较弱，是应对全球变化的敏感区。全球变化加剧了区域资源环境压力，显著改变生态系统结构和功能，降低资源环境承载力，从而影响生态系统服务功能。然而，生态脆弱区在应对全球变化方面仍存在诸多问题与挑战。

21.5.1　全球变化应对面临的问题

（1）全球变化影响的机理不明，理论体系不健全，应对措施存在盲目性。从 1979 年提出的"世界气候研究计划"开始，全球变化科学研究发展已超过 40 年，全球变化研究的内涵从气候变化逐渐拓展到包含大气成分变化、植被变化、养分平衡变化、生物多样性及其影响因素、人类活动等诸多方面。尽管研究内容、方法、技术及其集成等方面都得到发展，但是全球变化的影响研究主要集中于单一要素（气候、资源环境、生态功能等）。面对生态脆弱区资源环境的空间分异、生态系统退化原因及强度、社会-经济发展不平衡等的差异，全球变化应对的理论基础研究却相对薄弱，全球变化及其影响的形成机制也尚不明确，从而导致应对措施单一且具有一定的盲目性，如在沙漠化、石漠化、荒漠等地区，多采用人工林建植措施，期望快速恢复生态环境，但人工林已被证实在生物多样性、抗病虫害、土壤碳汇与肥力提升、稳定性等方面存在缺陷。因此，迫切需要在多个学科的知识框架下进行理论提升和方法论及技术层面的突破。

（2）范围大，任务重，消除贫困与生态治理面临多重挑战。生态脆弱区面积超过我国国土面积的一半，其分布面积之广、类型之复杂、脆弱性之高在全球范围内都十分罕见。在生态脆弱区，自然地理条件复杂，其横跨多个气候，水热资源分布不均，且以山地、丘陵、高山、荒漠、沙地等景观为主，导致资源环境的巨大空间差异。这些区域人类活动强烈且历史悠久，是我国主要的贫困地区。在生态脆弱区生活了超过4亿的人口，包含我国全部的民族类型，社会结构十分复杂，生产生活方式也存在巨大差异。人口快速增长，加之生态本底差，导致人地关系矛盾突出，如农牧业生产与生态保护的不协调，使生态脆弱区经济贫困与生态贫困陷入恶性循环。长期粗放的发展模式和生态保护意识欠缺加重了生态脆弱区生态治理与全球变化应对的难度，而如何权衡消除贫困、促进人民福祉与生态保护和治理的关系也是全球变化应对需要面临的重要挑战。

（3）权责不明，管理混乱。生态脆弱区自然地理环境与社会经济情况错综复杂，脆弱生态系统恢复与保护具有长期性、复杂性和特殊性。目前，虽然在这些地区的生态保护与恢复方面取得了一定的成效，但在管理上仍然存在问题，权责不明，在全球变化应对中涉及国土、林草、环保等部门，还要兼顾经济发展与民生保障，既存在职能交叉、多头管理，又存在管理空白，使管理成效大打折扣，是生态脆弱区生态保护与恢复中亟待解决的问题。

（4）缺乏高效的体制机制，利用与保护的关系不清。生态脆弱区不仅是我国重要的生态屏障，也是我国各民族世代生存之所，农牧业发展仍是当地居民主要的生计来源之一，在很大程度上，生态退化是由土地资源的过度开发利用导致的。降低甚至排除人类活动的干扰是主要的措施之一，但生态退出与生态补偿机制的不协调，加之居民环保意识欠缺，使生态保护成效不及预期，如偷牧、抢牧、滥牧仍时有发生。此外，适度、合理利用可以促进生态系统结构与功能稳定性，并产生经济效益，但利用与保护之间的平衡是全球变化应对中的难题。

21.5.2　全球变化应对策略建议

（1）加强基础研究，强化科技支撑。首先，加强生态环境要素监测，完善监测技术体系，提升对自然资源（土地资源、林草资源、水资源等）、生态过程（碳循环、水循环等）、人为活动（碳排放、污染物排放、农牧活动等）等进行标准化、智能化调查与监测的能力。其次，加强全球变化风险作用与预警机制研究。基于生态脆弱区的空间分异特征，解析全球变化下区域资源环境承载力、生态系统服务功能、生态安全格局等变化过程与调控机理，揭示生态脆弱区全球变化风险来源、全球变化过程和机理、全球变化与生态系统的互馈机制，建立未来全球变化预警机制，以快速应对生态脆弱区生态系统发生潜在风险，如未来土地利用变化、大气成分改变、多种极端气候事件对脆弱生态系统的潜在影响。最后，强化科技支撑推进一体化生态保护和修复，提升生态脆弱区减缓和适应全球变化的能力。基于"山水林田湖草沙冰"生命共同体理念，发展一体化生态保护和修复关键技术，注重退化草地生态治理与恢复（如沙化草地、黑土滩、鼠害治理等）、人工林生态-经济效益改造与提升、节水灌溉农业应用技术、牧草地承载力提升、抗逆性乡土种质资源培育、水利水保工程技术与功能提升等关键技术创新。基于此，形成风险监测-评价-预警-应对的关键技术体系。

（2）减排与增汇并举，减缓全球变化进程，提高生态脆弱区的适应能力。"双碳"目标是当前中国社会经济发展的重要战略目标，减排、增汇、保碳、封存是实现生态脆弱区应对全球变化的重要举措，也是实现"双碳"目标的有效途径（于贵瑞等，2022）。要促进能源消费结构、产业结构转型与调整，推动以煤、石油等为主的传统化石能源消费向清洁、可再生的非碳基能源（如太阳能、风能、水能）的转移，从冶金、化工、建材等高能耗、高排放产业向绿色低碳产业及生态经济转化。推动能源供给和工业消费技术进步，走发展脱碳和减排经济之路，直接减少人为碳排放。通过生态保护与恢复措施，促进植被、湿地恢复，增加生态系统植物和土壤碳蓄积和固碳功能，保护生态系统的碳储存及固碳能力，利用地质工程、生物技术和生态措施捕集、利用与封存大气 CO_2。

（3）加强自然、社会、经济系统的耦合。全球变化是自然因素和人为因素共同作用的结果，且人为因素是全球变化的关键驱动因素。一方面，人口快速增加，人类活动加强，如温室气体排放增加、环境污染加剧、土地利用/覆盖变化等人为作用使全球环境发生剧烈变化；另一方面，全球变化给自然生态系统、社会经济系统带来风险。全球变化与自然、社会系统几乎以正反馈的形式相互影响。而在生态脆弱区，自然环境相对恶劣，生态系统抗干扰和自我恢复能力弱，社会、经济发展水平也相对落后。生态脆弱区全球变化风险应对不仅包含脆弱生态系统恢复与重建，还涉及经济增长、消除贫困、生产生活方式、制度法规、人的意识观念、医疗卫生等社会经济发展的可持续性。因此，在未来全球变化应对研究中应加强自然-社会-经济系统的耦合，将全球变化与人类福祉联系起来。

（4）加强管理制度创新，健全生态补偿机制。全球变化应对方案应与国家主体功能区划一致，严守生态保护红线，根据生态脆弱区的资源环境本底、历史文化传承、经济发展等状况分区管理，加强草地、湿地、天然林和野生动植物等资源保护。统筹相关部门，设置专门化管理机构、培养专业化人才，提高管理效率，做到权责统一，明确职责，在管理上形成生态保护的主体责任运行机制，充分发挥领导作用。进一步完善生态补偿机制，扩大补偿范围，提高补偿标准，提高公众参与积极性；拓宽资金渠道，建立上下游的横向补偿机制，形成多元化资金来源；探索跨区域生态补偿机制。同时，加大执法力度，形成持久性、常态化的监管机制，严厉打击破坏生态的违法行为，提高违法成本。

参 考 文 献

边玉明, 代海燕, 张秋良, 等. 2018. 气温突变下内蒙古大兴安岭林区旱涝演变. 灌溉排水学报, 37(4): 106-112.

车向军, 任继帮, 路学勤, 等. 2020. 黄土高原庆阳地区春玉米生育期对气候变化的响应. 中国农学通报, 36(3): 88-92.

陈舒婷, 郭兵, 杨飞, 等. 2020. 2000-2015 年青藏高原植被 NPP 时空变化格局及其对气候变化的响应. 自然资源学报, 35(10): 2511-2527.

陈亚宁, 徐长春, 杨余辉, 等. 2009. 新疆水文水资源变化及对区域气候变化的响应. 地理学报, 64(11): 1331-1341.

陈艳梅, 高吉喜, 冯朝阳, 等. 2012. 1982—2010 年呼伦贝尔植被净初级生产力时空格局. 生态与农村环境学报, 28(6): 647-653.

程国栋, 赵林, 李韧, 等. 2019. 青藏高原多年冻土特征、变化及影响. 科学通报, 64(27): 2783-2795.

程建刚, 王学锋, 龙红, 等. 2010. 气候变化对云南主要行业的影响. 云南师范大学学报(哲学社会科学版), 42(3): 1-20.

邓文平, 李海光, 余新晓, 等. 2011. 黄土高原吕二沟流域土地利用/覆被和气候变化对径流泥沙的影响. 水土保持研究, 18(4): 226-231.

丁永建, 罗勇, 宋连春, 等. 2021. 中国气候与生态环境演变: 2021, 第二卷(上)领域和行业影响、脆弱性与适应. 北京: 科学出版社.

杜华明, 延军平, 王鹏涛. 2015. 北方农牧交错带干旱灾害及其对暖干气候的响应. 干旱区资源与环境, 29(1): 124-128.

杜金燊, 于德永. 2018. 气候变化和人类活动对中国北方农牧交错区草地净初级生产力的影响. 北京师范大学学报(自然科学版), 54(3): 365-372.

耿晓庆, 胡兆民, 赵霞, 等. 2021. 内蒙古呼伦贝尔草原湖泊变化研究. 干旱区地理, 44(2): 400-408.

国家发展和改革委员会, 自然资源部. 2020. 全国重要生态系统保护和修复重大工程总体规划 (2021-2035 年). https://www.ndrc.gov.cn/xxgk/zcfb/tz/202006/t20200611_1231112.html［2022-5-27］.

韩国军, 王玉兰, 房世波. 2011. 近 50 年青藏高原气候变化及其对农牧业的影响. 资源科学, 33(10): 1969-1975.

韩晓敏, 延军平. 2015. 东北农牧交错带旱涝特征对气候变化的响应. 水土保持通报, 35(2): 257-262.

姜克隽, 陈迎. 2021. 中国气候与生态环境演变: 2021, 第三卷 减缓. 北京: 科学出版社.

蓝永超, 鲁承阳, 喇承芳, 等. 2013. 黄河源区气候向暖湿转变的观测事实及其水文响应. 冰川冻土, 35(4): 920-928.

李东欢, 邹立维, 周天军. 2017. 全球 1.5℃温升背景下中国极端事件变化的区域模式预估. 地球科学进展, 32(4): 446-457.

李红梅, 李林. 2015. 2℃全球变暖背景下青藏高原平均气候和极端气候事件变化. 气候变化研究进展, 11(3): 157-164.

李俊梅, 李娟. 2013. 应对全球气候变化云南可持续发展对策研究. 云南地理环境研究, 25(1): 77-83.

李阔, 何霄嘉, 许吟隆, 等. 2016. 中国适应气候变化技术分类研究. 中国人口·资源与环境, 26(2): 18-26.

李庆, 张春来, 王仁德, 等. 2018. 1965—2016 年青藏高原关键气象因子变化特征及其对土地沙漠化的影响. 北京师范大学学报(自然科学版), 54(5): 659-665.

李秋月, 潘学标. 2012. 气候变化对我国北方农牧交错带空间位移的影响. 干旱区资源与环境, 26(10): 1-6.

李文华. 2013. 中国当代生态学研究. 生态系统恢复卷. 北京: 科学出版社.

李森, 魏兴琥, 黄金国, 等. 2007. 中国南方岩溶区土地石漠化的成因与过程. 中国沙漠, 27(6): 918-926.

李治国. 2012. 近 50a 气候变化背景下青藏高原冰川和湖泊变化. 自然资源学报, 27(8): 1431-1443.

刘合满, 曹丽花. 2013. 1980-2010 年西藏农作物播种面积与人口数量变化的相关分析. 中国农业资源与区划, 34(3): 84-88.

刘吉峰, 王金花, 焦敏辉, 等. 2011. 全球气候变化背景下中国黄河流域的响应. 干旱区研究, 28(5): 860-865.

刘军会, 高吉喜. 2009. 气候和土地利用变化对北方农牧交错带植被 NPP 变化的影响. 资源科学, 31(3): 493-500.

刘军会, 高吉喜. 2008. 气候和土地利用变化对中国北方农牧交错带植被覆盖变化的影响. 应用生态学报, 19(9): 2016-2022.

刘立成, 卢欣石, 吕世海, 等. 2008. 呼伦贝尔森林—草原交错区景观持续性分析. 草业科学, 25(3): 119-124.

刘明阳. 2013. 呼伦贝尔森林草原交错区气候时空演变及生态系统的响应. 石家庄: 河北师范大学.

蒙吉军, 王钧. 2007. 20 世纪 80 年代以来西南喀斯特地区植被变化对气候变化的响应. 地理研究, 26(5): 857-865, 1069.

覃卫坚, 王咏青, 覃志年. 2010. 全球气候变暖背景下广西降水集中程度的变化特征研究. 安徽农业科学, 38(21): 11224-11227.

冉圣宏, 唐国平, 薛纪渝. 2001. 全球变化对我国脆弱生态区经济开发的影响. 资源科学, 23(3): 24-28.

人民网. 2022.应急管理部发布 2021 年全国自然灾害基本情况. https://3g.china.com/act/news/13004215/20220123/41037017.html［2022-7-21］.

沈永平, 苏宏超, 王国亚, 等. 2013. 新疆冰川、积雪对气候变化的响应(II): 灾害效应. 冰川冻土, 35(6): 1355-1370.

施雅风, 刘时银. 2000. 中国冰川对 21 世纪全球变暖响应的预估. 科学通报, 45(4): 434-438.

施雅风, 沈永平, 李栋梁, 等. 2003. 中国西北气候由暖干向暖湿转型的特征和趋势探讨. 第四纪研究, 23(2): 152-164.

施雅风, 沈永平, 胡汝骥. 2002. 西北气候由暖干向暖湿转型的信号、影响和前景初步探讨. 冰川冻土, 24(3): 219-226.

苏维词. 2002. 中国西南岩溶山区石漠化的现状成因及治理的优化模式. 水土保持学报, 16(2): 29-32.

孙华, 何茂萍, 胡明成. 2015. 全球变化背景下气候变暖对中国农业生产的影响. 中国农业资源与区划, 36(7): 51-57.

孙康慧, 曾晓东, 李芳. 2019. 1980-2014 年中国生态脆弱区气候变化特征分析. 气候与环境研究, 24(4): 455-468.

唐启琳, 刘方, 刘秀明, 等. 2019. 基于 LUCC 的喀斯特山区生态系统服务价值评价. 环境科学与技术, 42(1): 170-177.

仝金辉, 胡业翠, 杜章留, 等. 2018. 广西喀斯特移民迁入区土地利用变化对土壤有机碳和全氮储量的影响. 应用生态学报, 29(9): 2890-2896.

汪洪旭. 2015. 农业旅游开发对内蒙古呼伦贝尔草原生态环境的影响. 水土保持研究, 22(2): 290-294.

王春娟, 何可杰. 2016. 气候变化背景下陕西关中西部作物气候生产潜力变化特征. 中国农学通报, 32(28): 170-176.

王慧芳, 饶恩明, 肖燚, 等. 2018. 基于多风险源胁迫的西南地区生态风险评价. 生态学报, 38(24): 8992-9000.

王宁练, 姚檀栋, 徐柏青, 等. 2019. 全球变暖背景下青藏高原及周边地区冰川变化的时空格局与趋势及影响. 中国科学院院刊, 34(11): 1220-1232.

王彦星, 郑群英, 晏兆莉, 等. 2015. 气候变化背景下草原产权制度变迁对畜牧业的影响——以青藏高原东缘牧区为例. 草业科学, 32(10): 1687-1694.

吴孔森, 杨新军, 尹莎. 2016. 环境变化影响下农户生计选择与可持续性研究——以民勤绿洲社区为例. 经济地理, 36(9): 141-149.

吴晓旭, 田怀玉, 周森, 等. 2013. 全球变化对人类传染病发生与传播的影响. 中国科学:地球科学, 43(11): 1743-1759.

信忠保, 许炯心, 郑伟. 2007. 气候变化和人类活动对黄土高原植被覆盖变化的影响. 中国科学:地球科学, 37(11): 1504-1514.

熊亚兰, 张科利. 2011a. 全球气候变化对贵州省径流模数的潜在影响. 地理与地理信息科学, 27(3): 82-85.

熊亚兰, 张科利. 2011b. 全球气候变化对贵州省输沙模数影响分析. 泥沙研究, (3): 23-28.

徐冠华, 葛全胜, 宫鹏, 等. 2013. 全球变化和人类可持续发展: 挑战与对策. 科学通报, 58: 2100-2106.

徐晓明, 吴青柏, 张中琼. 2017. 青藏高原多年冻土活动层厚度对气候变化的响应. 冰川冻土, 39(1): 1-8.

许玉凤, 潘网生, 张永雷. 2020. 贵州高原 NDVI 变化及其对气候变化的响应. 生态环境学报, 29(8): 1507-1518.

杨红飞, 穆少杰, 李建龙. 2012. 气候变化对草地生态系统土壤有机碳储量的影响. 草业科学, 29(3): 392-400.

杨莲梅. 2003. 新疆极端降水的气候变化. 地理学报, 58(4): 577-583.

姚玉璧, 王瑞君, 王润元, 等. 2013. 黄土高原半湿润区玉米生长发育及产量形成对气候变化的响应. 资源科学, 35(11): 2273-2280.

姚玉璧, 王润元, 杨金虎, 等. 2011. 黄土高原半干旱区气候变化对春小麦生长发育的影响——以甘肃定西为例. 生态学报, 31(15): 4225-4234.

姚玉璧, 张强, 王劲松, 等. 2015. 气候变暖背景下中国西南干旱时空分异特征. 资源科学, 37(9): 1774-1784.

于贵瑞. 2009. 人类活动与生态系统变化的前沿科学问题. 北京: 高等教育出版社.

于贵瑞, 郝天象, 朱剑兴. 2022. 中国碳达峰、碳中和行动方略之探讨. 中国科学院院刊, 37(4): 423-434.

于贵瑞, 徐兴良, 王秋凤, 等. 2017. 全球变化对生态脆弱区资源环境承载力的影响研究. 中国基础科学, 19(6): 19-23, 35.

张继, 周旭, 蒋啸, 等. 2019. 生态工程建设背景下贵州高原的植被变化及影响因素分析. 长江流域资源与环境, 28(7): 1623-1633.

张兰生, 方修琦, 任国玉. 2017. 全球变化. 第二版. 北京: 高等教育出版社.

张强, 邓振镛, 赵映东, 等. 2008. 全球气候变化对我国西北地区农业的影响. 生态学报, 28(3): 1210-1218.

张强, 韩永翔, 宋连春. 2005. 全球气候变化及其影响因素研究进展综述. 地球科学进展, (9): 990-998.

张钦, 唐海萍, 崔凤琪, 等. 2019. 基于 SPEI 的呼伦贝尔草原干旱变化特征及趋势分析. 生态学报, (19): 1-14.

张秀云, 姚玉璧, 邓振镛, 等. 2007. 青藏高原东北边缘牧区气候变化及其对畜牧业的影响. 草业科学,

24(6): 66-73.

张勇荣, 周忠发, 马士彬, 等. 2014. 基于 NDVI 的喀斯特地区植被对气候变化的响应研究——以贵州省六盘水市为例. 水土保持通报, 34(4): 114-117.

张志莉. 2020. 呼伦贝尔草原草地退化的影响因素的统计分析. 内蒙古大学学报(自然科学版), 51(6): 608-614.

赵昆昆, 周宝同, 王晓喆, 等. 2011. 全球气候变化下陕北黄土地貌的环境演变. 安徽农业科学, 39(24): 14788-14790.

赵林, 胡国杰, 邹德富, 等. 2019. 青藏高原多年冻土变化对水文过程的影响. 中国科学院院刊, 34(11): 1233-1246.

郑培龙, 李云霞, 赵阳, 等. 2015. 黄土高原泾河流域气候和土地利用变化对径流产沙的影响. 水土保持研究, 22(5): 20-24.

中国气象局气候变化中心. 2021. 中国气候变化蓝皮书(2021). 北京: 科学出版社.

中华人民共和国国务院. 2011. 全国主体功能区规划. http://www.gov.cn/zwgk/2011-06/08/content_1879180.htm〔2022-7-21〕.

中华人民共和国环境保护部. 2008. 全国生态脆弱区保护规划纲要. http://www.gov.cn/gongbao/content/2009/content_1250928.htm〔2022-7-21〕.

中华人民共和国生态环境部. 2019. 2017 中国生态环境状况公报. http://www.gov.cn/guoqing/2019-04/09/content_5380689.htm〔2022-7-21〕.

周一敏, 张昂, 赵昕奕. 2017. 未来气候变化情景下中国北方农牧交错带脆弱性评估. 北京大学学报(自然科学版), 53(6): 1099-1107.

朱诚, 马春梅, 陈刚, 等. 2017. 全球变化科学导论. 4 版. 北京: 科学出版社.

朱教君, 郑晓, 闫巧玲, 等. 2016. 三北防护林工程生态环境效应遥感监测与评估研究: 三北防护林体系工程建设 30 年(1978-2008). 北京: 科学出版社.

朱震达. 1997. 全球变化与荒漠化. 地学前缘, 4(1-2): 213-219.

Alkama R, Forzieri G, Duveiller G, et al. 2022. Vegetation-based climate mitigation in a warmer and greener World. Nat. Commun., 13: 606.

Griscom B W, Adams J, Ellis P W, et al. 2017. Natural climate solutions. Proc. Natl. Acad. Sci. U.S.A., 114: 11645-11650.

Beniston M, Stephenson D B, Christensen O B, et al. 2007. Future extreme events in European climate: An exploration of regional climate model Projections. Climatic Change, 81: 71-99.

Chen H, Fleskens L, Baartman J, et al. 2020. Impacts of land use change and climatic effects on streamflow in the Chinese Loess Plateau: A meta-analysis. Sci. Total Environ., 703: 134989.

Ding W, Wang F, Jin K, et al. 2020. Individual rainfall change based on observed hourly precipitation records on the Chinese Loess Plateau from 1983 to 2012. Water, 12(8): 2268.

Duarte C M, Chapuis L, Collin S, et al. 2021. The soundscape of the Anthropocene Ocean. Science, 371: eaba4658.

EU (European Union). 2015. Towards an EU Research and Innovation policy agenda for Nature-Based Solutions & Re-Naturing Cities. https://publications.europa.eu/en/publication-detail/-/publication/fb117980-d5aa-46df-8edc-af367cddc202〔2022-7-21〕.

Fischer E M, Sippel S, Knutti R. 2021. Increasing probability of record-shattering climate extremes. Nat. Clim. Chang., 11: 689-695.

Gao X, Yan C, Wang Y, et al. 2020. Attribution analysis of climatic and multiple anthropogenic causes of runoff change in the Loess Plateau—A case-study of the Jing River Basin. Land Degrad. Dev., 31(13): 1622-1640.

Gatti L V, Basso L S, Miller J B, et al. 2021. Amazonia as a carbon source linked to deforestation and climate change. Nature, 595: 388-393.

Guo B, Han B, Yang F, et al. 2020. Determining the contributions of climate change and human activities to the vegetation NPP dynamics in the Qinghai-Tibet Plateau, China, from 2000 to 2015. Environ. Monit. Assess., 192(10): 663.

Han Z, Zhang B, Yang L, et al. 2021. Assessment of the impact of future climate change on maize yield and water use efficiency in agro-pastoral ecotone of Northwestern China. J. Agron. Crop Sci., 207(2): 317-331.

IPCC. 2021: Summary for Policymakers. In: Climate Change 2021: The Physical Science Basis. Contribution of Working Group I to the Sixth Assessment Report of the Intergovernmental Panel on Climate Change〔Masson-Delmotte, V, P. Zhai, A. Pirani, S. L. Connors, C. Péan, S. Berger, N. Caud, Y. Chen, L. Goldfarb, M. I. Gomis, M. Huang, K. Leitzell, E. Lonnoy, J.B.R. Matthews, T. K. Maycock, T. Waterfield, O. Yelekçi, R. Yu and B. Zhou (eds.)〕. Cambridge: Cambridge University Press.

IPCC. 2013. Climate change 2013: The physical science basis. Stocker T F, Qin D, Plattner G K, et al. Contribution of Working Group I to the Fifth Assessment Report of the Intergovernmental Panel on Climate Change. Cambridge: Cambridge University Press.

Jenny J P, Koirala S, Gregory-Eaves I, et al. 2019. Human and climate global-scale imprint on sediment transfer during the Holocene. Proc. Natl. Acad. Sci. U.S.A., 116(46): 22972.

Ke L, Ding X, Li W, et al. 2017. Remote sensing of glacier change in the central Qinghai-Tibet Plateau and the relationship with changing climate. Remote Sens., 9(2): 114.

Kotz M, Levermann A, Wenz L. 2022. The effect of rainfall changes on economic production. Nature, 601: 223-227.

Kraaijenbrink P, Bierkens M, Lutz A F, et al. 2017. Impact of a global temperature rise of 1.5 degrees Celsius on Asia's glaciers. Nature, 549(7671): 257-260.

Li Y, Li J, Are K S, et al. 2019. Livestock grazing significantly accelerates soil erosion more than climate change in Qinghai-Tibet Plateau: Evidenced from ^{137}Cs and ^{210}Pbex measurements. Agr. Ecosyst. Environ., 285: 106643.

Lian J, Chen H, Wang F, et al. 2020. Separating the relative contributions of climate change and ecological restoration to runoff change in a mesoscale karst basin. Catena, 194: 104705.

Lian Y, You G J, Lin K, et al. 2015. Characteristics of climate change in southwest China karst region and their potential environmental impacts. Environ. Earth Sci., 74(2): 937-944.

Liu B, Chen C, Lian Y, et al. 2015. Long-term change of wet and dry climatic conditions in the southwest karst area of China. Global Planet. Change, 127: 1-11.

Liu J, Lawson D E, Hawley R L, et al. 2020. Estimating the longevity of glaciers in the Xinjiang region of the Tian Shan through observations of glacier area change since the Little Ice Age using high-resolution imagery. J. Glaciol., 66(257): 471-484.

Luo M, Liu T, Meng F, et al. 2019. Identifying climate change impacts on water resources in Xinjiang, China. Sci. Total Environ., 676: 613-626.

Miao C, Sun Q, Duan Q, et al. 2016. Joint analysis of changes in temperature and precipitation on the Loess Plateau during the period 1961—2011. Clim. Dynam., 47(9-10): 3221-3234.

Qin F, Jia G, Yang J, et al. 2019. Decadal decline of summer precipitation fraction observed in the field and from TRMM satellite data across the Mongolian Plateau. Theor. Appl. Climatol., 137(1): 1105-1115.

Romanello M, McGushin A, Di Napoli C, et al. 2021. The 2021 report of the Lancet Countdown on health and climate change: code red for a healthy future. Lancet, 398(10311): 1619-1662.

Ryan S J, Carlson C J, Mordecai E A, et al. 2019. Global expansion and redistribution of Aedes-borne virus transmission risk with climate change. PLoS Neglect. Trop. D., 13(3): e7213.

Srinivasan T, Carey S P, Hallstein E, et al. 2008. The debt of nations and the distribution of ecological impacts from human activities. Proc. Natl. Acad. Sci. U.S.A., 105(5): 1768-1773.

Sun C X, Huang G H, Fan Y, et al. 2019. Drought occurring with hot extremes: changes under future climate change on Loess Plateau, China. Earth's Future, 7(6): 587-604.

Sun Q, Miao C, Duan Q, et al. 2015. Temperature and precipitation changes over the Loess Plateau between

1961 and 2011, based on high-density gauge observations. Global Planet. Change, 132: 1-10.

Tang X, Miao C, Xi Y, et al. 2018. Analysis of precipitation characteristics on the loess plateau between 1965 and 2014, based on high-density gauge observations. Atmos. Res., 213: 264-274.

Vicedo C A M, Scovronick N, Sera F, et al. 2021. The burden of heat-related mortality attributable to recent human-induced climate change. Nat. Clim. Change, 11(6): 492-500.

Wang X, Dong X, Liu H, et al. 2017. Linking land use change, ecosystem services and human well-being: A case study of the Manas River Basin of Xinjiang, China. Ecosyst. Serv., 27: 113-123.

Wang X, Li Y, Gong X, et al. 2019. Storage, pattern and driving factors of soil organic carbon in an ecologically fragile zone of northern China. Geoderma, 343: 155-165.

Wang X, Li Y, Chen Y, et al. 2018. Temporal and spatial variation of extreme temperatures in an agro-pastoral ecotone of northern China from 1960 to 2016. Sci. Rep., 8(1): 8787.

Wang X, Li Y, Gong X, et al. 2020. Changes of soil organic carbon stocks from the 1980s to 2018 in northern China's agro-pastoral ecotone. Catena, 194: 104722.

WEF (World Economic Forum). 2022. The Global Risks Report 2022. Geneva: World Economic Forum.

Wu F A, Wang H, Chen Y, et al. 2020. Lake water volume fluctuations in response to climate change in Xinjiang, China from 2002 to 2018. PeerJ, 8: e9683.

Wu L, Wang S, Bai X, et al. 2017. Quantitative assessment of the impacts of climate change and human activities on runoff change in a typical karst watershed, SW China. Sci. Total Environ., 601-602: 1449-1465.

Wu Z, Zhang H, Krause C M, et al. 2010. Climate change and human activities: a case study in Xinjiang, China. Clim. Change, 99(3-4): 457-472.

Xia J, Ning L, Wang Q, et al. 2017. Vulnerability of and risk to water resources in arid and semi-arid regions of West China under a scenario of climate change. Clim. Change, 144(3): 549-563.

Xu Y, Wang S, Bai X, et al. 2018. Runoff response to climate change and human activities in a typical karst watershed, SW China. PLoS One, 13(3): e193073.

Yan R, Zhang X, Yan S, et al. 2018. Estimating soil erosion response to land use/cover change in a catchment of the Loess Plateau, China. Int. Soil Water Conse., 6(1): 13-22.

Yang H, Mu S, Li J. 2014. Effects of ecological restoration projects on land use and land cover change and its influences on territorial NPP in Xinjiang, China. Catena, 115: 85-95.

Yang K, Lu C. 2018. Evaluation of land-use change effects on runoff and soil erosion of a hilly basin—the Yanhe River in the Chinese Loess Plateau. Land Degrad. Dev., 29(4): 1211-1221.

Yang Y, Wang K, Liu D, et al. 2020. Effects of land-use conversions on the ecosystem services in the agro-pastoral ecotone of northern China. J. Clean. Prod., 249: 119360.

Yu H, Bian Z, Mu S, et al. 2020. Effects of climate change on land cover change and vegetation dynamics in Xinjiang, China. Int. J. Env. Res. Pub. He., 17(13): 4865.

Zhang G, Nan Z, Wu X, et al. 2019. The role of winter warming in permafrost Cchange over the Qinghai-Tibet Plateau. Geophys. Res. Lett., 46(20): 11261-11269.

Zhang J, Gao G, Fu B, et al. 2020. Investigation of the relationship between precipitation extremes and sediment discharge production under extensive land cover change in the Chinese Loess Plateau. Geomorphology, 361: 107176.

Zhang L, Zhang S, Xia X, et al. 2022. Unexpectedly minor nitrous oxide emissions from fluvial networks draining permafrost catchments of the East Qinghai-Tibet Plateau. Nat. Commun., 13: 950.

Zhang X, Brandt M, Tong X, et al. 2022. A large but transient carbon sink from urbanization and rural depopulation in China. Nat. Sustain., 5(4): 321-328.

Zhao D, Wu S. 2019. Projected changes in permafrost active layer thickness over the Qinghai-Tibet Plateau under climate change. Water Resour. Res., 55(9): 7860-7875.